EUL VERLAG

Marco Gießmann

Komplexitätsmanagement in der Logistik

Kausalanalytische Untersuchung zum Einfluss der Beschaffungskomplexität auf den Logistikerfolg

Mit einem Geleitwort von Prof. Dr. Rainer Lasch, Technische Universität Dresden

EUL VERLAG

Bibliografische Information der Deutschen Nationalbibliothek

Die Deutsche Nationalbibliothek verzeichnet diese Publikation in der Deutschen Nationalbibliografie; detaillierte bibliografische Daten sind im Internet über <http://dnb.d-nb.de> abrufbar.

Dissertation, Technische Universität Dresden, 2010

ISBN 978-3-89936-964-9
1. Auflage September 2010

JOSEF EUL VERLAG GmbH
Brandsberg 6
53797 Lohmar
Tel.: 0 22 05 / 90 10 6-6
Fax: 0 22 05 / 90 10 6-88
E-Mail: info@eul-verlag.de
http://www.eul-verlag.de

Bei der Herstellung unserer Bücher möchten wir die Umwelt schonen. Dieses Buch ist daher auf säurefreiem, 100% chlorfrei gebleichtem, alterungsbeständigem Papier nach DIN 6738 gedruckt.

Geleitwort

Ausgelöst durch gestiegene und individuelle Kundenanforderungen ist in den vergangenen Jahren in nahezu sämtlichen Branchen eine rasche Zunahme der Typen-, Varianten- und Teilevielfalt zu beobachten, so dass auch gleichzeitig die Komplexität der Planung, Steuerung und Kontrolle der logistischen Abläufe immer weiter zunimmt. Aber auch die Dynamik auf den Beschaffungs- und Absatzmärkten, die Nachfrage- und Versorgungsunsicherheit, die technologischen Entwicklungen sowie die zahlreichen Verflechtungen und Schnittstellen zu den beteiligten Partnern einer Wertschöpfungskette führen zu einem Komplexitätsanstieg. Als Folge ergeben sich intransparente Abläufe, eine verminderte Leistungsfähigkeit sowie steigende Kosten in der Logistik. Im Rahmen des Komplexitätsmanagements wird versucht, die Komplexität auf dasjenige Maß zu beschränken, das für eine erfolgreiche Positionierung im Wettbewerb gerade noch erforderlich ist. Insbesondere auf der Produkt-, Prozess- und Organisationsebene gilt es, dem Anstieg der Komplexität Einhalt zu gebieten. Ein effektives und effizientes Komplexitätsmanagement wird deshalb zunehmend zu einem entscheidenden Erfolgs- und Wettbewerbsfaktor und wird als eine der zentralen Herausforderungen des Supply Chain Managements angesehen.

In der Literatur wird der negative Einfluss der Komplexität auf die logistische Leistungsfähigkeit zwar hinreichend oft betont, aber bisher fehlt es an detaillierten und quantifizierbaren Kenntnissen über die Stärke der Beeinflussung und bestehende Zusammenhänge. Für das Logistik- und Komplexitätsmanagement bilden das Wissen über bestehende Ursache-Wirkungs-Beziehungen sowie Systemzusammenhänge jedoch die entscheidende Grundvoraussetzung, um zielgerichtet Handlungsempfehlungen ableiten zu können. Aufgrund der Vielschichtigkeit der Komplexität und ihrer Ursachen ist allerdings eine Fokussierung notwendig. Da in der Literatur der Beschaffungsbereich für die Kundenzufriedenheit und den Unternehmenserfolg als unbestritten gilt, widmet sich Herr Gießmann der beschaffungsinduzierten Komplexität und deren Auswirkungen auf den Logistikerfolg

Die vorliegende Arbeit greift als Zielsetzung zunächst die Relevanz und die Entwicklung des Komplexitätsmanagements aus Sicht der Praxis auf. Dabei werden u. a. etwaige Maßnahmen zur Bewältigung der Komplexität, die organisatorische

Einbindung des Komplexitätsmanagements im Unternehmen sowie die praktischen Anforderungen an ein Komplexitätsmanagement diskutiert. Zur Verbesserung der Effektivität und der Effizienz des Komplexitätsmanagements in der Praxis wird mit Hilfe einer kausalanalytischen Untersuchung in Form eines varianzbasierten Strukturgleichungsmodells der Einfluss der Beschaffungskomplexität auf den Logistikerfolg analysiert. Dazu entwickelt Herr Gießmann wissenschaftlich fundiert und überzeugend ein Messmodell zur Quantifizierung und Erfassung der Ursache-Wirkungs-Beziehungen zwischen der Beschaffungskomplexität und dem Logistikerfolg. Mit Hilfe dieses Messmodells konnte Herr Gießmann erstmals den negativen Zusammenhang zwischen der Beschaffungskomplexität und dem logistischen Erfolg eines Unternehmens empirisch nachweisen und quantifizieren. Die Kenntnis der relevanten Komplexitätstreiber und ihrer Auswirkungen auf die Logistik sowie der bestehenden kausalen Zusammenhänge sind unabdingbar, um im Rahmen des Komplexitätsmanagements die entscheidenden Faktoren zu beeinflussen und die richtigen Maßnahmen zu ergreifen. Auf der Grundlage der in dem entwickelten Messmodell identifizierten komplexitätstreibenden Faktoren im Beschaffungsbereich leitet Herr Gießmann überzeugend Handlungsempfehlungen für einen zielgerichteten Umgang mit den Komplexitätsursachen ab. Insgesamt wird mit seinen Ergebnissen die Theorie und Praxis des Komplexitätsmanagements in der Logistik wesentlich mit neuen Erkenntnissen bereichert.

Die vorliegende Darstellung wendet sich an Wissenschaftler und Praktiker, die an neuen Ideen und Weiterentwicklungen des Komplexitätsmanagements in der Logistik interessiert sind. Ich wünsche der Arbeit weite Verbreitung in Forschung, Lehre und Praxis.

Prof. Dr. Rainer Lasch

Vorwort

Die vorliegende Arbeit entstand während meiner Tätigkeit als wissenschaftlicher Mitarbeiter am Lehrstuhl für Betriebswirtschaftslehre, insbesondere Logistik der TU Dresden. Für die Unterstützung, die ich während meiner Promotion erfahren habe, möchte ich mich im Folgenden bei allen Beteiligten bedanken.

Allen voran gilt mein Dank meinem akademischen Lehrer, Herrn Prof. Dr. Rainer Lasch, der mir durch die Tätigkeit an seinem Lehrstuhl erst die Möglichkeit zur Promotion geboten hat. Zudem verschaffte er mir durch die angenehme Arbeitsatmosphäre die notwendigen Freiräume, die für die Anfertigung einer Dissertationsschrift unabdingbar sind. Herrn Prof. Dr. Udo Buscher danke ich herzlich für die Erstellung des Zweitgutachtens trotz des erhöhten Zeitdrucks. Darüber hinaus bin ich den weiteren Mitgliedern der Promotionskommission, Herrn Prof. Dr. Marco Lehmann-Waffenschmidt sowie Herrn Prof. Dr. Alexander Kemnitz, für ihr bereitwilliges Engagement verpflichtet.

Der größte Dank gebührt jedoch meiner Familie, die durch ihr stetes Interesse am Fortgang der Arbeit, aufmunternde Worte sowie ihre uneingeschränkte Zuversicht entscheidend dazu beigetragen haben, dass auch ich den Glauben an einen erfolgreichen Abschluss der Promotion nie verloren habe. Der regelmäßige Sonntags-Brunch diente ebenfalls nicht nur zur Aufrechterhaltung der Motivation, sondern förderte zudem durch die eine oder andere fachliche Diskussion neue Denkansätze. Wie keine andere hat vor allem meine Verlobte Grit alle Höhen und Tiefen, die während einer Promotion zu durchlaufen sind, miterlebt. Für die zeitlichen Freiräume, die sie mir trotz ihrer eigenen beruflichen Belastung unaufgefordert eingeräumt hat, sowie ihre aufmunternde, ehrliche und liebevolle Art danke ich ihr aus tiefstem Herzen. Ihr ist diese Arbeit gewidmet.

Marco Gießmann

Inhaltsverzeichnis

Abbildungsverzeichnis

Tabellenverzeichnis

Abkürzungsverzeichnis

AendMg	-	Änderungsmöglichkeit der Kunden
AGFI	-	Adjusted-Goodness-of-Fit-Index
AMOS	-	Analysis of Moment Structures
AnpFae	-	Anpassungsfähigkeit
AnzBArt	-	Anzahl zu beschaffender Artikel
AnHierE	-	Anzahl an Hierarchieebenen
AV	-	Abhängige Variable
BerZ	-	Bereitstellungszeit
BestK	-	Bestandskosten
BKom	-	Beschaffungskomplexität
BMaKon	-	Beschaffungsmarktkonzentration
BSchwa	-	Bedarfsschwankungen
CFI	-	Comparative-Fit-Index
DEV	-	Durchschnittlich erfasste Varianz
DLZ	-	Durchlaufzeit
Durchg	-	Mangelnde Ganzheitlichkeit und Durchgängigkeit
DynBMa	-	Dynamik des Beschaffungsmarktes
DynZV	-	Dynamik von Zielvorgaben
EDI	-	Electronic Data Interchange
EDICACT	-	Electronic Data Interchange for Administration, Commerce and Transport
EDV	-	Elektronische Datenverarbeitung
EQS	-	Equation Based Structural Program
ERP	-	Enterprise Resource Planning
F	-	Flexibilitätsbasierter Logistikerfolg
FertT	-	Fertigungstiefe
FMEA	-	Fehler-Möglichkeits- und Einflussanalyse
GFI	-	Goodness-of-Fit-Index
HandK	-	Handlingkosten
HetBArt	-	Heterogenität der Beschaffungsartikel
HetBest	-	Heterogenität der Bestellungen
HetBeZ	-	Heterogenität der Bereichsziele

HetSch	-	Heterogenität der Schnittstellen
HfkLiW	-	Häufigkeit des Lieferantenwechsels
HfkPA	-	Häufigkeit von Prozessanpassungen
InfFae	-	Informationsfähigkeit
IuK-Technologie	-	Informations- und Kommunikations-Technologie
JIT	-	Just in Time
K	-	Kostenbasierter Logistikerfolg
KapAus	-	Kapazitätsauslastung
KMU	-	Kleine und mittelständische Unternehmen
LiAnz	-	Lieferantenanzahl
LiFae	-	Lieferfähigkeit
LiFlex	-	Lieferflexibilität
LiQ	-	Lieferqualität
LiZ	-	Lieferzeit
LiZuv	-	Lieferzuverlässigkeit
LCC	-	Life Cycle Costing
LISREL	-	Linear Structural Relationship
MA	-	Mitarbeiter
MixFlex	-	Flexibilität bzgl. des Sortimentmixes
n. s.	-	nicht signifikant
NFI	-	Normed Fit Index
NNFI	-	Non-normed Fit Index
ODETTE	-	Organization for Data Exchange by Teletransmission in Europe
PBesch	-	Produktbeschaffenheit
PersK	-	Personalkosten
PLS	-	Partial Least Squares
PrBes	-	Prozessbeschleunigung
PrFlex	-	Prozessflexibilität
PrognU	-	Prognoseunsicherheit
PrStab	-	Prozessstabilität
Q	-	Qualitätsbasierter Logistikerfolg
QFD	-	Quality Function Deployment
ReakZ	-	Reaktionszeit auf Kundenwunschänderungen

RFI	-	Relative-Fit-Index
RFID	-	Radio Frequency Identification
RMR	-	Root Mean Square Residual-Index
RMSEA	-	Root Mean Squared Error of Approximation
SC	-	Supply Chain
SCM	-	Supply Chain Management
SEDAS	-	Standardregelungen einheitlicher Datenaustauschsysteme
SoPZuS	-	Sonderprodukte und Zusatzservices
SRMR	-	Standardized Root Mean Square Residual-Index
StanGr	-	Standardisierungsgrad
TLI	-	Tucker-Lewis-Index
TraDef	-	Transparenzdefizit (*Interne Komplexität*)
TranDe	-	Transparenzdefizit (*Beschaffungsmarktkomplexität*)
TransK	-	Transportkosten
ULiZQ	-	Unsicherheit bzgl. Lieferzeit und -qualität
UntLi	-	Unterschiedlichkeit der Lieferanten
UV	-	Unabhängige Variable
UVerMZ	-	Unsicherheit bzgl. der Verkaufsmenge / des -zeitpunktes
VAF	-	Variance Accounted For
VarAnz	-	Variantenanzahl
VielIT	-	Vielfalt der eingesetzten IT-Systeme
VIF	-	Variance Inflation Factor
VMEA	-	Variant Mode and Effects Analysis
VolFlex	-	Volumenflexibilität
Z	-	Zeitbasierter Logistikerfolg

Symbolverzeichnis

$b_{(1)}$	-	Pfadkoeffizient in der ersten Teilstichprobe
$b_{(2)}$	-	Pfadkoeffizient in der zweiten Teilstichprobe
$n_{(1)}$	-	Stichprobenumfang der ersten Teilstichprobe
$n_{(2)}$	-	Stichprobenumfang der zweiten Teilstichprobe
$se^2_{\beta_{(1)}}$	-	Varianz des Pfadkoeffizienten in der ersten Teilstichprobe
$se^2_{\beta_{(2)}}$	-	Varianz des Pfadkoeffizienten in der zweiten Teilstichprobe

1 Einführung

1.1 Motivation und Zielstellung

Die aktuelle Situation auf vielen Märkten ist durch einen zunehmenden Wettbewerbsdruck als Folge der anhaltenden Globalisierung, einen Anstieg der Kundenwünsche und -anforderungen sowie eine hohe Marktdynamik gekennzeichnet. Das Bestehen am Markt wird dabei heutzutage nicht mehr ausschließlich durch das Angebot qualitativ hochwertiger Produkte zu einem günstigen Preis, sondern vor allem durch ein breites Leistungsangebot, kurze Lieferzeiten sowie eine hohe Reaktionsfähigkeit und Flexibilität bestimmt.[1] Wegen des starken Verdrängungswettbewerbes und des Überangebotes substituierbarer Güter versuchten die Unternehmen in der Vergangenheit zunehmend, mithilfe eines breit gefächerten Produktsortimentes sowie der Möglichkeit zur kundenindividuellen Gestaltung und Anpassung der Produkte Wettbewerbsvorteile zu erzielen. Bestand das Produktportfolio Ende der achtziger Jahre in der Regel noch aus einigen wenigen Produktvarianten, wurde das Produktprogramm später sukzessive ausgeweitet, wodurch nicht nur ein starker Anstieg der Teile-, Typen- und Variantenvielfalt zu verzeichnen ist, sondern gleichzeitig die Komplexität der Planung, Steuerung und Kontrolle der logistischen Abläufe immer weiter zunimmt.[2] Aber nicht nur das ausufernde Produktprogramm und die Heterogenität bzw. Individualität der Kundenanforderungen wirken komplexitätstreibend, auch die Dynamik auf den Beschaffungs- und Absatzmärkten, die Nachfrage- und Versorgungsunsicherheit, die technologischen Entwicklungen sowie die zahlreichen Verflechtungen und Schnittstellen zu den beteiligten Partnern einer Wertschöpfungskette führen zu einem Komplexitätsanstieg. Das Komplexitätsmanagement wird deshalb zunehmend zu einem entscheidenden Erfolgs- und Wettbewerbsfaktor,[3] da es dazu beiträgt, Individualität und Wirtschaftlichkeit miteinander zu vereinen und eine Balance zwischen der erforderlichen Komplexität und der Effizienz der Leistungs-

[1] Vgl. LASCH (1998), S. 1; WILDEMANN (2005), S. 2.

[2] Vgl. SCHUH (1995), S. 436; DEHLER (2001), S. 1. Auf dem europäischen Automobilmarkt ist z. B. eine Steigerung der angebotenen Modelle von 238 im Jahr 1992 auf 281 im Jahr 2002 zu beobachten. Dadurch stieg beispielsweise die Anzahl der Einzelteile bei Opel von 72.000 (1992) auf 170.000 (2002) und auch bei VW ist im gleichen Zeitraum eine Steigerung der Ersatzteilanzahl um 142% festzustellen. Vgl. VAHRENKAMP (2007), S. 4.

[3] Vgl. NYHUIS, ROTBAUER (2003), S. 121f.; SCHUH (2005), S. 292.

erstellung herzustellen.[4] Einerseits ist ein Mindestmaß an Komplexität notwendig, um den Marktanforderungen zu genügen (z. B. Variantenvielfalt und variables Leistungsangebot zur Befriedigung der individuellen und wechselhaften Kundenwünsche, Lieferantenvielfalt zur Sicherstellung der Versorgung, etc.). Andererseits kann Komplexität nur in bestimmten Grenzen beherrscht werden und führt mit einem zunehmenden Ausmaß zu Qualitätseinbußen, langen Lieferzeiten, einer verminderten Flexibilität sowie einem Kostenanstieg.[5]

In der wissenschaftlichen Diskussion gilt der negative Einfluss einer zunehmenden Komplexität auf die logistische Leistungsfähigkeit als unbestritten und wird hinreichend oft betont.[6] Allerdings basiert diese Erkenntnis im Wesentlichen auf Plausibilitätsüberlegungen, einem „Bauchgefühl" oder allenfalls einer theoretischen Auseinandersetzung innerhalb der Literatur. Empirisch wurde der Zusammenhang zwischen der Komplexität und der logistischen Leistungsfähigkeit bzw. dem Logistikerfolg als deren Resultat bislang noch nicht ausreichend untersucht bzw. quantifiziert. Somit besteht das Problem, dass zwar eine negative Beeinflussung des Logistikerfolges durch die zunehmende Komplexität vermutet werden kann, allerdings unklar ist, wie stark dieser Effekt ist und welche Komplexitätstreiber einen außerordentlich großen Einfluss auf die Logistik ausüben. Ohne das Wissen darüber, welche (Komplexitäts-) Ursache eine besondere Relevanz besitzt oder für ein bestehendes Defizit verantwortlich ist, können Handlungsempfehlungen allerdings nur sporadisch und nicht zielgerichtet abgeleitet werden, wodurch das Komplexitätsmanagement seine Wirkung verfehlt oder seine Potenziale nicht umfassend ausschöpft. HEUSLER ET AL. bezeichnen deshalb die Schaffung von Transparenz und das Management von Komplexität als die zentralen Herausforderungen des Logistikmanagements.[7] Auch BLUM erachtet umfassende Kenntnisse zu grundlegenden Ursachen und Zusammenhängen zwischen der Logistikleistung und den Logistikkosten insbesondere im Kontext der zunehmenden Komplexität als wichtig.[8] Die Notwendigkeit von Transparenz und

---

4 Fast 100 Jahre nach Henry Fords legendärem Ausspruch *„Any customer can have a car painted any color that he wants as long as it is black"* sind die Anforderungen der Kunden und die Machtposition, mit der sie diese durchzusetzen vermögen, so stark gestiegen, dass heutzutage trotz schlanker, standardisierter und effizienter Prozesse dennoch möglichst individuelle und variantenreiche Produkte angeboten werden können.

5 Vgl. WERNER (1997), S. 63; MEYER (2007), S. 94.

6 Vgl. KESTEL (1995), S. 30; ADAM (1998), S. 2; SCHWENK-WILLI (2001), S. 55ff.; DARKOW (2003), S. 166ff.; MEYER (2007), S. 16; KRAUSE ET AL. (2007), S. 15; WILDEMANN (2007), S. 33.

7 Vgl. HEUSLER ET AL. (2006), S. 24.

8 Vgl. BLUM (2006), S. 116.

Informationen über Ursache-Wirkungs-Beziehungen als ersten Schritt im gesamten Komplexitätsmanagement wird darüber hinaus auch von SCHUH und anderen Autoren immer wieder betont.[9]

Die vorliegende Arbeit verfolgt das Ziel, diese bestehende Forschungslücke zu schließen und den Zusammenhang zwischen der Komplexität und dem Logistikerfolg empirisch zu untersuchen sowie zu quantifizieren. Dabei soll nicht nur der Einfluss der Komplexität auf die logistischen Zielgrößen ermittelt, sondern mithilfe eines Messmodells die Möglichkeit zur Erfassung und Quantifizierung der Komplexität geschaffen werden. Aufgrund der Vielschichtigkeit und Mehrdimensionalität der Komplexität ist eine vollständige Abbildung sämtlicher Komplexitätsursachen und -facetten in einem einzigen Modell allerdings unmöglich, weshalb eine Fokussierung auf einen Teilbereich der Komplexität erforderlich und sinnvoll ist. Im Rahmen dieser Arbeit wird somit der detaillierten und realitätsnahen Erfassung eines Teilbereiches gegenüber einer unvollständigen Abbildung der gesamten Komplexität der Vorrang gegeben.

In der Literatur gilt die besondere Bedeutung des Beschaffungsbereiches für die Kundenzufriedenheit und den Unternehmenserfolg als unbestritten.[10] Beschaffungsentscheidungen beeinflussen nicht nur die Materialkosten und damit den Verkaufspreis der Güter, sondern ebenso die Kapitalbindung[11], die Produktqualität[12] sowie die Lieferzeit und den Lieferservice[13]. Darüber hinaus bildet eine leistungsstarke und flexible Beschaffung die Voraussetzung für die Fähigkeit, vielfältige Produkte und Produktvarianten anzubieten bzw. auf individuelle Sonderwünsche einzugehen und diese anschließend schnell zu erfüllen. Als Ausgangspunkt der unternehmensinternen Logistik beeinflusst die Beschaffung sämtliche nachgelagerten Unternehmensbereiche, wodurch sie eine strategische Position einnimmt und die Beschaffungskomplexität nicht nur einen wichtigen, sondern womöglich den bedeutendsten Teil der gesamten Unternehmenskomplexität darstellt.[14] In früheren Forschungsarbeiten wurde die Bedeutung der Beschaffungskomplexität mehrfach betont. So identifizieren

---

9 Vgl. SCHUH (2005), S. 119; ARNDT (2008), S. 119.

10 Vgl. MELZER-RIDINGER (1994), 16ff.; ARNOLDS ET AL. (1998), S. 31ff.; SCHULTE (2001), S. 40ff.; HARTMANN (2002), S. 57ff.

11 Z. B. für Investitionen in Lagertechnologien, den Bestand an Produktionsgütern sowie Fertigwaren.

12 Z. B. durch die Auswahl geeigneter Lieferanten, die Versorgung mit hochwertigen Materialien und Produktionsfaktoren oder eine effektive Wareneingangskontrolle.

13 Z. B. durch eine termingerechte Versorgung der Fertigung mit den benötigten Produktionsgütern.

14 Vgl. MAYER (2007), S. 109.

beispielsweise sowohl KIRCHHOF als auch KLEINALTENKAMP ET AL. die Komplexität der Beschaffung als wichtigen Komplexitätstreiber.[15] Auch MAYER konnte in einer empirischen Untersuchung feststellen, dass die Auswirkungen der Beschaffungskomplexität auf die Logistik als hoch einzuschätzen sind.[16] Somit erscheint die in dieser Arbeit vorgenommene Fokussierung auf den Teilaspekt der Beschaffungskomplexität nicht nur sinnvoll, sondern aufgrund der bescheinigten großen Bedeutung als zielführend und notwendig.[17]

Auf Basis dieser Ausführungen kann die Zielsetzung dieser Arbeit wie folgt zusammengefasst werden: Nach einer intensiven Thematisierung der Komplexitätsproblematik innerhalb der betriebswirtschaftlichen Literatur in den vergangenen Jahre steht in dieser Arbeit vor allem das Komplexitätsmanagement in der Praxis im Fokus des Interesses. Zunächst soll untersucht werden, welche Relevanz die Thematik für die Unternehmen besitzt und wie die Entwicklung der Komplexität aus Sicht der Praxis eingeschätzt wird. Darauf aufbauend stellt sich die Frage, ob und in welchem Umfang die Unternehmen bereits Maßnahmen zur Bewältigung der Komplexität ergriffen haben und welchen Fokus sie dabei besitzen. Interessant erscheint in diesem Zusammenhang ebenfalls die Frage, wie das Komplexitätsmanagement organisatorisch im Unternehmen verankert ist. Gleichzeitig wird in dieser Arbeit untersucht, welche Anforderungen die Unternehmen an ein Komplexitätsmanagement stellen und wie diese derzeit in der Praxis erfüllt werden. Dadurch sollen bestehende Defizite aufgezeigt und weiterer Forschungsbedarf abgeleitet werden.

Um Transparenz zu schaffen und die Effektivität sowie die Effizienz des Komplexitätsmanagements in der Praxis zu verbessern, wird im zweiten Teil dieser Arbeit mithilfe einer kausalanalytischen Untersuchung der Einfluss der Beschaffungskomplexität auf den Logistikerfolg untersucht und quantifiziert. Von besonderem Interesse ist dabei die Analyse der komplexitätstreibenden Faktoren im Bereich der Beschaffung sowie ihrer individuellen Bedeutung für die Erreichung der logistischen Zielgrößen. Darauf aufbauend sollen Handlungsempfehlungen für einen zielgerichteten Umgang

15 Vgl. KIRCHHOF (2003); KLEINALTENKAMP ET AL. (2006), S. 346ff.

16 Vgl. MAYER (2007), S. 109.

17 Um einer ganzheitlichen Betrachtung des Untersuchungsgegenstandes zu entsprechen, bleiben zudem trotz der Fokussierung auch Komplexitätsaspekte anderer Unternehmensbereiche, die direkt oder indirekt einen Einfluss auf die Beschaffungskomplexität ausüben, nicht unberücksichtigt.

mit den Komplexitätsursachen abgeleitet werden, um dadurch ein zielgerichtetes Komplexitätsmanagement in der Praxis zu unterstützen.
Ausgehend von dieser Zielstellung lassen sich folgende vier Forschungsfragen formulieren, die mithilfe dieser Arbeit beantwortet werden sollen:

1) Welchen Stellenwert besitzt das Komplexitätsmanagement in der Unternehmenspraxis und welche Probleme können hinsichtlich der Effektivität und Effizienz festgestellt werden?

2) Wie setzt sich die Beschaffungskomplexität im Allgemeinen zusammen und welche Faktoren wirken besonders komplexitätstreibend?

3) Welcher Zusammenhang besteht zwischen der Beschaffungskomplexität und dem Logistikerfolg eines Unternehmens?

4) Welche Komplexitätstreiber besitzen einen besonders starken Einfluss auf dem Logistikerfolg und sollten im Rahmen des Komplexitätsmanagements bevorzugt betrachtet und behandelt werden?

Zur Beantwortung dieser Forschungsfragen wird die vorliegende Arbeit in acht Kapitel untergliedert, deren Inhalte und Zielsetzungen im Folgenden kurz vorgestellt werden sollen.

1.2 Aufbau der Arbeit

Kapitel 1 schließt mit einer forschungsmethodischen Einordnung der Arbeit. Im Anschluss daran schafft **Kapitel 2** zunächst einen theoretischen Bezugsrahmen, indem Subsysteme und allgemeine Ziele der Logistik vorgestellt werden, um im späteren Verlauf der Arbeit den Einfluss der Komplexität auf diese zu verdeutlichen. Anschließend erfolgt eine Diskussion der Komplexitätsursachen und -auswirkungen sowie der möglichen Strategien im Umgang mit der Komplexität. Auf Basis der komplexitätsspezifischen Besonderheiten werden zudem Anforderungen an ein ganzheitliches Komplexitätsmanagement abgeleitet.
In **Kapitel 3** richtet sich der Fokus auf die bisherige theoretische Auseinandersetzung mit der Komplexitätsproblematik. Um in knappen Zügen den Stand der Forschung aufzuzeigen, werden in einem ersten Schritt zunächst die Entwicklungsetappen des Komplexitätsmanagements innerhalb des betriebswirtschaftlichen Schrift-

tums dargelegt. Im Anschluss daran erfolgt eine Vorstellung der wichtigsten Einzelansätze des Komplexitätsmanagements, bevor ein Überblick über existierende wissenschaftliche Arbeiten im Bereich des Komplexitätsmanagements gegeben wird. Hierbei wird zwischen Arbeiten mit einem Fokus auf ein bestimmtes Gestaltungsobjekt (Produkt, Produktprogramm, Prozess, Organisation) sowie ganzheitlichen Ansätzen unterschieden. Ein Fazit fasst den Stand der Forschung zusammen und benennt bestehende Forschungslücken.

Anschließend wendet sich der Blick von der Theorie zur Praxis. In **Kapitel 4** werden die Ergebnisse einer deutschlandweiten empirischen Untersuchung zum Komplexitätsmanagement im verarbeitenden Gewerbe vorgestellt. Zur Beantwortung der ersten Forschungsfrage erfolgt hierbei zunächst die Untersuchung, wie die Unternehmen die Komplexitätsproblematik wahrnehmen und wie sich die Komplexität in den vergangenen Jahren entwickelt hat. Darüber hinaus wird analysiert, ob die Unternehmen ein aktives Komplexitätsmanagement besitzen, wie dies organisatorisch eingebettet ist und wie dessen Durchführung erfolgt. Abschließend sollen Anforderungen an ein Komplexitätsmanagement aus Sicht der Praxis sowie bestehende Defizite bei deren Erfüllung aufgezeigt werden.

Kapitel 5 beschäftigt sich mit den erforderlichen statistischen und methodischen Grundlagen, um anschließend die im Kern der Arbeit stehende kausalanalytische Untersuchung zum Einfluss der Beschaffungskomplexität durchführen zu können. Dazu wird zunächst die Kausalanalyse innerhalb der statistischen Methoden eingeordnet, bevor die Abgrenzung grundlegender Begriffe als Ausgangspunkt dient, um einen kritischen Vergleich zwischen formativen und reflektiven Messmodellen durchzuführen. Aufgrund der besonderen Bedeutung für das zu entwickelnde Modell im sechsten Kapitel folgt anschließend eine Gegenüberstellung varianz- und kovarianzbasierter Verfahren. Abschließend werden die Konsequenzen für die Modellentwicklung im sechsten Kapitel zusammenfassend dargelegt.

Kapitel 6, in dessen Kern die kausalanalytische Untersuchung zum Einfluss der Beschaffungskomplexität auf den Logistikerfolg steht, bildet sowohl inhaltlich als auch hinsichtlich des Umfanges den Schwerpunkt der Dissertation. Ein Überblick zu bestehenden kausalanalytischen Arbeiten zur Komplexitätsproblematik unterstreicht einerseits den Neuigkeitswert dieser Arbeit und dient neben den theoretischen Grundlagen aus den einführenden Kapiteln zugleich als Ausgangspunkt für die Entwicklung des Untersuchungsmodells. Anschließend erfolgt auf Basis der verfügbaren

Daten die Auswahl einer geeigneten Forschungsmethodik, bevor die Ergebnisse der Untersuchung vorgestellt und interpretiert werden. Ein besonderes Augenmerk liegt hierbei auf der Gütebeurteilung. Um die Verlässlichkeit der Ergebnisse sicherzustellen, werden neben dem ursprünglichen Untersuchungsmodell zusätzlich verschiedene Modellvarianten betrachtet und validiert. Ein Fazit fasst die Ergebnisse der Untersuchung zusammen.

Auf Basis der festgestellten Defizite bei der Durchführung des Komplexitätsmanagements in der Praxis sowie den Ergebnissen der kausalanalytischen Untersuchung zu den Auswirkungen der Beschaffungskomplexität sollen in **Kapitel 7** Handlungsempfehlungen für die Unternehmen abgeleitet werden. Im Sinne einer ganzheitlichen Optimierung werden diese hierbei sowohl für das normative als auch das strategische und operative Management formuliert.

Die Schlussbetrachtung in **Kapitel 8** fasst die wesentlichen Ergebnisse dieser Arbeit zusammen. Gleichzeitig dient eine kritische Würdigung der vorliegenden Arbeit als Grundlage für die Ableitung des weiteren Forschungsbedarfes.

Abbildung 1-1 verdeutlicht den Aufbau der vorliegenden Arbeit nochmals grafisch.

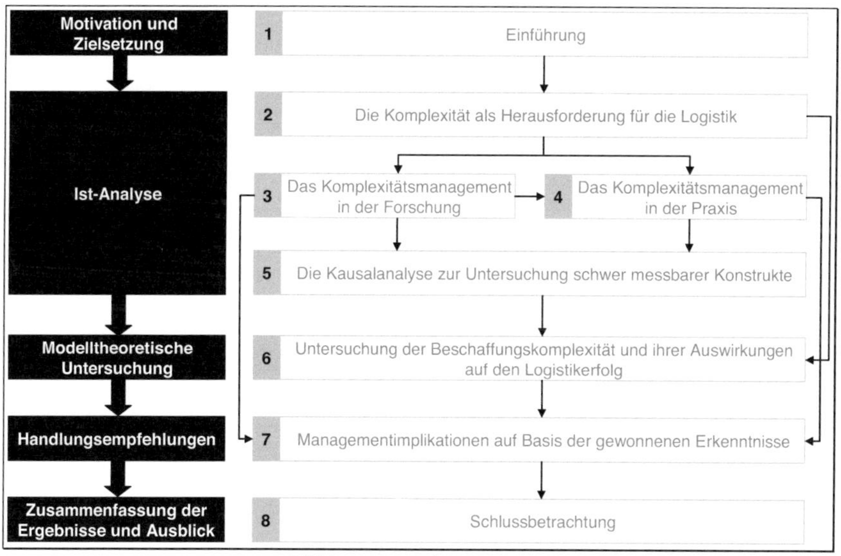

Abbildung 1-1: Aufbau der Arbeit

1.3 Forschungsmethodische Einordnung der Arbeit

Die Betriebswirtschaftslehre als Teil der Realwissenschaften verfolgt das Ziel, die komplexe reale Umwelt durch Modelle abzubilden und zu beschreiben, um sie dadurch erklärbar zu machen und Entscheidungen zu unterstützen.[18] Hierbei obliegt es dem Forscher, durch eine möglichst realitätsnahe Modellierung trotz der Abstraktion und Vereinfachung der realen Strukturen und Zusammenhänge eine möglichst hohe Übertragbarkeit der Forschungsergebnisse sicherzustellen. Die vorliegende Arbeit ist dem Teilgebiet der **Grundlagenforschung** zuzuordnen. Hierbei wird das Ziel verfolgt, allgemeingültiges Wissen zu generieren oder bestehendes Wissen zu präzisieren.[19] Den Ausgangspunkt der Grundlagenforschung bildet somit eine bestehende Forschungslücke, die z. B. mithilfe der empirischen Forschung geschlossen werden soll.[20] Der Philosophie des *Kritischen Rationalismus* liegt dabei die Idee zu Grunde, dass generiertes Wissen fehlerhaft sein kann und somit nur vorläufiger Natur ist. Der Forscher versucht seine Hypothesen zu verallgemeinern, zu verfeinern und sie durch Experimente in Frage zu stellen, um ihre Schwächen herauszufinden und sie durch neue, verbesserte Hypothesen zu ersetzen („trial and error").[21] Dennoch geht der Kritische Rationalismus auch bei einer nachhaltigen und wiederholten Bewährung einer Theorie nicht davon aus, dass dies ein Argument für die Wahrheit der Theorie ist. Vielmehr kann eine Theorie im Sinne des kritischen Rationalismus nur vorübergehend bestätigt werden.[22] Insbesondere in den Wirtschafts- und Sozialwissenschaften behindert die Problematik der Messfehler die Anwendung des Kritischen Rationalismus. Nach Ansicht von HUNT treten diese bei der Messung komplexer sozialwissenschaftlicher Konstrukte weitaus häufiger und umfassender auf als bei naturwissenschaftlichen Messungen.[23] Das Paradigma des *wissenschaftlichen Realismus* akzeptiert diese Unvollkommenheit der Messinstrumente und erlaubt die Betrachtung einer Hypothese oder Theorie als wahr, wenn diese wiederholt empirisch bestätigt werden kann. Auch wenn verifizierte Hypothesen vor dem Hintergrund, dass auch sie nur einen Ausschnitt der weitaus komplexeren Realität darstellen und

---

18 Vgl. ULRICH, HILL (1979), S. 161ff.

19 Vgl. KROMREY (2006), S. 11f.

20 Im vorliegenden Fall fehlt das Wissen über strukturelle Zusammenhänge zwischen der Beschaffungskomplexität und dem Logistikerfolg. Diese bestehende Forschungslücke soll auf Basis einer empirischen Untersuchung geschlossen und damit neues Wissen geschaffen werden.

21 Vgl. KROMREY (2006), S. 27ff.

22 Vgl. KORNMEIER (2007), S. 40f.

23 Vgl. HUNT (1990), S. 9.

nicht sämtliche Einflussgrößen beim Hypothesentest berücksichtigt werden können, keine endgültige Sicherheit über deren tatsächliche Gültigkeit in der Realität bieten, nähern sich die empirischen Ergebnisse aber mit einer zunehmenden Wahrscheinlichkeit der realen Wahrheit approximativ an.[24] Der wissenschaftliche Realismus besitzt eine unmittelbare Nähe zur Kausalanalyse, da er u. a. das Ziel verfolgt, die Konzeptualisierung und Operationalisierung, d. h. die empirische Erfassung und Messung bestehender Konstrukte, zu verbessern und Beziehungen zwischen verschiedenen Konstrukten, insbesondere als Beziehungsgeflecht (Ursache-Wirkungs-Beziehungen) zu entdecken.[25] Für die vorliegende empirische Untersuchung bedeuten diese beiden wissenschaftstheoretischen Paradigmen, dass die gewonnenen Ergebnisse kritisch zu hinterfragen sind und eine Übereinstimmung der Ergebnisse mit einer zuvor aufgestellten Hypothese nicht einem empirischen Nachweis der Richtigkeit bzw. Wahrheit gleichkommt. Vielmehr rechtfertigt die Bestätigung einer Hypothese „nur" keine Falsifikation der Theorie auf Basis der empirischen Daten und kann somit als Indiz für deren Richtigkeit angesehen werden.

Neben der Unterscheidung zwischen einer *anwendungsorientierten* und einer *reinen Forschung*, zu der die Grundlagenforschung zu zählen ist,[26] lassen sich drei Forschungsmethoden bzw. -phasen voneinander abgrenzen.[27] So beschäftigt sich der *Entdeckungszusammenhang* als qualitativer Forschungsansatz mit der Beschreibung von Untersuchungsbereichen und der Entdeckung neuer Theorien oder Hypothesen. Eine empirische Überprüfung und damit eine Einschätzung der Qualität dieser theoretischen Vermutungen stellt jedoch keinen Bestandteil des Forschungsansatzes des Entdeckungszusammenhangs dar, sondern kennzeichnet vielmehr den *Begründungszusammenhang*. In Verbindung mit dem anwendungsorientierten Wissenschaftsansatz steht der sogenannte *Anwendungszusammenhang* als dritte Forschungsmethode. Hierbei steht die Verwendung der gewonnenen Erkenntnisse für die Praxis im Fokus des Interesses.[28] Mithilfe der kausalanalytischen Untersuchung in Kapitel 6 soll eine Erklärung für real existierende Phänomene (z. B. eine verminderte logistische Leistungsfähigkeit im Zusammenhang mit einer Komplexitätszunahme) gefunden werden. Dies legt die Zuordnung zum Forschungsansatz des **Begrün-**

---

24 Vgl. McMullin (1984), S. 26.
25 Vgl. Hunt (1991), S. 383.
26 Vgl. Kromrey (2006), S. 11ff.
27 Vgl. Ulrich, Hill (1979), S. 166ff.
28 Vgl. Kirchhof (2003), S. 4ff.

dungszusammenhanges nahe. Gleichzeitig wird mithilfe des generierten Wissens eine Unterstützung der Praxis angestrebt, indem Gestaltungs- und Handlungsempfehlungen abgeleitet werden. Die ermittelten Abhängigkeitsbeziehungen dienen unmittelbar der Effektivitäts- und Effizienzsteigerung des Komplexitätsmanagements in der Praxis, wodurch die Relevanz der vorliegenden Arbeit für den **Anwendungszusammenhang** unterstrichen wird. Eine eindeutige Zuordnung zur Gruppe des Begründungs- bzw. Anwendungszusammenhangs ist nicht abschließend möglich, da beide Bereiche tangiert werden.

Neben der kausalanalytischen Untersuchung zum Einfluss der Beschaffungskomplexität stellt die Unternehmensbefragung zum Stand des Komplexitätsmanagements in der Praxis (vgl. Kapitel 4) einen ebenfalls sehr bedeutenden Bestandteil der vorliegenden Arbeit dar. Das Forschungsinteresse richtet sich hierbei auf die Verbreitung, die Durchführung sowie bestehende Defizite des Komplexitätsmanagements in der Praxis, ohne hierfür auf Vermutungen oder Hypothesen zurückzugreifen. Während die kausalanalytische Untersuchung in Kapitel 6 somit einen theoriegeleiteten und damit **konfirmatorischen Charakter** besitzt, liegt der empirischen Untersuchung in Kapitel 4 eine **explorative Vorgehensweise** zu Grunde.

Zusammenfassend weist diese Arbeit somit sowohl Aspekte einer theoretischen als auch einer empirischen Forschung auf. Dabei werden bestehende Theorien empirisch überprüft, um dadurch eine Erweiterung des derzeitigen Erkenntnisstandes zu erreichen und eine Verallgemeinerung des theoretischen Wissens zu ermöglichen.

2 Die Komplexität als Herausforderung in der Logistik

2.1 Grundlegende Betrachtung der Logistik

2.1.1 Begriffsbestimmung und Abgrenzung logistischer Subsysteme

Die zunehmenden Anforderungen, die an die Pünktlichkeit, Zuverlässigkeit, Flexibilität und Individualität der Produkte und Serviceleistungen gestellt werden, führten in der Vergangenheit zu einem deutlichen Bedeutungszuwachs der Logistik, die sich im Zuge dessen von einer betrieblichen Randfunktion zu einem strategischen Wettbewerbsfaktor entwickelt hat.[29] Der Begriff *Logistik* entstammt ursprünglich aus dem militärischen Bereich. Hier wurde unter Logistik der Transport und die Unterbringung der Truppen sowie die Versorgung mit Nahrungsmitteln und militärischen Gütern verstanden.[30] Die Etymologie geht auf den griechischen Wortstamm „lego“ (denkbar), das lateinische „logica“ (Vernunft) sowie das französische „Logik“ (berechnend) bzw. „logis“ (versorgen) zurück.[31] Nachdem die Logistik anfänglich lediglich zur Überbrückung zeitlicher und mengenmäßiger Disparitäten angesehen und ihr folglich vorrangig die Aufgabe des Transports, des Umschlages und der Lagerung (TUL) von Waren zugesprochen wurde, erlangte sie aufgrund der veränderten Marktbedingungen sowie der ansteigenden Kundenanforderungen zunehmend eine strategische Bedeutung und das Aufgabenfeld erweiterte sich um Koordinations- und Führungsaufgaben.[32] Dem heutigen Begriffsverständnis folgend werden der Logistik sowohl operative, d. h. planende, steuernde und kontrollierende, als auch strategische, d. h. gestaltende, Aufgaben zugeordnet.[33] Eine allumfassende und allgemein anerkannte Begriffsabgrenzung existiert jedoch in der Literatur nicht und je nach Autor unterscheiden sich sowohl die Begriffsdefinition als auch das Aufgabenspektrum, welches der Logistik zugesprochen wird.[34] Oftmals wird das Aufgabenfeld der Logistik mit den „7r“ umschrieben, wonach die Logistik dafür verantwortlich ist,

- das richtige Objekt (Güter, Personen),

---

29 Vgl. Lasch (1998), S. 1; Heisereich (2002), S. 4.
30 Vgl. Weber, Kummer (1998), S. 1f.; Wiendahl (2002), S. 9.
31 Vgl. Jünemann, Daum (1989), S. 5; Weber, Kummer (1998), S. 1.
32 Vgl. Pfohl (2004a), S. 3ff.
33 Vgl. Heisereich (2002), S. 5.
34 Eine Übersicht zu verschiedenen Begriffsdefinitionen innerhalb der Literatur ist z. B. Heisereich (2002), S. 7 zu entnehmen.

- in der richtigen Menge,
- am richtigen Ort,
- zum richtigen Zeitpunkt,
- in der richtigen Qualität,
- mit den richtigen Informationen sowie
- zu den richtigen Kosten

zur Verfügung zu stellen.[35]

Im Rahmen dieser Arbeit soll in Anlehnung an gängige Begriffsabgrenzungen innerhalb der Literatur unter Logistik die Planung, Steuerung und Kontrolle sämtlicher Waren-, Finanz- und Informationsflüsse zwischen den Lieferanten auf dem Beschaffungsmarkt, über den innerbetrieblichen Wertschöpfungsprozess bis hin zum Kunden auf dem Absatzmarkt verstanden werden.[36] Da die logistische Leistung somit nicht nur innerhalb der Unternehmensgrenzen erbracht wird, sondern logistische Prozesse auch unternehmensübergreifend durchgeführt werden, sind am Wertschöpfungsprozess in der Regel mehrere Unternehmen beteiligt (z. B. Lieferanten, Transportdienstleister, Zwischenhändler). In der Literatur wird deshalb von einer Supply Chain[37] (wörtlich übersetzt: Lieferkette) gesprochen, die aufgrund der zahlreichen Verflechtungen der beteiligten Unternehmen allerdings vielmehr den Charakter eines Netzwerkes besitzt.

Dieser Begriffsdefinition folgend lassen sich bei einer funktionsorientierten Betrachtung der Logistik entsprechend der Phasen des Güterflusses die Subsysteme Beschaffungs-, Produktions-, Distributions-, Instandhaltungs- sowie Redistributionslogistik unterscheiden (vgl. Abbildung 2-1).[38]

---

35 Vgl. JÜNEMANN, DAUM (1989), S. 18; WIENDAHL (2002), S.10f.; ARNDT (2008), S. 37.

36 Vgl. LASCH (1998), S. 5ff.; HEISEREICH (2002), S. 7; ARNDT (2008), S. 36.

37 Unter einer Supply Chain werden sämtliche Material-, Finanz- und Informationsflüsse innerhalb eines Netzwerkes verschiedener Unternehmen, die an der Entwicklung, Herstellung, Lieferung oder zusätzlichen Dienstleistungen im Zusammenhang mit einem bestimmten Produkt beteiligt sind, verstanden. Vgl. ARNDT (2008), S. 46.

38 Die vorwärtsgerichteten Subsysteme der Beschaffungs-, Produktions- und Distributionslogistik lassen sich demnach der *Versorgungslogistik* zuordnen, während der rückwärtsgerichtete Güterfluss (Redistributionslogistik) auch als *Entsorgungslogistik* bezeichnet wird. Vgl. PFOHL (2004b), S. 406.

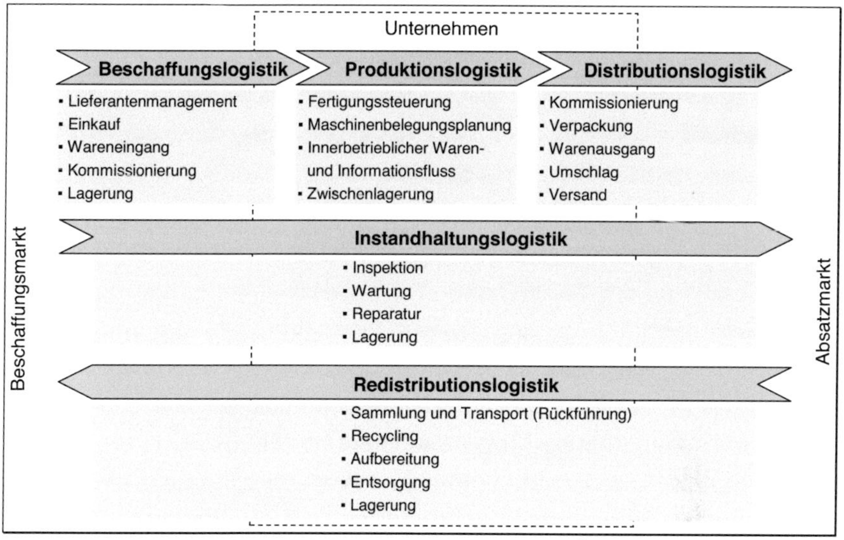

Abbildung 2-1: Die logistischen Subsysteme im Überblick

- **Beschaffungslogistik**

Die Aufgabe der Beschaffung besteht in der Versorgung des Unternehmens mit den zur betrieblichen Leistungserstellung benötigten Produktionsgütern wie Roh-, Hilfs- und Betriebsstoffen sowie im weiteren Sinne den zur Fertigung notwendigen Maschinen, Anlagen sowie Werkzeugen.[39] In der Literatur werden oftmals die Begriffe Beschaffung, Materialwirtschaft und Einkauf synonym verwendet, wobei dies aus Sicht des Autors unzulässig ist, da der Materialwirtschaft primär eine objektbezogene Sicht der Versorgung zu Grunde liegt und somit im Speziellen die Warenflüsse betrachtet werden, wohingegen der Einkauf i. d. R. für die kaufmännische Abwicklung sowie die Vertragsverhandlungen verantwortlich ist. Die Beschaffung kann hingegen als Oberbegriff angesehen werden, da hierbei sowohl strategische als auch operative Aufgaben anfallen und sämtliche Aspekte der Unternehmensversorgung, d. h. der Materialwirtschaft und des Einkaufs, Berücksichtigung finden.[40] Die Beschaffungslogistik ist für die Planung, Steuerung, Durchführung und Kontrolle des Material- sowie des dazugehörigen Informationsflusses von den Lieferanten bis zur Bereitstellung für die

---

[39] Vgl. LARGE (2000), S. 2.

[40] Auf eine dezidierte Begriffsunterscheidung soll an dieser Stelle verzichtet und stattdessen auf die Literatur verwiesen werden. Vgl. ARNOLDS ET AL. (1998), S. 12ff.; HARTMANN (2002), S. 20ff.; LARGE (2003), S. 27; MELZER-RIDINGER (2004), S. 4ff.

Produktion verantwortlich, um eine mengen-, termin- und qualitätsgerechte Verfügbarkeit der benötigten Produktionsfaktoren sicherzustellen.[41] Auf operativer Ebene gehören als vorgelagerte Tätigkeiten die Bedarfsermittlung und Bestellauslösung sowie die physische Warenannahme, Wareneingangskontrolle, Lagerung, Kommissionierung sowie die Bereitstellung der benötigten Güter für die Produktion zum Aufgabenfeld der Beschaffung. Als strategische Aufgaben sind u. a. die Lieferantenauswahl sowie die Entwicklung effizienter und leistungsfähiger Beschaffungskonzepte zu nennen.[42] Aufgrund des beschriebenen Tätigkeitsfeldes bildet die Beschaffungslogistik die Schnittstelle zwischen dem eigenen Unternehmen und den Beschaffungsmärkten. Dies impliziert, dass der Bereich der Beschaffung nicht nur durch die unternehmensinternen Strukturen und Abläufe beeinflusst wird, sondern gleichsam von den externen (Komplexitäts-) Faktoren auf dem Beschaffungsmarkt abhängig ist.[43] Zum Aufgabengebiet der Beschaffung gehören somit ebenfalls Aspekte des Lieferantenmanagements sowie die Koordination interner und externer logistischer Dienstleister. Um kurze Lieferzeiten zu realisieren und die Bestandskosten zu minimieren, gewinnt vor allem die bestandslose Just in Time (JIT)-Belieferung zunehmend an Bedeutung. Auch wenn hierdurch die physische Einlagerung und Kommissionierung entfallen, stellt diese Beschaffungsform zusätzliche Anforderungen an die Logistik. Vor allem die Lieferantenauswahl sowie die Planung und Steuerung der Anlieferzeitpunkte und -mengen stellen Schlüsselfaktoren dar, um die Verfügbarkeit der benötigten Güter sicherzustellen. Die Qualitätssicherung bildet nicht nur wegen dem drohenden Produktionsstillstand und den damit einhergehenden Konsequenzen[44] eine Hauptaufgabe der Beschaffung, sondern auch deshalb, weil die Qualität des Endproduktes zunehmend von der Güte der Beschaffungsobjekte abhängig ist.[45] Deshalb entwickeln sich zunehmend neue Formen der Zusammenarbeit mit Lieferanten, die beispielsweise an der Produktentwicklung beteiligt werden oder selbst einfache Montagetätigkeiten übernehmen (Modular Sourcing).

---

41 Vgl. LASCH (1998), S. 18.
42 Vgl. BOUTELLIER, LOCKER (1998), S. 55f.
43 Vgl. Kapitel 6.3.1.1.
44 Zu nennen sind z. B. Kosten für den Wiederanlauf, Lieferverzögerungen oder Schadenersatzforderungen sowie die fortlaufenden Fixkosten, denen kein entsprechender Output gegenübersteht.
45 Vgl. IHDE (1999), S. 120.

- **Produktionslogistik**

Im Bereich der Produktion werden die von der Beschaffungslogistik bereitgestellten Produktionsgüter (Rohstoffe, Rohmaterialien, Zukaufteile, etc.) durch Montage- und Transformationsprozesse zu verkaufsfähigen Endprodukten weiterverarbeitet. Die Produktionslogistik befasst sich mit der Planung, Steuerung und Kontrolle der Waren- und Informationsflüsse von der Bereitstellung der Einsatzgüter durch die Beschaffung über sämtliche Fertigungsstufen und Zwischenlagerungen hinweg bis hin zur Übergabe an das Fertigproduktelager bzw. den Versand.[46] Entsprechend der Gliederung der Unternehmenslogistik nach den Phasen des Güterflusses ist die Produktionslogistik somit zwischen der Beschaffungs- und Distributionslogistik angeordnet und besitzt unternehmensinterne Schnittstellen zur Beschaffungslogistik (Eingangslager) sowie der Distributionslogistik (Absatzlager).[47] Neben operativen Transport-, Umschlags- und Lagertätigkeiten während des innerbetrieblichen Material- und Warenflusses obliegt der Produktionslogistik die Aufgabe der Fertigungsplanung und -steuerung (z. B. Losgrößen-, Maschinenbelegungs-, Kapazitätsplanung). Zusätzlich besteht die Aufgabe des strategischen Produktionsmanagements in der flussorientierten und effizienten Gestaltung des Material- und Informationsflusses. Um kosten- und zeitaufwändige Zwischenlagerungen innerhalb der Fertigung zu vermeiden, wird dabei zunehmend versucht, die Materialbereitstellung nach dem Holprinzip (Pull) statt nach dem Bring- (Push) zu organisieren.[48]

- **Distributionslogistik**

Die Aufgabe der Distributionslogistik besteht in der Versorgung des externen Absatzmarktes, indem die Fertigprodukte an die Kunden verteilt oder an Dienstleister bzw. weitere Lagerstufen übergeben werden. Wie die Beschaffungslogistik besitzt somit auch die Distributionslogistik eine Schnittstelle zum externen Markt. In zeitlicher Hinsicht erstreckt sich ihr Tätigkeitsfeld von der Bereitstellung der Fertigprodukte durch die Produktionslogistik bis zur Auslieferung beim Kunden bzw. der nachgelagerten Stufe innerhalb der Supply Chain. Räumlich betrachtet umschließt die Distributionslogistik sämtliche Stufen vom Fertigproduktelager bzw. der letzten Produktionsstufe

---

[46] Vgl. NYHUIS (2008), S. 295f.

[47] Im Falle einer unmittelbaren Bereitstellung der benötigten Produktionsmittel durch den Lieferanten (z. B. Just in Time-Beschaffung) ist auch eine unternehmensexterne Schnittstelle möglich.

[48] Vgl. IHDE (1999), S. 121.

bis zum Abnahmeort.[49] Insbesondere bei mehrstufigen Logistikketten sowie bei der Fertigung für einen anonymen Massenmarkt obliegt der Distributionslogistik eine Ausgleichsfunktion von räumlichen und zeitlichen Disparitäten, da trotz der gegebenen Unsicherheit über den Zeitpunkt und den Umfang der benötigten Waren die zeit- und mengengerechte Versorgung der Kunden sichergestellt werden muss. Neben gestalterischen Aufgaben wie der Festlegung eines kosten- und umweltoptimalen Distributionskonzeptes (z. B. horizontale und vertikale Lagerstruktur, Standortbestimmung von Lagern bzw. Umschlagspunkten, Auswahl und Kombination von Verkehrsträgern) gehören ebenso die Tourenplanung, Sendungsverfolgung sowie die Steuerung und Kontrolle der Transportprozesse zum Tätigkeitsfeld der Distributionslogistik. Dabei gewinnt diese immer mehr an Bedeutung, da neben den physischen Eigenschaften und dem Preis des physischen Produktes zunehmend der Lieferservice und die Flexibilität als Sekundär- oder Zusatzleistung kaufentscheidend sind und die Kundenzufriedenheit entscheidend mitbestimmen.[50] Durch logistische Zusatzleistungen wie die Fähigkeit zur Lieferung innerhalb vorgegebener Kundenzeitfenster, die Vorkommissionierung der Waren oder der individuellen Verpackung in den gewünschten Sendungsgrößen kann einerseits ein Alleinstellungsmerkmal am Markt geschaffen und andererseits eine Kundenbindung aufgebaut werden.

- **Instandhaltungslogistik**

Die Instandhaltungslogistik erstreckt sich über mehrere Subsysteme des vorwärtsgerichteten Logistikflusses (vgl. Abbildung 2-1 auf Seite 13). Sie verfolgt das Ziel, die Funktionsfähigkeit der Maschinen, Anlagen und Technologien zu erhalten bzw. durch Instandsetzungsmaßnahmen wiederherzustellen. Damit leistet sie einen aktiven Beitrag zur Arbeitssicherheit sowie dem Umweltschutz und trägt zudem zur Effizienz der Unternehmensabläufe bei.[51] In Anlehnung an die DIN 31051 lassen sich die Kernaufgaben Inspektion, Wartung und Instandsetzung unterscheiden. Mithilfe der *Inspektion* wird der Ist-Zustand des betrachteten Elementes (Maschine, Anlage, Transportmittel, etc.) beurteilt. Darüber hinaus sind die Ursachen für Abnutzungserscheinungen zu identifizieren und im Falle eines untypischen oder übermäßigen Verschleißes Konsequenzen für die zukünftige Nutzung abzuleiten. Durch die *Wartung* soll hingegen die Abnutzung bzw. der vorzeitige Verschleiß eines Objektes verzögert

[49] Vgl. LASCH (1998), S. 22.
[50] Vgl. IHDE (1999), S. 121.
[51] Vgl. BANDOW (2008), S. 534.

werden, während die *Instandhaltung* sämtliche Maßnahmen zur Rückführung in einen funktionsfähigen Zustand beinhaltet. Der Instandhaltungslogistik obliegt infolgedessen die Aufgabe, die Instandhaltungsmaßnahmen räumlich und zeitlich zu planen, zu steuern und zu kontrollieren sowie die erforderlichen Ressourcen (Informationen, Material und Ersatzteile, Betriebsmittel, Personal) zur Verfügung zu stellen.[52] Dabei gilt es vor allem, Verantwortlichkeiten, zeitliche Vorgaben (z. B. Wartungsintervalle) sowie Strategien für die Durchführung der entsprechenden Tätigkeiten festzulegen. Insbesondere die Ermittlung des optimalen Zeitpunktes für die Inspektions-, Wartungs- bzw. Instandhaltungsarbeiten gestaltet sich oftmals schwierig, da durch eine zu frühe Wartung die mögliche Lebensdauer eines Objektes nicht ausgeschöpft wird und dadurch Ineffizienzen bei der Ressourcennutzung entstehen. Eine zu spät durchgeführte Wartung führt hingegen zu einem ungeplanten Ausfall und damit eventuell zu einer kosten- und zeitintensiven Verzögerung des Wertschöpfungsprozesses. Darüber hinaus verursachen alle drei Kernaufgaben zwangsläufig eine Prozessunterbrechung, wodurch nicht nur Rüstkosten entstehen, sondern teilweise ein erheblicher Zeitbedarf für den Wiederanlauf des kompletten Systems erforderlich ist. Aus diesem Grund gilt es, zunächst durch geeignete Ansätze die Planbarkeit von Ausfällen zu verbessern und dadurch die Entwicklung präventiver und aufeinander abgestimmter Instandhaltungsstrategien zu ermöglichen.[53]

- **Redistributionslogistik**

In den vergangenen Jahren gewann der dem Absatz nachgelagerte Bereich (After Sales Logistics) zunehmend an Bedeutung. Diesem Segment zuzuordnen sind Aspekte der *Redistribution* (d. h. der Rückführung von Altprodukten bzw. beschädigten oder zuviel bestellten Waren) sowie der *Entsorgung* bzw. *Wiederaufbereitung* von Altprodukten.[54] Durch diesen Bereich, der aufgrund des entgegengesetzt verlaufenden Warenstromes vom Absatz- zum Beschaffungsmarkt auch als *Reverse Logistics* bezeichnet wird, erfolgt eine Erweiterung der klassischen Wertschöpfungskette (Beschaffung, Produktion, Distribution) zuzüglich der parallel vorzufindenden Instandhaltungslogistik zu einem Kreislauf.[55] Im Rahmen dieser Arbeit soll aus

---

52 Vgl. Lasch, Eichhorn (2007), S. 99; Bandow (2008), S. 535.

53 Vgl. Wannenwetsch (2009), S. 518f.

54 Aus diesem Grund sind in der Literatur alle drei Begrifflichkeiten als Bezeichnung dieses logistischen Subsystems vorzufinden. Vgl. Lasch (1998), S. 24; Heisereich (2002), S. 301; Pfohl (2004a), S. 17ff.

55 Vgl. Dyckhoff et al. (2004b), S. 13ff.; Schmidt (2009).

Gründen der Stringenz der deutsche Terminus Redistributionslogistik als übergeordneter Begriff verwendet werden.[56] Ihr obliegt demnach die Planung, Steuerung und Handhabung von Produktionsrückständen, Abfällen, Leergut, Altprodukten sowie den von den Abnehmern zurückgeschickten Neuprodukten (Retouren). Je nach Zustand und Verwendungszweck dieser Objekte sind entsprechend die Entsorgungs- bzw. Recyclingprozesse zu planen, zu steuern und zu kontrollieren sowie die verwertbaren Produkte bzw. Produktbestandteile in den vorwärtsgerichteten Material- und Warenfluss zu überführen, um eine Weiter- bzw. Wiederverwendung zu ermöglichen.[57] Somit besitzt die Redistributionslogistik nicht nur direkte Schnittstellen zu (externen) Kunden sowie externen Partnern, die das Recycling bzw. die Entsorgung durchführen, sondern mehrere Berührungspunkte zu unternehmensinternen Bereichen. Besondere Anforderungen an die Redistributionslogistik werden vor allem durch die Vielfalt der Objekte (z. B. Leergut, Abfall, Rest- und Giftstoffe, Neuprodukte) sowie die schwierige Planbarkeit für deren Anfall gestellt. Durch eine systemübergreifende Produkt- und Prozessplanung kann jedoch eine Optimierung der gesamten Logistikkette erzielt werden, indem beispielsweise bereits bei der Produktplanung auf eine einfache Demontage der Produkte geachtet (Steck- statt Schraubverbindungen, modularer Produktaufbau, etc.) oder Materialien mit einer ähnlichen Lebensdauer verwendet werden. Hierin zeigt sich, dass eine funktionsorientierte Denkweise in Verbindung mit einer isolierten Planung zu suboptimalen Lösungen und einer verminderten Effektivität und Effizienz führt.

Da logistische Aufgaben in sämtlichen Bereichen des Unternehmens und in allen Phasen der Wertschöpfung auftreten, kann die Logistik als betriebliche Querschnittsfunktion aufgefasst werden, die sich durch eine integrative, ganzheitliche und systemübergreifende Sichtweise auszeichnet.[58] Gleichzeitig geht mit dieser gewachsenen Auffassung der Logistik als fluss- und systemorientierte Querschnittsfunktion eine Ausdehnung des logistischen Kompetenz- und Verantwortungsbereiches einher. Die moderne Logistik ist heutzutage mehr als ein funktional spezialisiertes Subsys-

---

[56] Dem liegt das Verständnis zu Grunde, dass die Entsorgungslogistik lediglich einen Teilbereich der rückwärtsgerichteten Logistikkette darstellt, da hierbei nicht nur Altprodukte transportiert, umgeschlagen, gelagert und später recycled bzw. entsorgt werden müssen, sondern auch zuviel bestellte oder beschädigte Neuprodukte sowie Komissionswaren Teil des Warenflusses sind. Da diese Artikel nicht entsorgt werden, ist nach Auffassung des Autors der Begriff *Entsorgungslogistik* irreführend, weshalb der übergeordnete Begriff *Redistributionslogistik* verwendet werden soll.

[57] Zu den unterschiedlichen Recyclingstrategien vgl. HEISEREICH (2002), S. 316.

[58] Vgl. HARTMANN (2002), S. 64f.

tem zur Ausführung operativer Tätigkeiten. Vielmehr bildet sie eine planende, koordinierende und kontrollierende Instanz mit Entscheidungs- und Führungskompetenz.[59] Durch dieses erweiterte Aufgaben- und Tätigkeitsfeld ergeben sich jedoch gleichzeitig veränderte Anforderungen an die Institutionalisierung der Logistik und die entsprechende logistische Aufbauorganisation.[60]

2.1.2 Ziele der Logistik

Um Verbesserungen voranzutreiben und die Wirksamkeit von Strategien und Maßnahmen zu beurteilen, ist die Formulierung von Zielgrößen notwendig. Innerhalb der Logistik lassen sich im Allgemeinen Leistungs- und Kostenziele unterscheiden.[61] Die Operationalisierung und Quantifizierung der Logistikleistung bzw. der Logistikkosten gestaltet sich jedoch in der Praxis sehr schwierig, da:

- es sich bei der Logistik um eine Querschnittsfunktion handelt, wodurch die logistische Leistung über das gesamte Unternehmen bzw. teilweise über die Unternehmensgrenzen hinweg erbracht wird,
- es sich bei logistischen Leistungen um Transformationsprozesse handelt und diese den Charakter von immateriellen Dienstleistungen besitzen, die nicht anhand von objektiven Kriterien (Funktionalität, Einhaltung von Toleranzen), sondern auf Basis einer individuellen und oftmals subjektiven Wahrnehmung beurteilt werden,
- die Leistungserstellung und deren Bewertung von verschiedenen Personen durchgeführt wird (Leistungserstellung durch das Unternehmen, Bewertung durch den Kunden).

Ein zusätzliches Problem entsteht bei der Erfassung der Logistikkosten. Da diese in der Regel Gemeinkosten darstellen, die nicht für ein einzelnes Produkt, sondern für einen kompletten Prozess anfallen, existiert ein Abgrenzungs- und Zurechnungsproblem.[62] Auch in der Literatur herrscht bislang keine Einigkeit darüber, ob operative, administrative sowie dispositive logistische Leistungen bzw. Kosten der Logistik zu-

---

59 Vgl. zur Entwicklung der Logistik z. B. LASCH (1998), S. 9ff.; PFOHL (2004a), S. 18; ARNDT (2008), S. 37ff.

60 Vgl. PFOHL (2004a), S. 310ff.

61 Für eine detaillierte Diskussion der logistischen Zielgrößen vgl. Kapitel 6.3.1.2.

62 Vgl. WANNENWETSCH (2009), S. 457f.

gerechnet werden müssen bzw. dürfen oder wie diese nach dem Verursachungsprinzip verrechnet werden sollten.[63]

Aufgrund der beschriebenen Abgrenzungsproblematik existieren in der Literatur verschiedene Vorschläge zur Systematisierung der Logistikleistung und -kosten. Allen Ansätzen gemein ist, dass die Logistikleistung die **Effektivität** widerspiegelt, d. h. die Eignung der gewählten Maßnahmen und Mittel, um das angestrebte Ziel (z. B. Ausbau des Marktanteils, Gewinnung neuer Kunden, Imageverbesserung) zu erreichen. Das übergeordnete Ziel des Unternehmenserfolges lässt sich allerdings durch Effektivität allein nicht erzielen, sondern verlangt darüber hinaus **Effizienz**. Diese drückt sich in den Kostenzielen aus und orientiert sich am ökonomischen Prinzip, nachdem entweder mit den gegebenen Mitteln die Zielgröße maximiert (Maximum-Prinzip) oder das vorgegebene Ziel mit minimalem Mitteleinsatz erreicht werden soll (Minimal-Prinzip). Wie sich allerdings zeigt, stellen die Effektivität (Leistungsziele) und die Effizienz (Kostenziele) keine substitutiven Ziele dar. Vielmehr kann der Logistikerfolg nur durch eine gemeinsame Berücksichtigung beider Zielgrößen erreicht, gesichert und ausgebaut werden.

- **Leistungsziele**

BOWERSOX ET AL. unterscheiden drei aufeinander aufbauende Leistungsebenen:[64]

Die erste Leistungsebene dient der *Sicherstellung der Verfügbarkeit logistischer Ressourcen und Objekte („availability")*. Dies entspricht der bereits angesprochenen Aufgabenbeschreibung mithilfe der „7r", da durch diese Leistungsebene die Lieferbereitschaft der geforderten Produkte, Materialien und Informationen ausgedrückt wird. Insbesondere die Informationsbereitschaft gewinnt mit einer zunehmenden Vernetzung der Unternehmen sowie einer ansteigenden Komplexität der Strukturen und Abläufe zunehmend an Bedeutung.[65] Gleichzeitig wird durch diese erste Leistungsebene die Verantwortung der Logistik für die mengen- und fristgerechte Versorgung des Unternehmens mit den benötigten Inputfaktoren betont. Dem Verständnis von BOWERSOX ET AL. folgend stellt die Sicherstellung der Lieferfähigkeit die primäre und elementare Leistungsanforderung an ein logistisches System dar.

Ist die Verfügbarkeit der logistischen Ressourcen und Objekte gewährleistet, kann in einem zweiten Schritt die *Erhöhung des Leistungsvermögens* bzw. der Ausbau des

---

[63] Vgl. DARKOW (2003), S. 95; VAHRENKAMP (2005), S. 425.
[64] Vgl. BOWERSOX ET AL. (1998), S. 9f.
[65] Vgl. LASCH (1998), S. 38f.

logistischen Leistungsangebotes und -umfanges angestrebt werden *(„operational performance“)*. Hiervon betroffen sind vor allem die Leistungselemente Zeit und Flexibilität.[66] Die Zeit als strategischer Erfolgsfaktor gewinnt dabei zunehmend an Bedeutung.[67] Insbesondere die Lieferzeit stellt einen Indikator für die Geschwindigkeit des logistischen Systems dar, mit der Kundenaufträge in einen marktfähigen Output umgesetzt werden können. Die Flexibilität kennzeichnet hingegen die Anpassungs- und Reaktionsfähigkeit des logistischen Systems auf veränderte Rahmenbedingungen oder unerwartete Ereignisse.[68]

Sind die ersten beiden Leistungsebenen erfüllt, erfolgt die *Sicherstellung der Zuverlässigkeit der logistischen Prozesse („service reliability“)*. Ein hohes logistisches Leistungsvermögen setzt ein entsprechendes Qualitätsniveau und eine Konstanz der Leistung (Prozesse) voraus. Auf der dritten Leistungsebene werden somit vorrangig qualitätsbezogene Leistungselemente (Lieferqualität, -zuverlässigkeit) betrachtet.

- **Kostenziele**

Aufgrund der bereits beschriebenen Abgrenzungsprobleme gestaltet sich eine Separierung der Logistikkosten schwierig. Auch in der Literatur existiert keine einheitliche Abgrenzung und Zuordnung der einzelnen Kosten zur Logistik.[69] LASCH unterscheidet fünf Kategorien von Logistikkosten:[70]

- *Kosten des physischen Materialflusses*: Hierzu zählen die Kosten für das Handling, Verpacken, Kommissionieren, Transportieren und Lagern der Waren.
- *Kosten des Informationsflusses*: Dieser Kategorie können die Kosten der Disposition und Auftragsabwicklung sowie die Ausgaben für die Bereitstellung der erforderlichen Informations- und Kommunikationstechnologien zugerechnet werden.
- *Managementkosten*: Unter dieser Kategorie werden die Kosten der logistischen Forschung und Entwicklung, des Logistik-Controllings sowie der Aus- und Weiterbildung subsumiert.
- *Bevorratungskosten*: Hierzu zählen Kapitalbindungskosten durch die innerhalb der logistischen Kette vorgehaltenen Sicherheitsbestände und Vorräte. Gleichzeitig

---

66 Vgl. BOWERSOX ET AL. (1998), S. 9.
67 Vgl. KLENTER (1995), S. 18; GÖPFERT, HAAGE (2004), S. 128.
68 Vgl. EHRMANN (2008), S. 64.
69 Für eine detaillierte Diskussion der logistikrelevanten Kosten vgl. Kapitel 6.3.1.2 sowie 6.3.2.2.
70 Vgl. LASCH (1998), S. 41f.

können dieser Gruppe die Kosten für Bestandsrisiken (Diebstahl, Schwund, Entsorgung verderblicher Waren) zugerechnet werden.

- *Kosten mangelnder Prozesssicherheit*: Zu dieser Kategorie zählen Kosten, die durch eine mangelnde Qualität entstehen. Beispielsweise lassen sich hierbei Kosten für Nacharbeiten bzw. Nachlieferungen, Stillstandszeiten, Konventionalstrafen oder Gewährleistungsansprüche anführen.

Da es sich bei der Logistik um eine Querschnittsfunktion handelt, bestehen zahlreiche Berührungspunkte mit den verschiedenen Unternehmensbereichen. Aufgrund von Bereichsegoismen, abteilungsspezifischen Interessen und Zielsetzungen sowie einem unternehmensinternen Konkurrenzkampf zwischen den Abteilungen können Zielkonflikte entstehen. Beispiele hierfür sind in Tabelle 2-1 dargestellt.

Bereich / Abteilung	Ziel	Zielkonflikt
Einkauf	Geringe Einstandspreise und besondere Konditionen (Boni, Rabatte, Skonti)	Kapitalbindung und hohe Lagerkosten durch entsprechend hohe Abnahmemengen
Qualitätssicherung	Hohe Qualität der Roh-, Hilfs- und Betriebsstoffe	Intensive Stichprobenprüfung und erhöhte Prüfkosten
Lagermanagement	Hohe Teileverfügbarkeit	Erhöhte Kapitalbindung und Lagerkosten durch hohe Lagerbestände
Fertigung	Geringe Rüstkosten	Hohe Zwischenlagerbestände durch Fertigung großer Lose homogener Teile
Distribution	Schneller Transport	Hohe Transportkosten durch Eillieferungen und Wahl schneller und flexibler Transportmittel
Absatz / Vertrieb	Umfassendes Produktsortiment mit möglichst individuellen Produkten	Hohe Rüstkosten durch variantenreiche Fertigung; Entsorgung von nicht verkaufbaren Varianten; hohe Lagerkosten durch zusätzlichen Flächenbedarf und Handlingaufwand
After Sales Bereich	Hohe Verfügbarkeit von Ersatzteilen	Lager- und Entsorgungskosten im Falle eines fehlenden Bedarfs
Controlling	Geringe Kapitalbindung und hohe Liquidität	Geringe Lagerbestände und Gefahr von Fehlmengen sowie Produktionsunterbrechungen

Tabelle 2-1: Ausgewählte Zielkonflikte innerhalb der Logistik[71]

Die Fokussierung von Einzel- und Bereichszielen sowie das individuelle Streben nach Macht und Prestige fördern das Konfliktpotenzial innerhalb von Unternehmen. Auch die Logistik ist von der Tendenz einer isolierten Optimierung individueller Abteilungsziele betroffen. Beispielsweise stellt die Erfüllung der Kundenwünsche und die damit verbundene Kundenzufriedenheit eine elementare Zielsetzung der Vertriebsabteilung dar, aus der sich beispielsweise die Forderung nach einem umfangreichen,

[71] Vgl. WANNENWETSCH (2009), S. 23.

variantenreichen und individualisierbaren Produktportfolio ableitet.[72] Diese Zielstellung steht jedoch im Widerspruch zur Realisierung geringer Bestände, einer geringen Kapitalbindung oder der Forderung nach einer möglichst weitgehenden Produkt- und Prozessstandardisierung. Ein großes Angebot von verschiedenen Produktvarianten führt in der Regel zu einer größeren Teilevielfalt und fördert komplexere Fertigungssysteme. Das Vorhalten von Ersatzteilen im Rahmen eines umfangreichen Serviceangebotes in der Nachserienbetreuung von Produkten lässt zudem die Lagerbestände und den Koordinationsaufwand steigen. Um ein bereichsübergreifendes Gesamtoptimum für das Unternehmen zu erreichen, ist die Formulierung von Gesamtunternehmenszielen unerlässlich. Aus diesen übergeordneten Zielsetzungen sind anschließend funktionsspezifische Zielgrößen abzuleiten, wobei Interdependenzen zwischen den Bereichszielen zu berücksichtigen sind. Um diese zunehmende und schrittweise Detaillierung der Zielvorgaben und deren Integration in die übergeordneten Unternehmensziele zu ermöglichen, kann auf das Konzept des integrierten Managements zurückgegriffen werden. Auf der obersten Ebene ist die Logistikkonzeption angesiedelt.[73] Diese beeinflusst nicht nur die Denk- und Verhaltensweisen, sondern gibt den strategischen und operativen Rahmen vor, in dem sich das logistische System bewegt. Die Elemente der Logistikkonzeption und die sich daraus ergebenden Implikationen für das Komplexitätsmanagement werden im folgenden Kapitel betrachtet.

2.1.3 Gestaltungsprinzipien der Logistikkonzeption

Nach dem Konzept des integrierten Managements, einer Weiterentwicklung des St. Galler Managementmodells, lassen sich drei hierarchisch gegliederte Managementebenen unterscheiden, die der Forderung nach einer ganzheitlichen und prozessbezogenen Betrachtung der Logistik entsprechen (vgl. Abbildung 2-2).[74]

Das *normative Logistikmanagement* beschäftigt sich mit der generellen Unternehmensvision, den Normen und Leitlinien sowie den Prinzipien und Verhaltensregeln eines Unternehmens. Im Bereich der Beschaffung besteht die Aufgabe des normativen Logistikmanagements beispielsweise darin, Verhaltensregeln für die umweltgerechte Beschaffung zu formulieren und dadurch den Gedanken einer *Green*

---

[72] Vgl. SCHULTE (2009), S. 11f.
[73] Vgl. PFOHL (2004b), S. 20ff.
[74] Vgl. BOGASCHEWSKY, ROLLBERG (1998), S. 86.

Procurement innerhalb der Beschaffung zu verankern. Gleichzeitig sind Leitlinien für den Umgang mit den Lieferanten festzulegen. Diese Leitlinien münden unmittelbar in die Beschaffungspolitik, die im Zusammenspiel mit dem strategischen Logistikmanagement für einzelne Beschaffungsobjekte oder homogene Materialgruppen Grundsatzentscheidungen vorgibt.[75]

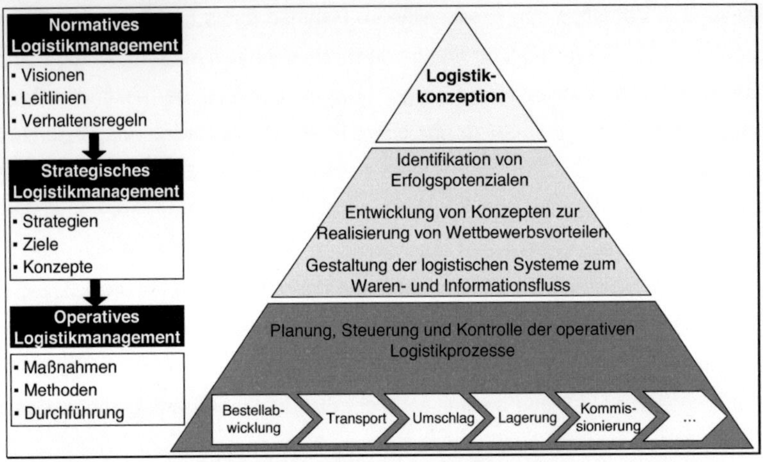

Abbildung 2-2: Die drei Handlungsebenen des integrierten Managementkonzeptes

Das *strategische Logistikmanagement* ist auf die Identifikation, Schaffung und Nutzung von Erfolgspotenzialen ausgerichtet.[76] Aus dem Unternehmensleitbild sowie den Visionen, die auf normativer Ebene gebildet wurden, sind zunächst mittel- bis langfristige Ziele abzuleiten sowie Strategien festzulegen, wie diese Ziele erreicht werden können bzw. sollen.[77] Im Bereich der Beschaffung obliegt dem strategischen Logistikmanagement die Aufgabe, im Rahmen einer Beschaffungsmarktforschung die benötigten Informationen zusammenzutragen und zu verarbeiten, um fundierte Kenntnisse über die strukturellen Rahmenbedingungen und Entwicklungen auf den bisherigen sowie (potenziellen) zukünftigen Beschaffungsmärkten zu erlangen. Diese Markttransparenz ist notwendig, um gezielt Beschaffungsentscheidungen zu treffen und kritische Marktsituationen (z. B. Rohstoffengpass, drohender Wegfall eines Lieferanten, gesetzliche Veränderungen zum Ablauf von Importen, technologische Entwicklungen) frühzeitig zu antizipieren. Gleichzeitig sind Beschaffungskonzepte

---

75 Vgl. BECKMANN, SCHMITZ (2008), S. 257.
76 Vgl. BECKMANN, SCHMITZ (2008), S. 257.
77 Vgl. HEISEREICH (2002), S. 5.

festzulegen, mit deren Hilfe die identifizierten Erfolgspotenziale erschlossen, gesichert und ausgebaut werden können.
Durch das strategische Logistikmanagement werden die Strukturen geschaffen, innerhalb derer die operativen Prozesse und Tätigkeiten ablaufen. Im Bereich der Beschaffung trägt das *operative Logistikmanagement* die Verantwortung für die Verfügbarkeit der erforderlichen Inputfaktoren, indem beispielsweise durch ein kontinuierliches Lieferantencontrolling kritische Lieferanten identifiziert und Verbesserungsmaßnahmen eingeleitet werden. Auch die Schwachstellenanalyse im Bereich der Warenannahme und -lagerung mithilfe von Kennzahlen sowie die Planung und Umsetzung von Optimierungsansätzen (z. B. Einführung einer beleglosen Kommissionierung, Standardisierung von Warenbegleitpapieren, etc.) zählen zu den Aufgaben des operativen Logistikmanagements. Darüber hinaus erfolgen die Bedarfsplanung sowie die Steuerung und Kontrolle des Materialflusses von den Lieferanten bis zur Bereitstellung für die Produktion.
Den Ausgangspunkt für das Logistikmanagement bildet die Logistikkonzeption, die den normativen Bezugsrahmen vorgibt. Mit ihren weitreichenden Konsequenzen für das strategische und operative Logistikmanagement führte sie in der Vergangenheit zu tiefgreifenden Veränderungen der logistischen Strukturen, Denkweisen und Lösungsansätze.[78] Der durch die Logistikkonzeption vollzogene Paradigmenwechsel von einer funktional ausgerichteten Logistik mit isolierten Lösungsansätzen zu einer flussorientierten und systemübergreifenden Logistik mit Führungskompetenz und Querschnittscharakter basiert auf den vier Gestaltungsprinzipien *Ganzheitlichkeit, Flussorientierung, Marktorientierung* und *Zeitorientierung*, die im Folgenden vorgestellt werden sollen.

- **Ganzheitlichkeit**

Dem Prinzip der Ganzheitlichkeit liegt eine systemtheoretische Betrachtungsweise, auch als *Systemdenken* bezeichnet, zu Grunde.[79] Der Kern des Systemdenkens besteht darin, dass die Veränderung eines Elementes zwangsläufig zu Veränderungen der anderen Elemente führt, da die Systembestandteile in Beziehung zueinander stehen und sich gegenseitig beeinflussen. Diese Eigenschaft impliziert, dass die losgelöste Betrachtung und Analyse eines Elementes des (Logistik-) Systems nicht

---

[78] Vgl. LASCH (1998), S. 26.
[79] Vgl. PFOHL (2004b), S. 25.

zweckmäßig und zielführend ist, da hierbei Synergien und Interdependenzen zwischen den Systembestandteilen und -elementen unberücksichtigt bleiben. PFOHL bezeichnet das Systemdenken folgerichtig als „Denken in komplexen, vernetzten Zusammenhängen."[80] Die ganzheitliche Betrachtung eines Systems setzt sich im Gesamtkostendenken fort, wonach höhere Lagerkosten (z. B. durch eine bewusste Vorratshaltung) wirtschaftlich sinnvoll sein können, wenn diese durch deutlich niedrigere Beschaffungskosten (z. B. durch die Ausnutzung von Skaleneffekten) überkompensiert werden.[81] Insbesondere im Bereich der Logistik mit ihrem Querschnittscharakter ist eine ganzheitliche und bereichs-, d. h. systemübergreifende, Betrachtungsweise zur Beschreibung des Logistiksystems zwingend erforderlich. Auch die Erfassung und Beurteilung der Folgewirkungen einzelner Maßnahmen oder Ereignisse (z. B. Veränderungen oder Störungen innerhalb des logistischen Systems) erfordern eine ganzheitliche Analyse der Systemelemente und ihrer Zusammenhänge. Auch wenn die Betrachtung eines Systems aus ganzheitlicher Sicht, d. h. unter Berücksichtigung der Einflussgrößen, Systemelemente, Auswirkungen sowie den dazwischen bestehenden Verflechtungen, zunächst als ein sehr komplexes Unterfangen erscheint, ist dies notwendig, um realistische Vorhersagen über das Systemverhalten und bestehende Wechselwirkungen (Ursache-Wirkungs-Beziehungen) zu erlangen. Durch diese Transparenz ist es möglich, bedeutende von unbedeutenden Einflussgrößen zu separieren und Maßnahmen gezielter durchzuführen.

- **Flussorientierung**

Das Prinzip der Ganzheitlichkeit verlangt die Berücksichtigung von Zusammenhängen zwischen den einzelnen Systemelementen. Diese Zusammenhänge lassen sich als Input-Output-Beziehungen interpretieren, durch die eine Beziehungsstruktur (z. B. Abbildung des Warenflusses zwischen den Beteiligten einer Supply Chain) hergestellt wird. Der Austausch der Objekte zwischen den Systemelementen entspricht dem Material-, Waren- bzw. Informationsfluss innerhalb der Logistikkette. Angestrebt wird hierbei ein möglichst ununterbrochener Güterfluss, da Unterbrechungen zu unerwünschten Beständen, unnötigen Wartezeiten und damit einhergehend verlängerten Lieferzeiten sowie erhöhten Kosten führen. Um solch unbeabsichtigte Unterbrechungen zu vermeiden, bildet die Flussorientierung, die unmittelbar eine ganzheit-

---

80 PFOHL (2004b), S. 26.
81 Zum Prinzip des Gesamtkostendenkens vgl. PFOHL (2004b), S. 30ff.

liche und systemorientierte Betrachtungsweise der Logistik voraussetzt, das zweite grundlegende Element der Logistikkonzeption.[82] Die anfängliche funktionsorientierte Organisation der Logistik, die durch eine hohe Anzahl an Schnittstellen, eine Vielzahl an Hierarchieebenen, einen hohen Spezialisierungsgrad der Funktionsträger und eine Trennung von Kompetenz und Verantwortung gekennzeichnet war, stieß mit den wachsenden Anforderungen an die Leistungsfähigkeit und Effizienz des logistischen Systems zunehmend an ihre Grenzen. Das Prinzip der Flussorientierung spiegelt hingegen eine horizontale, bereichsübergreifende und prozessorientierte Sichtweise wider, die das Ziel einer flussorientierten Optimierung räumlicher, zeitlicher und organisatorischer Schnittstellen über Funktions- und Unternehmensgrenzen hinweg verfolgt.[83] Mithilfe standardisierter Schnittstellen und Abläufe kann der Waren- und Informationsfluss nachhaltig vereinfacht und beschleunigt werden, weshalb eine flussgerechte Gestaltung des Logistiksystems dazu beiträgt, die gestiegenen Anforderungen hinsichtlich der Lieferzeit sowie der Effizienz der Leistungserbringung zu erfüllen.

- **Marktorientierung**

Durch steigende Kundenanforderungen und einen wachsenden Wettbewerbsdruck sind die Unternehmen gezwungen, sich beim Angebot von Produkten und Dienstleistungen zunehmend an den Wünschen und Forderungen der Kunden zu orientieren, wobei Aspekte des Lieferservices, der Termintreue und der Flexibilität sukzessive zum entscheidenden Wettbewerbsfaktor erwachsen.[84] Das Prinzip der Marktorientierung verlangt deshalb nicht nur effiziente, sondern ebenso effektive Logistiksysteme, die vollkommen auf die Erfüllung der Kundenwünsche und -anforderungen ausgerichtet sind. Die Kundenzufriedenheit wird dabei in zunehmendem Maße nicht mehr nur bzw. vordergründig durch die physischen Eigenschaften sowie die Funktionalität und Haltbarkeit der angebotenen Produkte bestimmt. Insbesondere bei substituierbaren Produkten mit nahezu identischen Eigenschaften und Preisen besitzt der Kunde in der Regel keine besonderen Präferenzen und baut entsprechend keine persönliche Bindung zum Produkt bzw. der Marke auf. Hier stellen die Qualität und Flexibilität der logistischen Prozesse während der Herstellung (z. B. Möglichkeit zur nachträglichen Änderung der Bestellung) bzw. der Distribution (z. B. Anlieferung in-

[82] Vgl. WEBER (1994), S. 45f.
[83] Vgl. LASCH (1998), S. 30f.
[84] Vgl. PFOHL (2004b), S. 33f.

nerhalb bestimmter Kundenzeitfenster) der Produkte kaufentscheidende Wettbewerbsfaktoren dar, die es durch eine strenge Marktorientierung zu identifizieren und auszunutzen gilt. Durch eine schnelle, flexible und zuverlässige Umsetzung der Kundenwünsche (z. B. Einführung neuer Produktvarianten, Möglichkeit zur individuellen Gestaltung der Produkte) wird so mithilfe der Logistik ein Zusatznutzen generiert, der über das eigentliche physische Produkt hinausgeht. Durch eine überdurchschnittliche Logistikleistung in Verbindung mit wettbewerbsfähigen Logistikkosten und individuellen Problemlösungen kann nicht nur die Kundenzufriedenheit gesteigert, sondern gleichzeitig eine starke Kundenbindung aufgebaut werden.[85] Die Anforderungen an die eigene logistische Leistung werden dabei jedoch nicht nur von den Kunden (-anforderungen), sondern ebenfalls vom Leistungsumfang sowie dem Leistungsvermögen der Wettbewerber determiniert. Insbesondere technologische Entwicklungen, veränderte Marktstrukturen durch den Wegfall oder die Kooperation bestehender bzw. den Eintritt neuer Wettbewerber sowie angebotene Zusatzleistungen, die über das marktübliche Leistungsangebot hinausgehen, beeinflussen die Anforderungen an die logistischen Abläufe und das Leistungsniveau im eigenen Unternehmen. Um sich einen Überblick über das Leistungsangebot und -niveau der Wettbewerber zu verschaffen, ist die Durchführung eines Benchmarking empfehlenswert, wodurch die Produkte, Zusatzleistungen, Prozesse, Ressourcen und Strategien der Wettbewerber untersucht und Best-Practices abgeleitet werden können.[86]

Neben der *Kunden-* sowie der *Wettbewerbsorientierung* lässt sich als dritte Dimension der Marktorientierung die *Dissemination* anführen.[87] Hierbei wird das Ziel verfolgt, die Kundenanforderungen sowie die eigene Positionierung im Wettbewerbsvergleich bei sämtlichen logistischen Entscheidungen und Handlungen zu berücksichtigen und damit die Kunden- sowie die Wettbewerbsorientierung fest im Unternehmen zu verankern.

---

[85] Hierdurch ergibt sich ein zusätzliches Kosteneinsparungspotenzial, da zufriedene Kunden eine geringere Preiselastizität aufweisen und die höheren Kosten der Neukundengewinnung entfallen. Gleichzeitig führt eine hohe Kundenzufriedenheit in der Regel zu einer Ausweitung des Kaufverhaltens auf weitere Produkte und Produktgruppen des Unternehmens (Cross-Selling). Vgl. HOMBURG, KOSCHATE (2003), S. 627.

[86] Vgl. LASCH (1998), S. 34.

[87] Vgl. LASCH (1998), S. 35.

- **Zeitorientierung**

Nachdem der Zeit als logistische Zielgröße anfänglich nur sekundär Beachtung geschenkt wurde, nahm ihre Bedeutung mit den steigenden Kundenanforderungen immer mehr zu, sodass sie heutzutage ebenso wie die Qualität und Flexibilität einen entscheidenden Erfolgsfaktor darstellt.[88] Sie beeinflusst sowohl die Kapitalbindung innerhalb der logistischen Kette als auch die Geschwindigkeit und Flexibilität bei der Umsetzung der Kundenwünsche in marktfähige Produkte, wodurch sie gleichzeitig Einfluss auf die Wirtschaftlichkeit und Rentabilität eines Unternehmens nimmt.[89] Der Faktor Zeit bildet deshalb die Schlüsselgröße für die Wettbewerbsfähigkeit eines Unternehmens und den Gewinn von Marktanteilen. Anfänglich konzentrierten sich die Bestrebungen bezüglich der Optimierung der Zeit auf die Verkürzung der direkten Fertigungszeit durch die kontinuierliche Verbesserung der Fertigungsverfahren und -prozesse.[90] Dem Prinzip der Ganzheitlichkeit folgend öffnete sich – auch vor dem Hintergrund, dass die reine Bearbeitungszeit oftmals lediglich 20% der Gesamtdurchlaufzeit beträgt – der Fokus sukzessive und auch die Prozesse innerhalb der Beschaffung und Distribution wurden hinsichtlich ihrer Zeiteffizienz auf den Prüfstand gestellt.[91] Vor allem die Wiederbeschaffungs- sowie die Durchlauf- und Transportzeit bestimmen die Lieferzeit als die Zeitspanne zwischen dem Eingang eines Kundenauftrages und der Auslieferung der bestellten Ware beim Kunden entscheidend mit. Somit sollte versucht werden, durch innovative und anforderungsgerechte Beschaffungs- und Distributionskonzepte dem Anspruch einer schlanken, flexiblen und agilen Logistik zu entsprechen und Zeitrationalisierungen zu realisieren. Die Lieferzeit nimmt dabei ebenso wie die schnelle Reaktion auf veränderte Kundenwünsche oder Marktanforderungen unmittelbar Einfluss auf den Grad der Kundenzufriedenheit, wodurch der Zusammenhang zwischen der Zeit- und der Marktorientierung unterstrichen wird. Auch die Flussorientierung beeinflusst die Dauer der logistischen Aktivitäten, weshalb durch eine flussgerechte Gestaltung der Schnittstellen sowie der organisatorischen Abläufe (z. B. Auftragsabwicklung) Zeitverkürzungen möglich sind und unerwünschte Warte- und Liegezeiten vermieden werden können.

---

88 Vgl. STALK, HOUT (1992).

89 Vgl. WILDEMANN (1998), S. 358f.

90 Z. B. kann durch einen Ersatz von Schraub- durch Niet- oder Klebeverbindungen die Montagezeit erheblich verkürzt werden und auch die Modularisierung der Produktstruktur, durch die eine parallele Fertigung ermöglicht wird, trägt zu einer Reduktion der Produktionsdurchlaufzeit bei.

91 Vgl. TÖPFER (2008a), S. 34.

Die Maxime der Logistikkonzeption unterstreicht die Notwendigkeit, sich in Wissenschaft und Praxis mit den bestehenden Zusammenhängen zwischen der Komplexität einerseits und dem Logistikerfolg andererseits auseinanderzusetzen. Dieses Wissen ist notwendig, um die strategischen und operativen Logistikziele zu erreichen. Das strategische Management verfolgt hierbei das angesprochene Ziel der Effektivität („Doing the right things"), während innerhalb des operativen Managements die Effizienz („Doing things right") sichergestellt werden muss (vgl. Kapitel 2.1.2). Die Komplexität und ihre vielfältigen Eigenschaften behindert jedoch sowohl die Erreichung der logistischen Ziele als auch die Schaffung von Transparenz als deren Voraussetzung. Die Besonderheiten der Komplexität sollen im folgenden Kapitel näher betrachtet werden.

2.2 Besonderheiten der Komplexität

2.2.1 Begriffsabgrenzung und Determinanten

Die Komplexitätsproblematik wird in verschiedenen Wissenschaftsdisziplinen thematisiert. Allerdings existiert bisher keine allgemein anerkannte Begriffsdefinition bzw. -abgrenzung. Eine mögliche Erklärung hierfür kann in der Vieldeutigkeit und Mehrdimensionalität des Terminus *Komplexität* gesehen werden. Gleichzeitig wird die ursprüngliche Bedeutung des Begriffs durch die in den vergangenen Jahren zu beobachtende inflationäre Verwendung im Schrifttum sowie der wissenschaftlichen Praxis zunehmend ungenau. Im alltäglichen Bereich wird *Komplexität* der etymologischen Herkunft des Begriffs entsprechend oftmals als Synonym für komplizierte, unübersichtliche, schwer verständliche oder verwirrende Problemstellungen bzw. Konstellationen verwendet.[92] In den wissenschaftlichen Beiträgen zum Thema Komplexität herrscht Konsens darüber, dass die Erfassung dieses Begriffs in einer einzigen, allumfassenden Definition kaum möglich ist,[93] weshalb oftmals eine mehrdimensionale Ausgestaltung der Komplexitätsdefinition vorgenommen wird.[94] In engem Zusammenhang zur Komplexität stehen die Variabilität und die Vielfalt der System-

[92] Die Etymologie des Begriffs geht auf das lateinische Wort „complexus" zurück, was mit umfassend, zusammenhängend, unübersichtlich, verflochten oder vielschichtig übersetzt werden kann. Vgl. PFEIFER ET AL. (1989), S. 889.

[93] Vgl. RIEDL (2000), S. 4; GRÜBNER (2007), S. 78f.

[94] Vgl. LUHMANN (1980), Sp. 1.064; HÖGE (1995), S. 27ff. Im betriebswirtschaftlichen Kontext stellt die Dimension eines Begriffs eine Merkmalsebene dar, die mit der relevanten Größe assoziiert wird. Vgl. HOMBURG, GIERING (1996), S. 14.

elemente. KALUZA und KENTLER betrachten die Komplexität und Variabilität zwar als getrennte Phänomene, die ihrem Verständnis nach allerdings in einem engen Verhältnis zueinander stehen.[95] Für WERNER stellt die Vielfalt einen Teil der Komplexität dar, von der er die Dynamik und Unsicherheit abgrenzt. Gleichzeitig weist der Autor jedoch darauf hin, dass diese drei Faktoren eine enge Beziehung zueinander aufweisen.[96] Auch HEUSLER ET AL. führen die drei Faktoren Dynamik, Intransparenz und Komplexität an, verdeutlichen jedoch durch die vollzogene Begriffsbestimmung, dass die drei Größen nicht auf derselben Ebene anzusiedeln sind, sondern Komplexität vielmehr als übergeordnetes Konstrukt anzusehen ist, welches durch die beiden anderen bestimmt wird.[97] Diese Auffassung wird vom Autor geteilt und der Begriffsumschreibung von REIß gefolgt, da hierbei die zuvor angeführten Aspekte berücksichtigt und in Beziehung zueinander gestellt werden. Auch andere Autoren orientieren sich deshalb an dem im Folgenden vorgestellten Ansatz von REIß.[98] Wie in Abbildung 2-3 erkennbar ist, unterscheidet dieser vier Dimensionen von Komplexität, die er anhand ihres Ursprungs in die Komplexität der Elemente sowie die der Relationen unterteilt.[99]

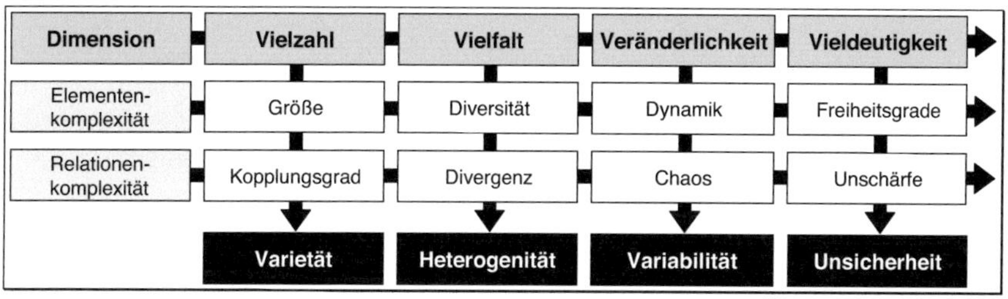

Abbildung 2-3: Die Komplexitätsdimensionen nach REIß[100]

Die **Varietät**[101] als statisches Begriffsverständnis von Komplexität repräsentiert die Anzahl an unterscheidbaren Systemelementen und -relationen.[102] Beispielhaft seien die Anzahl angebotener Produkte und Produktvarianten, die Menge unterschiedlicher

---

95 Vgl. KALUZA, KENTLER (1993), S. 67.
96 Vgl. WERNER (1997), S. 66.
97 Vgl. HEUSLER ET AL. (2006), S. 20.
98 Vgl. REIß (1993a), S. 58; HÖGE (1995), S. 27f.; KIRCHHOF (2003), S. 15.
99 Die Komplexität der Relationen ergibt sich durch das Beziehungsgeflecht zwischen den Systemelementen und beinhaltet somit die Anzahl der Beziehungen, die Schnittstellengestaltung sowie die Dynamik, mit der sich die Beziehungen im Zeitverlauf verändern.
100 Vgl. REIß (1993a), S. 58.
101 Unter Varietät wird „[...] die Anzahl der unterscheidbaren Zustände eines Systems, bzw. die Anzahl der unterscheidbaren Elemente einer Menge [verstanden]." MALIK (2002), S. 186.
102 Die Varietät umfasst somit im Allgemeinen die Anzahl, Vielzahl oder Masse.

Distributionskanäle, die Lieferantenanzahl oder die Anzahl unterschiedlicher Beschaffungsobjekte bzw. Kundengruppen genannt.[103] Der Kopplungsgrad steht für die Dichte eines materiellen oder informatorischen Beziehungsgeflechtes und gibt an, wie stark die Systemelemente miteinander verknüpft sind. Ein hoher Kopplungsgrad, z. B. durch eine Vielzahl miteinander in Beziehung stehender Unternehmen innerhalb einer Supply Chain, geht somit ebenfalls mit einer erhöhten Komplexität einher.

Neben der Vielzahl, d. h. der Anzahl und Menge an Elementen und Relationen, wird in der Literatur oftmals die Vielfalt als Synonym für Komplexität verwendet und als entscheidender Einflussfaktor auf die Komplexität in den Mittelpunkt gestellt.[104] Nicht nur die reine Anzahl an Systemelementen, Zuständen und Wirkungsbeziehungen, sondern auch der Grad, in dem sich diese unterscheiden, wirken komplexitätstreibend.[105] Die Vielfalt bzw. die Verschiedenartigkeit der Elemente und Relationen lässt sich unter dem Begriff **Heterogenität** zusammenfassen und spiegelt die zweite in der Literatur angeführte Dimension der Komplexität wider.[106] So sind geringfügig voneinander abweichende Kundenanforderungen (z. B. hinsichtlich der Farbgestaltung eines Produktes) noch relativ leicht zu bewältigen, während die Komplexität mit einer zunehmenden Heterogenität (z. B. Materialart, Funktionalität, Zusatzausstattungen) sukzessive ansteigt. Die Diversität gibt die Unterschiedlichkeit der Elemente an. Ein hoher Grad an Diversität tritt bei starken Ausprägungsabweichungen vom Durchschnitt auf. Divergenz eines Systems zeichnet sich dagegen durch einen hohen Anteil gegenläufiger Beziehungen aus.

Liegt der Begriffsabgrenzung eine statische Betrachtung zu Grunde, stellen die Varietät sowie die Heterogenität die beiden entscheidenden Dimensionen der Komplexität dar. Die Veränderlichkeit der Unternehmensumwelt erfordert jedoch ein erweitertes Begriffsverständnis. Die **Variabilität** als Einflussgröße der Komplexität bildet diese Dynamik der Umwelt ab.[107] Demnach entsteht zusätzlich Komplexität, wenn sich die Rahmenbedingungen, Einflussfaktoren, Systemelemente und Relationen häufig verändern oder deren Ausprägungen stark schwanken (z. B. Bedarfs-

---

[103] Vgl. BOHNE (1998), S. 23ff.
[104] Vgl. SCHULZ (1994), S. 131ff.; WILDEMANN (1996), S. 9; ADAM (2001), S. 2f.
[105] Vgl. DWYER, WELSH (1985), S. 399.
[106] Vgl. HÖGE (1995), S. 27ff.; SCHWENK-WILLI (2001), S. 28; BLUM (2006), S. 58ff.; CHOI, KRAUSE (2006), S. 641.
[107] Die Dynamik bildet den wesentlichen Unterschied zwischen der eigentlichen Komplexität und der Kompliziertheit, die im alltäglichen Sprachgebrauch des Öfteren als Synonym für komplexe Sachverhalte angesehen wird, allerdings keiner Variabilität unterliegt. Vgl. PRILLMANN (1996), S. 58.

schwankungen, wechselhafte Rohstoffverfügbarkeit). REIß führt des Weiteren das Chaos an, welches durch unscharfe Zuordnungen verschiedener Größen im Zeitablauf entsteht.

Die Vieldeutigkeit eines Systems ist eng mit der subjektiven Wahrnehmung der beobachtenden Person verbunden und wird durch bestehende Unsicherheiten, Unbestimmtheiten und Risiken bestimmt. Durch diese **Unsicherheit** steigt die Komplexität an, da hierdurch das Wissen über das System und die bestehenden Zusammenhänge fehlt.[108] Die möglichen Ausprägungsformen eines Elementes werden dabei durch deren Freiheitsgrade symbolisiert. Vieldeutige Beziehungen innerhalb des Systems zeichnen sich dabei durch Unschärfe aus.[109] Statt des Begriffs Vieldeutigkeit soll im Rahmen dieser Arbeit in Anlehnung an den üblichen Terminus innerhalb der Literatur die vierte Komplexitätsdimension als Unsicherheit bezeichnet werden.[110]

Die vier vorgestellten Dimensionen sind jedoch nicht unabhängig, sondern weisen eine enge Beziehung zueinander auf, weshalb sich eine Dimension bzw. Ausprägung nicht auf eine andere reduzieren lässt.[111] Durch eine zunehmende Dynamik wird beispielsweise die Prognostizierbarkeit erschwert, da die Systemzustände bzw. zukünftigen Entwicklungen mit Unsicherheit behaftet sind. Eine hohe Dynamik als Folge von technologischen Entwicklungen, Änderungen des Produkt- und Produktionsprogrammes oder schwankenden Bedarfszahlen führen somit zwangsläufig zu einer verstärkten Unsicherheit und infolgedessen zu einem Komplexitätsanstieg.[112]

Einige Autoren sehen in den Faktoren Varietät und Dynamik gleichzeitig die Ursachen für Komplexität. So spricht SCHWENK-WILLI bei dem Versuch der Komplexitätsdefinition von den zwei Komplexitätstreibern *Masse*, worunter der Autor die Varietät und Vielfalt zusammenfasst, sowie *Dynamik*, die die Veränderlichkeit und Vieldeutigkeit widerspiegelt.[113] Diesem Interpretationsansatz ist grundlegend zuzustimmen, wobei nach Auffassung des Autors die vier Aspekte Varietät (Anzahl, Vielzahl), Heterogenität (Verschiedenartigkeit, Vielfalt), Variabilität (Dynamik, Veränderlichkeit) und Unsicherheit (Vieldeutigkeit) mehr sind als ursächliche Faktoren der Komplexität. Sie bilden vielmehr das Wesen der Komplexität. Da Komplexität vollständig durch diese

---

[108] Vgl. SCHWENK-WILLI (2001), S. 30.
[109] Als Beispiel lassen sich unscharfe Zuordnungen zwischen den Kostenträgern einerseits und den in Anspruch genommenen Ressourcen andererseits anführen.
[110] Vgl. VACHON, KLASSEN (2002), S. 218ff.; WILDEMANN (2005), S. 84; GRÜBNER (2007), S. 23.
[111] Vgl. HÖGE (1995), S. 27f.
[112] Vgl. WILDEMANN (2005), S. 84.
[113] Vgl. SCHWENK-WILLI (2001), S. 28ff.

vier Größen bestimmt wird, können diese auch als konstitutive Eigenschaften der Komplexität angesehen und bezeichnet werden.[114] Aufbauend auf diesen konstitutiven Eigenschaften liegt dieser Arbeit das Verständnis zu Grunde, dass Komplexität genau dann entsteht, wenn etwas viel ist (Varietät), sich stark unterscheidet (Heterogenität), sich häufig ändert (Variabilität) oder mit Unsicherheit behaftet ist (Unsicherheit). Auf Basis dieser grundlegenden Annahme lässt sich folgende Begriffsdefinition ableiten: Komplexität bildet eine Systemeigenschaft, die durch die Anzahl, Unterschiedlichkeit und Unsicherheit der Elemente und ihrer Beziehungen untereinander sowie deren Veränderung im Zeitablauf bestimmt wird.

2.2.2 Eigenschaften von Komplexität

Obwohl die Komplexitätsproblematik seit längerem in der Literatur thematisiert wird, findet die nähere Betrachtung der Komplexitätseigenschaften lediglich eine geringe Beachtung. Dabei leiten sich hieraus die Besonderheiten und Anforderungen des Komplexitätsmanagements ab. SCHERF verdeutlicht, dass Komplexität in vollkommen unterschiedlichen (Erscheinungs-) Formen sowie in verschiedensten Situationen oder Systemen auftritt (*Vielfältigkeit*). Aufgrund des *abstrakten Charakters* und des Fehlens eines menschlichen Sinnesorganes, mit dem Komplexität wahrgenommen werden kann, bereitet insbesondere die Feststellung eines Komplexitätsproblems Schwierigkeiten.[115] Neben der Vielfältigkeit und dem abstrakten Charakter führt SCHERF die Eigenschaft der *Kollektivität* an, wonach sich Komplexität nicht auf ein einzelnes Element, sondern auf ein komplettes System in seiner Gesamtheit bezieht. Dadurch ergibt sich das Problem, dass es für die Messung von Komplexität nicht ausreicht, ein einzelnes Element zu betrachten (z. B. die Lieferantenanzahl oder den Umfang des Produktsortimentes), sondern in die Komplexitätsbewertung sämtliche Systembestandteile und deren Ausprägungen einfließen müssen. Des Weiteren wird die Komplexitätsmessung dadurch erschwert, dass es sich bei der Komplexität um einen Gradbegriff handelt, der nicht absolut, sondern allenfalls relativ gemessen werden kann. Lediglich über den Vergleich mit anderen Situationen oder Systemen

[114] Deshalb wird im weiteren Verlauf der Arbeit bei den Faktoren Varietät, Heterogenität, Variabilität und Unsicherheit nicht mehr von *Komplexitätsdimensionen*, sondern von *Determinanten* der Komplexität gesprochen. Der Begriff *Dimension* wird im späteren Verlauf der Arbeit zudem in einem anderen Kontext verwendet, sodass durch den Terminus *Determinanten* der Komplexität Verwechslungen vermieden werden sollen.

[115] Vgl. SCHERF (2003), S. 66f.

ist es möglich, eine Abschätzung über das Ausmaß der vorhandenen Komplexität vorzunehmen. Die Notwendigkeit einer relativen Messung ist gleichzeitig darauf zurückzuführen, dass kein objektives Kriterium existiert, anhand dessen eine Beurteilung der vorhandenen Komplexität erfolgen kann. Jede Person schätzt eine Situation, ein Problem oder ein System je nach subjektivem Empfinden unterschiedlich komplex ein. Was für den Einen noch handhabbar ist, stellt für den Anderen bereits eine äußerst komplexe Problemstellung dar.[116] Dies verdeutlicht, warum das *Problem der Messbarkeit* eines der elementaren Hindernisse im Umgang mit Komplexität darstellt.[117]

Je nach vorherrschender Varietät und Heterogenität werden in der Literatur einfache, komplizierte, relativ komplexe sowie äußerst komplexe Systeme unterschieden, wobei diese Abstufung zwischen relativ und äußerst komplexen Systemen für die Unternehmenspraxis eine untergeordnete Rolle spielen dürfte.[118] Charakteristisch für komplexe Systeme ist jedoch, dass diese *nicht determinierbar* sind und folglich weder vollständig erfasst, noch umfassend beschrieben oder eindeutig prognostiziert werden können.[119] Eine weitere charakteristische Eigenschaft von Komplexität stellt das *zeitliche Auseinanderfallen zwischen Ursache und Wirkung* dar. Komplexitätsveränderungen treten nicht sofort ein, wodurch die Auswirkungen komplexitätsbeeinflussender Maßnahmen nicht unmittelbar, sondern erst zeitverzögert festgestellt werden können. Dadurch wird die wegen der zahlreichen Verflechtungen und unklaren Kausalitäten ohnehin schwierige Bewertung der eingeleiteten Maßnahmen und Strategien hinsichtlich ihrer Zielführung zusätzlich erschwert.

Als eines der wesentlichen Probleme im Umgang mit Komplexität wurden deren vielseitiges Erscheinungsbild und die beschränkten Möglichkeiten zu deren Wahrnehmung und Erfassung angeführt. Im folgenden Kapitel sollen deshalb typische Komplexitätsursachen und deren Folgen innerhalb der Logistik vorgestellt werden.

---

116 Bei dem Konstrukt der Komplexität gibt es keine feste Skalierung wie bei Größenangaben (Länge, Gewicht, etc.) anhand derer jede Person einzuschätzen weiß, ob es sich um einen großen (komplexes System) oder einen kleinen (wenig komplexes System) Wert handelt.

117 Vgl. ADAM (1998), S. 10f.; FELDMAYER, SEIDENSCHWARZ (2005), S. 52 sowie Kapitel 4.4.3. Passend in diesem Zusammenhang scheint der Ausspruch von HARRINGTON, der feststellt „If you cannot measure it, you can not control it ... if you cannot control it, you cannot improve it. It is as simple as that!" HARRINGTON (1991), S. 81.

118 Vgl. ULRICH, PROBST (1995), S. 61; SCHUH (2005), S. 5.

119 Vgl. LUHMANN (1980), Sp. 1.069; ULRICH, PROBST (1995), S. 65; PUHL (1999), S. 42.

2.3 Komplexitätsursachen und -auswirkungen in der logistischen Kette

In der Literatur existieren zahlreiche Ansätze zur Strukturierung der vielfältigen **Komplexitätsursachen**, die auch als *Komplexitätstreiber* bezeichnet werden. Je nach Betrachtungsweise und Fokus der Untersuchung lässt sich die Menge der komplexitätstreibenden Einflussgrößen beliebig erweitern, weshalb derartige Auflistungen niemals vollständig sein können. Eine Vielzahl an Publikationen orientiert sich bei der Strukturierung an BLISS, der zwischen exogenen und endogenen Komplexitätsursachen differenziert.[120] Die *exogenen (externen) Komplexitätstreiber* wirken von außen auf das Unternehmen ein und sind i. d. R. Konstante, die durch das Unternehmen nicht oder nur in begrenztem Umfang beeinflusst werden können. Die exogene Komplexität entspricht somit der Marktkomplexität, die durch die Beschaffungs- und Absatzmärkte (Lieferanten, Nachfrage) sowie den Wettbewerb bestimmt wird.[121] Demgegenüber stehen die *endogenen (internen) Komplexitätstreiber*, bei denen zwischen der korrelierten sowie der autonomen Unternehmenskomplexität unterschieden werden kann. Die *korrelierte Unternehmenskomplexität* weist einen unmittelbaren Zusammenhang zur externen Marktkomplexität auf und wird direkt oder zumindest indirekt durch diese beeinflusst. Beispielsweise wirken sich als externe Einflussgrößen die verfügbaren Technologien sowie die Kundenstruktur, d. h. die Anzahl der Kundengruppen sowie die Individualität der Kundenanforderungen, auf die Komplexität aus. Die Gestaltung dieser Einflussgrößen obliegt allerdings dem Unternehmen selbst, weshalb diese Faktoren zur Gruppe der internen Treiber gezählt werden können, auch wenn die Ursache der resultierenden Komplexität extern begründet ist. Einen weiteren wesentlichen Treiber der korrelierten Unternehmenskomplexität stellt die vom Produkt bzw. dem Produktprogramm ausgehende Komplexität dar. Auch wenn das Unternehmen selbst festlegt, welche Produkte bzw. Produktvarianten angeboten werden und wie diese aufgebaut sind, werden derartige Entscheidungen wesentlich von externen Faktoren (z. B. Kundenanforderungen, Rohstoffverfügbarkeit, potenzielle Lieferanten, Wettbewerbssituation) beeinflusst. Die Interdependenz zwischen exogenen und endogenen Komplexitätstreibern besteht allerdings auch in entgegengesetzter Kausalitätsrichtung. Durch das Produktprogramm und die defi-

---

[120] Vgl. BLISS (2000), S. 5f.; KIRCHHOF (2003), S. 39ff.; KEUPER (2004), S. 83.
[121] Vgl. KESTEL (1995), S. 23; BLISS (2000), S. 5.

nierte Fertigungstiefe (endogene Treiber) wird beispielsweise unmittelbar der Umfang benötigter Lieferanten (exogene Treiber) determiniert.

Anders als die korrelierte unterliegt die *autonome Unternehmenskomplexität* keiner Beeinflussung durch externe Faktoren, sondern wird durch die strukturellen und organisatorischen Gegebenheiten sowie die Abläufe und Verhaltensweisen innerhalb des Unternehmens bestimmt. Als komplexitätstreibende Elemente der autonomen Unternehmenskomplexität führt BLISS die Produktionsprogramme, Unternehmensprozesse sowie die Koordinations-, Abwicklungs- und Fertigungssysteme an.[122] Auch wenn die autonome Unternehmenskomplexität unabhängig von den äußeren Einflussgrößen ist, bestehen dennoch Interdependenzen zur korrelierten Unternehmenskomplexität. Ein breites Produktprogramm mit einer Vielzahl an Varianten wirkt sich unmittelbar auf die Beschaffungs-, Auftragsabwicklungs- und Fertigungsprozesse aus. Gleichzeitig verringert sich in der Regel mit einer zunehmenden Individualität der Produkte die Möglichkeit, Prozessstandardisierungen vorzunehmen.[123] Aus diesem Grund ist eine strikte Trennung zwischen korrelierten und autonomen Komplexitätstreibern nicht möglich.

KIRCHHOF greift die beschriebene Klassifikation von BLISS auf und erweitert diese geringfügig, indem er beispielsweise bei den externen Einflussgrößen die *Gesellschaftskomplexität* ergänzt. Hierunter werden politische, wirtschaftliche und rechtliche Systeme sowie ökologische und kulturelle Faktoren subsumiert. Auch bei den unternehmensinternen Komplexitätstreibern nimmt KIRCHHOF marginale Modifikationen vor, behält allerdings die Unterscheidung zwischen korrelierten und autonomen Komplexitätstreibern bei.[124] Abbildung 2-4 greift beide Strukturierungsversuche auf und fasst die wesentlichen Komplexitätstreiber in der Logistik grafisch zusammen.

Auf die Treiber der Gesellschaftskomplexität kann das Unternehmen in der Regel keinen Einfluss nehmen, da diese reine exogene Einflussgrößen darstellen. Ebenso besteht bei der Nachfrage- sowie der Wettbewerbskomplexität im Allgemeinen keine Möglichkeit zur Beeinflussung durch das Unternehmen. Auch wenn Teile der Beschaffungskomplexität (z. B. die Gegebenheiten auf dem Beschaffungsmarkt) ebenfalls nicht beeinflussbar sind, besitzt die Beschaffung als Schnittstelle zwischen dem

---

[122] Vgl. BLISS (2000), S. 6.
[123] Vgl. RAUFEISEN (1999), S. 76f.; WILDEMANN (2007), S. 33.
[124] Vgl. KIRCHHOF (2003), S. 41.

Unternehmen und dem externen Beschaffungsmarkt eine Sonderstellung innerhalb der Klassifikation der Komplexitätstreiber.

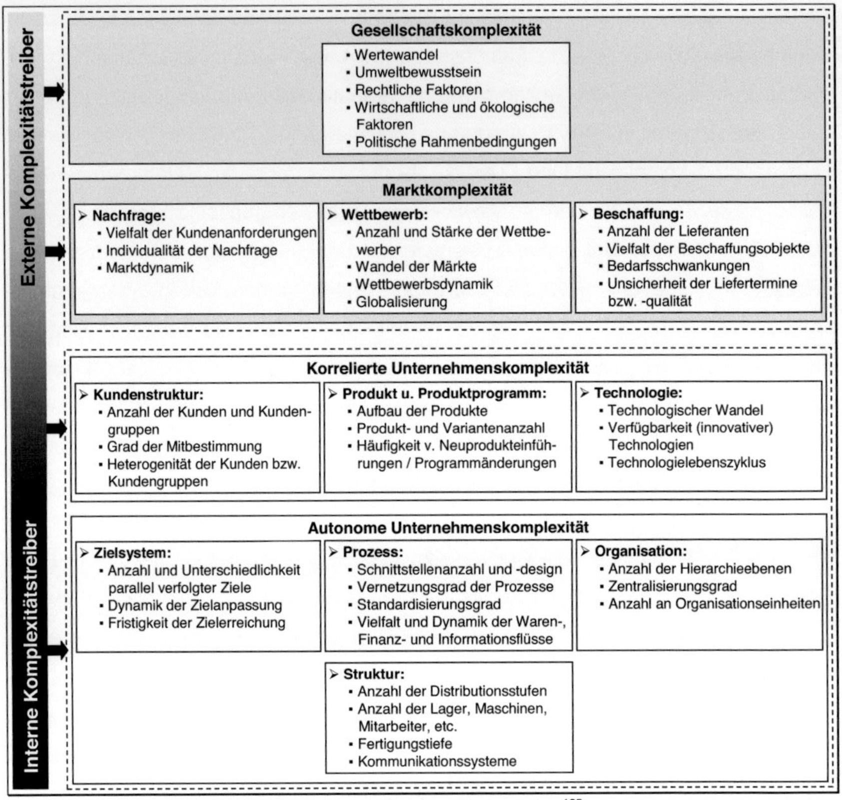

Abbildung 2-4: Komplexitätsursachen[125]

KEUPER und KIRCHHOF zählen die Komplexität der Beschaffung zu den externen Komplexitätstreibern.[126] Beide Autoren beziehen sich dabei auf die komplexen Prozesse im Zuge der Unternehmensversorgung mit Rohstoffen und Ressourcen. Gleichzeitig gehören allerdings ebenfalls die Lieferantenstruktur (Anzahl, potenzielle Lieferanten, Unterschiedlichkeit der Lieferanten) sowie die Lieferantenbeziehung zu den Determinanten der Beschaffungskomplexität. Da diese Faktoren nicht vollkommen losgelöst von den unternehmerischen Entscheidungen sind, besitzt die Beschaf-

---

125 Eigene Darstellung in Anlehnung an BLISS (2000), S. 5ff.; KIRCHHOF (2003), S. 39ff.
126 Vgl. KIRCHHOF (2003), S. 39; KEUPER (2004), S. 83.

fungskomplexität somit neben den exogenen gleichzeitig endogene Einflussfaktoren, die durch das Unternehmen aktiv beeinflusst und gestaltet werden können.[127]

Die **Komplexitätsauswirkungen** erweisen sich als ebenso mannigfaltig wie deren Ursachen. Zunächst führt eine erhöhte Komplexität in sämtlichen Unternehmensbereichen sowie in allen Phasen der Wertschöpfung zu erhöhten bzw. zusätzlichen Kosten. Ein direkter Nachweis von Komplexitätskosten bereitet jedoch im Allgemeinen Schwierigkeiten, da diese oftmals nicht dort anfallen, wo sie verursacht wurden.[128] Eine direkte Ursache-Wirkungs-Beziehung zwischen einer Komplexitätszunahme und einem Kostenanstieg ist darüber hinaus nur schwer nachzuweisen, da viele Auswirkungen zeitverzögert und nur indirekt in Erscheinung treten (vgl. Kapitel 2.2.2). Dennoch ist der negative Einfluss der Komplexität auf die Kostensituation eines Unternehmens in der Literatur unumstritten.[129] Grundsätzlich lassen sich direkte und indirekte Komplexitätskosten unterscheiden (vgl. Abbildung 2-5).

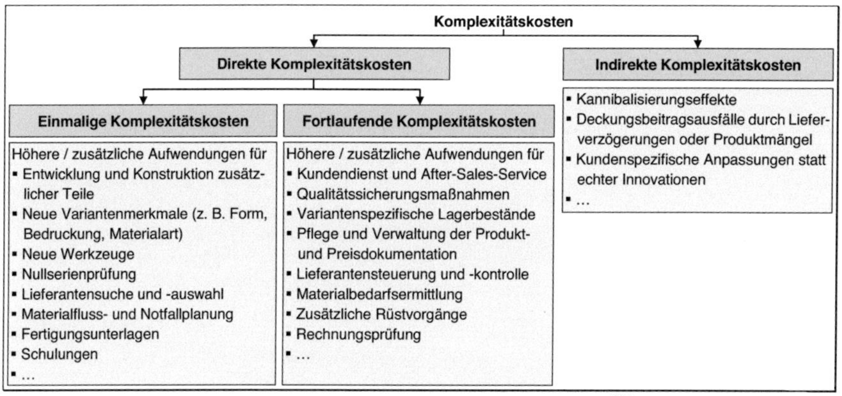

Abbildung 2-5: Gliederung der Komplexitätskosten[130]

Direkte einmalige Kosten fallen beispielsweise bei der Anschaffung von Werkzeugen oder Maschinen für die Herstellung verschiedener Produktvarianten an. Dagegen sind die Service- und After-Sales-Aufwendungen infolge einer höheren Produktvielfalt ein Beispiel für *direkte fortlaufende Kosten*. Von *indirekten Komplexitätskosten* kann gesprochen werden, wenn die Unternehmensressourcen komplexitätsbedingt

---

[127] Vgl. Kapitel 6.3.1.1 sowie 6.3.2.1.
[128] Vgl. KESTEL (1995), S. 33ff.; WILDEMANN (2007), S. 23.
[129] Vgl. SCHWENK-WILLI (2001), S. 55ff.; MEYER (2007), S. 31; WILDEMANN (2007), S. 33. Ein unmittelbarer Zusammenhang wurde bisher jedoch noch nicht hergestellt.
[130] Eigene Darstellung in Anlehnung an BLISS (2000), S. 9; SCHWENK-WILLI (2001), S. 55; FRIEDRICH (2004), S. 23.

nur suboptimal eingesetzt werden oder der Nutzenzuwachs einer Komplexitätserhöhung (z. B. Erhöhung der Variantenanzahl) durch einen gleichzeitigen Verlust kompensiert wird (Kannibalisierungseffekt[131]).

Neben den negativen Auswirkungen auf die Kosten ergeben sich aus einer überhöhten Komplexität zahlreiche weitere negative Konsequenzen (vgl. Tabelle 2-2).

Komplexitätsursachen	Komplexitätsauswirkungen
▪ Hohe Anzahl und Heterogenität zu beschaffender Artikel ▪ Hohe Anzahl an Lieferungen und Teillieferungen ▪ Hohe Lieferantenanzahl ▪ Dynamik des Beschaffungsmarktes infolge der Globalisierung und neuartiger Technologien bzw. Materialien ▪ Unterschiedliche technologische Standards ▪ Unterschiedliche Beschaffungskonzepte und -strategien für einzelne Güter ▪ Häufige Lieferantenwechsel ▪ Schwankende Bedarfsvolumina ▪ Unsicherheiten bzgl. Lieferzeit und -qualität ▪ Verwendung unterschiedlicher Schnittstellen und IT-Technologien zu den Lieferanten ▪ Hohe Variantenanzahl ▪ Heterogenität der Kundenanforderungen	**Zusätzliche bzw. erhöhte Kosten** ▪ Transaktions- und Verwaltungskosten ▪ Handling- und Transportkosten ▪ Beschaffungskosten durch das Nichterreichen von Mindestabnahmemengen ▪ Fehlmengenkosten durch Lieferausfälle oder Prognoseunsicherheit ▪ Investitionen in IuK- sowie Lagertechnologien ▪ Zusätzlicher Lagerflächenbedarf ▪ Verlust von Erfahrungskurveneffekten ▪ Aufwand der Lieferantensuche und -bewertung ▪ Schnittstellenproblematik bei der Anbindung von Lieferanten **Qualitätsverschlechterung** ▪ Verringerter Servicegrad und schlechte Termintreue ▪ Aufwändige Qualitätskontrollen kleiner Chargen unterschiedlicher Beschaffungsobjekte ▪ Verminderte Prozessstabilität ▪ Erhöhte Anfälligkeit der Prozesse durch Vielzahl der Einflussgrößen und Verflechtungen **Verminderte Flexibilität** ▪ Ausschluss bestimmter Beschaffungsformen ▪ Zunehmende Notwendigkeit von Sicherheitsbeständen und -puffern ▪ Verminderte Agilität durch bestehende Verflechtungen und Wechselwirkungen **Zeitverzögerungen** ▪ Erhöhter Zeitbedarf bei der Warenannahme ▪ Verlängerte Durchlaufzeit durch zusätzliche Qualitätskontrollen ▪ Erhöhte Such- und Wegzeit bei der Kommissionierung durch hohe Variantenvielfalt sowie größere Lagerflächen

Tabelle 2-2: Komplexitätsursachen und -auswirkungen[132]

Im Allgemeinen führt eine zunehmende Komplexität zu einem erhöhten Planungs-, Steuerungs- und Kontrollaufwand der Material- und Informationsflüsse. Gelingt es

131 Von einem Kannibalisierungseffekt wird gesprochen, wenn dem Umsatzwachstum durch eine zusätzliche Produktvariante gleichzeitige Umsatzrückgänge bei den anderen Produktvarianten gegenüberstehen. Diese entgangenen Deckungsbeiträge können als Opportunitätskosten bzw. indirekte Komplexitätskosten interpretiert werden. Vgl. MEYER (2007), S. 32.

132 Eine umfangreiche Übersicht zu den Komplexitätsauswirkungen kann zudem in Anhang A-2 auf Seite 333f. eingesehen werden.

nicht, die Komplexität der Leistungserstellung zu bewältigen, führt dies zu ineffizienten, instabilen und im Extremfall unbeherrschbaren Prozessen, wodurch sich Qualitätsprobleme ergeben und Lieferzeiten nicht eingehalten werden. Gleichzeitig verringert sich die Fähigkeit, flexibel auf unvorhergesehene Ereignisse reagieren zu können.[133] Auch die Disposition sowie die Materialbereitstellung und Kommissionierung gestalten sich bei einer wachsenden Anzahl an Beschaffungsobjekten und Systembeteiligten zunehmend schwieriger. WILDEMANN spricht zudem im Zusammenhang mit einer zunehmenden Variantenvielfalt und den damit einhergehenden häufigen Rüstvorgängen von einem umgekehrten Erfahrungskurveneffekt.[134] Gleichzeitig sinkt mit einem umfangreicheren Produktsortiment die Prognosegenauigkeit, wodurch entweder Fehlmengen und infolgedessen Lieferverzögerungen resultieren oder andererseits Überkapazitäten zu erhöhten Bestandskosten führen.

2.4 Komplexitätsstrategien

Nachdem die vielfältigen negativen Konsequenzen einer überhöhten Komplexität aufgezeigt wurden, stellt sich die Frage nach der geeigneten Strategie im Umgang mit dem Komplexitätsproblem. Der Begriffsabgrenzung in Kapitel 2.2.1 folgend ist neben der Dynamik und Unsicherheit jegliche Form von Varietät und Vielfalt komplexitätstreibend, weshalb Unternehmen anzuraten wäre, sämtliche Dinge und Sonderleistungen, die eine Abkehr von Standardprozessen nach sich ziehen, zu unterlassen, um keinen Komplexitätsanstieg zu bewirken und damit die beschriebenen negativen Konsequenzen zu provozieren. Die Reduktion des Produktprogrammes im Extremfall auf eine einzige Variante stellt allerdings in Zeiten eines erhöhten Wettbewerbsdrucks und individualisierten Kundenanforderungen keine praktikable Strategie dar und kann mittel- bis langfristig existenzgefährdend sein. Aus diesem Grund werden in der Literatur verschiedene Komplexitätsstrategien diskutiert, deren Eignung und Zielführung sowohl vom Untersuchungsobjekt als auch den jeweiligen Rahmenbedingungen sowie der im Rahmen des strategischen Managements formulierten Zielsetzung abhängig sind.

Im Rahmen eines ganzheitlich ausgerichteten Komplexitätsmanagements können drei Zielsetzungen bzw. Strategien unterschieden werden: Die Komplexitätsreduk-

---

133 Vgl. SCHWENK-WILLI (2001), S. 29.
134 Vgl. WILDEMANN (2004b), S. 33.

tion, Komplexitätsbeherrschung und Komplexitätsvermeidung.[135] Mithilfe der Strategie der **Komplexitätsreduktion** soll die aktuell vorhandene Komplexität gesenkt werden. Sowohl innerhalb der Forschung als auch in der Praxis herrscht Einigkeit darüber, dass überkomplexe Unternehmen langfristig nicht am Markt bestehen können, da sie nicht in der Lage sind, die zunehmenden Kundenanforderungen nach qualitativ hochwertigen Produkten bei gleichzeitig kurzen Lieferzeiten sowie einem hohen Service wirtschaftlich zu erfüllen.[136] Aus diesem Grund stellt die Komplexitätsreduktion den ersten Schritt dar, um eine Überkomplexität kurz- bis mittelfristig abzubauen. Eine Reduktion der strukturellen Komplexität kann unmittelbar durch die Verringerung der Vielzahl (Varietät) bzw. Vielfalt (Heterogenität) erfolgen. Mithilfe einer Deckungsbeitragsrechnung bzw. einer ABC-Analyse können beispielsweise diejenigen Produktvarianten oder Ausstattungsmerkmale identifiziert werden, die lediglich eine untergeordnete Rolle einnehmen und von den Kunden selten nachgefragt werden. Auch die Verringerung der Lieferantenanzahl (z. B. durch eine Modulbeschaffung) oder die Eliminierung einzelner Kundensegmente stellen Möglichkeiten zur strukturellen Komplexitätsreduktion dar. Eine Reduktion der auf der externen Variabilität beruhenden Komplexität ist hingegen nur schwer zu erreichen, da sich u. a. die Dynamik auf den Märkten, die technologischen Entwicklungen oder die Veränderlichkeit der Kundenanforderungen einer unmittelbaren Beeinflussung durch das Unternehmen entziehen. Allerdings kann die interne Variabilität und damit die korrelierte bzw. autonome Unternehmenskomplexität reduziert werden, indem z. B. die Häufigkeit von Neuprodukteinführungen verringert wird. Ebenso ist durch eine Standardisierung und Modularisierung der Prozesse eine Komplexitätsreduktion möglich. Auch durch die Schaffung von Transparenz und den Abbau von Unsicherheiten kann die Komplexität reduziert werden.[137]

Im Sinne der Systemtheorie ist das Komplexitätsoptimum jedoch nicht dann erreicht, wenn das System (z. B. das Unternehmen) die geringstmögliche Komplexität aufweist. Vielmehr würde durch eine permanente Komplexitätsreduktion der zentralen

---

135 Vgl. WILDEMANN (2007), S. 58. In der praktischen Anwendung sind diese drei Grundstrategien allerdings nicht immer trennscharf voneinander abzugrenzen, da teilweise Überschneidungen vorliegen. Dennoch stellt diese Unterscheidung eine gute Basis dar, um die verschiedenen Einzelansätze des Komplexitätsmanagements (vgl. Kapitel 3.2) hinsichtlich ihrer verfolgten Zielsetzung zu differenzieren.

136 Vgl. EVERSHEIM (1994), S. 73.

137 Unsicherheiten können beispielsweise dadurch abgebaut werden, indem Lieferanten dazu angehalten werden, Lieferverzögerungen frühzeitig zu kommunizieren.

Kernaussage der kybernetischen Systemtheorie widersprochen: Dem von ASHBY formulierten *Gesetz der erforderlichen Varietät* („law of requisite variety"). Demnach kann der externen Komplexität der Systemumwelt nur mit einer ebenso ausgeprägten internen Systemkomplexität begegnet werden.[138] Eine kontinuierliche Reduktion der internen Komplexität hätte damit zur Folge, dass die Komplexität der Unternehmensumwelt, d. h. die Komplexität auf den Beschaffungs- und Absatzmärkten, die interne Komplexität dominiert und das Unternehmen langfristig nicht am Markt bestehen kann.[139] Aus diesem Grund stellt die **Komplexitätsbeherrschung** eine weitere Strategie im Rahmen des Komplexitätsmanagements dar. Während die Komplexitätsreduktion das Ziel einer Effektivitätssteigerung verfolgt, soll durch die Strategie der Komplexitätsbeherrschung hingegen die Effizienz verbessert werden. Das Anliegen der Komplexitätsbeherrschung besteht folglich darin, die durch externe Anforderungen und Rahmenbedingungen verursachte interne Komplexität möglichst effizient zu handhaben.[140] Dies ist beispielsweise durch eine angepasste Organisationsstruktur, fest vorgegebene Prozessbeschreibungen in Lastenheften oder standardisierte Schnittstellen möglich, wodurch die Heterogenität reduziert wird. Auch eine komplexitätsgerechte Produktgestaltung (z. B. Funktionsintegration) trägt zu einer Beherrschung der nach der Komplexitätsreduktion verbliebenen Restkomplexität bei.[141] Durch das Vorhalten von Sicherheitsbeständen kann der Unsicherheit bezüglich verspäteter oder qualitativ unzureichender Beschaffungsobjekte entgegengewirkt werden, wobei diese Maßnahme aus Sicht der Flussorientierung und vor dem Hintergrund der dadurch entstehenden Bestandskosten in der Regel unerwünscht ist.[142]

Als dritte Alternative für den Umgang mit der Komplexität steht die Strategie der **Komplexitätsvermeidung** zur Verfügung.[143] Hierbei wird das Ziel verfolgt, präventiv die Entstehung von Komplexität zu verhindern und damit einem zukünftigen Komplexitätsanstieg proaktiv entgegenzuwirken. Beispielsweise kann durch eine modulare

---

138 Vgl. ASHBY (1970), S. 202ff. In diesem Zusammenhang entstand der viel zitierte Ausspruch „Only variety can destroy variety." ASHBY (1970), S. 207.

139 Ein einfaches Beispiel illustriert diesen Zusammenhang: Steht den vielfältigen, heterogenen und dynamischen Kundenanforderungen lediglich ein sehr geringes Leistungsangebot mit wenigen Produktvarianten gegenüber, entspricht die interne Komplexität nicht der externen geforderten und das Unternehmen ist langfristig nicht überlebensfähig.

140 Vgl. WILDEMANN (2004b), S. 78.

141 Vgl. SCHUH (2005), S. 258ff. Durch eine Funktionsintegration wird unmittelbar die Anzahl der Komponenten und Bauteile eines Produktes reduziert (Varietät).

142 Auch der Dynamik auf dem Beschaffungsmarkt (z. B. Preisveränderungen, wegfallende Lieferanten, schwankende Rohstoffverfügbarkeit, etc.) kann durch entsprechende Sicherheitsbestände begegnet werden.

143 Vgl. WILDEMANN (2004b), S. 79.

Produktgestaltung gewährleistet werden, dass in Zukunft Demontagetätigkeiten einfacher zu realisieren sind.[144] Gleichzeitig ist es dadurch möglich, im Falle von wechselnden Anforderungen (z. B. infolge veränderter Kundenwünsche oder gesetzlicher Vorgaben) lediglich das betroffene Modul anzupassen, während die nicht betroffenen Komponenten unverändert bleiben können. Durch die Modularisierung wird unmittelbar die Anzahl an Komponenten je Produkt (Varietät) reduziert, während beispielsweise die Standardisierung oder das Plattformkonzept die Heterogenität der Produkte beeinflussen und im Vorfeld einer Neuprodukteinführung die zukünftig vorherrschende Komplexität positiv beeinflussen. Eine Vermeidung der durch die Variabilität und Unsicherheit basierenden Komplexität ist beispielsweise durch ein Insourcing, d. h. eine Rückverlagerung bisher fremdvergebener Leistungen, möglich, da sich das Unternehmen hierdurch teilweise vom Markt entkoppeln kann. Allerdings ist auch das Unternehmen selbst gezwungen, in dem jeweiligen Marktumfeld zu agieren, weshalb eine komplette Loslösung von der Dynamik des Unternehmensumfeldes schwierig ist.

GRÜBNER schlägt in Anlehnung an WILDEMANN vor, die „[...] Reduzierung von Komplexität [...] ihrer Vermeidung oder Beherrschung gegenüber vorzuziehen.“[145] Auch WESTPHAL sieht die Komplexitätsreduktion als ersten Schritt noch vor der Beherrschung an.[146] Die beiden Strategien der Komplexitätsreduktion bzw. -beherrschung setzen sich jedoch primär mit der aktuell vorhandenen Komplexität auseinander. Sie besitzen somit einen reaktiven Charakter, da sie das Ziel verfolgen, kurz- bis mittelfristig eine Verbesserung der Komplexitätssituation herbeizuführen. Demgegenüber handelt es sich bei der Komplexitätsvermeidung um eine proaktive Strategie, die einen langfristigen Zielhorizont aufweist und sich der Komplexität in der Zukunft zuwendet. Sie stellt somit eine präventive Strategie dar, die aufgrund der Beachtung aktueller sowie zukünftiger Einflussgrößen eher dem ganzheitlichen Anspruch der Logistikkonzeption entspricht. Nach Auffassung des Autors würde durch die von GRÜBNER und WILDEMANN vorgeschlagene Vorgehensweise bewusst die langfristige Optimierung hinter einer temporären Reduktion der Komplexität zurückgestellt. Diese

---

144 Hierbei zeigt sich die mangelnde Trennschärfe zwischen den verschiedenen Komplexitätsstrategien. Eine komplexitätsgerechte Produktgestaltung trägt einerseits zu einer Beherrschung der aktuell vorhandenen Komplexität bei, wirkt aber andererseits insbesondere bei Neuprodukteinführungen auch komplexitätsvermeidend.

145 GRÜBNER (2007), S. 331f.

146 Vgl. WESTPHAL (2000), S. 78.

kurzfristige Denkweise entspricht jedoch nicht der strategischen Bedeutung des Komplexitätsmanagements und kann nicht im Interesse des Anwenders liegen. Unternehmen sollten deshalb Komplexität nicht von vornherein als „Übel" oder „unerwünschte Erscheinung" ansehen, sondern versuchen, diese zu beherrschen und an den richtigen Stellen zu vermeiden, statt sie unreflektiert zu reduzieren. Um diejenigen Komplexitätstreiber zu identifizieren, die problemlos eliminiert werden können oder zukünftig angepasst werden sollten, ist es allerdings notwendig, zunächst die komplexitätstreibenden Faktoren zu identifizieren und diese im Anschluss hinsichtlich ihrer Auswirkungen zu bewerten. Hierzu soll diese Arbeit einen entscheidenden Beitrag leisten.

Nachdem bisher die konstitutiven Eigenschaften und Besonderheiten der Komplexität untersucht und die Notwendigkeit einer ganzheitlichen Betrachtung betont wurden, sollen im Folgenden die sich daraus ergebenden Anforderungen an ein erfolgreiches Komplexitätsmanagement abgeleitet und die Rolle des eigenen Forschungsansatzes zur Erfüllung dieser Anforderungen beurteilt werden.

2.5 Anforderungen an ein ganzheitliches Komplexitätsmanagement

2.5.1 Allgemeine Anforderungen an ein ganzheitliches Management

BOGASCHEWSKY und ROLLBERG weisen darauf hin, dass durch eine isolierte Betrachtung von Teilproblemen Unzulänglichkeiten erwachsen, da lediglich eine punktuelle Teilverbesserung, aber kein Gesamtoptimum erreicht wird.[147] Als wesentliche Forderung an eine integrierte Methodik betont deshalb auch SCHWENK-WILLI die Ganzheitlichkeit der Lösungsvorschläge, weshalb isolierte Einzelprinzipien oder -maßnahmen durch integrierte und aufeinander abgestimmte Maßnahmenpakete substituiert werden sollten.[148] Die Notwendigkeit einer ganzheitlichen und systemorientierten Sichtweise gilt in der Literatur als unumstritten. KIRCHHOF fordert z. B. die Betrach-

[147] Vgl. BOGASCHEWSKY, ROLLBERG (1998), S. 84.

[148] Darüber hinaus nennt SCHWENK-WILLI als weitere Anforderung an eine integrierte Methodik die *Vieldimensionalität* und verweist damit explizit darauf, neben ökonomischen weitere wesentliche Aspekte (z. B. technische, politische, gesellschaftliche oder soziale Faktoren) zu berücksichtigen. Vgl. SCHWENK-WILLI (2001), S. 130. Da dies einer systemorientierten und übergreifenden Sichtweise im Sinne der Ganzheitlichkeit entspricht, wird die Vieldimensionalität im Rahmen dieser Arbeit nicht als separate Anforderung an ein ganzheitliches Komplexitätsmanagement angeführt, sondern den im Folgenden vorgestellten *systemorientierten Anforderungen* zugerechnet.

tung des Systems „in seinen Wechselwirkungen“[149] und MEYER spricht im Rahmen eines Komplexitätsmanagements der „Abbildungsfähigkeit der Wirkzusammenhänge“[150] eine besondere Bedeutung zu. Dem Verständnis von Ganzheitlichkeit folgend sollte das Komplexitätsmanagement somit ausdrücklich sowohl die *Komplexitätsursachen* und deren *Auswirkungen* als auch die dazwischen bestehenden *Zusammenhänge und Wechselwirkungen* berücksichtigen. Ganzheitlichkeit bedeutet im Sinne einer integrierten Unternehmensstrategie auch die Verbindung der normativen, strategischen und operativen Managementebene (vgl. Kapitel 2.1.3). Dazu ist es notwendig, aus langfristigen Überlegungen und Zielen konkrete Strategien und Handlungsempfehlungen abzuleiten. Da wissenschaftliche Forschung nicht zum Selbstzweck betrieben wird, sondern vor allem betriebswirtschaftliche Forschungsarbeiten vordergründig das Ziel verfolgen sollten, Lösungsansätze für praxisrelevante Problemstellungen zu generieren, ist die wissenschaftliche Auseinandersetzung deshalb nicht auf einer theoretischen Metaebene zu belassen, sondern auf die Anwendbarkeit und Zielführung in der Praxis auszurichten. Aus diesem Grund ist der Forderung nach *Praktikabilität* im Rahmen des Komplexitätsmanagements eine besondere Beachtung zu schenken. In diesem Sinne sollte ein ganzheitlicher Komplexitätsmanagementansatz berücksichtigen, dass die erforderlichen Inputgrößen in der Unternehmenspraxis ermittelt und bereitgestellt werden können.[151] Gleichzeitig muss ein ganzheitliches Komplexitätsmanagement mehr umfassen als die kurzfristige Durchführung von Komplexitätsmanagementprojekten oder die sporadische Anwendung einzelner komplexitätsbeeinflussender Maßnahmen.[152] Vielmehr gilt es, diese in ein Gesamtkonzept zu integrieren, welches auf die langfristige Beherrschung und Optimierung der Komplexität ausgerichtet ist.

Eine weitere Voraussetzung für den Erfolg eines ganzheitlichen Komplexitätsmanagements stellt die *Unterstützung des Unternehmensmanagements* dar. Diese Anforderung kann dabei in zweierlei Richtung interpretiert werden. Im eigentlichen Sinne ist darunter zu verstehen, dass die Unternehmensleitung die Durchführung des Komplexitätsmanagements aktiv unterstützen, fördern und dazu ein Komplexitätsbewusstsein bei den Mitarbeitern und innerhalb der Unternehmensphilosophie schaffen

---

[149] KIRCHHOF (2003), S. 200.
[150] MEYER (2007), S. 114.
[151] Vgl. LASCH, GIEßMANN (2009a), S. 221ff.
[152] Vgl. MEYER (2007), S. 91.

muss.[153] Im entgegengesetzten Sinn verdeutlicht diese Anforderung jedoch auch, dass das implementierte Komplexitätsmanagement darauf ausgerichtet und dazu in der Lage sein muss, der Unternehmensleitung die notwendigen Informationen zur Verfügung zu stellen, um darauf aufbauend zielgerichtet Entscheidungen treffen und Handlungsempfehlungen ableiten zu können. Darüber hinaus befürwortet KIRCHHOF die Möglichkeit der flexiblen Wahl des Detaillierungsgrades je nach Problemstellung und Anwendungsfall. Dies kann beispielsweise durch einen *modularen Aufbau* gewährleistet werden, der auch von SCHWENK-WILLI empfohlen wird.[154] Aufgrund der Unabhängigkeit der einzelnen Methodenbausteine ist eine autonome Betrachtung der Module möglich. Eine modulare Methodik bietet zudem den Vorteil, dass sie leicht an individuelle Anforderungen angepasst werden kann. Auch bei zusätzlichen oder wegfallenden Anforderungen ist ein Austausch einzelner Funktionalitäten oder die Erweiterung der Methodik problemlos möglich.

Im Folgenden werden die in Kapitel 2.2.2 erarbeiteten Komplexitätseigenschaften aufgegriffen und daraus weitere Anforderungen an ein ganzheitliches Komplexitätsmanagement abgeleitet.

2.5.2 Anforderungen aufgrund der Komplexitätseigenschaften

Die Vielfältigkeit, in der Komplexität auftritt und wahrgenommen wird, erschwert oder verhindert die Feststellung eines Komplexitätsproblems. Dennoch stellt die *Erfassung von Komplexität* den ersten Schritt im Rahmen eines Komplexitätsmanagements dar. Da sich die Komplexität aufgrund ihres abstrakten Charakters allerdings einer direkten Messbarkeit entzieht und die individuelle Komplexitätswahrnehmung zudem einer Subjektivität unterliegt, werden zur Komplexitätserfassung Indikatoren benötigt, die auf ein Komplexitätsproblem hindeuten. Eine Möglichkeit, um dem angesprochenen Problem der Messbarkeit zumindest ansatzweise zu begegnen, stellt der *Einsatz von Kennzahlen* dar, die unternehmensindividuell anzupassen sind. Da Kennzahlen objektiv erhoben werden können, wird gewährleistet, dass die Indikatoren über einen betrachteten Zeitpunkt hinweg vergleichbar sind. Somit können Aussagen über die Entwicklung der vorherrschenden Komplexität getroffen werden. Darüber hinaus lassen sich Zielvorgaben eindeutig formulieren und der Erfolg der

---

153 Beispielsweise sind die notwendigen personellen, zeitlichen und finanziellen Ressourcen zur Verfügung zu stellen.

154 Vgl. SCHWENK-WILLI (2001), S. 131; KIRCHHOF (2003), S. 200.

eingeleiteten Maßnahmen bewerten. Durch die Verwendung von Kennzahlen wird zudem der Forderung von MEYER entsprochen, dass die Feststellung und Bewertung der Komplexität auf Basis realer Messgrößen erfolgen sollte.[155]

Als weitere Komplexitätseigenschaft wurde die mangelnde Determinierbarkeit angeführt, wonach komplexe Systeme nicht vollständig in ihrer Gesamtheit erfasst und beschrieben werden können. Aus diesem Grund ist es empfehlenswert, die Komplexität zunächst in den einzelnen Unternehmensbereichen zu betrachten, bevor eine Untersuchung der gesamten Unternehmens- und fortfolgend der Supply Chain Komplexität erfolgt. Im Rahmen der fokussierten Betrachtung sollte analysiert werden, wie sich die Komplexität zusammensetzt, wodurch sie verursacht wird und wie sie sich auf die Leistungsfähigkeit und Effizienz auswirkt.

Da das Komplexitätsmanagement nicht nur das Ziel verfolgt, die Auswirkungen eines Missmanagements zu beseitigen,[156] sondern vielmehr eine langfristige Optimierung der Komplexität erreicht werden soll, muss sich ein nachhaltiges Komplexitätsmanagement zunächst explizit mit den komplexitätstreibenden Faktoren beschäftigen. Um die Komplexitätsmanagementmaßnahmen und -aktivitäten auf die wichtigen und bedeutsamen Komplexitätstreiber auszurichten und diese von den weniger einflussreichen zu separieren, ist es notwendig, die Stärke und Richtung des Einflusses einzelner *Komplexitätstreiber zu bewerten*. Dabei gilt es, entsprechend der Kollektivitätseigenschaft mithilfe einer systemorientierten Sichtweise *Wechselwirkungen der komplexitätswirksamen Einflussgrößen* innerhalb und zwischen den Systembestandteilen zu analysieren, wodurch gleichzeitig dem propagierten Prinzip der Ganzheitlichkeit entsprochen wird.[157]

Die beschriebene Eigenschaft der zeitlichen Diskrepanz zwischen Ursache und Wirkung mündet unmittelbar in der Forderung, das Komplexitätsmanagement nicht als einmalige Maßnahme mit Projektcharakter zu verstehen, sondern als festen Unternehmensbestandteil zu etablieren. Aus diesem Grund sollte die Überprüfung der Zielerreichung als Ausgangspunkt für eine erneute Planung von Maßnahmen dienen. BAECKER vertritt die Auffassung, dass ein Komplexitätsmanagement nicht dazu führt,

---

[155] Vgl. MEYER (2007), S. 114.

[156] Im Rahmen des Komplexitätsmanagements sind die Auswirkungen eines Missmanagements z. B. in einer unangemessen hohen Variantenanzahl, wenig standardisierten Prozessen oder ineffizienten Fertigungsstrategien zu sehen.

[157] Durch die Dopplung der angeführten Anforderungen an ein ganzheitliches Komplexitätsmanagement wird dessen Bedeutung zusätzlich unterstrichen.

das Komplexitätsproblem endgültig zu lösen, sondern die Entscheidung hinsichtlich der verfolgten Strategie immer wieder neu getroffen werden muss.[158] Auch WILDEMANN hebt hervor, dass die Komplexität aufgrund der Vielfältigkeit von Komplexitätstreibern und deren Auswirkungen auf sämtliche Unternehmensbereiche nicht durch punktuelle Maßnahmen bewältigt werden kann, sondern lediglich ein durchgängiges Komplexitätsmanagement zum Erfolg führt.[159] Diesem Verständnis folgend sollte das *Komplexitätsmanagement als sich wiederholender Prozess* aufgefasst werden, der zyklisch und kontinuierlich durchlaufen wird, um eine langfristige Optimierung zu erreichen.[160] Diese Forderung ergibt sich zudem aus der Dynamik, mit der sich die Rahmenbedingungen, Einflussgrößen und dem folgend die Anforderungen an die Prozessabläufe und das Komplexitätsmanagement verändern. Indem verschiedene Teilaspekte (Ursachen, Auswirkungen, Problemfelder, kritische Konstellationen) losgelöst voneinander betrachtet und analysiert werden, ist es zudem möglich, die Eigenkomplexität eines Komplexitätsmanagements zu reduzieren und schrittweise bei der Ein- bzw. Durchführung vorzugehen.

2.5.3 Resümee und Bewertung des eigenen Forschungsbeitrages

Im Folgenden soll der Beitrag dieser Dissertation zur Erfüllung bzw. Unterstützung der in den vorangegangenen Kapiteln vorgestellten Anforderungen an ein ganzheitliches Komplexitätsmanagement bewertet werden. Der Forschungsbeitrag besteht darin, dass erstmals der theoretische Forschungsstand sowie die praktische Umsetzung des Komplexitätsmanagements gemeinsam in einer Arbeit betrachtet und gegenübergestellt werden. Durch die Untersuchung der Komplexitätsthematik aus verschiedenen Perspektiven ist es einerseits möglich, theoretisches Wissen mit praktischen Erfahrungen zu verbinden und auf Basis bestehender Defizite bzw. Anforderungen in der Praxis die zukünftige Forschung zu beeinflussen bzw. voranzutreiben. Andererseits wird die weitere Sensibilisierung der Unternehmen für die an Bedeutung gewinnende Komplexitätsproblematik unterstützt, indem in der vorliegenden Arbeit die zahlreichen Ursachen und Auswirkungen der Komplexität ebenso wie die bestehenden Möglichkeiten zu ihrer Bewältigung thematisiert werden. Darüber

---

[158] Vgl. BAECKER (1998), S. 23.

[159] Vgl. WILDEMANN (1999), S. 32ff.

[160] In Anlehnung an den Lieferanten- sowie den Risikomanagementprozess ist eine Durchführung des Komplexitätsmanagements in den Phasen Identifikation - Analyse - Bewertung - Handlungsempfehlungen vorstell- und empfehlenswert. Vgl. LASCH, GIEßMANN (2009b), S. 114ff.

hinaus leistet diese Dissertationsschrift einen entscheidenden Beitrag zur Erweiterung des derzeitigen Wissensstandes, indem mithilfe der kausalanalytischen Untersuchung in Kapitel 6 nicht nur Transparenz geschaffen und die wesentlichen Einflussgrößen der Beschaffungskomplexität identifiziert, sondern darauf aufbauend erstmals ihr Einfluss auf den Logistikerfolg untersucht sowie quantifiziert wird. Dadurch soll nicht nur eine bestehende Forschungslücke in der wissenschaftlichen Auseinandersetzung mit der Thematik geschlossen, sondern gleichzeitig das Komplexitätsmanagement in der Praxis unterstützt und vorangetrieben werden.

Auf Basis dieser Ausführungen fasst Tabelle 2-3 die zuvor beschriebenen Anforderungen an ein ganzheitliches Komplexitätsmanagement zusammen und visualisiert den Beitrag der vorliegenden Arbeit zu deren Erfüllung bzw. Unterstützung.

Anforderungstyp	Anforderung	Bewertung des eigenen Forschungsbeitrages
Antezedierende Anforderungen	▪ Erfassung von Komplexität	⬆
	▪ Bewertung der komplexitätstreibenden Einflussgrößen	➲
	▪ Unterstützung des Unternehmensmanagements	⬆
Systemorientierte Anforderungen	▪ Berücksichtigung der Komplexitätsursachen und -auswirkungen	⬆
	▪ Berücksichtigung von Zusammenhängen und Wechselwirkungen	⬆
Funktionale Anforderungen	▪ Einsatz von Kennzahlen	➲
	▪ Praktikabilität	⬆
Strukturelle Anforderungen	▪ Modularer Aufbau	⬆
	▪ Durchführung als sich wiederholender Zyklus	➲

Tabelle 2-3: Anforderungen an ein ganzheitliches Komplexitätsmanagement

Als erste Gruppe lassen sich **antezedierende Anforderungen** anführen. Hierunter werden Anforderungen subsumiert, die dem eigentlichen Komplexitätsmanagement vorausgehen und die Grundlage für die sich anschließenden (Komplexitätsmanagement-) Prozessschritte bilden. Hierzu zählt zunächst die *Erfassung von Komplexität*, da dies die Voraussetzung für die Feststellung eines Komplexitätsproblems sowie die Beurteilung der Komplexität (Über- oder Unterkomplexität) darstellt. Diese Anforderung wird durch die vorliegende Arbeit insofern unterstützt, als dass im Zuge der Untersuchung ein Messinstrumentarium für die Erfassung der (Beschaffungs-) Komplexität entwickelt wird (vgl. Kapitel 6.3). Durch die anschließende kausalanalytische Untersuchung werden zudem nicht nur relevante Hilfsgrößen zur Komplexitätserfassung identifiziert, sondern gleichzeitig deren Einfluss auf die Beschaffungskomplexität quantifiziert. Zur effizienten Durchführung eines Komplexitätsmanagements ist zudem eine *Bewertung der komplexitätstreibenden Einflussgrößen* erforderlich, um zu gewährleisten, dass der Fokus der Bemühungen auf die wichtigen und einflussreichen Komplexitätstreiber gerichtet ist und keine Ressourcen für die Beeinflussung der vernachlässigbaren Komplexitätstreiber verschwendet werden. Auch wenn das Anliegen dieser Arbeit nicht darin besteht, eine allgemeingültige Methodik für die Bewertung der Komplexitätsursachen zu entwickeln, wird durch die kausalanalytische Untersuchung der Einfluss der beschaffungsspezifischen Komplexitätsursachen auf den Logistikerfolg untersucht und dadurch indirekt eine Bewertung der einzelnen Treiber durchgeführt bzw. ermöglicht. Auch die Unterstützung des *Unternehmensmanagements* stellt eine vorausgehende Bedingung für ein erfolgreiches Komplexitätsmanagement dar. Diese Anforderung wird ebenfalls durch die vorliegende Arbeit unterstützt, da mithilfe der Untersuchung in Kapitel 6 das Ziel verfolgt wird, den Einfluss der Beschaffungskomplexität empirisch nachzuweisen und damit die Notwendigkeit eines Komplexitätsmanagements aufzuzeigen. Hierdurch sollen das Bewusstsein für die Komplexitätsproblematik gestärkt und die Unterstützung komplexitätsbeeinflussender Maßnahmen und Projekte durch die Unternehmensleitung gefördert werden.

Als weitere Kategorie lassen sich die **systemorientierten Anforderungen** anführen. Eine ganzheitliche Betrachtung der Komplexitätsproblematik verlangt per Definition, dass sowohl die *Ursachen und Auswirkungen* als auch bestehende Zusammenhänge und Wechselwirkungen berücksichtigt werden müssen. Da in dieser Arbeit die Komplexitätsursachen und -auswirkungen das zentrale Forschungsobjekt bilden, wird diese Anforderung in vollem Umfang erfüllt. Durch die Verwendung der Kausalanalyse wird zudem der Forderung nach einer *Berücksichtigung von Zusammenhängen und Wechselwirkungen* Rechnung getragen, da diese in der Lage ist, kausale Ketten sowie indirekte Beziehungen zu untersuchen (vgl. Kapitel 5.1).

Die Zweckmäßigkeit, Wirksamkeit und Umsetzbarkeit der durch das Komplexitätsmanagement entwickelten Konzepte und vorgeschlagenen Handlungsempfehlungen können unter dem Begriff **funktionale Anforderungen** zusammengefasst werden. Als Möglichkeit, um dem Problem der Messbarkeit sowie der Subjektivität bei der Komplexitätswahrnehmung zu begegnen, wurde der *Einsatz von Kennzahlen* angeführt. Auch wenn in dieser Arbeit keine Kennzahlen formuliert werden, leistet sie durch die Identifikation der bedeutsamen und einflussreichen Komplexitätstreiber (Indikatoren) dennoch einen Beitrag, auf deren Basis in zukünftigen Forschungsarbeiten sowie in der Praxis unternehmensindividuelle Kennzahlen zur Erfassung dieser Indikatoren festgelegt werden können. Als weitere Anforderung an ein ganzheitliches Komplexitätsmanagement wurde die *Praktikabilität* benannt. Da der vorliegenden Arbeit eine empirische Untersuchung zu Grunde liegt, wird diese Anforderung vollständig erfüllt. Insbesondere in Kapitel 4 findet explizit eine Gegenüberstellung von Theorie und Praxis statt, auf deren Basis Defizite identifiziert und in Kapitel 7 entsprechende Handlungsempfehlungen abgeleitet werden.

Die **strukturellen Anforderungen** beziehen sich auf die Gestaltung und Durchführung des Komplexitätsmanagements. Sie berücksichtigen, ob das jeweilige Komplexitätsmanagement (Maßnahmen, Strategien, Konzepte, etc.) dazu geeignet ist, eine langfristige und dauerhafte Verbesserung der Komplexitätssituation herbeizuführen. Der Forderung nach einem *modularen Aufbau* entspricht diese Arbeit insofern, als dass ein Beitrag zu den Phasen „Identifikation", „Analyse" und „Bewertung" der Komplexität sowie ihrer Treiber geleistet wird.[161] Die Empfehlung, das Komplexitätsmanagement als rollierenden und sich *wiederholenden Prozess (Zyklus)* aufzufassen, unterstützt diese Arbeit zumindest indirekt, indem mit ihr das Ziel verfolgt wird, die Unternehmensleitung von der Relevanz der Komplexitätsproblematik zu überzeugen und dadurch die Implementierung eines dauerhaften Komplexitätsmanagements im Unternehmen zu unterstützen (vgl. Kapitel 4.2 sowie Kapitel 6.6).

Nachdem die Grundlagen zur Komplexitätsthematik gelegt wurden, wird im Folgenden das Komplexitätsmanagement in der Forschung näher untersucht. Dazu erfolgt zunächst eine Begriffsabgrenzung, die sich zugleich an der Entwicklung des Komplexitätsmanagements orientiert. Darauf aufbauend werden Einzelansätze des Komplexitätsmanagements vorgestellt und anschließend ein kurzer Überblick zu vorhandenen Forschungsarbeiten gegeben.

---

161 Vgl. LASCH, GIEßMANN (2009b), S. 114ff.

3 Das Komplexitätsmanagement in der betriebswirtschaftlichen Forschung

3.1 Abgrenzung und Entwicklungsetappen des Komplexitätsmanagements

Die Entwicklung der betriebswirtschaftlichen Forschung zum Komplexitätsmanagement lässt sich in drei Etappen untergliedern, die jedoch nicht streng nacheinander, sondern teilweise parallel verliefen (vgl. Abbildung 3-1).[162]

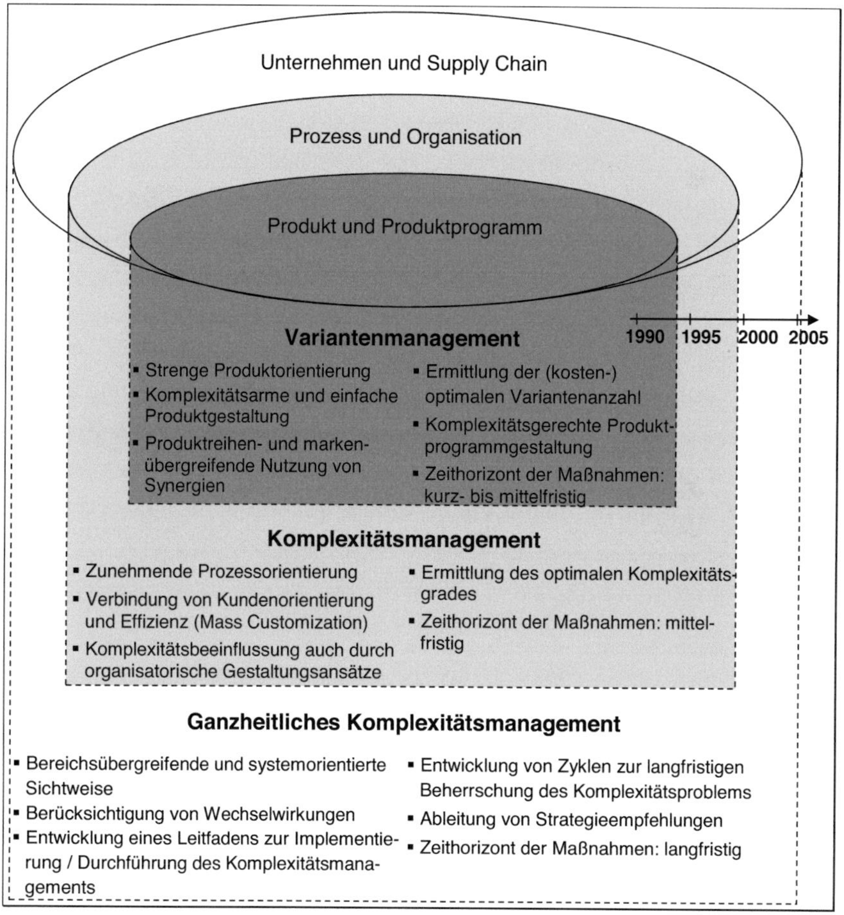

Abbildung 3-1: Begriffsabgrenzung und Entwicklung des Komplexitätsmanagements

[162] Vgl. LASCH, GIEẞMANN (2009b), S. 101.

Durch den Wandel vom Verkäufer- zum Käufermarkt in einer Vielzahl von Branchen entstand für die Unternehmen die Notwendigkeit, die gestiegenen und individuellen Kundenanforderungen durch eine bestmögliche Anpassung ihrer Produkte und Dienstleistungen zu erfüllen. Um sich von der Konkurrenz abzusetzen, besitzt vor allem die von PORTER vorgeschlagene Differenzierungsstrategie eine besondere Bedeutung.[163] Hierbei wird versucht, sich durch individuelle Produkte und Leistungen von der breiten Masse an Anbietern abzugrenzen und ein Alleinstellungsmerkmal aufzubauen. Dem anfänglichen Umsatzwachstum durch eine Ausweitung des Produktprogrammes folgt allerdings beim Erreichen einer kritischen Variantenanzahl ein Kostenanstieg, der die zusätzlichen Gewinne teilweise überkompensiert. Diese Kostenprogression entsteht vor allem durch den mit der Erhöhung der Variantenanzahl ausgelösten Anstieg der (Beschaffungs-) Teilevielfalt sowie dem erhöhten Planungs-, Steuerungs- und Kontrollaufwand (vgl. Abbildung 2-5 auf Seite 39).[164] Infolgedessen wurden zahlreiche Ansätze entwickelt, um durch eine angepasste Produktgestaltung die vom Produkt ausgehende Komplexität zu reduzieren, zu beherrschen bzw. zu vermeiden und dadurch die Wirtschaftlichkeit der Fertigung trotz eines variantenreichen Produktsortimentes zu ermöglichen. Analog zum Qualitätsmanagement widmete sich das Komplexitätsmanagement somit anfänglich ausschließlich der Produktkomplexität, weshalb auch von **Variantenmanagement** gesprochen wird.[165] Oftmals werden selbst in der gegenwärtigen Literatur die Begriffe *Variantenmanagement* und *Komplexitätsmanagement* synonym verwendet, was allerdings als falsch zu bezeichnen ist, da das Variantenmanagement lediglich einen Teilbereich des Komplexitätsmanagement im weiteren Sinne darstellt.[166] Das primäre Ziel des Variantenmanagements besteht darin, durch eine gezielte Produktgestaltung die beiden Aspekte Variantenvielfalt und Wirtschaftlichkeit zu vereinen.[167] Wissenschaftliche Arbeiten auf dem Gebiet des Variantenmanagements basieren vor allem auf

---

163 Vgl. PORTER (1999), S. 70ff.

164 Vgl. GEMBRYS (1998), S. 3. Bei der Herstellung sogenannter Low-Cost-Vehicles, d. h. Fahrzeugen, die zu einem im Vergleich zur Konkurrenz extrem niedrigen Verkaufspreis angeboten werden, wird aus diesem Grund meist nur eine einzige Modellvariante angeboten. Sonderausstattungen sowie individuelle Wahlmöglichkeiten bei der Farbgestaltung bzw. Motorisierung entfallen zu Gunsten einer möglichst standardisierten Produktion sowie einem minimierten Planungs- und Koordinationsaufwand.

165 Vgl. RATHNOW (1993); SCHUH (2005).

166 Vgl. SCHUH (2005), S. 34.

167 In diesem Fall wird von Mass Customization gesprochen, bei der individualisierte Produkte in großen Stückzahlen und im Stile einer Massenfertigung möglichst effizient beschafft, gefertigt und vertrieben werden.

SCHUH und lassen sich hinsichtlich ihrer Zielsetzung in zwei große Klassen von Forschungsarbeiten unterteilen. Während sich die Mehrzahl der Publikationen mit der komplexitätsgerechten Entwicklung und Gestaltung der Produkte bzw. des Produktprogrammes beschäftigt,[168] verfolgen andere Autoren das Ziel, Ansätze zur Bestimmung der optimalen Variantenanzahl bereitzustellen.[169] Beiden Forschungsrichtungen gemein ist die Fokussierung des Produktes im engeren sowie des Produktprogrammes im weiteren Sinne. Zusätzliche komplexitätstreibende Aspekte wie die Organisationsstruktur, die Prozesse oder die externen Rahmenbedingungen auf dem Beschaffungs- bzw. Absatzmarkt bleiben hingegen unberücksichtigt oder werden lediglich am Rande thematisiert.

Nur schrittweise weitete sich der thematische Fokus aus. Mit der Einsicht, dass die Anzahl und die Beschaffenheit der angebotenen Produkte lediglich einen von vielen Komplexitätstreibern darstellt, rückten im Rahmen des **Komplexitätsmanagements** im engeren Sinne fortan zunehmend die Prozesse in den Mittelpunkt der Betrachtung.[170] Dabei finden sich sowohl Publikationen, die ausgewählte Teilbereiche eines Unternehmens untersuchen,[171] als auch Arbeiten, die das Komplexitätsmanagement im gesamten Unternehmen[172] oder in kompletten Branchen[173] zum Gegenstand haben. Äquivalent zum Variantenmanagement existieren auch innerhalb des Komplexitätsmanagements diverse Arbeiten, deren Anliegen darin besteht, u. a. auf Basis der Systemtheorie Komplexität zu messen und zu bewerten, um darauf aufbauend den optimalen Komplexitätsgrad zu bestimmen.[174] Durch das Komplexitätsmanagement im engeren Sinne soll die Vielfalt des Leistungsspektrums geplant, gestaltet, gesteuert und überwacht werden, um einen „[...] Kundennutzen bei gleichzeitig hoher Wirtschaftlichkeit in der Leistungserstellung [...]“[175] zu erzielen. Hierin zeigt sich, dass das Varianten- und Komplexitätsmanagement nicht losgelöst voneinander betrachtet werden können, da zwischen ihnen eine Verbindung besteht: Steigt die Variantenanzahl innerhalb eines Unternehmens an, nehmen die Produkt- und die Prozesskomplexität gleichermaßen zu.

168 Vgl. SCHUH (1989); ZICH (1996); GEMBRYS (1998); BENETT (1999); RAPP (1999); SCHWENK-WILLI (2001); NEUBAUR (2003); DEHNEN (2004).
169 Vgl. RATHNOW (1993); ZICH (1996); BOHNE (1998); BRÄUTIGAM (2004).
170 Vgl. WILDEMANN (2005), S. 154.
171 Vgl. RAUFEISEN (1999); WESTPHAL (2001).
172 Vgl. GEMBRYS (1998); STÜTTGEN (2003).
173 Vgl. BOHNE (1998); BENETT (1999); SCHMIDT (2002).
174 Vgl. RAUFEISEN (1999); SCHERF (2003).
175 SCHWENK-WILLI (2001), S. 22.

Die dritte Entwicklungsstufe und eine zusätzliche thematische Erweiterung bildet das **ganzheitliche Komplexitätsmanagement**. Ein breiter Fundus an Einzelansätzen, wie sie im Rahmen des Varianten- und Komplexitätsmanagements entwickelt wurden, ist zwar einerseits notwendig und sinnvoll, stellt den Anwender andererseits aber vor das Problem, welche Methode er auswählen soll und wie mehrere Ansätze kombiniert angewendet werden können. Darüber hinaus lösen Ansätze mit einem starken Fokus auf ein bestimmtes Gestaltungsobjekt (vgl. Kapitel 3.2) nur punktuelle Probleme und optimieren einen Teilbereich des kompletten Systems. Ganzheitliche Ansätze zeichnen sich hingegen dadurch aus, dass vor- und nachgelagerte Stufen bzw. Prozesse in die (Komplexitäts-) Betrachtung integriert und Wechselwirkungen sowie Abhängigkeiten zwischen den Einflussgrößen, den eingeleiteten Maßnahmen sowie den Subsystemen eines Unternehmens berücksichtigt werden. Das Ziel eines ganzheitlichen Komplexitätsmanagements ist nicht mehr die Entwicklung einzelner Strategien oder Maßnahmen bzw. die detaillierte Untersuchung eines Teilaspektes von Komplexität, sondern vielmehr die Bereitstellung eines Gesamtkonzeptes für den nachhaltigen und dauerhaften Umgang mit dem Komplexitätsproblem. Durch die ganzheitliche und systemorientierte Sichtweise werden somit die verschiedenen (Komplexitäts-) Strategien und Einzelansätze aufeinander abgestimmt und integriert.[176] Dem Verständnis dieser Arbeit folgend ist ein ganzheitliches Komplexitätsmanagement dadurch gekennzeichnet, dass das Komplexitätsmanagement nicht als einmaliges Projekt verstanden wird, bei dem durch Einzelmaßnahmen Komplexitätsprobleme gelöst und -verbesserungen initiiert werden. Vielmehr wird das Komplexitätsmanagement als kontinuierlicher Prozess aufgefasst, bei dem die partiell und punktuell wirkenden Maßnahmen zur komplexitätsorientierten Produkt-, Prozess- und Organisationsgestaltung in ein Gesamtkonzept integriert werden. Dieses Gesamtkonzept dient als Vorgehensmodell für die zyklische Durchführung des Komplexitätsmanagements und berücksichtigt sowohl die Komplexitätsursachen und -folgen als auch die bestehenden Wechselwirkungen und Zusammenhänge innerhalb des logistischen Systems.

Im folgenden Kapitel sollen die existierenden Einzelansätze und Maßnahmen vorgestellt werden, die für ein punktuelles oder ganzheitliches Komplexitätsmanagement zur Verfügung stehen.

---

[176] Vgl. KIRCHHOF (2003), S. 68.

3.2 Einzelansätze des Komplexitätsmanagements

Die Einzelansätze des Komplexitätsmanagements können je nach Fokus in Ansätze auf Produkt-, Produktprogramm-, Prozess- sowie Organisationsebene untergliedert werden. Dadurch wird die in Abbildung 3-1 auf Seite 53 vollzogene Trennung in die Ansätze des Variantenmanagements (Gestaltungsobjekt Produkt bzw. Produktprogramm) sowie die des Komplexitätsmanagements (Gestaltungsobjekt Prozess bzw. Organisation) beibehalten und fortgeführt. Die Zuordnung einzelner Ansätze zum Komplexitätsmanagement differiert in den verschiedenen Publikationen,[177] weshalb im Folgenden lediglich die bedeutendsten und in der Literatur am häufigsten vorzufindenden Ansätze vorgestellt werden.[178]

3.2.1 Ansätze auf Produktebene

Je nach verfolgter Zielsetzung können Ansätze mit einer *Spaltungs-* sowie Ansätze mit einer *Bündelungsstrategie* unterschieden werden.[179] Die Modulbauweise, die Standardisierung, das Baukastenprinzip sowie die Differenzialbauweise zielen auf eine Zergliederung des Produktes ab und können somit dem Typ der Spaltungsstrategie zugeordnet werden. Demgegenüber verfolgen das Gleichteile- und das Plattformkonzept sowie die Integralbauweise das Ziel einer Integration, weshalb diese Ansätze zur Gruppe der Bündelungsstrategien zu zählen sind.

- **Modulbauweise**

Die Modularisierung stellt einen Ansatz dar, der sowohl zur Reduktion und Beherrschung als auch zur zukünftigen Vermeidung von Komplexität verwendet werden kann. Das Produkt wird dabei in mehrere Subsysteme (Module) unterteilt, die sowohl funktional als auch physisch weitgehend unabhängig sind.[180] Diese einzelnen Anbauteile weisen unterschiedliche Funktionalitäten, aber einheitliche Schnittstellen auf,

---

177 WILDEMANN führt z. B. ebenfalls *Simultaneous Engineering*, *Benchmarking* oder das *Projektmanagement* als Ansätze zum Komplexitätsmanagement an. Vgl. WILDEMANN (2007), S. 83, 201ff., 280.

178 Für eine weiterführende Thematisierung vgl. z. B. BLISS (2000), S. 39ff.; MEYER (2007), S. 63ff.; WILDEMANN (2007), S. 83, 201ff., 280.

179 Vgl. WILDEMANN (2007), S. 148.

180 Vgl. SCHMIDT (2002), S. 59.

sodass sie in vielfältiger Weise kombiniert werden können.[181] SCHUH ET AL. bezeichnen die Modularisierung als Schlüssel zur Komplexitätsreduktion, da mit ihrer Hilfe ein für den Kunden wahrnehmbares breites Leistungsangebot mit einer geringen internen Komplexität erzielt werden kann.[182] Aus logistischer Sicht ergeben sich durch eine Produktmodularisierung u. a. folgende positiven Effekte:[183]

- Verkürzung der Durchlaufzeiten durch eine parallele Modulbearbeitung während des Produktentstehungsprozesses und der Fertigung,
- Nutzung von Skaleneffekten durch die Mehrfachverwendung standardisierter Module in verschiedenen Produktvarianten und -typen, wodurch die Bedarfsmengen gesteigert und dadurch verbesserte Konditionen auf dem Beschaffungsmarkt erzielt werden können,
- Effizientere Instandhaltung und erhöhte Produktverfügbarkeit durch den leichten und schnellen Austausch kompletter Module.

Den genannten Vorteilen stehen jedoch nach Auffassung von RAPP oft höhere Produktentwicklungskosten gegenüber.[184] Im Hinblick auf die Beschaffung kann durch den modularen Produktaufbau die Vormontage ganzer Module auf Zulieferer übertragen werden. Hieraus resultiert eine Reduktion der Anzahl an Schnittstellen, Lieferanten und zu beschaffender Artikel.[185]

- **Standardisierung**

Bei einer Standardisierung auf Produktebene werden optisch oder technologisch voneinander abweichende Bauteile, die allerdings dieselbe Funktion besitzen, durch identische Elemente ersetzt.[186] Damit wird das Ziel verfolgt, die Anzahl unterschiedlicher Bauteile und Komponenten zu reduzieren und damit Vereinfachungen innerhalb der Bedarfsplanung, physischen Beschaffung sowie der Montage zu ermöglichen. Dadurch ist gleichzeitig eine Reduktion der Lieferantenanzahl möglich. Ebenso wird innerhalb der Fertigung das Risiko menschlicher Fehler (z. B. durch eine Verwechs-

[181] Vgl. SCHUH (2005), S. 130. Als Beispiel lässt sich der PC anführen, der aus verschiedenen Komponenten (Laufwerk, Festplatte, Motherboard, etc.) besteht, die wiederum aus einzelnen Bauteilen zusammengesetzt sind. Durch diese modulare Bauweise lässt sich ein PC kundenindividuell zusammenstellen und ein Austausch einzelner Module im Falle eines Defektes einfach realisieren. Zu den verschiedenen Modularisierungsformen vgl. RAPP (1999), S. 55; DEHNEN (2004), S. 67ff.

[182] Vgl. SCHUH ET AL. (1998a), S. 82; SCHUH ET AL. (1998b), S. 134.

[183] Vgl. SCHMIDT (2002), S. 61.

[184] Vgl. RAPP (1999), S. 60.

[185] Vgl. ROMMEL ET AL. (1993), S. 72f.

[186] Vgl. WILDEMANN (2007), S. 55.

lung der Bauteile) vermindert, wodurch die Qualität der Prozesse und daraus folgend die der Produkte erhöht werden kann. Die Mehrfachverwendung der Bauteile und Komponenten ermöglicht zudem die Realisierung von Synergie- und Erfahrungskurveneffekten. Darüber hinaus ist durch die Standardisierung der Bauteile eine platzsparende Lagerung sowie ein vereinfachter innerbetrieblicher Transport möglich, da identische Regal- und Transportsysteme verwendet werden können. Verbesserungen ergeben sich zudem im Bereich der Warenannahme, da sowohl das Handling als auch die Qualitätskontrolle aufgrund der Vereinheitlichung bzw. die verminderte Heterogenität vereinfacht werden. MEYER gibt jedoch zu bedenken, dass die besondere Herausforderung bei einer Standardisierung in der Ermittlung des richtigen Standardisierungsgrades zu sehen ist.[187] Einer höheren Prozesseffizienz stehen eine geringere Flexibilität sowie eine Reduktion der Diversität gegenüber. Somit ist vor der Durchführung einer Produktstandardisierung zwischen den Kosten- bzw. Komplexitätssenkungspotenzialen sowie der Kundenorientierung bzw. Bewahrung der Individualität zu entscheiden.

- **Baukastenprinzip**

„Das Baukastenprinzip ist charakterisiert durch einen oder wenige Grundkörper, an die in verschiedenen Stufen unterschiedlich variantenreiche Anbauteile montiert werden."[188] Dieser Definition zufolge ist das Baukastenprinzip der Modulbauweise sehr ähnlich, da bei beiden Ansätzen versucht wird, eine möglichst hohe Austauschbarkeit der Anbauteile zu gewährleisten.[189] Im Gegensatz zum Baukastenprinzip existiert bei der Modulbauweise allerdings kein Grundkörper, an den die Anbauteile montiert werden.[190] Logistische Vorteile ergeben sich bei der Umsetzung des Baukastenprinzips durch kostengünstigere und schnellere Instandhaltungsarbeiten, die erleichterte Anpassung von Produkten an geänderte Anforderungen sowie die Möglichkeit einer einfachen Variantenbildung. Obwohl oftmals synonym verwendet, ist das Baukastenprinzip strikt von dem Begriff der *Baureihe* abzugrenzen. Baureihen zeichnen sich durch gleiche Baumuster oder Anbauteile in unterschiedlicher Größe, aber ohne die Möglichkeit einer Kombination aus. Die Kombinierbarkeit von Anbau-

---

187 Vgl. MEYER (2007), S. 63.

188 SCHUH (2005), S. 128.

189 Teilweise wird die Modularisierung als Sonderform der Baukastenbauweise, vereinzelt das Baukastensystem als Erweiterung der Modulbauweise angesehen, weshalb eine klare Trennung schwierig ist. Vgl. KIRCHHOF (2003), S. 221; SCHUH (2005), S. 128.

190 Vgl. ZICH (1996), S. 40.

teilen ist beim Baukastenprinzip hingegen explizit gegeben.[191] Hierdurch wird ein doppelter Planungs- und Konstruktionsaufwand vermieden, wodurch Erfahrungskurveneffekte generiert werden können.

- **Gleichteileverwendung**

Von einer Gleichteileverwendung wird gesprochen, wenn standardisierte Bauteile produktübergreifend bei mehreren Produkten oder Produktvarianten eingesetzt werden.[192] Im Gegensatz zur Standardisierung werden beim Gleichteilekonzept funktional unterschiedliche Bauteile oder -gruppen auf eine identische Teile- oder Materialbasis reduziert.[193] Die logistische Vorteilhaftigkeit des Gleichteilekonzeptes ist in der Erzielung von Skaleneffekten zu sehen. Diese entstehen durch die größere Anzahl gleicher Bauteile in Verbindung mit verbesserten Konditionen auf dem Beschaffungsmarkt, optimierten Lagerprozessen sowie effizienteren innerbetrieblichen Materialflüssen als Folge standardisierbarer Lagertechnologien und Transportmittel. Durch den Abbau unterschiedlicher Bauteile und Komponenten ist somit gleichzeitig eine Verringerung der Lieferantenanzahl möglich.

- **Plattformkonzept**

Dem Plattformkonzept liegt die Idee zu Grunde, Gleichteile nicht nur bei mehreren Produkten, sondern auch produktreihen-, marken- und -lebenszyklusübergreifend einzusetzen.[194] Eine Produktplattform kann als gemeinsames Basiselement angesehen werden, welches in mehrere Varianten einer Produktfamilie eingebaut wird.[195] Durch die Mehrfachverwendung von Plattformen innerhalb der Produktfamilie ist es möglich, Erfahrungskurven- und Skaleneffekte auszunutzen, Rüstzeiten zu verringern und die Komplexität der Leistungserstellung durch verminderte Planungs- und Koordinationsaktivitäten zu reduzieren. Gleichzeitig können die Entwicklungskosten für Neuprodukte sowie die benötigte Zeit für deren Markteinführung (time-to-market) drastisch reduziert werden. Um Kannibalisierungseffekte und somit Umsatzrückgänge zu vermeiden, ist trotz der Verwandtschaft der plattformbasierten Produkte eine ausreichende und vom Kunden feststellbare Differenzierung anzustreben. Dies

---

191 Vgl. SCHUH (2005), S. 127f.
192 Vgl. STANG ET AL. (2002), S. 110.
193 Vgl. BLISS (2000), S. 42. Als Beispiel lässt sich die Verwendung eines identischen Aluminiumprofils als Längsprofil der Fahrzeugstirn sowie als Querprofil der Rückwandtür eines Fahrzeuges anführen. Vgl. BLISS (1998), S. 155.
194 Vgl. FRIEDRICH (2004), S. 27; SCHUH (2005), S. 132.
195 Vgl. BLECKER, ABDELKAFI (2006), S. 119.

ist damit zu begründen, dass bei Premiumprodukten mit Imageverlusten und Umsatzeinbußen zu rechnen ist, wenn weitaus günstigere Produkte der Plattformfamilie eine ähnliche Ausstattung oder vergleichbare technische Komponenten besitzen.[196] Die Verwendung einer identischen Plattform ist somit lediglich bei Baugruppen empfehlenswert, die für den Kunden nicht wahrnehmbar sind, da ansonsten die gewollte Differenzierung hauseigener Produkte unterlaufen würde. Der Unterschied des Plattformkonzeptes zum Baukastenprinzip ist darin zu sehen, dass hierbei Produkte modellreihenübergreifend auf einem gemeinsamen strukturellen Verbund (der Plattform) basieren. Die Plattform besteht dabei aus einem einzelnen Modul oder mehreren zusammengehörenden Modulen, während beim Baukastenprinzip die Produkte aus einzelnen Modulen des Baukastensystems zusammengesetzt werden.

- **Differenzialbauweise**

Bei der Differenzialbauweise werden Produktkomponenten in mehrere Anbauteile zergliedert, um dadurch den Gleichteileanteil zwischen verschiedenen Varianten zu erhöhen.[197] Darüber hinaus ist es möglich, durch die Aufteilung komplexer, schwerer oder unhandlicher Produkte und Komponenten in mehrere Bauteile die Lagerung und das Handling zu vereinfachen, da keine mechanischen Greifer oder Transportsysteme erforderlich sind.[198] Demgegenüber steht jedoch der zusätzliche Aufwand durch die erforderliche Montage der einzelnen Baugruppen, die zudem separat beschafft, gelagert und kommissioniert werden müssen. Durch die Bündelung von Einkaufsvolumina (*economies of scale)* und die erhöhte Wiederholhäufigkeit ergeben sich jedoch ebenfalls Kostenersparnisse und verbesserte Konditionen auf dem Beschaffungsmarkt.

- **Integralbauweise**

Die Integralbauweise stellt das Gegenteil der Differenzialbauweise dar. Wurde dort versucht, ein Produkt in physisch leicht trennbare Einheiten (Module) zu untergliedern, welche aufgrund der Differenzialbauweise zusätzlich aus funktional möglichst

---

196 Unterschiedliche Produkte desselben Anbieters würden somit auf dem Markt konkurrieren und sich gegenseitig Kunden entziehen. Dies wird als Kannibalisierungseffekt bezeichnet. Beispielsweise sind VW-Golf-Käufer gleichzeitig potenzielle Kunden eines Seat Ibiza. Die beiden auf einer identischen Plattform basierenden Fahrzeuge konkurrieren somit trotz ihres gemeinsamen Mutterkonzerns um die gleiche Kundengruppe.

197 Vgl. FISCHER (2008), S. 44.

198 Vgl. FISCHER (2008), S. 43f. Als Beispiel sei hier ein PKW-Getriebe genannt, welches in mehrere Baugruppen zerteilt wird, die separat beschafft und anschließend montiert werden.

unabhängigen Subsystemen bestehen, erfolgt bei der Integralbauweise hingegen eine funktionale Zusammenfassung (Integration) zu physisch meist nicht trennbaren Baugruppen oder Endprodukten.[199] Da bei der Integralbauweise mehrere Einzelteile mit unterschiedlichen Funktionen auf ein einziges Teil verdichtet werden, welches diese Funktionen vereint, wird dieser Ansatz auch als *Funktionsintegration* bezeichnet.[200] Durch die Reduktion der Teilevielfalt sind Einsparungen bei den bestellfixen Kosten, den Kosten für Wareneingangskontrollen, dem Handling sowie der Lagerung möglich. Zudem lässt sich aufgrund des Wegfalls von Montageschritten die Durchlaufzeit reduzieren. Gleichzeitig kann durch einbaufertige Integralbauteile der Aufwand für die Montage, den Transport sowie das Handling reduziert bzw. gänzlich eliminiert werden.[201] Innerhalb der Beschaffung wirkt sich die Integralbauweise positiv auf die Anzahl der zu beschaffenden Komponenten und Bauteile aus, die ebenso wie die Lieferantenanzahl reduziert werden kann.[202]

3.2.2 Ansätze auf Produktprogrammebene

- **Paketbildung**

Die Paketbildung verfolgt das Ziel einer internen Reduktion der Produktprogrammkomplexität.[203] Nach SCHUH setzen sich Produktpakete aus „[…] Anbauteilen für verschiedene Ausstattungen und Funktionen zusammen, die jeweils nur gemeinsam, nicht aber in einem anderen Paket auftreten.“[204] BLISS nennt diese Art der Bündelung des Leistungsangebotes in wenige, vollständige Komplettprodukte in Anlehnung an MEFFERT *Packaging*,[205] wohingegen HOMBURG und DAUM die Zusammenfassung verschiedener Komponenten zu Leistungspaketen als *Bundling* bezeichnen.[206] Vor allem in der Automobilindustrie wird diese Strategieform genutzt, um die Kombinationsmöglichkeiten einzelner Anbauteile, Komponenten oder Funktionalitäten einzu-

199 Als Beispiel ist ein Holzbleistift vorstellbar, bei dem die Mine und die Holzummantelung physisch nicht trennbar sind und nur in dieser Konstellation einen funktionsfähigen Bleistift ergeben. Als weiteres Beispiel führt BLISS die Zusammenführung eines Bremsfilters mit dessen Verschraubung zu einem eingefassten Bremsfilter mit einem Gewinde an. Vgl. BLISS (1998), S. 155.

200 Vgl. BLISS (2000), S. 42.

201 Vgl. SCHULTE (1992b), S. 90.

202 Vgl. BLISS (2000), S. 42f.

203 Vgl. BLISS (2000), S. 39.

204 SCHUH (2005), S. 128.

205 Vgl. MEFFERT (1998), S. 962; BLISS (2000), S. 40.

206 Vgl. HOMBURG, DAUM (1997), S. 335.

schränken.[207] Die Basis für die Paketbildung stellt eine Analyse häufig gewählter Zusatz- bzw. Sonderausstattungen, die der Kunde anschließend als Komplettangebot erhält, dar.[208] Gleichzeitig lässt sich mithilfe der Paketstrategie der Absatz ansonsten verkaufsschwacher Produkte steigern, indem diese kombiniert mit verkaufsstarken Produkten als Paket angeboten werden. Als positive Auswirkungen einer Paketstrategie für die Logistik lassen sich folgende Aspekte anführen:

- Verbesserung der Verbrauchsprognosen von Produkten mit einem schwankenden oder stochastischen Bedarfsverlauf (Y- und Z-Artikel), die fortan im Paket mit leicht zu prognostizierenden Artikeln (X-Artikel) angeboten werden,
- Bestandsabbau sogenannter *Langsamdreher*,
- Verkürzung der Kommissionierzeit durch Lagerung der Paketkomponenten in räumlicher Nähe zueinander,
- Erhöhung der Effizienz durch Standardisierung der Montage- und allgemeinen Steuerungsprozesse.

Für eine vertiefende Betrachtung verschiedener Typen innerhalb der Paketbildung sei auf die Ausführungen von BLISS verwiesen.[209]

- **Eliminierung von Produkten oder Produktvarianten**

Eine weitere Möglichkeit zur Verschlankung des Produktprogrammes und damit zur Reduktion der Komplexität stellt die *Eliminierung von Produkten oder Produktvarianten* dar. Das Ziel der Sortimentsbereinigung besteht darin, diejenigen Elemente aus dem Produktprogramm zu entfernen, die komplexitätstreibend sind, jedoch über keinen ausreichenden Nutzen, z. B. in Form von Deckungsbeiträgen oder Prestigeeffekten, verfügen.[210] Neben wirtschaftlichen Aspekten können aber auch technologische oder strategische Kriterien für eine Bereinigung des Portfolios ausschlaggebend sein.[211] Im Allgemeinen kann zwischen einer direkten sowie einer indirekten Programmbereinigung unterschieden werden. Bei der direkten Programmbereinigung werden bestimmte Produkte oder Produktvarianten zukünftig nicht mehr angeboten, während bei einer indirekten Programmbereinigung z. B. durch Preiserhöhungen

---

207 So kann das Ausstattungsmerkmal „Sitzheizung“ bei vielen Automobilherstellern beispielsweise nur im Winterpaket zusammen mit beheizbaren Waschdüsen geordert werden.
208 Vgl. KIRCHHOF (2003), S. 217.
209 Vgl. BLISS (2000), S. 40f.
210 Vgl. BLISS (1998), S. 41f.; KIRCHHOF (2003), S. 225.
211 Vgl. WILDEMANN (2004b), S. 84ff.

eine verminderte Nachfrage nach diesen Varianten provoziert wird, sodass diese zukünftig ebenfalls aus dem Produktsortiment gestrichen werden können.[212] Durch die somit erreichte Verschlankung ist eine Konzentration auf die Kernkompetenzen möglich, durch die mittelfristig beispielsweise eine erhöhte Prozessqualität erzielt werden kann. Da sich durch eine Sortimentsbereinigung unmittelbar die Anzahl und Vielfalt der Systemelemente (z. B. Lieferantenanzahl, Anzahl Beschaffungsobjekte, etc.) verringert, stellt dieser Ansatz eine effektive Maßnahme zur Komplexitätsreduktion dar.[213]

- **Kundenbereinigung**

Eine weitere Alternative zur Verschlankung des Produktprogrammes bildet die *Kundenbereinigung*, bei der bestimmte Kunden oder Kundengruppen zukünftig nicht mehr beliefert werden. Dies lässt sich beispielsweise durch Mindestbestellmengen oder Mindermengenaufschläge erreichen.[214] Die Kundenbereinigung resultiert dabei womöglich gleichzeitig aus einer Produktprogrammbereinigung, da beispielsweise Produktvarianten, die lediglich für ein bestimmtes Kundensegment hergestellt wurden (z. B. auf einem Teilmarkt), aus dem Programm entfallen.[215] Im Bereich der Beschaffung kann die Vielfalt der benötigten Beschaffungsobjekte reduziert werden, während eine Kundenbereinigung im Bereich der Distribution zu einer Verschlankung und damit einer Komplexitätsreduktion führt, da einzelne Relationen nicht mehr abgedeckt werden müssen (z. B. bei Abstoßung eines außereuropäischen Marktsegmentes). Innerhalb der Ersatz- und Instandhaltungslogistik müssen weniger kunden- und variantenspezifische Ersatzteile vorgehalten werde. Sowohl für die Kunden- als auch für die Produktprogrammbereinigung kann auf eine ABC-Analyse zurückgegriffen werden.

3.2.3 Ansätze auf Prozessebene

- **Postponement-Konzept**

Das Postponement-Konzept basiert auf einer Aufteilung des Leistungserstellungsprozesses in einen auftragsneutralen sowie einen auftragsspezifischen Teil. Im auftrags-

---

212 Vgl. BLISS (2000), S. 39f.
213 Vgl. MEYER (2007), S. 64.
214 Vgl. BLISS (2000), S. 41f.
215 Aus diesem Grund werden diese beiden Ansätze im Fragebogen gemeinsam unter dem Begriff *Programmbereinigung* betrachtet (vgl. Anhang A-23 auf Seite 364ff.).

neutralen Abschnitt verlaufen die Prozessabläufe standardisiert und möglichst automatisiert, während im auftragsspezifischen Teil die bis dahin identischen Zwischenprodukte individualisiert und an die spezifischen Kundenanforderungen angepasst werden.[216] Um möglichst lange eine standardisierte und homogene Prozesskette zu erhalten, wird versucht, den Variantenbestimmungspunkt (order penetration point) als Übergang zwischen dem auftragsneutralen und dem individualisierten Teil der Leistungserstellung in der Wertschöpfungskette so weit wie möglich nach hinten zu verlagern. Dadurch gelingt es, die Prozesse bis zu diesem Punkt schlank zu gestalten und dadurch Kosteneinsparungen zu realisieren. Dies ist u. a. dadurch möglich, da innerhalb des auftragsneutralen Teilabschnittes Skaleneffekte sowie verbesserte Preiskonditionen bei der Beschaffung realisiert werden können und durch die wegfallenden bzw. verminderten Rüstvorgänge innerhalb der Produktion zeitaufwändige und kostenverursachende Fertigungsunterbrechungen vermieden werden. Innerhalb der Distribution besteht zudem die Möglichkeit, bis zu regionalen Umschlagspunkten kostengünstige Sammeltransporte zu nutzen. Durch die standardisierten Abläufe bis zum Individualisierungspunkt wirken sich neben den Mengen- auch Erfahrungskurveneffekte positiv auf die Effizienz der Leistungserstellung sowie die Komplexität der Prozesse aus. Das Postponement-Konzept trägt des Weiteren dazu bei, die Durchlaufzeit zu reduzieren, da bis zum Individualisierungspunkt das einheitliche Vorprodukt fertiggestellt werden kann, sodass anschließend zum Zeitpunkt des konkreten Kundenauftrages lediglich die individuelle Anpassung an die Kundenwünsche durchzuführen ist. Da die Planung der auftragsneutralen Komponenten aggregiert erfolgt, kann zudem die Komplexität der Beschaffung und Disposition reduziert werden.[217] Die Durchführung eines Postponements setzt u. a. modulare Produktstrukturen voraus, wodurch sich zeigt, dass die Einzelansätze nicht losgelöst voneinander betrachtet werden können, sondern in ein Gesamtkonzept (ganzheitliches Komplexitätsmanagement) integriert werden sollten.

- **Sourcingstrategien**

Unterschiedliche Beschaffungskonzepte und -strategien verursachen eine unterschiedlich hohe Komplexität der Bestellplanung und -abwicklung. Wird beim Single Sourcing lediglich mit einem Zulieferer geschäftlich agiert, sind beim Multiple Sour-

216 Vgl. KÖSTER (1998), S. 83.
217 Vgl. ARNDT (2008), S. 177.

cing mit mehreren Vertragspartnern Vertragsverhandlungen zu führen, Bestellungen zu platzieren und Anlieferungen zu koordinieren. Insbesondere die Steuerung und Kontrolle des Informations- und Warenflusses zwischen dem Unternehmen und den externen Partnern nimmt mit einem Anstieg der Lieferantenanzahl unmittelbar zu. Neben einer erhöhten Koordinationskomplexität[218] ergeben sich aufgrund des reduzierten Umsatzvolumens schlechtere Einkaufskonditionen sowie erhöhte Durchlaufzeiten als Folge der aufeinander abzustimmenden Logistikaktivitäten. Äquivalent dazu muss bei einer Entscheidung für oder gegen ein Local bzw. Global Sourcing der (komplexitätswirksame) Einfluss abweichender nationaler Regelungen und Gesetze sowie unterschiedlicher Mentalitäten oder Geschäftsgebaren beachtet und in die Entscheidungsfindung einbezogen werden. Auch ein unterschiedliches Qualitätsverständnis sowie Kommunikations- oder sonstige Probleme (z. B. Lieferverzögerungen, Umweltkatastrophen während des Transportes, Währungsrisiken, etc.) wirken hierbei komplexitätstreibend. Auch wenn die Koordinationskomplexität bei Beschaffungsstrategien mit einer geringen Lieferantenanzahl pro Materialart bzw. Beschaffungsobjekt in der Regel geringer erscheint, ist dafür eine intensivere Kooperation mit dem Lieferanten im Vergleich zum Multiple Sourcing erforderlich, um aufgrund des fehlenden Ausweichlieferanten die Qualität der Beschaffungsobjekte sowie deren termingerechte Anlieferung sicherzustellen.[219] Pauschalisierte Empfehlungen bezüglich der zu präferierenden Sourcingstrategie können somit aufgrund der Vielzahl zu berücksichtigender Rahmenbedingungen nicht gegeben werden. Hierzu bedarf es einer situationsabhängigen und unternehmensindividuellen Analyse.

- **Standardisierung und Modularisierung**

Eine Standardisierung bietet sich bei denjenigen Prozessen an, die häufig wiederkehren und inhaltlich wenig variieren. Durch fest vorgegebene und einheitliche Schnittstellen, Arbeitsabfolgen, Input- und Outputgrößen sowie Leistungs- und Kostenkennzahlen vereinfacht sich die Planung, Steuerung und Kontrolle der Prozesse. Zudem werden durch Standardisierungsmaßnahmen ungewollte Variationen der Prozessabläufe und somit ein erhöhter Planungs- und Steuerungsaufwand vermieden, wodurch die Prozesssicherheit und -prognosefähigkeit erhöht werden.[220] Zudem

---

218 Zur Abgrenzung und Einordnung der Koordinationskomplexität vgl. ADAM (2001), S. 37.
219 Vgl. MEYER (2007), S. 65 sowie Kapitel 6.3.2.1.
220 Vgl. MEYER (2007), S. 63.

führen standardisierte Schnittstellen zu geringeren Transaktionskosten und der Informationsfluss wird beschleunigt. Da Rüstvorgänge oder Wechsel des Transportgerätes oder -behälters entfallen, kann zudem die Durchlaufzeit reduziert werden.

Auch auf Prozessebene ist die Umsetzung einer Modularisierungsstrategie möglich.[221] Da logistische Leistungen einen Dienstleistungscharakter besitzen, empfiehlt sich die Aufspaltung der logistischen Prozesse in einzelne modulare Bestandteile, die anschließend je nach Kundenwunsch zusammengefügt und kombiniert werden können. Dadurch werden individuelle Prozessketten, die separat zu planen, zu steuern und zu kontrollieren sind, vermieden und durch standardisierte Prozesselemente (Module) ersetzt. Eine Prozessmodularisierung trägt zudem zu einer Komplexitätsvermeidung bei, da diejenigen Systembestandteile, die einer starken Veränderung unterliegen, von denjenigen Bestandteilen separiert werden können, die eine niedrige Änderungsfrequenz aufweisen. Durch eine derartige Prozessgestaltung werden zukünftige Komplexitätsanforderungen bereits in der aktuellen Struktur berücksichtigt und bei Eintritt dieser Veränderungen müssen lediglich die betroffenen Prozessmodule, nicht aber die komplette Prozesskette, angepasst werden.

- **Fertigungssegmentierung**

Unter einer Fertigungssegmentierung wird die Unterteilung eines heterogenen Produktionsprozesses in mehrere autonome, eindeutig abgrenzbare und in sich homogene Teilprozesse verstanden.[222] Innerhalb der Fertigungssegmente, die eigenverantwortlich die Herstellung eines Zwischenproduktes oder Bauteils organisieren und überwachen, werden die Arbeits- und Montageplätze nach dem Fließprinzip angeordnet, wodurch die Vorteile der Werkstatt- und die der Fließfertigung verbunden werden.[223] Basierend auf der Trennung von Renner- und Exotenlinien können Individualisierungswünsche der Kunden umgesetzt werden, ohne die Produktion und die damit verbundenen Beschaffungsprozesse der Standardprodukte zu stören. Durch die ganzheitliche Funktionsübertragung und die Zusammenfassung von Verantwortlichkeiten lässt sich so die Organisations-, Planungs- und Steuerungskomplexität reduzieren. Aufgrund des Fließprinzips können zudem die Durchlaufzeiten verkürzt werden, während die konstanteren Bearbeitungszeiten in Verbindung mit den reduzierten Rüstvorgängen zu geringeren Zwischenlagerbeständen führen. Des Weiteren

221 Vgl. BOUTELLIER ET AL. (1997), S. 57.
222 Vgl. WILDEMANN (2007), S. 271.
223 Vgl. WILDEMANN (2004a), S. 225.

sind durch die Eigenverantwortlichkeit der Segmentmitarbeiter und den Anstieg der Prozesssicherheit je Segment Qualitätsverbesserungen möglich. Mithilfe der Fertigungssegmentierung lassen sich so volumenstarke Massenprodukte fertigen, ohne auf die Herstellung selten nachgefragter Spezialprodukte verzichten zu müssen.

- **Selbststeuernde Regelkreise (Kanban-Steuerung)**

Selbststeuernde Regelkreise, die sich aus jeweils zwei benachbarten Fertigungsstufen ergeben, bedienen sich des Holprinzips, bei dem die verbrauchende Stelle (nachgelagerte Fertigungsstufe) die zur Weiterverarbeitung benötigten Materialien oder Zwischenprodukte im Bedarfsfall bei der jeweils vorgelagerten Fertigungsstufe in der benötigten Menge anfordert bzw. selbst abholt. Ein Beispiel für ein solches dezentrales Steuerungskonzept stellt die Fertigungsorganisation nach dem Kanban-Prinzip dar.[224] Hierbei wird der Produktionsauftrag der verbrauchenden Stelle im Bedarfsfall dezentral mithilfe eines Belegs (Kanban-Karte) oder durch Kopplung an einen Behälter an die produzierende Stelle übermittelt. Diese Form der selbststeuernden Regelkreise bedeutet somit den Übergang von einer zentralen, hierarchischen und deterministischen Steuerung zu einer dezentralen, teilautonomen und verbrauchsgesteuerten Bedarfsermittlung.[225] Wenn die Voraussetzungen für den Einsatz dieses Steuerungskonzeptes erfüllt sind,[226] lassen sich die Durchlaufzeiten reduzieren und die Termintreue sowie Lieferbereitschaft verbessern. Weiterhin sind ein verminderter Steuerungsaufwand sowie geringere Bestände innerhalb der Produktion als Vorteile zu nennen. Durch die Etablierung selbststeuernder Regelkreise kann die Anzahl der notwendigerweise auszutauschenden Informationen reduziert werden.[227] Da die Informationen nunmehr „gerichtet" von der verbrauchenden zur produzierenden Stelle verlaufen, reduziert sich die insgesamt vorliegende Komplexität der Leistungserstellung.[228]

---

[224] Für weiterführende Ausführungen zur Funktionsweise vgl. ADAM (2001), S. 628f.; PFOHL (2004a), S. 160ff.

[225] Vgl. REIß, HÖGE (1993), S. 215ff.

[226] Zu den Voraussetzungen der Kanban-Steuerung vgl. Fußnote 315 auf Seite 111.

[227] Z. B. entfällt die Abfrage, ob die in der Fertigung nachfolgende Stelle einen Bedarf an Materialien besitzt und die notwendigen Kapazitäten zur Verfügung stehen, da diese nur für den Bedarfsfall einen Produktionsauftrag an die produzierende Instanz weiterleitet.

[228] Vgl. BLISS (2000), S. 54f.

3.2.4 Ansätze auf Organisationsebene

- **Abbau von Hierarchieebenen**

Stark hierarchisierte Unternehmensstrukturen haben in der Vergangenheit regelmäßig ihre Grenzen im Umgang mit einer dynamischen Unternehmensumwelt aufgezeigt, da bei einer Vielzahl zu überwindender Unternehmensebenen der Informationsfluss unterbrochen oder zumindest verlangsamt wird.[229] Der Abbau von Hierarchien ist die naheliegendste Lösung, um solche vertikalen Fragmentierungen (Hierarchiebarrieren) abzubauen.[230] REIß führt dabei drei Möglichkeiten an:[231]

- Entfernung der marktfernen zweiten Ebene (Direktionsebene),
- Beseitigung der Fachbereichs- bzw. Hauptabteilungsleiterebene oder
- Eliminierung der Gruppenleiter- bzw. Vorarbeiterebene.

Allen drei Alternativen gemein ist, dass durch den Abbau von Hierarchieebenen bürokratische Hemmnisse beseitigt und die Entscheidungsfindung sowie die Kommunikation beschleunigt werden.

- **Vertikale Autonomie**

Der Ansatz der vertikalen Autonomie wird in der Literatur synonym als *Entscheidungsdezentralisierung* oder *Empowerment* bezeichnet.[232] Ihm liegt die Idee zu Grunde, Entscheidungskompetenzen an untergeordnete bzw. operative Einheiten zu delegieren. Dadurch werden die eigenständige Abstimmung und die Selbstverantwortung der beteiligten Akteure gestärkt sowie die Kompetenz und Verantwortung in einer Person vereint.[233] ADAM gibt allerdings zu bedenken, dass Entscheidungen nicht zu weit dezentralisiert werden dürfen, da den Entscheidungsträgern ansonsten der Überblick über die gesamten Folgen ihrer Entscheidungen fehlt. Vor allem nachhaltige und bedeutsame Entscheidungen sollten deshalb weiterhin auf einer höheren Unternehmensebene getroffen werden.[234] Durch die Dezentralisierung der Verantwortung, die erweiterten Entscheidungsbefugnisse sowie die eigenverantwortliche Abstimmung und Aufgabenverteilung erwächst jedoch ein insgesamt deutlich verminderter Koordinationsbedarf übergeordneter Instanzen. Dadurch kann die Organisa-

---

229 Vgl. ESPINOSA ET AL. (2007), S. 334.
230 Vgl. REIß (1993b), S. 21.
231 Vgl. REIß (1993b), S. 21.
232 Vgl. BLISS (2000), S. 49; KIRCHHOF (2003), S. 213.
233 Vgl. BLISS (2000), S. 49.
234 Vgl. ADAM (2001), S. 57.

tionskomplexität des zuvor hierarchisch gesteuerten und kontrollierten Systems gesenkt werden.[235] Gleichzeitig werden die Reaktionsfähigkeit und -geschwindigkeit des Unternehmens verbessert, da die Wahrnehmung, Entscheidung und Handlung organisatorisch miteinander verbunden sind.

3.3 Ausgewählte wissenschaftliche Arbeiten zum Komplexitätsmanagement

Wie in Kapitel 3.2 verdeutlicht wurde, ist eine Unterscheidung der Komplexitätsmanagementansätze hinsichtlich des fokussierten Gestaltungsobjektes (Produkt, Produktprogramm, Prozess bzw. Organisation) möglich. Im Folgenden werden zunächst punktuelle Arbeiten vorgestellt, die sich im Kern auf eines oder mehrere dieser vier Gestaltungsobjekte fokussieren.[236] Im Anschluss daran stehen die bedeutendsten ganzheitlichen Ansätze zum Komplexitätsmanagement im Fokus der Betrachtung.[237]

3.3.1 Ansätze mit Gestaltungsobjektfokus

Schuh (1989) definiert Einzelansätze zur komplexitätsgerechten Produktgestaltung, die er zu einer durchgängigen Planungsmethode integriert. Diese setzt sich aus zwei Hauptbestandteilen zusammen. Zunächst erfolgt die Analyse der Produktstruktur, bevor auf Basis des von Schuh entwickelten Variantenbaumes Gestaltungsmöglichkeiten für die Produkt- und Baugruppenstruktur abgeleitet sowie weitere Maßnahmen zur Beherrschung der Variantenvielfalt betrachtet werden. Den zweiten Bestandteil der Planungsmethode stellt ein Modell zur Kostenbewertung der Produktvarianten dar. Die Basis der Bewertung bildet eine an die Prozesskostenrechnung angelehnte Betrachtung des Werteverzehrs, der mithilfe von Kosten- und Verbrauchsfunktionen quantifiziert wird. Der Ansatz von Schuh gilt als Pionierarbeit auf dem Gebiet des Variantenmanagements, da in ihr erstmals in ihrer Gesamtheit die später von anderen Autoren verwendeten, modifizierten und weiterentwickelten Einzelansätze auf Produktebene betrachtet werden.

Ceasar (1991) entwickelt mit der Variant Mode and Effects Analysis (VMEA) eine Gestaltungsmethode zur Beherrschung der Variantenvielfalt. Mit ihrer Hilfe soll die

[235] Vgl. Adam, Rollberg (1995), S. 667ff.
[236] Vgl. dazu ebenfalls Meyer (2007), S. 71ff.
[237] Dieser Literaturüberblick erhebt keinen Anspruch auf Vollständigkeit, sondern verfolgt das Ziel, einen groben Forschungsüberblick zu liefern und die Breite der thematischen Auseinandersetzung mit der Thematik zu verdeutlichen.

frühzeitige Variantenerkennung und -vermeidung unter Berücksichtigung technischer sowie kostenbezogener Aspekte sichergestellt werden. Zunächst wird in Zusammenarbeit mit dem Marketing und dem Vertrieb der Ansatz des Target Costing genutzt, um in Abhängigkeit des vom Markt akzeptierten Preises die Produktfunktionen festzulegen. Anschließend wird u. a. der von SCHUH entwickelte Variantenbaum verwendet, um die Kombinierbarkeit der Produktfunktionen zu optimieren. Zudem richtet sich der Fokus neben der technischen Realisierbarkeit der Gestaltungsalternativen auf die verursachten Mehr- oder Minderkosten, die gegeneinander abgewogen werden. Zur Bestimmung dieser Kosteneffekte, die als variantenabhängiger Werteverzehr zu interpretieren sind, wird auf die ressourcenorientierte Prozesskostenrechnung zurückgegriffen.[238]

Auch **RATHNOW** (1993) beschäftigt sich mit dem Wert bzw. dem Nutzen einer zusätzlichen Produktvariante und entwickelt ein Konzept zur Bestimmung der optimalen Variantenanzahl. Zur Bestimmung des Kosten-Nutzen-Optimums greift der Autor dabei auf die beiden Bestandteile der „Leistungsoptimierung" sowie der „Strukturoptimierung" zurück, die anschließend zu einem Gesamtkonzept zusammengeführt werden. Im Rahmen der Leistungsoptimierung soll auf Basis der Conjoint-Analyse ein kosten- und nutzenoptimales Leistungsprogramm bestimmt werden. Dabei werden die Teilnutzen verschiedener Produktvarianten und ihrer -komponenten ermittelt und zu einem Gesamtnutzen aggregiert. Im Rahmen der Strukturoptimierung erfolgt die Zusammenführung verschiedener Ansätze zur Beherrschung der Variantenvielfalt.

KAISER (1995) verbindet die Einzelansätze auf Produktebene zu einem integrierten Variantenmanagement. Dazu überträgt der Autor das Zielkostenprinzip (Target Costing) auf die Variantenproblematik. Die Basis der Variantenbewertung stellt die ressourcenorientierte Prozesskostenrechnung dar. Der zweite Bestandteil der systemtheoretischen Betrachtungsweise widmet sich dem operativen Variantenmanagement und nutzt die von CEASAR entwickelte VMEA-Methode, um auf Basis der Produktfunktionen die Variantenvielfalt auf Produkt-, Baugruppen- und Teileebene zu analysieren. Anschließend werden verschiedene Produktalternativen durch Planspiele simuliert und bewertet.

KESTEL (1995) widmet sich erstmals explizit den Auswirkungen der Variantenvielfalt auf die Logistik. Dazu analysiert der Autor zunächst die Kosteneffekte der Varianten-

---

[238] Vgl. SCHUH (2005), S. 161f.

vielfalt und untersucht die Auswirkungen innerhalb verschiedener logistischer Teilbereiche (Lager, Kommissionierung, Transport, Informationssystem). Anschließend entwickelt KESTEL eine vierstufige Vorgehensweise zur Beherrschung der Variantenvielfalt. In einem ersten Schritt werden die relevanten Informationen in Form eines Varianten-Controllings gebündelt. Darauf aufbauend wird die marktseitig geforderte Vielfalt der vom Unternehmen angebotenen Variantenvielfalt gegenübergestellt. Der dritte Schritt der vorgeschlagenen Vorgehensmethodik strebt eine Optimierung des Variantenentstehungsprozesses an und stellt dabei Ansätze zur variantenarmen Konstruktion der Produkte in den Mittelpunkt der Betrachtung. Den Abschluss bildet die logistische Bewältigung der zuvor optimierten Variantenvielfalt, indem beispielsweise eine Anpassung der Logistiksysteme sowie eine Unterteilung in variantenneutrale sowie -spezifische Unternehmensbereiche als Möglichkeit vorgestellt und diskutiert wird.

ZICH (1996) stellt in seiner Arbeit zunächst Ansätze zur Optimierung der Typen- und Teilevielfalt vor. Hierbei unterscheidet der Autor zwischen partiellen sowie integrierten Optimierungsansätzen. Diese werden anschließend erweitert, indem u. a. auf das Konzept des Life Cycle Costing (LCC) zurückgegriffen wird, um die optimale Variantenvielfalt zu bestimmen. Anschließend betrachtet ZICH am Beispiel der Stromversorgung Möglichkeiten zur Optimierung der strukturellen Gegebenheiten.

HARTMANN (1997) entwickelt eine Vorgehensweise zur Verbesserung der Komplexität in der Produktionslogistik. Im Fokus der Betrachtung liegt hierbei die Materialflusssteuerung. Nachdem der Ist-Zustand aufgenommen wurde, folgt auf Basis der definierten Anforderungen die Festlegung eines Sollkonzeptes. Mithilfe von Kennzahlen aus den Bereichen Struktur, Produktivität, Qualität und Wirtschaftlichkeit, die zu den Hauptkennzahlen „Komplexität“, „Durchlaufzeit“, „Bestand“ sowie „Kosten“ zusammengefasst werden, erfolgt anschließend eine Bewertung der möglichen Komplexitätsreduktion. Der Wirtschaftlichkeitsbetrachtung liegt hierbei der Prozesskostenansatz zu Grunde. Den Abschluss der Modellierung bildet die Ableitung eines Maßnahmenplanes.

Im Kern der Arbeit von **GEMBRYS** (1998) steht ein Modell zur Bereinigung variantenreicher Produktprogramme. Hierfür werden Visualisierungstechniken genutzt und auf Basis eines Informationsmodells die benötigten Informationen bereitgestellt, um darauf aufbauend eine Reduzierung der Variantenvielfalt, die im Fokus der Betrachtung steht, vorzunehmen. Anhand einer Fallstudie werden anschließend die Funktionsweise und -fähigkeit des entwickelten Bereinigungsmodells verdeutlicht.

Göpfert (1998) entwickelt einen Ansatz zur Modularisierung von Technik und Organisation in der Produktentwicklung. Den Kern bildet die Untersuchung von Möglichkeiten zur technischen Gestaltung modularer Produktarchitekturen als Grundstruktur des Produktes. Zusätzlich betrachtet Göpfert den Einfluss der Produktarchitektur auf die organisatorische Gestaltung und diskutiert Alternativen, Grenzen und Potenziale einer modularen Produktentwicklungsorganisation. Abschließend werden die Produktstruktur sowie deren organisatorische Realisierung in Form eines interdisziplinären Prozesses weiterentwickelt, bis eine technisch sowie organisatorisch zufriedenstellende Gesamtlösung vorliegt.

Köster (1998) untersucht innerhalb des Maschinenbaus das Spannungsfeld zwischen Effizienz und Kundennähe im Leistungserstellungsprozess. Hierbei entwickelt der Autor einen Gestaltungsansatz zur Umsetzung hybrider Wettbewerbsstrategien. Im Blickfeld liegt dabei zunächst die Gestaltung des physischen Leistungssystems, welches durch eine entsprechende Produktgestaltung sowie eine Prozesssegmentierung optimiert werden soll. Vorgeschlagen wird dabei die Aufteilung des Leistungserstellungsprozesses in einen auftragsneutralen sowie einen -spezifischen Teil. Anschließend betrachtet Köster ebenso die Gestaltung des Informationssystems. Ergänzt wird das Konzept durch die Entwicklung des Planungsansatzes „strategische Disposition“ zur Produktionsprogramm- sowie zur Primärbedarfsplanung.

Benett (1999) beschäftigt sich mit dem Komplexitätsmanagement in der Investitionsgüterindustrie. Hierzu wird ein Ansatz zur variantenorientierten Produkt- und Prozessgestaltung entwickelt, in dessen Kern sich bestehende Einzelansätze zum Umgang mit der Produkt- und Prozesskomplexität befinden. Durch eine empirische Untersuchung kann Benett zeigen, dass in der Praxis unterschiedlich komplexe Produkte zu unterschiedlichen Verhaltensweisen führen. Im weiteren Verlauf der Untersuchung konzentriert sich der Autor anschließend auf die Kleinserienfertigung von Investitionsgütern und betrachtet im Speziellen die operative Gestaltung des Produktprogrammes sowie der Organisation. Hierbei werden Möglichkeiten zur Umsetzung einer geeigneten Produktstruktur und -vielfalt sowie zur Ausschöpfung von Standardisierungspotenzialen in der Auftragsabwicklung diskutiert.

Piller und **Waringer** (1999) untersuchen Möglichkeiten zur Modularisierung am Beispiel der Automobilindustrie. Dazu verdeutlichen die Autoren zunächst die zunehmende Bedeutung des Komplexitätsmanagements in der Automobilindustrie und identifizieren wesentliche Komplexitätstreiber. Mit dem Ziel einer Komplexitätsreduktion bzw. -beherrschung wird anschließend die Umsetzung einer Modularisierungsstrategie im Bereich der Produktentwicklung, Beschaffung und Fertigung vorgestellt.

RAPP (1999) entwickelt einen Ansatz zur Untersuchung, Bewertung und Gestaltung der Produktstruktur. Das zentrale Element bildet hierbei ein Produktstrukturmanagement. Dazu führt der Autor zunächst grundlegende Entscheidungen und Einflussgrößen an, die eine Relevanz für die Produktstrukturierung besitzen (z. B. Zusatznutzen der Produktstruktur, Zeithorizont der Planung, Funktionalität und Vielfalt des Produktes, technische Einschränkungen). Anschließend werden Maßnahmen zur Beeinflussung der Produktstruktur diskutiert und der Ansatz anhand eines Fallbeispiels demonstriert.

Auch **HOFFMANN** (2000) widmet sich am Beispiel eines Schienenverkehrsunternehmens im Speziellen der Produktkomplexität. Auf Basis einer systemtheoretischen Betrachtung untersucht er zunächst die zentralen Ursachen der Komplexität, um darauf aufbauend Maßnahmen für eine gezielte Komplexitätsreduktion abzuleiten. Hierzu werden im Wesentlichen Einzelansätze wie die Standardisierung, Segmentierung sowie das Outsourcing angeführt.

Im Fokus von **HOFER** (2001) befindet sich der Ansatz der Plattformbildung. Es wird untersucht, wie durch ein systematisches Produktfamilienmanagement unter Verwendung des Plattformkonzeptes Wettbewerbsvorteile erreicht und gesichert werden können. Durch ein Beschreibungsmodell stellt HOFER hierfür zunächst die Einflüsse der Plattformbildung auf die Leistungsgestaltung, -erstellung und -vermarktung dar. Auf Basis eines Erklärungsmodells wird anschließend der Nutzen des Plattformkonzeptes in Form von Wettbewerbsvorteilen untersucht. Anschließend dient das Bewertungsmodell zur Beurteilung der Produktstrukturierungsmaßnahmen und somit als Grundlage für die Entscheidungsfindung.

MENGE (2001) entwickelt einen Ansatz zur Beherrschung der Variantenvielfalt in der Einzel- und Kleinserienfertigung. Als Grundlage dient ein Methodenbaukasten mit Ansätzen aus den Bereichen Planung und Steuerung, Arbeits- und Prozessorganisation, Produktionsstruktur sowie Produktionssysteme. Anschließend stellt MENGE eine Planungsmethode zur Optimierung der Variantenbeherrschung vor und demonstriert dessen Funktionsweise am Beispiel der Herstellung komplexer Produkte in der Kleinserienfertigung.

Auf **NEUHAUSEN** (2001) geht ein aus vier Teilmodellen bestehender Ansatz zur Gestaltung modularer Produktionssysteme für Unternehmen der Serienfertigung zurück. Für die Gestaltungsobjekte Produktionslinie, -station, -prozess sowie -komponenten werden anschließend auf Basis der Modellierung geeignete Maßnahmen zu Komplexitätsbewältigung abgeleitet.

SCHWENK-WILLI (2001) konzipiert eine integrierte Methodik zum Komplexitätsmanagement, wobei im Wesentlichen das Produkt im Fokus der Betrachtung steht. Der Ansatz stellt eine Orientierungshilfe für den Umgang mit der Produktkomplexität dar, indem Möglichkeiten zur Beeinflussung der Variantenvielfalt (vgl. Kapitel 3.2.1) betrachtet und durch weitere Methoden wie den Variantenbaum oder die VMEA ergänzt werden. Abschließend legt SCHWENK-WILLI in knapper Form Empfehlungen für die Einführung eines Komplexitätsmanagements sowie die organisatorische Einbindung im Unternehmen dar.

Das Ziel von **WESTPHAL** (2001) besteht in der Entwicklung eines Ansatzes zur flussorientierten Gestaltung heterogener Produktionssysteme unter Berücksichtigung von Komplexitätsaspekten. Auf Basis von Teilmodellen der Produktionssysteme identifiziert der Autor dazu Regelkreise, die anschließend durch Lenkungsprozesse sowie Kennzahlen ergänzt werden. Hieran schließt sich die Entwicklung eines Entscheidungsunterstützungssystems zum Komplexitätsmanagement in der Logistik an.

KERSTEN (2002) fasst die existierenden Methoden zum Variantenmanagement in einem Methodenbaukasten zusammen. Darüber hinaus werden die Ursachen und Auswirkungen einer erhöhten Produktkomplexität sowie Gestaltungsansätze zur Integration in den Führungsprozess untersucht.

Auch **RÖHRIG** (2002) widmet sich im Speziellen der Beherrschung der Produktkomplexität und entwickelt einen Ansatz, der auf der Segmentierung basiert. Dazu wird die Produktion in einen variantenneutralen sowie einen variantenspezifischen Bereich unterteilt. Die variantenbildenden Prozesse werden hierbei in Form einer flexiblen Produktionsendstufe zusammengefasst, deren Entwicklung, Gestaltung und Integration von RÖHRIG ausführlich beschrieben werden.

Von **SCHMIDT** (2002) stammt ein Ansatz zur Reduktion der Variantenvielfalt von Wagenkästen bei Schienenfahrzeugen. Die Zielstellung besteht darin, eine kundenindividuelle Serienproduktion unter Verwendung verschiedener Standardisierungsmaßnahmen zu erreichen. Aus diesem Grund betrachtet SCHMIDT vorrangig die Ansätze der Modularisierung und Standardisierung sowie das Plattformkonzept, die er in einer hybriden Produkt- und Prozessstruktur zusammenführt. Aus diesen theoretischen Überlegungen resultiert der Ansatz einer „modularen Hybridbauweise“, deren Funktionalität mithilfe eines Anwendungsbeispiels demonstriert wird.

NEUBAUR (2003) beschäftigt sich mit der Entwicklung von Variantenstrategien unter Berücksichtigung der Branchenstruktur sowie der Positionierung des Unternehmens. Anschließend werden verschiedene Strategien gegenübergestellt und bestehende Spannungsfelder aufgezeigt. Im Rahmen von vier Fallstudien wird das entwickelte Konzept zum strategischen Variantenmanagement abschließend umgesetzt.

SCHERF (2003) entwickelt ein Konzept zur formalen Beschreibung der Komplexität. Die Grundlage bildet die Darstellung der Komplexität im euklidischen Raum, indem die möglichen Merkmalsausprägungen (Zustände) abgebildet werden. Dabei wird auch die Dynamik in Form einer zeitlichen Abfolge der Zustände visualisiert. Aufbauend auf dem entwickelten Ansatz erfolgt abschließend die Ableitung von Handlungsempfehlungen.

STÜTTGEN (2003) konzipiert einen theoretischen Bezugsrahmen, indem er die Erkenntnisse der Komplexitätsforschung aus verschiedenen Wissenschaftsdisziplinen zusammenführt. Anschließend erfolgt eine Betrachtung der Strategien zur Komplexitätsbewältigung im Unternehmen. Hierzu überträgt STÜTTGEN neun allgemeine Vorgehensweisen zum Umgang mit Komplexität von der theoretischen auf die Unternehmensebene.

BRÄUTIGAM (2004) führt eine kostentheoretische Untersuchung der Variantenproduktion durch. Die Basis hierfür stellt die Abbildung der grundlegenden Kosteneinflussgrößen bei der Herstellung variantenreicher Produkte dar. Anschließend entwickelt der Autor ein Grundmodell, mit dessen Hilfe das analytische, kurzfristige und langfristige Kostenverhalten bei einer Variantenproduktion abgebildet werden kann. Darauf aufbauend wird dieses Grundmodell auf komplexe, d. h. mehrstufige sowie mehrdimensionale, Variantenproduktionssysteme erweitert.

Mit dem Ziel, die Produktkomplexität bereits in einer frühen Phase des Produktentstehungsprozesses zu reduzieren, erstellt **DEHNEN** (2004) ein dreistufiges Konzept, welches sich vorrangig mit dem Teilaspekt der Koordinationskomplexität beschäftigt. Ausgangspunkt ist die Reduktion der Teilekomplexität, die durch die Anwendung einer Produkt- und Prozessmodularisierung erzielt werden soll. Zur Reduktion der Prozesskomplexität führt der Autor die Make-or-Buy-Entscheidung sowie Methoden des Qualitätsmanagements (z. B. Quality Function Deployment (QFD), Fehler-Möglichkeits- und Einflussanalyse (FMEA), Taguchi-Ansatz, Fehlerbaumanalyse) an. Abschließend verdeutlicht DEHNEN, wie die dargelegten Anpassungsmaßnahmen in Form eines Projektes umgesetzt werden sollten.

FRIEDRICH (2004) erarbeitet einen weiteren Ansatz zur strategischen Produktprogrammplanung vor, der sich aus drei Bestandteilen zusammensetzt. Im ersten Teil des Gesamtkonzeptes findet auf Basis einer Gegenüberstellung der eigenen Geschäftsstrategie und des Marktes eine Strategieentwicklung und -bewertung statt. Anschließend folgt eine Analyse- und Zielfindungsphase, in deren Rahmen der Markt sowie das Produktprogramm detaillierter analysiert werden. Gleichzeitig wird der Zusammenhang zwischen dem Produktprogramm sowie der Produktstruktur betrachtet. Abschließend erfolgen eine Ableitung von Handlungsempfehlungen sowie deren Umsetzung in die Realität.

Mit dem Ziel einer durchgängigen Komplexitätsbewertung erweitert **JANIA** (2004) bestehende Konzepte zur Modellierung von Produkt- und Prozessdaten zu einem integrierten Prozess- und Datenmodell. Ausgangspunkt der Weiterentwicklung und Grundlage für eine durchgängige Komplexitätsbewertung bildet die Unterscheidung der Abbildungs-, Bewertungs- sowie der Entscheidungsebene. Die Funktionalität des integrierten Prozess- und Datenmodells wird anschließend am Beispiel eines Automobilherstellers verdeutlicht und beurteilt.

PILLER (2006) beschäftigt sich mit dem Konzept der Mass Customization. Der Autor stellt diese hybride Wettbewerbsstrategie zunächst ausführlich vor, bevor ein Ansatz zur Umsetzung der kundenindividuellen Massenproduktion in der Praxis entwickelt wird. Hierbei hebt PILLER vor allem die Nutzung moderner Informations- und Kommunikationstechnologien sowie die Notwendigkeit einer Integration von Zulieferunternehmen, dem Handel und Intermediären hervor.

MAYER (2007) entwickelt einen Ansatz zur Modularisierung logistischer Prozesse. Auf Basis von fünf Fallstudien und einer empirischen Untersuchung identifiziert der Autor vorab interne und externe Komplexitätstreiber, bevor Möglichkeiten zur Modularisierung auf Produkt- sowie Prozessebene betrachtet werden. Anschließend entwickelt MAYER ein Konzept zur Modularisierung von Logistiksystemen. Hierzu werden zunächst verschiedene Modularten (Leitungs-, Gestaltungs-, Planungs-, Controlling- und Monitoring-, Leistungs- sowie Integrationsmodule) unterschieden, die im Anschluss in ein Gesamtkonzept integriert werden. Zudem werden Instrumente zur Erfassung des Ist-Zustandes vorgestellt und Anforderungen an die Schnittstellengestaltung diskutiert.

Rodriguez (2007) betrachtet die Komplexität bei der Erschließung neuer Beschaffungsmärkte am Beispiel eines Automobilherstellers, der seine Beschaffungsaktivitäten auf den chinesischen Markt erweitern möchte. Grundlage bildet die Analyse der Komplexität, die sich bei der Gestaltung von Liefernetzwerken in dem chinesischen Beschaffungsmarkt ergibt. Aufbauend auf einer Betrachtung der resultierenden Komplexitätsauswirkungen für die Lieferantenauswahl und -bewertung, Fertigung sowie die Verpackung entwickelt der Autor einen anwendungsorientierten Ansatz für das Komplexitätsmanagement in dieser konkreten Fallstudie. Als Maßnahmen schlägt Rodriguez hierbei verschiedene Sourcingstrategien für unterschiedliche Kaufteile, die Anpassung der Lagerstufen und ihrer geografischen Verteilung sowie die Implementierung einer elektronischen Systemunterstützung vor.

Eine Sonderrolle nimmt **Wildemann** (2007) ein, der sich nicht auf ein bestimmtes Gestaltungsobjekt fokussiert, sondern einen allgemeinen Leitfaden zum Komplexitätsmanagement erstellt. Zunächst thematisiert der Autor in einer einführenden Betrachtung die zahlreichen Ursachen und Auswirkungen der steigenden Komplexität. Auf Basis der vier Leitlinien „Individualisierung“, „Standardisierung“, „Transparenz“ und „Konzentration auf das Kerngeschäft“ werden anschließend die in Kapitel 2.4 diskutierten Komplexitätsstrategien vorgestellt. Darauf aufbauend widmet sich Wildemann den verschiedenen Möglichkeiten zur Beeinflussung der Komplexität auf Produkt-, Programm-, Prozess-, Organisation- sowie Netzwerkebene.[239] In Form von Fallbeispielen werden exemplarisch Handlungsempfehlungen gegeben und der erfolgreiche Umgang mit der Komplexität demonstriert.

Eine zusammenfassende Übersicht zum Forschungsstand im Bereich der Arbeiten mit Gestaltungsobjektfokus findet sich im Anhang A-3 auf Seite 335f.

3.3.2 Ganzheitliche Ansätze

Im Folgenden sollen bedeutende und häufig in der Literatur zitierte Arbeiten mit einem ganzheitlichen Charakter vorgestellt werden. Da lediglich ein grober Überblick

---

[239] Diese werden von Wildemann als „Bausteine des Komplexitätsmanagements“ bezeichnet. Vgl. Wildemann (2007), S. 83.

über den Stand der Wissenschaft gegeben werden soll, wird auf eine ausführliche Darstellung der Modellkonzeption und Vorgehensweise verzichtet.[240]

PUHL (1999) verfolgt mit seiner Arbeit das Ziel, ein Optimum zwischen Über- und Unterkomplexität zu erzielen und dadurch Prozesse zu generieren, die ausreichend flexibel und gleichzeitig beherrschbar sind.[241] Der Ansatz von PUHL basiert auf der Annahme, dass die Prozesskosten zu einem gewissen Anteil von der Komplexität der Prozessobjekte verursacht werden.[242] Aus diesem Grund wird der jeweilige Komplexitätsgrad, den PUHL aus dem Zusammenspiel von Komplexitätsmerkmalen und -ausprägungen bestimmt, als Verteilungsschlüssel der Prozesskosten auf die Komplexitätsobjekte genutzt.[243] Aufbauend auf dieser kostenbasierten Bewertung der Komplexitätsobjekte werden konkrete Komplexitätsziele und Maßnahmen festgelegt. Die Zielfestlegung erfolgt dabei auf Basis von Komplexitätspotenzialen, die sich als Differenz der aktuellen Komplexitätskosten (Ist-Werte) und der Komplexitätskosten im Falle einer Konstellation, bei der sämtliche Merkmale eines Komplexitätsobjektes ihren am wenigsten komplexitätsverursachenden Zustand einnehmen (best case), ergeben. Anschließend werden Maßnahmen zur Zielerreichung, Verantwortlichkeiten sowie ein Zeitplan zur Umsetzung festgelegt. Mithilfe von Komplexitätsregelkarten, die den aus dem Qualitätsmanagement bekannten Qualitätsregelkarten gleichen und in denen die relativen Komplexitätspotenziale abgetragen werden, lassen sich Tendenzen und Entwicklungen im zeitlichen Verlauf erkennen und die Wirksamkeit der eingeleiteten Maßnahmen überprüfen. PUHL versucht das Problem der Messbarkeit dadurch zu lösen, dass er mit Prozesskostensätzen eine Bewertung der Komplexitätsobjekte durchführt und diese dadurch in eine ordinale Rangfolge bringt. Problematisch erscheint in diesem Zusammenhang allerdings eine objektive und gerechte Beurteilung der Komplexitätsobjekte, -merkmale und -ausprägungen hinsichtlich ihres Beitrages zur Komplexitäts- bzw. Kostenverursachung. Da in dem von PUHL entwickelten Modell größtenteils subjektive Bewertungen eingesetzt werden, muss

240 Für eine ausführliche Diskussion sowie eine detaillierte kritische Würdigung der ganzheitlichen Ansätze zum Komplexitätsmanagement sei auf LASCH, GIEßMANN (2009a), S. 207ff. verwiesen.

241 Vgl. PUHL (1999), S. 44.

242 Unter Komplexitätsobjekten werden von PUHL die komplexitätsrelevanten Prozesselemente verstanden. Als Beispiele führt er u. a. Lieferanten, Informationen, Betriebsmittel und Änderungen an der Serie an. Vgl. PUHL (1999), S. 65.

243 Vgl. PUHL (1999), S. 71.

dem Anwender bewusst sein, dass die Ergebnisse je nach Einschätzung der durchführenden Person stark variieren können.[244]

BLISS (2000) verfolgt mit seinem Ansatz das Ziel, produkt-, prozess- und organisationsbezogene Einzelansätze in eine integrierte Methodik zu überführen und dabei Interdependenzen der spezifischen Einzelansätze zu berücksichtigen.[245] Dazu entwickelt der Autor eine vierstufige Systematik zum Umgang mit der Komplexität, die mittlerweile in zahlreichen Publikationen aufgegriffen und verwendet wird. Zunächst empfiehlt BLISS die Reduktion der autonomen Unternehmenskomplexität, um dadurch die Übererfüllung der Anforderungen zu reduzieren, ohne die eigentliche Marktaufgabe zu verändern. Als sinnvoll wird u. a. die Anwendung produktbezogener sowie organisatorischer Einzelansätze angesehen.[246] Durch die anschließende Reduktion der korrelierten Unternehmenskomplexität soll eine weitere Verringerung der unternehmensinternen Komplexität erzielt werden, ohne die nach außen gerichtete Vielfalt bzw. das angebotene Leistungsprogramm zu beschneiden. In dieser Phase sind somit sowohl Ansätze auf Produktprogramm- (z. B. Paketbildung) als auch auf Produkt- (z. B. Modularisierung) und Prozessebene (z. B. Postponement) empfehlenswert. Nachdem die internen Potenziale zur Reduktion der Komplexität in den ersten beiden Phasen ausgeschöpft wurden, ist eine weiterführende Verringerung nach Auffassung von BLISS nur noch über eine Reduktion der wahrgenommenen Marktkomplexität möglich. Hierfür eignen sich indirekte oder direkte Bereinigungsformen (vgl. Kapitel 3.2.2). Die Komplexitätsbeherrschung durch Außendifferenzierung verfolgt das Ziel einer dauerhaften Handhabung der verbliebenen und nicht mehr zu mindernden Restkomplexität. BLISS empfiehlt u. a. prozessorientierte Ansätze (z. B. Fertigungssegmentierung, Outsourcing), den Einsatz verschiedener Beschaffungsstrategien (z. B. Modular bzw. Single Sourcing) sowie die Segmentierung der Auftragsabwicklung. In den ersten drei Phasen der entwickelten Methodik wird die Strategie der Komplexitätsreduktion verfolgt, während die letzte Phase Ansätze zur Komplexitätsbeherrschung subsumiert. Die langfristige Strategie der präventiven Komplexitätsvermeidung bleibt in dem vorgestellten Ansatz allerdings unberücksichtigt. Auch die Erfassung sowie die Bewertung der Komplexität werden vernachlässigt. Allerdings wird dem Anwender durch den skizzierten Ablauf ein praktikabler Leitfaden für den Um-

---

244 Vgl. PUHL (1999), S. 42.
245 Vgl. BLISS (2000), S. 29.
246 Vgl. BLISS (2000), S. 197.

gang mit Komplexität zur Verfügung gestellt, der als grobes Rahmenkonzept dient und zahlreiche Einzelansätze beinhaltet. Gleichzeitig entspricht der Ansatz durch das verfolgte Ziel einer Harmonisierung von Markt- und Unternehmenskomplexität dem Gesetz der erforderlichen Varietät von ASHBY.[247]

Die Zielsetzung des von **KIRCHHOF** (2003) entwickelten dreistufigen Planungskonzeptes besteht darin, die Unternehmenskomplexität zu erfassen und zu systematisieren, um sie dadurch erklär-, plan- und gestaltbar zu machen. Unternehmen werden dabei als komplexe adaptive Systeme aufgefasst und aus systemtheoretischer Sicht untersucht. Zunächst wird der Detaillierungsgrad für die sich anschließende Modellierung des Lenkungs- und Konfigurationsmodells festgelegt. Danach erfolgt die Feststellung der Komplexitätsbedarfe, bei denen KIRCHHOF zwischen exogenen Komplexitätsbedarfen, ausgelöst durch die Umwelt und die Beziehungen des Unternehmens zur Umwelt, sowie endogenen Bedarfen, die durch die Komplexität der Organisation, ihrer Akteure und dem daraus resultierenden Steuerungsbedarf entstehen, unterscheidet.[248] Der Forderung nach einer ganzheitlichen Sichtweise wird insofern entsprochen, als dass die Problemfelder anschließend aus verschiedenen Perspektiven betrachtet und bewertet werden. Im Anschluss erfolgt die Formulierung von Zielen, die aus Sicht der jeweiligen Perspektiven mit der Problemlösung verbunden sind. Weiterführend werden Einflussfaktoren auf das Gesamtsystem sowie vorher abgegrenzte Teilsysteme abgeleitet und hinsichtlich ihres Charakters bewertet.[249] Nachdem die Komplexitätsbedarfe ermittelt wurden, greift KIRCHHOF bei der Planung der Komplexitätspotenziale in Phase 3 auf den Ansatz von BLISS zurück, indem er zunächst die Möglichkeiten zur Verringerung der autonomen und nachfolgend Ansätze zur Reduktion der korrelierten Unternehmenskomplexität untersucht und Gestaltungsstrategien benennt.[250] KIRCHHOF verfolgt mit seiner Arbeit das Ziel, durch die Entwicklung verschiedener Modelle Transparenz hinsichtlich der strukturellen und verhaltensbedingten Komplexität im Unternehmen zu schaffen und dabei bestehende Wechselwirkungen zu berücksichtigen. Sowohl die reale Anwendbarkeit als auch die praktische Umsetzung sind allerdings als kritisch anzusehen. Auch der Ansatz von

---

247 Vgl. ASHBY (1957), S. 207.
248 Vgl. KIRCHHOF (2003), S. 176.
249 Hierbei wird zwischen passiven Variablen, die einer starken Beeinflussung durch andere Einflussfaktoren unterliegen, und aktiven Variablen, die selbst einen starken Einfluss auf andere Größen besitzen, unterschieden. Vgl. KIRCHHOF (2003), S. 181ff.
250 Vgl. BLISS (2000), S. 197ff.; KIRCHHOF (2003), S. 202 ff.

KIRCHHOF sieht keine explizite Erfassung von Komplexität bzw. eine Bewertung der komplexitätstreibenden Einflussgrößen vor.

HANENKAMP (2004) verfolgt mit seinem Ansatz das Ziel, komplexe Ursache-Wirkungs-Beziehungen und Systemzusammenhänge zu modellieren, um darauf aufbauend Maßnahmen für das Komplexitätsmanagement abzuleiten.[251] Im Rahmen der Planungsphase wird ein Leitfaden entwickelt, mit dessen Hilfe zunächst eine qualitative Einschätzung des aktuellen Komplexitätsausmaßes möglich ist.[252] Des Weiteren sollen Methoden zur Handhabung der identifizierten Komplexitätsfaktoren herausgearbeitet werden. Dazu führt HANENKAMP den dreidimensionalen Komplexitätsraum ein, der aus den Dimensionen Produkt (x-Achse), Ressourcen (y-Achse) sowie Prozess (z-Achse) besteht. Zu Beginn dieser ersten Phase erfolgt die Modellierung des Ist-Zustandes, indem die Komplexitätsfaktoren ermittelt und für jede Dimension einer oder mehreren von vier möglichen Stufen zugeordnet werden. Je nach Stufe nimmt der Bewertungsumfang dieser Komplexitätsfaktoren sukzessive zu.[253] Das Ziel der sich anschließenden Entscheidungsphase besteht zum einen darin, ein Entscheidungsmodell auszugestalten, mit dessen Hilfe diejenigen Produkte, Ressourcen und Prozesse identifiziert werden, für die ein kontinuierliches Komplexitätsmanagement zu etablieren ist. Zum anderen wird ein Vorgehensmodell entwickelt, das als Leitfaden zur Gestaltung von Strukturen und Abläufen dient.[254] Im Anschluss daran erfolgt die Entwicklung eines modellbasierten Ansatzes zur Komplexitätsbeherrschung, der als Basis für die informationstechnische Unterstützung des Komplexitätsmanagements dient.[255] Das Anliegen der Kontrollphase besteht in der Extraktion neuer Ursache-Wirkungs-Beziehungen aus den Erkenntnissen der zuvor durchgeführten Implementierungsphase. Zusammenfassend kann festgestellt werden, dass die Arbeit das Ziel verfolgt, eine standardisierte Vorgehensweise zu entwickeln, mit deren Hilfe eine kontinuierliche Auswahl und Anwendung von Methoden für das Komplexitätsmanagement möglich ist. Allerdings stellt das entwickelte Konzept selbst keinen Methodenpool zur Verfügung, weshalb die Auswahl ausschließlich

---

251 Vgl. MEIER, HANENKAMP (2004); HANENKAMP (2004), S. 58ff.
252 Vgl. HANENKAMP (2004), S. 58.
253 Die Einordnung auf der ersten Stufe bedeutet, dass lediglich eine Identifikation der Komplexitätsfaktoren sowie eine Bewertung mithilfe der Kriterien Messung, Aktualisierung sowie Aufwand erfolgen, während beispielsweise in der vierten Stufe zur Bewertung zusätzlich auf Methoden zurückgegriffen wird. Vgl. HANENKAMP (2004), S. 68ff.
254 Vgl. HANENKAMP (2004), S. 79ff.
255 Vgl. HANENKAMP (2004), S. 59, 96.

vom Vorwissen des Anwenders abhängig ist und das Ergebnis entscheidend determiniert.[256] Als positiv herauszustellen ist, dass der Ansatz eine Identifikation der Komplexitätstreiber vorsieht und dabei Wechselwirkungen berücksichtigt. Allerdings bleiben mehrere Fragen offen, wie bei der praktischen Umsetzung vorzugehen ist.[257] Im Gegensatz zu anderen Konzepten ist beim Ansatz von HANENKAMP explizit eine informationstechnische Umsetzung des entwickelten Konzeptes vorgesehen, wodurch auch größere Subsysteme mit einer Vielzahl von Einflussgrößen und Wechselwirkungen untersucht, der Verlauf komplexitätsrelevanter Kennzahlen prognostiziert und eine Reduzierung des operativen Aufwandes erzielt werden kann.

MEYER (2007) entwickelt eine Methodik, mit der einzelne komplexitätswirksame Maßnahmen im Unternehmen sowie der Logistik im Speziellen umgesetzt werden sollen.[258] Zunächst erfolgt dabei eine Abgrenzung des zu untersuchenden Systems. Auf deren Basis werden Treiber- und Auswirkungsmatrizen für die betrachteten Teilsysteme erstellt, in denen die relevanten Komplexitätsursachen sowie die durch sie hervorgerufenen Auswirkungen eingetragen werden. Auf deren Grundlage erfolgt im Anschluss die Festlegung einer Komplexitätsmanagementstrategie. Dazu werden die bestehenden Wechselwirkungen zwischen den Komplexitätsursachen in einer Einflussmatrix bewertet. Anhand der jeweiligen Aktiv- und Passivsummen[259] lassen sich die Komplexitätstreiber den vier Gruppen aktive, kritische, reaktive sowie träge Treiber zuordnen.[260] Diesen Komplexitätstreibergruppen werden anschließend die Basisstrategien Komplexitätsreduktion, -beherrschung und -vermeidung zugeordnet. Um Zielkonflikte zu vermeiden, sind diese zusätzlich mit der Unternehmensstrategie abzugleichen und zu harmonisieren. Im Anschluss erfolgt eine Konkretisierung der zuvor definierten strategischen Ziele im Sinne einer Balanced Scorecard, indem aus dem Blickwinkel verschiedener Perspektiven detaillierte Teilziele bestimmt und mithilfe einer Einflussmatrix deren Auswirkungen auf die restlichen Perspektiven dargestellt werden. Weiterführend sind konkrete Maßnahmen zur Zielerreichung, Kennzahlen und Zielgrößen bezüglich der empfohlenen Maßnahmen festzulegen. Den Abschluss des entwickelten Ansatzes bildet die Überprüfung der Zielerreichung der

[256] Vgl. HANENKAMP (2004), S. 73.
[257] Z. B. wird dem Leser nicht näher erläutert, mit welcher Methodik bei einer Zuordnung der Komplexitätstreiber in die dritte Stufe eine quantitative Beurteilung der Interdependenzen erfolgen soll.
[258] Vgl. MEYER (2007), S. 3.
[259] Bewertet wird hierbei, wie stark die einzelnen Faktoren andere Komplexitätstreiber beeinflussen (Aktivsumme) bzw. wie stark sie durch andere beeinflusst werden (Passivsumme).
[260] Vgl. MEYER (2007), S. 134.

einzelnen Maßnahmen. MEYER stellt den Unternehmen mit seiner Methodik eine praxistaugliche, nachvollziehbare und strukturierte Vorgehensweise zur Verfügung, um Transparenz hinsichtlich der Komplexitätsursachen zu schaffen. Gleichzeitig kann auf Basis der Portfoliodarstellung eine erste grobe Strategieempfehlung abgeleitet werden. Wie bei den zuvor skizzierten Ansätzen bildet die Erfassung der Komplexität allerdings keinen Bestandteil der Methode. Positiv hervorzuheben ist, dass mithilfe der Auswirkungsmatrix eine Bewertung der Komplexitätstreiber unter Berücksichtigung ihrer Wechselwirkungen erfolgt. Diese basiert allerdings ausschließlich auf einer Beurteilung der Aktivität und lässt unberücksichtigt, ob der Komplexitätstreiber einen Einfluss auf die Kostenziele, das Qualitätsniveau, die Flexibilität oder den zeitlichen Aspekt der Prozessabläufe besitzt und wie stark dieser ist. Eine solche Beurteilung ist jedoch als mindestens ebenso wichtig einzuschätzen wie die reine Betrachtung der Aktivität eines Komplexitätstreibers. Somit bleibt offen, welcher Komplexitätstreiber aus logistischer Sicht am bedeutendsten und einflussreichsten ist.

3.4 Fazit zum Stand der Forschung

Als ein Ergebnis der Literaturrecherche kann herausgestellt werden, dass die wissenschaftlichen Beiträge zum Thema Komplexitäts- bzw. Variantenmanagement sehr vielfältig sind und ein breites Spektrum aufweisen. Insbesondere im Bereich der auf ein bestimmtes Gestaltungsobjekt fokussierten Arbeiten existiert in der Literatur ein breiter Fundus an Publikationen. Viele von ihnen greifen auf die in Kapitel 3.2 vorgestellten Einzelansätze zurück und entwickeln Ansätze und Konzepte für eine integrierte Anwendung. Insbesondere diejenigen Arbeiten, die eine konkrete Problemstellung innerhalb der Praxis untersuchen oder auf Fallstudien zurückgreifen, um die Funktionsweise des entwickelten Konzeptes zu verdeutlichen, können den Unternehmen als Grundlage für die Anwendung, Übertragung oder Adaption der dargelegten Ansätze dienen. In nahezu sämtlichen Publikationen wird hierbei auf die Vielzahl der komplexitätstreibenden Faktoren und die starke Bedeutung sowie die weitreichenden Folgen der Komplexität eingegangen. Allerdings dient diese Erkenntnis oftmals lediglich als Motivation und Grundlage für die intensive Auseinandersetzung mit der Komplexitätsthematik, auf deren Basis anschließend ein bestimmter Teilaspekt untersucht oder ein eigener Ansatz zum Varianten- oder Komplexitätsmanagement entwickelt wird. Die Untersuchung der direkten und indirekten Abhängigkeitsbeziehungen sowie der Zusammenhänge bildete bisher jedoch kein ausdrückliches und fokussiertes Forschungsanliegen. Insbesondere mangelt es an empirischen Untersuchungen und gesicherten Erkenntnissen, die als Grundlage für praxisorientierte Ansätze dienen und vor allem dazu beitragen, das angesprochene Problem der eingeschränkten Messbarkeit zu lösen.

Die Komplexität, deren Management durch die Vielschichtigkeit, Multidimensionalität und Dynamik ihres Auftretens erschwert oder bisweilen sogar verhindert wird, kann durch eine statische Betrachtungsweise lediglich partiell und temporär, nicht aber in vollem Umfang erfasst, analysiert, bewertet und bewältigt werden. Aus diesem Grund wurden neben den punktuellen Arbeiten mit einem mehr oder weniger starken Gestaltungsobjektfokus im vorangegangenen Kapitel ebenfalls ganzheitliche Ansätze zum Komplexitätsmanagement vorgestellt. Diese besitzen eine besondere Relevanz für die Unternehmenspraxis, da sie ohne Einschränkung auf ein bestimmtes Gestaltungsobjekt oder ein spezifisches Komplexitätsproblem einen allgemeinen Handlungsrahmen für die Ein- bzw. Durchführung eines Komplexitätsmanagement im Unternehmen vorgeben. Anders als die vielen punktuell wirkenden Einzelansätze und fokussierten Arbeiten betrachten die ganzheitlichen Ansätze das Komplexitätsproblem aus einer systemorientierten Sichtweise. Allerdings besitzen auch die vorgestellten ganzheitlichen Arbeiten diverse Defizite. Vor allem die teils eingeschränkte Praktikabilität verhindert eine Verbreitung in der Praxis, da die benötigten Inputdaten in der Realität nicht vorhanden oder die Anwendung und Umsetzung der Methodik fraglich sind. Des Weiteren unterstellen sämtliche ganzheitlichen Ansätze die Existenz eines Komplexitätsproblems, ohne zuvor die tatsächlich vorhandene Komplexität zu analysieren. Dies ist vermutlich auf die bestehenden Schwierigkeiten bei der Erfassung und Bewertung der Komplexität zurückzuführen.

Die Komplexitätsursachen und -auswirkungen werden in der Literatur zwar sehr umfangreich beschrieben, allerdings wurde bisher noch kein zufriedenstellender Zusammenhang zwischen ihnen hergestellt, sodass zwar die negativen Folgen der Komplexität bekannt sind, aber durch die fehlende Untersuchung von Ursache-Wirkungs-Beziehungen die Kenntnis der tatsächlich verantwortlichen Treiber fehlt. Auch wenn teilweise mithilfe einfacher heuristischer Ansätze oder auf Basis einer subjektiven Einschätzung der Versuch unternommen wird, bestehende Wechselwirkungen zu berücksichtigen und dadurch dem Anspruch einer ganzheitlichen Betrachtung gerecht zu werden, mangelt es an einer objektiven Beurteilung der bestehenden Zusammenhänge. Auch gesicherte empirische Erkenntnisse zum Einfluss der Komplexität auf die verschiedenen Gestaltungsobjekte sowie der logistischen Systemelemente existieren bislang nicht. Diese Forschungslücke soll mithilfe der vorliegenden Arbeit geschlossen werden.

Nachdem nunmehr der Fokus im Bereich der theoretischen Auseinandersetzung mit der Komplexitätsproblematik lag, soll im Folgenden die Komplexitätsthematik aus Sicht der Praxis betrachtet werden. Hierzu wurde vom Autor eine deutschlandweite Studie zum Komplexitätsmanagement durchgeführt, deren Ergebnisse im folgenden Kapitel vorgestellt werden.

4 Das Komplexitätsmanagement in der Praxis

Neben der rein theoretischen Forschung besitzt vor allem im Bereich der anwendungsorientierten Betriebswirtschaftslehre die Berücksichtigung praxisbasierter Informationen und Daten eine besondere Bedeutung. Zur Gewinnung dieser Informationen kann der Forscher u. a. auf die klassische (schriftliche oder mündliche) Befragung, die Beobachtung oder das Experiment zurückgreifen.[261] Im Allgemeinen lässt sich hierbei zwischen der Nutzung von Sekundär- sowie der originären Erhebung von Primärdaten unterscheiden. Bei der Verwendung von Sekundärdaten nutzt der Forscher vorhandene Informationen oder Daten aus bereits existierenden Untersuchungen, Studien oder statistischen Daten zurück. Der größte Vorteil von Sekundärdaten ist darin zu sehen, dass diese anders als bei der Primärdatenerhebung unmittelbar zur Verfügung stehen und verwendet werden können. Im Allgemeinen ist darüber hinaus mit geringeren Kosten der Datenbeschaffung zu rechnen. Primärdaten werden hingegen speziell für das Untersuchungsobjekt und das zu Grunde liegende Forschungsvorhaben erhoben. Dadurch verursacht die Datengewinnung in der Regel höhere Kosten und nimmt mehr Zeit in Anspruch.[262] Demgegenüber besteht jedoch der Vorteil, dass die gewonnenen Daten unmittelbar auf das verfolgte Forschungsziel ausgerichtet sind. Dadurch können detaillierte Informationen zu relevanten Fragestellungen gewonnen werden, ohne nachträglich den unwissenschaftlichen Versuch zu unternehmen, die ursprünglich in einem anderen Kontext erhobenen Daten uminterpretieren zu müssen oder unreflektiert zu übernehmen. Darüber hinaus kann die Datenbasis im Detail an die Erfordernisse und Besonderheiten des Forschungsvorhabens angepasst werden (z. B. Größe des Stichprobenumfanges, Beschränkung auf eine bestimmte Zielgruppe[263] oder einen speziellen Unternehmensbereich[264]). Ein weiterer Vorteil von Primärdaten besteht in ihrer Aktualität.[265] Insbesondere der Bereich des Komplexitätsmanagements weist eine hohe Dynamik auf, mit der sich beispielsweise Rahmenbedingungen oder das Ausmaß des Komplexitätsproblems verändern. Aus diesen Gründen und da bisher keine Studien zur Thematik existieren, die den Bereich der Beschaffung in den Mittelpunkt der Betrachtung rücken, sollen

---

261 Vgl. HOMBURG, KROHMER (2008), S. 25.
262 Vgl. HOMBURG, KROHMER (2006), S. 24.
263 Z. B. Unternehmensgröße, Branche, regionale Verteilung.
264 Z. B. Beschaffung, Produktion, Vertrieb, Marketing, Controlling.
265 Vgl. HOMBURG, KROHMER (2006), S. 24.

für die Untersuchung des *Komplexitätsmanagements in der Praxis* originäre Daten erhoben werden. Es ist davon auszugehen, dass den Nachteilen durch den entstehenden Aufwand der Datenerhebung deutlich größere Vorteile durch die Individualität und Neuartigkeit der Ergebnisse sowie die Aktualität der Daten gegenüberstehen.[266] Die im Folgenden vorgestellte Studie verfolgt das Ziel, den Stand des Komplexitätsmanagements in der Praxis aufzuzeigen. Dabei sollen sowohl die Verbreitung und organisatorische Einbettung des Komplexitätsmanagements in der Praxis als auch die mit ihm verfolgte Zielsetzung sowie die bestehenden Probleme und Defizite bei der Durchführung untersucht werden. Zunächst werden dazu das Untersuchungsdesign sowie die Datenbasis vorgestellt, bevor die Ergebnisse der Untersuchung im Mittelpunkt der Betrachtung stehen.

4.1 Untersuchungsdesign

Da es sich bei der vorliegenden Studie um eine deutschlandweite Untersuchung handelt und dadurch eine persönliche Befragung sehr zeit- und kostenintensiv wäre, wurde aus forschungsökonomischen Gründen auf die standardisierte schriftliche Befragung zurückgegriffen.[267] In Zusammenarbeit mit mehreren Experten sowie Unternehmen, die später an der Hauptuntersuchung teilnehmen sollten, wurde vorab eine Pilotstudie (Pretest) durchgeführt. Beide Gruppen, sowohl die externen Experten als auch die späteren Teilnehmer der Hauptstudie, wurden aufgefordert, den Fragebogen hinsichtlich seiner Verständlichkeit, Vollständigkeit sowie Zielführung zu begutachten und Verbesserungs- bzw. Änderungsvorschläge zu unterbreiten. Somit wurde nicht nur die Methodik der *Inhaltsvalidität*, d. h. die Begutachtung durch Dritte, sondern gleichzeitig die *Augenscheinvalidität*, d. h. die Beurteilung durch spätere Probanden, genutzt, um die inhaltliche Güte sowie die optische Gestaltung des Fragebogens zu optimieren.

4.1.1 Datenerhebung

Die durchgeführte Untersuchung beschränkt sich auf das herstellende und verarbeitende Gewerbe (Wirtschaftszweiggliederung WZ 2008, Rubrik C: *„Verarbeitendes*

---

266 Beispielsweise findet eine bis dato nicht durchgeführte Fokussierung des Komplexitätsmanagements auf den Beschaffungsbereich statt. Auch durch die Konzentration auf die Branche des herstellenden Gewerbes grenzt sich die vorliegende Studie von bisherigen Untersuchungen ab.

267 Vgl. VAN GRAVESANDE (2006) S. 272f.

Gewerbe"), da dieser Wirtschaftszweig in besonderem Maße von der zunehmenden Komplexität betroffen ist. Aufgrund von persönlichen Erfahrungen und Expertenaussagen während des Pretests ist davon auszugehen, dass die Komplexitätsproblematik vornehmlich in mittleren und großen Unternehmen, jedoch nicht in Kleinstunternehmen eine aktuelle und relevante Thematik darstellt. Es wird angenommen, dass Kleinstunternehmen über kein explizites Komplexitätsmanagement verfügen und deshalb die diesbezüglichen Fragen nicht bzw. nur unvollständig beantworten können oder gänzlich auf eine Teilnahme an der Studie verzichten. Aus diesem Grund richtet sich die Studie ausschließlich an Unternehmen mit einer Angestelltenzahl über 50 Mitarbeitern.

Mithilfe der Markus-Datenbank[268] ließ sich deutschlandweit eine Grundgesamtheit von 18.431 Unternehmen identifizieren, die im Wirtschaftszweig „verarbeitendes Gewerbe" tätig sind und mehr als 50 Mitarbeiter beschäftigen. Da aus forschungsökonomischen Gründen keine Vollerhebung durchgeführt werden sollte, wurde eine geschichtete Zufallsauswahl gebildet, um die Branchenverteilung der Grundgesamtheit ebenfalls in der vorliegenden Untersuchung zu berücksichtigen bzw. beizubehalten. Auf diese Weise wurden 1.600 potenzielle Unternehmen ermittelt. Die Zahl musste jedoch um 104 Unternehmen reduziert werden, die nur bedingt dem verarbeitenden Gewerbe zuzuordnen sind und demnach das Ergebnis der Studie verzerren könnten.[269] Die Nettostichprobe beträgt somit 1.496 Unternehmen. An diese Unternehmen wurde anschließend auf postalischem Weg ein standardisierter Fragebogen versandt. Parallel dazu erhielten die Unternehmen den Fragebogen in digitaler Form geschickt, um ihnen dadurch die Möglichkeit zu bieten, den Fragebogen bequem am PC auszufüllen und kostengünstig per E-Mail zurückzusenden. Mit dieser zweigleisigen Strategie sollte die Bereitschaft für die Teilnahme an der Studie erhöht, die schnelle und unkomplizierte Weiterleitung des Fragebogens an die entsprechende Abteilung ermöglicht und dadurch eine hohe Beteiligung an der Studie erreicht werden.[270]

---

[268] https://markus.bvdep.com/ip.

[269] Hierzu zählen beispielsweise Druckereibetriebe und Verlage.

[270] Die Unternehmen erhielten den Fragebogen verbunden mit der Bitte, diesen von einem erfahrenen Mitarbeiter aus dem Bereich Beschaffung, Einkauf, Logistik oder der Geschäftsleitung beantworten zu lassen, um sicherzustellen, dass der Fragebogen von Personen ausgefüllt wird, die mit der Thematik vertraut sind und über entsprechende Erfahrungen und Kenntnisse verfügen.

Der standardisierte fünfseitige Fragebogen gliedert sich in vier Teilbereiche mit Fragen zu *allgemeinen Unternehmensangaben* (Rubrik I), den speziellen Themengebieten der *Komplexitätswahrnehmung* (Rubrik II), dem *Komplexitätsmanagement im Unternehmen* (Rubrik III) sowie den *Ursachen und Auswirkungen von Komplexität* (Rubrik IV). Er ist dieser Arbeit als Anlage beigefügt (vgl. Anhang A-23 auf Seite 364ff.). Mit dem Ziel, möglichst vergleichbare Ergebnisse zu erhalten, fanden größtenteils geschlossene Fragen Verwendung, die jedoch an geeigneter Stelle durch offene Fragen mit Freitextmöglichkeiten ergänzt wurden. Dadurch wird den Unternehmen die Möglichkeit geboten, über die standardisierten Antwortmöglichkeiten hinaus Ergänzungen vorzunehmen und ihre individuelle Sichtweise in die Beantwortung der Fragen einzubringen.

4.1.2 Datengrundlage

Nach Ablauf einer vorab festgesetzten Frist von drei Wochen lagen 148 Fragebögen vor, was einer Rücklaufquote von 9,9% entspricht. Diese geringe bis durchschnittliche Anzahl beantworteter Fragebögen konnte jedoch durch eine anschließende telefonische Nachfassaktion auf 236 erhöht werden. Trotz des umfangreichen Fragenkataloges ist der Anteil an fehlenden Daten, sogenannten *missing values*, in der vorliegenden Studie vernachlässigbar gering, weshalb nachträglich keine Fragebögen aus der Analyse ausgeschlossen werden mussten.[271] In die Analyse fließen somit 236 Fragebögen ein. Dies entspricht einer Nettorücklaufquote von 15,8%. Dieser Wert ist als gut bis sehr gut zu bezeichnen und entspricht dem in der empirischen Forschung üblichen und geforderten Niveau.[272]
Um Branchenunterschiede zu ermitteln oder besondere Charakteristiken bestimmter Wirtschaftszweige als Erklärungen für ein abweichendes Antwortverhalten heranzuziehen, gehört die Frage nach der Branchenzugehörigkeit zu den obligatorischen Bestandteilen einer empirischen Untersuchung. Von den im Rahmen des Pretests befragten Experten wurde jedoch die Eindeutigkeit der allgemeinen Wirtschaftszweiggliederung WZ 2008 bemängelt. Eigene Erfahrungen aus früheren Studien zeigen, dass auch die Unternehmen Zweifel hinsichtlich der „richtigen" Zuordnung ihres Unternehmens zu einer der in der WZ 2008 vorgesehenen Branchen besitzen.

271 Zur Problematik der *missing values* vgl. z. B. STIER (1999), S. 203.

272 Vgl. BALDAUF ET AL. (1999), S. 346. Teilweise werden sogar geringere Rücklaufquoten akzeptiert. Vgl. DEHLER (2001), S. 72.

Um fehlende oder falsch angegebene Branchenzuordnungen zu vermeiden, wurden den Unternehmen im Fragebogen alternative Branchen als Auswahlmöglichkeit angeboten, die sich jedoch an der allgemeinen Wirtschaftszweiggliederung orientieren. Darüber hinaus wurde den Unternehmen durch einen Freitextbereich die Möglichkeit geboten, im Zweifel ihre Branche verbal anzugeben. Die Auswertung der erhaltenen Fragebögen hinsichtlich der Branchenzugehörigkeit ergibt das folgende Bild (vgl. Abbildung 4-1).

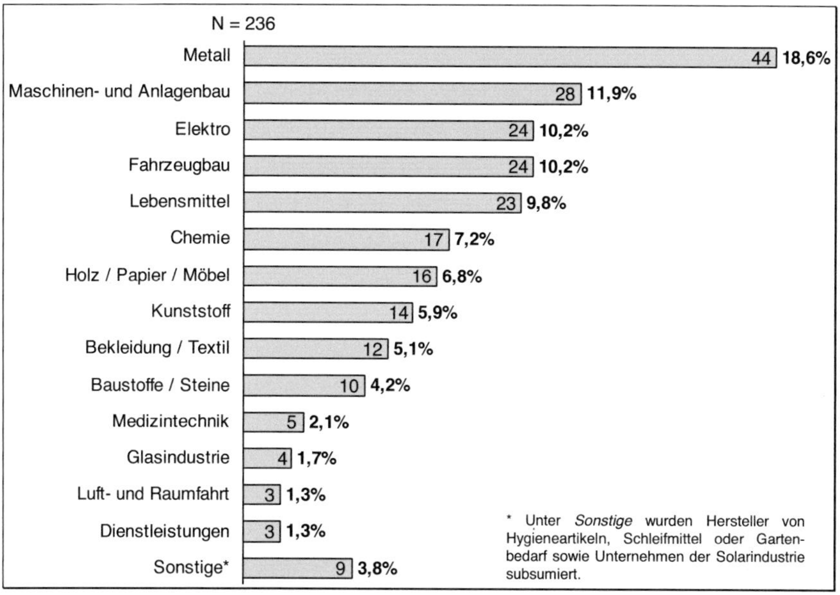

Abbildung 4-1: Branchenverteilung der Stichprobe

Wie Abbildung 4-1 zeigt, sind in der vorliegenden Untersuchung nahezu sämtliche Branchen vertreten. Die branchenbezogene Verteilung der Unternehmen entspricht der in Deutschland vorherrschenden Grundgesamtheit, weshalb Verzerrungen innerhalb der Stichprobenzusammensetzung ausgeschlossen werden können.[273] Traditionell stellen die Metallindustrie, der Maschinen- und Anlagebau, die Elektro- und Elektronikbranche sowie der Fahrzeugbau die bedeutendsten deutschen Wirtschaftszweige dar und besitzen mit einem Gesamtanteil von ca. 51% auch in der vorliegenden Studie das größte Gewicht. Obwohl sich die Untersuchung explizit an Unternehmen

[273] Vgl. zur bundesdeutschen Branchenverteilung die jährlichen Berichte des Statistischen Bundesamtes (https://www-genesis.destatis.de/genesis/online/logon).

des herstellenden Gewerbes (WZ 2008 Rubrik C) richtet, gaben drei Unternehmen an, dem Dienstleistungssektor anzugehören. Eine nachträgliche Überprüfung ergab jedoch, dass die betreffenden Unternehmen neben reinen Dienstleistungen ebenfalls Zusatzleistungen anbieten, die dem verarbeitenden Gewerbe zugerechnet werden können.[274] Deshalb wurden sie nicht aus der Untersuchung ausgeschlossen. Die deutsche Wirtschaft ist durch eine starke Kleinteiligkeit gekennzeichnet, die sich auch in der vorliegenden Studie widerspiegelt (vgl. Abbildung 4-2).

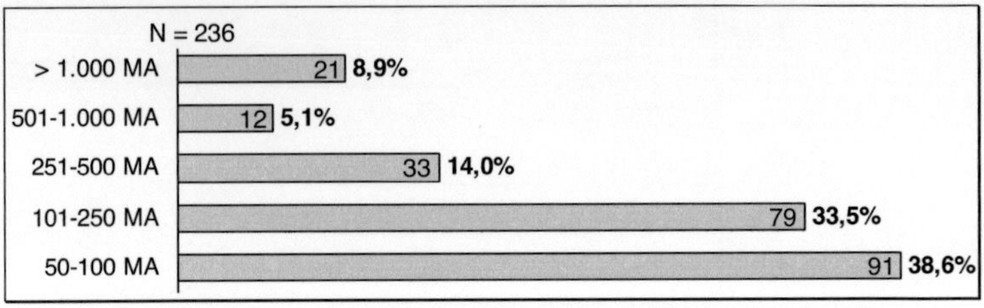

Abbildung 4-2: Stichprobenverteilung hinsichtlich der Unternehmensgrößen

Mit einem Anteil von 38,6% bilden die Unternehmen mit 50 bis 100 Mitarbeitern (MA) die größte Gruppe, gefolgt von den Unternehmen mit 101 bis 250 Angestellten. Erfreulich ist jedoch, dass sich neben zahlreichen kleinen und mittlergroßen Unternehmen auch 33 Unternehmen mit mehr als 500 Mitarbeitern an der Studie beteiligt haben, von denen sogar 21 (8,9%) mehr als 1.000 Mitarbeiter beschäftigen. Dadurch ist es möglich, bei der Auswertung auf grundlegende Unterschiede zwischen kleinen und großen Unternehmen einzugehen bzw. größenunabhängige Gemeinsamkeiten festzustellen. Falls gravierende und signifikante Unterschiede zwischen den verschiedenen Größenklassen existieren, wird im Rahmen der Analyse im Folgenden zwischen kleinen und großen Unternehmen unterschieden. Zur Gruppe der *„kleinen Unternehmen“* werden dabei die Unternehmen mit 50 bis 250 Mitarbeitern gezählt, während diejenigen mit mehr als 250 Mitarbeitern zur Gruppe der *„großen Unternehmen“* zusammengefasst werden. Wie die Abbildungen 4-1 und 4-2 zeigen, können die im Folgenden vorgestellten Ergebnisse als repräsentativ für das verarbeitende Gewerbe angesehen werden, da in der Untersuchung sowohl unterschiedliche Wirtschaftszweige der herstellenden Industrie als auch verschiedene Größenklassen entsprechend ihrer Verteilung in der Grundgesamtheit enthalten sind.[275]

274 Konkret handelt es sich um Instandhaltungs- und Reparaturarbeiten.

275 Weitere Informationen zum Untersuchungsdesign können Kapitel 6.4.1 entnommen werden.

4.2 Komplexitätswahrnehmung der Unternehmen

Im ersten Teil des Fragebogens soll untersucht werden, wie die Unternehmen die aktuelle Komplexität sowie ihre Entwicklung im Laufe der Zeit beurteilen. Gleichzeitig wird der Frage nachgegangen, ob die verstärkte Thematisierung der Komplexitätsproblematik in der wissenschaftlichen Diskussion aus Sicht der Praxis gerechtfertigt ist oder es sich dabei lediglich um ein für die Theorie und die Wissenschaft relevantes Phänomen handelt. Abbildung 4-3 zeigt dazu die wahrgenommene Zunahme ausgewählter komplexitätstreibender Faktoren in den vergangenen fünf Jahren auf.[276]

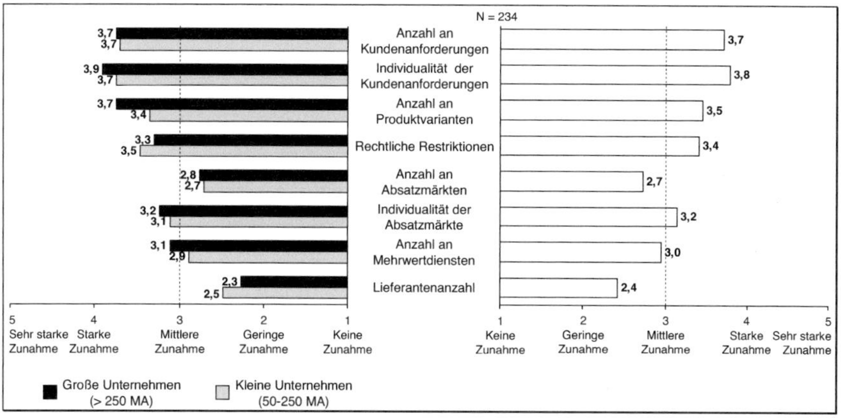

Abbildung 4-3: Intensität der Zunahme ausgewählter Komplexitätstreiber

Erwartungsgemäß ist vor allem eine starke Zunahme der Kundenanforderungen festzustellen. Mit durchschnittlichen Werten von 3,7 bzw. 3,8 bestätigen die Unternehmen die Vermutung, dass sowohl die Anzahl als auch die Individualität der Kundenanforderungen in den vergangenen fünf Jahren deutlich zugenommen hat. Die Studie kann somit die in der Literatur gängige Auffassung, wonach die Anzahl und Individualität der Kundenanforderungen im Zuge eines wachsenden Wettbewerbs und einer ausgeprägten Kundenorientierung in zunehmendem Maße ansteigen, bekräftigen.[277] Zudem zeigt sich, dass die großen Unternehmen mit mehr als 250 Be-

---

[276] Der rechte Teil der Abbildung beinhaltet die Einschätzung sämtlicher befragter Unternehmen, während im linken Teil eine detaillierte Unterscheidung zwischen der Wahrnehmung der kleinen (50-250 Mitarbeiter) sowie großen (> 250 Mitarbeiter) Unternehmen vorgenommen wird.

[277] Vgl. BOUTELLIER (1999), S. 271; GUTSCHE ET AL. (2007), S. 1.071; KROG, STATKEVICH (2008), S. 187.

schäftigten dem Komplexitätstreiber Individualität der Kundenanforderungen einen noch stärkeren Anstieg bescheinigen als die kleinen Unternehmen, die jedoch ebenfalls sowohl die Anzahl als auch die Individualität der Kundenanforderungen auf einem hohen Niveau von 3,7 einstufen.

Um die Vielzahl der heterogenen und individuellen Kundenanforderungen zu erfüllen, reagierten die Unternehmen in der Vergangenheit mit einer Ausweitung des Produktprogrammes und dem Angebot zusätzlicher Produktvarianten.[278] Die Studie belegt, dass dieser Trend weiterhin anhält: Ca. 85% der Unternehmen bescheinigen, dass die Anzahl der von ihnen angebotenen Produktvarianten in den vergangenen fünf Jahren mittel bis stark angestiegen ist.[279] Dies zeigt sich vor allem bei den großen Unternehmen, die in noch größerem Umfang als die kleinen Unternehmen ihr Produktprogramm ausgedehnt haben. Diese Entwicklung wird zusätzlich dadurch verstärkt, dass die Kundenzufriedenheit nicht mehr nur von den physischen Produkteigenschaften sowie der Funktionalität abhängt, sondern in zunehmendem Maße von der logistischen Leistung, d. h. von Aspekten wie der Warenverfügbarkeit, der Lieferzeit oder dem After-Sales-Service, bestimmt wird.[280] Aus diesem Grund sind die Unternehmen infolge der gestiegenen Kundenanforderungen, dem wachsenden Wettbewerbsdruck und den gesättigten Märkten dazu aufgefordert, durch Mehrwertdienste (value-added-services) einen zusätzlichen Kundennutzen zu offerieren und somit das eigene Unternehmen aus der breiten Masse von Anbietern hervorzuheben.[281] Der zunehmende Differenzierungszwang wurde bereits in ähnlichen Untersuchungen als entscheidender Komplexitätstreiber identifiziert.[282] Das Angebot derartiger Zusatzservices neben dem originären Produkt führt jedoch zu einer deutlichen Komplexitätszunahme, wie in Kapitel 2.3 gezeigt wurde.[283]

Unter Berücksichtigung der Einzelnennungen kann ergänzend zu Abbildung 4-3 gesagt werden, dass besonders bei den vier zuerst angeführten Komplexitätstreibern ein hoher Konsens bezüglich einer mittleren bis starken Zunahme in den vergangenen fünf Jahren herrscht. Hinsichtlich der Anzahl an Kundenanforderungen attes-

---

278 Vgl. MEYER (2007), S. 93; KROG, STATKEVICH (2008), S. 187.

279 Dies entspricht einer Bewertung von ≥ 3 auf der fünfstufigen Skala.

280 Vgl. LASCH (1998), S. 1; HANENKAMP (2004), S. 34; WILDEMANN (2005), S. 2; ARNDT (2008), S. 19.

281 Beispiele für value-added-services sind die kostenlose online-Verfügbarkeitsprüfung während der Kundenbestellung, die Sendungsverfolgung, die Entsorgung von Verpackungsmaterialien oder die Berücksichtigung von vorgegeben Zeitfenstern bei der Auslieferung.

282 Vgl. MEYER (2007), S. 89.

283 Für die Einschätzung der verbleibenden Komplexitätstreiber sei auf Anhang A-4 auf Seite 337 verwiesen.

tieren 94,5% der befragten Unternehmen eine mittlere bis sehr starke Zunahme innerhalb der vergangenen fünf Jahre.[284] Als ähnlich stark wird die Veränderungsintensität bezüglich der Treiber Individualität der Kundenanforderungen, Anzahl an Produktvarianten sowie rechtliche Restriktionen eingeschätzt, bei denen 93,2% (Individualität der Kundenanforderungen), 84,6% (Anzahl an Produktvarianten) bzw. 80,8% (rechtliche Restriktionen) der Befragten eine Bewertung von drei, vier oder fünf abgegeben haben und damit eine mittlere bis sehr starke Zunahme bescheinigen. Auch hinsichtlich der restlichen Faktoren wird von der Mehrheit der befragten Unternehmen eine mittlere bis sehr starke Komplexitätszunahme wahrgenommen.[285] Lediglich die Zunahme der Lieferantenanzahl wird nur von 43,3% als mittel bis sehr stark beurteilt, während die Mehrzahl der Unternehmen lediglich eine geringe oder keine Zunahme attestieren. Dies scheint die Vermutung zu bestätigen, dass die Unternehmen nach einer anfänglichen Ausweitung des Lieferantenstammes in der jüngsten Vergangenheit die Lieferantenbasis sukzessive reduzieren.[286] Ansätze wie das Modular Sourcing oder die Nutzung von Systemlieferanten unterstützen diese Entwicklung.[287]

Neben den beiden konstitutiven Eigenschaften *Varietät* und *Heterogenität*, die sich durch die Anzahl und Individualität in Abbildung 4-3 wiederfinden, wurde in Kapitel 2.2.1 mit der *Variabilität* eine weitere Determinante der Komplexität vorgestellt. Abbildung 4-4 zeigt, wie die Unternehmen den komplexitätstreibenden Einfluss der Dynamik und Veränderlichkeit einschätzen.

Hinsichtlich der Häufigkeit, mit der sich die komplexitätsbeeinflussenden Faktoren in den vergangenen fünf Jahren verändert haben, ergibt sich ein nahezu übereinstimmendes Bild zur Einschätzung der Intensität dieser Veränderungen (vgl. Abbildung 4-3 auf Seite 93). Mit annähernd identischen Werten stellen die Anzahl und Individualität der Kundenanforderungen die dynamischsten Faktoren dar.

---

[284] Dies entspricht somit denjenigen Fragebögen, in denen eine Bewertung von 3 (mittlere Zunahme), 4 (starke Zunahme) oder 5 (sehr starke Zunahme) abgegeben wurde.

[285] Bei der Individualität der Absatzmärkte geben 73,4%, hinsichtlich der Anzahl an Mehrwertdiensten 67,5% und bezüglich der Anzahl der Absatzmärkte 62,0% der Befragten an, dass sich diese in den vergangenen fünf Jahren mittel bis sehr stark verändert haben.

[286] Vgl. GÖPFERT, GRÜNERT (2009), S. 140.

[287] Systemlieferanten zeichnen sich gegenüber Modullieferanten dadurch aus, dass sie eine hohe eigene Entwicklungsleistung an den gelieferten Komponenten besitzen, während ein Modullieferant weitestgehend Komponenten liefert, die zum Großteil vom Abnehmer entwickelt wurden. Vgl. WILDEMANN (2005), S. 91.

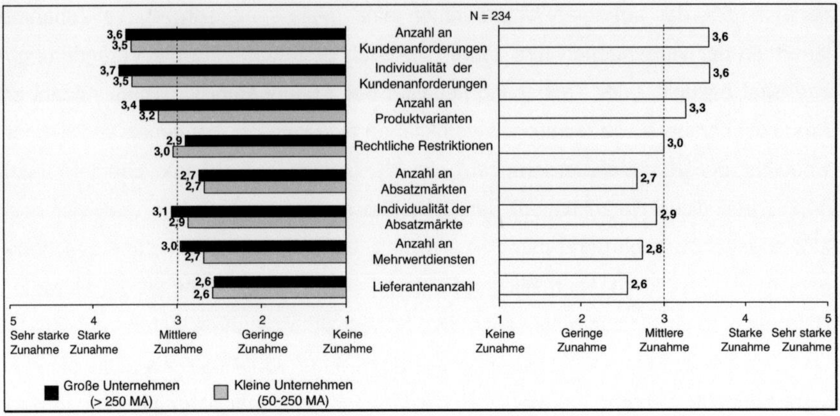

Abbildung 4-4: Häufigkeit der Zunahme ausgewählter Komplexitätstreiber

Sowohl kleine als auch große Unternehmen geben an, dass sich die Kundenanforderungen häufig verändern und diese zudem zunehmend individueller werden. Mit dem Ziel einer hohen Kundenorientierung versuchen die Unternehmen im Allgemeinen, den gestiegenen und heterogenen Kundenanforderungen durch eine Erweiterung des Produktprogrammes sowie Ausweitung des Leistungsangebotes mithilfe von Mehrwertdiensten nachzukommen.[288] Auch hier zeigt sich, dass derartige Veränderungen bei den großen Unternehmen etwas häufiger stattfinden als bei den kleinen Unternehmen. In Verbindung mit kürzer werdenden Produktlebenszyklen resultiert dies in häufigen Veränderungen des Leistungs- und Produktprogrammes. Die vorliegende Studie bestätigt diesen Trend: Mit einem durchschnittlichen Wert von 3,3 stellt die Häufigkeit, mit der das angebotene Produktprogramm variiert, aus Sicht der befragten Unternehmen den drittgrößten Komplexitätstreiber dar. Der starke Einfluss eines diversifizierten, breiten Produktprogrammes auf die Unternehmens- bzw. Prozesskomplexität gilt dabei nicht nur in der Literatur als allgemein anerkannt,[289] sondern führt auch bei den befragten Unternehmen zu einer vermehrten Auseinandersetzung mit der Komplexitätsthematik (vgl. Abbildung 4-5).

---

[288] Vgl. SCHWENK-WILLI (2001), S. 40; HANENKAMP (2004), S. 7ff.; BELZ (2005), S. 2; PILLER (2006), S. 127.

[289] Vgl. BLISS (2000), S. 6; MILGATE (2001), S. 112; VACHON, KLASSEN (2002), S. 223; GRÖßLER ET AL. (2006), S. 258; KIRCHHOF (2003), S. 40; BLUM (2006), S. 59; MEYER (2007), S. 30.

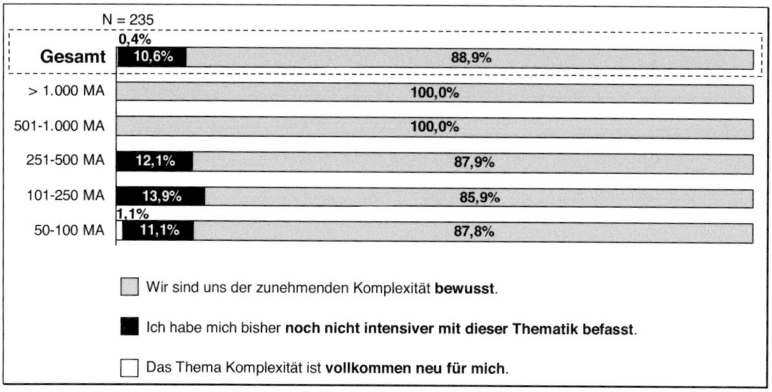

Abbildung 4-5: Relevanz der Thematik für die Unternehmenspraxis

Wie erkennbar ist, sind sich im Gegensatz zu den kleineren Unternehmen sämtliche Großunternehmen (> 500 Mitarbeiter) der zunehmenden Komplexität bewusst. Dies lässt sich womöglich auf die gegenüber den kleinen Unternehmen etwas stärker ausgeprägte Wahrnehmung des Komplexitätsanstieges zurückführen (vgl. die Abbildungen 4-3 und 4-4). Des Weiteren stehen in kleinen Unternehmen in der Regel weniger personelle und zeitliche Ressourcen zur Verfügung, um sich umfassend mit Themengebieten zu befassen, die über die eigentliche Leistungserstellung hinausgehen.

Dennoch sind sich ebenso ca. 87% der kleinen Unternehmen der zunehmenden Komplexität bewusst. Insgesamt haben sich somit bereits 88,9% der Unternehmen intensiver mit dem Komplexitätsproblem auseinandergesetzt. Die Tatsache, dass sich lediglich 10,6% der befragten Unternehmen bisher nicht näher mit der Thematik beschäftigt haben und diese nur für ein einziges Unternehmen (0,4%) gänzlich neu ist, verdeutlicht erneut die Bedeutung, die der wissenschaftlichen und praktischen Auseinandersetzung mit der Komplexitätsproblematik zukommt.[290]

Mit den in Abbildung 4-3 und 4-4 angeführten Faktoren wurden bereits erste ausgewählte Komplexitätstreiber und deren Relevanz für die Praxis vorgestellt. Nachdem anschließend gezeigt wurde, dass sich die Unternehmen der zunehmenden Komplexität bewusst sind und sich bereits mehr oder weniger intensiv mit der Thematik auseinandergesetzt haben, soll im Folgenden untersucht werden, welche beschaffungs-

[290] Vgl. LASCH, GIEßMANN (2009a), S. 203f.

relevanten Komplexitätsursachen identifiziert werden können und wie die Unternehmen im Allgemeinen mit den komplexitätstreibenden Faktoren umgehen.

4.3 Beschaffungsrelevante Komplexitätstreiber

Wie in Kapitel 2.3 gezeigt wurde, finden sich in der Literatur zahlreiche Publikationen, in denen auf die Ursachen von Komplexität eingegangen wird. Eine detaillierte und fokussierte Thematisierung der beschaffungsrelevanten Komplexitätstreiber findet sich in der Literatur jedoch nicht. Diese Lücke kann mithilfe der vorliegenden Studie geschlossen werden. Die als die wichtigsten sechs eingeschätzten beschaffungsrelevanten Komplexitätstreiber sind in Abbildung 4-6 dargestellt.[291]

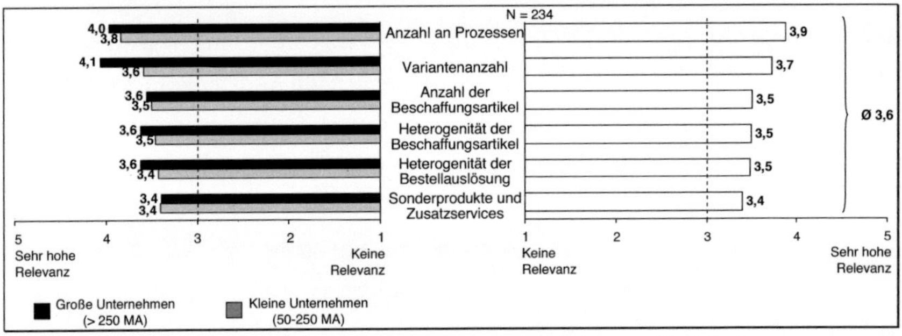

Abbildung 4-6: Beschaffungsrelevante Komplexitätstreiber aus Sicht der Praxis

Vor allem die Anzahl an Prozessen wird von den befragten Unternehmen als wichtige Komplexitätsursache angesehen. Jeder einzelne (Beschaffungs-) Prozess für sich selbst betrachtet erfordert bereits einen teilweise erheblichen zeitlich vorgelagerten Planungs- sowie einen parallel stattfindenden Steuerungs- und Kontrollaufwand. Dieser steigt mit der Anzahl der parallel ablaufenden Prozesse um ein Vielfaches an und erhöht dadurch die Komplexität exponentiell. Ansätze wie das Modular Sourcing tragen dazu bei, die Anzahl paralleler Prozesse (z. B. Anlieferungen benötigter Einzelteile) zu reduzieren, indem lediglich ein Beschaffungsprozess für das komplette Modul notwendig ist. Auch die Gleichteileverwendung oder das Plattformkonzept können die Anzahl unterschiedlicher Beschaffungsprozesse reduzieren, da individuelle Einzelteile durch standardisierte produktübergreifende Komponenten ersetzt werden. Dadurch vereinfachen sich sowohl die reinen Beschaffungs- als auch die

291 Eine komplette Übersicht findet sich in Anhang A-4 auf Seite 337.

Qualitätssicherungs-, Lagerungs- und Umschlagsprozesse.[292] Mit einer Bewertung von 3,7 stellt erwartungsgemäß auch die Variantenanzahl einen bedeutenden Komplexitätstreiber dar. Insbesondere für die Unternehmen mit mehr als 250 Mitarbeitern besitzt dieser eine hohe Relevanz, da diese naturgemäß eine größere Vielfalt an Produkten herstellen und anbieten. Wie jedoch bereits die Abbildungen 4-3 und 4-4 gezeigt haben, steigt auch bei den kleinen Unternehmen die Anzahl angebotener Produkte und Produktvarianten sukzessive und mit zunehmender Geschwindigkeit an, sodass die im Zusammenhang mit Abbildung 4-6 abgegebene Bewertung von durchschnittlich 3,6 die bereits zuvor erlangten Ergebnisse bestätigt.[293] Bei den weiteren beschaffungsrelevanten Komplexitätstreibern können kaum größenspezifische Unterschiede festgestellt werden. Während die Anzahl zu beschaffender Artikel eng mit der Variantenanzahl verknüpft ist, bezieht sich die Heterogenität der Beschaffungsartikel auf die vom Produkt ausgehende Komplexität. Unterschiedliche Produktcharakteristiken (z. B. Abmessungen, Gewicht, Formen) verursachen einen erhöhten Handlingaufwand, da nicht auf standardisierte Ladehilfsmittel, Bediengeräte und Transportmöglichkeiten zurückgegriffen werden kann. Der Handlingaufwand wird ebenso wie die Komplexität der Ein- und Auslagerung sowie der Bestellauslösung zusätzlich dadurch erhöht, dass die Beschaffungsartikel unterschiedlich oft und zu verschiedenen Zeitpunkten beschafft werden müssen (Heterogenität der Bestellauslösung).

Die Kenntnis der Komplexitätsursachen bildet den Anfang und stellt gleichzeitig eine Voraussetzung dar, um darauf aufbauend ein Komplexitätsmanagement zu implementieren und durchzuführen. Nach Auffassung von 66,1 der befragten Unternehmen verhindert die Vielzahl der komplexitätstreibenden Faktoren oftmals ein effizientes Komplexitätsmanagement. Die Mehrheit der Unternehmen (54,5 gibt zudem an, dass ihnen die Entscheidung, welcher Komplexitätsursache sie sich aufgrund ihrer Bedeutung zuerst bzw. vorrangig zuwenden sollten, Schwierigkeiten bereitet.[294] Abbildung 4-7 zeigt, dass knapp zwei Drittel der Unternehmen (62,9%) im Team über

---

[292] Vgl. Kapitel 3.2.

[293] Auch die Anzahl an Sonderprodukten und Zusatzservices wird sowohl von den großen als auch von den kleinen Unternehmen als recht bedeutsamer Komplexitätstreiber eingeschätzt.

[294] Besonders für kleine Unternehmen stellt die Identifikation der Ursache eines Komplexitätsproblems und die daraus resultierende Frage, welcher komplexitätstreibende Einflussfaktor der Stellhebel für Verbesserungen darstellt, ein Problem dar. 56,3% der befragten Unternehmen mit weniger als 250 Mitarbeitern gaben an, Schwierigkeiten bei der Einschätzung zu besitzen, welche Komplexitätsursache der Grund für ein Problem darstellt. In den großen Unternehmen liegt der Anteil mit 50,0% zwar leicht darunter, signalisiert jedoch ebenfalls die Dringlichkeit des Problems.

die derzeit relevanten Komplexitätsursachen und Möglichkeiten, wie diese reduziert oder beherrscht werden können, diskutiert. Aus Sicht eines ganzheitlichen und langfristigen Komplexitätsmanagements, wie es dem Verständnis dieser Arbeit entspricht, ist positiv zu erwähnen, dass 37,5% der befragten Unternehmen auch zukünftige Treiber in ihre Diskussionen einbeziehen.

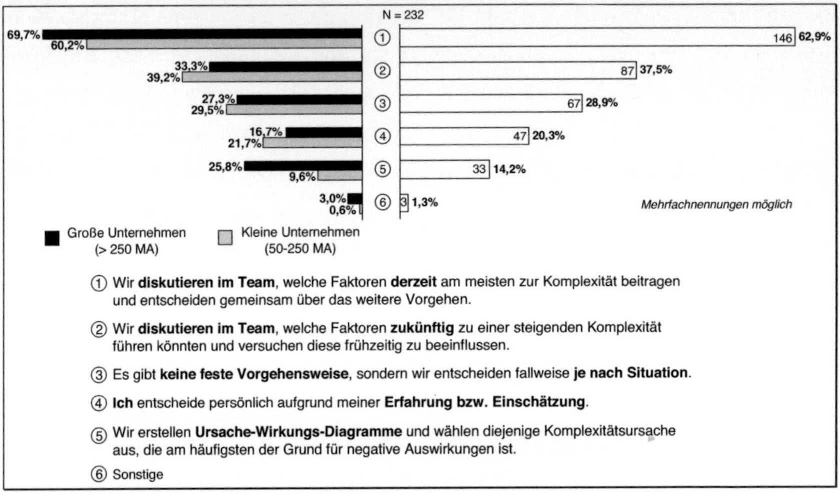

Abbildung 4-7: Management der Komplexitätsursachen

Da im Allgemeinen den kleinen Unternehmen eine starke Fokussierung auf den Eigentümer zugesagt wird, der als zentrales Element das Unternehmen eigenverantwortlich und selbstständig führt, entspricht der etwas höhere Anteil an kleinen Unternehmen, bei denen die Entscheidungen über die komplexitätstreibenden Faktoren vom Geschäftsführer selbst getroffen werden, den Erwartungen (21,7% versus 16,7%).[295] Mit 25,8% greifen deutlich mehr große als kleine Unternehmen auf eine methodische Entscheidungsunterstützung auf Basis von Ursache-Wirkungs-Diagrammen zurück. Dabei stellen diese ebenso wie die Fehler-Möglichkeits- und Einflussanalyse (FMEA), die ebenfalls vereinzelt genannt und unter Sonstige zugeordnet wurde, eine einfache Möglichkeit dar, um strukturiert den Entscheidungsfindungsprozess zu unterstützen.

[295] Überraschenderweise kommen diese Ergebnisse jedoch nur deshalb zustande, da innerhalb der Größenklassen 100-250 bzw. 251-500 Mitarbeiter bei einem besonders hohen Anteil an Unternehmen Entscheidungen bezüglich der Komplexitätsursachen von einer Person allein getroffen werden (25,0% bzw. 24,2%), während dies bei Unternehmen mit weniger als 100 Mitarbeitern lediglich bei 18,9% und bei Großunternehmen mit mehr als 500 Mitarbeitern sogar nur bei ca. 9% der Befragten der Fall ist.

4.4 Durchführung des Komplexitätsmanagements

Nachdem bisher gezeigt wurde, nach welchem Prinzip sich die Unternehmen den Komplexitätstreibern widmen, soll im Folgenden das Komplexitätsmanagement in seiner Gesamtheit im Fokus der Betrachtung liegen. Bevor auf die mit der Durchführung eines Komplexitätsmanagements verbundenen Ziele und die Verbreitung der in Kapitel 3.2 vorgestellten Einzelansätze eingegangen wird, steht zunächst die organisatorische Einbettung des Komplexitätsmanagements im Fokus der Betrachtung.

4.4.1 Verbreitung und organisatorische Einbettung

Wie in Abbildung 4-8 zu erkennen ist, geben 161 Unternehmen der befragten 236 Unternehmen an, bereits Maßnahmen für eine aktive Beeinflussung der vorherrschenden Komplexität durchzuführen.

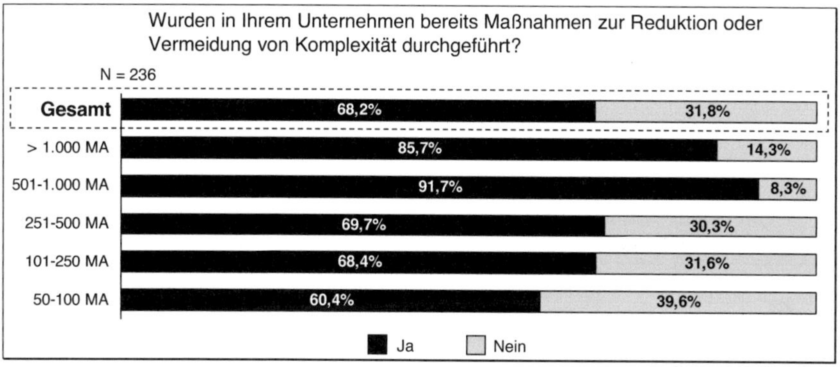

Abbildung 4-8: Verbreitung des Komplexitätsmanagements in der Praxis

Dies entspricht einem Anteil von 68,2% und bestätigt weitestgehend die Ergebnisse ähnlicher Untersuchungen zum Thema. In einer von MEYER im Jahre 2007 durchgeführten Studie gaben beispielsweise 54,0% der Befragten an, aktuell Komplexitätsmanagementprojekte durchzuführen.[296] Der in dieser Untersuchung ermittelte noch höhere Anteil von ca. 68% lässt sich womöglich durch den größeren Stichprobenumfang und die damit verbundene höhere Repräsentativität der Untersuchung erklären.[297] Des Weiteren ist aus den Ausführungen von MEYER nicht zu erkennen, wie sich die Stichprobe zusammensetzt. Womöglich kommt der höhere Anteil in dieser

[296] Vgl. MEYER (2007), S. 91.

[297] MEYER befragte in seiner Untersuchung lediglich 22 Unternehmen im Rahmen einer Kompaktbefragung und führte zusätzlich acht Expertengespräche durch. Vgl. MEYER (2007), S. 85.

Studie dadurch zustande, dass sich diese Untersuchung ausschließlich an Unternehmen mit mehr als 50 Mitarbeitern richtet, bei denen tendenziell mit einem höheren Komplexitätsbewusstsein zu rechnen ist als in kleinen oder Kleinstunternehmen.

Unabhängig von der Unternehmensgröße widmen sich durchgängig mehr als zwei Drittel der Unternehmen der Komplexitätsproblematik. Wie die Ergebnisse in Abbildung 4-8 verdeutlichen, nimmt die Verbreitung des Komplexitätsmanagements in der Praxis mit steigender Unternehmensgröße zu. Dies bestätigt die zuvor gewonnenen Erkenntnisse, wonach im Allgemeinen die Sensibilisierung für die Thematik in großen Unternehmen weiter vorangeschritten ist als in kleinen (vgl. Abbildung 4-5 auf Seite 97). Als Folge dieser verstärkten Wahrnehmung und Auseinandersetzung mit der Thematik haben ca. 80% der Großunternehmen bereits Maßnahmen gegen die zunehmende Komplexität ergriffen. Mit 85,7% (> 1.000 Mitarbeiter) bzw. 91,7% (501-1.000 Mitarbeiter) haben erwartungsgemäß besonders die Großunternehmen bereits Maßnahmen zur Reduktion und Vermeidung von Komplexität durchgeführt.[298] Die Analyse späterer Antworten im Fragebogenverlauf zeigt jedoch, dass von den 75 Unternehmen (31,8%), die laut eigenen Angaben bisher kein Komplexitätsmanagement betreiben, lediglich 30 tatsächlich keinerlei Bemühungen diesbezüglich unternommen und komplexitätsmindernde Maßnahmen durchgeführt haben. Die verbleibenden 45 Unternehmen haben de facto bereits komplexitätsbeeinflussende Ansätze angewendet, sind sich jedoch lediglich nicht bewusst, dass im Zusammenhang mit diesen Maßnahmen im Allgemeinen von *Komplexitätsmanagement* gesprochen werden kann. Dieses fehlende Bewusstsein zeigt sich beispielsweise dadurch, dass die Frage, ob bereits Maßnahmen zur Reduktion oder Vermeidung von Komplexität durchgeführt wurden (vgl. Abbildung 4-8) zwar verneint, später jedoch angegeben wurde, dass bestimmte Einzelansätze des Komplexitätsmanagements genutzt und angewendet werden.[299] Somit ließe sich der ohnehin bereits sehr hohe Anteil von 68,2% der Unternehmen, die ein aktives Komplexitätsmanagement betreiben, zusätzlich um diejenigen erhöhen, die unbewusst komplexitätsbeeinflussende Maßnahmen durchführen und Strategien verfolgen. Von den 236 Befragten betreiben somit 206 Unternehmen bzw. 87,3% wissentlich oder unbewusst ein aktives Komplexitäts-

[298] Insgesamt betreiben 78,8% der großen Unternehmen (> 250 Mitarbeiter) und 64,1% der kleinen Unternehmen (50-250 Mitarbeiter) ein aktives Komplexitätsmanagement.

[299] Vgl. zur Anwendung der Komplexitätsmanagement - Einzelansätze Abbildung 4-14 auf Seite 110.

management. Dieser sehr hohe Anteil verdeutlicht den beträchtlichen Stellenwert der Komplexität in der Unternehmenspraxis.[300]

Interessant scheint an dieser Stelle die Frage, welche Gründe sich dafür anführen lassen, dass einige Unternehmen trotz der offensichtlichen und gleichwohl wahrgenommenen Zunahme der Komplexität bisher kein aktives Komplexitätsmanagement durchgeführt haben. Abbildung 4-9 beinhaltet die angegebenen Gründe.

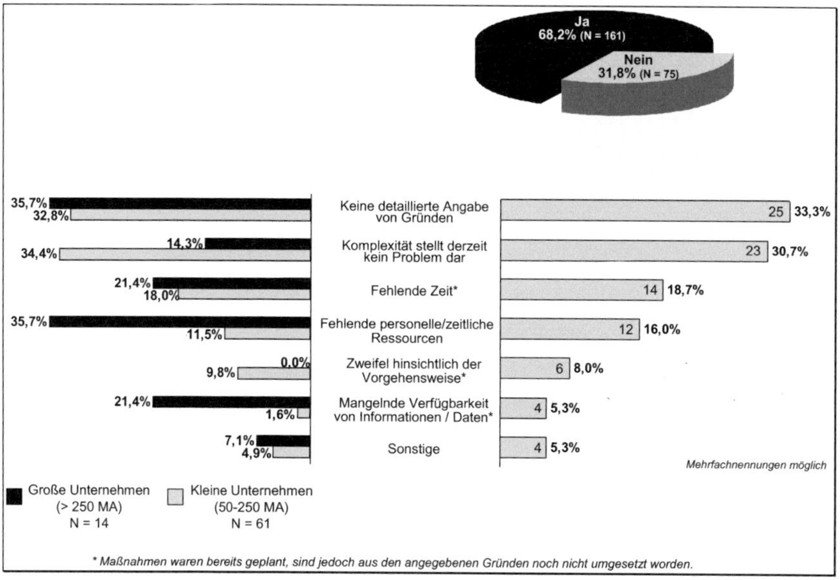

Abbildung 4-9: Gründe für ein fehlendes Komplexitätsmanagement

Neben den 25 Unternehmen, die keine detaillierte Begründung für ein fehlendes Komplexitätsmanagement anführen, geben 23 an, dass Komplexität für ihr Unternehmen derzeit kein Problem darstellt. Bezogen auf die Gesamtzahl der Unternehmen, die an der Studie teilgenommen haben, entspricht dies einem Anteil von lediglich 9,8%, wodurch erneut die Bedeutung der Komplexität unterstrichen wird. 18,7% der Unternehmen geben die fehlende Zeit für eine intensive Auseinandersetzung mit der Thematik als Grund für ein fehlendes Komplexitätsmanagement an. Interessanterweise erklären 32,0% der Unternehmen, dass Maßnahmen zur Komplexitätsbeeinflussung geplant, aber aus verschiedenen Gründen bis dato noch nicht umgesetzt

[300] Im Folgenden sollen aus Gründen der Stringenz lediglich die 161 Unternehmen, die die Frage nach der Existenz eines Komplexitätsmanagements in ihrem Unternehmen eindeutig mit „ja" beantwortet haben, berücksichtigt werden.

oder zumindest eingeleitet wurden.[301] Als Hauptursache wird das Fehlen zeitlicher und personeller Ressourcen genannt (16,0%). 8,0% der Unternehmen geben an, dass Zweifel bestehen, wie bei der Ein- bzw. Durchführung eines Komplexitätsmanagements vorzugehen ist. Die Vermutung, dass es trotz der intensiven und vielfältigen Forschung auf dem Gebiet des Komplexitätsmanagements an praxisorientierten Lösungen mangelt, die den Unternehmen als Leitfaden für die Durchführung eines Komplexitätsmanagements dienen, wird durch die befragten Unternehmen somit bestätigt.[302] Ein weiteres Problem besteht in den nicht zur Verfügung stehenden Informationen (5,3%). Oftmals sind die erforderlichen Daten[303] zwar vorhanden, können jedoch nicht aus der Datenmenge isoliert oder mit dem erforderlichen Detaillierungsgrad bereitgestellt werden. Als sonstige Gründe für ein fehlendes Komplexitätsmanagement werden beispielsweise eine schlechte Organisation, die unklare Finanzierung sowie die geringe Unternehmensgröße angeführt (5,3%).

Bei 91,9% der Unternehmen, die nach eigenen Angaben ein aktives Komplexitätsmanagement betreiben, wird dies in Form von Projekten durchgeführt. Im Bedarfsfall bilden die Unternehmen dazu ein Projektteam, in dessen Rahmen über das bestehende (Komplexitäts-) Problem sowie potenzielle Lösungsmöglichkeiten diskutiert wird (vgl. Abbildung 4-10). Um das Problem von verschiedenen Perspektiven ausgehend zu analysieren und nachhaltige Lösungsansätze zu generieren, sollten die Teams aus Mitarbeitern verschiedener Abteilungen zusammengesetzt werden.[304]

Wie zu vermuten war, stellt die Durchführung des Komplexitätsmanagements mithilfe von Teams die mit Abstand am häufigsten vorzufindende Form dar. Lediglich 3,7% der Befragten treffen komplexitätsrelevante Entscheidungen allein.[305] Dieser Wert liegt bei den kleinen Unternehmen (4,6%) etwas über dem der großen Unternehmen, bei denen lediglich 1,9% derartig weitreichende Entscheidungen wie die Verän-

301 Diese sind in Abbildung 4-9 mit einem „*“ gekennzeichnet.

302 Vgl. LASCH, GIEßMANN (2009a), S. 227f. sowie Kapitel 3.4.

303 Z. B. die Lieferantenanzahl (untergliedert nach aktiven sowie ungenutzten „Karteileichen“), die Anzahl der Produkteinzelteile oder die Vielfalt der angebotenen Zusatzservices.

304 In der Literatur wird hierbei von *bereichsübergreifenden*, *cross-funktionalen* oder *interdisziplinären Teams* gesprochen. Vgl. z. B. VAHRENKAMP, SIEPERMANN (2005), S. 210.

305 Im Vergleich zu Abbildung 4-7 auf Seite 100 zeigt sich, dass zwar 20,3% der Befragten allein darüber entscheiden, welcher Komplexitätstreiber im Fokus der Veränderung liegt, die Festlegung der einzuleitenden Maßnahmen und Strategien allerdings bei der Mehrzahl der Befragten anschließend im Team erfolgt. Lediglich 3,7% entscheiden auch über die weiteren Schritte, die zur Beeinflussung der ausgewählten Komplexitätstreiber ergriffen werden, ohne zusätzliche Unterstützung.

derung der Lieferantenstruktur, die Produkt- und Prozessgestaltung oder die Variation des angebotenen Produktprogrammes allein treffen.

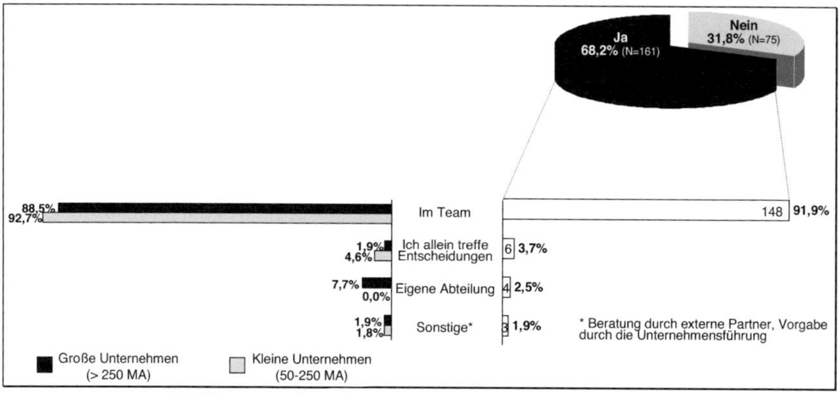

Abbildung 4-10: Durchführung des Komplexitätsmanagements

Die Schwere derartiger Entscheidungen sowie die damit verbundenen weitreichenden Konsequenzen – einerseits für die einzelnen Unternehmensbereiche, andererseits für den logistischen und eng damit verbunden den ökonomischen Erfolg des Unternehmens – könnten Gründe dafür sein, warum 7,7% der Großunternehmen eine eigene Abteilung besitzen, die sich mit Komplexitätsbelangen beschäftigt. Drei von vier Unternehmen stammen dabei aus den Branchen Fahrzeug- bzw. Maschinen- und Anlagenbau, die durch eine besonders hohe Komplexität gekennzeichnet sind.[306]

Wie in Kapitel 3.2 dargestellt, existieren zahlreiche Einzelansätze zur Komplexitätsreduktion, -beherrschung sowie -vermeidung. Die Untersuchung, ob und in welchem Umfang diese in der Unternehmenspraxis Anwendung finden und welches Ziel die Unternehmen mit deren Nutzung verfolgen, ist Gegenstand des folgenden Kapitels.

[306] Bei 30% der beschaffungsrelevanten Komplexitätstreiber liegen die durchschnittlichen Bewertungen der Unternehmen aus den Branchen Fahrzeug- bzw. Maschinen- und Anlagenbau über denjenigen der gesamten Stichprobe. Beispielsweise wird die Produktbeschaffenheit von sämtlichen Unternehmen im Durchschnitt mit 2,8 bewertet, während die Unternehmen des Fahrzeug- sowie Maschinen- und Anlagenbaus diesen Komplexitätstreiber mit 3,2 einstufen. Auch die Lieferantenanzahl wird in den betreffenden Branchen höher beurteilt (2,6 gegenüber 2,3). Weitere Komplexitätstreiber wie die Anzahl an Prozessen, die Vielfalt eingesetzter IT-Systeme sowie die Heterogenität der Schnittstellen werden von den Branchen Fahrzeug- sowie Maschinen- und Anlagenbau ebenfalls durchschnittlich um 0,2 höher eingeschätzt als in der gesamten Stichprobe.

4.4.2 Zielsetzung und Nutzung existierender Einzelansätze

Vor Beginn der Untersuchung war zu erwarten, dass sich die Zielsetzung der Komplexitätsbemühungen im Unternehmen an den Entwicklungsetappen des Komplexitätsmanagements orientiert (vgl. Kapitel 3.1). Diese Vermutung kann durch die vorliegende Studie jedoch nicht bestätigt werden (vgl. Abbildung 4-11).

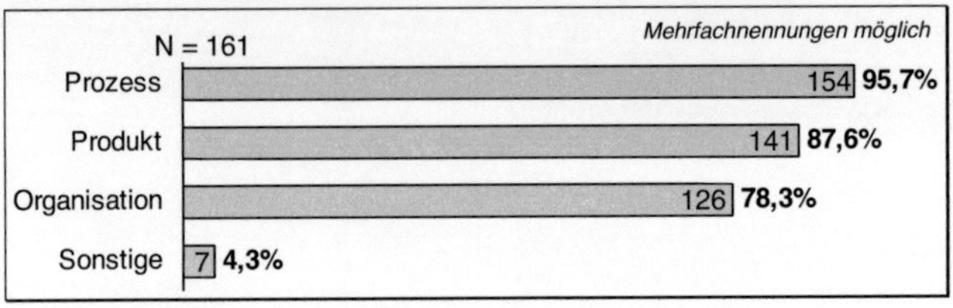

Abbildung 4-11: Ausrichtung der Komplexitätsbemühungen

Von den 161 Unternehmen, die nach eigenen Angaben bereits Komplexitätsmanagementmaßnahmen durchgeführt haben, steht bei 154 (95,7%) die von den Prozessen induzierte Komplexität im Fokus des Interesses. Zusätzlich führen bzw. führten 141 Unternehmen (87,6%) Maßnahmen bzw. Strategien mit dem Ziel durch, die vom Produkt bzw. Produktprogramm ausgehende Komplexität zu reduzieren. 126 Unternehmen (78,3%) nehmen sich hingegen speziell der komplexitätsorientierten Anpassung der Organisation an. Eine detaillierte Betrachtung der einzelnen Bereiche in Abbildung 4-12 verdeutlicht, dass durch die eingeleiteten Maßnahmen insbesondere die Entscheidungswege verkürzt (71,4%) und die Schnittstellenanzahl bzw. -gestaltung verbessert werden sollen (63,4%).

60,9% der Unternehmen nutzen darüber hinaus produktorientierte Ansätze, um ausgehend von einer effizienteren Gestaltung der Produkte Komplexitätsverbesserungen zu erzielen. Ebenfalls ca. 61% der Unternehmen richten ihr Interesse auf die optimale Gestaltung des Produktprogrammes, um einerseits durch das Angebot eines breiten Produktspektrums mit diversen Varianten die individuellen Kundenanforderungen zu erfüllen, andererseits jedoch auch die resultierende Komplexität zu reduzieren und langfristig zu beherrschen bzw. zu vermeiden. Als weitere Zielobjekte des Komplexitätsmanagements können die generelle Neu- bzw. Umgestaltung der Prozessabläufe[307] (57,8%) sowie die Anzahl der Prozessbeteiligten (54,0%) angeführt

[307] Beispielsweise wurde in diesem Zusammenhang die Automatisierung von Prozessen genannt.

werden. Mit 43 Nennungen (26,7%) stellt auch der Abbau von Hierarchieebenen ein weitverbreitetes Anliegen der Komplexitätsmanagementbemühungen dar.[308]

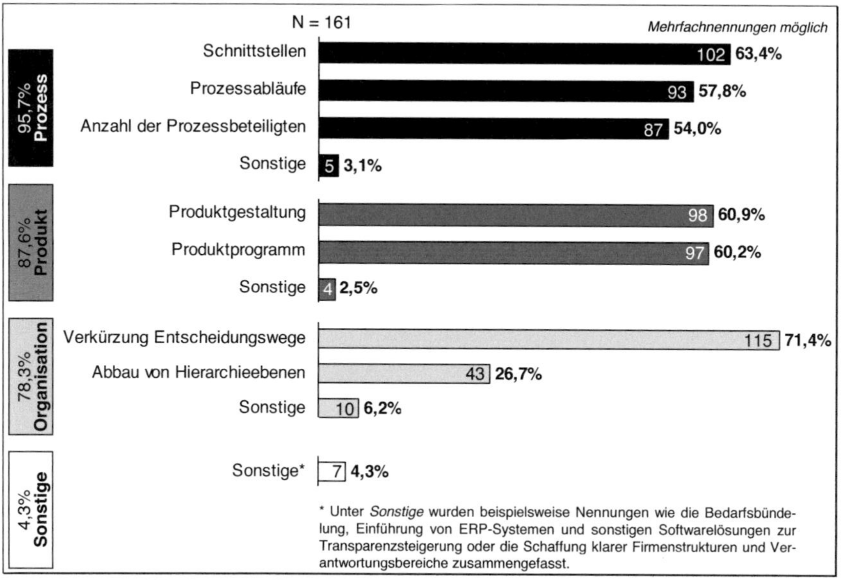

Abbildung 4-12: Ziele der durchgeführten Komplexitätsbemühungen

Um die beschriebenen Verbesserungen hinsichtlich der Produkte, Prozesse sowie der Organisation zu erreichen, stehen den Unternehmen zahlreiche Einzelansätze zur Verfügung. Der überwiegende Teil der in Kapitel 3.2 vorgestellten Ansätze ist den Unternehmen dabei nicht fremd (vgl. Abbildung 4-13).

Eine besondere Bekanntheit genießen die Einzelansätze auf Produktebene, wie die Standardisierung (88,9%), das Baukastenprinzip (78,6%), die Modulbauweise (73,5%) oder die Gleichteileverwendung (69,7%). Entsprechend häufig werden diese angewendet. Wie Abbildung 4-13 des Weiteren zeigt, besteht in der Praxis teilweise eine starke Diskrepanz zwischen der Kenntnis und der Nutzung der Einzelansätze. Besonders starke Abweichungen können bei der Fertigungssteuerung nach dem

[308] Unter Sonstige im Bereich der **Organisation** wurden z. B. die Schaffung von Transparenz, die Einrichtung einer Supply-Chain-Abteilung, Prozessintegration, die standortübergreifende Zusammenarbeit sowie die verstärkte Nutzung moderner IT-Systeme zusammengefasst. Im **Produkt**bereich wurde lediglich explizit die konsequente Eliminierung von Altprodukten aus dem Produktionsprogramm genannt und unter Sonstige gezählt. Hinsichtlich der **Prozesse** wurden Nennungen wie die Gestaltung des Liefernetzwerkes, die Strukturierung der Lieferbeziehungen sowie die Lieferantenentwicklung sowie das -management unter Sonstige vereint.

Kanban-Prinzip festgestellt werden, welches zwar 70,9% der Unternehmen bekannt ist, jedoch nur von 45,7% eingesetzt wird (Abweichung: 25,2%).[309]

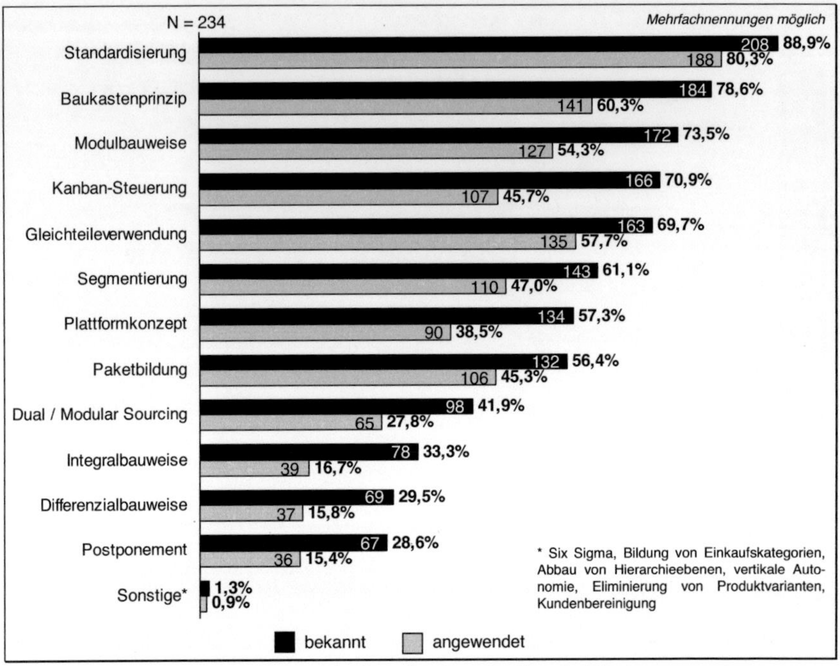

Abbildung 4-13: Verbreitung der Einzelansätze des Komplexitätsmanagements

Starke Unterschiede zwischen der Kenntnis und der Nutzung bestehen darüber hinaus bei der Modulbauweise (Abweichung: 19,2%), dem Plattformkonzept (Abweichung: 18,8%), dem Baukastenprinzip (Abweichung: 18,3%) sowie der Integralbauweise (Abweichung: 16,6%). Der in der Studie feststellbare recht geringe Bekanntheitsgrad und der noch geringere Nutzungsanteil des Dual bzw. Modular Sourcing (41,9% bzw. 27,8%) überrascht und steht im Kontrast zur aktuellen Diskussion in der Literatur, in der auf die rasante Verbreitung sowie die wachsende Bedeutung dieser Beschaffungskonzepte hingewiesen wird.[310] Eine Erklärung könnte in der für die Unternehmen eventuell unbekannten und fremden Terminologie zu sehen sein. Womöglich sind die Begrifflichkeiten Dual sowie Modular Sourcing den Unternehmen nicht geläufig und die Verwendung der deutschen Termini Mehrlieferanten- bzw.

---

[309] Eine Erklärung ist womöglich darin zu sehen, dass die Voraussetzungen für eine Kanban-Steuerung nicht erfüllt sind. Vgl. Fußnote 315 auf Seite 111.

[310] Vgl. GÖPFERT, GRÜNERT (2009), S. 142f.

Modulbeschaffung hätte zu veränderten Ergebnissen geführt. Andererseits handelt es sich hierbei um in der Logistik gebräuchliche und etablierte Begrifflichkeiten, sodass davon ausgegangen werden konnte, dass die Befragten, die zudem fast ausschließlich im Logistikbereich tätig sind, keine Verständnisschwierigkeiten haben (sollten).[311]

Zusammenfassend kann auf Basis von Abbildung 4-13 jedoch festgehalten werden, dass die Einzelansätze des Komplexitätsmanagements in der Praxis nicht nur einen großen Bekanntheitsgrad besitzen,[312] sondern ebenfalls bereits eine breite Anwendung finden.[313] Dabei sind traditionell und der Entwicklung des Komplexitätsmanagements entsprechend dem Großteil der Unternehmen vor allem die produktorientierten Einzelansätze bekannt. Folglich findet verstärkt die Anwendung von Einzelansätzen zur Beeinflussung der von der Produktbeschaffenheit sowie des Produktprogrammes ausgehenden Komplexität statt. Hinsichtlich der Kenntnis sowie der Nutzung bestehen jedoch signifikante Unterschiede zwischen kleinen und großen Unternehmen, die in Abbildung 4-14 dargestellt sind.[314]

Eine anfängliche Betrachtung der linken Hälfte von Abbildung 4-14 offenbart zunächst, dass bei den großen Unternehmen eine größere Methodenkenntnis vorherrscht als bei den kleinen Unternehmen. Der Anteil derjenigen, die die Einzelansätze des Komplexitätsmanagements kennen, liegt bei den großen Unternehmen durchweg über dem der kleinen Unternehmen. Eine weiterführende Betrachtung der rechten Abbildungshälfte zeigt darüber hinaus, dass die vorgestellten Einzelansätze in den großen Unternehmen stärker angewendet werden als bei den kleinen. Die größte Diskrepanz bei der Nutzung in großen bzw. kleinen Unternehmen kann bei dem Dual bzw. Multiple Sourcing festgestellt werden. Während 50,8% der befragten großen Unternehmen diesen Ansatz nutzen, wird er lediglich bei 18,9% der kleinen Unternehmen angewendet. Als mögliche Erklärung könnte die abweichende Struktur

311 In einer von GÖPFERT und GRÜNERT durchgeführten Studie gaben 21,8% der Befragten an, eine Multiple Sourcing - Strategie zu nutzen. Vgl. GÖPFERT, GRÜNERT (2009), S. 160. Dies würde annähernd dem in dieser Studie ermittelten Wert von 27,8% entsprechen. Aufgrund der Konzentration der Studie auf den Bereich der Automobilindustrie können die Ergebnisse jedoch nur unter Vorbehalt und mit Vorsicht miteinander verglichen werden.

312 Durchschnittlich bestätigten 53,2% der befragten Unternehmen die Kenntnis der vorgestellten Einzelansätze.

313 Durchschnittlich nutzen 38,9% der befragten Unternehmen die vorgestellten Einzelansätze zur Beherrschung, Reduktion und Vermeidung der Komplexität.

314 Um die Diskrepanz zwischen dem Anteil der Unternehmen, die den entsprechenden Einzelansatz kennen und denjenigen, die ihn darüber hinaus auch anwenden, optisch deutlich hervorzuheben, wird im rechten Teil der Abbildung schraffiert erneut die jeweilige Ausprägung der Kenntnis aus dem linken Teil abgetragen.

des Lieferantenstammes dienen. Kleine Unternehmen unterhalten häufiger Geschäftsbeziehungen zu ähnlich kleinen Anbietern, weshalb für verschiedene Beschaffungsartikel entsprechend unterschiedliche Lieferanten genutzt werden, während die Großunternehmen äquivalent dazu mit großen Lieferanten zusammenarbeiten. Diese großen Lieferanten sind dabei eher als deren kleine Mitwettbewerber in der Lage, neben Einzelkomponenten und -artikeln ebenfalls zusätzliche Serviceleistungen anzubieten. Gleichzeitig ist zu vermuten, dass vor allem in Großunternehmen die Begrifflichkeit „Modular Sourcing“ verbreiteter ist als in kleinen und Kleinstunternehmen.

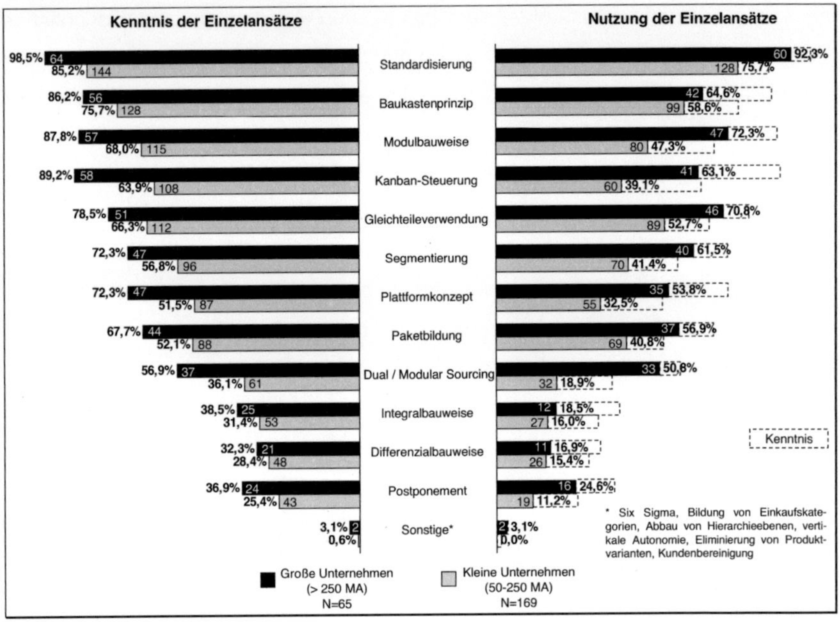

Abbildung 4-14: Kenntnis und Nutzung der Einzelansätze des Komplexitätsmanagements

Des Weiteren wird die Modulbauweise vor allem in großen Unternehmen angewendet (Abweichung: 25,0%). Als Grund für die relativ geringe Nutzung in kleinen Unternehmen (47,3% gegenüber 72,3% in großen Unternehmen) kann die geringere Breite des Produktprogrammes und die damit einhergehende begrenzte Anzahl an Produktvarianten angeführt werden. Dennoch sollten auch die kleinen Unternehmen untersuchen, inwiefern durch die komplexitätsbewusste Gestaltung der Produkte langfristig Verbesserungen erzielt werden können, ohne dadurch den Kundennutzen durch den Wegfall individueller Produkte und Produktvarianten zu reduzieren. Als

Erklärung für die Diskrepanz, die hinsichtlich der Nutzung der Kanban-Steuerung (Abweichung: 24,0%) zwischen den großen und kleinen Unternehmen besteht, können die vielfältigen Voraussetzungen für eine effiziente und sinnvolle Nutzung dieses Materialflusssteuerungsprinzips dienen.[315]

Es wurde gezeigt, dass trotz der größenabhängigen Unterschiede bereits eine Vielzahl an Unternehmen die vorgestellten Einzelansätze anwendet. Da für einen langfristigen Erfolg jedoch eine kontinuierliche Anwendung notwendig ist, stellt sich die Frage nach der Durchgängigkeit der Nutzung, die in Abbildung 4-15 dargestellt ist. Hierzu werden lediglich diejenigen Unternehmen betrachtet, die laut eigenen Angaben die Einzelansätze kennen und diese ebenfalls anwenden.[316]

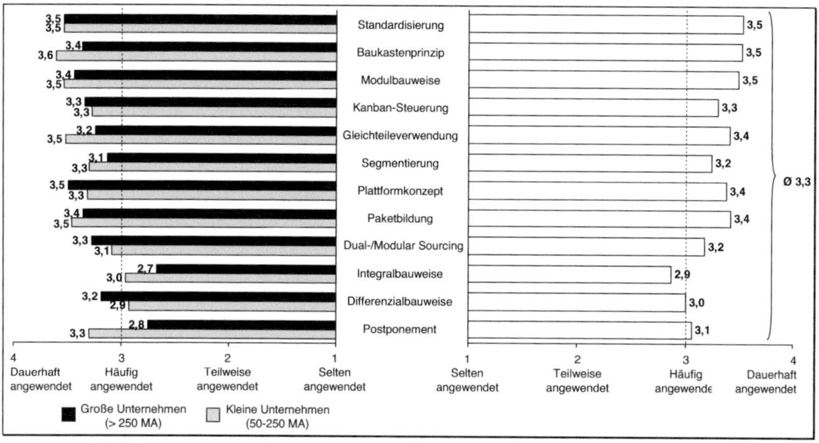

Abbildung 4-15: Nutzungsgrad der Einzelansätze des Komplexitätsmanagements

315 Die Anwendung von Kanban erfordert z. B. harmonisierte Kapazitäten, geringe Bedarfsschwankungen, eine beschränkte Variantenvielfalt, störungsfreie Produktionsprozesse, eine hohe Fertigungsqualität, konstante Losgrößen, eine hohe Motivation und Qualifikation der Mitarbeiter sowie kurze Rüstzeiten. Vgl. SYSKA (2006), S. 69f. Die hohen Anforderungen, die somit an die Prozessstabilität gestellt werden, verhindern oder erschweren die Einführung und Verwendung eines solchen Systems in kleineren Unternehmen mit wenig standardisierten Prozessen, einem heterogenen Produktprogramm sowie stark schwankenden Bedarfen und Rahmenbedingungen.

316 Neben der Kenntnis sollten die Unternehmen im Fragebogen ebenfalls den Grad der Nutzung an geben. Dazu wurde eine fünfstufige Skala mit den Abstufungen 1 (bisher nicht angewendet), 2 (selten angewendet), 3 (teilweise angewendet), 4 (häufig angewendet) sowie 5 (durchgängig angewendet) genutzt. Diese Abstufung erweist sich ex post als unglücklich, da ein Ankreuzen des Antwortelementes 1 lediglich die Kenntnis, aber nicht die Anwendung des Einzelansatzes ausdrückt (dies könnte ebenso durch das Freilassen des entsprechenden Frageteils verdeutlicht werden). Um im Rahmen der Untersuchung des Nutzungsgrades lediglich diejenigen Unternehmen zu berücksichtigen, die die Ansätze tatsächlich anwenden, werden die mit „1" beantworteten Fragebögen nicht in die Analyse einbezogen, da diese den Nutzungsgrad negativ beeinflussen und das Ergebnis verzerren würden. Somit ergibt sich entgegen der bisherigen Vorgehensweise lediglich eine vierstufige Bewertung mit den Antwortelementen 1 (selten angewendet), 2 (teilweise angewendet), 3 (häufig angewendet) sowie 4 (durchgängig angewendet).

Um die vollen Wirkungspotenziale zu entfalten, wird empfohlen, den Nutzungsgrad weiter zu erhöhen, die Einzelansätze dauerhaft einzusetzen und die Anwendung derartiger Methoden fest in der Unternehmensphilosophie zu verankern.

4.4.3 Anforderungen an das Komplexitätsmanagement und bestehende Defizite

Der letzte Teil der Untersuchung widmet sich den Anforderungen, die aus Sicht der Praxis an ein Komplexitätsmanagement gestellt werden. Um sowohl Impulse für zukünftige Forschungsarbeiten zu geben als auch Stellhebel für weitere Bemühungen in der Praxis aufzuzeigen, sollen im Folgenden zunächst notwendige Faktoren für ein erfolgreiches Komplexitätsmanagement präsentiert und anschließend durch die Gegenüberstellung mit deren Erfüllung in der Praxis bestehende Handlungsbedarfe abgeleitet werden.

Die Unternehmen wurden gebeten, anhand einer fünfstufigen Skala die Bedeutung ausgewählter Faktoren für ein zielgerichtetes Komplexitätsmanagement zu bewerten (vgl. die linke Hälfte von Abbildung 4-16).[317]

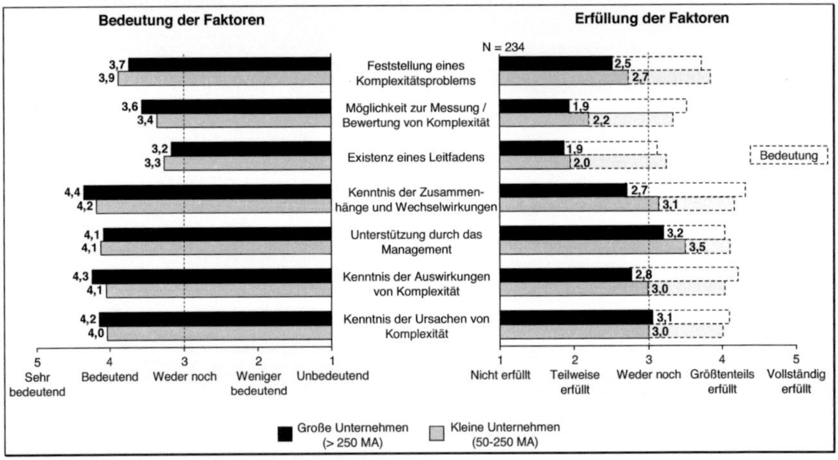

Abbildung 4-16: Erfolgsfaktoren des Komplexitätsmanagements und ihre Erfüllung in der Praxis

Mit einer durchschnittlichen Bewertung von 4,2 wird die *Kenntnis der Zusammenhänge und Wechselwirkungen* von den Unternehmen mit Abstand als der bedeutendste

[317] Neben einer neutralen Bewertung (3) konnten die Befragten zwischen den Abstufungen unbedeutend (1), weniger bedeutend (2), bedeutend (4) sowie sehr bedeutend (5) wählen.

Erfolgsfaktor[318] benannt. Dies entspricht dem Prinzip der Ganzheitlichkeit, welches der Logistikkonzeption zu Grunde liegt und wonach Managemententscheidungen nicht isoliert und funktional, sondern unter Berücksichtigung von Interdependenzen und Auswirkungen auf das Gesamtsystem getroffen werden sollten. Um ein Problem ganzheitlich zu analysieren und dabei Zusammenhänge und Wechselwirkungen berücksichtigen zu können, müssen sowohl die Ursachen als auch die Auswirkungen bekannt sein. Demzufolge schätzen die befragten Unternehmen die *Kenntnis der Ursachen von Komplexität* (Durchschnitt: 4,1) sowie die Kenntnis der Auswirkungen von Komplexität (Durchschnitt: 4,1) als nahezu gleich bedeutsam ein.

Wie die Untersuchung von MEYER gezeigt hat, betrachten die Unternehmen die Ein- bzw. Durchführung eines Komplexitätsmanagements als schwierigen und langwierigen Prozess, in dessen Rahmen gewachsene Strukturen angepasst und verändert werden müssen.[319] Deshalb ist die Förderung und Unterstützung der Unternehmensleitung unabdingbar.[320] Diese Ergebnisse können bestätigt werden. Die befragten Unternehmen erachten die *Unterstützung durch das Management* als nahezu ebenso wichtig wie die zuvor genannten Aspekte.

Weiterhin werden die *Feststellung eines Komplexitätsproblems* (Durchschnitt: 3,8) sowie die *Möglichkeit zur Messung und Bewertung von Komplexität* (Durchschnitt: 3,4), auf deren Notwendigkeit bereits in Kapitel 2.5 hingewiesen wurde, als bedeutsame Erfolgsfaktoren angeführt. Auch die *Existenz eines Leitfadens* (Durchschnitt: 3,2), mit dessen Hilfe die Ein- und Durchführung eines Komplexitätsmanagements unterstützt wird, erachten die Befragten als hilfreiches Instrument. Dies spiegelt gleichzeitig die Unsicherheit der Unternehmen wider, wie mit dem Komplexitätsproblem umgegangen und wo dabei unter Verwendung welcher Maßnahmen und Ansätze begonnen werden sollte. Die Unternehmen sehen sich dem Dilemma gegenüber, einerseits die gestiegene Komplexität und die daraus erwachsenden Probleme wahrzunehmen (vgl. die Abbildungen 4-3 und 4-4 auf Seite 93 bzw. 96), andererseits jedoch aus Zeitgründen oder aufgrund bestehender Zweifel hinsichtlich der geeigneten Vorgehensweise (vgl. Abbildung 4-9 auf Seite 103) nicht zielgerichtet agieren zu können.

---

318 Unter einem Erfolgsfaktor soll ein Faktor verstanden werden, durch den ein Wettbewerbsvorteil am Markt erlangt und dadurch der Unternehmenserfolg nachhaltig und langfristig gesichert werden kann.

319 Vgl. MEYER (2007), S. 91f.

320 Vgl. MEYER (2007), S. 91.

Nachdem im linken Teil der Abbildung 4-16 die Bedeutung dieser Faktoren für ein zielführendes Komplexitätsmanagement angegeben wurde, beinhaltet der rechte Teil der Abbildung die tatsächliche Erfüllung dieser Erfolgsfaktoren in der Praxis. Hierbei zeigt sich eine deutliche Diskrepanz zwischen Wunsch und Wirklichkeit. Um diesen bestehenden Kontrast auch optisch hervorzuheben, wird im rechten Teil der Abbildung 4-16 neben der Erfüllung zusätzlich die bereits diskutierte Bedeutung dieser Faktoren aus dem linken Teil der Abbildung schraffiert abgetragen. Eine erste Analyse zeigt zunächst, dass die vorgestellten Anforderungen in der Unternehmenspraxis durchweg mehr von den kleinen Unternehmen erfüllt werden. Als Ursache hierfür können eventuell die in kleinen Unternehmen leichter zu realisierende Transparenz sowie die in Relation zu den großen Unternehmen einfacher zu steuernden bzw. zu kontrollierenden Prozesse und Abläufe angeführt werden.[321] Darüber hinaus ist jedoch festzustellen, dass unabhängig von der Unternehmensgröße eine erhebliche Diskrepanz zwischen der Bedeutung, die den vorgestellten Faktoren aus Sicht der Unternehmen beigemessen wird, und ihrer tatsächlichen Erfüllung in der Realität vorliegt. Besonders stark ist diese Abweichung bei den großen Unternehmen, bei denen die Erfüllung um durchschnittlich 1,4 Skalenpunkte[322] niedriger beurteilt wird als die Bedeutung der Faktoren für das Unternehmen. Auch wenn dieses Missverhältnis zwischen Bedeutung und Erfüllung bei den kleinen Unternehmen mit durchschnittlich 1,1 Skalenpunkten geringer ausfällt als bei den großen, kann auch hier eine deutliche Untererfüllung der Erfolgsfaktoren konstatiert werden. Dies offenbart die in der Praxis bestehenden Defizite, die vor allem hinsichtlich der Aspekte *Möglichkeiten zur Messung und Bewertung von Komplexität, Kenntnis von Zusammenhängen und Wechselwirkungen* sowie *Kenntnis der Komplexitätsauswirkungen* bestehen. Die Erfüllung dieser Faktoren liegt dabei sowohl bei den großen als auch bei den kleinen Unternehmen mehr als einen Skalenpunkt unter der jeweils beigemessenen Bedeutung. Speziell die Untersuchung der Auswirkungen ist jedoch nur dann

[321] Erstaunlich ist in diesem Zusammenhang jedoch die starke größenabhängige Diskrepanz bei der Beurteilung des Faktors Unterstützung durch das Management. Dessen Erfüllung bewerten beispielsweise die Unternehmen mit 50-100 Mitarbeiter durchschnittlich mit 3,7, während dieser Wert bei den Unternehmen > 1.000 Mitarbeitern lediglich mit 3,1 beurteilt wird. Gerade in Großunternehmen, deren Koordination und Kontrolle aufgrund ihrer Intransparenz und der vielfältigen Interdependenzen ohnehin eine hohe Komplexität aufweist, sollten Komplexitätsmanagementinitiativen und -projekte von der Unternehmensleitung aktiv unterstützt und vorangetrieben werden. Nur mit der entsprechenden Unterstützung durch die Unternehmensführung können entsprechende Maßnahmen erfolgreich umgesetzt werden.

[322] Zu Grunde gelegt wird wie bisher üblich eine fünfstufige Skala.

sinnvoll und holistisch, wenn zwischen der Wirkungsebene und der Seite der Ursachen eine Verbindung hergestellt wird.

In Abbildung 4-16 konnte gezeigt werden, dass die Unternehmen der Kenntnis derartiger kausaler Zusammenhänge einerseits eine große Bedeutung beimessen (durchschnittliche Bewertung der Bedeutung: 4,2), andererseits bei der Erfüllung in der Praxis aber erhebliche Defizite bestehen (durchschnittliche Bewertung der Erfüllung: 3,0). Eine detaillierte Betrachtung der einzelnen Unternehmensgrößenklassen zeigt, dass keines der befragten Unternehmen diesen Aspekt als unbedeutend einschätzt (vgl. Abbildung 4-17).[323]

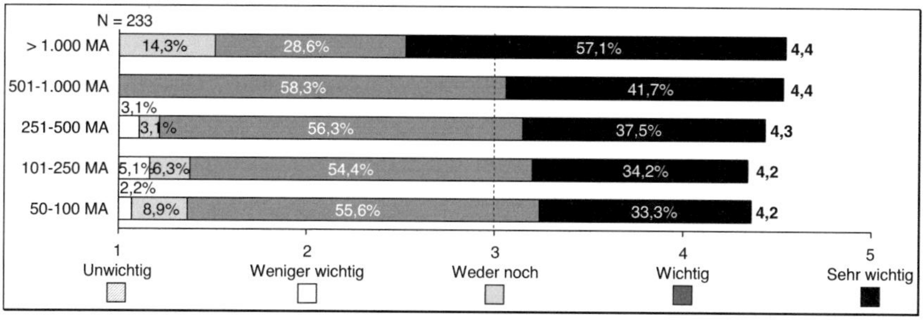

Abbildung 4-17: Bedeutung der Kenntnis von Zusammenhängen für ein zielgerichtetes Komplexitätsmanagement

Insbesondere bei den großen Unternehmen herrscht Einigkeit hinsichtlich der Wichtigkeit, die der Kenntnis von Zusammenhängen für ein zielgerichtetes Komplexitätsmanagement zukommt. Aber auch bei den kleinen Unternehmen attestieren ca. 89% diesem Erfolgsfaktor eine hohe bis sehr hohe Bedeutung. Dieses Ergebnis bildet neben der auf Basis des Literaturstudiums identifizierten Forschungslücke die Grundlage und Motivation für die in Kapitel 6 folgende kausalanalytische Untersuchung. Um die Konsistenz der Antworten hinsichtlich dieser Thematik sicherzustellen und die Ergebnisse der diesbezüglichen Antworten zu verifizieren bzw. falsifizieren, wurde dieser Aspekt – die Bedeutung der Kenntnis von Zusammenhängen und Wechselwirkungen für ein zielgerichtetes und erfolgreiches Komplexitätsmanagement – mithilfe einer Kontrollfrage an einer anderen Stelle im Fragebogen erneut abgefragt. Bei deren Auswertung zeigt sich ein nahezu identisches Bild zur Abbildung 4-17 (vgl. Anhang A-5 auf Seite 338), wodurch das Ergebnis, dass die Forderung

[323] Zwischen 86,0% und 100% der Unternehmen spricht der Kenntnis von Zusammenhängen eine wichtige bis sehr wichtige Rolle für ein zielgerichtetes Komplexitätsmanagement zu.

nach Transparenz bezüglich der Zusammenhänge für die Praxis eine außerordentliche Bedeutung besitzt, bestätigt werden kann.

4.5 Fazit zum Stand der Praxis

Wie die Untersuchung gezeigt hat, sind sich die Unternehmen der zunehmenden Komplexität bewusst und schätzen sowohl die Intensität als auch die Häufigkeit, mit der sich die komplexitätstreibenden Einflussfaktoren verändern, als hoch ein (vgl. Abbildung 4-3 sowie Abbildung 4-4 auf Seite 93 bzw. 96). Dies kann u. a. als Grund dafür angesehen werden, dass sich bereits der Großteil der Unternehmen mit der Thematik der Komplexität sowie den Möglichkeiten, diese aktiv zu beeinflussen, auseinandergesetzt hat. Die Vielzahl der Komplexitätstreiber stellt jedoch für die Unternehmen teilweise ein Problem dar. An dieser Stelle kann von einem Komplexitätsparadoxon gesprochen werden: Um ein vorhandenes Komplexitätsproblem zu beseitigen, ist die Auseinandersetzung mit den Ursachen dieses Problems notwendig. Dies stellt jedoch aufgrund der Vielzahl und der Mannigfaltigkeit der Komplexitätstreiber ein sehr komplexes Problem dar, sodass der Versuch der Komplexitätsreduktion erneut zu einem Komplexitätsanstieg führt. Um Transparenz zu schaffen, findet sich im Anhang dieser Arbeit deshalb eine Auflistung der wichtigsten beschaffungsrelevanten Komplexitätstreiber (vgl. Anhang A-4 auf Seite 337). Zusätzlich soll die relative Bedeutung der einzelnen Komplexitätstreiber durch die kausalanalytische Untersuchung in Kapitel 6 ermittelt werden.

Wie die Studie des Weiteren gezeigt hat, führen nach eigenen Angaben bereits ca. zwei Drittel der Befragten ein Komplexitätsmanagement durch (vgl. Abbildung 4-8 auf Seite 101), wobei der tatsächliche Anteil deutlich höher liegt. Dabei verfolgen die Unternehmen vorrangig das Ziel, die Prozesse und Produkte komplexitätsgerechter zu gestalten. Dazu werden vor allem von den großen Unternehmen bereits zahlreiche Einzelansätze verwendet.

Im Rahmen der weiteren Untersuchung konnte festgestellt werden, dass eine erhebliche Diskrepanz zwischen der Bedeutung, die die Unternehmen den einzelnen Faktoren für ein erfolgreiches Komplexitätsmanagement attestieren, und ihrer tatsächlichen Erfüllung in der Unternehmenspraxis besteht. Die Kenntnis von Zusammenhängen und Wechselwirkungen zwischen den Komplexitätsursachen und -auswirkungen wird von den Unternehmen als einer der entscheidenden Erfolgsfaktoren identifiziert (vgl. Abbildung 4-16 auf Seite 112). Gleichzeitig ist dieses Wissen jedoch bei weniger als der Hälfte der Unternehmen vorhanden: Lediglich 41,0% der Befragten schätzen die Kenntnis von Zusammenhängen und Wechselwirkungen in ihrem Unternehmen als vollständig oder größtenteils erfüllt ein. Bei den großen Unternehmen liegt hier eine drastische Unterfüllung von 1,7, bei den kleinen Unternehmen eine von 1,1 Skalenpunkten vor. Im Allgemeinen besteht vor allem bei den großen Unternehmen ein extrem starkes Missverhältnis zwischen der attestierten Bedeutung der in Abbildung 4-16 angeführten Faktoren sowie ihrer Erfüllung in der Praxis. Beispielhaft sei die Kenntnis der Komplexitätsauswirkungen angeführt, die im Vergleich zu der bescheinigten Bedeutung um 1,5 Skalenpunkte unterfüllt wird. Dies ist umso unverständlicher, als dass 88,9% der befragten Unternehmen der Aussage zustimmen, die Kenntnis der Komplexitätsauswirkungen sei ebenso wichtig wie die der -ursachen. Es bekräftigt jedoch die Ausführungen des Kapitels 2.3, in dem die in der Literatur dominierende Betrachtung der Komplexitätsursachen und die im Gegensatz dazu geringe Thematisierung der -auswirkungen kritisiert wurde.

Diese Arbeit soll den Unternehmen jedoch nicht nur bestehende Defizite und Handlungsbedarfe aufzeigen, sondern aktiv einen Beitrag leisten, um Transparenz zu schaffen und Verbesserungen zu erzielen. Aus diesem Grund widmen sich die folgenden Kapitel deshalb speziell dem Problem der mangelnden Kenntnis von Zusammenhängen und Wechselwirkungen. Diese Forschungslücke, die von den Praxisvertretern mehrfach bestätigt wurde, ergibt sich dadurch, dass in der Literatur die Seite der Komplexitätsursachen und die der Auswirkungen bisher lediglich getrennt voneinander thematisiert und untersucht wurden. Mithilfe von Kapitel 6 sollen den Unternehmen empirisch gesicherte Erkenntnisse über die Zusammenhänge und Wechselwirkungen zur Verfügung gestellt und dadurch die bestehende Forschungslücke geschlossen werden. Dazu wird auf die Methodik der Kausalanalyse zurückgegriffen. Um das Verständnis des Lesers zu gewährleisten, werden im Folgenden deshalb zunächst die notwendigen methodischen Grundlagen gelegt.

5 Die Kausalanalyse zur Untersuchung schwer messbarer Konstrukte

Bevor eine detaillierte Auseinandersetzung mit der Methodik der Kausalanalyse erfolgt, wird diese zunächst innerhalb der statistischen Methoden zur Untersuchung von Abhängigkeitsstrukturen eingeordnet. Dies dient dazu, dem Leser einen Überblick über die statistischen Analyseverfahren zu verschaffen und dabei die Eignung der Kausalanalyse für das verfolgte Forschungsvorhaben zu verdeutlichen.

5.1 Einordnung der Kausalanalyse

Die Entscheidung für eine bestimmte Forschungsmethodik ist in hohem Maße von der verfolgten Zielstellung, dem Untersuchungsobjekt sowie der Ausgestaltung der Untersuchungsvariablen abhängig.[324] Bedeutsam für die Wahl des geeigneten Analyseverfahrens ist insbesondere die Beziehung zwischen der unabhängigen und der abhängigen Variable. Die *unabhängige Variable* (UV)[325] bildet die exogene Größe in einem Modell. Sie übt einen vermuteten Einfluss auf die endogene Variable aus und erklärt somit deren Ausprägung. Folglich wird die endogene Größe auch als *abhängige Variable* (AV)[326] bezeichnet. Von Kausalität kann gesprochen werden, wenn die Variation der unabhängigen Variable zu einer Veränderung der abhängigen Variable führt und somit eine klare Ursache-Wirkungs-Beziehung vorliegt.[327]

Hinsichtlich der Anzahl zu untersuchender Variablen kann zwischen uni-, bi- und multivariaten Analysemethoden unterschieden werden. Univariate Verfahren untersuchen die Merkmalsausprägung einer Variablen, während sich bivariate Methoden auf die Beziehung zwischen zwei zu untersuchenden Variablen konzentrieren.[328] Nur multivariate Analyseverfahren können simultan eine größere Menge von Variablen untersuchen und tragen somit der Problematik komplexer Phänomene Rechnung. Für das Forschungsvorhaben dieser Arbeit sind somit ausschließlich multivariate Analyseverfahren geeignet, weshalb diese im Folgenden näher betrachtet werden.

---

[324] Die Variablen beschreiben Merkmale oder Eigenschaften des Untersuchungsgegenstandes (z. B. Objekte, Personen, Gegenstände, etc.).

[325] Ebenfalls gebräuchlich ist der Begriff *Regressor*. Vgl. HARTUNG (1998), S. 569.

[326] Synonym finden sich in der Literatur die Bezeichnungen *endogene Variable*, *Regressand* oder *Zielvariable*. Vgl. FAHRMEIR ET AL. (1996), S. 93.

[327] Vgl. BACKHAUS ET AL. (2006b), S. 344.

[328] Vgl. RIESENHUBER (2007), S. 14.

Je nach verfolgter Zielstellung der Untersuchung kann zwischen strukturenentdeckenden und strukturenprüfenden Verfahren unterschieden werden.

Strukturenentdeckende Verfahren verfolgen das Ziel, in einem Datensatz Beziehungen zwischen den Variablen aufzudecken, ohne dass vor Beginn der Analyse Vermutungen oder Hypothesen über eventuelle Zusammenhänge aufgestellt werden.[329] Im Rahmen dieser Methoden erfolgt somit keine Einteilung in abhängige und unabhängige Variablen, weshalb diese Verfahrensgruppe auch als *Interdependenzanalyse* bezeichnet wird.[330] Als Vertreter können beispielsweise die Multidimensionale Skalierung, Neuronale Netze, die Korrespondenz- oder die Clusteranalyse genannt werden.[331] Eine besondere Relevanz für die Kausalanalyse und somit für diese Arbeit besitzt die (explorative) Faktorenanalyse.[332] Sie verfolgt das Ziel, auf Basis von Korrelationen Zusammenhänge zwischen verschiedenen Variablen zu entdecken und darauf aufbauend eine große Zahl von Variablen auf eine überschaubare Menge an Faktoren zu verdichten.[333]

Strukturenprüfende Verfahren verfolgen das Ziel, „[...] kausale Zusammenhänge zwischen einer oder mehreren unabhängigen oder mehreren abhängigen Variablen [...]“[334] zu untersuchen. Anders als bei den strukturenentdeckenden Verfahren werden hierbei zuvor auf Basis theoretischer Vorüberlegungen Hypothesen formuliert und diese anschließend mithilfe der empirisch erhobenen Daten zu bestätigen oder zu falsifizieren.[335] Je nach Skalenniveau des vorliegenden Datensatzes stehen für die Analyse verschiedene Verfahren zur Verfügung (vgl. Tabelle 5-1).[336]

Neben der Faktorenanalyse besitzt auch die Regressionsanalyse zahlreiche Berührungspunkte zur Kausalanalyse. Mithilfe der multivariaten Regressionsanalyse soll

329 Vgl. BACKHAUS ET AL. (2006b), S. 7.

330 Vgl. BAUMGARTH, BERNECKER (1999), S. 106.

331 Für nähere Informationen zu den angeführten Verfahren vgl. FAHRMEIR ET AL. (1996), S. 437ff.; HAGEN (1997); BACKHAUS ET AL. (2006b), S. 619ff., 685ff. sowie 749ff.

332 Aufgrund des explorativen Charakters ist diese Methodik dem wissenschaftstheoretischen Paradigma des Entdeckungszusammenhanges zuzuordnen (vgl. Kapitel 1.3).

333 Vgl. FAHRMEIR ET AL. (1996), S. 639; BACKHAUS ET AL. (2006b), S. 260. Das Ergebnis ist ein Bündel von Indikatoren, die zum zugeordneten Faktor eine hohe Korrelation aufweisen, während zu anderen Variablen kein oder lediglich ein geringer Zusammenhang besteht. Vgl. RAAB ET AL. (2004), S. 282.

334 Vgl. BAUMGARTH, BERNECKER (1999), S. 106.

335 Aufgrund ihres theoriegeleiteten Vorgehens und des konfirmatorischen Charakters sind diese Verfahren dem wissenschaftstheoretischen Paradigma des Begründungszusammenhanges zuzuordnen (vgl. Kapitel 1.3). Vgl. EMRICH (2004), S. 93; FASSOTT (2005), S. 20.

336 Für nähere Informationen zur Kontingenz- bzw. Diskriminanzanalyse vgl. FAHRMEIR ET AL. (1996), S. 357ff. Die Autoren führen darüber hinaus geeignete Verfahren für ordinal skalierte Daten an. Vgl. FAHRMEIR ET AL. (1996), S. 11. Die Varianz- und Regressionsanalyse wird detailliert in BACKHAUS ET AL. (2006b), S. 45ff. vorgestellt.

der Einfluss mehrerer unabhängiger Variablen auf eine abhängige Variable untersucht werden. Neben Aussagen zur Stärke des Zusammenhanges können ebenfalls Prognosen für die Werte der abhängigen Variablen getroffen werden.[337]

		Unabhängige Variable	
		Metrisches Skalenniveau	**Nominales Skalenniveau**
Abhängige Variable	**Metrisches Skalenniveau**	Regressionsanalyse	Varianzanalyse
	Nominales Skalenniveau	Diskriminanzanalyse	Kontingenzanalyse

Tabelle 5-1: Einteilung strukturenprüfender Verfahren[338]

Die bisher vorgestellten Ansätze werden in der Literatur häufig als *Verfahren der ersten Generation* bezeichnet und von den *Verfahren der zweiten Generation* abgrenzt, die durch Weiterentwicklungen aus den Verfahren der ersten Generationen hervorgingen.[339] Mithilfe der Verfahren der zweiten Generation ist es möglich, auch Zusammenhänge zwischen nicht direkt mess- und beobachtbaren Variablen, sogenannten *Konstrukten* bzw. *latenten Variablen*, in die Modellbildung einzubeziehen. Hier stoßen die Verfahren der ersten Generation an ihre Grenzen, da sie auf die Untersuchung direkt messbarer Größen beschränkt sind und latente Variablen lediglich über Transformationen und Aggregationen (z. B. Summierung oder Durchschnittsbildung der Hilfsvariablen) verarbeiten können. Dadurch entstehen jedoch erhebliche Informationsverluste. Durch die Verfahren der zweiten Generation vollzog sich gleichzeitig eine Abkehr von der klassischen Testtheorie, indem nunmehr explizit von einer messfehlerbehafteten Datenauswertung ausgegangen wird, während zuvor Messfehler nicht in die Modellberechnung einbezogen wurden.[340] Des Weiteren weisen die Verfahren der zweiten Generation durchweg ein konfirmatorisches, strukturenprüfendes Vorgehen auf, um Abhängigkeiten zwischen den Variablen zu untersuchen. Beispielsweise kann die konfirmatorische Faktorenanalyse, die eine Weiterentwicklung der explorativen Faktorenanalyse darstellt, genutzt werden, um unter Berücksichtigung von Messfehlern die Güte eines a priori erstellten und auf theoretischen Vorüberlegungen basierenden Modells zu überprüfen. Der bekanntes-

---

337 Vgl. BEHNKE, BEHNKE (2006), S. 367.

338 Vgl. BACKHAUS ET AL. (2006b), S. 8.

339 Neben den Verfahren wurden auch die zur Verfügung stehenden Gütekriterien zur Beurteilung der Modelle weiterentwickelt. Auch hier wird in der Literatur zwischen Gütekriterien der ersten und zweiten Generation unterschieden. Vgl. HOMBURG, GIERING (1996), S. 8; GERBING, ANDERSON (1988), S. 189f. sowie Kapitel 5.2.2.2.

340 Vgl. FORNELL (1987), S. 411.

te Vertreter der Verfahren der zweiten Generation ist jedoch die Kausalanalyse. Sie verbindet Aspekte der Faktoren- und Regressionsanalyse, weist jedoch mehrere Vorzüge gegenüber diesen beiden Verfahren auf. Nicht zuletzt aus diesem Grund gewinnt die Kausalanalyse in der empirischen Forschung zunehmend an Bedeutung.[341] Das besondere Leistungsvermögen zeigt sich u. a. in den folgenden Aspekten:

- Neben direkt messbaren können ebenfalls nicht direkt beobachtbare Variablen (Konstrukte) berücksichtigt und im Modell berücksichtigt werden.[342]
- Mit der Fähigkeit, kausale Ketten[343] in einem Modell abzubilden und simultan zu schätzen, lassen sich sowohl komplexe Abhängigkeitsstrukturen als auch Interdependenzen zwischen den Variablen untersuchen.[344] Erst diese Analysemöglichkeit wird dem in der Logistik propagierten Ansatz des Systemdenkens und der ganzheitlichen Sichtweise gerecht, wodurch die Anwendung der Kausalanalyse in diesem Bereich besonders geeignet erscheint.
- Im Gegensatz zur Regressionsanalyse wird die Korrelation der unabhängigen Variablen (Multikollinearität) nicht vollständig ausgeschlossen, sondern explizit im Modell berücksichtigt.
- Messfehler werden ausdrücklich in die Modellgestaltung und -analyse integriert.[345]
- Die Kausalanalyse eignet sich einerseits zur Validierung von Konstrukten und der Überprüfung von Hypothesenstrukturen und ist andererseits dazu geeignet, unbekannte Strukturen im explorativen Sinne aufzuzeigen.[346]
- Mithilfe der Kausalanalyse können exogene Einflüsse sowie Gruppenunterschiede untersucht werden.

Im Rahmen der Kausalanalyse wird zwischen kovarianzbasierten Verfahren (Kovarianzstrukturanalyse) sowie varianzbasierten (Varianzstrukturanalyse) unterschieden

---

341 Vgl. HOMBURG, KLARMANN (2006), S. 727.
342 Vgl. HOMBURG ET AL. (2008b), S. 549.
343 Hierunter ist zu verstehen, dass es nicht nur unabhängige und abhängige Variablen gibt, sondern selbst die endogenen Variablen ihrerseits weitere Variablen beeinflussen, sodass komplexe Ursache-Wirkungs- und Abhängigkeitsbeziehungen modelliert werden können.
344 Vgl. ZINNBAUER, EBERL (2004), S. 2; HOMBURG, KROHMER (2006), S. 391; HOMBURG ET AL. (2008b), S. 549.
345 Vgl. HOMBURG, KROHMER (2006), S. 391.
346 Vgl. FORNELL (1987), S. 411; HILDEBRANDT, HOMBURG (1998), S. 24ff.

(vgl. Kapitel 5.2.3).[347] Abbildung 5-1 gibt einen zusammenfassenden Überblick zu den Verfahren der multivariaten Statistik, die einen unmittelbaren Bezug zur Kausalanalyse aufweisen.[348]

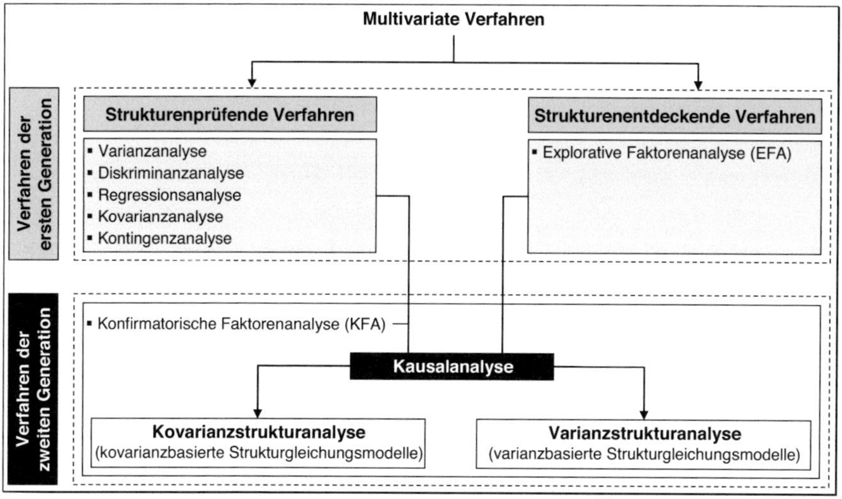

Abbildung 5-1: Einordnung der Kausalanalyse[349]

Um den Einfluss der Beschaffungskomplexität auf den Logistikerfolg zu untersuchen, wäre auf den ersten Blick neben der Verwendung der methodisch komplexeren Strukturgleichungsanalyse ebenfalls die Nutzung der (multiplen) Regressionsanalyse denkbar. Mit dem Ziel, Zusammenhänge zwischen mehreren unabhängigen und einer abhängigen Variablen zu untersuchen sowie der Möglichkeit, die Stärke des Einflusses zu messen, entspricht sie dem in Kapitel 1.1 formulierten Forschungsziel.[350] Die Regressionsanalyse wird zudem häufig eingesetzt, um Zusammenhänge zu untersuchen und ist in der empirischen Forschung anerkannt. Neben diesen Vor-

[347] Aus diesem Grund wird in der Literatur synonym zum Begriff der Kausalanalyse von *Strukturgleichungsanalyse* gesprochen. Dieser Begriff ist nach Ansicht des Autors treffender, da streng genommen keine Kausalitäten, sondern Kovarianzen bzw. Varianzen untersucht werden. Deshalb soll im Folgenden der Begriff Strukturgleichungsanalyse verwendet werden. Vgl. HOMBURG, PFLESSER (1999), S. 635.

[348] In der Literatur herrscht sowohl hinsichtlich der Anzahl der angeführten Verfahren als auch bezüglich der konkreten Zuordnung in die Gruppe der ersten bzw. der zweiten Generation sowie die Rubrik der strukturenentdeckenden bzw. -prüfenden Verfahren keine übereinstimmende Meinung. Vgl. FAHRMEIR ET AL. (1996), S. 11ff.; ECKEY ET AL. (2002), S. 3; BACKHAUS ET AL. (2006b), S. 7ff. Teilweise wird sogar ausschließlich die Kausalanalyse als Verfahren der zweiten Generation bezeichnet. Vgl. MAGNUS (2007), S. 139.

[349] In Anlehnung an BACKHAUS ET AL. (2006b), S. 8.

[350] Die Beschaffungskomplexität entspräche in diesem Fall dem Regressor, während der Logistikerfolg entsprechend als abhängige Variable modelliert werden könnte.

teilen existieren jedoch diverse methodische Einschränkungen, die gegen eine Verwendung in der vorliegenden Arbeit sprechen. So ist die Regressionsanalyse lediglich in der Lage, einfache Kausalstrukturen zwischen den Variablen zu untersuchen. Die Abbildung komplexer Abhängigkeitsstrukturen ist ebenso wie die Berücksichtigung wechselseitiger Abhängigkeiten, wie sie in der vorliegenden Untersuchung vorherrschen, allerdings nicht möglich. Besonders kritisch wird darüber hinaus die Beschränkung der Regressionsanalyse auf direkt messbare bzw. beobachtbare Variablen gesehen.[351] Jedoch unterziehen sich sowohl die Beschaffungskomplexität als exogene als auch der Logistikerfolg als endogene Variable einer unmittelbaren Messung mithilfe einer einzigen Kennzahl. Da die angestrebte Untersuchung trotz ihrer theoriegeleiteten und hypothesenprüfenden Vorgehensweise einen explorativen Charakter besitzt und neuartige Messskalen verwendet werden, ist des Weiteren mit Messfehlern bei der Operationalisierung der latenten Variablen zu rechnen.[352] Um Verzerrungen der Parameterschätzungen zu vermeiden, sollten Messfehler deshalb zwingend Berücksichtigung finden.[353] Die Regressionsanalyse basiert jedoch auf der grundlegenden Annahme einer fehlerfreien Messung.[354]

Unter Berücksichtigung der Rahmenbedingungen dieser Untersuchung kann somit festgestellt werden, dass die Strukturgleichungsanalyse anders als die Regressionsanalyse ein geeignetes Verfahren darstellt, um in dieser Arbeit Verwendung zu finden. Im Folgenden werden deshalb grundlegende Begriffe sowie die Bestandteile eines Strukturgleichungsmodells vorgestellt.

5.2 Methodische Grundlagen

5.2.1 Grundbegriffe und Bestandteile eines Strukturgleichungsmodells

Von Kausalität kann gesprochen werden, wenn eine Größe X ursächlich für die Existenz oder die Ausprägung einer Größe Y ist.[355] Im Rahmen einer kausalanalytischen Untersuchung wird der Frage nachgegangen, warum und in welchem Umfang sich etwas – im vorliegenden Fall der Logistikerfolg – in einer bestimmten Art und Weise

---

351 Vgl. FORNELL (1987), S. 409.

352 Messfehler können beispielsweise durch eine unpräzise Fragenformulierung, Verständnisprobleme der Probanden, bewusste Falschaussagen der Befragten oder eine mangelnde Skalenvalidität entstehen. Weitere Ursachen von Messfehlern sind u. a. BAGOZZI (1994a), S. 26f. zu entnehmen.

353 Vgl. JÖRESKOG, SÖRBOM (1982), S. 404.

354 Vgl. HOMBURG ET AL. (2008a), S. 166.

355 Vgl. BACKHAUS ET AL. (2006b), S. 344.

verhält, wenn sich die exogenen Größen der kausalen Kette verändern. Die Strukturgleichungsanalyse verfolgt somit das Ziel, Ursache-Wirkungs-Beziehungen zu untersuchen und diese statistisch zu validieren. Im Allgemeinen existieren verschiedene Voraussetzungen, anhand derer ein kausaler Zusammenhang bestätigt werden kann:[356]

- Zur Verifizierung eines kausalen Zusammenhanges ist ein hypothesengeleitetes Vorgehen auf Basis fundierter theoretischer Vorüberlegungen erforderlich.
- Die Variablen, zwischen denen ein kausaler Zusammenhang vermutet wird, müssen eine signifikante Korrelation aufweisen.
- Die Ursache des Untersuchungsgegenstandes geht der Wirkung zeitlich voraus.

Dies lässt erkennen, dass der Nachweis und die Beobachtung von Kausalität in der Realität kaum möglich sind, weshalb der Forscher auf Experimente oder Befragungen angewiesen ist. Die dadurch gewonnenen Daten werden anschließend einer kausalanalytischen Analyse unterzogen. Wie bereits erwähnt, wird in der Literatur synonym zur Kausalanalyse von einer Strukturgleichungsanalyse bzw. -modellierung gesprochen.[357] Mithilfe von *Strukturgleichungsmodellen* werden die vorab hergeleiteten Hypothesen zu den vermuteten Beziehungen zwischen den Variablen in mathematische Gleichungen transformiert. Dadurch wird das Untersuchungsmodell mathematisch umschrieben und kann anschließend statistisch analysiert werden. Der Begriff Kausalanalyse stellt somit die generelle Vorgehensweise zur Erforschung komplexer Wirkungszusammenhänge zwischen verschiedenen Variablen dar, während Strukturgleichungsmodelle als statistisches Durchführungsinstrument dienen. Das *Pfaddiagramm* bildet die theoretisch und formal aufgestellten Hypothesen sowie die betrachteten Variablen grafisch ab. In Abbildung 5-2 ist ein vollständiges Pfaddiagramm dargestellt. Die darin enthaltenen Bestandteile und somit die Elemente eines Strukturgleichungsmodells sollen nachfolgend vorgestellt und beschrieben werden.
Anders als bei den Verfahren der ersten Generation ist es mithilfe der Strukturgleichungsanalyse möglich, auch nicht direkt beobachtbare Größen zu untersuchen. Diese werden als *Konstrukte*, *latente Variablen* oder kurz als *Latente* bezeichnet.[358] Als Beispiele lassen sich u. a. das Unternehmensimage, der Unternehmenserfolg

---

[356] Vgl. EMRICH (2004), S. 6; REINECKE (2005), S. 12f.
[357] Vgl. HILDEBRANDT, HOMBURG (1998), S. 17; HILDEBRANDT, GÖRZ (1999), S. 1ff.
[358] Vgl. MAYER (2006), S. 73ff. Je nachdem, ob es sich um unabhängige oder abhängige Variablen handelt, kann somit von *exogenen* bzw. *endogenen Konstrukten* gesprochen werden.

oder die Wettbewerbsfähigkeit anführen, die ausnahmslos nicht unmittelbar mithilfe einer Einzelkennzahl ausgedrückt und im Rahmen einer empirischen Untersuchung gemessen werden können.

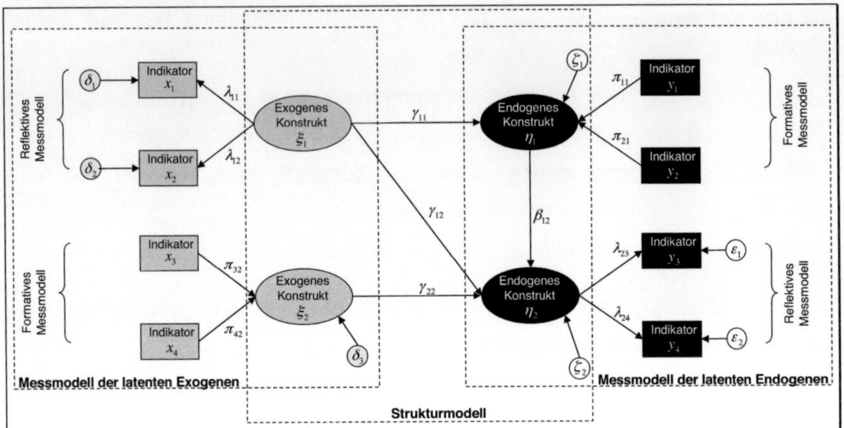

x	Indikatorvariablen der latenten exogenen Variable
y	Indikatorvariablen der latenten endogenen Variable
ξ [Ksi]	Latente exogene (im Modell nicht erklärte) Variable
η [Eta]	Latente endogene (im Modell erklärte) Variable
γ [Gamma]	Pfadkoeffizienten des Strukturmodells zwischen exogenen und endogenen Variablen
β [Beta]	Pfadkoeffizienten des Strukturmodells zwischen den endogenen Variablen
λ [Lambda]	Ladungskoeffizienten des reflektiven Konstruktes
π [Pi]	Gewichtungskoeffizienten des formativen Konstruktes
ζ [Zeta]	Fehlerterm der endogenen latenten Variable
δ [Delta]	Messfehler der exogenen (reflektiven) Indikatorvariable bzw. des exogenen formativen Konstruktes
ε [Epsilon]	Messfehler der (reflektiven) endogenen Indikatorvariable

Abbildung 5-2: Pfaddiagramm mit reflektiven und formativen Variablen[359]

Die begriffliche Festlegung der zu untersuchenden Konstrukte sowie deren Einbindung in das Untersuchungsmodell wird als *Konzeptualisierung* bezeichnet.[360] In engem Zusammenhang zur Konzeptualisierung steht die *Operationalisierung* der Konstrukte.[361] Da sich latente Variablen einer unmittelbaren Beobachtung bzw. Messung entziehen und somit keine empirischen Messwerte erhoben werden können, gestaltet sich die Überprüfung kausaler Ursache-Wirkungs-Beziehungen zwischen diesen Größen schwierig.[362] Dieses Problem kann gelöst werden, indem im Rahmen der Operationalisierung ein Messinstrument entwickelt wird, mit dessen Hilfe die Erfassung der Konstrukte möglich ist. Dazu dienen direkt messbare Variablen, die auch als *manifeste Variablen*, *Indikatoren*, *Indikatorvariablen* und teilweise als *Items*

---

359 Vgl. GÖTZ, LIEHR-GOBBERS (2004), S. 716.

360 Zu den Inhalten und Aufgaben der Konzeptualisierung siehe Kapitel 5.3.

361 Zu den Inhalten, Aufgaben und der Vorgehensweise der Operationalisierung vgl. Kapitel 5.3.

362 Vgl. RIEKEBERG (2002), S. 803; BACKHAUS ET AL. (2006b), S. 340.

bezeichnet werden.[363] Die Gleichsetzung der Begriffe Indikator und Item ist allerdings nicht exakt, da die Indikatoren die in der Realität wahrnehmbaren Variablen darstellen, wohingegen die zugehörigen Fragen, die der Erfassung der Indikatoren in der Befragung dienen, als *Items* bezeichnet und anhand von *Skalen* bewertet werden (vgl. Abbildung 5-3).[364]

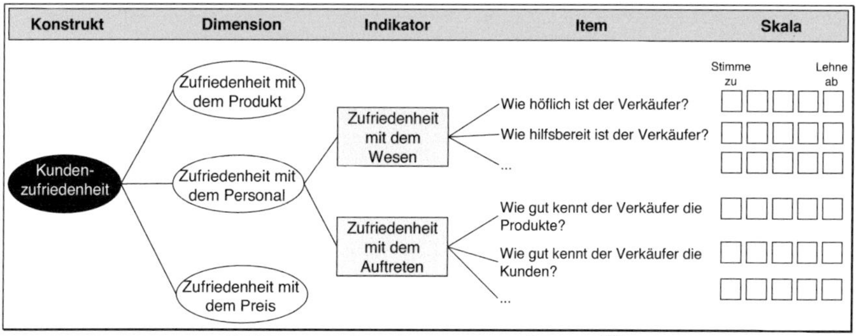

Abbildung 5-3: Begriffstheoretischer Überblick[365]

Um die Beziehungen zwischen den Latenten schätzen zu können, muss für jedes Konstrukt ein *Messmodell* mit empirisch erhobenen Indikatoren sowie deren Items und Skalen konzipiert werden. Von Bedeutung ist, dass jedem Konstrukt mehrere Indikatoren zugewiesen werden und diese in einem plausiblen, theoretisch begründbaren Zusammenhang mit der verbundenen latenten Variable stehen.[366] Je nachdem, ob es sich um das Messmodell der unabhängigen oder das der abhängigen Variablen handelt, wird vom *exogenen* bzw. dem *endogenen Messmodell* gesprochen (vgl. Abbildung 5-2).[367] Das Messmodell, auch als *äußeres Modell* bezeichnet, bildet somit den ersten Hauptbestandteil eines Strukturgleichungsmodells und wird durch das zentrale Element, das *Strukturmodell*, ergänzt.[368] Im Strukturmodell, auch als *inneres Modell* bezeichnet, werden die theoretisch hergeleiteten Zusammenhänge (Hypothesen) zwischen den Konstrukten abgebildet.[369] Die Schätzung der Kausalzusammenhänge zwischen den exogenen und endogenen Konstrukten erfolgt

---

363 Vgl. BUCH (2007), S. 4ff.; CHRISTOPHERSEN, GRAPE (2007), S. 103.
364 Vgl. MAYER (2006), S. 78f.
365 Eigene Darstellung in Anlehnung an MAYER (2006), S. 78. Zum Begriff *Dimension* vgl. Seite 130.
366 Vgl. FASSOTT, EGGERT (2005), S. 34.
367 Vgl. BACKHAUS ET AL. (2006b), S. 341.
368 Vgl. PANTEN, BOẞOW-THIES (2007), S. 312ff.
369 Vgl. PANTEN, BOẞOW-THIES (2007), S. 312ff.; BUCH (2007), S. 13.

hierbei prinzipiell nach dem regressionsanalytischen Prinzip.[370] Einen wesentlichen Vorteil der Strukturgleichungsanalyse gegenüber den Verfahren der ersten Generation stellt die Berücksichtigung von *Interaktionseffekten* dar. Ein Konstrukt, das seinerseits von einer oder mehreren unabhängigen Variablen beeinflusst wird und selbst einen Effekt auf die abhängige Variable ausübt, wird als *Mediator* oder *Mediatorvariable* bezeichnet. In Abbildung 5-2 auf Seite 126 stellt somit das endogene Konstrukt η_1 einen Mediator der Beziehung zwischen der exogenen Variable ξ_1 und der endogenen Variable η_2 dar. BARON und KENNY umschreiben treffend „A mediator variable presents a significant pathway of influence through which a focal IV [Anmerkung des Autors: Independing Variable (unabhängige Variable)] has an effect on the DV [Anmerkung des Autors: Depending Variable (abhängige Variable)]."[371] Durch die Mediatorvariable ergibt sich neben dem direkten zusätzlich ein indirekter Effekt zwischen der unabhängigen und der abhängigen Variable (vgl. Abbildung 5-4).[372]

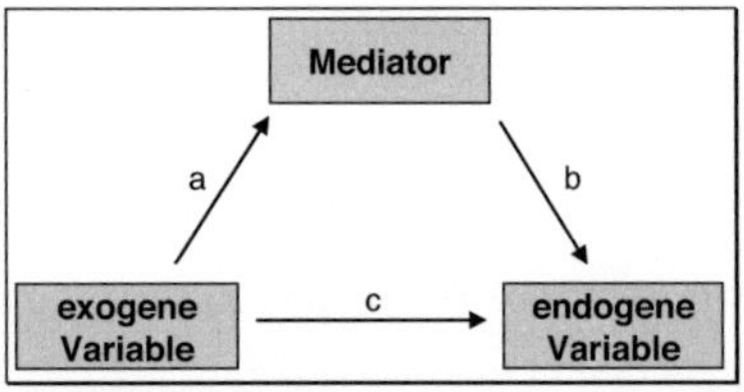

Abbildung 5-4: Darstellung Mediatorvariable[373]

Die Stärke des indirekten Effektes lässt sich durch eine Multiplikation der Pfadkoeffizienten auf dem indirekten Pfad berechnen ($a \cdot b$). Die Pfadkoeffizienten können im Allgemeinen Werte zwischen 0 und -1 (negativer Effekt) bzw. 0 und +1 (positiver Effekt) annehmen, wobei hohe Werte einen starken Einfluss widerspiegeln, während Werte nahe Null auf einen vernachlässigbaren Zusammenhang zwischen den

370 Vgl. RIEKEBERG (2002), S. 805.

371 BARON, KENNY (1986), S. 1.176.

372 Es kann zwischen einer vollständigen sowie einer partiellen Mediation unterschieden werden. Bei einer vollständigen Mediation ist ein direkter Pfad zwischen der unabhängigen und abhängigen Variable nur dann signifikant, wenn die mediierten Einflüsse nicht berücksichtigt, d. h. die indirekten Pfade aus dem Modell entfernt werden. Bei einer gleichzeitigen Berücksichtigung der indirekten Effekte ist der direkte Pfad hingegen nicht signifikant. Dem gegenüber liegt bei einer partiellen Mediation trotz der indirekten Pfade ein signifikanter direkter Einfluss (Pfad) vor.

373 Vgl. BARON, KENNY (1986), S. 1.176.

Variablen schließen lassen.[374] Durch eine zusätzliche Berücksichtigung des direkten Effektes (c) sowie sämtlicher weiteren indirekten Pfade können die direkten und indirekten Einzeleffekte abschließend zu einem Gesamteffekt addiert werden.

Das Grundprinzip der Strukturgleichungsanalyse lässt sich auf die Zweisprachentheorie von CARNAP zurückführen.[375] Demnach werden die theoretische Sprache und die Beobachtungssprache getrennt voneinander betrachtet: Die latenten Konstrukte sind auf der konzeptionellen Ebene angesiedelt (theoretische Sprache), während die Messmodelle mit ihren direkt beobachtbaren Indikatoren auf der Sprachebene (Beobachtungssprache) eingeordnet werden.[376] Die Messmodelle bilden somit das Bindeglied zwischen der Beobachtung und der Theorie, indem sie die Beziehung zwischen den Indikatoren und den ihnen zu Grunde liegenden Konstrukten mithilfe von Korrespondenzregeln in einen Zusammenhang bringen. Diese geben Aufschluss über die Richtung der Beziehung zwischen einem latenten Konstrukt und seinen Indikatoren. Daraus resultiert die zu Grunde liegende Messphilosophie als *reflektives* oder *formatives Messmodell*.[377] In Abbildung 5-2 auf Seite 126 wird folglich der Einfluss von zwei exogenen Konstrukten (gemessen durch zwei reflektive Indikatoren x_1 und x_2 bzw. zwei formative Indikatoren x_3 und x_4) auf zwei ebenfalls reflektiv bzw. formativ operationalisierte endogene Konstrukte untersucht, wobei das endogene Konstrukt η_1 einen Mediator der Beziehung zwischen ξ_1 und η_2 darstellt.[378] Zusätzlich sind in Abbildung 5-2 die Messfehlervariablen Delta (δ) im exogenen sowie Epsilon (ε) im

---

[374] Die Pfadkoeffizienten entsprechenden den standardisierten Betakoeffizienten der Regressionsanalyse. Vgl. GÖTZ, LIEHR-GOBBERS (2004), S. 730. Ein Wert von 0,6 ist deshalb beispielsweise so zu interpretieren, dass sich bei einer Erhöhung der unabhängigen Variable um eine Skaleneinheit die Ausprägung der abhängigen Variable um 0,6 Skaleneinheiten erhöht. Vgl. CHIN (1998b), S. 324.

[375] Vgl. CARNAP (1966). Die getrennte Betrachtung von Theorie- und Beobachtungsebene bildet somit die Basis der modernen Messtheorie. Vgl. FASSOTT, EGGERT (2005), S. 34.

[376] Für nähere Informationen zur Zweisprachentheorie vgl. KUBE (1990), S. 73; HILDEBRANDT (1998), S. 95; HILDEBRANDT, HOMBURG (1998), S. 18f.; FASSOTT, EGGERT (2005), S. 34ff.; BACKHAUS ET AL. (2006b), S. 340.

[377] Trotz der großen Bedeutung dieser Korrespondenzregeln wird ihnen in der betriebswirtschaftlichen Forschung als Folge zahlreicher Fehlspezifikationen erst in jüngerer Zeit eine größere Beachtung beigemessen. Vgl. BAGOZZI (1998), S. 52f.; PODSAKOFF ET AL. (2003), S. 879ff.; EBERL (2004), S. 23f.; GÖTZ, LIEHR-GOBBERS (2004), S. 715; FASSOTT (2005), S. 22f.; CHRISTOPHERSEN, GRAPE (2007), S. 115. Die Eigenschaften und Unterschiede einer reflektiven bzw. formativen Messphilosophie sowie die sich daraus ergebenden Implikationen sind Gegenstand des sich anschließenden Kapitels 5.2.2.

[378] Der Gesamteinfluss des exogenen Konstruktes ξ_1 auf die endogene latente Variable η_2 ergibt sich deshalb als Summe des direkten Effektes (γ_{12}) sowie des indirekten Effektes ($\gamma_{11} \cdot \beta_{12}$).

endogenen Messmodell enthalten.[379] Mithilfe der Variable Zeta (ζ) wird die durch das Modell nicht erklärbare Restvarianz in Form eines Fehlerterms in die Modellspezifikation einbezogen.[380]

Bei sehr abstrakten Sachverhalten und entsprechend umfangreichen bzw. vielschichtigen latenten Variablen bietet es sich an, diese als *mehrdimensionales Konstrukt* zu konzeptualisieren. Dadurch können differenziertere Aussagen und Ergebnisse erlangt werden als dies unter Umständen bei einer Konzeption als eindimensionales Konstrukt möglich wäre.[381] Die Dimensionen eines Konstruktes sind selbst latente Variablen, die jedoch in einem engen Verhältnis zueinander stehen und die verschiedenen Facetten bzw. Aspekte eines übergeordneten Konstruktes repräsentieren.[382] Das übergeordnete Konstrukt wird dabei als *Konstrukt zweiter*, die latenten Variablen auf Ebene der Dimensionen als *Konstrukte erster Ordnung* bezeichnet (vgl. Abbildung 5-5).[383]

Ein Beispiel für ein mehrdimensionales Konstrukt ist die Kundenzufriedenheit, deren Mehrdimensionalität in der Literatur allgemein anerkannt ist.[384] Neben der Funktionsfähigkeit des Produktes und den monetären Aspekten wie dem Kaufpreis oder den Kosten für die Wartung eines Produktes sind weitere Faktoren für den Grad der Kundenzufriedenheit verantwortlich. Hierzu zählen beispielsweise das Angebot zusätzlicher Leistungen und Sonderausstattungen, die Zufriedenheit mit der Kommunikation (z. B. Freundlichkeit des Verkaufspersonals, Abwicklung im Schadensfall, Verfügbarkeit einer Hotline oder eines Ansprechpartners vor Ort) sowie sonstige „weiche Faktoren" wie das wahrgenommene Unternehmensimage oder der Beitrag zum Um-

---

379 Die Variation der abhängigen Variablen soll möglichst vollständig auf die Variation der unabhängigen Variablen zurückzuführen sein. Da in der Regel allerdings weitere Einflussgrößen die Ausprägung der abhängigen Variablen beeinflussen, werden diese als Fehlerterme in das Modell integriert und entsprechend als *Messfehler-* bzw. *Residualvariablen* bezeichnet. Vgl. HOMBURG, BAUMGARTNER (1995b), S. 1.103.

380 Vgl. GRUBER (2004), S. 145. Dadurch sind in dem in Abbildung 5-2 auf Seite 126 dargestellten Pfadmodell insgesamt 19 Parameter zu schätzen.

381 Vgl. JARVIS ET AL. (2003), S. 204.

382 Innerhalb der Literatur wird die Verwendung von Konstrukten höherer Ordnung teilweise kontrovers diskutiert. Vgl. ALBERS, GÖTZ (2006), S. 669ff.; GIERE, WIRTZ, SCHILKE (2006), S. 678ff. Während eine Modellierung von Konstrukten zweiter Ordnung jedoch als weitgehend unkritisch angesehen und gemeinhin akzeptiert wird, sollte auf Konstrukte einer noch höheren Ordnung verzichtet werden. Vgl. ALBERS, GÖTZ (2006), S. 675.

383 Vgl. BAGOZZI (1998), S. 49; ALBERS, GÖTZ (2006), 669ff.

384 Vgl. HUBER ET AL. (2002), S. 68.

weltschutz, die ebenfalls nicht direkt, sondern nur mithilfe von Indikatoren messbar sind.[385]

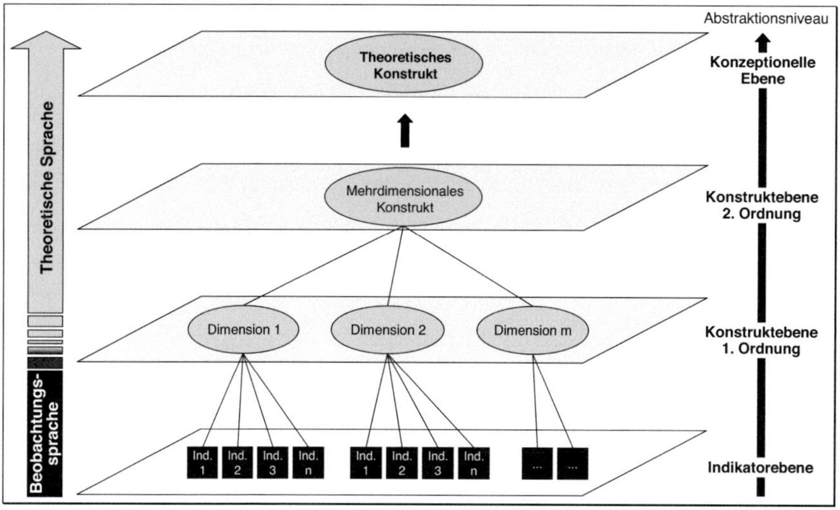

Abbildung 5-5: Mehrdimensionale Konstrukte[386]

Oftmals hängt die Ausprägung der untersuchten Zielgröße nicht ausschließlich von den im Modell berücksichtigten exogenen Variablen sowie den Mediatoren ab, sondern wird von einer dritten Größe beeinflusst.[387] Diese Variablen, die sich ebenfalls auf die kausalen Abhängigkeitsbeziehungen zwischen den exogenen und endogenen Variablen in einem Modell auswirken, werden als *Moderatoren* oder *moderierende Variablen* bezeichnet und können zusätzlich in das Strukturgleichungsmodell integriert werden.[388] Sie können je nach Art und Einfluss sowohl die Stärke als auch die Form des Zusammenhanges (Kausalitätsrichtung) zwischen den unabhängigen und abhängigen Variablen beeinflussen. Typische moderierende Variable sind die Unternehmensgröße, das Alter oder das Geschlecht.

385 Durch dieses Beispiel lässt sich zeigen, dass mehrdimensionale Konstrukte sowohl aus Multi- als auch aus Single-Item-Konstrukten oder eine Kombinationen aus beiden Formen bestehen können. *Multi-Item-Konstrukte* entsprechen dabei dem klassischen Verständnis einer latenten Variable, die mithilfe mehrerer Indikatoren operationalisiert wird (z. B. Zufriedenheit mit der Kommunikation, Unternehmensimage, etc.), während *Single-Item-Konstrukte* unmittelbar durch einen einzigen Indikator abgebildet und gemessen werden können (z. B. Kaufpreis). Vgl. CHURCHILL (1979), S. 66; HENSELER (2005), S. 70f.

386 Eigene Darstellung in Anlehnung an GIERE ET AL. (2006), S. 679.

387 Vgl. HUBER ET AL. (2006), S. 696.

388 Vgl. HUBER ET AL. (2007), S. 48. Teilweise findet sich in der Literatur auch der Begriff *Interaktionseffekt*. Vgl. BARON, KENNY (1986), S. 1.174.

Nachdem nunmehr die begrifflichen Grundlagen gelegt wurden, sollen im folgenden Kapitel die Spezifikationsmöglichkeiten der Strukturgleichungsmodelle im Fokus der Betrachtung liegen.

5.2.2 Kritischer Vergleich reflektiver und formativer Messmodelle

Die Tatsache, dass lediglich in 5% der kausalanalytischen Anwendungen formative Messmodelle verwendet werden, zeigt die Vormachtstellung der reflektiven Messphilosophie sehr deutlich.[389] Dabei häufen sich die Beiträge, in denen auf Fehlspezifikationen, vor allem bei reflektiv konzipierten Modellen, hingewiesen wird.[390] EGGERT und FASSOTT stellen in einer Metastudie fest, dass bis auf eine Ausnahme in sämtlichen untersuchten Beiträgen die Spezifikation der Messmodelle vollkommen unberücksichtigt blieb und nicht thematisiert wurde.[391] Dabei besitzt die Entscheidung für eine reflektive bzw. eine formative Messphilosophie weitreichende Folgen für die Operationalisierung, die Entscheidung für ein kovarianz- oder varianzbasiertes Vorgehen sowie die Gütebeurteilung. Aus diesem Grund widmet sich dieses Kapitel detailliert diesen beiden Spezifikationsmöglichkeiten und untersucht deren spezifische Charakteristika sowie die sich daraus ergebenden Implikationen für die Modellentwicklung und -beurteilung.

5.2.2.1 Eigenschaften und Konsequenzen für die Operationalisierung

In **reflektiven Messmodellen** werden die Indikatoren durch das Konstrukt bestimmt, sodass die latente Variable die kausale Ursache der Indikatoren bildet.[392] Da die Latente die inhaltliche Basis der manifesten Variablen darstellt, ist jeder einzelne Indikator streng genommen ein Stellvertreter dieses Konstruktes und spiegelt dessen Eigenschaften wider. Deshalb wird durch die Eliminierung eines einzelnen Indikators das Wesen des zu Grunde liegenden Konstruktes nicht beeinflusst. Vielmehr verursachen inhaltliche Veränderungen des Konstruktes entsprechende Veränderun-

---

389 Vgl. CHRISTOPHERSEN, GRAPE (2007), S. 115.

390 Vgl. FASSOTT (2006), S. 76; CHRISTOPHERSEN, GRAPE (2007), S. 115; JARVIS ET AL. (2003); PODSAKOFF ET AL. (2003), S. 879ff.; EBERL (2004), S. 23f.; GÖTZ, LIEHR-GOBBERS (2004), S. 715; FASSOTT (2005), S. 22f.

391 Vgl. EGGERT, FASSOTT (2003), S. 6.

392 Vgl. FASSOTT, EGGERT (2005), S. 36; FASSOTT (2006), S. 71; HOMBURG ET AL. (2008b), S. 294. In der englischsprachigen Literatur werden reflektive Indikatoren als „reflective indicators“, „effect indicators“ oder „eliciting indicators“ bezeichnet. Vgl. FORNELL, BOOKSTEIN (1982), S. 441f.; BOLLEN, LENNOX (1991), S. 305f.; ROSSITER (2002), S. 316.

gen der Indikatoren. Ebenso führen Modifikationen der Konstruktausprägung (z. B. Zu- oder Abnahme des Unternehmenserfolges) zu einer adäquaten Veränderung der zugeordneten Indikatoren dieses Konstruktes.[393] Die reflektive Modellspezifikation entspricht somit dem faktoranalytischen Weltbild, bei dem die Indikatoren ein Abbild des übergeordneten Konstruktes darstellen. Deshalb lässt sich der Zusammenhang zwischen der latenten Variable und den dazugehörigen Indikatoren als Faktorladung interpretieren.[394] Die Richtung der Pfeile in reflektiv spezifizierten Pfadmodellen weist infolgedessen von der theoretischen Ebene (Konstrukt) zur Beobachtungsebene (Indikator). Je nachdem, ob es sich um eine exogene oder endogene latente Variable handelt, gelten somit folgende formale Beziehungen:[395]

$$x = \lambda_x \xi + \delta_x \quad (5.1)$$

$$y = \lambda_y \eta + \varepsilon_y \quad (5.2)$$

Wie den Formeln (5.1) bzw. (5.2) zu entnehmen ist, stellt im Falle einer reflektiven Spezifikation jeder Indikator eine fehlerbehaftete Messung der zugeordneten latenten Variable dar.[396] Durch die Zuweisung mehrerer Indikatoren zu einem Konstrukt wird versucht, Verzerrungen einzelner Indikatorvariablen auszugleichen.[397] Die reflektive Messphilosophie geht dabei auf das Domain-Sampling-Model zurück, wonach eine latente Variable ihr definitorisches Umfeld (domain) beeinflusst und somit sämtlichen manifesten Variablen eines Konstruktes ein gemeinsamer inhaltlicher Kern zu Grunde liegt.[398] Diesem Verständnis folgend müssen reflektive Indikatoren inhaltlich ähnlich konzipiert sein und infolgedessen stark miteinander korrelieren.[399] Diese grundlegende Forderung besitzt weitreichende Konsequenzen und bildet die Basis für sämtliche Gütemaße, die zur Beurteilung der Messmodelle zur Verfügung ste-

---

393 Vgl. FASSOTT (2006), S.71. Sowohl die Ausprägung eines Konstruktes als auch eine mögliche Änderung werden somit durch die zugeordneten Indikatoren nachvollzogen. Ebenso führt eine veränderte Ausprägung eines einzelnen Indikators zu einer entsprechenden Veränderung sämtlicher anderen Indikatoren dieses Konstruktes. Vgl. CHIN (1998b), S. 9; ZINNBAUER, EBERL (2004), S. 5; FASSOTT (2006), S. 71.

394 Vgl. EBERL (2006a), S. 652.

395 Vgl. GÖTZ, LIEHR-GOBBERS (2004), S. 718 sowie Abbildung 5-2 auf Seite 126.

396 Vgl. GÖTZ, LIEHR-GOBBERS (2004), S. 718.

397 Vgl. HOMBURG, DOBRATZ (1998), S. 450.

398 Vgl. NUNNALLY (1967), S. 175ff.; NUNNALLY, BERNSTEIN (1994), S. 216ff.

399 Vgl. CHURCHILL (1979), S. 68; BOLLEN, LENNOX (1991), S. 308; GÖTZ, LIEHR-GOBBERS (2004), S. 718; HILDEBRANDT, TEMME (2006), S. 620; EBERL (2006a), S. 655; FASSOTT (2006), S. 83.

hen.[400] Da hoch korrelierte reflektive Indikatoren gleichermaßen für die Messung der Latenten geeignet sind und demnach problemlos ausgetauscht werden können, müssen bei reflektiven Modellen nicht sämtliche, sondern lediglich diejenigen Indikatoren in das Modell aufgenommen werden, die stark miteinander korrelieren und einen hohen Erklärungsgehalt bezüglich der Latenten besitzen.[401] Die nachträgliche Eliminierung gering ladender Variablen mit einem dürftigen Erklärungsgehalt wird als *Skalenbereinigung* bezeichnet. Diese geht auf CHURCHILL zurück, wurde jedoch von ANDERSON und GERBING sowie HOMBURG und GIERING vielfältig erweitert.[402] Bei reflektiven Modellen dient die Skalenbereinigung als profanes Mittel, um die Modellgüte ex post durch die Eliminierung ungeeigneter Indikatoren zu verbessern.[403]

Im Gegensatz zum faktoranalytischen Verständnis bei reflektiv operationalisierten Modellen entspricht eine **formative Modellspezifikation** dem regressionsanalytischen Ansatz. Die formative Messphilosophie ist dadurch gekennzeichnet, dass die Indikatoren das Konstrukt „formen", indem die Ausprägungen der Indikatoren den Inhalt des Konstruktes bestimmen.[404] Im Vergleich zum reflektiven Pendant liegt im formativen Fall eine gegensätzliche Kausalitätsrichtung vor: Während im reflektiven Modell das Konstrukt die Indikatoren determiniert, bildet im formativen Fall die Summe der Indikatoren die kausale Ursache der Latenten. Jeder Indikator repräsentiert somit einen Teil der latenten Variable, weshalb das Konstrukt erst durch die Gesamtheit der Indikatoren definiert wird.[405] Aus diesem Grund ist der Verzicht auf einzelne Indikatoren ebenso wie die nachträgliche Eliminierung im Rahmen der Skalenbereinigung nicht zulässig.[406] Dies impliziert, dass für eine vollständige Messung des Konstruktes sämtliche Facetten und Eigenschaften durch die Indikatoren abgebildet werden müssen. Die Ausprägung eines Konstruktes ergibt sich als gewichtete Summe der einzelnen Einflüsse der zugeordneten Indikatoren. Deshalb ist es in formativen Messmodellen irrelevant, ob oder wie stark die Indikatoren miteinander korre-

---

[400] Vgl. HOMBURG, GIERING (1982), S. 8ff.; EBERL, VON MITSCHKE-COLLANDE (2006), S. 5 sowie Kapitel 5.2.2.2.

[401] Vgl. LEY (1972), S. 111f.; CHURCHILL (1979), S. 67f.; JARVIS ET AL. (2003), S. 200; SCHNELL ET AL. (2005), S. 133f. Der Erklärungsgehalt drückt sich durch die Faktorladung der einzelnen Indikatoren aus.

[402] Vgl. CHURCHILL (1979), S. 66ff.; ANDERSON, GERBING (1982); HOMBURG, GIERING (1982).

[403] Vgl. FASSOTT, EGGERT (2005), S. 38.

[404] In der englischsprachigen Literatur werden die Indikatoren formativer Messmodelle als *„formative indicators"*, *„causal indicators"* oder *„formed indicators"* bezeichnet. Vgl. FORNELL, BOOKSTEIN (1982), S. 441f.; BOLLEN, LENNOX (1991), S. 306f.; ROSSITER (2002), S. 314.

[405] Vgl. FASSOTT, EGGERT (2005), S. 38; HILDEBRANDT, TEMME (2006), S. 620; EBERL (2006a), S. 652.

[406] Vgl. ZINNBAUER, EBERL (2004), S. 4; DILLER (2006), S. 614.

lieren.[407] In der Literatur wird ein hohes Maß an Korrelation zwischen den Indikatoren sogar als problematisch und kritisch angesehen, da hierdurch die Überprüfung des singulären Einflusses eines Indikators nicht mehr gewährleistet ist.[408] Die Korrelation der formativen Indikatoren ist somit prinzipiell möglich, allerdings wird sie nicht vorausgesetzt und ist mit zunehmendem Ausmaß sogar kontraproduktiv und problematisch.[409] Die unterstellte Kausalitätsrichtung von der Beobachtungsebene (Indikator) zur theoretischen Ebene (Konstrukt) hat des Weiteren zur Folge, dass eine Veränderung eines Indikators stets zu Veränderungen des zugeordneten Konstruktes führt.[410] Ob und wie stark sich dabei die restlichen Indikatoren ebenfalls verändern, lässt sich lediglich durch die Korrelationen zwischen den beobachtbaren Größen ermitteln und ist nicht zwingend vorausgesetzt oder pauschal anzunehmen.[411] Die formative Messphilosophie entspricht in ihrem Wesen dem Weltbild der multiplen Regression, weshalb die Koeffizienten zwischen den Indikatoren und Konstrukten im regressionsanalytischen Sinne als Gewichtungskoeffizienten zu interpretieren sind.[412] Die latente Variable lässt sich im exogenen bzw. endogenen Fall anhand folgender Formeln ermitteln:[413]

$$\xi = \pi_{\xi} x + \delta_{\xi} \tag{5.3}$$

$$\eta = \pi_{\eta} y + \zeta_{\eta} \tag{5.4}$$

Aus den Formeln (5.3) bzw. (5.4) geht hervor, dass formative Indikatoren keine Fehlerterme besitzen. Messfehler werden anders als bei reflektiven Modellen nicht auf Indikator- sondern auf Konstruktebene berücksichtigt und stellen somit die Residuen der multiplen Regression dar (vgl. Abbildung 5-2 auf Seite 126).[414]

---

407 Vgl. JARVIS ET AL. (2003), S. 201f.; FASSOTT (2006), S.83; HILDEBRANDT, TEMME (2006), S. 620.

408 Vgl. LIEHR-GOBBERS (2004), S. 729; EBERL (2006b), S. 65. Die Vermeidung einer hohen Korrelation zwischen den Indikatoren kann gleichzeitig auf den regressionsanalytischen Charakter der formativen Spezifikation zurückgeführt werden. Auch im Rahmen der Regressionsanalyse stellt die lineare Abhängigkeit der exogenen Variablen (Multikollinearität) ein hinlänglich bekanntes Problem dar. Vgl. DIAMANTOPOULOS, WINKLHOFER (2001), S. 272.

409 Vgl. BOLLEN (1984), S. 377; NUNNALLY, BERNSTEIN (1994), S. 489; FASSOTT, EGGERT (2005), S. 38.

410 Vgl. JARVIS ET AL. (2003), S. 203.

411 Vgl. GÖTZ, LIEHR-GOBBERS (2004), S. 718; EBERL (2004), S. 6.

412 Vgl. EBERL (2006a), S. 652.

413 Vgl. GÖTZ, LIEHR-GOBBERS (2004), S. 719.

414 Vgl. DIAMANTOPOULOS, WINKLHOFER (2001), S. 271.

5.2.2.2 Gütebeurteilung der Messmodelle

Sowohl qualitative als auch quantitative Forschungsergebnisse bilden häufig die Grundlage für Managemententscheidungen und Handlungs- oder Gestaltungsempfehlungen. Die Güte dieser Ergebnisse kann im Allgemeinen anhand der drei Kriterien Objektivität, Reliabilität und Validität beurteilt werden.[415] Die **Objektivität** einer Messung ist dann gegeben, wenn sie nicht durch die Erwartungen oder persönlichen Interessen des Forschers geprägt ist. Dies ist beispielsweise dadurch zu erreichen, dass die Untersuchung anonym durchgeführt wird, um den Probanden nicht durch das Erscheinungsbild, die persönliche Meinung des Forschers oder die Art der Befragung zu beeinflussen. Gleichzeitig trägt die Standardisierung der Befragung zu einer Objektivierung bei.[416] Die **Reliabilität** bzw. Zuverlässigkeit eines Messinstrumentes betrifft die Frage, ob die Messung frei von zufälligen, sogenannten *unsystematischen Fehlern* ist und die Untersuchung unter gleichen Rahmenbedingungen zu vollkommen identischen Ergebnissen gelangen würde.[417] Die **Validität** bzw. Gültigkeit eines Messinstrumentes zielt hingegen darauf ab, ob es tatsächlich misst, was es messen soll, oder ob methodisch bedingte, sogenannte *systematische Fehler* das Untersuchungsergebnis verzerren.[418] Neben den zufälligen müssen somit auch systematische Messfehler ausgeschlossen oder zumindest minimiert werden, um von Validität sprechen zu können. Dies impliziert, dass die Reliabilität einer Messung ein notwendiges, jedoch kein hinreichendes Kriterium der Validität darstellt.

Insbesondere die Reliabilität und Validität gelten als bedeutende und fundamentale Kriterien zur Beurteilung der Modellgüte. Aus diesem Grund sollen sich die folgenden Ausführungen vorrangig auf diese beiden Aspekte und die Möglichkeiten, sie zu analysieren, fokussieren. Aufgrund der gravierenden Unterschiede, die zwischen der Gütebeurteilung in reflektiven und formativen Modellen bestehen, werden diese getrennt voneinander betrachtet.

---

[415] Vgl. HOMBURG, KROHMER (2006), S. 254f.
[416] Vgl. HERRMANN ET AL. (2008), S. 10f.
[417] Vgl. HOMBURG, KROHMER (2006), S. 255. Trotz einer fehlerfreien Untersuchungsmethodik kann eine wiederholte Untersuchung dennoch zu abweichenden Ergebnissen führen. Dies ist beispielsweise dann der Fall, wenn sich die Einstellung bzw. die Wahrnehmung der Befragungsperson verändert hat oder im Vergleich zur originären Untersuchung veränderte Umweltbedingungen vorherrschen. Vgl. HERRMANN ET AL. (2008), S. 11.
[418] Vgl. MAYER (2006), S. 88.

▪ **Gütebeurteilung in reflektiven Messmodellen**

Im Falle eines reflektiven Messmodells stellt jeder Indikator eine fehlerbehaftete Messung des „wahren“ Konstruktwertes dar. Der Messfehler lässt sich dabei wie soeben erwähnt in eine zufällige sowie eine systematische Komponente zerlegen. Während zufällige Messfehler das Ergebnis ohne erkennbare Systematik beeinflussen, treten systematische Messfehler bei jeder Messung in identischer Art und Weise auf. Darauf aufbauend existieren Kriterien, die sich den systematischen Messfehlern widmen (Validität), sowie Kriterien, deren Fokus auf den zufälligen Messfehlern liegt (Reliabilität). Grundsätzlich lassen sich vier Arten der Gütebeurteilung voneinander abgrenzen.[419]

Die **Inhaltsvalidität** gibt an, ob die Messung den begrifflichen Inhalt des Konstruktes widerspiegelt und damit der definitorische Rahmen eines Konstruktes durch das Messinstrument abgedeckt wird. Der Inhaltsvalidität liegt somit die Annahme zu Grunde, dass nur dann von einer validen Messung ausgegangen werden kann, wenn jeder Aspekt des theoretischen Konstruktes bei der Operationalisierung und darauf aufbauend bei der Messung berücksichtigt wird. Um die inhaltliche Nähe der Indikatoren mit dem Konstrukt statistisch zu überprüfen, bietet sich das Verfahren der explorativen Faktorenanalyse an, bei der einzelne Indikatoren zu Faktoren (latente Variablen) verdichtet werden.

Die **Konstruktvalidität** betrifft die theoretische Fundierung der Messung und verlangt, dass nur diejenigen Merkmale erfasst werden, die sich aus der Theorie ableiten lassen und infolgedessen eine Bedeutung für das Konstrukt besitzen. Sie dient somit zur Ermittlung derjenigen Indikatoren, die im Zuge des Skalenbereinigungsprozesses aus dem Modell entfernt werden können, um dadurch die Modellgüte zu erhöhen. Die Konstruktvalidität lässt sich anhand der Konvergenz des betreffenden Konstruktes (Konvergenzvalidität) sowie dessen Diskriminanz zu anderen Konstrukten des Modells (Diskriminanzvalidität) überprüfen.[420] **Konvergenzvalidität** besitzt ein Konstrukt genau dann, wenn die zugeordneten Indikatoren sehr ähnlich und prinzipiell austauschbar sind, da sie im Grunde genommen dasselbe (und zwar das Konstrukt) messen. Die Konvergenzvalidität verlangt somit, dass die Indikatoren eines Konstruktes untereinander in einer starken Beziehung stehen. Sie ist folglich dann gegeben, wenn die konfirmatorische Faktorenanalyse zu dem Ergebnis gelangt, dass

---

419 Vgl. GÖTZ, LIEHR-GOBBERS (2004), S. 727f.; HILDEBRANDT, TEMME (2006), S. 619ff.
420 Vgl. HILDEBRANDT, TEMME (2006), S. 621.

die Indikatoren nur einen einzigen Faktor, und zwar das Konstrukt, bilden.[421] Aus diesem Grund wird auch die durchschnittlich erfasste Varianz (DEV) als Gütekriterium zur Beurteilung der Konvergenzvalidität angeführt.[422] Sie sollte Werte über 0,5 annehmen, damit die Varianz des Messfehlers kleiner ist als die Varianz der latenten Variable.[423] Zudem kann die Signifikanz der Faktorladungen auf Basis von t-Werten beurteilt werden.[424] Unter **Diskriminanzvalidität** wird im Allgemeinen verstanden, dass verschiedene Messinstrumente (Indikatoren) unterschiedliche Sachverhalte (Konstrukte) erfassen.[425] Wenn die entwickelten und mithilfe verschiedener Indikatoren operationalisierten Konstrukte tatsächlich eigenständige Faktoren darstellen, sollten die Indikatoren, die verschiedenen Konstrukten zugeordnet werden, demnach allenfalls schwach miteinander korrelieren. Nach dem Fornell-Larcker-Kriterium kann dieser Argumentation folgend dann von Diskriminanzvalidität ausgegangen werden, wenn die durchschnittlich erfasste Varianz einer latenten Variable größer ist als jede quadrierte Korrelation zwischen der Latenten und einem anderen Konstrukt.[426] Eine weitere Möglichkeit zur Überprüfung der Diskriminanzvalidität stellt der Chi-Quadrat-Differenztest dar.[427] Dieser vergleicht den Chi-Quadrat-Wert des zu betrachtenden Modells mit dem eines restringierten Vergleichsmodells. Die Beschränkung dieses Referenzmodells ergibt sich aus der Fixierung zweier Faktoren auf den Wert eins. Durch diese zusätzliche Restriktion ist die Anpassung des Modells zwangsläufig schlechter als die des zu untersuchenden Modells, sodass der Chi-Quadrat-Wert entsprechend größer ist als im unrestringierten Fall. Der Chi-Quadrat-Differenztest überprüft nun, ob diese Verschlechterung signifikant ist. Um das Kriterium der Diskriminanzvalidität als erfüllt zu bezeichnen, sollte die Teststatistik einen Grenzwert von 3,841 überschreiten.[428] Zusätzlich kann zur Beurteilung des Modells hinsichtlich der Diskriminanzvalidität ebenso eine konfirmatorische Faktorenanalyse durchgeführt werden.[429]

---

421 Vgl. ZINNBAUER, EBERL (2004), S. 7.
422 Vgl. FRITZ (1995), S. 134.
423 Vgl. FORNELL, LARCKER (1981), S. 46.
424 Vgl. HOMBURG (1995), S. 84.
425 Vgl. GÖTZ, LIEHR-GOBBERS (2004), S. 728.
426 Vgl. FORNELL, LARCKER (1981), S. 46.
427 Vgl. FORNELL, LARCKER (1981), S. 46; HOMBURG, GIERING (1996), S. 11.
428 Vgl. ZINNBAUER, EBERL (2004), S. 8.
429 Vgl. ANDERSON, GERBING (1988), S. 416; HILDEBRANDT, TEMME (2006), S. 621.

Auf der Beobachtungsebene gibt die **Indikatorreliabilität** den Varianzanteil eines Indikators an, der durch das zu Grunde liegende Konstrukt erklärt werden kann.[430] Dieser Anteil sollte bei über 50% liegen (Werte ≥ 0,5), damit die Messung nicht durch einen Messfehler dominiert wird.[431] Da sich die Indikatorreliabilität bei standardisierten Daten aus den quadrierten Faktorladungen ergibt, sollten folglich die Faktorladungen einen Wert ≥ 0,707 überschreiten.

Die Beurteilung der Güte auf Konstruktebene erfolgt anhand der **Konstruktreliabilität**. Da jeder reflektive Indikator einen Stellvertreter des Konstruktes darstellt und dessen Eigenschaften repräsentiert, sollten die Indikatoren eine hohe Homogenität und somit eine starke Beziehung untereinander aufweisen. Demnach sind Indikatoren, die eine geringe Korrelation mit den restlichen manifesten Variablen des Konstruktes besitzen, zu eliminieren. Wie gut eine latente Variable durch die ihm zugeordneten Indikatoren repräsentiert wird, d. h. ob die Indikatoren im Grunde genommen das Gleiche, und zwar das Konstrukt, messen, kann anhand der Internen Konsistenz beurteilt werden.[432] Eine Möglichkeit zur Überprüfung der Internen Konsistenz besteht darin, den Umfang der vorliegenden Indikatoren zu halbieren und anschließend die Korrelation zwischen diesen beiden Gruppen zu untersuchen. Dies wird auch als *Split-half Reliabilität* bezeichnet. Ein hoher Zusammenhang zwischen den Testhälften signalisiert dabei eine hohe Interne Konsistenz. Das Problem dieses Ansatzes besteht darin, dass unterschiedliche Halbierungen zu abweichenden Ergebnissen der Reliabilitätsbeurteilung führen.[433] Aus diesem Grund wird oftmals die *Item-to-Total-Korrelation* zur Überprüfung der Internen Konsistenz verwendet. Diese untersucht die Korrelation eines Indikators mit allen anderen manifesten Variablen desselben Konstruktes.[434] Um die Interne Konsistenz zu erhöhen, können anschließend die Indikatoren mit niedrigen Korrelationswerten aus dem Modell eliminiert werden, da diejenigen mit einer höheren Item-to-Total-Korrelation mehr zur Reliabilität der Konstruktmessung beitragen als die mit einer geringeren.[435] Das wohl bekannteste Maß zur Überprüfung der Internen Konsistenz bildet das *Cronbach'sche Alpha*. Dieses berücksichtigt neben der paarweisen Korrelation zwischen den Indika-

[430] Vgl. HIMME (2007), S. 380.
[431] Vgl. GÖTZ, LIEHR-GOBBERS (2004), S. 727.
[432] Vgl. KRAFFT ET AL. (2005), S. 74.
[433] Vgl. HIMME (2007), S. 378.
[434] Vgl. HOMBURG, GIERING (1996), S. 8.
[435] Vgl. NUNNALLY (1978), S. 279f.; CHURCHILL (1979), S. 68.

toren ebenfalls die Gesamtvarianz sowie die Anzahl der Indikatoren, die einem Konstrukt zugeordnet sind.[436] Während die Item-to-Total-Korrelation somit für jeden untersuchten Indikator berechnet wird, beurteilt das Cronbach'sche Alpha das Konstrukt als Ganzes.[437] Je größer die Korrelation zwischen den Indikatoren ist, desto höhere Werte ergeben sich für das Cronbach'sche Alpha. NUNNALLY schlägt einen unteren Grenzwert von 0,7 vor, während BAGOZZI und YI bereits Werte über 0,6 als akzeptabel bezeichnen.[438] Kritisch anzumerken ist allerdings, dass das Cronbach'sche Alpha durch verschiedene Faktoren (z. B. den Stichprobenumfang) beeinflusst wird, wodurch die Verlässlichkeit dieses Gütemaßes eingeschränkt ist.[439]

- **Gütebeurteilung in formativen Messmodellen**

Innerhalb von formativen Messmodellen begründen bzw. formen die Indikatoren das nicht direkt messbare Konstrukt. Diese Umkehrung der Kausalität zwischen latenter und manifester Variable erfordert eine andersartige Interpretation der Messmodelle. Während die Gütebeurteilung bei reflektiven Modellen auf den Annahmen des Domain-Sampling-Models basieren und auf Interne Konsistenz sowie eine hohe Korrelation zwischen den Indikatoren eines Konstruktes abzielen, liegt formativen Messmodellen ein regressionsanalytischer Ansatz zu Grunde. Folglich können die Gütekriterien reflektiver Modelle nicht gleichermaßen zur Gütebeurteilung in formativen Modellen verwendet werden.[440] Den Hauptgrund hierfür bildet das Problem der Multikollinearität.[441] Von Multikollinearität wird gesprochen, wenn die unabhängigen Variablen stark miteinander korrelieren und demzufolge linear abhängig sind. Diese wechselseitige Abhängigkeit kann zu einer starken Verzerrung der Schätzergebnisse führen und eine eindeutige Ergebnisinterpretation im Extremfall unmöglich machen, da der Einfluss des einzelnen Indikators aufgrund seiner Abhängigkeit von den restlichen Variablen nicht zweifelsfrei bestimmt werden kann.[442]

---

[436] Vgl. HIMME (2007), S. 379.

[437] Dennoch besteht zwischen diesen beiden Kriterien ein Zusammenhang, da ein niedriges Cronbach'sches Alpha darauf hindeutet, dass die Indikatoren das zu Grunde liegende Konstrukt nicht gleich gut messen. Um diejenigen Indikatoren zu identifizieren, die eine reliable Messung verhindern, kann die Item-to-Total-Korrelation verwendet werden.

[438] Vgl. NUNNALLY (1978), S. 245; BAGOZZI, YI (1988), S. 82.

[439] Vgl. CHURCHILL (1979), S. 68.

[440] Vgl. DIAMANTOPOULOS (1999), S. 453f.

[441] Vgl. BACKHAUS ET AL. (2006b), S. 89.

[442] Für eine umfangreiche Einführung in die Problematik der Multikollinearität vgl. SCHNEIDER (2007), S. 183ff.

Im Gegensatz zu reflektiv operationalisierten Konstrukten, für die in der Literatur zahlreiche Gütekriterien benannt werden, existieren derartige formale Kriterien für formative Messmodelle nicht.[443] Trotz dieses Mankos werden in der Literatur dennoch auch für formativ spezifizierte Messmodelle Möglichkeiten und Ansätze für eine Gütebeurteilung diskutiert.[444]

Um in formativen Modellen die Validität und Reliabilität sicherzustellen, ist der Indikatorfestlegung im Vorfeld der Untersuchung noch mehr als bei reflektiven Modellen besondere Beachtung zu schenken.[445] Da ein formatives Konstrukt erst durch die Gesamtheit der Indikatoren definiert wird und somit jeder einzelne Indikator zur vollständigen Erfassung des definitorischen Rahmens eines Konstruktes beiträgt, kann die **Inhaltsvalidität** bei formativen Konstrukten nicht unmittelbar auf Basis einer statistischen Kenngröße überprüft werden.[446] Sie ist vielmehr durch eine theoretisch basierte Entwicklung der Messmodelle (*Inaugenscheinnahme*) sowie die Einbeziehung von Experten im Vorfeld der Untersuchung sicherzustellen. Aus diesem Grund wird auch von **Expertenvalidität** gesprochen.[447] ANDERSON und GERBING schlagen dazu die Durchführung eines Pretests vor, in dessen Rahmen mehrere Experten eine Übersicht mit den zufällig angeordneten Indikatoren erhalten und diese den verschiedenen Konstrukten zuordnen sollen.[448] Anschließend kann die zuvor vom Forscher vorgenommene Zuweisung der Indikatoren auf Basis theoretischer Überlegungen (z. B. durch bereits verwendete Skalen in früheren Untersuchungen, die gängige Begriffsabgrenzung in der Literatur oder eine konfirmatorische Faktorenanalyse) der unvoreingenommenen Zuordnung durch die Experten gegenübergestellt werden. Dabei lassen sich zwei Gütemaße unterscheiden, die für jeden Indikator separat ermittelt werden. Der p_{sa}*-Index* (**p**roportion of **s**ubstantive **a**greement) gibt Auskunft über das Ausmaß der Übereinstimmungen zwischen der „richtigen" Zuordnung der Indikator-Konstrukt-Beziehung durch den Forscher und der vollzogenen Zuordnung durch die Probanden. Er lässt sich anhand der Formel

---

443 Vgl. GÖTZ, LIEHR-GOBBERS (2004), S. 728f.; ZINNBAUER, EBERL (2004), S. 8; HOMBURG, KLARMANN (2006), S. 732.

444 Vgl. BOLLEN, LENNOX (1991), S. 308; DIAMANTOPOULOS, WINKLHOFER (2001), S. 271ff.; ROSSITER (2002), S. 305ff.; FASSOTT, EGGERT (2005), S. 38ff.; EBERL, VON MITSCHKE-COLLANDE (2006), S. 8.

445 Vgl. ROSSITER (2002), S. 308.

446 Vgl. HIMME (2007), S. 379.

447 Vgl. GÖTZ, LIEHR-GOBBERS (2004), S. 728.

448 Vgl. ANDERSON, GERBING (1991), S. 734.

$$p_{sa} = \frac{n_c}{N} \tag{5.5}$$

ermitteln.[449] Als Maß für die inhaltliche Relevanz bezieht der c_{sv}-*Index* (**s**ubstantive-**v**alidity **c**oefficient) zusätzlich die am häufigsten „falsch" vorgenommene Zuordnung eines Indikators zu einem anderen als dem vom Forscher erwarteten Konstrukt ein. Dadurch wird die Eindeutigkeit der Indikator-Konstrukt-Beziehung abgebildet. Der c_{sv}-Index errechnet sich anhand der Formel:[450]

$$c_{sv} = \frac{n_c - n_0}{N}. \tag{5.6}$$

Formativ spezifizierte Konstrukte werden durch die Gesamtheit der Indikatoren definiert, weshalb eine Indikatorselektion und nachträgliche Skalenbereinigung nach dem Grundsatz gering korrelierender Indikatoren problematisch ist.[451] Im Allgemeinen existiert in der wissenschaftlichen Diskussion keine übereinstimmende Auffassung, ob eine Eliminierung einzelner Indikatoren auch im Falle einer formativen Messphilosophie zu empfehlen bzw. überhaupt zulässig ist. Während die Befürworter der Skalenbereinigung Indikatoren unter einem Gewicht von 0,1 als trivial einschätzen und deren Eliminierung zur Verbesserung der Modellgüte vorschlagen, sprechen sich andere Autoren für eine Orientierung an niedrigen Signifikanzen aus, grenzen das Entfernen von Indikatoren allerdings ein, indem der konzeptionelle Inhalt der latenten Variable erhalten bleiben sollte.[452] Die Gegner der Eliminierung formativer Variablen argumentieren, dass durch die Eliminierung scheinbar unwichtiger Indikatoren zwar einerseits die statistische Modellanpassung verbessert werden kann, dadurch jedoch andererseits grundlegende theoretisch-konzeptionelle Überlegungen ignoriert und damit die inhaltliche Breite sowie die definitorischen Grenzen

---

449 Die Anzahl der Befragten, die eine übereinstimmende Zuordnung der Indikatoren vorgenommen haben, wird dabei durch den Ausdruck n_c wiedergegeben, während N der Gesamtanzahl an Probanden entspricht. Der p_{sa}-Index kann Werte zwischen Null und Eins annehmen, wobei höhere Werte auf ein größeres Ausmaß an Übereinstimmung hindeuten.

450 Die Variable n_0 steht für die Anzahl der Befragten, die den Indikator am häufigsten „falsch" einem bestimmten anderen Konstrukt zugeordnet haben. Der c_{sv}-Index kann Werte zwischen minus und plus Eins annehmen, wobei auch hier hohe positive Werte auf eine große inhaltliche Relevanz hindeuten. Vgl. ANDERSON, GERBING (1991), S. 734; KRAFFT ET AL. (2005), S. 76f.

451 Vgl. DIAMANTOPOULOS (1999); S. 453f.; EBERL (2006a), S. 654.

452 Vgl. DIAMANTOPOULOS, WINKLHOFER (2001), S. 273.

des latenten Konstruktes substanziell verkürzt werden.[453] DIAMANTOPOULOS und WINKLHOFER empfehlen deshalb, eine Streichung von Indikatoren nur auf Basis theoretischer Überlegungen und nicht mittels quantitativer Methoden vorzunehmen.[454] ROSSITER formuliert noch drastischer, dass jegliche nachträgliche Eliminierung von Indikatoren grundsätzlich abzulehnen ist.[455] Es gilt zu bedenken, dass die Indikatoren zuvor auf Basis theoretisch-konzeptioneller Überlegungen ausgewählt und dem Konstrukt zugeordnet wurden, weshalb eine nachträgliche Eliminierung von Indikatoren zwangsläufig mit einer Beschneidung des definitorischen Rahmens eines Konstruktes einhergeht. Dadurch werden womöglich einzelne Aspekte und Facetten nur unzureichend oder überhaupt nicht erfasst.[456] Da weder die Befürworter noch die Kritiker konkrete Handlungsempfehlungen bzw. Leitlinien vorschlagen, muss der Forscher bezüglich der Eliminierung formativer Indikatoren zwischen statistischen und theoretischen Überlegungen abwägen. Unumstritten ist jedoch, dass die Zuverlässigkeit der Parameterschätzung mit einer zunehmenden wechselseitigen Abhängigkeit der Indikatoren (Multikollinearität) abnimmt und eine Eliminierung der betroffenen manifesten Variablen rechtfertigt.[457] Während die hohe Korrelation der Indikatoren eines Konstruktes im faktoranalytischen Verständnis sogar erwünscht ist, kann diese Problematik im Falle formativer Messmodelle zu verzerrten Schätzwerten führen. Da der Einzeleinfluss und die Bedeutung eines Indikators nicht mehr eindeutig festzustellen sind, tendiert dessen Varianz gegen Unendlich, wodurch die Standardfehler der Betakoeffizienten größer und damit unzuverlässiger würden.[458] Die Überprüfung der empirischen Daten hinsichtlich einer vorhandenen Multikollinearität kann mithilfe des *Variance Inflation Factor (VIF)* erfolgen. Dieser errechnet sich nach folgender Formel:[459]

$$VIF = \frac{1}{1 - R_j^2}. \qquad (5.7)$$

---

[453] Vgl. BOLLEN, LENNOX (1991), S. 305ff.; EDWARDS, BAGOZZI (2000), S. 156; DIAMANTOPOULOS, WINKLHOFER (2001), S. 272; JARVIS ET AL. (2003), S. 202. Die Diskussion zwischen den Befürwortern und Gegnern von Indikatoreliminierungen erörtert HELM (2005), S. 249ff.

[454] Vgl. DIAMANTOPOULOS, WINKLHOFER (2001), S. 272.

[455] Vgl. ROSSITER (2002), S. 322 und 329.

[456] Vgl. BOLLEN, LENNOX (1991), S. 308; JARVIS ET AL. (2003), S. 202 sowie die vertiefenden Ausführungen in Kapitel 6.4.2.

[457] Vgl. DIAMANTOPOULOS, WINKLHOFER (2001), S. 272; ECKEY ET AL. (2001), S. 93; JARVIS ET AL. (2003), S. 202; FASSOTT, EGGERT (2005), S. 40; BACKHAUS ET AL. (2006b), S. 88f.; SCHNEIDER (2007), S. 183.

[458] Vgl. GÖTZ, LIEHR-GOBBERS (2004), S. 729.

[459] Vgl. ECKEY ET AL. (2001), S. 93.

Das Bestimmtheitsmaß R_j^2 eines Indikators j gibt dabei Auskunft über die Korrelation der Variablen eines Konstruktes. Ein Wert von 1 bedeutet, dass sich ein Indikator vollständig durch eine Linearkombination der anderen Indikatoren erzeugen lässt und somit überflüssig ist, da er keinen Erklärungszuwachs leistet. Mit zunehmendem R_j^2 steigt der VIF an und deutet somit sukzessive auf eine vorhandene Multikollinearität der vorhandenen Daten hin.[460] Der VIF spiegelt demnach den Varianzanteil eines Indikators wider, der durch die übrigen manifesten Variablen eines Konstruktes erklärt wird. Im Allgemeinen werden Werte ≥ 10 als Indiz für eine vorhandene Multikollinearität angesehen.[461] Allerdings herrscht in der Literatur auch diesbezüglich bislang kein Konsens darüber, wie auf das Auftreten von Multikollinearität konkret reagiert werden sollte. Um Informationsverluste bzw. eine Veränderung des konzeptionellen Inhaltes eines formativen Konstruktes infolge einer Skalenbereinigung zu vermeiden, bietet sich beispielsweise eine Zusammenfassung der auffälligen Indikatoren zu einer gemeinsamen Variable an (z. B. durch die Bildung eines Mittelwertes).[462]

Da im formativen Fall eine hohe Korrelation der Indikatoren keine Voraussetzung für eine hohe Modellgüte darstellt, ist die Beurteilung der Reliabilität wenig sinnvoll. Formative Indikatoren können sowohl positiv als auch negativ oder überhaupt nicht kovariieren. Durch einen Vergleich der Gewichte kann jedoch der Beitrag der einzelnen Indikatoren zur Konstruktbildung und somit deren Bedeutung ermittelt werden. Deshalb wird in der Literatur von **Indikatorrelevanz** gesprochen.[463] Die Gewichte der Indikatoren verdeutlichen die Stärke des Einflusses eines Indikators auf das ihm zugeordnete Konstrukt. Um von einem relevanten Indikator sprechen zu können, sollten die Koeffizienten Werte ≥ 0,2 annehmen. Hierbei ist jedoch zu beachten, dass das primäre Anliegen von PLS nicht in der Maximierung der einzelnen Gewichte und Pfadkoeffizienten besteht, sondern darin zu sehen ist, die erklärte Varianz der abhängigen Variablen im Modell zu optimieren. Infolgedessen dürfen geringe Absolutwerte keinesfalls voreilig als schlechtes Modell fehlinterpretiert werden.[464] Jedoch sollte das Vorzeichen den Erwartungen entsprechen, wobei innerhalb der Messmo-

---

460 Vgl. BACKHAUS ET AL. (2006b), S. 91.

461 Vgl. DIAMANTOPOULOS, WINKLHOFER (2001), S. 272; HUBER ET AL. (2007), S. 39.

462 Vgl. HOMBURG ET AL. (2003), S. 94; PANTEN (2005), S. 239; ALBERS, HILDEBRANDT (2006), S. 13; CHRISTOPHERSEN, GRAPE (2007), S. 112f.; PANTEN, BOßOW-THIES (2007), S. 320f.

463 Vgl. GÖTZ, LIEHR-GOBBERS (2004), S. 728.

464 Vgl. CHIN (1998b), S. 307; GÖTZ, LIEHR-GOBBERS (2004), S. 729 sowie Kapitel 5.2.3.

delle Indikatoren vereinzelt negative Gewichte aufweisen können. Dies ist nicht als Zeichen einer mangelnden Modellgüte zu werten, sondern kann durch Multikollinearität bedingt sein oder darauf hindeuten, dass die Indikatoren durch ein *reverse coding* ins logische Gegenteil uminterpretiert werden müssen. HENSELER führt dazu das Beispiel der Loyalität an, welches im Falle negativer Vorzeichen in das Konstrukt der Illoyalität umgedeutet werden kann.[465] Ergänzend ist die statistische Genauigkeit eines Parameters, die durch dessen Signifikanz ausgedrückt wird, zu beachten. Die dazu notwendigen t-Werte können beispielsweise mithilfe des Bootstrappings ermitteln werden. Dennoch dürfen selbst Indikatoren mit geringen Gewichten nicht ohne Weiteres eliminiert werden. Einerseits würde dadurch der substanzielle Inhalt des Konstruktes verfälscht, da jeder einzelne Indikator dazu beiträgt, einen bestimmten Teil der latenten Variable darzustellen.[466] Zum anderen deuten niedrige Indikatorgewichte nicht zwangsläufig auf eine geringe Modellgüte hin, sondern können u. a. durch den verwendeten Schätzalgorithmus bedingt sein (vgl. Kapitel 5.2.3.1). Die Eliminierung eines Indikators sollte somit nur vor dem Hintergrund inhaltlicher Überlegungen oder beim Vorliegen von Multikollinearität in Erwägung gezogen werden.
Aufschluss über die Zuverlässigkeit der Parameterschätzung liefert ein Signifikanztest. Mithilfe von Resampling-Methoden können t-Werte berechnet und daraus das Signifikanzniveau ermittelt werden.[467] Dadurch ist es möglich, die statistische Sicherheit und Verallgemeinerbarkeit der Schätzergebnisse zu beurteilen.

Da die Indikatoren eines Konstruktes nicht miteinander korrelieren müssen, ist die Konstruktreliabilität bei formativen Messmodellen nicht wie im Falle ihres reflektiven Pendants überprüfbar. Lediglich auf Basis des nomologischen Netzes kann untersucht werden, ob die entwickelten Konstrukte hinsichtlich dieses Kriteriums valide sind. Als Alternative zur Beurteilung der Konstruktreliabilität schlagen deshalb REINARTZ ET AL. die Verwendung der **nomologischen Validität** vor.[468] Hierzu wird der empirisch festgestellte Zusammenhang mit den zuvor aufgestellten theoretischen Vermutungen verglichen. Von einer nomologischen Validität ist dann auszugehen, wenn sich die theoretisch entwickelten Hypothesen empirisch bewähren.[469]

---

465 Vgl. HENSELER (2005), S. 74.
466 Vgl. BOLLEN, LENNOX (1991), S. 308; EBERL (2006a), S. 652.
467 Auf die Resampling-Methoden wird näher in Kapitel 5.2.3.1 eingegangen.
468 Vgl. REINARTZ ET AL. (2004), S. 298f.
469 Vgl. DIAMANTOPOULOS, WINKLHOFER (2001), S. 272f.

Einen zusammenfassenden Überblick zur Gütebeurteilung in reflektiven bzw. formativen Messmodellen gibt Tabelle 5-2.

			reflektiv	**formativ**
Validität	**Inhaltsvalidität**		Explorative Faktorenanalyse	▪ Wegen der Forderung nach vollständiger Umschreibung der Konstrukte nicht möglich *Alternativ:* Ermittlung und Zuordnung der Indikatoren durch Experten („**Expertenvalidität**"): ▪ p_{sa}-Index ▪ c_{sv}-Index
Validität	**Konstruktvalidität**	**Konvergenzvalidität**	▪ Signifikanz der Faktorladungen: t-Werte ≥ 1,285 ▪ Konfirmatorische Faktorenanalyse ▪ Durchschnittlich erfasste Varianz (DEV): ≥ 0,5	▪ nicht möglich, da Indikatoren eines Konstruktes nicht korrelieren sollen (Multikollinearitätsproblem)
Validität	**Konstruktvalidität**	**Diskriminanzvalidität**	▪ Fornell-Larcker-Kriterium ▪ Chi-Quadrat-Test: ≥ 3,841	
Reliabilität	**Indikatorreliabilität**		▪ Faktorladungen: ≥ 0,707	▪ Aufgrund fehlender Annahmen nicht sinnvoll *Alternativ:* ▪ Vergleich der Indikatorgewichte („**Indikatorrelevanz**") ▪ Signifikanztest: mind. auf 10% Niveau (t-Werte ≥ 1,285) ▪ Skalenbereinigung bei Multikollinearität → nicht nötig, solange Variance Inflation Factor (VIF): < 10
Reliabilität	**Konstruktreliabilität**		▪ Interne Konsistenz: ▪ Item-to-Total-Korrelation ▪ Cronbach'sches Alpha: ≥ 0,6	▪ Wegen der nicht erforderlichen Korrelation zwischen den Indikatoren nicht anwendbar *Alternativ:* **Nomologische Validität**

Tabelle 5-2: Gütebeurteilung in reflektiven und formativen Messmodellen[470]

Nachdem in zahlreichen Publikationen oft stillschweigend eine reflektive Messphilosophie unterstellt wurde, konnten spätere Simulationsstudien die Folgen dieser bewussten oder unbewussten Fehlspezifikation aufzeigen.[471] Aufgrund der weitreichenden Konsequenzen haben diverse Autoren Kriterienkataloge entwickelt, mit deren

470 Vgl. GÖTZ, LIEHR-GOBBERS (2004), S. 727ff.; HILDEBRANDT, TEMME (2006), S. 621f.; HIMME (2007), S. 378ff.

471 Vgl. JARVIS ET AL. (2003), S. 206; EGGERT, FASSOTT (2003), S. 6.

Hilfe eine Entscheidung hinsichtlich der geeigneten Messphilosophie getroffen werden kann.[472] Diese Kriterien sollen im Folgenden vorgestellt werden.

5.2.2.3 Auswahlentscheidung für eine geeignete Messphilosophie

Die Einschätzung von DIAMANTOPOULOS und SIGUAW, dass jeder reflektive Indikator ein formativer sein kann und umgekehrt, ist kritisch zu beurteilen.[473] Die Beantwortung der Frage, ob ein Konstrukt reflektiver oder formativer Natur ist, sollte ausschließlich auf Basis theoretischer Vorüberlegungen zum Konstruktinhalt sowie der kausalen Beziehungen zwischen der Latenten und den Indikatoren erfolgen. Aus wissenschaftstheoretischer Sicht ist diese Entscheidung sogar gleichbedeutend mit der Wahl zwischen einem deduktiven oder induktiven Forschungsansatz. Im Sinne der Zweisprachentheorie lässt sich argumentieren, dass die reflektive Spezifikation, bei der vom Gesamten (theoretische Ebene) auf das Einzelne (Beobachtungsebene) geschlossen wird, tendenziell als deduktives Vorgehen angesehen werden kann. Die formative Messvariante entspricht hingegen einer induktiven Vorgehensweise, da die beobachtbaren Variablen (Indikatoren) den theoretischen Begriff (Konstrukt) bestimmen und dadurch die Latente „formen".[474]

Die Bedeutung, die der Entscheidung für eine reflektive oder eine formative Messphilosophie zukommt, zeigt sich vor allem bei einer Betrachtung der Folgen, die eine Fehlspezifikation, d. h. die Operationalisierung eines „wahren" reflektiven Konstruktes als formative Variable und umgekehrt, besitzt. Wird ein eigentlich reflektives Konstrukt fälschlicherweise formativ operationalisiert, werden die Empfehlungen zur Skalenbereinigung nach CHURCHILL nicht beachtet und wichtige Gütemaße zur Gewährleistung der Reliabilität und Validität des Modells nicht verwendet.[475] Durch die Beibehaltung unreliabler und irrelevanter Indikatoren ist die Interne Konsistenz und damit die bescheinigte Güte der Messmodelle geringer als im Falle einer nachträglichen Eliminierung der ungeeigneten Variablen. Ein weiteres Problem ist darin zu sehen, dass im Sinne einer formativen Messphilosophie Indikatoren aufgrund von Multikollinearität aus dem Modell ausgeschlossen werden, obwohl dies bei reflektiven Modellen nicht notwendig, sondern sogar erwünscht ist. Dies würde unmittelbar

[472] Vgl. JARVIS ET AL. (2003), S. 201ff.; HUBER ET AL. (2007), S. 19.
[473] Vgl. DIAMANTOPOULOS, SIGUAW (2002), S. 718.
[474] Vgl. FASSOTT, EGGERT (2005), S. 36.
[475] Vgl. CHURCHILL (1979), S. 66ff. sowie Kapitel 5.2.2.2.

zu einer schlechteren Modellanpassung und im Extremfall zu einer Verwerfung des Hypothesensystems führen, obwohl das Modell eigentlich Gültigkeit besitzt.[476]
Im umgekehrten Fall werden hingegen „wahre“ formative Indikatoren aufgrund ihrer fälschlicherweise vorgenommenen reflektiven Konzeption einem Skalenbereinigungsprozess unterzogen. Indikatoren, die nicht hoch korrelieren, werden folglich aus Gründen der Internen Konsistenz aus dem Modell entfernt, da sie vermeintlich nicht dem Konstrukt zugehörig sind und wenig zur Varianzerklärung beitragen. Da es sich jedoch tatsächlich um formative Indikatoren handelt und somit jede einzelne Variable einen Erklärungsbeitrag für das Modell besitzt, werden durch die nachträgliche Eliminierung wichtige Teilaspekte und Facetten des Konstruktes vernachlässigt und der substanzielle Inhalt der Latenten beschnitten.[477] Somit ist zu erwarten, dass ebenso wie bei der zuvor beschriebenen Fehlspezifikation im umgekehrten Sinne Hypothesen fälschlicherweise bestätigt oder abgelehnt werden.[478]
Obwohl in der Literatur die Unterscheidung zwischen reflektiven und formativen Messmodellen vielfach diskutiert und deren Bedeutung wiederholt hervorgehoben wurde, findet eine Thematisierung der gewählten Spezifikationsart in empirischen Studien nur begrenzt statt. FASSOTT betont die Dominanz der reflektiven Modelle in der betriebswirtschaftlichen Literatur und führt dies unter anderem auf die längere Verfügbarkeit benutzerfreundlicher Softwareprogramme wie LISREL oder AMOS zurück, bei denen standardmäßig eine reflektive Spezifikation unterstellt wird.[479] Die konzeptionelle Richtigkeit der reflektiven Messphilosophie wurde meist genauso wenig in Frage gestellt, wie die Eignung der dadurch hervorgerufenen kovarianzbasierten Vorgehensweise bei der Datenanalyse (vgl. Kapitel 5.2.3).[480] Die Wahl der reflektiven Konzeption wird dabei vielfach nicht einmal inhaltlich begründet oder näher diskutiert. Erst JARVIS ET AL. konnten mithilfe von Simulationsstudien nachweisen, dass bei einer reflektiven Spezifikation „wahrer“ formativer Konstrukte mit Verzerrungen der Parameterschätzungen und im Extremfall mit einer nicht gerechtfertig-

---

476 Vgl. EBERL (2006a), S. 645.
477 Vgl. ANDERSON, GERBING (1982), S. 453; BOLLEN, LENNOX (1991), S. 308.
478 Vgl. JARVIS ET AL. (2003), S. 216.
479 Vgl. FASSOTT (2006), S. 68f. sowie Kapitel 5.2.3.
480 Vgl. FASSOTT (2005), S. 22; PANTEN, BOßOW-THIES (2007), S. 311f.

ten Bestätigung oder Ablehnung von Hypothesen gerechnet werden muss.[481] In einer umfangreichen Metaanalyse konnten die Autoren zudem zeigen, dass fast ein Drittel der in hochrangigen internationalen Marketingzeitschriften publizierten Messmodelle fehlspezifiziert ist.[482] In 96% der Fälle wurden dabei Konstrukte als reflektiv spezifiziert, die aus messtheoretischer Sicht formativer Natur sind. Nach Ansicht von HOMBURG und KLARMANN ist die Entscheidung für eine der beiden Messphilosophien nahezu durchweg subjektiv geprägt.[483] Ein grundlegender Irrtum besteht jedoch darin, dass die Modelle „fälschlicherweise" falsch spezifiziert wurden, denn im Grunde genommen stellt sich die Frage nach einer „richtigen" oder „falschen" Messphilosophie nicht, da die Auswahlentscheidung durch den definitorischen Rahmen und die Eigenschaften des Konstruktes vorgegeben werden.[484] Durch den Forscher sollten deshalb vor der Durchführung der Untersuchung und unter Zuhilfenahme von Experten sachlogische Überlegungen über die Wirkungsbeziehungen und den Aussagegehalt der spezifischen Indikatoren angestellt werden.[485] Oftmals liefert bereits die Zielstellung der Untersuchung die Antwort auf die Frage nach der Spezifikationsart. Eine reflektive Spezifikation ist wegen der Kausalitätsrichtung vom Konstrukt zu den Indikatoren beispielsweise dann zu wählen, wenn der Forscher an der Folgewirkung einer Veränderung des Konstruktes interessiert ist.[486] Eine reflektive Modellierung ist darüber hinaus empfehlenswert, wenn das Forschungsziel darin besteht, Theorien zu komplexen Wirkungszusammenhängen zu überprüfen.[487] Sollen hingegen Einflussgrößen identifiziert werden, die für eine bestimmte Konstruktausprägung verantwortlich sind, empfiehlt sich eine formative Modellspezifikation.[488] Deshalb werden formative Modelle insbesondere innerhalb der Erfolgsfaktorenforschung verwendet, um die Einflussstärke der theoretisch identifizierten Erfolgs- oder Misserfolgsfaktoren zu untersuchen und im Anschluss daran gezielt die entscheidenden Treiber zu beein-

---

481 Vgl. JARVIS ET AL. (2003), S. 211f. Verstärkt wird das Problem dadurch, dass in der Regel trotz des eigentlich formativen Charakters der Konstrukte ein kovarianzbasiertes Analyseverfahren verwendet wird. Diese sind jedoch nur für („wahre") reflektive Konstrukte geeignet. Zudem ist fraglich, ob das Strukturmodell aufgrund der fehlspezifizierten Konstrukte überhaupt identifiziert ist und berechnet werden kann. Vgl. Kapitel 5.2.3.1.

482 Vgl. JARVIS ET AL. (2003), S. 206.

483 Vgl. HOMBURG, KLARMANN (2006), S. 731.

484 Teilweise ist zwar eine Operationalisierung durch reflektive oder formative Indikatoren möglich, aber in der Regel besteht diese Wahlmöglichkeit nicht.

485 Vgl. DIAMANTOPOULOS, WINKLHOFER (2001), S. 271f.

486 Vgl. DILLER (2006), S. 613.

487 Vgl. HOMBURG, KLARMANN (2006), S. 734.

488 Vgl. HILDEBRANDT, TEMME (2006), S. 620.

flussen.[489] Zusätzlich liefern der konzeptionelle Rahmen des Konstruktes sowie die Art der Beziehung zwischen Indikatoren und dem Konstrukt Aufschluss über die geeignete Messphilosophie. JARVIS ET AL. Haben u. a. auf Basis dieser Aspekte einen Kriterienkatalog zur Entscheidungsunterstützung entwickelt (vgl. Abbildung 5-6).

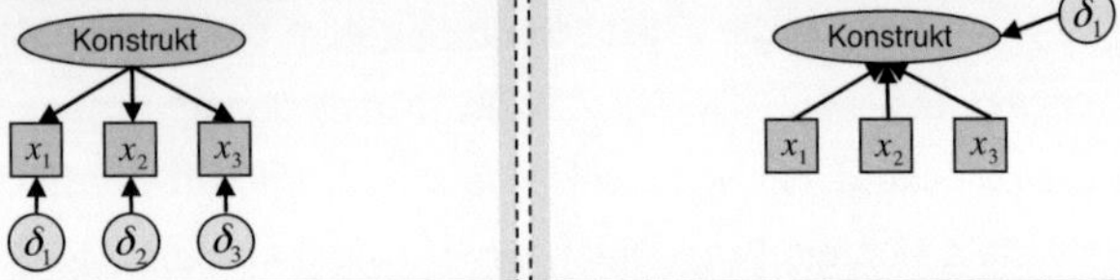

Reflektives Modell	**Formatives Modell**
Kausalitätsrichtung	
▪ Vom Konstrukt zu den Indikatoren ▪ Indikatoren sind Erscheinungsformen des Konstruktes ▪ Veränderung des Konstruktes bewirkt adäquate Veränderung sämtlicher Indikatoren; Veränderungen der Indikatoren sollten das Konstrukt nicht beeinflussen ▪ Konstrukt ist die Ursache der Indikatorausprägung und steht zeitlich vor den Indikatoren	▪ Von den Indikatoren zum Konstrukt ▪ Indikatoren sind definierende Merkmale des Konstruktes ▪ Veränderung eines Indikators oder mehrerer Indikatoren bewirkt Veränderung des Konstruktes; Veränderung des Konstruktes sollte die Indikatoren nicht beeinflussen ▪ Konstrukt ist die Folge der Indikatorausprägung und steht zeitlich nach den Indikatoren
Korrelation der Indikatoren	
▪ Veränderung eines Indikators bewirkt Veränderung sämtlicher anderer Indikatoren ▪ Indikatoren sollten miteinander korrelieren	▪ Veränderung eines Indikators muss keine Veränderung der anderen Indikatoren hervorrufen ▪ Indikatoren sollten nicht miteinander korrelieren
Austauschbarkeit der Indikatoren	
▪ Indikatoren sollten denselben Inhalt bzw. ein gemeinsames Thema haben ▪ Ausschluss eines Indikators verändert konzeptionellen und definitorischen Rahmen des Konstruktes nicht ▪ Indikatoren sind austauschbar	▪ Indikatoren müssen nicht denselben Inhalt oder ein gemeinsames Thema haben ▪ Ausschluss eines Indikators verändert konzeptionellen und definitorischen Rahmen des Konstruktes ▪ Jeder Indikator besitzt eigenen Erklärungsbeitrag und ist somit nicht austauschbar
Nomologisches Netz der Indikatoren	
▪ Indikatoren müssen dieselben Ursachen und Konsequenzen besitzen ▪ Nomologisches Netz sollte sich nicht unterscheiden	▪ Indikatoren brauchen nicht dieselben Ursachen und Konsequenzen besitzen ▪ Nomologisches Netz kann sich unterscheiden

Abbildung 5-6: Vergleich der reflektiven und formativen Messphilosophie[490]

489 Durch eine formative Messphilosophie können z. B. die Determinanten der Kundenzufriedenheit untersucht und die Haupteinflussgrößen identifiziert werden. Dadurch ist es möglich, Maßnahmen zu benennen, um diese Faktoren positiv zu beeinflussen. Vgl. ALBERS, GÖTZ (2006), S. 673.

490 Vgl. JARVIS ET AL. (2003), S. 203; HUBER ET AL. (2007), S. 19. Ein nomologisches Netz ist ein System miteinander verbundener Hypothesen und empirischer Gesetzmäßigkeiten, auf dem eine Theorie aufbaut. Vgl. CRONBACH, MEEHL (1955), S. 290.

Diese Kriterien wurden anschließend von FASSOTT aufgegriffen und in einen Fragenkatalog überführt, der ebenfalls der Entscheidungsfindung dient:[491]

- Sind die Indikatoren Manifestationen oder definierende Charakteristika des latenten Konstruktes? (Manifestationen / definierende Charakteristika)
- Verursachen veränderte Indikatorausprägungen eine Änderung des latenten Konstruktes? (nein / ja)
- Verursacht eine Veränderung des latenten Konstruktes eine Änderung der Indikatorausprägungen? (ja / nein)
- Besitzen die Indikatoren den gleichen bzw. einen ähnlichen Inhalt oder beziehen sich auf ein gemeinsames Thema? (ja / nicht erforderlich)
- Verändert die Eliminierung eines Indikators den konzeptionellen Inhalt des Konstruktes? (nein / möglich)
- Treten bei Veränderungen eines Indikators gleichgerichtete Veränderungen der anderen Indikatoren auf? (ja / nicht erforderlich)
- Haben die Indikatoren die gleichen Ursachen und Konsequenzen? (ja / nein)

Die kritische Betrachtung der von JARVIS ET AL. entwickelten Kriterien sowie der daraus von FASSOTT abgeleiteten Fragen offenbart jedoch Redundanzen, da sich die Entscheidung für eine reflektive oder formative Spezifikation letztendlich auf die Beantwortung einer einzigen zentralen Frage reduzieren lässt:

Welche kausale Richtung besteht zwischen dem Konstrukt und den Indikatoren?

Die Kausalitätsrichtung beeinflusst zwangsläufig die restlichen Kriterien und gibt die Antwort auf die Frage nach der notwendigen Beziehung zwischen den Indikatoren oder dem möglichen Ausschluss einzelner Indikatoren vor. Somit besteht nach der Ermittlung der kausalen Richtung bei den verbleibenden Kriterien kein Entscheidungsspielraum und es kann zusammenfassend festgestellt werden, dass ein reflektives Modell genau dann vorliegt, wenn die Änderung des Konstruktes eine entsprechende Veränderung aller Indikatoren bewirkt. Demgegenüber ist von einem formati-

---

[491] Vgl. FASSOTT (2006), S. 71. Die zuerst angegebene Antwort impliziert eine reflektive und die zweite Antwort eine formative Spezifikation.

ven Modell auszugehen, wenn die Änderung eines Indikators mit einer Veränderung der Konstruktausprägung einhergeht.[492]

Die reflektive Spezifikation wird im Allgemeinen dem kovarianzbasierten Vorgehen (LISREL) zugeschrieben, während die formative Messphilosophie mit dem varianzbasierten Ansatz (PLS) assoziiert wird. Trotz diverser Studien, die wiederholt und übereinstimmend das Gegenteil festgestellt haben, hält sich der verbreitete Irrglaube, dass PLS schlechtere Schätzergebnisse liefert als das etablierte LISREL.[493] Dieser Irrtum stellt womöglich auch einen Grund für die Dominanz der reflektiven Spezifikationsart dar. Fakt ist jedoch, dass kovarianz- und varianzbasierte Verfahren koexistieren und je nach verfolgter Zielstellung, dem verfügbaren Datenmaterial und dem Untersuchungsmodell individuelle Vorzüge besitzen. Im folgenden Kapitel sollen deshalb diese beiden viel diskutierten Ansätze näher vorgestellt werden.

5.2.3 Kovarianz- und varianzbasierte Strukturgleichungsmodelle

Das Interesse an der Strukturgleichungsmethodik hat seit der Einführung in den siebziger Jahren stetig zugenommen.[494] Bei genauer Betrachtung trifft diese Aussage jedoch vorrangig für die kovarianzbasierten Verfahren zu.[495] Insbesondere der LISREL-Ansatz, der streng genommen lediglich ein Softwarepaket zur Analyse kovarianzbasierter Strukturgleichungsmodelle ist, allerdings vielfach synonym für die kovarianzbasierten Ansätze verwendet wird, fand in den achtziger und neunziger Jahren verbreitet Anwendung.[496] Demgegenüber gewannen die varianzbasierten Verfahren, allen voran Partial Least Squares (PLS) als deren wichtigster Vertreter, erst in den vergangenen Jahren an Bedeutung. Ein wesentlicher Grund für die Vormachtstellung der kovarianzbasierten Ansätze liegt in der frühen Entwicklung und stetigen Verbesserung von Softwarepaketen für deren Analyse begründet. Neben der Standardanwendung LISREL (Linear Structural Relationship)[497] sind die Soft-

---

492 Vgl. GÖTZ, LIEHR-GOBBERS (2004), S. 718; HERRMANN ET AL. (2006), S. 47f.

493 Vgl. WOLD (1980), S. 52; ALBERS, HILDEBRANDT (2006); EBERL, VON MITSCHKE-COLLANDE (2006).

494 Vgl. HOMBURG, KLARMANN (2006), S. 727.

495 Vgl. FASSOTT (2005), S. 20ff.

496 BACKHAUS und BÜSCHGEN stellten in einer Metastudie Ende der neunziger Jahre fest, dass 86% der im deutschsprachigen Raum durchgeführten Untersuchungen zum Investitionsgütermarketing einen kovarianzbasierten Ansatz verwendeten, während lediglich in 14% auf eine varianzbasierte Vorgehensweise zurückgriffen wurde. Vgl. BACKHAUS, BÜSCHGEN (1998), S. 165.

497 Der LISREL-Ansatz basiert auf dem gleichnamigen Softwarepaket, welches von JÖRESKOG und SÖRBOM entwickelt wurde. JÖRESKOG (1982); JÖRESKOG, SÖRBOM (1996).

warepakete AMOS[498] (Analysis of Moment Structures) und EQS[499] (Equation Based Structural Program) hervorzuheben. Das PLS-Verfahren geht auf einen in den sechziger Jahren von WOLD entwickelten Ansatz zurück, der das Ziel verfolgt, die restriktiven und in empirischen Untersuchungen kaum vorzufindenden Annahmen der kovarianzbasierten Methoden zu überwinden.[500] LOHMÖLLER entwickelte den Ansatz methodisch weiter und trug durch die erste PLS-Software (LVPLS 1.8) nachhaltig dazu bei, dass der PLS-Ansatz zu einer tatsächlichen Alternative gegenüber dem bis dahin dominierenden LISREL-Ansatz reifte.[501] Der frühe Tod LOHMÖLLERS verhinderte jedoch zunächst methodische Verbesserungen und damit eine weitere Verbreitung der varianzbasierten Strukturgleichungsmethodik. Erst die verstärkten Bemühungen zur Weiter- und Neuentwicklung leistungsstarker und anwenderfreundlicher Softwarepakete führten seit Beginn der Jahrtausendwende zu einem anhaltenden Bedeutungswachstum und einer verstärkten Verbreitung des PLS-Ansatzes sowohl in der Forschung als auch in der Praxis.[502] Aufgrund der jeweiligen Vormachtstellung wird in der Literatur der Begriff LISREL als Synonym für kovarianzbasierte Verfahren genutzt, während PLS als Pendant für varianzbasierte Strukturgleichungsmodelle dient.[503] Diese synonyme Verwendung der Begriffe soll auch in der vorliegenden Arbeit erfolgen.

Die Zurückhaltung gegenüber der PLS-Methodik bei wissenschaftlichen Fragestellungen hat neben dem anfänglichen Fehlen einer geeigneten softwaretechnischer Unterstützung weitere Ursachen. Vor allem die bereits erwähnte unkritische Verwendung reflektiver Konstrukte sprach lange Zeit für die Verwendung von LISREL. Erst die Häufung kritischer Publikationen, in denen auf fehlspezifizierte reflektive Messmodelle aufmerksam gemacht wurde, führte zu einer angeregten Diskussion in der Literatur und einem vermehrten Einsatz formativer Messmodelle in Verbindung mit dem varianzbasierten PLS-Ansatz.[504] Gleichzeitig konnte in diversen Studien gezeigt

---

498 Vgl. ARBUCKLE, WOTHKE (1999).

499 Vgl. BENTLER (1995).

500 Insbesondere die Voraussetzung multinormalverteilter Daten bei kovarianzbasierten Verfahren stellt eine Restriktion dar, die bei wirtschaftswissenschaftlichen Fragestellungen oft nur schwer zu erfüllen ist. Vgl. BETZIN, HENSELER (2005), S. 50. Die Gütebeurteilung setzt allerdings größtenteils eine Normalverteilung der Daten voraus. Vgl. JÖRESKOG (1973), S. 94.

501 Vgl. WOLD (1966); LOHMÖLLER (1984); LOHMÖLLER (1989). Vgl. einführend zum PLS-Ansatz CHIN, TODD (1995), S. 237ff.

502 HULLAND konnte zeigen, dass die Verbreitung des PLS-Ansatzes kontinuierlich zugenommen hat. Vgl. HULLAND (1999).

503 Vgl. CHIN (1998b), S. 301; HOMBURG ET AL. (2008c), S. 572.

504 Vgl. JARVIS ET AL. (2003); GÖTZ, LIEHR-GOBBERS (2004), S. 715; FASSOTT (2005), S. 22f.

werden, dass LISREL und PLS vergleichbare Schätzergebnisse liefern und die Entscheidung für eine kovarianz- bzw. varianzbasierte Analysemethodik nicht pauschal, sondern ausschließlich unter Berücksichtigung der verfolgten Zielstellung, des vorhandenen Datenmaterials sowie der Modellkonzeption getroffen werden muss. FORNELL und CHA appelieren deshalb, PLS und LISREL als gleichwertige Alternativen zu begreifen: „PLS should probably not simply be viewed as an alternative to LISREL with less stringent assumptions, but as an approach to empirical modeling that is quite different from covariance structure analysis."[505] Ebenso wie formative und reflektive Messmodelle besitzen auch LISREL und PLS spezielle Eigenschaften und Anwendungsvoraussetzungen, die im konkreten Anwendungsfall für oder gegen eine Anwendung sprechen. Gleichzeitig wirken sich diese grundlegenden Charakteristika und Prämissen auf die Ergebnisinterpretation sowie die Gütebeurteilung aus, weshalb kovarianz- und varianzbasierte Strukturgleichungsmodelle streng voneinander getrennt betrachtet werden müssen.[506] Deshalb sollen im Folgenden zunächst die grundlegenden Eigenschaften kovarianz- bzw. varianzbasierter Strukturgleichungsmodelle vorgestellt und anschließend die sich ergebenden Konsequenzen, u. a. für die Gütebeurteilung, diskutiert werden.

5.2.3.1 Grundlegende Eigenschaften und Gütebeurteilung

▪ Datenanalyse und Untersuchungsziel

Zur Überprüfung, ob ein a priori entwickeltes Modell valide ist und die aufgestellten Hypothesen verifiziert werden können oder zu falsifizieren sind, nutzt LISREL die Informationen der Kovarianzmatrix.[507] Dabei wird das Ziel verfolgt, den Abstand der modelltheoretischen und der empirisch ermittelten Kovarianzen zu minimieren und dadurch eine bestmögliche Replikation der Kovarianzstruktur zu erzielen. Kovarianzbasierte Analyseverfahren sind somit zur Überprüfung von Modellen und Theorien geeignet, jedoch weniger zur Untersuchung der Stärke von Zusammenhängen oder zur Prognose.[508] Aus diesem konfirmatorischen Charakter ergibt sich die Forderung, dass die Konstrukte und Hypothesen in kovarianzbasierten Modellen hinreichend

---

505 FORNELL, CHA (1994), S. 52.

506 Vgl. BOLLEN (1989), S. 65; BOLLEN, LENNOX (1991), S. 312; DIAMANTOPOULOS, WINKLHOFER (2001), S. 274; ROSSITER (2002), S. 305ff.; FASSOTT (2006), S. 68ff.; HERRMANN ET AL. (2006), S. 34ff.

507 Vgl. GÖTZ, LIEHR-GOBBERS (2004), S. 721. Die Kovarianz stellt ein Maß für den Zusammenhang zwischen zwei Variablen dar und kann als nicht-standardisierter Korrelationskoeffizient aufgefasst werden. Vgl. HOMBURG, KROHMER (2003), S. 281.

508 Vgl. CHRISTOPHERSEN, GRAPE (2007), S. 108.

fundiert sein müssen und sich vollständig theoretisch herleiten lassen. Insbesondere in jungen Forschungsgebieten, bei denen noch keine ausgereiften Theorien oder Messansätze existieren, sind somit reflektive Messmodelle ungeeignet und es sollte auf einen varianzbasierten Ansatz wie PLS zurückgegriffen werden.[509] Dieser verfolgt das Ziel, die Varianz der abhängigen Variablen und damit die Ausprägung der Latenten zu erklären. Darauf aufbauend sollen Zusammenhänge und Strukturen entdeckt werden.[510] Deshalb wurde PLS anfänglich vor allem im Bereich der Erfolgsfaktorenforschung eingesetzt, um Einflussgrößen oder Treiber von Untersuchungsobjekten zu identifizieren.[511] Im Gegensatz zum LISREL-Ansatz, bei dem die Parameterschätzung auf Basis der Kovarianzmatrix erfolgt, nutzt PLS die Rohdatenmatrix, um die empirische Datenstruktur mithilfe der Kleinste-Quadrate-Methode, die ebenfalls bei der Regressionsanalyse angewendet wird, optimal zu reproduzieren.[512] Dadurch ist eine bessere Vorhersage des wahren Modells möglich als bei kovarianzbasierten Verfahren.[513] Im Allgemeinen kann somit den kovarianzbasierten Ansätzen eine konfirmatorische Vorgehensweise zugesprochen werden, während varianzbasierte Ansätze eher einen explorativen Charakter besitzen. Nichts desto trotz ist mit PLS aber auch eine konfirmatorische und hypothesengeleitete Vorgehensweise möglich. Um das Modell theoretisch zu fundieren und abzusichern, ist dies dringend zu empfehlen. BACKHAUS ET AL. bezeichnen deshalb ohne weitere Differenzierung die Strukturgleichungsanalyse als „konfirmatorisches Analyseverfahren“.[514]

▪ Eigenschaften und Konsistenz der Schätzer

Die Parameterschätzer in kovarianzbasierten Modellen sind unabhängig von der Stichprobe konsistent. Lediglich bei geringen Indikatorladungen sowie bei großen und komplexen Modellen neigt LISREL zu Instabilitäten und überschätzt tendenziell die Parameter im Strukturmodell.[515] Ein weiteres Problem ergibt sich bei einem zu geringen Stichprobenumfang. In diesem Fall reicht die Anzahl der zur Verfügung stehenden Regressionsgleichungen nicht aus, um die erforderlichen Parameter zu

---

509 Vgl. CHIN, NEWSTED (1999), S. 330.
510 Vgl. CHIN, NEWSTED (1999), S. 314; GÖTZ, LIEHR-GOBBERS (2004), S. 721; PANTEN, BOßOW-THIES (2006), S. 317.
511 Vgl. ALBERS, HILDEBRANDT (2006), S. 29.
512 Vgl. HENSELER (2005), S. 70; HERRMANN ET AL. (2006), S. 35.
513 Vgl. SCHOLDERER ET AL. (2006), S. 640ff.; HERRMANN ET AL. (2006), S. 39; PANTEN, BOßOW-THIES (2007), S. 316ff.
514 BACKHAUS ET AL. (2006b), S. 338.
515 Vgl. HERRMANN ET AL. (2006), S. 41.

schätzen. Somit ist das Modell unteridentifiziert und kann nicht berechnet werden.[516] Als weitere Folge eines zu geringen Stichprobenumfanges können zudem sogenannte *heywood-cases* (unsinnige Werte) auftreten.[517] Da das Anliegen kovarianzbasierter Verfahren nicht darin besteht, die Parameterwerte vorherzusagen, sondern vielmehr das Ziel verfolgt wird, den Abstand zwischen theoretischer und empirischer Kovarianzmatrix zu minimieren, verzichtet LISREL auf die Bestimmung der Konstruktwerte. Dies ist jedoch als unkritisch zu bezeichnen, da in vielen Anwendungen ohnehin die primäre Fragestellung lautet, wie stark sich die einzelnen Konstrukte gegenseitig beeinflussen, und nicht, welche Absolutwerte die Konstrukte annehmen. Dennoch existieren ebenfalls Fragestellungen, bei denen die konkrete Ausprägung des Konstruktes von Interesse ist.[518] Bei PLS werden die Konstruktwerte explizit geschätzt und dem Nutzer angegeben, da der Algorithmus sie für die Schätzung der Pfadkoeffizienten benötigt und somit zwangsläufig ermittelt.[519] Dadurch sind varianzbasierte Verfahren vollständig determiniert, sodass selbst bei kleinen Stichprobenumfängen keine Identifikationsprobleme oder unsinnige Parameterwerte auftreten können.[520] Dafür besteht bei PLS anders als bei LISREL das Problem, dass die Konstruktwerte und darauf aufbauend die Parameterschätzungen nicht zwingend konsistent sein müssen. Dies ist darauf zurückzuführen, dass sich die Konstruktwerte als Linearkombination der messfehlerbehafteten Indikatoren ergeben.[521] Deshalb neigen varianzbasierte Ansätze dazu, die Ladungen bzw. Gewichte im äußeren Modell zu überschätzen, wohingegen die Pfadkoeffizienten im inneren Modell unterschätzt

[516] Vgl. Jöreskog (1978), S. 443ff.; Bagozzi, Baumgartner (1994), S. 390ff.; Homburg, Baumgartner (1995b), S. 1.093.

[517] Vgl. Gerbing, Anderson (1984), S. 572ff. Beispielsweise kann der Schätzalgorithmus negative Varianzen hervorbringen.

[518] Im Rahmen der Psychologie stellt die Bestimmung des Intelligenzquotienten ein Beispiel dar, wo die Bestimmung eines Absolutwertes notwendig und vorteilhaft ist, um verschiedene Untersuchungsobjekte miteinander zu vergleichen. In der vorliegenden Untersuchung ließe sich beispielsweise ein konkreter Wert für die Variablen Beschaffungskomplexität bzw. Logistikerfolg ermitteln. Auf Basis dieses Absolutwertes könnte weiterführend untersucht werden, ob sich dieser Index zwischen verschiedenen Branchen oder Größenklassen unterscheidet.

[519] Vgl. Fornell, Bookstein (1982), S. 440 sowie die folgenden Ausführungen zu den *Modelleigenschaften* sowie der *Methodik*.

[520] Vgl. Fornell, Bookstein (1982), S. 440ff.; Chin, Newsted (1999), S. 313; Herrmann et al. (2006), S. 441.

[521] Vgl. Dijkstra (1983), S. 88; Lohmöller (1989), S. 28; Fornell, Cha (1994), S. 66; Chin, Newsted (1999), S. 328. Das Problem besteht folglich vorrangig bei formativen Modellen.

werden.[522] Auch aus diesem Grund empfiehlt LOHMÖLLER die Verwendung von PLS insbesondere dann, wenn wenig theoretisches Vorwissen vorhanden ist, da in diesem Fall die Gefahr, nicht zutreffende Hypothesen aufgrund überschätzter Strukturparameter fälschlicherweise zu akzeptieren, reduziert wird.[523] Als Vorteil von PLS ist allerdings hervorzuheben, dass die Ergebnisse sehr robust gegenüber nicht-normalverteilten sowie fehlenden Daten (missing values) sind.[524]

Anders als bei kovarianzbasierten Verfahren ist es bei PLS nicht möglich, die Schätzergebnisse durch eine Ausweitung des Stichprobenumfanges zu verbessern.[525] Vielmehr liegt den PLS-Schätzern eine „consistency at large“ - Eigenschaft zu Grunde, wonach die Konsistenz der Schätzer ceteris paribus durch eine Erhöhung der Anzahl an Indikatoren gesteigert werden kann.[526]

WOLD sieht varianzbasierte und kovarianzbasierte Schätzer als weitgehend co-konsistent an, da sich nach seiner Auffassung die Ergebnisse beider Schätzmethoden nur unwesentlich unterscheiden.[527] Diese Auffassung wird durch verschiedene Studien innerhalb der empirischen Forschung bestätigt: Trotz der Über- bzw. Unterschätzung einzelner Parameter bei PLS ist dennoch die Reihenfolge der Effektstärken und deren Relation zueinander annähernd proportional.[528] Gleichzeitig konnte in mehreren Untersuchungen gezeigt werden, dass sich die Unterschätzung im Strukturmodell sowie die Überschätzung in den Messmodellen weitestgehend ausgleichen, sodass konsistente Korrelationen zwischen den Indikatoren verschiedener latenter Konstrukte vorhanden sind.[529]

---

522 Vgl. LOHMÖLLER (1989), S. 207ff.; FORNELL, CHA (1994), S. 67; CHIN, NEWSTED (1999), S. 329; HUBER ET AL. (2007), S. 11. Da in den meisten Untersuchungen der Zusammenhang zwischen den Konstrukten von Interesse ist und diese Pfadkoeffizienten als Grundlage für die Bestätigung bzw. Falsifizierung der Hypothesen dienen, ist eine konservative Schätzung der Parameter im Strukturmodell aus Sicht des Autors jedoch eher zu akzeptieren als eine Überschätzung, wie sie bei kovarianzbasierten Modellen möglich ist.

523 Vgl. LOHMÖLLER (1989), S. 211ff.

524 Vgl. CASSEL ET AL. (1999), S. 438ff.

525 Vgl. GÖTZ, LIEHR-GOBBERS (2004), S. 721. CHIN und Kollegen konnten in Simulationsstudien zeigen, dass eine Erhöhung des Stichprobenumfanges von 20 auf 500 Probanden nicht zu einer Verbesserung der Zuverlässigkeit der Schätzer führt. Vgl. CHIN ET AL. (2003), S. 190ff.

526 Vgl. FORNELL, CHA (1994), S. 67; HERRMANN ET AL. (2006), S. 41f.; CHIN, NEWSTED (1999), S. 328f.

527 Vgl. WOLD (1980), S. 52.

528 Vgl. WHEATON ET AL. (1977); JÖRESKOG (1978); ALBERS, HILDEBRANDT (2006); EBERL, VON MITSCHKE-COLLANDE (2006).

529 Vgl. DIJKSTRA (1983), S. 67ff.; FORNELL, CHA (1994), S. 67; CHIN, NEWSTED (1999), S. 329.

- **Modelleigenschaften**

Bei LISREL werden die Parameter des Strukturmodells sowie der Messmodelle gleichzeitig geschätzt.[530] Kovarianzbasierte Analyseverfahren sind deshalb nur für Modelle mit einer geringen bis mittleren Modellkomplexität geeignet. Des Weiteren gilt zu beachten, dass sich mit einer zunehmenden Modellkomplexität der ohnehin sehr große Stichprobenumfang, der für eine Analyse benötigt wird, zusätzlich erhöht.[531] Hingegen besitzt PLS hinsichtlich der Konstrukt- sowie Indikatorenanzahl kaum Restriktionen.[532] Dies ist darauf zurückzuführen, dass der PLS-Schätzalgorithmus als mehrstufiger Prozess verläuft, bei dem das gesamte Modell in Teilmodelle zerlegt wird und die Gewichte sowie Konstruktwerte getrennt voneinander geschätzt werden (vgl. Kapitel 5.3).[533] Da so immer nur eine Teilmenge der gesamten Indikatoren zur Schätzung herangezogen wird, benötigt PLS eine geringere Anzahl an Freiheitsgraden, wodurch selbst mit kleinen Stichprobenumfängen komplexe Modelle geschätzt werden können.[534]

Kovarianzbasierte Modelle sehen standardmäßig eine reflektive Konzeption der Messmodelle vor, wobei unter Beachtung einiger Restriktionen theoretisch auch die Verwendung formativer Indikatoren möglich ist.[535] Die Anwendung von LISREL ist im Falle formativ konzipierter Modelle jedoch schwierig und bei komplexen Modellen gänzlich unmöglich.[536] Dies ist folgendermaßen zu begründen: In einem reflektiven Messmodell entspricht die Anzahl der Gleichungen der Menge an Indikatoren, da jeder einzelne Indikator eines Konstruktes als abhängige Variable in einer Gleichung aufgeführt wird. Ein formatives Modell weist hingegen nur eine einzige Gleichung für das Strukturmodell auf, da sich die Latente definitionsgemäß als Linearkombination ihrer zugeordneten Indikatoren ergibt. Dies impliziert, dass in einem formativen Strukturgleichungsmodell deutlich weniger Bestimmungsgleichungen zur Verfügung stehen als in einem reflektiven Modell, wodurch die Gefahr besteht, dass die Zahl der

530 Vgl. HOMBURG, BAUMGARTNER (1995b), S. 1.092.

531 Mit jedem Parameter, der in das Modell aufgenommen wird, steigt bei kovarianzbasierten Verfahren der erforderliche Stichprobenumfang, um konsistente Schätzer zu erhalten, an. So unterliegen die Ergebnisse einer positiven Verzerrung, sobald sich die Summe der latenten Variablen und der Indikatoren dem Wert von 50 annähert. Vgl. CHIN, NEWSTED (1999), S. 310.

532 Vgl. BENTLER, CHOU (1987), S. 97; HOMBURG, KLARMANN (2006), S. 728ff.

533 Vgl. GÖTZ, LIEHR-GOBBERS (2004), S. 722; HENSELER (2005), S. 72.

534 CHIN schätzt ein, dass Modelle mit 200 Indikatoren problemlos möglich sind, während andere Autoren sogar Modelle mit 100 Latenten sowie 1.000 Indikatoren für möglich erachten. Vgl. FORNELL (1987), S. 413; CHIN (1998b), S. 91; CHIN, NEWSTED (1999), S. 314.

535 Vgl. SCHOLDERER, BALDERJAHN (2006), S. 66; ZINNBAUER, EBERL (2004), S. 14.

536 Vgl. JARVIS ET AL. (2003), S. 213ff.; DILLER (2006), S. 614; EBERL (2006a), S. 653.

zu schätzenden Parameter die Anzahl zur Verfügung stehender Gleichungen übertrifft. Diese als Parameterinflation bezeichnete Konstellation führt dazu, dass formative Modelle in der Kovarianzstrukturanalyse nicht identifiziert sind und die Parameterschätzung nicht möglich ist.[537] Um dieses Problem zu lösen können die formativen Indikatoren im Vorfeld der Untersuchung durch die Bildung von Durchschnitten oder eine andere rechnerische Vereinfachung zu einer einzigen Indexvariablen (Single-Item-Konstrukt) verdichtet und dadurch die Anzahl zu schätzender Parameter reduziert werden. Diese Vorgehensweise ist jedoch kritisch zu sehen, da durch die Aggregation Informationsverluste entstehen und der Einzeleinfluss eines Indikators nicht mehr ermittelt werden kann.[538] Zudem besteht die Gefahr, die Mehrdimensionalität des Konstruktes zu beschneiden.[539] Die zweite Möglichkeit zur Lösung des Identifikationsproblems besteht darin, die formativen Konstrukte zusätzlich durch reflektive Indikatoren zu operationalisieren (MIMIC-Modell).[540] Neben dem Anstieg der Modellkomplexität ist jedoch fragwürdig, warum ein Konstrukt (zusätzlich) mithilfe formativer Indikatoren operationalisiert werden sollte, wenn für die Messung offensichtlich auch reflektive Indikatoren zur Verfügung stehen. Des Weiteren ist zu vermuten, dass die Möglichkeit einer formativen <u>und</u> reflektiven Operationalisierung nur bei den wenigsten Konstrukten gegeben ist. Varianzbasierte Ansätze können anders als kovarianzbasierte Ansätze hingegen sowohl bei einer reflektiven als auch einer formativen oder gemischten Modellkonzeption angewendet werden.[541]

Hinsichtlich der mehrdimensionalen Konstrukte ist anzumerken, dass diese sowohl mit LISREL als auch mit PLS modelliert und analysiert werden können. Die Auffassung von HOMBURG ET AL., wonach der Umgang mit Konstrukten höherer Ordnung bei varianzbasierten Verfahren nicht möglich ist, trifft nicht zu.[542] WOLD hat bereits in frühen Veröffentlichungen gezeigt, wie hierbei vorzugehen ist.[543] Mit dem *repeated indicators approach* sowie dem *composite second order - Ansatz* stehen dem Anwender hierfür zwei vergleichbare Alternativen zur Realisierung zur Verfügung.[544]

---

537 Vgl. EBERL (2006a), S. 653f.
538 Vgl. JÖRESKOG, SÖRBOM (1996), S. 185ff.; TEMME (2006), S. 183ff.
539 Vgl. HUBER ET AL. (2007), S. 23.
540 Vgl. HUBER ET AL. (2007), S. 26.
541 Vgl. EGGERT, FASSOTT (2003), S. 13f.; EBERL (2004), S. 12; GÖTZ, LIEHR-GOBBERS (2004), S. 721.
542 Vgl. HOMBURG ET AL. (2008c), S. 572.
543 Vgl. WOLD (1982), S. 41.
544 Vgl. YI, DAVIS (2003), S. 159f. sowie die Ausführungen in Kapitel 6.4.2.

- **Anwendungsrestriktionen und Datengrundlage**

Während kovarianzbasierte Verfahren sehr restriktiv sind und sowohl unabhängige Beobachtungen[545] als auch normalverteilte Daten voraussetzen, stellt PLS nahezu keinerlei Anforderungen an die Datenbasis.[546] BACKHAUS ET AL. formulieren zwar liberaler, dass bei LISREL „idealerweise" eine Multinormalverteilung vorliegen sollte, wobei auch eine Abweichung davon möglich ist, wenn die Ergebnisse entsprechend mit Vorsicht interpretiert werden.[547] Allerdings stellen SCHOLDERER und BALDERJAHN in diesem Zusammenhang fest, dass „[...] viele für den Wirtschafts- und Sozialwissenschaftler interessante Variablen in ihren Populationen einfach nicht normalverteilt [sind], nicht einmal approximativ."[548] In Simulationsstudien konnte gezeigt werden, dass die Verletzung der Normalverteilungsvoraussetzung bei LISREL nur zu geringen Abweichungen bei der Parameterschätzung führt.[549] Dennoch stellt sich die Frage, wieso selbst diese geringen Verzerrungen akzeptiert werden sollten, wo mit PLS ein adäquates Verfahren zur Verfügung steht, bei dem dieses Problem nicht besteht, da weder eine Normalverteilung vorausgesetzt wird, noch gesonderte Anforderungen hinsichtlich des Skalenniveaus bestehen. LISREL hingegen basiert streng genommen auf intervallskalierten Daten.[550] Unabhängig von den verzerrten Parameterschätzungen im Falle nicht-normalverteilter Daten bleibt das Problem bestehen, dass die Anwendung inferenzstatistischer Gütekriterien ebenfalls auf der Normalverteilungsannahme basiert.[551] Deshalb ist bei einer Verletzung der Verteilungsannahme mit negativen Auswirkungen bei den Teststatistiken (t-Test bzw. F-Test) sowie

545 Unabhängige Beobachtungen gewährleisten, dass die Erwartungswerte zweier Stichproben als gleich angenommen werden können.

546 Vgl. GÖTZ, LIEHR-GOBBERS (2004), S. 1; HOMBURG, KLARMANN (2006), S. 734; HERRMANN ET AL. (2006), S. 39. Der bei LISREL am häufigsten angewendete Schätzalgorithmus *Maximum Likelihood (ML)* setzt ebenso wie das *Generalised Least Squares (GLS)* normalverteilte Daten voraus, während eine Normalverteilung beim *Unweighted Least Squares (ULS)* zwar nicht für die Parameterschätzung, jedoch für die Berechnung von Teststatistiken benötigt wird. Vgl. HOMBURG, KLARMANN (2006), S. 736; BACKHAUS ET AL. (2006a), S. 714. Lediglich der *Asymptotically Distribution-Free (ADF)*-Schätzalgorithmus verlangt keine spezielle Verteilungsfunktion, erfordert dafür allerdings mindestens 5.000 Datensätze, was als mindestens ebenso großes Hindernis für eine praktische Anwendung angesehen werden kann. Vgl. BLIEMEL ET AL. (2005b), S. 11.

547 Vgl. BACKHAUS ET AL. (2006a), S. 715.

548 SCHOLDERER, BALDERJAHN (2005), S. 91.

549 Vgl. SCHOLDERER, BALDERJAHN (2006), S. 66.

550 Vgl. FORNELL, BOOKSTEIN (1982), S. 449. Allerdings wird diese Voraussetzung im Allgemeinen nicht als sehr restriktiv erachtet und die Verwendung von Ratingskalen, die als quasi-metrisch interpretiert werden können, gemeinhin akzeptiert. Vgl. BACKHAUS ET AL. (2006b), S. 5; HOMBURG, KLARMANN (2006), S. 733.

551 Vgl. BACKHAUS ET AL. (2006B), S. 370. Die Existenz globaler Gütekriterien wird von den Befürwortern von LISREL als elementarer Vorteil gegenüber PLS propagiert. Vgl. dazu ebenfalls den folgenden Abschnitt zur *Gütebeurteilung*.

einer Unterschätzung der Standardfehler zu rechnen, wohingegen die Chi-Quadrat-Werte in der Regel überschätzt werden.[552]
In der Literatur wird empfohlen, für die Operationalisierung eines reflektiven Konstruktes drei bis vier Indikatoren anzustreben.[553] Auch wenn durch den Forscher gewährleistet werden muss, dass auch nach der Skalenbereinigung noch genügend Indikatoren vorhanden sind, sollte die anfängliche Anzahl an Indikatoren nicht zu groß gewählt werden, da dies einerseits zu einer Überforderung bzw. Demotivation der Befragten führt und andererseits die Modellkomplexität zusätzlich erhöht.[554] Demgegenüber existiert bei einer formativen Messphilosophie keine Obergrenze für die Anzahl notwendiger oder empfehlenswerter Indikatoren. Da formative Indikatoren sämtliche Facetten eines Konstruktes abbilden müssen und eine hohe Indikatorenanzahl aufgrund der „consistency at large“ - Eigenschaft zu konsistenten Schätzern führt, sollten vielmehr so viele Indikatoren wie möglich bzw. nötig verwendet werden.[555]
Als großes Defizit der kovarianzbasierten Verfahren gegenüber PLS ist der erforderliche Stichprobenumfang anzusehen. Aufgrund der Aufteilung des Gesamtmodells in mehrere Partialmodelle sind die Anforderungen von PLS bezüglich der Stichprobenanzahl geringer als bei LISREL. In der Literatur finden sich jedoch unterschiedliche Angaben über den optimalen bzw. den minimalen Stichprobenumfang. Während einige Autoren unabhängig von der Modellkomplexität absolute Werte als Untergrenze angeben und eine Stichprobe mit mindestens 200 bis 250 Datensätzen für kovarianzbasierte Modelle für notwendig erachten,[556] beziehen andere Autoren die Anzahl zu schätzender Parameter in die Berechnung der Stichprobengröße ein.[557] Als Richtlinie gilt, dass bei LISREL die Stichprobengröße mindestens dem fünf- bis zehnfachen der im Modell zu schätzenden Parameter entsprechen sollte.[558] Befindet sich der Stich-

---

552 Vgl. ZINNBAUER, EBERL (2004), S. 3; HOMBURG, KLARMANN (2006), S. 736.
553 Vgl. BOLLEN (1989), S. 288ff.; SCHOLDERER, BALDERJAHN (2006), S. 67.
554 Vgl. ANDERSON, GERBING (1988), S. 411ff.; HOMBURG, GIERING (1996), S. 5ff.
555 Vgl. CHIN, NEWSTED (1999), S. 316.
556 Vgl. HOMBURG, KLARMANN (2006), S. 12. Die Zahl von 200 Datensätzen bezieht sich hierbei jedoch lediglich auf den verbreiteten Maximum Likelihood-Schätzer, während andere Schätzalgorithmen je nach Modellkomplexität bis zu 5.000 Stichproben erfordern. Vgl. CHIN, NEWSTED (1999), S. 314.
557 Vgl. FORNELL, BOOKSTEIN (1982), S. 450.
558 Vgl. SCHOLDERER, BALDERJAHN (2006), S. 66. Zu schätzen sind hierbei nicht nur die latenten und manifesten Variablen mit ihren Ladungen und Gewichten, sondern ebenso die Pfadkoeffizienten sowie Fehlerterme. Selbst für ein simples Modell, in dem eine unabhängige Variable (durch drei reflektive Indikatoren operationalisiert) einen Einfluss auf zwei abhängige Variablen (jeweils durch zwei reflektive Indikatoren operationalisiert) besitzt, wären insgesamt 19 Parameter zu schätzen und folglich 95 - 190 Datensätze erforderlich. Vgl. HOMBURG ET AL. (2008), S. 557f.

probenumfang unter der geforderten Mindestgrenze, steigt die Wahrscheinlichkeit von unsinnigen Ergebnissen oder Verzerrungen und damit die Gefahr einer ungerechtfertigten Modellannahme bzw. -ablehnung. PLS benötigt hingegen deutlich weniger Datensätze als LISREL und kann bereits ab ca. 30 - 50 Stichproben angewendet werden.[559] Eine Faustregel besagt jedoch, dass der Stichprobenumfang mindestens dem zehnfachen der Anzahl an Indikatoren des komplexesten Konstruktes im Modell oder der größten Anzahl an Pfeilen, die von exogenen Variablen auf eine endogene gerichtet sind, entsprechen sollte.[560] Zusammenfassend kann somit gesagt werden, dass PLS den kovarianzbasierten Verfahren vor allem bei kleinen Stichprobenumfängen sowie unsicheren oder neuartigen Modellhypothesen überlegen ist, während LISREL bei normalverteilten Daten sowie großen Stichprobenumfängen und fundierten Theorien zu präferieren ist.[561]

- **Gütebeurteilung**

Für die **Gütebeurteilung in kovarianzbasierten Modellen** stehen zahlreiche Kriterien zur Verfügung. Von den Gütekriterien zur Beurteilung der Messmodelle (lokale Gütekriterien) lassen sich diejenigen Anpassungsmaße unterscheiden, mit deren Hilfe das gesamte Modell inklusive der Strukturmodellebene bewertet werden kann (globale Gütekriterien). Diese lassen sich weiterführend in absolute sowie inkrementelle Anpassungsmaße klassifizieren.[562] Die **absoluten Fit-Indizes** bewerten, wie gut die empirische Kovarianzmatrix die theoretische Kovarianzmatrix des Modells reproduziert. Hierbei kann zwischen inferenzstatistischen sowie deskriptiven Anpassungsmaßen unterschieden werden.[563] Während inferenzstatistische Anpassungsmaße eine Beurteilung auf Basis eines statistischen Tests erlauben, wird bei deskriptiven Anpassungsmaßen die Überprüfung lediglich anhand der Erfüllung von Mindestwerten vorgenommen.

Beim inferenzstatistischen **Chi-Quadrat-Test** wird die Nullhypothese geprüft, dass die vom Modell implizierte Kovarianzmatrix der Indikatoren mit der entsprechenden

559 Vgl. GÖTZ, LIEHR-GOBBERS (2004), S. 721; HUBER ET AL. (2007), S. 6.

560 Vgl. CHIN (1998b), S. 311; HEINEMANN (2007), S. 244.

561 Vgl. GÖTZ, LIEHR-GOBBERS (2004), S. 721; HOMBURG, KLARMANN (2006), S. 734; SCHOLDERER, BALDERJAHN (2006), S. 67.

562 Vgl. HOMBURG, GIERING (1996), S. 9. Da die Anpassung des Modells an die empirischen Daten beurteilt wird, kann von einem „Fit des Modells“ gesprochen werden. Vgl. BACKHAUS ET AL. (2003), S. 373.

563 Absolute Fit-Indizes können deshalb mit dem Bestimmtheitsmaß verglichen werden, da sie den Anteil der erklärten Gesamtvarianz wiedergeben.

Kovarianzmatrix der Stichprobe übereinstimmt und damit das Modell eine sehr gute Abbildung der Realität darstellt.[564] Problematisch ist jedoch, dass die Chi-Quadrat-Teststatistik nicht unabhängig von der Stichprobengröße ist und mit zunehmendem Stichprobenumfang die Wahrscheinlichkeit, dass die Nullhypothese fälschlicherweise abgelehnt wird, ansteigt.[565] BROWNE und CUDECK konstatieren „The difficulty is that the fit of the model can usually be improved by increasing the number of parameters."[566] Eine Möglichkeit, dies zu verhindern, besteht darin, den Chi-Quadrat-Wert durch die Anzahl der Freiheitsgrade zu dividieren.[567] Allerdings existiert in der Literatur kein anerkannter Grenzwert, sodass die Empfehlungen zwischen Werten von 2 bis 5 schwanken.[568]

Der Root Mean Squared Error of Approximation (**RMSEA**) als weiteres inferenzstatistisches Gütemaß ermittelt auf Basis der Kovarianzmatrizen die Abweichung des postulierten Modells von den empirischen Daten und gibt somit die Güte der Approximation wieder.[569] Diese Diskrepanz wird anschließend durch die Freiheitsgrade dividiert, wodurch der RMSEA die Komplexität eines Modells berücksichtigt und damit nicht die einfacheren Strukturgleichungsmodelle „bestraft". Er sollte Werte ≤ 0,05 annehmen, wobei in der Regel Werte bis 0,08 als akzeptabel gelten.[570]

Der Goodness-of-Fit-Index (**GFI**) als deskriptives Anpassungsmaß gibt den durch das Modell erklärten Anteil der Varianzen bzw. Kovarianzen an und nimmt folglich Werte zwischen 0 und 1 an.[571] Üblicherweise wird für den GFI ein Grenzwert von mindestens 0,9 gefordert.[572] Die Aussagekraft des GFI ist jedoch eingeschränkt, da die Freiheitsgrade nicht berücksichtigt werden und durch die Aufnahme zusätzlicher Parameter die Anpassungsgüte des Modells scheinbar verbessert werden kann.[573] Diese Schwäche wird vom Adjusted-Goodness-of-Fit-Index (**AGFI**) behoben, indem

564 Vgl. HOMBURG, GIERING (1996), S. 10.

565 Kritik wird teilweise jedoch auch an der Nullhypothese selbst geübt, da wissenschaftliche Modelle immer Vereinfachungen der Wirklichkeit darstellen müssen und die Nullhypothese somit im Grunde genommen nie zutreffen kann. Vgl. HOMBURG, KLARMANN (2006), S. 736. BROWNE und CUDECK formulieren treffend „Since a null hypothesis that a model fits exactly in some population is known a priori to be false, it seems pointless even to try to test whether it is true." BROWNE, CUDECK (1993), S. 137.

566 BROWNE, CUDECK (1993), S. 136.

567 Vgl. JÖRESKOG, SÖRBOM (1989), S. 43; BLUM (2006), S. 94.

568 Vgl. BOLLEN (1989), S. 278; HOMBURG, GIERING (1996), S. 13. Je kleiner dieser relative Chi-Quadrat-Wert ist, desto besser ist die Modellanpassung.

569 Vgl. BACKHAUS ET AL. (2006b), S. 379.

570 Vgl. BROWNE, CUDECK (1993), S. 144.

571 Vgl. BACKHAUS ET AL. (2006b), S. 380.

572 Vgl. HOMBURG, BAUMGARTNER (1995a), S. 165.

573 Vgl. HOMBURG, GIERING (1996), S. 10.

dieser zusätzlich die vorhandenen Freiheitsgrade berücksichtigt. Auch der AGFI sollte mindestens Werte von 0,9 annehmen.[574] HU und BENTLER empfehlen hingegen, auf die Verwendung des GFI und des AGFI zu verzichten, da beide Anpassungsmaße sensibel auf den Stichprobenumfang reagieren. Außerdem verringert sich deren Wert bei großen Modellen, sodass diese ungerechtfertigterweise abgelehnt werden.[575]

Der Root Mean Square Residual-Index (**RMR-Index**) ist ein Maß für die in einem Modell durchschnittlich nicht erklärte Kovarianz und entspricht dem Standardfehler im Rahmen der Regressionsanalyse. Ein Modell ist umso besser, je geringere Werte der RMR-Index annimmt. Ebenso wie beim RMR-Index gilt auch für dessen standardisierte Variante, den Standardized Root Mean Square Residual-Index (**SRMR-Index**), ein Wert von 0,05 als Obergrenze.

Anders als die absoluten Anpassungsmaße beziehen die **inkrementellen Fit-Indizes** zusätzlich zum betrachteten Modell ein restriktiveres Referenzmodell (Nullmodell) ein. Dadurch wird die proportionale Verbesserung des postulierten Modells im Vergleich zu diesem als Null- oder Basismodell bezeichneten Referenzmodell aufgezeigt.[576] Dieses stellt den „worst case" dar und weist einen äußerst schlechten Modell-Fit auf, da die Unabhängigkeit sämtlicher Indikatorvariablen angenommen wird, weshalb nur wenige Parameter zu schätzen sind.[577] Das Basismodell besitzt somit keine inhaltliche Plausibilität. Sämtliche inkrementellen Anpassungsmaße können Werte zwischen 0 und 1 annehmen, wobei größere Werte auf eine bessere Modellanpassung hindeuten. In der Literatur wird für jeden der nachfolgend vorgestellten Indizes eine Untergrenze von 0,9 gefordert.[578]

Der Comparative-Fit-Index (**CFI**) basiert auf dem Chi-Quadrat-Test und beurteilt die Güte des spezifizierten Modells in Relation zum Basismodell. Wie der CFI gibt der Normed-Fit-Index (**NFI**) die Verbesserung der Anpassungsgüte beim Übergang vom Basismodell zum postulierten Modell an. Allerdings berücksichtigt der CFI anders als der NFI die Anzahl der Freiheitsgrade. Kritiker bemängeln jedoch, dass der CFI vom Stichprobenumfang abhängig ist. Auch der Relative-Fit-Index (**RFI**) neigt bei großen Stichprobenumfängen zu Verzerrungen. Der Tucker-Lewis-Index (**TLI**), der auch als

574 Vgl. BOLLEN (1989), S. 276f.
575 Vgl. HU, BENTLER (1999), S. 5.
576 Vgl. BENTLER, BONETT (1980), S. 588ff.
577 Vgl. HOMBURG, BAUMGARTNER (1995a), S. 170.
578 Vgl. BACKHAUS ET AL. (2006b), S. 381.

Non-normed Fit Index (**NNFI**) bezeichnet wird, ist zwar ebenfalls nicht unumstritten, berücksichtigt jedoch den Stichprobenumfang.[579]

Abbildung 5-7 fasst die vorgestellten Gütekriterien für reflektive Modelle zusammen.

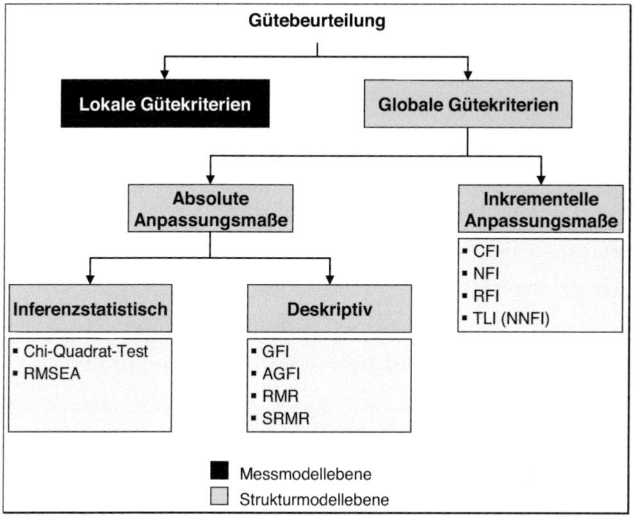

Abbildung 5-7: Gütebeurteilung in reflektiven Strukturmodellen[580]

HU und BENTLER empfehlen in ihrem zentralen Aufsatz zu den Gütemaßen in kovarianzbasierten Strukturgleichungsanalysen die Verwendung des SRMR-Index sowie des RMSEA als Vertreter der absoluten Gütekriterien in Kombination mit dem TLI und CFI.[581]

Die geringen bzw. fehlenden Restriktionen von PLS bezüglich der Stichprobenverteilung bringen zwar einerseits zahlreiche Vorzüge mit sich und stellen einen zentralen Vorteil gegenüber LISREL dar, beschränken allerdings die Möglichkeiten zur **Gütebeurteilung in varianzbasierten Modellen**. Aufgrund der fehlenden Verteilungsannahmen sind beispielsweise inferenzstatistische Tests, die zwar sehr wirkungsvoll sind, jedoch multinormalverteilte Daten voraussetzen, nicht anwendbar.[582] Bei PLS können zur Gütebeurteilung auf Strukturmodellebene somit nur partielle Gütekriterien genutzt werden.[583] Dieses Manko varianzbasierter Modelle wurde in der Literatur

---

579 Vgl. ZINNBAUER, EBERL (2004), S. 12.

580 Vgl. HOMBURG, BAUMGARTNER (1995a), S. 165.

581 Vgl. HU, BENTLER (1998), S. 446f.

582 Vgl. SCHOLDERER, BALDERJAHN (2005), S. 97f.

583 Vgl. CHIN (1998b), S. 316ff.; GEFEN ET AL. (2000), S. 36f.; RINGLE (2004b), S. 18ff.; KRAFFT ET AL. (2005), S. 83ff.; HERRMANN ET AL. (2006), S. 58.

bereits mehrfach als eine der größten Schwächen herausgestellt, aber dennoch konnte diese bestehende Forschungslücke bis zum heutigen Zeitpunkt nicht geschlossen werden.[584] Dem Forscher stehen für die Gütebeurteilung formativer Strukturgleichungsmodelle somit lediglich nicht-parametrische Tests[585] sowie Hilfsprozeduren zur Verfügung. Aufgrund der fehlenden Möglichkeiten zur Gütebeurteilung ist insbesondere bei PLS der fundierten Hypothesenbildung auf Basis intensiver theoretischer Vorüberlegungen und unter Zuhilfenahme von Experten besondere Beachtung zu schenken. Dennoch existieren neben den in Kapitel 5.2.2.2 vorgestellten Ansätzen zur Gütebeurteilung der Messmodelle mehrere ausgewählte Ansätze und Kriterien, die zur Beurteilung des Strukturmodells eingesetzt werden können. Da die Koeffizienten im inneren Modell auf Basis von Regressionen geschätzt werden, dienen zunächst die **Pfadkoeffizienten** als Grundlage für die Gütebeurteilung. Die Pfadkoeffizienten entsprechen den Betakoeffizienten einer multiplen Regression und lassen sich als Stärke des Zusammenhanges interpretieren. Da die a priori aufgestellten Hypothesen auf intensiven theoretischen Vorüberlegungen basieren (sollten), wird zusätzlich gefordert, dass die ermittelten Vorzeichen der Pfadkoeffizienten der vermuteten Beeinflussungsrichtung (positiver oder negativer Einfluss) entsprechen. Zusätzlich sollte es sich nicht nur um einen trivialen, sondern zumindest um einen moderaten Einfluss handeln, um von einer tatsächlichen Beeinflussung der endogenen durch die exogene Variable sprechen zu können. Als Grenzwert für einen relevanten Einfluss wird in der Literatur eine Pfadstärke von 0,2 vorgeschlagen, wobei einige Autoren bereits Pfadkoeffizienten von 0,1 als akzeptabel bezeichnen.[586] Während die absolute Höhe der Pfadkoeffizienten die Stärke des Zusammenhanges widerspiegelt, lässt sich die **statistische Signifikanz** anhand der t-Werte überprüfen.[587] Mithilfe von Resampling-Methoden können die Konfidenzintervalle zur Signifikanzprüfung ermittelt werden, auch wenn keine Verteilungsannahmen zu Grunde liegen oder die wahre Verteilungsfunktion unbekannt bzw. schwer zu ermitteln ist.[588] Die Analyse im Rahmen der Resampling-Methoden ist ähnlich zur bekannten Monte-Carlo-Simulation, basiert jedoch nicht auf hypothetischen, sondern ausschließlich auf

584 Vgl. KRAFFT ET AL. (2005), S. 83; HOMBURG, KLARMANN (2006), S. 734.
585 Unter nicht-parametrischen Tests sind verteilungsfreie Testverfahren zu verstehen.
586 Vgl. CHIN (1998b), S. 324; LOHMÖLLER (1989), S. 60f.
587 Vgl. HUBER ET AL. (2007), S. 38.
588 Vgl. REIMER (2007), S. 408ff. Eine Ermittlung der Verteilungsfunktion gestaltet sich beispielsweise bei kleinen Stichprobenumfängen schwierig. Vgl. REIMER (2007), S. 391.

realen Daten. Auf Basis wiederholter Stichprobenziehungen („Resampling“) und den daraus resultierenden Verteilungseigenschaften können so Standardfehler, Konfidenzintervalle und Korrelationskoeffizienten ermittelt werden.[589] Während beim *Jackknifing* als einem der bekanntesten Resampling-Methoden die Bildung der Teilstichproben dadurch erfolgt, dass sukzessive einzelne Beobachtungen eliminiert werden, basiert das *Bootstrapping* auf Stichprobenziehungen mit Zurücklegen. Dadurch besitzen die gebildeten Resamples den gleichen Umfang wie die Originalstichprobe.[590] Beide Methodiken werden durch die gängigen Softwaretools zur PLS-Analyse unterstützt. In der Literatur wird das Bootstrapping als das effizientere der beiden Verfahren angesehen, da der Datensatz nicht durch die Bildung von Teilstichproben verringert wird und das Bootstrapping die Stichprobengröße bei der Analyse berücksichtigt. Dadurch ist von einem geringeren Standardfehler als beim Jackknifing auszugehen.[591] Signifikante Pfadkoeffizienten, die zudem ein der Hypothese entsprechendes Vorzeichen besitzen, unterstützen die vermutete Beziehung empirisch.[592] Als Grenzwert wird üblicherweise ein Signifikanzniveau von 10% angegeben, bei dem mit einer Irrtumswahrscheinlichkeit α von 0,1 die formulierte Nullhypothese zu Unrecht abgelehnt wird, obwohl sie wahr ist. Der t-Wert als Kriterium zur Abschätzung der Signifikanz berechnet sich als Quotient des geschätzten Parameters und dem Standardfehler. Dieser t-Wert wird anschließend unter Berücksichtigung der Freiheitsgrade sowie der akzeptierten Irrtumswahrscheinlichkeit mit dem korrespondierenden Wert der sogenannten t-Verteilung verglichen. Falls sich der ermittelte t-Wert über der angegebenen Grenze befindet, gilt dies als Indiz für einen signifikannten Koeffizienten.[593]

Ein weiteres Gütekriterium auf Strukturmodellebene ist das **Bestimmtheitsmaß** R^2, welches den Anteil der erklärten Varianz an der Gesamtvarianz eines Konstruktes angibt und so die Anpassungsgenauigkeit der Regressionsgeraden an die empirisch gewonnenen Indikatoren beschreibt.[594] Im Rahmen eines Strukturgleichungsmodells repräsentiert es demnach den Grad, zu dem eine latente Variable die Gesamtstreuung des endogenen Konstruktes erklären kann. Je höher der Anteil der erklär-

---

589 Vgl. LUNNEBORG (2000), S. XI.
590 Vgl. REIMER (2007), S. 408.
591 Vgl. EFRON, GONG (1983), S. 39f.; EFRON, TIBSHIRANI (1993), S. 145f.; CHIN (1998b), S. 320.
592 Vgl. GÖTZ, LIEHR-GOBBERS (2004), S. 730.
593 Vgl. BACKHAUS ET AL. (2006b), S. 75f.
594 Vgl. CHIN, NEWSTED (1999), S. 316; RINGLE (2004b), S. 19.

ten Varianz an der Gesamtvarianz ist, desto mehr nähert sich das Bestimmtheitsmaß dem Wert 1 an. Ein Wert ab 0,67 wird in der Literatur als substanziell bezeichnet, wohingegen Werte < 0,33 als durchschnittlich und < 0,19 als schwach angesehen werden.[595] Allerdings werden in der Regel bereits Werte ab 0,4 akzeptiert.[596]

Mithilfe der **Effektstärke** f^2 kann zusätzlich überprüft werden, ob der Zusammenhang zwischen einer unabhängigen Variable und dem endogenen Konstrukt bedeutsam ist. Dazu wird das Modell zunächst ohne und anschließend mit der betreffenden exogenen latenten Variable geschätzt. Auf Basis der sich jeweils ergebenden Bestimmtheitsmaße der endogenen Latenten kann anschließend festgestellt werden, ob die exogene Größe eine Relevanz für die Ausprägung des endogenen Konstruktes besitzt. Die Effektstärke berechnet sich somit anhand der Formel:[597]

$$f^2 = \frac{R^2_{inklusive} - R_{exklusive}}{1 - R^2_{inklusive}}. \tag{5.8}$$

Eine Effektstärke von 0,02 zeugt von einem schwachen Einfluss, wohingegen Werte über 0,15 einen moderaten und eine Effektstärke über 0,35 einen substanziellen Einfluss der exogenen auf die endogene Variable signalisiert.[598] Mithilfe der Effektstärke kann ebenfalls der Einfluss und damit die Relevanz einer moderierenden Variable für das Untersuchungsmodell bewertet werden.[599]

Ein weiteres Kriterium zur Überprüfung der Strukturmodellgüte bildet der **Stone-Geisser-Test** (Q^2), mit dessen Hilfe beurteilt werden kann, wie gut die empirisch gewonnenen Daten durch das Modell und die geschätzten PLS-Parameter rekonstruiert werden können.[600] Dazu wird mithilfe der Blindfolding-Technik ein Teil der Rohdatenmatrix unterdrückt. Anschließend werden die ermittelten Parameter genutzt, um die nicht einbezogenen Daten zu schätzen.[601] Positive Werte deuten auf eine hohe, negative hingegen auf eine mangelnde Prognoserelevanz hin. Allerdings kann der Stone-Geisser-Test nur in reflektiven Modellen eingesetzt werden.[602]

---

595 Vgl. CHIN (1998b), S. 323; BACKHAUS ET AL. (2006b), S. 97.
596 Vgl. RINGLE (2004b), S. 19; GÖTZ, LIEHR-GOBBERS (2004), S. 721.
597 Vgl. CHIN ET AL. (2003), S. 195f.
598 Vgl. KRAFFT ET AL. (2005), S. 84.
599 Vgl. HUBER ET AL. (2007), S. 53f.
600 Vgl. GÖTZ, LIEHR-GOBBERS (2004), S. 731.
601 Vgl. GRIMPE (2005), S. 220.
602 Vgl. FORNELL, BOOKSTEIN (1982), S. 450.

In Tabelle 5-3 sind die vorhandenen Gütekriterien für kovarianz- sowie varianzbasierte Strukturgleichungsmodelle zusammenfassend dargestellt.[603]

	Kovarianzbasierte Modelle (LISREL)	Varianzbasierte Modelle (PLS)
Absolute Fit-Indizes	▪ Chi-Quadrat-Test: Chi-Quadrat / df: ≤ 5 ▪ GFI: ≥ 0,9 ▪ AGFI: ≥ 0,9 ▪ RMR-Index: ≤ 0,05 ▪ SRMR-Index: ≤ 0,05 ▪ RMSEA: ≤ 0,08	▪ keine anerkannten Gütemaße vorhanden; Modelle lediglich bewertbar durch: ▪ Pfadkoeffizienten: - Erwartungskonforme Vorzeichen - Werte ≥ 0,2 ▪ Signifikanztest: t-Werte ≥ 1,285 ▪ Bestimmtheitsmaß R^2: ≥ 0,3 ▪ Effektstärke f^2: ≥ 0,02 ▪ Prognoserelevanz Q^2: > 0 (nur für reflektive Konstrukte)
Inkrementelle Fit-Indizes	▪ CFI: ≥ 0,9 ▪ NFI: ≥ 0,9 ▪ RFI: ≥ 0,9 ▪ TLI (NNFI): ≥ 0,9	

Tabelle 5-3: Gütebeurteilung kovarianz- und varianzbasierter Strukturmodelle

Wie gezeigt werden konnte, stehen für LISREL zahlreiche lokale und globale Gütekriterien zur Verfügung, während bei PLS aufgrund fehlender Verteilungsannahmen bislang lediglich einzelne Gütemaße existieren. Allerdings ist zu konstatieren, dass die Vielzahl verfügbarer Kriterien zur Beurteilung kovarianzbasierter Modelle zwar einen entscheidenden Vorteil von LISREL darstellt, deren Anwendbarkeit jedoch an sehr restriktive Voraussetzungen hinsichtlich der zu Grunde liegenden Datenbasis geknüpft ist.[604]

5.2.3.2 Zusammenfassende Gegenüberstellung

In Tabelle 5-4 sollen die zuvor vorgestellten grundlegenden Eigenschaften und Annahmen kovarianz- bzw. varianzbasierter Modelle zusammengefasst werden, um dem Leser einen Gesamtüberblick zu verschaffen und durch die Gegenüberstellung methodenspezifische Vor- und Nachteile zu verdeutlichen.

Wie gezeigt werden konnte, stellt sich die Frage nach dem geeigneten Analyseverfahren im Grunde genommen nicht, da die Antwort durch deren Charakteristika vorgegeben wird.

---

[603] Bei PLS existieren ohnehin nur wenige Gütekriterien, weshalb die Auffassung vertreten wird, dass zumindest diese existierenden Grenzwerte deutlich überschritten werden sollten. Aus diesem Grund werden bei abweichenden Angaben und Meinungen in der Literatur die jeweils strengeren Grenzwerte angeführt.

[604] Vgl. BACKHAUS ET AL. (2006a), S. 712; HOMBURG, KLARMANN (2006), S. 734; SCHOLDERER, BALDERJAHN (2006), S. 67.

Kriterium	Kovarianzbasierte Modelle (LISREL)	Varianzbasierte Modelle (PLS)
Datenanalyse und Untersuchungsziel		
Hauptziel der Untersuchung	▪ Parameterorientiert: Erklärung empirischer Datenstrukturen	▪ Prognoseorientiert: Erklärung latenter Variablen und / oder Indikatorvariablen
Charakter	▪ Konfirmatorisch	▪ Explorativ
Theorieanforderungen	▪ Hoch	▪ Flexibel
Ziel des Algorithmus	▪ Bestmögliche Replikation der Daten	▪ Bestmögliche Vorhersage der Datenmatrix bzgl. der Zielvariablen
Eigenschaften und Konsistenz der Schätzer		
Stabilität	▪ Konsistente Parameterschätzer	▪ Konsistente Schätzer, wenn hohe Indikatorenanzahl und Fallzahl („consistency at large“)
Identifikation und Plausibilität	▪ Identifikationsprobleme möglich ▪ Unsinnige Werte möglich	▪ Immer identifiziert ▪ Unsinnige Werte können nicht auftreten
Werte latenter Variablen	▪ Werte nicht determiniert	▪ Werte werden geschätzt und angegeben
Modelleigenschaften		
Methodik	▪ Modellparameter werden simultan geschätzt	▪ Algorithmen beschränken sich auf Teilmodelle unter der Annahme, dass die übrigen Modellparameter bereits bekannt sind
Modellkomplexität	▪ Begrenzt	▪ Hochkomplexe Modelle möglich
Messmodelle	▪ Üblicherweise nur für reflektive Indikatoren geeignet ▪ Anwendbarkeit für formative Indikatoren nur unter starken Restriktionen möglich	▪ Problemlos für formative und / oder reflektive Operationalisierungen möglich
Anwendungsrestriktionen und Datengrundlage		
Verteilungsannahmen	▪ Üblicherweise multivariate Normalverteilung und unabhängige Beobachtungen	▪ Keine Verteilungsannahmen (nichtparametrisch)
Skalenniveau	▪ Mindestens intervallskaliert	▪ Keine Einschränkung
Anzahl notwendiger Indikatoren	▪ 3 - 4 Indikatoren pro latenter Variable	▪ Bei formativer Modellierung so viele Indikatoren wie möglich
Stichprobengröße	▪ Hohe Anforderung; mindestens 200-800 Fälle	▪ Auch für kleine Stichproben geeignet; mindestens ca. 30 - 50 Fälle
Gütebeurteilung		
Gütemaße	▪ Zahlreiche lokale und globale Gütemaße anwendbar	▪ Nur partielle Gütemaße vorhanden

Tabelle 5-4: Vergleich kovarianz- und varianzbasierter Modelle[605]

[605] Vgl. FORNELL (1987), S. 413; CHIN, NEWSTED (1999), S. 314; BLIEMEL ET AL. (2005), S. 11; HOMBURG, KLARMANN (2006), S. 735.

Insbesondere die verfügbare Datenbasis übt durch den notwendigen Stichprobenumfang sowie die Datenverteilung einen wesentlichen Einfluss auf die Entscheidung für ein kovarianz- bzw. varianzbasiertes Vorgehen aus. Auch die Konzeption der Konstrukte als reflektive bzw. formative Variable beeinflusst die Wahl der Analysemethodik nachhaltig. Deshalb kann nicht per se eine Empfehlung für oder wider ein bestimmtes Verfahren gegeben werden. Sowohl kovarianz- als auch varianzbasierte Verfahren besitzen ihre Vorzüge und Nachteile, sodass letztlich auf Basis der Zielsetzung, Modellannahmen bzw. -konzeption sowie der Datenbasis eine Entscheidung getroffen werden sollte. Aus diesem Grund wird die Entscheidung für LISREL oder PLS im Rahmen dieser Arbeit auf Kapitel 6.4.2 verschoben, da erst dann die entscheidungsrelevanten Prämissen zur Verfügung stehen.

5.3 Ablauf der Strukturgleichungsmodellierung

In der Literatur existiert keine allgemein anerkannte und etablierte Vorgehensweise zur Durchführung einer kausalanalytischen Untersuchung. Ein weit verbreitetes Vorgehen orientiert sich an einem sechsstufigen Ablaufplan, der mit der Hypothesenbildung (Schritt 1) beginnt, an die sich in der Regel die Erstellung des Pfaddiagrammes sowie die Modellkonzeption und -spezifikation anschließen (Schritt 2). In einem dritten Schritt werden anschließend die Daten erhoben und das Modell hinsichtlich der Identifizierbarkeit analysiert. Im vierten Schritt erfolgt die Parameterschätzung. Anschließend findet die Gütebeurteilung (Schritt 5) statt, bevor die kausalanalytische Untersuchung mit der Modifikation der Modellstruktur (Schritt 6) abgeschlossen wird.[606] Aus Sicht des Autors birgt diese Vorgehensweise jedoch mehrere Probleme in sich. LISREL und PLS stellen hinsichtlich des Stichprobenumfanges sowie der Datenverteilung vollkommen unterschiedliche Anforderungen an das zu Grunde liegende Datenmaterial. Somit ist die Erstellung des Pfaddiagrammes unter Verwendung einer entsprechenden Software schwierig, da zu diesem Zeitpunkt noch keine Entscheidung für ein kovarianz- bzw. varianzbasiertes Verfahren getroffen wurde.[607] FEISTEL führt die Entscheidung für ein kovarianz- bzw. varianzbasiertes Analyse-

---

606 Vgl. BOLLEN, LONG (1993), S. 1f.; HOMBURG, PFLESSER (2000), S. 646; BACKHAUS ET AL. (2006b), S. 356f.

607 Bei kovarianzbasierten Verfahren stehen die Softwarepakete LISREL, AMOS sowie EQS zur Verfügung, während bei varianzbasierten Modellen u. a. auf SmartPLS, PLS Graph sowie Visual PLS zurückgegriffen werden kann.

verfahren sogar als zweiten Schritt, unmittelbar nach der Hypothesenbildung und noch vor der Modellentwicklung, an.[608] Wie im vorangegangenen Kapitel jedoch beschrieben wurde, sollte die Entscheidung für ein kovarianz- bzw. varianzbasiertes Verfahren ausschließlich auf Basis des verfolgten Untersuchungszieles, der Modellkonzeption sowie der verfügbaren Datenbasis getroffen werden, die zu diesem Zeitpunkt jedoch durchgehend unberücksichtigt bleiben (müssen). Als problematisch wird des Weiteren erachtet, dass in dem oben beschriebenen Ablaufplan die Hypothesenbildung bereits im ersten Schritt der Untersuchung stattfindet, obwohl zu diesem Zeitpunkt noch keine Konzeptualisierung erfolgt ist. Da somit die im Modell untersuchten Konstrukte noch unbekannt sind, können aus Sicht des Autors auch noch keine Hypothesen über eventuelle Abhängigkeitsbeziehungen formuliert werden. Insbesondere in der vorliegenden Arbeit stellt die Konzeptualisierung der latenten Konstrukte einen wesentlichen Baustein zur Schließung der existierenden Forschungslücke dar. Um den Zusammenhang zwischen der Beschaffungskomplexität und dem Logistikerfolg als Hauptuntersuchungsobjekte nicht nur durch eine einzige Hypothese abzubilden, sondern detaillierte Hypothesen zum Einfluss auf die logistischen Erfolgskomponenten formulieren zu können, müssen diese (Erfolgs-) Dimensionen deshalb zunächst identifiziert und als Konstrukte in das Modell aufgenommen werden. Erst im Anschluss ist die Ableitung von Hypothesen zu direkten und indirekten Effekten möglich. Aus diesem Grund weicht die Vorgehensweise in dieser Arbeit leicht gegenüber dem üblichen Ablaufschema in der Literatur ab (vgl. Abbildung 5-8). Wie Abbildung 5-8 entnommen werden kann, bilden die Konzeptualisierung und Operationalisierung der Konstrukte die Grundlage der kausalanalytischen Untersuchung, auf deren Basis im Anschluss Hypothesen formuliert werden. An dieser Stelle wird somit HILDEBRANDT entsprochen, der ebenfalls die Konzeptualisierung als ersten Schritt der Strukturgleichungsanalyse anführt, bevor anschließend die Hypothesenformulierung erfolgt.[609] Die nachfolgenden Ablaufschritte orientieren sich jedoch wieder an den Empfehlungen in der Literatur und berücksichtigen sämtliche Aspekte einer kausalanalytischen Untersuchung von der Entwicklung über die Analyse und Auswertung bis hin zur Gütebeurteilung des Untersuchungsmodells. Dieser im Folgenden näher beschriebene Ablaufplan dient als Grundlage und Leitfaden für die Untersuchung in Kapitel 6.

---

608 Vgl. FEISTEL (2008), S. 141.
609 Vgl. HILDEBRANDT (2008), S. 86.

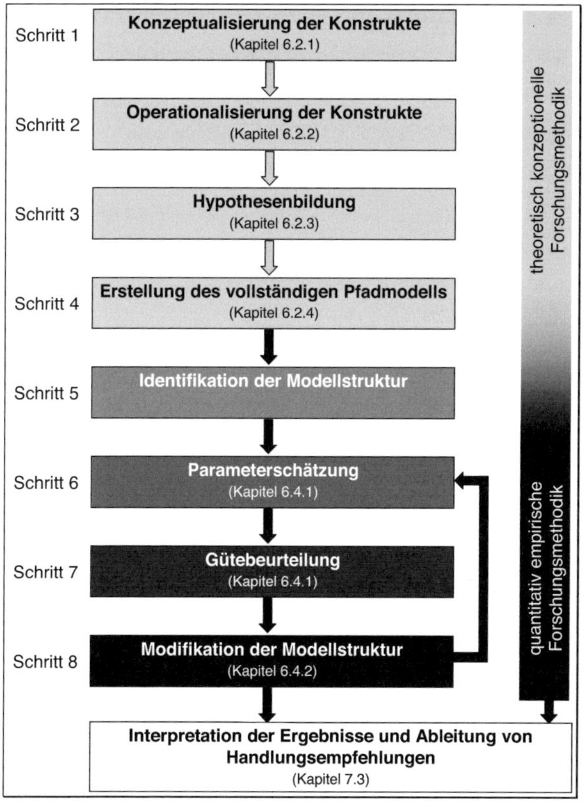

Abbildung 5-8: Ablauf der kausalanalytischen Untersuchung

- **Schritt 1: Konzeptualisierung der Konstrukte**

Im Rahmen der Konzeptualisierung werden die zu untersuchenden Variablen inhaltlich definiert und begrifflich festgelegt. Auf Basis eines Literaturstudiums sowie unter Zuhilfenahme von Experten sollte das Konstrukt aus verschiedenen Perspektiven beleuchtet werden, um ein umfassendes Verständnis für den definitorischen Rahmen sowie die einzelnen Facetten des Konstruktes zu erlangen. Des Weiteren ist festzulegen, wie die Konstrukte in das Modell eingebunden werden sollen, d. h. ob es sich um eine exogene (erklärende), endogene (zu erklärende), mediierende oder moderierende Variable handelt. Von großer Bedeutung für die Modellkomplexität sowie den Detaillierungsgrad der gewonnenen Erkenntnisse ist die Spezifikation des Abstraktionsniveaus. Wie in Kapitel 5.2.1 beschrieben wurde, kann zwischen ein- und mehrdimensionalen Konstrukten unterschieden werden. Mehrdimensionale Konstrukte bilden verschiedene Facetten (Dimensionen) einer Latenten ab und sind somit durch ein größeres Abstraktionsniveau gekennzeichnet.[610] Die Frage nach dem Nutzen einer mehrdimensionalen Konzeption wird in der Literatur kontrovers diskutiert.[611] Kritiker verweisen auf eine nachteilige Mehrdeutigkeit der latenten Variable und bemängeln, dass ein mehrdimensionales Konstrukt allein nicht in der Lage sei, so viel Varianz zu erklären, wie seine Dimensionen gemeinsam.[612] Demgegenüber betonen die Fürsprecher die verbesserte und detailliertere Abbildung komplexer Phänomene, da vielfältige Einflussgrößen und unterschiedliche Facetten berücksichtigt werden.[613] Die Entscheidung für eine mehrdimensionale Konzeptualisierung hat dabei weitreichende Folgen, denn sie erfordert die Messung des Konstruktes über getrennte Indikatoren und Skalen, wodurch die Modellkomplexität und infolgedessen der erforderliche Stichprobenumfang ansteigt. Gleichzeitig erwächst jedoch aus dem größeren Abstraktionsniveau die Möglichkeit, detailliertere und zielgerichtetere Handlungsempfehlungen für das Management formulieren zu können, als dies bei eindimensionalen Konstrukten der Fall ist.[614]

- **Schritt 2: Operationalisierung der Konstrukte**

Mithilfe der Operationalisierung sollen einerseits Indikatoren generiert werden, mit deren Hilfe die Konstrukte messbar gemacht werden können. Andererseits besteht die Aufgabe darin, durch theoretisch fundierte Vorüberlegungen die Messphilosophie, d. h. die Art der Beziehung zwischen den Indikatoren und dem Konstrukt, zu bestimmen.[615] Hierbei kann auf die in Abbildung 5-6 auf Seite 150 angeführten Kriterien sowie den von FASSOTT entwickelten Fragenkatalog zurückgegriffen werden.[616] Darüber hinaus beinhaltet die Operationalisierung ebenso die Festlegung der Items und Skalen, mit deren Hilfe die Indikatoren erfasst werden sollen.[617]

Die Auswahl geeigneter und möglichst treffender Indikatoren besitzt eine entscheidende Bedeutung für den Erfolg einer Untersuchung und die Güte der Ergebnisse. Um den Forscher eine Unterstützung bei dem schwerwiegenden und schwierigen

---

610 Vgl. HUBER ET AL. (2007), S. 27.
611 Vgl. GIERE ET AL. (2006), S. 679.
612 Vgl. EDWARDS (2001), S. 145.
613 Vgl. CHIN (1998a), S. X; ALBERS, GÖTZ (2006), S. 670.
614 Vgl. FESTGE (2006), S. 37.
615 Vgl. RIEMENSCHNEIDER (2006), S. 188.
616 Vgl. FASSOTT (2006), S. 71.
617 Vgl. FASSOTT, EGGERT (2005), S. 40; PANTEN (2005), S. 210f.; CHRISTOPHERSEN, GRAPE (2007), S. 108ff.

Prozess der Operationalisierung zu geben, existieren in der Literatur mehrere Beiträge zur optimalen Vorgehensweise.[618] EBERL bemängelt den Verlust an Objektivität, wenn eine Person allein über die Operationalisierung der Variablen entscheidet.[619] Auch ROSSITER schlägt vor, Experten in die Formulierung der Indikatoren und Items einzubeziehen.[620] In der vorliegenden Arbeit soll für die Entwicklung der Messmodelle eine dreistufige Vorgehensweise verwendet werden (vgl. Abbildung 5-9).

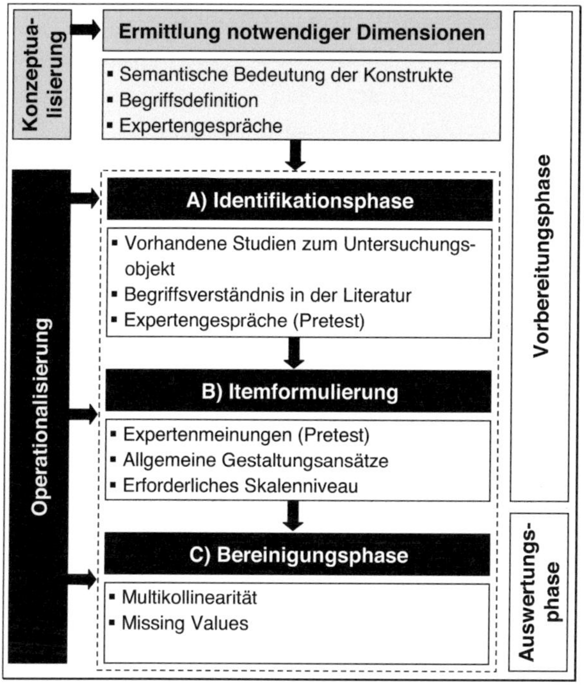

Abbildung 5-9: Dreistufige Systematik zur Operationalisierung der Konstrukte

Im Rahmen der **Identifikationsphase (A)** wird eine Ausgangsmenge an Indikatoren zur Umschreibung der Konstrukte ermittelt. Die Basis stellt hierbei ein intensives Literaturstudium zum allgemeinen Begriffsverständnis sowie anerkannten Begriffsdefinitionen innerhalb der wissenschaftlichen Diskussion dar. Bereits existierende Untersuchungen zur Thematik liefern darüber hinaus weitere Anhaltspunkte für mögliche Indikatoren und ihre grobe Allokation zu den einzelnen Konstrukten. Die so

[618] Vgl. DIAMANTOPOULOS, WINKLHOFER (2001); ROSSITER (2002).
[619] Vgl. EBERL (2006a), S. 653.
[620] Vgl. ROSSITER (2002), S. 316ff.

generierte Ausgangsmenge an Indikatoren sollte anschließend im Rahmen von Expertengesprächen diskutiert und ergänzt werden. Die Experten besitzen eine externe Sicht auf die Thematik, durch die Fehleinschätzungen des Forschers aufgezeigt, die Subjektivität der Auswahl reduziert und bisher nicht berücksichtigte Indikatoren ergänzt werden können. In der Fachliteratur wird die Verwendung von mindestens drei bis vier Indikatoren je Konstrukt vorgeschlagen.[621] Zu viele Indikatoren lenken die Latente inhaltlich womöglich zu stark in eine bestimmte Richtung. Des Weiteren ist zu bedenken, dass jeder zusätzliche Parameter im Strukturgleichungsmodell die erforderliche Stichprobenanzahl sowie den Fragebogenumfang erhöht. Beides ist aus forschungsökonomischer Sicht nicht wünschenswert.

Nachdem die Indikatoren bestimmt wurden, sind anschließend im Rahmen der **Itemformulierung (B)** Fragen zu formulieren, durch deren Beantwortung die Indikatoren bewertet werden. Gleichzeitig ist es notwendig, die Antwortelemente (Skalen) festzulegen (vgl. Abbildung 5-3 auf Seite 127). Auch wenn die Strukturgleichungsanalyse streng genommen metrisch skalierte Daten benötigt, werden in kausalanalytischen Untersuchungen häufig mehrstufige Likert-Skalen verwendet.[622] Unter der Annahme gleich großer Skalenabstände können diese als quasi-metrisch interpretiert und infolgedessen problemlos angewendet werden.[623] Um den Probanden die Beantwortung der Fragen zu erleichtern und Missverständnisse bzw. Fehlinterpretationen zu verhindern, sollte den allgemeinen Gestaltungsansätzen *Einfachheit, Neutralität* und *Eindeutigkeit der Antwortelemente* besondere Beachtung geschenkt werden.[624] Vor allem an die Skalierung werden besondere Anforderungen gestellt, da diese einen

---

621 Vgl. BOLLEN (1989), S. 288f. Diese Empfehlung gilt explizit für reflektive Konstrukte, während für formative keine Obergrenze existiert. Vgl. hierzu den Abschnitt *Anwendungsrestriktionen und Datengrundlage* in Kapitel 5.2.3.1.

622 Vgl. BACKHAUS ET AL. (2006b), S. 5; HOMBURG, KLARMANN (2006), S. 733.

623 Im Allgemeinen kann zwischen nominal, ordinal sowie metrisch skalierten Daten unterschieden werden. Eine Nominalskala zeichnet sich durch eine einfache Zuordnung einer Zahl zu einem gemessenen Merkmal aus. Als Beispiele dienen die Parteizugehörigkeit (CDU, SPD, PDS, usw.) oder die Angabe einer Lieblingsfarbe (rot, blau, etc.). Die Verteilung der Häufigkeiten ist die einzige statistische Analysemöglichkeit. Eine Ordinalskala liegt vor, wenn aufgrund der Ausprägung des untersuchten Merkmals eine Rangfolge gebildet werden kann. Vgl. BAMBERG, BAUR (2002), S. 7f. Bei ordinal skalierten Daten können der Median sowie die Quantile berechnet werden. Als Erweiterung gelten metrische Skalen. Hierzu zählt zunächst die Intervallskala, die durch die Einteilung in gleich große Skalenabschnitte gekennzeichnet ist. Diese besitzen dabei keinen natürlichen Nullpunkt. Zusätzlich zu den bisherigen statistischen Auswertungsverfahren ist die Ermittlung des arithmetischen Mittels zulässig. Im Unterschied zur Intervallskala besitzt die Verhältnisskala einen natürlichen Nullpunkt. Dadurch können zusätzlich das geometrische Mittel sowie der Variationskoeffizient berechnet werden. Vgl. RIESENHUBER (2007), S. 10f.

624 Vgl. z. B. MAYER (2006), S. 79.

Einfluss auf das Antwortverhalten der Befragten ausübt (z. B. Tendenz zum Ankreuzen des mittleren Antwortelementes).

Innerhalb der **Bereinigungsphase (C)** werden die bis dahin gesammelten Indikatoren mithilfe statistischer Kenngrößen sowie inhaltlicher Überlegungen beurteilt und ungeeignete Indikatoren eliminiert, um dadurch die Modellgüte zu erhöhen.[625] Ungeeignet ist ein Indikator beispielsweise dann, wenn dieser inhaltlich nicht eindeutig festgelegt ist und einer latenten Variable nicht eindeutig zugeordnet werden kann.[626] Darüber hinaus können gehäuft auftretende fehlende Werte bei der Fragenbeantwortung (missing values) das Untersuchungsergebnis verzerren. Eine Empfehlung lautet, Indikatoren, bei denen mehr als 40% der Befragten keine Angaben gemacht haben, aus der weiteren Analyse auszuschließen, da die Beantwortung der Frage dem Anschein nach nur schwer möglich war oder die Frage nicht eindeutig genug formuliert wurde.[627] Bei der Eliminierung einzelner Indikatoren ist allerdings vor allem bei formativen Messmodellen Vorsicht geboten, da jeder einzelne Indikator zur Erklärung der latenten Variable beiträgt.[628] Die Streichung muss zwingend inhaltlich zu rechtfertigen sein und darf nicht ausschließlich auf statistischen Kenngrößen basieren.[629] Im Falle einer reflektiven Messphilosophie ist die Skalenbereinigung aufgrund der umgekehrten Kausalität zwischen der latenten Variable und den Indikatoren hingegen unproblematisch.

- **Schritt 3: Hypothesenbildung**

Ein schlüssiges Hypothesensystem bildet das zentrale Element eines Strukturgleichungsmodells. Die vermuteten Zusammenhänge sowie die Wirkungsrichtung werden als Hypothesen formuliert und anschließend mithilfe der erhobenen Daten überprüft.[630] Hierin zeigt sich der konfirmatorische Charakter der Strukturgleichungs-

[625] Vgl. hierzu die kritischen Anmerkungen zu den notwendigen Voraussetzungen und den sich ergebenden Konsequenzen einer nachträglichen Skalenbereinigung in Kapitel 5.2.2.

[626] Vgl. EBERL (2006b), S. 146.

[627] Die Eliminierung von Indikatoren mit einem hohen missing-value-Anteil entspricht der üblichen Vorgehensweise in der Literatur. Vgl. STEFFEN (2006), S. 147.

[628] Die nachträgliche Skalenbereinigung ist aber auch bei formativen Messmodellen anzuraten, wenn eine hohe Multikollinearität vorliegt. Vgl. Kapitel 5.2.2.1.

[629] Vgl. GÖTZ, LIEHR-GOBBERS (2004), S. 723.

[630] Vgl. HILDEBRANDT (2008), S. 84ff.

modellierung.[631] JÖRESKOG und SÖRBOM unterscheiden bei der Modellprüfung drei klassische Situationen:[632]

- Eine strikt konfirmatorische Prüfung, bei der zuvor aufgestellte Hypothesen überprüft und entweder verifiziert oder falsifiziert werden, ohne Modifikationen am Untersuchungsmodell vorzunehmen.
- Eine konfirmatorische Prüfung, bei der mehrere alternative Hypothesensysteme überprüft werden und sich der Forscher anschließend für das Modell mit der besten Güte bzw. Modellanpassung entscheidet.
- Eine modellgenerierte Anwendung, bei der ausgehend von einem Anfangsmodell sukzessive Modellmodifikationen vorgenommen werden, um dadurch eine bessere Anpassung an die Datenstruktur zu erzielen.

Die Hypothesenformulierung sollte auf möglichst gesicherten (theoretischen oder empirischen) Erkenntnissen bzw. plausiblen Überlegungen basieren.[633] Dies impliziert, dass die Hypothesen aus der Theorie abzuleiten sind und deshalb streng genommen nur die erste vorgestellte Alternative, d. h. eine rein konfirmatorische Überprüfung zuvor aufgestellter Hypothesen, dem wissenschaftlichen Anspruch genügt. Sofern nachträgliche Modellanpassungen theoretisch begründet werden können, sind sie jedoch als legitimes Mittel anzusehen. Dennoch sollte der theoretischen Herleitung von Hypothesen eine größere Beachtung geschenkt werden als der nachträglichen Veränderung des Modells zugunsten eines besseren Modell-Fits.

Durch die Bestätigung oder die Widerlegung der aufgestellten Hypothese können Rückschlüsse auf die Gültigkeit der zu Grunde liegenden Theorie gezogen werden. Die Falsifikation einer Hypothese ist dabei entweder darauf zurückzuführen, dass der vermutete Zusammenhang aufgrund der Datenbasis tatsächlich nicht festgestellt bzw. statistisch bestätigt werden kann, oder resultiert daraus, dass die Messinstrumente, das Untersuchungsdesign oder die Untersuchungsmethodik ungeeignet sind. Dies verdeutlicht erneut, welche Bedeutung der Modellkonzeption zukommt und rechtfertigt die in dieser Arbeit gewählte Vorgehensweise, die Konzeptualisierung und Operationalisierung vor der Hypothesenformulierung durchzuführen.

---

[631] Wie in Kapitel 5.2.3.1 verdeutlicht, zählen die kovarianzbasierten Ansätze zu den konfirmatorischen Verfahren, aber auch varianzbasierte Ansätze führen Hypothesentests durch und besitzen somit trotz ihrer explorativen Vorgehensweise gleichzeitig einen konfirmatorischen Charakter.

[632] Vgl. JÖRESKOG, SÖRBOM (1996), S. 115.

[633] Vgl. RIEKEBERG (2003), S. 73.

- **Schritt 4: Erstellung des vollständigen Pfaddiagrammes**

Auf Basis der im Modell enthaltenen Variablen sowie den aufgestellten Hypothesen kann anschließend das Pfaddiagramm erstellt werden. Das Pfaddiagramm entspricht der Visualisierung des mathematischen Gleichungssystems, welches durch die festgelegte Beziehung zwischen den Konstrukten und den Indikatoren sowie den formulierten Hypothesen bestimmt wird. Unter Verwendung der gängigen Softwaretools ist die mathematische Spezifizierung des Modells mithilfe von Gleichungen nicht mehr erforderlich, da sich die Modellstruktur mithilfe der grafischen Benutzeroberfläche sehr einfach und anwenderfreundlich abbilden lässt.

- **Schritt 5: Identifikation der Modellstruktur**

Nachdem die Strukturen und Hypothesen in ein mathematisches Gleichungssystem überführt wurden, muss dieses im vierten Schritt auf seine Lösbarkeit überprüft werden. Dazu ist zu ermitteln, ob die mit den erhobenen Daten verfügbaren Informationen ausreichen, um sämtliche Parameter zu bestimmen. Die Differenz zwischen der Anzahl verfügbarer und der Anzahl zu schätzender Parameter entspricht dem Freiheitsgrad des Modells. Nur wenn die Anzahl der Gleichungen mindestens mit der Anzahl zu schätzender Parameter übereinstimmt, gilt das Modell als identifiziert und ist lösbar. Entspricht die Zahl der Gleichungen (verfügbare Parameter) der Zahl zu schätzender Parameter, ist das Gleichungssystem zwar eindeutig lösbar, aber die Anzahl an Freiheitsgraden beträgt Null. Somit werden sämtliche „empirischen Informationen" zur Berechnung der Parameter benötigt und es stehen keine Informationen mehr zur Verfügung, um die Modellgüte zu testen. Deshalb sollten mindestens so viele Indikatoren erhoben werden, wie notwendig sind, um eine positive Anzahl an Freiheitsgraden zu erhalten.[634] Zur konkreten Vorgehensweise bei der Überprüfung der Identifizierbarkeit sei auf die einschlägige Literatur verwiesen.[635]

Wie in Kapitel 5.2.3.1 gezeigt wurde, besteht das Problem einer potenziellen Nichtlösbarkeit aufgrund einer mangelnden Modellidentifikation ausschließlich bei kovarianzbasierten Ansätzen, wohingegen varianzbasierte Modelle immer identifiziert

634 Vgl. BACKHAUS ET AL. (2006b), S. 366f.

635 Vgl. HILDEBRANDT (1983), S. 76ff.; WROBBEL, TIETZ (1998), S. 49ff.; BACKHAUS ET AL. (2006b), S. 366f.

sind. Der Schritt *Identifikation der Modellstruktur* ist folglich nur bei einer kovarianzbasierten Analysemethodik durchzuführen.[636]

▪ Schritt 6: Parameterschätzung

Aufgrund der vielfältigen und ausgereiften Softwarepakete, die eine anwenderfreundliche, grafische und intuitive Berechnung von Strukturgleichungsmodellen in der Praxis ermöglichen, ohne vorab mathematische Gleichungssysteme erstellen zu müssen, wird an dieser Stelle auf eine umfangreiche formale Darstellung der Algorithmen verzichtet und lediglich das Grundprinzip dargelegt.[637]

LISREL verfolgt das Ziel, die Abweichung zwischen der empirisch gewonnenen und der theoretisch hergeleiteten Kovarianzmatrix zu minimieren. Zur Abbildung dieser Differenz werden je nach verwendetem Schätzalgorithmus verschiedene Diskrepanzfunktionen genutzt.[638] Wie in Kapitel 5.2.3.1 gezeigt wurde, existieren alternative Schätzverfahren, die unterschiedliche Anforderungen an die Datenverteilung sowie den Stichprobenumfang stellen. LISREL verfügt über insgesamt fünf iterative Schätzverfahren, die sich hinsichtlich der Prozedur, Schnelligkeit sowie ihrer Anwendungsvoraussetzungen teils erheblich unterscheiden. Bevor der iterative Prozess zur Parameterschätzung beginnen kann, sind zunächst Startwerte für die einzelnen Parameter festzulegen. Das Ziel der Parameterschätzung besteht darin, die Differenz zwischen der empirischen Stichproben-Kovarianzmatrix S und der theoretischen Kovarianzmatrix Σ zu minimieren. Dazu sind zunächst die beiden Korrelationsmatrizen zu errechnen, wofür bei metrisch skalierten Daten der Korrelationskoeffizient von Bravais / Pearson genutzt werden kann, während bei ordinal skalierten Daten auf eine umständlichere mathematische Weiterentwicklung zurückgegriffen werden muss.[639] Anschließend erfolgt auf Basis der verfügbaren Daten sowie der Anwendungsvoraussetzungen die Wahl eines geeigneten Schätzalgorithmus, der unter Verwendung einer Diskrepanzfunktion in einem iterativen Prozess die Differenz zwischen den beiden Kovarianzmatrizen zu minimieren versucht. Da sich der Algorithmus je nach verwendetem Schätzverfahren teilweise recht stark unterscheidet,

---

636 Vgl. FORNELL, BOOKSTEIN (1982), S. 440ff.; CHIN, NEWSTED (1999), S. 313; HERRMANN ET AL. (2006), S. 44.

637 Für eine ausführliche Beschreibung des LISREL-Algorithmus vgl. EMRICH (2004), S. 29ff. Der PLS-Algorithmus wird näher von HENSELER (2005), S. 72ff. beschrieben.

638 Vgl. BACKHAUS ET AL. (2006b), S. 368.

639 Vgl. EMRICH (2004), S. 27.

wird auf eine weiterführende Betrachtung verzichtet und stattdessen auf die relevante Literatur verwiesen.[640]

RINGLE betont, dass der PLS-Algorithmus eine Methode ist, „[...] mit der Schätzungen für die latenten Variablen (´case value´ oder ´scores´) generiert werden, sodass diese Variablen so gut wie möglich sowohl an ihr Messmodell als auch an die Beziehungen zu anderen latenten Variablen im Strukturmodell angepasst werden."[641] Dazu erfolgt die Schätzung der latenten Variablen als Linearkombination ihrer zugehörigen Indikatoren.[642] Auf Basis von Gewichten, die als Hilfsvariablen dienen, werden dabei unter der Annahme, dass die Konstruktwerte der benachbarten latenten Variablen bekannt sind, die Schätzwerte für jedes Konstrukt separat ermittelt.[643] Die Schätzungen der Latenten erfolgen dabei sowohl aus dem Messmodell (äußerer Schätzwert bzw. äußere Approximation) als auch aus dem Strukturmodell (innerer Schätzwert bzw. innere Approximation).[644] In einem mehrstufigen Prozess wird in jedem Schritt ein Schätzwert konstant gehalten (abwechselnd der äußere bzw. innere), während die Berechnung der Gewichtungsfaktoren und der jeweils anderen Schätzwerte erfolgt. Durch diese wechselweise innere und äußere Schätzung werden schrittweise die Fehlerterme der abhängigen Variable minimiert, wodurch der Anteil der erklärten Varianz zunimmt und die Schätzwerte verbessert werden können.[645]

Der Ablauf des PLS-Algorithmus ist in Abbildung 5-10 zusammengefasst. Um den iterativen PLS-Schätzalgorithmus durchführen zu können, findet im **ersten Schritt** zunächst die Initialisierung statt, bei der ein Startwert für die latenten Variablen festgelegt wird. Grundsätzlich können beliebige nichttriviale Linearkombinationen[646] der zugehörigen Indikatoren gewählt werden. Eine gängige Empfehlung in der Literatur lautet jedoch, den Wert des ersten Indikators als Startwert der Latenten zu

---

640 Vgl. EMRICH (2004), S. 30ff.; BACKHAUS ET AL. (2006b), S. 368ff.

641 RINGLE (2004a), S. 7f.

642 Vgl. LOHMÖLLER (1989), S. 28f. Es wird vorausgesetzt, dass es sich um ein formatives Messmodell handelt.

643 Somit sind im Zweifelsfall nicht das gesamte Modell, sondern nur einzelne Hypothesen zu revidieren. Vgl. ALBERS, HILDEBRANDT (2006), S. 17.

644 Vgl. HENSELER (2005), S. 72.

645 Vgl. GÖTZ, LIEHR-GOBBERS (2004), S. 6.

646 Eine triviale Lösung, bei der sämtliche Gewichte zwischen den Indikatoren und dem Konstrukt den Wert Null annehmen, wird somit ausgeschlossen.

verwenden.[647] Im Anschluss an die Initialisierung erfolgt die abwechselnde Schätzung der äußeren Modelle bzw. des inneren Modells.[648]

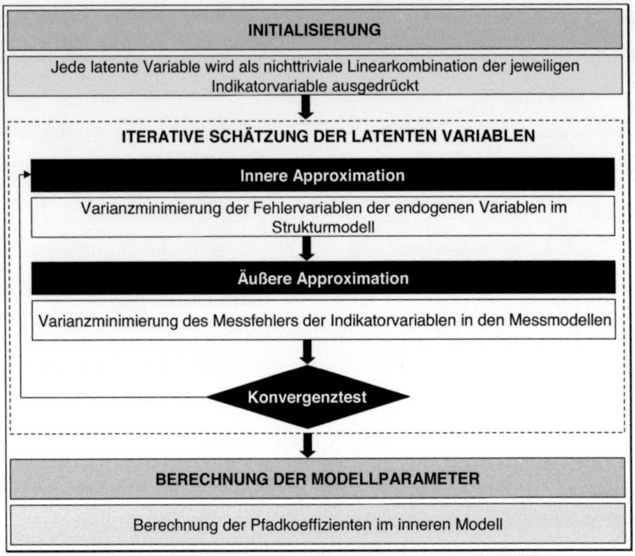

Abbildung 5-10: Ablauf des PLS-Schätzalgorithmus[649]

Im **zweiten Schritt** werden dazu mithilfe einer Kleinste-Quadrate-Regression die inneren Gewichte geschätzt, die als Grundlage für die anschließende innere Schätzung der latenten Konstrukte dienen. Die Berechnung erfolgt über ein Gewichtungsschema, bei dem in unterschiedlicher Art und Weise die Umgebungsvariablen berücksichtigt werden. Mit dem *Zendroid-*, dem *Faktor-* sowie dem *Pfadgewichtungsschema* existieren drei alternative Gewichtungsschemata, die sowohl bei SmartPLS als auch bei PLS Graph zur Parameterschätzung gewählt werden können.[650] Obwohl den drei Alternativen unterschiedliche Vorgehensweisen zu Grunde liegen, beeinflusst die Wahl des Gewichtungsschemas die Ergebnisse nur marginal.[651] Im Allgemeinen wird die Verwendung des Pfadgewichtungsschemas empfohlen, da nur hierbei die Struktur sowie die Richtung der Beziehungen zwischen den Latenten berück-

647 Vgl. HENSELER (2005), S. 72; RINGLE ET AL. (2006), S. 86. Hierfür wird das Gewicht des ersten Indikators eines Konstruktes auf den Wert 1 und das der übrigen auf 0 gesetzt.

648 Vgl. HENSELER (2005), S. 72ff.; HERMANN ET AL. (2006), S. 37f.; RINGLE ET AL. (2006), S. 84ff.

649 Vgl. GÖTZ, LIEHR-GOBBERS (2004), S. 723.

650 Vgl. LOHMÖLLER (1989), S. 42; FORNELL, CHA (1994), S. 65; CHIN (1998b), S. 309; RINGLE ET AL. (2006), S. 84.

651 Vgl. NOONAN, WOLD (1982), S. 91.

sichtigt werden.[652] Beim Pfadgewichtungsschema wird zwischen Vorgängern, d. h. Latenten, von denen aus ein Pfeil auf das endogene Konstrukt zeigt, und Nachfolgern, d. h. latenten Variablen auf die ein Pfeil gerichtet ist, unterschieden. Für die Nachfolger wird die Korrelation zwischen den latenten Variablen als inneres Gewicht verwendet.[653] Demgegenüber entsprechen bei den Vorgängern die inneren Gewichte den Regressionskoeffizienten der multiplen Regression, bei der die Vorgänger als unabhängige und das betrachtete Konstrukt als abhängige Variable fungieren.[654]

Im **dritten Schritt** erfolgt die innere Schätzung der Konstruktwerte. Für endogene Konstrukte wird der Schätzwert als gewichtete Summe der übrigen latenten Variablen ermittelt, wohingegen dieser Wert bei exogenen Konstrukten dem bereits ermittelten Schätzwert für das Konstrukt entspricht.[655]

Im **vierten Schritt** werden in Abhängigkeit der zu Grunde liegenden Messphilosophie die äußeren Gewichte, die als Grundlage für die anschließende äußere Schätzung der Konstruktwerte dienen, ermittelt. In reflektiven Messmodellen entspricht das äußere Gewicht dem Regressionskoeffizienten, der sich durch die Regression mit dem Indikator als abhängiger und dem zuvor ermittelten inneren Schätzwert des Konstruktes als unabhängiger Variable ergibt. Da sowohl die Indikatoren als auch die inneren Schätzwerte standardisiert sind, handelt es sich bei den Gewichten somit um die Kovarianzen zwischen den Konstrukten und ihren Indikatoren. Dadurch können sie als Ladungen interpretiert werden, die den Einfluss des latenten Konstruktes auf die manifesten Variablen beschreiben.[656] Bei formativen Messmodellen werden als äußere Gewichte hingegen die Regressionskoeffizienten verwendet, die sich durch eine multiple Regression zwischen dem inneren Schätzwert des Konstruktes als abhängige Variable und den dazugehörigen Indikatoren als unabhängige Variablen ergeben.[657]

Im **fünften Schritt** werden die äußeren Schätzwerte der Konstrukte als gewichtete Linearkombination ihrer Indikatoren ermittelt.[658] Dabei wird erneut das Kleinste-Quadrate-Prinzip verwendet, um die Varianz der Fehlerterme zu minimieren.

---

652 Vgl. LOHMÖLLER (1989), S. 42.
653 Dies entspricht der Vorgehensweise des Faktorgewichtungsschemas.
654 Vgl. GÖTZ, LIEHR-GOBBERS (2004), S. 722.
655 Im ersten Durchlauf wurde dieser in Schritt 1, anschließend wird er jeweils in Schritt 5 ermittelt.
656 Vgl. CHIN, NEWSTED (1999), S. 319 sowie Kapitel 5.2.2.1.
657 Vgl. HERRMANN ET AL. (2006), S. 37.
658 Vgl. HENSELER (2005), S. 74.

Die äußere und innere Schätzung werden solange abwechselnd durchgeführt, bis sich die Gewichte sowie die Werte der latenten Konstrukte nicht mehr bedeutend verändern und somit ein bestimmtes Konvergenzniveau erreicht ist.[659] Eine verbreitete Empfehlung lautet, dass das Verfahren abbrechen sollte, wenn sich die Gewichte im Vergleich zur vorherigen Iteration um weniger als 0,001 verändern.[660] Um abschließend die Pfadkoeffizienten im Strukturmodell zu ermitteln, genügt eine einfache Regression mit dem exogenen Konstrukt als unabhängige und dem endogenen als abhängige Variable.

Nachdem die Parameterschätzung durchgeführt wurde, schließt sich im vorletzten Schritt der Strukturgleichungsmodellierung die Gütebeurteilung an.

▪ Schritt 7: Gütebeurteilung

Durch die Gütebeurteilung wird sichergestellt, dass die ermittelten Abhängigkeiten und Schätzergebnisse statistisch abgesichert sind und verallgemeinert werden können. Wie in den vorangegangenen Kapiteln dargelegt wurde, kann zwischen der Gütebeurteilung auf Mess- sowie der auf Strukturmodellebene unterschieden werden. Je nach Messphilosophie stehen hierfür unterschiedliche Gütekriterien zur Verfügung. Auch die Wahl des Analyseverfahrens nimmt Einfluss auf die Möglichkeiten der Gütebeurteilung, da nur für kovarianzbasierte Verfahren globale Gütekriterien zur Verfügung stehen, während bei PLS auf nicht-parametrische Tests und Hilfsprozeduren zurückgegriffen werden muss. Ein umfassender Überblick zur Gütebeurteilung wurde in den Kapiteln 5.2.2.2 sowie 5.2.3.1 gegeben.

▪ Schritt 8: Modifikation der Modellstruktur

Die Gütebeurteilung liefert dem Forscher Anhaltspunkte für potenzielle Veränderungen an der Modellstruktur bzw. dem Hypothesensystem, die zu einer besseren Modellanpassung führen. In dieser Arbeit wurde jedoch bereits mehrfach darauf hingewiesen, dass ein „trial and error" - Ansatz, d. h. ein durch statistische Kennzahlen und Gütekriterien motiviertes „Probieren" und Suchen nach dem Modell, welches die höchste Anpassung an die Datenstruktur liefert und bei dem die Gütekriterien am besten erfüllt werden, unwissenschaftlich und daher strikt abzulehnen ist. Modifikationen des Untersuchungsmodells sind nur dann zu akzeptieren und vorzunehmen,

---

659 Vgl. CHIN, NEWSTED (1999), S. 316.

660 Vgl. CHIN, NEWSTED (1999), S. 320. Als weiteres mögliches Abbruchkriterium gilt die Summe der quadrierten Differenzen der Gewichtsänderungen zwischen der aktuellen und der letzten Iteration. WOLD empfiehlt hierfür einen Wert von 10^{-5} als Abbruchkriterium. Vgl. WOLD (1982), S. 14.

wenn sie sich im Rahmen des durch die Theorie vorgegebenen Korridors bewegen und somit theoretisch plausibel sowie durch den Forscher argumentativ vertretbar sind. Statt durch Modellanpassungen die bestmögliche Modellgüte zu „erzwingen“, sollte der Forscher vielmehr die tatsächlich erhaltenen Ergebnisse im ursprünglichen Modell interpretieren und Erklärungen für deren Zustandekommen finden. Womöglich sind nicht die Hypothesen oder das Modell als solches zu verwerfen, sondern die Messinstrumente oder die Untersuchungsmethodik der Grund für nicht erwartungskonforme Resultate. Statt diese einfach durch eine nachträgliche Modellanpassung zu verschleiern, sollte die Untersuchungsmethodik sowie die Modellkonzeption kritisch reflektiert und durch das Aufzeigen möglicher Schwachstellen die zukünftige Forschung vorangetrieben werden.

5.4 Fazit und forschungsmethodische Implikationen

Auf Basis der im vorangegangenen Kapitel durchgeführten Grundlagenbetrachtung zur Methodik der Strukturgleichungsanalyse lassen sich folgende Ergebnisse zusammenfassen und Implikationen für die eigene kausalanalytische Untersuchung im sechsten Kapitel ableiten:

- Mit dem **kovarianzbasierten LISREL sowie dem varianzbasierten PLS stehen zwei leistungsfähige Analyseverfahren zur Verfügung**, um komplexe kausale Abhängigkeitsstrukturen zu untersuchen. Die Skepsis in beiden Lagern gegenüber dem jeweils anderen Ansatz ist dabei vollkommen unbegründet, da beide Verfahren je nach Zielstellung des Forschungsvorhabens sowie der Spezifikation des Untersuchungsmodells Vorzüge besitzen und sie somit keine unmittelbaren Konkurrenten sind. Auch die vorhandene Datenbasis beeinflusst die Eignung bzw. Anwendbarkeit der beiden Ansätze. Aus diesem Grund sollte die Entscheidung für ein kovarianz- oder varianzbasiertes Analyseverfahren nicht a priori, sondern auf Basis der verfügbaren Daten, den Besonderheiten des Modells (Anzahl zu schätzender Parameter, Spezifikationsart, Modellkomplexität) sowie vor dem Hintergrund des verfolgten Forschungszieles getroffen werden.

- Insbesondere der Spezifikation als reflektives oder formatives Modell ist in der Vergangenheit zu wenig Beachtung geschenkt worden, obwohl die weitreichenden Konsequenzen hinlänglich bekannt sind.[661]
- Da es sich bei der vorliegenden Arbeit um Grundlagenforschung handelt und weder die Beschaffungskomplexität noch ihr Einfluss auf den Logistikerfolg bisher im Fokus der empirischen Forschung gestanden haben, kann auf **keine etablierten und anerkannten Messmodelle** zurückgegriffen werden. Aus diesem Grund soll der Modellentwicklung und -spezifikation besondere Beachtung geschenkt werden, um einerseits valide und reliable Ergebnisse zu erzielen und andererseits folgenden Forschungsarbeiten die Möglichkeit zur Verwendung bzw. Modifikation des Untersuchungsmodells zu bieten.

Nachdem die Grundlagen der Strukturgleichungsanalyse vorgestellt wurden, wird im folgenden Kapitel der Einfluss der Beschaffungskomplexität auf den Logistikerfolg näher untersucht. Dazu wird vorab das Untersuchungsdesign beschrieben, bevor sich die Modellkonzeption sowie die Ergebnisvorstellung anschließen.

[661] Vgl. JARVIS ET AL. (2003); PODSAKOFF ET AL. (2003), S. 879ff.; EBERL (2004), S. 23f.; FASSOTT (2006), S. 76; CHRISTOPHERSEN, GRAPE (2007), S. 115.

6 Untersuchung der Beschaffungskomplexität und ihrer Auswirkungen auf den Logistikerfolg

6.1 Ziele der Untersuchung

Aus den in Kapitel 1.1 formulierten grundlegenden Zielstellungen und Forschungsfragen lassen sich folgende zentralen Ziele der sich anschließenden Untersuchung ableiten:

- Die Beschaffungskomplexität stand bisher in der wissenschaftlichen Diskussion noch nicht losgelöst im Fokus der Betrachtung, sodass diese bestehende Lücke in einem ersten Schritt geschlossen werden soll. Das *erste* Ziel der Untersuchung besteht deshalb darin, ein geeignetes Messinstrumentarium für die beschaffungsinduzierte Komplexität zu entwickeln und dadurch die Kernelemente sowie die treibenden Einflussfaktoren zu identifizieren.
- Die *zweite* Zielstellung ist darin zu sehen, mithilfe des Untersuchungsmodells Erkenntnisse zur relativen Bedeutung der Einzeldimensionen sowie der zugeordneten Indikatoren an der Beschaffungskomplexität zu erlangen. Gleichzeitig besteht ein grundlegendes Interesse daran, die Zusammensetzung des Logistikerfolges zunächst theoretisch herzuleiten und anschließend empirisch nachzuweisen. Dadurch sollen bestehende empirische Untersuchungen zum Logistikerfolg validiert werden.
- Die *dritte* Zielstellung spiegelt das primäre Anliegen der Untersuchung wider. Es ist darin zu sehen, den Gesamteinfluss der Beschaffungskomplexität auf die Erreichung des Logistikerfolges in seiner Gesamtheit sowie die logistischen Zielgrößen im Detail zu quantifizieren. Eine differenzierte Betrachtung soll darüber hinaus Aussagen zum Zusammenhang zwischen den einzelnen Komplexitätsdimensionen und dem Logistikerfolg sowie dessen Erfolgskomponenten ermöglichen.
- Aufbauend auf den zuvor erlangten Erkenntnissen besteht das *vierte* Anliegen der Untersuchung darin, aus den gewonnenen Erkenntnissen strategische und operative Handlungsempfehlungen für die Praxis abzuleiten (vgl. Kapitel 7).

Bevor das Untersuchungsmodell entwickelt wird, sollen durch einen Überblick über bestehende empirische Arbeiten zum Thema bereits verwendete Messansätze vorgestellt werden, auf die im Rahmen der Operationalisierung zurückgegriffen werden kann.

6.2 Bisherige kausalanalytische Arbeiten zum Forschungsgegenstand

Das Ziel dieses Kapitels besteht nicht darin, einen erschöpfenden Überblick über sämtliche Arbeiten in der Literatur zu geben, die sich im Kern oder am Rande mit der Komplexitätsthematik bzw. dem Logistikerfolg auseinandersetzen. Die Vollständigkeit derartiger Auflistungen kann aufgrund der Fülle an Forschungsarbeiten ohnehin nie gewährleistet werden.[662] Vielmehr sollen im Folgenden exemplarisch die in der wissenschaftlichen Diskussion verstärkt referierten Beiträge sowie diejenigen Arbeiten vorgestellt werden, die einen engen thematischen Bezug zu dem Forschungsgegenstand dieser Arbeit aufweisen, um die existierenden Erkenntnisse und Modellkonzeptionen in die eigene Modellentwicklung einfließen zu lassen. Bei der Literatursichtung besteht deshalb ein besonderes Interesse an den zu Grunde liegenden Messmodellen mit den verwendeten Indikatoren und Skalen. Aus diesem Grund sind im Folgenden nicht nur Arbeiten aufgeführt, die ausschließlich auf die Methodik der Strukturgleichungsanalyse zurückgreifen, sondern auch Beiträge, die alternative statistische Verfahren anwenden, um den Zusammenhang zwischen mehreren (latenten) Variablen zu untersuchen.

Für die empirische Untersuchung bzw. Überprüfung theoretisch vermuteter Zusammenhänge kann entweder auf selbst erhobene Primär- oder auf bereits existierende Sekundärdaten zurückgegriffen werden.[663] In der Literatur finden sich jedoch nur wenige Beiträge, denen explizit **Primärdaten** zu Grunde liegen (vgl. Tabelle 6-1).

DEHLER untersucht die Determinanten des Logistikerfolges und betrachtet dabei insbesondere den Beitrag der Flussorientierung. Mithilfe der Arbeit wird erstmals eine umfassende Möglichkeit zur Messung von Komplexität mithilfe von Hilfsvariablen (Indikatoren) aufgezeigt. Dabei kann der vermutete Einfluss der Flussorientierung für den Logistikerfolg statistisch belegt werden. Darüber hinaus weist DEHLER empirisch

---

662 Ein Grund für die schwierige Ermittlung der bereits existierenden Arbeiten zum Thema Komplexität bzw. Logistikerfolg unter Verwendung multivariater Analysemethoden ist darin zu sehen, dass innerhalb der Kausalanalyse eine Vielzahl synonym gebrauchter Begrifflichkeiten existiert. Deshalb müsste eine vollständige Literaturerhebung sämtliche Kombinationen von Schlüsselwörtern beinhalten. Selbst dann ist allerdings nicht gewährleistet, tatsächlich alle Beiträge zu erfassen. In der Arbeit von GRÜBNER sind z. B. weder im Haupt-, noch im Untertitel Schlüsselwörter der Logistik oder Kausalanalyse enthalten, obwohl ein Kausalmodell untersucht wird. Die Publikation wäre somit trotz einer intensiven Literaturrecherche nicht auffindbar gewesen. Vgl. GRÜBNER (2007).

663 Vgl. RIESENHUBER (2007), S. 12 sowie Kapitel 4.

den negativen Einfluss der Komplexität auf dem Absatzmarkt sowie der Dynamik auf dem Beschaffungsmarkt auf den Unternehmenserfolg nach.[664]

	Autor	Untersuchungsziel	Methodik
Primärdaten	DEHLER (2001)	▪ Untersuchung der Einflussfaktoren der Flussorientierung in den Unternehmen ▪ Analyse der Auswirkungen dieser situativen Faktoren auf den Logistikerfolg ▪ Untersuchung der Bedeutung der Logistik für den Gesamtunternehmenserfolg	Explorative Faktorenanalyse in Verbindung mit LISREL
	HO, CHI, TAI (2005)	▪ Entwicklung eines Messinstrumentes für die Supply Chain Unsicherheit	Faktorenanalyse
	BLUM (2006)	▪ Untersuchung der internen und externen Einflussfaktoren für das Logistik-Controlling ▪ Analyse der Auswirkungen eines Logistik-Controllings auf den Logistikerfolg	Kombinierte Anwendung verschiedener multivariater Verfahren in Verbindung mit LISREL

Tabelle 6-1: Quantitative Forschung mit Primärdaten

HO und Kollegen betrachten im Speziellen die Unsicherheit als Teilaspekt der Komplexität und entwickeln hierfür ein umfassendes Messinstrumentarium. Dabei unterscheiden die Autoren zwischen der Unsicherheit in der Beschaffung, der Fertigung sowie dem Absatz, wobei für die vorliegende Arbeit vor allem die Konzeption der Beschaffungsunsicherheit von Interesse ist.[665] Als Ergebnis ihrer Arbeit können HO ET AL. den negativen Einfluss der Unsicherheit in der Beschaffung auf die Flexibilität sowie die Performance nachweisen.[666]

BLUM untersucht den Einfluss des Logistik-Controllings auf den Logistik- und weiterführend auf den gesamten Unternehmenserfolg. Hierzu entwickelt der Autor zunächst ein Messinstrument für das Logistik-Controlling, bei dem er zwischen unternehmensinternen und -externen Einflussfaktoren unterscheidet. Als externe Einflussfaktoren berücksichtigt BLUM u. a. die Komplexität sowie die Dynamik auf dem Beschaffungsmarkt, die mithilfe von vier bzw. drei Indikatoren gemessen werden.[667] Als interne Einflussfaktoren werden u. a. die interne Komplexität sowie die interne Dynamik in das Modell aufgenommen.[668]

Zahlreiche Literaturbeiträge verwenden hingegen **Sekundärdaten**, um die theoretisch hergeleiteten Hypothesen empirisch zu überprüfen (vgl. Tabelle 6-2). MILGATE sowie VACHON und KLASSEN beschäftigen sich jeweils mit den Auswirkungen der

664 Vgl. DEHLER (2001), S. 196ff.
665 Vgl. HO ET AL. (2005), S. 93.
666 Vgl. HO ET AL. (2005), S. 108.
667 Vgl. BLUM (2006), S. 66.
668 Vgl. BLUM (2006), S. 63.

Komplexität auf die Lieferperformance von Unternehmen. Beide Studien identifizieren den Faktor Unsicherheit als bedeutenden Komplexitätstreiber und weisen einen negativen Zusammenhang zwischen der Komplexität und der Lieferperformance nach. MILGATE sowie VACHON und KLASSEN konzentrieren sich in ihren Beiträgen explizit auf die Lieferzeit und -zuverlässigkeit, um die Auswirkungen der Komplexität auf die Lieferperformance zu untersuchen. Für ein ganzheitliches Komplexitäts- und Logistikmanagement, wie es in dieser Arbeit propagiert wird, ist eine solche Fokussierung auf einen Teilaspekt allerdings unzureichend.

	Autor	Untersuchungsziel	Methodik
Sekundärdaten	MILGATE (2001)	▪ Analyse des Zusammenhanges zwischen der Komplexität in der Supply Chain und der Lieferperformance	Hierarchische Regression mit vier multiplen Regressionsmodellen
	VACHON, KLASSEN (2002)	▪ Untersuchung der Auswirkungen von Komplexität in der Supply Chain auf die Lieferperformance von Unternehmen	Hierarchische Regression mit vier multiplen Regressionsmodellen
	GRÖßLER ET AL. (2006)	▪ Analyse unternehmensinterner Anpassungsprozesse an die Komplexität der Systemumwelt	Konfirmatorische Faktorenanalyse
	GRÜBNER (2007)	▪ Identifikation marktinduzierter Komplexitätstreiber und Untersuchung ihrer Auswirkungen auf die Leistungsfähigkeit der Fertigung	LISREL

Tabelle 6-2: Quantitative Forschung mit Sekundärdaten

Die Arbeiten von GRÖßLER ET AL. sowie GRÜBNER basieren auf dem identischen Datensatz, verfolgen jedoch unterschiedliche Zielsetzungen. GRÖßLER ET AL. gehen der Aussage von ASHBY nach, wonach die Komplexität der Systemumwelt nur mit einer ebenso ausgeprägten Systemkomplexität kontrolliert werden kann.[669] Diese These konnten die Autoren untermauern, indem sie festgestellt haben, dass eine Komplexitätssteigerung in einem Unternehmen keine signifikant negativen Auswirkungen auf die Kosten, Flexibilität und die Qualität besitzt, solange dieses Unternehmen von einer ebenso komplexen Umwelt umgeben ist.[670] GRÜBNER verfolgt mit seiner Arbeit u. a. das Ziel, das Konstrukt Komplexität hinreichend zu konzeptualisieren und mithilfe geeigneter Indikatoren zu operationalisieren. Neben dem Beitrag für die Forschung dient dies der anschließenden Untersuchung zum Einfluss der marktinduzierten Komplexität auf die Unternehmensorganisation.[671] Bei beiden Forschungsarbeiten ist jedoch kritisch zu sehen, dass die verwendeten Daten im Rahmen der Inter-

669 Vgl. ASHBY (1970), S. 202ff. sowie Kapitel 2.4.
670 Vgl. GRÖßLER ET AL. (2006), S. 269f.
671 Vgl. GRÜBNER (2007), S. 191ff.

national Manufacturing Strategy Survey (IMSS) - Studie erhoben wurden und der Fragebogen explizit für das dort verfolgte Forschungsziel konzipiert war. Die Übertragbarkeit und Eignung der Indikatoren und Skalen für das von GRÖßLER ET AL. bzw. GRÜBNER verfolgte Forschungsvorhaben ist deshalb kritisch zu hinterfragen.

Neben der schriftlichen Befragung stellt die **Interviewtechnik** eine weitere Möglichkeit zur Überprüfung von Hypothesen dar (vgl. Tabelle 6-3).

	Autor	Untersuchungsziel	Methodik
Interview	NOVAK, EPPINGER (2001)	▪ Untersuchung des Zusammenhanges zwischen der Produktkomplexität und der Beschaffung ▪ Fokussierte Betrachtung des Einflusses auf die Make or buy - Entscheidung	Zwei multiple Regressionsmodelle auf Basis von 1.000 Interviews

Tabelle 6-3: Forschung mit Interviewtechnik

Die Studie von NOVAK und EPPINGER fokussiert einzelne Teilbereiche des Komplexitäts- und Logistikmanagements, indem die Autoren die Auswirkungen der Produktkomplexität auf das Ausmaß der Wertschöpfungstiefe und der damit verbundenen Beschaffungsstrategie untersuchen. Auf Basis von 1.000 weltweit durchgeführten Interviews in der Automobilbranche resümieren die Autoren, dass komplexe Produkte im Unternehmen selbst hergestellt werden sollten, während für einfache Komponenten ein Fremdbezug vorteilhafter erscheint.[672] Durch die Beschränkung der Untersuchung auf den Bereich der Automobilindustrie sind die Ergebnisse allerdings nur eingeschränkt verallgemeinerbar.

Zusätzlich liefern **Metaanalysen** Anhaltspunkte für die Entwicklung von Messmodellen, indem sie den Stand der Forschung wiedergeben und bereits verwendete Messinstrumente und Operationalisierungen im wissenschaftlichen Schrifttum zusammenfassend darlegen (vgl. Tabelle 6-4).

	Autor	Untersuchungsziel	Methodik
Metaanalysen	CHEN, PAULRAJ (2004)	▪ Literaturanalyse zu vorhandenen Konzeptualisierungen und Operationalisierungen im Supply Chain Management - Schrifttum ▪ Überprüfung der Reliabilität und Validität der Messinstrumente	▪ Analyse von mehr als 400 Artikeln ▪ Faktorenanalyse in Verbindung mit LISREL

Tabelle 6-4: Metaanalysen

CHEN und PAULRAJ identifizieren in ihrer Metastudie wesentliche Konstrukte innerhalb des Supply Chain Management - Schrifttums und überprüfen anschließend die Mess-

672 Vgl. NOVAK, EPPINGER (2001), S. 202.

instrumente hinsichtlich ihrer Reliabilität und Validität. Als bedeutendes Konstrukt innerhalb der Logistik führen die Autoren die Unsicherheit der Umwelt an, wobei insbesondere die Operationalisierung der anschließend betrachteten Versorgungsunsicherheit (supply uncertainty) für die vorliegende Arbeit von Interesse ist.[673] Der Einfluss der Versorgungsunsicherheit im Allgemeinen sowie der Nachfrageunsicherheit (demand uncertainty) im Speziellen auf die logistische Leistung kann durch die Autoren jedoch nicht nachgewiesen werden.[674]

Die Literaturanalyse zeigt, dass sich die quantitative Forschung bisher stark auf die Validierung des Konstruktes Komplexität konzentriert. Bei der Beschreibung der Komplexität und ihrer Ausprägungen mithilfe direkt messbarer Hilfsgrößen sind dabei nur marginale konzeptionelle Unterschiede feststellbar. Je nach Fokus der Untersuchung schenken die Autoren lediglich den verschiedenen Facetten der Komplexität eine unterschiedlich starke Beachtung (vgl. Anhang A-6 auf Seite 339ff.). Bisher wurde die Komplexität jedoch größtenteils lediglich als eine Dimension bzw. ein Teilaspekt anderer übergeordneter Konstrukte betrachtet. Da Messmodelle hinsichtlich ihres Umfanges begrenzt sind und somit nur wenige Aspekte und Facetten dieses sehr breit gefächerten Konstruktes abgedeckt werden, kann nicht von einer vollständigen Erfassung, sondern allenfalls von einer approximativen Messung ausgegangen werden. Bevor die Komplexität als Ganzes gemessen werden kann, sollten zunächst reliable und valide Messmodelle für die verschiedenen Teilaspekte und -bereiche dieses sehr vielschichtigen Forschungsgegenstandes entwickelt und statistisch verifiziert werden. Eine explizite und detaillierte Auseinandersetzung mit der beschaffungsinduzierten Komplexität fand beispielsweise bisher nicht statt.

Auf der Seite der Auswirkungen zeigt sich ein gegenteiliges Bild. Der Logistikerfolg bzw. die logistische Leistungsfähigkeit als dessen Voraussetzung wurde in der Literatur bereits mehrfach untersucht. Dabei standen jedoch vorrangig Teilbereiche der Logistikleistung, allen voran die Lieferperformance, im Blickpunkt der Betrachtung.[675] Einige Autoren rücken z. B. den Einfluss der Komplexität auf ein logistisches Subsystem oder eine bestimmte logistische Entscheidungssituation in den Mittelpunkt ihrer Untersuchung.[676] Eine Analyse der Komplexitätsauswirkungen für die Logistik in ihrer

---

673 Vgl. CHEN, PAULRAJ (2004), S. 121.

674 Vgl. CHEN, PAULRAJ (2004), S. 134.

675 Vgl. MILGATE (2001); VACHON, KLASSEN (2002). Eine Ausnahme bildet u. a. die Arbeit von WECKER (2006).

676 Vgl. NOVAK, EPPINGER (2001); GRÜBNER (2007).

Gesamtheit wurde hingegen bis zum jetzigen Zeitpunkt nicht durchgeführt. Zusammenfassend ist somit festzustellen, dass das in der vorliegenden Arbeit verfolgte Forschungsvorhaben eine Erweiterung der bisherigen wissenschaftlichen Diskussion darstellt. Bei der Entwicklung der Messmodelle kann jedoch auf mehrere bestehende Ansätze in der Literatur zurückgegriffen werden.

6.3 Modellentwicklung und -spezifikation

Zur Modellentwicklung dient die in Kapitel 5.3 skizzierte Vorgehensweise. Gleichzeitig kann auf bestehende Messinstrumente in der Literatur zurückgegriffen werden (vgl. Anhang A-6 auf Seite 339ff.).

6.3.1 Konzeptualisierung der Konstrukte

Diese Arbeit verfolgt das Ziel, den Einfluss der beschaffungsspezifischen Komplexität und ihrer Ursachen auf die Zielerreichung in der Logistik (Logistikerfolg) zu untersuchen. Für ein solches Vorhaben ist eine vorhergehende Diskussion der beiden Forschungsobjekte *Beschaffungskomplexität* auf der einen und *Logistikerfolg* auf der anderen Seite notwendig. Sowohl die Beschaffungskomplexität als auch der Logistikerfolg sind jedoch zu facettenreich und vielschichtig, um sie als eindimensionale Konstrukte auffassen und konzipieren zu können. Eine solche Simplifizierung entspricht weder dem Charakteristikum der beiden Konstrukte, noch dem Forschungsanspruch dieser Arbeit. Für eine adäquate Abbildung werden deshalb zusätzliche latente Variablen, sogenannte *Dimensionen*, benötigt (vgl. Abbildung 5-2 auf Seite 126). Diese werden im Folgenden detailliert entwickelt.

6.3.1.1 Dimensionen der Beschaffungskomplexität

Die beschaffungsspezifische Komplexität stellt einen Teil der gesamten Komplexität in einem Unternehmen dar und unterscheidet sich hinsichtlich der komplexitätsverursachenden Faktoren von derjenigen Komplexität, die in anderen Unternehmensbereichen vorzufinden ist. Aus diesem Grund ist eine individuelle Auseinandersetzung mit dem Konstrukt der Beschaffungskomplexität erforderlich. Wie in Kapitel 6.2 festgestellt wurde, war die beschaffungsspezifische Komplexität bisher kein eigenständiges Untersuchungsobjekt in der wissenschaftlichen Diskussion, wodurch eine Verwendung bereits etablierter Konzeptualisierungen und Operationalisierungen nicht möglich ist. Problematisch ist weiterhin, dass in der Literatur kein einheitliches Begriffsverständnis zur semantischen Abgrenzung der Beschaffungskomplexität existiert, auf der die Konzeptualisierung aufbauen kann. Während KEUPER die Beschaffungskomplexität vorrangig über unternehmensexterne Ursachen definiert und auch BLUM insbesondere die Komplexität und Dynamik auf dem Beschaffungsmarkt hervorhebt,[677] sollten nach Auffassung des Autors ebenso unternehmensinterne Faktoren berücksichtigt werden. Hierfür kann auf die in Kapitel 2.3 vorgestellten Komplexitätsursachen zurückgegriffen werden.[678] Durch die in Abbildung 2-4 auf Seite 38 dargestellten externen und internen Einflussfaktoren werden diejenigen Komplexitätstreiber eingegrenzt, die einen direkten oder zumindest indirekten Einfluss auf die beschaffungsspezifische Komplexität besitzen. Einige dieser Komplexitätsursachen (z. B. der fortschreitende Wertewandel) entziehen sich jedoch einer unmittelbaren Beeinflussung durch das Management, weshalb eine weiterführende Auseinandersetzung mit diesen Faktoren weder notwendig, noch sinnvoll erscheint. Somit kann die Vielzahl der in der Literatur angeführten und überblicksartig in Kapitel 2.3 vorgestellten Einflussfaktoren und Komplexitätstreiber durch die Beschränkung auf diejenigen, die eine Relevanz für die Beschaffungskomplexität besitzen und zudem aktiv durch das Unternehmen beeinflusst werden können, deutlich eingegrenzt werden. In Anlehnung an LARGE und SCHULTE soll in der vorliegenden Arbeit zwischen den vier in Abbildung 6-1 dargestellten Dimensionen unterschieden werden.[679]

Mit dem Ziel, auch externe Einflussgrößen der Beschaffungskomplexität abzubilden und in die Untersuchung einzubeziehen, soll als erste Dimension die **Beschaffungsmarktkomplexität** Berücksichtigung finden.[680] Darunter wird die Komplexität verstanden, die durch die Strukturen, Einflüsse und Gegebenheiten auf dem Beschaffungsmarkt verursacht wird. Obwohl der Beschaffungsmarkt als unternehmensexternes System zunächst scheinbar keiner direkten Beeinflussbarkeit durch das Management unterliegt, wirken sich Entscheidungen der Beschaffungsmarktanalyse und

---

677 Vgl. KEUPER (2004), S. 85f.; BLUM (2006), S. 64.

678 Die Fertigungskomplexität ist z. B. der Komplexität in der Produktion zuzuordnen, während die Kundenstrukturkomplexität eine besondere Bedeutung innerhalb der Distributionslogistik besitzt.

679 LARGE unterscheidet zwischen vier Einflussfaktoren der Beschaffung: Beschaffungsmarkt, -ablauf, -objekt sowie -organisation. Dies entspricht weitgehend der Strukturierung von SCHULTE, der die vier Komplexitätsdimensionen Markt-, Produkt- Produktions- und Organisationskomplexität voneinander abgrenzt. Vgl. SCHULTE (1992b), S. 84; LARGE (2009). Auch in weiteren Publikationen wurde explizit zwischen diesen vier Dimensionen unterschieden. Vgl. GEIMER (2005), S. 38.

680 Auch die Kundenstruktur- und Nachfragekomplexität wirken vom (Absatz-) Markt von außen auf das Unternehmen ein. Da sich diese Arbeit allerdings auf den Bereich der Beschaffung fokussiert, sollen die absatzseitigen Komplexitätstreiber nicht näher betrachtet werden.

-auswahl dennoch unmittelbar auf die sich ergebende Komplexität aus. Der Einfluss der Lieferanten auf die Komplexität der Prozesse gilt in der Literatur beispielsweise als unumstritten.[681] Aus diesem Grund sind Indikatoren, die sich auf die Lieferantenanzahl sowie ihre Zuverlässigkeit beziehen, in nahezu sämtlichen kausalanalytischen Untersuchungen zum Thema präsent.[682]

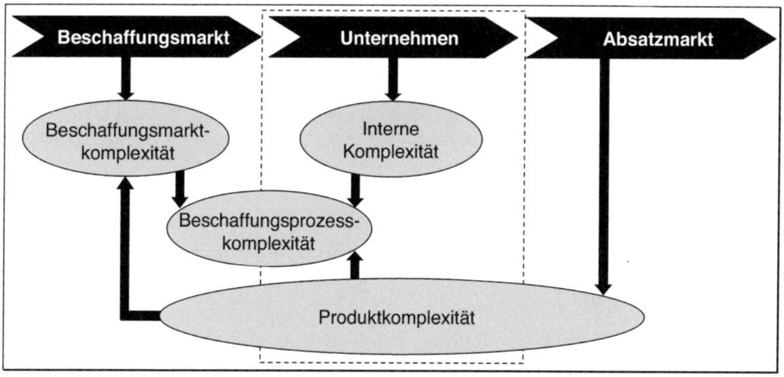

Abbildung 6-1: Die vier Dimensionen der Beschaffungskomplexität

Die Komplexität der Beschaffung wird darüber hinaus wesentlich von den Prozessabläufen determiniert, weshalb als zweite Dimension die **Beschaffungsprozesskomplexität** in die Untersuchung einfließen soll. Hierunter wird die Komplexität verstanden, die durch die Prozessgestaltung sowie die Prozesseigenschaften hervorgerufen wird. Wie die Beschaffungsmarktkomplexität weisen auch die Beschaffungsprozesse einen externen Bezug auf, besitzen allerdings gleichzeitig einen hohen und unmittelbaren Einfluss auf die unternehmensinternen Abläufe. Die Beschaffung ist derart vielschichtig, dass eine Vielzahl an Prozessen zur Disposition, Terminüberwachung, Kommissionierung, Bereitstellung oder der Ein- und Auslagerung zum Bereich der Beschaffungsaktivitäten zählt.[683] Um die Beschaffungsprozesskomplexität in ihrer Gesamtheit abzubilden, ist eine spezifische Betrachtung einzelner Teilprozesse oder Prozessbestandteile jedoch nicht sinnvoll. Stattdessen sollte eine abstrahierte Sichtweise gewählt werden. Entscheidend für die Einschätzung der Beschaffungsprozesskomplexität sind vielmehr Faktoren wie die Gestaltung der Schnittstellen zwischen

---

681 Vgl. WERNER (1997), S. 132f.; DEHLER (2001), S. 187; MILGATE (2001), S. 112; CHOI, KRAUSE (2006), S. 641.

682 Vgl. MILGATE (2001), S. 112; CHEN, PAULRAJ (2004), S. 123; CHOI, KRAUSE (2006), S. 641.

683 Vgl. DARKOW (2003), S. 44ff.

den einzelnen Prozesselementen, der Standardisierungsgrad oder Aspekte der Unsicherheit hinsichtlich der Prozessabläufe.

Die Abläufe innerhalb der Beschaffung werden stark von den zu beschaffenden Gütern und Materialien bestimmt.[684] Dabei wirken sich nicht nur die Anzahl der Beschaffungsobjekte, sondern ebenso deren Eigenschaften (z. B. Abmessungen, Gewicht) auf den Ablauf des Prozesses und die erforderlichen Technologien aus. Vor dem Hintergrund, dass das zu beschaffende Gut ein zentrales Element der Beschaffung darstellt, scheint dessen losgelöste Berücksichtigung zweckmäßig zu sein.[685] Da die Vielfalt und der Umfang der Beschaffungsobjekte von dem angebotenen Verkaufsprodukt sowie dem Sortiment im Allgemeinen abhängig sind, soll in Anlehnung an die übliche Terminologie in der Literatur als dritte Dimension die **Produktkomplexität** betrachtet werden. Diese kennzeichnet die vom Produkt- bzw. Leistungsangebot induzierte Komplexität und schließt als dessen Konsequenz die vom Beschaffungsobjekt und dessen Eigenschaften ausgehende Komplexität ein.

Über die ersten drei Dimensionen hinaus existieren weitere strukturelle und organisatorische Rahmenbedingungen innerhalb des Unternehmens, die einen Einfluss auf die Beschaffungskomplexität ausüben. Diese Faktoren sollen unter dem Begriff **Interne Komplexität** zusammengefasst werden, die somit diejenige Komplexität widerspiegelt, die durch die organisatorischen Gegebenheiten sowie die unternehmensinternen Strukturen, Handlungen und Verhaltensweisen entsteht.

Da sich die gesamte Beschaffungskomplexität durch diese vier Dimensionen ergibt und eine Veränderung einer dieser Konstrukte erster Ordnung zwangsläufig zu einer entsprechenden Veränderung der Beschaffungskomplexität als Konstrukt zweiter Ordnung führt, liegt eine formative Beziehung zu den Konstrukten erster Ordnung vor (vgl. Kapitel 5.2.2). Auch wenn die endgültige Überprüfung des gewählten Konzeptualisierungsansatzes erst auf Basis der verfügbaren Daten im Rahmen der Gütebeurteilung erfolgen kann, sollte das gewählte Vorgehen bereits a priori von Praxisvertretern und Experten hinsichtlich der Nachvollziehbarkeit und Eignung begutachtet werden. Die vorgestellte Konzeptualisierung der Beschaffungskomplexität mithilfe der vier Dimensionen wurde intensiv mit Experten diskutiert und von diesen ausnahmslos befürwortet. Nicht zuletzt deshalb, weil neben Expertenmeinungen bisherige Konzeptualisierungen aufgegriffen und berücksichtigt wurden (vgl. Anhang A-6

---

684 Vgl. RAUFEISEN (1999), S. 77.
685 Vgl. WERNER (1997), S. 58.

sowie Anhang A-7 auf Seite 345ff.), erscheint die vorgestellte Konzeption a priori jedoch als geeigneter Ansatz zur Messung der Beschaffungskomplexität.

6.3.1.2 Dimensionen des Logistikerfolges

Nachdem bisher die exogene Seite des Strukturmodells betrachtet wurde, schließt sich im Folgenden eine Diskussion der Dimensionen des Logistikerfolges an. Anders als beim Konstrukt der Beschaffungskomplexität wird in der Literatur eine angeregte Diskussion dazu geführt, was unter Logistikerfolg zu verstehen ist.[686] Dessen Zusammensetzung aus einer Kosten- sowie einer Leistungskomponente ist allgemein anerkannt. Hinsichtlich der weiteren Ausgestaltung der Leistungsziele existieren in der Literatur aber unterschiedliche Auffassungen und Ansätze. PFOHL benennt neben den Kosten die Qualität und Zeit als logistische Erfolgsfaktoren, weist jedoch durch die ebenfalls angeführte Reaktionsfähigkeit als „[...] Geschwindigkeit, mit der die Organisation auf ungeplante Anforderungen reagieren kann“[687] gleichzeitig auf die Bedeutung flexibler Strukturen hin. DEHLER greift diese Sichtweise auf und unterscheidet zwischen den Leistungskomponenten Lieferzeit, Lieferzuverlässigkeit, Lieferflexibilität und Lieferqualität.[688] SCHULTE führt darüber hinaus die Informationsfähigkeit als Leistungskomponente an.[689] PAULRAJ folgt dieser Konzeptualisierung und unterscheidet bei der Umschreibung der logistischen Leistungsfähigkeit explizit zwischen Kosten-, Qualitäts-, Zeit- und Flexibilitätsgrößen.[690] BOWERSOX ET AL. betrachten in ihrem Ansatz der logistischen Leistungsebenen ebenfalls die Elemente Qualität, Zeit und Flexibilität, ergänzen aber die Lieferbereitschaft als weitere Dimension.[691] Auch SCHÖNSLEBEN differenziert zwischen den Leistungskenngrößen Kosten, Qualität und Flexibilität, führt jedoch als vierte Rubrik die Lieferung an, unter der er beispielsweise den Lieferbereitschafts- sowie -treuegrad subsumiert.[692] Resümierend kann somit festgehalten werden, dass innerhalb der wissenschaftlichen Diskussion zwischen einer kosten- sowie einer leistungsbezogenen Erfolgskomponente unterschieden wird, die weiterführende Spezifikation der Logistikleistung jedoch zwischen den verschiedenen Autoren abweicht. Verbreitet werden als Elemente der Logistik-

686 Vgl. DEHLER (2001), S. 207; ARNDT (2008), S. 122.
687 PFOHL (2004a), S. 73.
688 Vgl. DEHLER (2001), S. 207f.
689 Vgl. SCHULTE (2009), S. 8.
690 Vgl. PAULRAJ (2008), S. 409.
691 Vgl. BOWERSOX ET AL. (2007), S. 24f.
692 Vgl. SCHÖNSLEBEN (2007), S. 36.

leistung sowohl qualitätsrelevante Aspekte wie z. B. die Lieferzuverlässigkeit oder -qualität als auch performancebezogene Kriterien wie die Lieferzeit oder -flexibilität angeführt. Eine Zusammenfassung der Teilbereiche Qualität, Zeit und Flexibilität zum gemeinsamen Konstrukt Logistikleistung stellt nach Auffassung des Autors aber eine zu starke Abstraktion dar und birgt die Gefahr in sich, in der Praxis verfügbare und notwendige Detailinformationen zu verlieren. Die Rolle der Qualität als Erfolgsgröße ist in der Literatur weitgehend unbestritten, weshalb ein mehrdimensionales Konstrukt *Logistikerfolg* zwingend die Qualität als Erfolgskomponente beinhalten muss. Darüber hinaus argumentiert KLENTER, dass auch die Zeit als strategischer Erfolgsfaktor verstanden werden kann, wenn „[...] durch eine gezielte Gestaltung von Zeitpunkten und Zeitspannen nachhaltige und längerfristig wirkende Wettbewerbsvorteile geschaffen werden, die einen entscheidenden Beitrag zur Sicherung des Erfolges eines Unternehmens leisten.“[693] Begriffe wie *time-based competition* und *economy of speed* finden eine wachsende Verbreitung in der wissenschaftlichen Diskussion, wodurch verdeutlicht wird, dass die Zeit als Einflussgröße für die Kundenzufriedenheit eine zunehmende Relevanz besitzt.[694] Aus diesem Grund wird die Auffassung von KLENTER geteilt und der zeitbasierte Logistikerfolg explizit als eigenständige Erfolgsdimension berücksichtigt. Wie in Kapitel 4.2 gezeigt wurde, unterliegt das unternehmerische Umfeld einem stetigen Wandel, weshalb der Flexibilität mit einer zunehmenden Dynamik eine steigende Bedeutung zukommt.[695] Der flexibilitätsbasierte Logistikerfolg bildet deshalb die letzte Dimension, die in das Modell aufgenommen wird. Zusammenfassend werden somit die logistischen Erfolgsdimensionen **Kosten**, **Qualität**, **Flexibilität** und **Zeit** unterschieden.[696] Eine solch vierdimensionale Konzeptualisierung des Logistikerfolges wurde bereits mehrfach erfolgreich in der Literatur verwendet und entspricht zudem den klassischen vier Wettbewerbsstrategien nach PORTER.[697] Abbildung 6-2 fasst die Konzeptualisierung des Logistikerfolges zusammen.

---

693 KLENTER (1995), S. 29.
694 Vgl. STALK, HOUT (1992); LÜCKE (2000), S. 54; SCHÄFER (2002), S. 58f.; GÖPFERT, HAAGE (2004), S. 128; WERNER (2008), S. 88.
695 Vgl. BEAMON (1999), S. 284.
696 Vgl. BOGASCHEWSKY, ROLLBERG (1998), S. 8; BUSCH, DANGELMAIER (2004), S. 9; ARNDT (2008), S. 123.
697 Vgl. WECKER (2006), S. 199f.; PAULRAJ (2008), S. 409; VAHRENKAMP (2008), S. 32f.

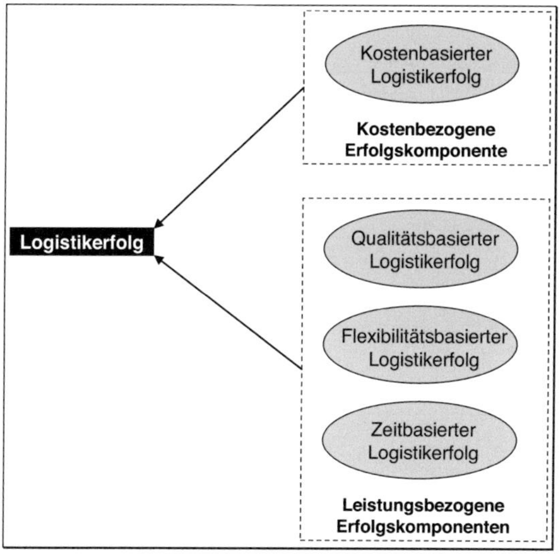

Abbildung 6-2: Die vier Dimensionen des Logistikerfolges

Dieser weist in Anlehnung an HAENECKE gleichzeitig darauf hin, dass der (Logistik-) Erfolg eines Unternehmens durch eine Vielzahl von Variablen determiniert wird, weshalb diese nicht isoliert voneinander betrachtet werden dürfen.[698] Dies unterstreicht die Notwendigkeit einer Integration der vorgestellten Erfolgsdimensionen in ein gemeinsames Untersuchungsmodell.

Nachdem nunmehr die vier Dimensionen des Logistikerfolges spezifiziert wurden, stellt sich die Frage, wie diese bestmöglich in das Modell zu integrieren sind.

6.3.1.3 Integration der Konstrukte in das Strukturmodell

Sowohl die Beschaffungskomplexität als auch der Logistikerfolg werden in dieser Untersuchung als mehrdimensionale Konstrukte modelliert. Infolgedessen ergeben sich vier mögliche Gestaltungsansätze des Strukturgleichungsmodells.

Die **erste Alternative** besteht darin, die vermuteten Ursache-Wirkungs-Beziehungen zwischen den Dimensionen der exogenen Variable (Beschaffungskomplexität) und den Dimensionen der endogenen Variable (Logistikerfolg) durch einzelne Pfade (Hypothesen) darzustellen. Diese Variante ist in Abbildung 6-3 dargestellt.

---

[698] Vgl. HAENECKE (2002), S. 166; LEMKE (2004), S. 93f.

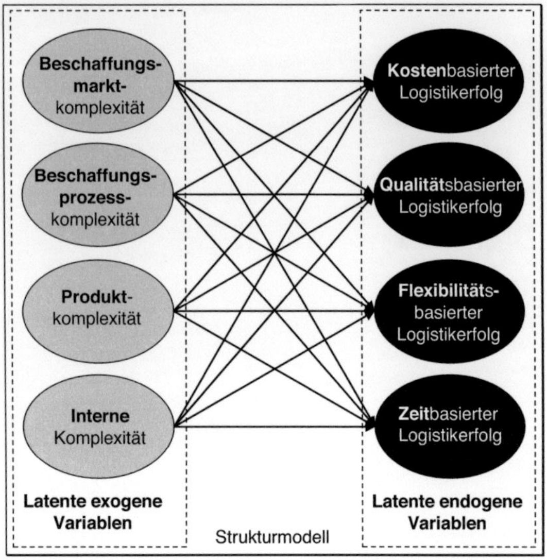

Abbildung 6-3: Eindimensionale Konzeptualisierung der Konstrukte

Wie erkennbar ist, weist das Strukturmodell in diesem Fall eine erhebliche Eigenkomplexität auf, da 16 Pfadkoeffizienten geschätzt werden müssten, wobei mögliche Interdependenzen innerhalb des endogenen Messmodells hierbei noch nicht berücksichtigt sind. Durch die Aufteilung auf 16 Einzeleffekte ist zudem zu erwarten, dass die Wahrscheinlichkeit gering ist, statistisch signifikante Beziehungen zu erhalten, da die Pfadkoeffizienten entsprechend geringer ausfallen als bei einer aggregierten Betrachtung. Aus diesen Gründen wird diese Alternative verworfen.

Die **zweite Möglichkeit** der Modellgestaltung ist Abbildung 6-4 zu entnehmen. Hierbei wird das Konstrukt Logistikerfolg als mehrdimensionale Variable modelliert und in das Modell integriert. Dabei ist eine formative Operationalisierung des Konstruktes zweiter Ordnung zu empfehlen, da im Falle einer reflektiven Spezifikation die Pfeile vom Konstrukt zweiter Ordnung (Logistikerfolg) wegführen würden und dadurch keine Aussagen dazu möglich sind, wie diese Variable durch die Konstrukte erster Ordnung sowie die exogenen Variablen beeinflusst wird.[699] Gleichzeitig kann keine der Dimensionen das übergeordnete Konstrukt allein repräsentieren, da der

---

[699] Vgl. ALBERS, GÖTZ (2006), S. 673.

definitorische Rahmen des Logistikerfolges erst durch die vier Dimensionen gemeinsam vollständig erfasst wird.[700]

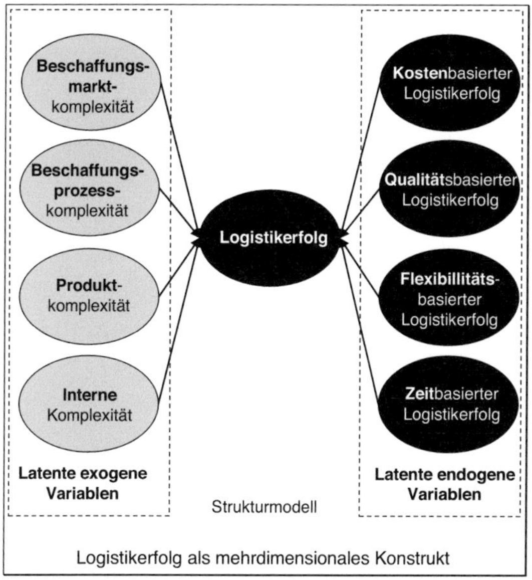

Abbildung 6-4: Mehrdimensionale Konzeptualisierung des Logistikerfolges

Zusätzlich ist zu konstatieren, dass eine Veränderung des Logistikerfolges nicht zwingend eine gleichgerichtete Veränderung der vier zugeordneten latenten Variablen erster Ordnung verursacht. Vielmehr kann auch dann von einem zunehmenden Logistikerfolg gesprochen werden, wenn sich lediglich ein Teil der vier Erfolgsdeterminanten oder im Extremfall sogar nur eine einzige Erfolgskomponente entsprechend verändert. Gleichzeitig bewirkt jedoch eine Veränderung sämtlicher vier Dimensionen zwangsläufig eine entsprechende Veränderung des gesamten Konstruktes Logistikerfolg. Positiv zu erwähnen ist deshalb, dass es diese formative Konzeption der endogenen Variable erlaubt, die Stärke des Einflusses der einzelnen Dimensionen der Beschaffungskomplexität auf den Logistikerfolg in seiner Gesamtheit zu ermitteln. Gleichzeitig kann gezeigt werden, wie sich der Logistikerfolg zusammensetzt. Aufgrund der formativen Gestaltung der endogenen Variablen ist es jedoch nicht möglich, genauere Aussagen zu den Auswirkungen der Komplexitätsdimensionen bis auf die Detailebene der einzelnen logistischen Erfolgskomponenten

[700] Vgl. GIERE ET AL. (2006), S. 681. Auch in anderen Publikationen wurde auf den formativen Charakter dieses Beziehungsgeflechtes hingewiesen. Vgl. WECKER, WIRTZ (2007), S. 928.

zu treffen. Da dies allerdings gewünscht und für die Ableitung fundierter Managementimplikationen zwingend erforderlich ist, muss auch diese Alternative aus forschungstheoretischen Gründen verworfen werden.[701]

Die **dritte Alternative** sieht die Konzeptualisierung der Beschaffungskomplexität als mehrdimensionales Konstrukt vor (vgl. Abbildung 6-5).

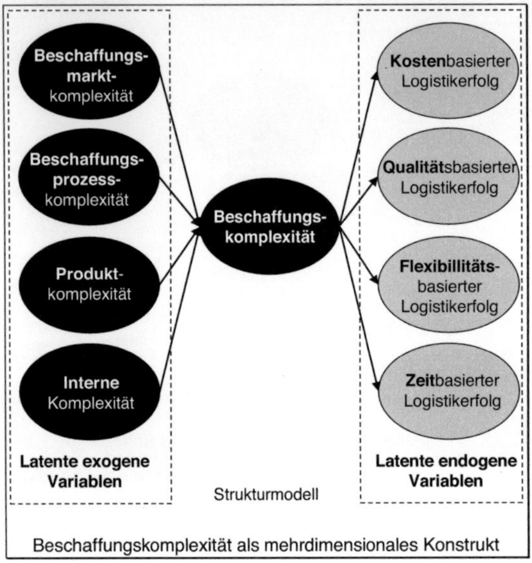

Abbildung 6-5: Mehrdimensionale Konzeptualisierung der Beschaffungskomplexität

Wie Abbildung 6-5 entnommen werden kann, wird auch diese Beziehung zwischen den Konstrukten erster und zweiter Ordnung formativ spezifiziert. Dies ist damit zu begründen, dass auch die Beschaffungskomplexität nicht durch eine einzelne Dimension repräsentiert, sondern lediglich durch die Gesamtheit der vier Konstrukte vollständig erfasst werden kann. Diese Vorgehensweise bietet mehrere Vorzüge. Zunächst ist es mit der in Abbildung 6-5 skizzierten Konzeptualisierung möglich, die Auswirkungen der Beschaffungskomplexität auf die Erreichung der logistischen Erfolgskomponenten zu untersuchen. Sie stellt damit eine geeignete Alternative zur Beantwortung der ersten Forschungsfrage dar (vgl. Kapitel 1.1). Darüber hinaus leistet die vorgeschlagene mehrdimensionale Konzeptualisierung einen entscheidenden

[701] Würde der Logistikerfolg an das rechte Ende des Modells gestellt, sodass sich eine 4-4-1-Struktur ergibt, wären zwar diese Probleme vernachlässigbar, aber es ergibt sich erneut eine hohe Modellkomplexität durch die 16 Pfadkoeffizienten. Somit stellt dies keine praktikable Lösung dar.

Beitrag für die zukünftige Forschung, indem sie dazu beiträgt, die Zusammensetzung der Beschaffungskomplexität empirisch gestützt aufzuzeigen. Aus konzeptioneller Sicht besteht die Vorteilhaftigkeit darin, dass die Modellkomplexität gegenüber einer eindimensionalen Modellierung, wie in Abbildung 6-3 dargestellt, reduziert wird. Als Schwachstelle ist jedoch die fehlende Untersuchung des Einflusses der Beschaffungskomplexität auf den Logistikerfolg in seiner Gesamtheit zu sehen. Neben der Ermittlung des Komplexitätseinflusses auf die einzelnen Erfolgsdimensionen wäre eine generelle Aussage hinsichtlich der Relevanz für den Logistikerfolg im Ganzen aber eine für das Management interessante Zusatzinformation. Aus diesem Grund soll das in Abbildung 6-5 vorgestellte Modell durch die Integration des Logistikerfolges als eigenständiges Konstrukt erweitert werden. Dieser Konzeptualisierungsansatz ist in Abbildung 6-6 dargestellt.[702]

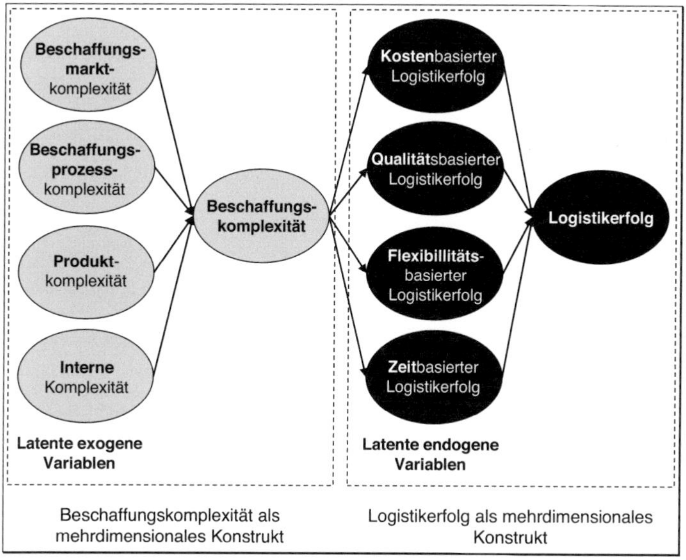

Abbildung 6-6: Mehrdimensionales Modell der Untersuchung

Das in Abbildung 6-6 vorgestellte Modell als **vierte Alternative** vereint mehrere Vorzüge der zuvor skizzierten Möglichkeiten. Einerseits entspricht es dem Anliegen

[702] Der Logistikerfolg wird dabei bewusst als letztes Konstrukt in das Modell aufgenommen und nicht zwischen die Beschaffungskomplexität und die vier Erfolgsdimensionen eingefügt (4-1-1-4-Struktur). Aufgrund der formativen Operationalisierung des Logistikerfolges hätte eine solche Modellierung zur Folge, dass aufgrund der rückwärtsgerichteten Pfeilspitzen keine Aussagen mehr bis auf die Ebene der Erfolgsdimensionen möglich wären. Da dies jedoch gewährleistet werden soll, wird die Modellierungsalternative zugunsten des in Abbildung 6-6 vorgestellten Modells abgelehnt.

des Forschungsvorhabens, indem sowohl der Einfluss der gesamten Beschaffungskomplexität als auch der von den einzelnen Komplexitätsdimensionen auf die logistischen Erfolgsgrößen untersucht werden kann. Ebenso ist es möglich, Aussagen zur Zusammensetzung der Beschaffungskomplexität zu treffen und den Einfluss der einzelnen Komplexitätstreiber an der Gesamtkomplexität zu quantifizieren. Zusätzlich erlaubt das Modell die Untersuchung des Zusammenhanges zwischen der Beschaffungskomplexität und dem Logistikerfolg in seiner Gesamtheit. Gleichzeitig ist es möglich, Aussagen zur Zusammensetzung des Logistikerfolges sowie zum relativen Gewicht der einzelnen Komponenten am Gesamterfolg abzuleiten. Darüber hinaus können mediierende Effekte zwischen den einzelnen Erfolgskomponenten betrachtet werden.[703] Das in Abbildung 6-6 vorgestellte Modell ist des Weiteren dazu geeignet, das Problem wechselseitiger Abhängigkeiten (Multikollinearität) zu beseitigen, indem korrelierende Indikatoren unterschiedlichen Konstrukten erster Ordnung zugewiesen werden. Negativ fällt lediglich die gegenüber den zuvor angeführten Alternativen höhere Modellkomplexität auf, da nunmehr zehn latente Variablen im Modell enthalten sind. Dieser Aspekt kann jedoch vor dem Hintergrund der zahlreichen Vorteile vernachlässigt werden, weshalb die in Abbildung 6-6 skizzierte Modellstruktur präferiert wird und Verwendung finden sollen.

6.3.2 Operationalisierung der Konstrukte

Nachdem im vergangenen Abschnitt das Strukturmodell konzipiert wurde, sind im Folgenden geeignete Messmodelle zu entwickeln, mit deren Hilfe die latenten Variablen umfassend, objektiv und zuverlässig gemessen werden können. Der Ermittlung geeigneter Indikatoren geht die Schaffung eines klaren Begriffsverständnisses voraus. In dieser Untersuchung liefern beispielsweise Fragen wie „Wodurch zeichnet sich eine hohe *Logistikqualität* aus?“ oder „Welche Kostenarten werden im Allgemeinen unter dem Begriff der *Logistikkosten* zusammengefasst?“ hilfreiche Anhaltspunkte für Indikatoren, die im Rahmen des endogenen Messmodells Verwendung finden sollten. Darüber hinaus können bisherige empirische Studien verwendet werden, um Hinweise zu Indikatoren zu erhalten, deren Berücksichtigung empfehlenswert ist. So identifiziert beispielsweise MEYER in seiner Untersuchung die aus

[703] Vgl. dazu das vollständige Pfadmodell in Anhang A-8 auf Seite 348.

Sicht der Unternehmen bedeutsamsten Komplexitätstreiber und damit relevante Indikatoren zur Operationalisierung des exogenen Messmodells.[704]
Zusätzlich ist im Rahmen der Operationalisierung die Messphilosophie festzulegen. In Kapitel 5.2.2.3 wurden mehrere Kriterien vorgestellt, die der Unterstützung dieser Entscheidung dienen. Als wichtigstes Kriterium wurde dabei neben dem Untersuchungsziel die Kausalitätsrichtung zwischen Konstrukt und Indikatoren angeführt.[705] Im vorliegenden Fall sollen die Einflussgrößen des Logistikerfolges, d. h. die komplexitätsbezogenen Erfolgs- bzw. Misserfolgstreiber, identifiziert werden. Dieses Anliegen entspricht einer formativen Messphilosophie (vgl. Abbildung 5-6 auf Seite 150). Auch die Kausalitätsrichtung verläuft sowohl im exogenen als auch im endogenen Messmodell von den Konstrukten zu den Indikatoren. Eine Verbesserung des Logistikerfolges führt z. B. nicht zur einer Kostenreduktion, einem Qualitätsanstieg oder einer höheren Flexibilität, sondern im umgekehrten Sinne wird durch eine Verbesserung auf der Ebene der Indikatoren (sowie der Konstrukte erster Ordnung) eine adäquate Veränderung auf Konstruktebene bewirkt. Ebenso tritt beispielsweise ein Kostenerfolg erst dann auf, wenn dessen Bestandteile (Indikatoren) entsprechend ausfallen und infolgedessen eine positive Ausprägung des *kostenbasierten Logistikerfolges* hervorrufen.[706] Auch im exogenen Messmodell liegt unter Berücksichtigung der von JARVIS ET AL. angeführten Kriterien eine formative Spezifikation vor.[707] Die vier exogenen Konstrukte werden durch die entsprechend zugeordneten Indikatoren verursacht und geformt. Eine Erhöhung der Produktkomplexität führt beispielsweise nicht dazu, dass sämtliche Indikatoren ebenfalls ansteigen. Vielmehr gilt, dass durch die Ausprägung der Indikatoren das Ausmaß des übergeordneten Konstruktes bestimmt wird und eine Veränderung eines Indikators somit zwangsläufig zu einer Veränderung des Konstruktes führt, während die Ausprägung der restlichen Indikatoren davon zwar ebenfalls beeinflusst werden kann, allerdings nicht zwangsläufig muss.

---

704 Vgl. MEYER (2007), S. 93 sowie Anhang A-1 auf Seite 328. Der Zielstellung der vorliegenden Untersuchung entsprechend werden einschränkend jedoch nur diejenigen Treiber in das Messmodell aufgenommen, die durch das Unternehmen unmittelbar oder indirekt beeinflusst werden können.

705 Vgl. HERRMANN ET AL. (2006), S. 47.

706 Bei sämtlichen endogenen Konstrukten ist es möglich, dass sich einige Indikatoren positiv, andere hingegen negativ verändern. Die Ausprägung des dahinterstehenden Konstruktes wird sich infolgedessen je nach relativem Gewicht der einzelnen Indikatoren verändern. Eine reflektive Spezifikation würde jedoch bedeuten, dass eine Veränderung des Konstruktes (z. B. qualitätsbasierter Logistikerfolg) eine identische Veränderung sämtlicher Indikatoren nach sich zieht, was jedoch nicht der Realität und dem Charakteristikum der Konstrukte entspricht.

707 Vgl. JARVIS ET AL. (2003), S. 203.

6.3.2.1 Konzeption des exogenen Messmodells

Die Operationalisierung lässt sich in als dreistufiger Prozess auffassen (vgl. Abbildung 5-9 auf Seite 175). Eine besondere Bedeutung kommt dabei der ersten Phase zu, weshalb diese ausführlich vorgestellt werden soll.

A) Identifikationsphase

Im Falle formativer Messmodelle sollen durch die Operationalisierung möglichst alle, zumindest aber die wesentlichen Attribute und Facetten durch Indikatoren repräsentiert werden.[708] Nach HUBER ET AL. „repräsentiert ein Indikator eine definierende Eigenschaft eines Konstruktes [...]".[709] Mit der Varietät, Heterogenität, Variabilität sowie der Unsicherheit wurden in Kapitel 2.2.1 die vier grundlegenden Determinanten von Komplexität identifiziert. Diese Eigenschaften stellen das Wesen der Komplexität dar und müssen deshalb zwingend bei der Operationalisierung berücksichtigt werden. Um die Komplexität vollständig zu erfassen und keine konstitutive Eigenschaft unzureichend abzubilden, werden zur Beschreibung der Konstrukte somit jeweils Indikatoren verwendet, die die Anzahl (Varietät), die Unterschiedlichkeit (Heterogenität), die Dynamik (Variabilität) und die Unsicherheit des jeweiligen exogenen Konstruktes repräsentieren. Bei der Ermittlung geeigneter Indikatoren wird dabei soweit möglich auf bereits verwendete Skalen sowie gängige Begriffsabgrenzungen in der Literatur zurückgegriffen.[710]

- **Beschaffungsmarktkomplexität**

Der in der Literatur am häufigsten angeführte Treiber für die extern begründete Komplexität des Beschaffungsmarktes ist die *Lieferantenanzahl (LiAnz)*.[711] Ein umfangreicher Lieferantenstamm bietet zwar einerseits ein hohes Maß an Flexibilität, führt andererseits allerdings zu einem aufwändigen Lieferantenmanagement. Sowohl die Komplexität der Lieferantenanbindung und -stammdatenpflege als auch der Aufwand zur Steuerung und Kontrolle der Lieferanten nehmen mit einer steigenden Anzahl an

---

708 Vgl. HUBER ET AL. (2007), S. 20.

709 HUBER ET AL. (2007), S. 20.

710 Hierbei sind allerdings Anpassungen notwendig, da beispielsweise der Aspekt der Unsicherheit von MILGATE sowie VACHON und KLASSEN als so bedeutsam eingeschätzt wird, dass die Autoren diese als eigenständige Dimension der Supply Chain Komplexität konzeptualisieren, während die Unsicherheit in der vorliegenden Untersuchung zwar ebenfalls berücksichtigt, jedoch nicht als separates Konstrukt in das Modell aufgenommen wird. Vgl. MILGATE (2001), S. 112; VACHON, KLASSEN (2002), S. 223f.

711 Vgl. TRENT, MONCZKA (1999), S. 928ff.; MILGATE (2001), S. 112; CHOI, KRAUSE (2006), S. 641; BLUM (2006), S. 58f.

Lieferanten stark zu.[712] Insbesondere die Leistungsmessung im Rahmen des Lieferantenmonitorings gestaltet sich bei einer zunehmenden Anzahl zu überprüfender Lieferanten schwierig. Die Planungs- und Abstimmungskomplexität von Anlieferterminen, Rückabwicklungen fehlerhafter oder zu viel bestellter Beschaffungsobjekte oder der Sendungsverfolgung in Echtzeit, wie sie beispielsweise für eine Just-In-Time- oder Just-In-Sequence-Fertigung notwendig ist, hängt ebenfalls unmittelbar von der Lieferantenzahl ab. Auch die Komplexität der administrativen und buchhalterischen Prozesse, um ein weiteres Beispiel zu nennen, weist einen direkten Bezug zur Lieferantenanzahl auf. Neben der Anzahl der mit dem Unternehmen in Beziehung stehenden Lieferanten stellt ebenso die *Beschaffungsmarktkonzentration (BMaKon)* eine komplexitätswirksame Einflussgröße dar.[713] Sie beschreibt die am Markt verfügbare Zahl an Lieferanten, die für ein Beschaffungsobjekt zur Verfügung steht, und kennzeichnet somit die vorherrschende Marktstruktur. Diese ändert sich permanent als Folge von Neugründungen, Insolvenzen, Übernahmen oder der Bildung von Allianzen.[714] Die Frage nach der Richtung einer Komplexitätszunahme ist für die Modellentwicklung entscheidend, in diesem Falle allerdings nicht ad hoc zu beantworten. Einerseits lässt sich argumentieren, dass in einem Markt mit monopolistischen oder oligopolistischen Strukturen bei Engpässen oder Lieferausfällen spontane oder kurzfristige Rückgriffe auf alternative Lieferanten nicht möglich sind. Dadurch sind die Anforderungen an das Bestandsmanagement sowie die entsprechende Planung von Beschaffungsmengen und -zeiten tendenziell höher und komplexer als in einem Markt mit einer geringen Marktkonzentration. Dem ist zu entgegnen, dass die Komplexität aus systemtheoretischer Sicht direkt durch die Anzahl an Systemelementen und deren Wechselbeziehungen beeinflusst wird. Dies impliziert, dass die Komplexität in einem Markt mit vielen potenziellen Anbietern höher einzustufen ist, als diejenige in einem stark konzentrierten Markt.[715] Dies zeigt sich vor allem bei der Lieferantenauswahl und -bewertung. Die Vielzahl potenzieller Beschaffungsquellen wirkt sich negativ auf die Markttransparenz aus, wodurch sowohl die Informationsbeschaffung und -aufarbeitung, als auch die -auswertung mit einem deutlich größeren Aufwand verbunden sind. Preisvergleiche sowie die vollständige Erfassung, Gegenüberstellung und Abwägung von Kennzahlen zur Performance sind ebenfalls schwieriger

[712] Vgl. WILDEMANN (2005), S. 89.
[713] Vgl. BLUM (2006), S. 65.
[714] Vgl. LARGE (2009), S. 99.
[715] Vgl. MELHERITZ (1999), S. 16.; CHOI, KRAUSE (2006), S. 641f.; BLUM (2006), S. 65.

durchzuführen. Im Rahmen dieser Untersuchung wird somit der Auffassung von WERNER gefolgt, der einen Beschaffungsmarkt dann als komplex ansieht, wenn eine geringe Konzentration vorliegt und die Rohstoffe bzw. Ressourcen bei einer Vielzahl an Lieferanten beschafft werden können.[716]

Als manifeste Variable für die Heterogenität als Einflussgröße der Beschaffungsmarktkomplexität wird der in früheren Studien ebenfalls bereits mehrfach erfolgreich verwendete Indikator *Unterschiedlichkeit der Lieferanten (UntLi)* verwendet.[717] Mögliche Ausprägungen der Vielfältigkeit zeigen sich dabei z. B. in der geografischen Verteilung, unterschiedlichen technischen Fähigkeiten, einer abweichenden Organisationsstruktur oder einem unterschiedlichen Leistungsvermögen.[718] Für ein Unternehmen ist es dabei einfacher, mit Lieferanten zusammenarbeiten, die ähnliche Strukturen und Leistungsparameter besitzen. Unterscheiden sich die Lieferanten z. B. hinsichtlich ihres geografischen Standortes, führen Kommunikationsprobleme, Sprachbarrieren oder die Transportdistanz zu einer zusätzlichen Komplexität und verlangsamten Abläufen. Ein hinsichtlich der Leistung heterogener Lieferantenstamm (z. B. Outputmenge, Qualität der Beschaffungsobjekte, Zuverlässigkeit der Anlieferungen, etc.) führt beispielsweise dazu, dass Pufferzeiten und -bestände berücksichtigt werden müssen, mit einem erhöhten Steuerungsaufwand zu rechnen ist und zusätzliche Qualitätskontrollen und -audits durchzuführen sind.

Die Variabilität als Komplexitätstreiber soll zunächst mithilfe des Indikators *Häufigkeit des Lieferantenwechsels (HfkLiW)* berücksichtigt werden. Der komplexitätswirksame Einfluss der Häufigkeit, mit der ein Unternehmen den bestehenden Lieferantenstamm erweitert, variiert oder reduziert, gilt als unbestritten.[719] Die Relevanz für die Beschaffungsmarktkomplexität lässt sich u. a. damit begründen, dass mit dem Wechsel eines Lieferanten vorhandene Erfahrungskurveneffekte obsolet sind und Schnittstellen sowie Prozesse angepasst bzw. abgestimmt werden müssen. Insbesondere der Austausch von Schlüssel- sowie Modullieferanten, die ihrerseits eigenständig Vorprodukte beschaffen, vormontieren und anschließend als komplettes Modul an das fokale Unternehmen liefern, kann zu einer vorübergehenden Qualitätsminderung, einem Anstieg der Kosten und damit einer erhöhten Komplexität führen, um diese negativen Auswirkungen zu kompensieren. Als weitere Ursache für die

---

716 Vgl. WERNER (1997), S. 133.
717 Vgl. BLUM (2006), S. 58ff.; CHOI, KRAUSE (2006), S. 641.
718 Vgl. WILDEMANN (2005), S. 84; CHOI, KRAUSE (2006), S. 642.
719 Vgl. BACHER (2000), S. 73.

variabilitätsbedingte Komplexität wurde in früheren Studien bereits mehrfach die *Dynamik des Beschaffungsmarktes (DynBMa)* identifiziert, weshalb dieser Indikator auch in der vorliegenden Untersuchung verwendet werden soll.[720] Die Dynamik auf dem Beschaffungsmarkt drückt sich u. a. durch häufige Veränderungen der Lieferantenlandschaft, stark schwankende Preise bzw. Konditionen oder eine wechselnde Rohstoffverfügbarkeit aus.[721] Dadurch sind Marktanalysen intensiver bzw. häufiger durchzuführen sowie bestehende Planungen anzupassen. Ein häufig wechselndes Portfolio an zur Verfügung stehenden Lieferanten stärkt zwar einerseits die eigene Verhandlungsmacht gegenüber den bestehenden Lieferanten, birgt andererseits allerdings die Gefahr eines Verdrängungswettbewerbes in sich, dem auch die eigenen Lieferanten zum Opfer fallen. Eine wechselnde Rohstoffverfügbarkeit kann zu Produktionsengpässen sowie steigenden Preisen auf dem Beschaffungsmarkt führen. Dadurch werden erhöhte Sicherheitsbestände und somit außerplanmäßige Prozessschritte erforderlich. Des Weiteren sind Beschaffungspraktiken und -formen anzupassen, wodurch wiederum die bestehenden Prozessabläufe beeinflusst werden.[722]

Die Berücksichtigung der Unsicherheit als Komplexitätsbestandteil erfolgt zunächst mithilfe des Indikators *Transparenzdefizit (TranDe)*. Ein Mangel an Transparenz impliziert, dass die Systemelemente, die beeinflussbaren Größen sowie die bestehenden Wechselwirkungen nicht oder nur unzureichend bekannt sind.[723] In einem komplexen Marktumfeld, geprägt durch eine Vielzahl an Beteiligten, die zudem eine geringe Homogenität aufweisen und einer großen Dynamik unterliegen, sind sämtliche Informationen mit Unsicherheit behaftet. Der Grad, zu dem die Unternehmen über planungsrelevante Informationen (z. B. potenzielle Lieferanten, Lieferkonditionen, Preise oder Rohstoffverfügbarkeit) verfügen, beeinflusst somit ebenfalls unmittelbar die sich ergebende Komplexität des Beschaffungsmarktes. Gleichzeitig führt eine mangelnde Zuverlässigkeit des Lieferanten zu einer erhöhten Unsicherheit beim beschaffenden Unternehmen und somit zu einem Komplexitätsanstieg.[724] Insbesondere die *Unsicherheit bezüglich der Lieferzeit und -qualität (ULiZQ)* wirkt sich zusätz-

---

720 Vgl. WERNER (1997), S. 133f.; BLUM (2006), S. 58ff.; MEYER (2007), S. 89.
721 Vgl. BACHER (2000), S. 72f.
722 Für den Wechsel einer Just-In-Time- zu einer Vorratsbeschaffung sind beispielsweise zusätzliche Ressourcen (z. B. Lagermöglichkeiten, Umschlagstechnologien) erforderlich.
723 Vgl. ZÄPFEL, PIEKARZ (1996), S. 20; STÖLZLE ET AL. (2001), S. 76.
724 Vgl. MILGATE (2001), S. 112; CHEN, PAULRAJ (2004), S. 123; GERMAIN ET AL. (2008), S. 559.

lich komplexitätserhöhend aus, da Sicherheitsbestände vorzuhalten sind oder auf Ersatzlieferanten zurückgegriffen werden muss.[725] Gleichzeitig erfordert eine schwankende Qualität der Beschaffungsartikel verstärkte Qualitätskontrollen sowie eventuell Warenrücksendungen. Infolgedessen müssen die notwendigen Nachlieferungen gesteuert werden, während bei einer Nichtentdeckung von Qualitätsmängeln zusätzliche Nacharbeiten während der Montage und Fertigung notwendig sind.

In Abbildung 6-7 sind die Indikatoren zur Operationalisierung der Beschaffungsmarktkomplexität überblicksartig zusammengefasst.

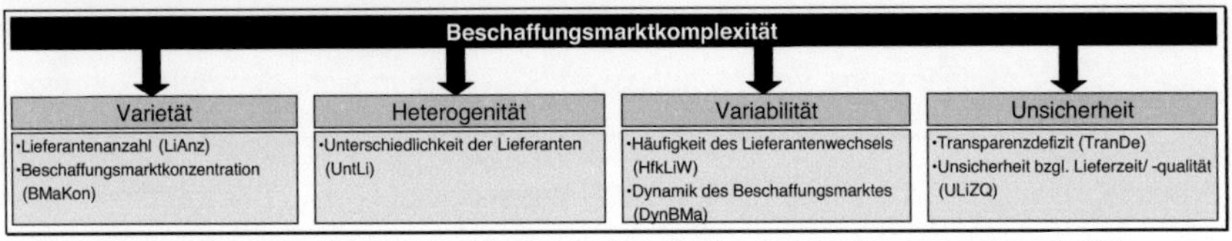

Abbildung 6-7: Indikatoren zur Operationalisierung der Beschaffungsmarktkomplexität

- **Beschaffungsprozesskomplexität**

Zunächst wird postuliert, dass die Beschaffungsprozesskomplexität mit einer steigenden *Anzahl zu beschaffender Artikel (AnzBArt)* zunimmt.[726] Eine Vielzahl zu beschaffender Artikel resultiert in zusätzlichen oder umfangreicheren Transport-, Umschlag- und Lagerprozessen. Gleichzeitig erhöht sich der Aufwand für Wareneingangskontrollen und das Bestandsmanagement. Ebenso steigt die Komplexität der Planungsvorgänge (z. B. Ermittlung optimaler Bestellmengen, Kapazitätsplanung, Planung und Durchführung von Ein- und Auslagerungen) mindestens parallel, wenn nicht gar exponentiell.

Die Steuerung und Kontrolle der Prozesse ist weiterhin umso komplexer, je individueller diese sind und je unterschiedlicher sie ablaufen. Der *Standardisierungsgrad (StandGr)*, d. h. der Grad, zu dem Arbeitsabfolgen nach fest vorgegebenen Regeln durchlaufen werden, beeinflusst demnach unmittelbar die Planungs-, Durchführungs- und Kontrollkomplexität der Waren- und Informationsflüsse.[727] Der Standardisierungsgrad zeigt sich ebenfalls in einer Vielzahl unterschiedlicher Transportbehälter (z. B. Palette, Gitterbox, Karton), Lieferdokumente oder genutzter Verfahren zur Bestellauslösung (z. B. E-Mail, Telefon, automatische Bestellvorgänge) bzw. -prognose. Des Weiteren wird vermutet, dass die Beschaffungskomplexität mit einer zunehmen-

725 Vgl. HO ET AL. (20005), S. 98f.
726 Vgl. MILGATE (2001), S. 112.
727 Vgl. MAYER (2007), S. 111.

den *Heterogenität der Bestellungen (HetBest)* ansteigt. Hierunter wird verstanden, dass sich die zu beschaffenden Artikel hinsichtlich der erforderlichen Anzahl bzw. der Häufigkeit von Bestellungen unterscheiden. Dies führt dazu, dass in kürzeren Zyklen Bestellmengen geplant und die physischen Bestellprozesse durchgeführt werden müssen. Gleichzeitig führen stark voneinander abweichende Bedarfsverläufe zu häufigeren Anlieferungen und somit zu einem Komplexitätsanstieg der operativen Beschaffungsprozesse. Eine differierende Anzahl zu beschaffender und gelieferter Artikel behindert eine Automatisierung der Beschaffungsabläufe, da in Abhängigkeit von der Transportmenge unterschiedliche Transport- oder Ladehilfsmittel empfehlenswert sind oder eine manuelle durch eine mechanisierte bzw. automatisierte Einlagerung ersetzt werden sollte. Einen wesentlichen Bestandteil der Logistikkonzeption bildet die Flussorientierung, die auf dem Gedanken basiert, unnötige Wartezeiten und Zwischenbestände ebenso zu vermeiden wie Medienbrüche und Schnittstellen (vgl. Kapitel 2.1.3). Schnittstellen treten dabei u. a. beim Übergang von einem Verkehrsträger zum anderen oder beim Eintreffen der Ware im Eingangslager auf. Die Kontroll- und Handlingprozesse an diesen Übergabepunkten werden durch die *Unterschiedlichkeit von Schnittstellen (HetSch)* erschwert.[728] Unterschiedliche Schnittstellen erfordern zusätzliches technisches Equipment sowie Transformationen innerhalb des Informationsflusses. Dies geht mit einer verminderten Leistungsfähigkeit, verlängerten Durchlaufzeiten sowie höheren Transaktionskosten einher und widerspricht dem Prinzip der ganzheitlichen Flussorientierung.[729] Gleichzeitig besteht die Gefahr von Doppelarbeit.[730] Die Bedeutung der Flussorientierung wurde bereits durch die Untersuchung von DEHLER nachgewiesen.[731]

Die Berücksichtigung der Variabilität als Komplexitätstreiber soll zunächst mit dem Indikator *Häufigkeit von Prozessanpassungen (HfkPa)* erfolgen. Dieser steht in engem Zusammenhang mit dem Standardisierungsgrad, berücksichtigt jedoch gleichzeitig den Faktor Zeit als entscheidende Größe. Zusätzlich ist zu berücksichtigen, dass Prozessanpassungen nicht nur die Folge einer mangelnden Standardisierung, sondern ebenfalls aufgrund aufgetretener Probleme, Sonderwünsche oder Neuprodukteinführungen notwendig sein können. Unabhängig von den Ursachen, die einer Prozessanpassung vorausgehen, führt diese unweigerlich zu einem Kom-

---

728 Vgl. VARENKAMP (2007), S. 13.
729 Vgl. PFOHL (2004a), S. 310.
730 Vgl. ARNDT (2008), S. 34.
731 Vgl. DEHLER (2001).

plexitätsanstieg, da von der üblichen und etablierten Vorgehensweise abgewichen werden muss und zusätzliche Planungen notwendig werden.[732] Gleichzeitig stellen häufige oder starke *Bedarfsschwankungen (BSchwa)* einen Komplexitätstreiber dar, der bereits mehrfach erfolgreich zur Operationalisierung der Komplexität genutzt wurde.[733] Gleichbleibende Bedarfe lassen eine routinierte Bestellmengenplanung zu, während Schwankungen Neuplanungen erfordern. Um dennoch die störungsfreien Fertigungsprozesse nicht zu gefährden, müssen entweder die benötigten Kapazitäten vorgehalten werden, was mit einer höheren Komplexität der Lagerabläufe verbunden ist (z. B. Inventur, Lagerplatzmanagement), oder im Falle einer kurzfristig gestiegenen Nachfrage extern beschafft werden, wodurch zusätzliche Beschaffungsvorgänge notwendig sind.[734]

Zur Abbildung der Vieldeutigkeit und Unsicherheit als Bestandteil der Komplexität wird in dieser Arbeit die *Prognoseunsicherheit (PrognU)* verwendet.[735] Bestehen Unsicherheiten bezüglich der benötigten Artikel, können Nachbestellungen bzw. zusätzliche Einlagerungsprozesse notwendig werden. Darüber hinaus weist die Losgrößenplanung im Falle deterministischer Bedarfsdaten eine weitaus geringere Komplexität auf als bei unsicheren oder gänzlich fehlenden Vergangenheits- oder Produktionsdaten.

Die zur Messung der Beschaffungsprozesskomplexität verwendeten Indikatoren sind in Abbildung 6-8 dargestellt.

Abbildung 6-8: Indikatoren zur Operationalisierung der Beschaffungsprozesskomplexität

- **Produktkomplexität**

Die Beschaffungskomplexität wird wesentlich durch das vom Unternehmen hergestellte Produkt determiniert, da hiervon die Anzahl und Verschiedenartigkeit der zu beschaffenden Zukaufteile, Materialien und Rohstoffe abhängt. Gleichzeitig werden die zeitlichen und mengenmäßigen Anforderungen an die Beschaffungslogistik be-

732 Vgl. MEYER (2007), S. 100.
733 Vgl. WERNER (1997), S. 133f.; CHEN, PAULRAJ (2004), S. 138; BLUM (2006), S. 65.
734 Vgl. DAVIS (1993), S. 36; CHEN, PAULRAJ (2004), S. 123.
735 Vgl. HANDFIELD (1993), S. 6; CHEN, PAULRAJ (2004), S. 138; HO ET AL. (2005), S. 97.

einflusst. Die *Variantenanzahl (VarAnz)* stellt dabei die in der Literatur am häufigsten verwendete Hilfsgröße zur Operationalisierung der Komplexität dar.[736] Neben der Anzahl angebotener Produktvarianten (Breite des Produktprogrammes) nimmt auch die *Produktbeschaffenheit (PBesch)* Einfluss auf die Komplexität der innerbetrieblichen Abläufe. Bevor die Vor- und Endmontage der Produkte erfolgen kann, müssen zunächst die Baugruppen und Einzelteile disponiert, beschafft und für die Fertigung bereitgestellt werden. Je umfangreicher die Stückliste eines Produktes ist, desto komplexer sind diese der Produktion vorgelagerten Prozessschritte.

Die Komplexität wird zusätzlich dadurch erhöht, je mehr sich die Beschaffungsobjekte voneinander unterscheiden. Die *Heterogenität der Beschaffungsartikel (HetBArt)* zeigt sich beispielsweise in unterschiedlichen Abmessungen und Gewichten der Beschaffungsobjekte, wodurch verschiedene Ladungsträger für den außer- und innerbetrieblichen Transport notwendig werden. Auch unterschiedliche monetäre Wertigkeiten sind komplexitätstreibend, da für geringpreisige Beschaffungsobjekte einfache bzw. heuristische Prognoseverfahren zum Einsatz gelangen können, während hochpreisige Artikel eine exakte Planung erfordern, um die Kapitalbindungskosten gering zu halten. Des Weiteren ist der Ladungssicherung sowie dem Bestandsschutz eine besondere Beachtung zu schenken. Ist ein Unternehmen mit beiden Gruppen von Gütern involviert, erhöht dies die Komplexität, da parallele oder integrierte Strategien verfolgt werden müssen. Das womöglich ohnehin bereits umfangreiche Angebot an Produkten und Produktvarianten wird darüber hinaus oftmals durch das *Angebot von Sonderprodukten und Zusatzservices (SoPZuS)* erweitert (vgl. Abbildung 4-3).[737] Da diese zusätzlichen Serviceleistungen jedoch nur schwer in Form von standardisierten Prozessen abgewickelt werden können, ist mit einem deutlichen Komplexitätsanstieg durch Änderungen oder Anpassungen der Fertigungs- und Montageprozesse sowie zusätzlich notwendige Beschaffungsvorgänge für Sonder- oder Zusatzteile zu rechnen.[738]

Eine häufige Einführung von Produktinnovationen erfordert ebenso wie die Anpassung des bestehenden Produktprogrammes eine Adaption der Beschaffungsprozesse und wirkt hierdurch komplexitätstreibend, da unter Umständen neue Lieferanten

---

[736] Vgl. VACHON, KLASSEN (2002), S. 223f.; MILGATE (2001), S. 112; GRÖßLER ET AL. (2006), S. 280.

[737] Vgl. GRÖßLER ET AL. (2006), S. 280. Dieser Indikator steht in engem Zusammenhang zum Produktprogramm, stellt jedoch eine Erweiterung dar, weil hierbei die über das eigentliche Produktsortiment hinausgehende Möglichkeit zur Individualisierung der Produkte berücksichtigt wird.

[738] Vgl. MEYER (2007), S. 97.

gesucht und integriert, bestehende Verträge angepasst sowie die Losgrößenplanung überarbeitet werden müssen. Die *Änderungshäufigkeit der Produkte bzw. des Produktprogrammes (AendhP)* wurden ebenfalls bereits in früheren Untersuchungen zur Komplexitätsproblematik mehrfach als Indikator verwendet und sollen auch in dieser Arbeit als manifeste Variable für die variabilitätsbasierte Komplexitätsdimension dienen.[739]

Die Problematik des Produkt- und (zusätzlichen) Leistungsangebotes wird zusätzlich dadurch verschärft, wenn ein Unternehmen aus Gründen der Kundenorientierung und dem Bestreben nach einer hohen Kundenzufriedenheit die Möglichkeit von nachträglichen Veränderungen oder Stornierungen von bereits getätigten Bestellungen zulässt. Diese kurzfristige *Änderungsmöglichkeit der Kunden (AendMg)* ist einerseits kostentreibend (z. B. Fehlmengenkosten, Kosten für die Lagerung von Überkapazitäten, Vertragsstrafen) und verursacht andererseits einen zusätzlichen Aufwand, da eigene Bestellungen storniert oder nachträglich verändert und die Disposition von Beschaffungs- und Produktionsabläufen überarbeitet werden müssen. Da das Unternehmen vorab keine Informationen über bevorstehende Veränderungen bereits erhaltener Bestellungen besitzt, stellt dies ein bewusst einkalkuliertes Risiko dar, durch dessen Unsicherheit eine zusätzliche Komplexität erwächst. Die *Unsicherheit bezüglich der Verkaufsmenge und des -zeitpunktes (UVerMZ)* bildet einen weiteren komplexitätstreibenden Unsicherheitsfaktor innerhalb der Beschaffungslogistik.[740] Infolgedessen entstehen beispielsweise erhöhte Sicherheitsbestände, die beschafft, umgeschlagen und vorgehalten werden müssen, um die Lieferfähigkeit zu gewährleisten.[741] Des Weiteren sind die Bedarfszahlen hierdurch mit einem Unsicherheitsfaktor belastet, der die genaue Planung insbesondere im Fall einer produktionssynchronen Beschaffung erschwert.

In Abbildung 6-9 sind die Indikatoren zu deren Operationalisierung abgebildet.

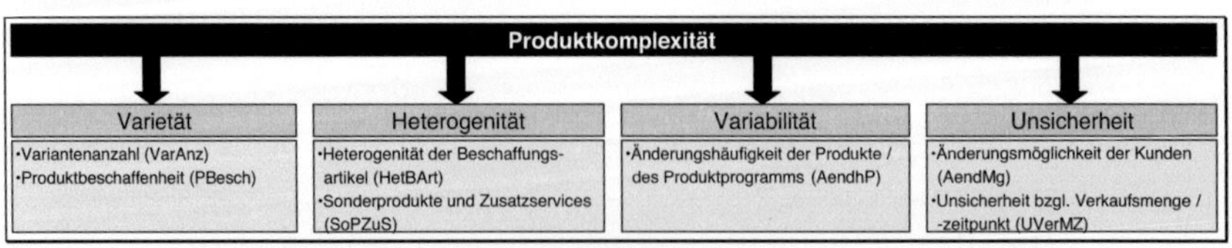

Abbildung 6-9: Indikatoren zur Operationalisierung der Produktkomplexität

[739] Vgl. GRÖßLER ET AL. (2006), S. 280; HO ET AL. (2005), S. 97; BLUM (2006), S. 58ff.
[740] Vgl. DAVIS (1993), S. 44f.; CHEN, PAULRAJ (2004), S. 122.
[741] Vgl. DAVIS (1993), S. 38.

- **Interne Komplexität**

Als abschließende Dimension der Beschaffungskomplexität wird die vom Unternehmen selbst verursachte und zu verantwortende Komplexität, die Interne Komplexität, betrachtet. Der komplexitätstreibende Einfluss der logistischen Aufbauorganisation wird von PFOHL beschrieben.[742] Insbesondere lange Entscheidungswege als Folge einer hohen *Anzahl an Hierarchieebenen (AnzHierE)* erfordern einen erhöhten Steuerungs- und Kontrollaufwand, der in Verbindung mit der zusätzlich resultierenden Zerlegung der Gesamtverantwortung zu einer größeren Komplexität der Organisation führt.[743] Ebenso wirkt sich eine hohe *Fertigungstiefe (FertT)* auf die Komplexität aus. Die Bedeutung der Wertschöpfungstiefe für die resultierende Komplexität ist ambivalent zu diskutieren. Einerseits wird in der Literatur argumentiert, dass ein hoher Anteil selbst gefertigter Produkte zu einer steigenden Komplexität führt, da beispielsweise Fertigungsanlagen beschafft und bewirtschaftet, Montagevorgänge durchgeführt und der reibungslose Ablauf der Fertigung durch die Losgrößen- und Maschinenbelegungsplanung sichergestellt werden müssen.[744] Gleichzeitig werden in der wissenschaftlichen Diskussion die Konzentration auf Kernkompetenzen und die Reduktion der Komplexität als Gründe für das Outsourcing von Prozessen angeführt, welches mit einer Reduktion der Fertigungstiefe einhergeht.[745] Somit wäre eine hohe Fertigungstiefe mit einer hohen Komplexität in Verbindung zu bringen. Diese Argumentation wird auch von MEYER vertreten, der Beschaffungsstrategien mit einem hohen Leistungsumfang wie z. B. das System oder Modular Sourcing eine geringere Komplexität der internen Strukturen bescheinigt, da der beschaffte Leistungsumfang nicht mehr im eigenen Wertschöpfungsprozess erstellt werden muss.[746] Auf der anderen Seite kann argumentiert werden, dass mit einem zunehmenden Fremdbezug die Unsicherheit bezüglich der qualitativen Beschaffenheit der Objekte sowie der Zuverlässigkeit der Lieferanten und damit die Planungs- und Koordinationskomplexität ansteigt.[747] Ebenso müssen bei einer Fremdvergabe zwar keine Produktionsmaterialien sowie Roh-, Hilfs- und Betriebsstoffe beschafft werden, dafür aber die extern montierten Komponenten und Bauteile, wodurch lediglich eine Änderung der

---

742 Vgl. PFOHL (2004a), S. 310ff.
743 Vgl. BLISS (2000), S. 7.
744 Vgl. FISCHER (2000), S. 543.
745 Vgl. SCHULTE (1992b), S. 90; RAZZAQUE, SHENG (1998), S. 92; MCCARTHY, ANAGNOSTOU (2004), S. 64; HARLAND (2005), S. 834.
746 Vgl. MEYER (2007), S. 65f.
747 Vgl. LASCH (1998), S. 14.

Beschaffungsobjektstruktur resultiert.[748] Mit einer steigenden Anzahl aufeinander abzustimmender Akteure innerhalb der Supply Chain steigt zudem definitionsgemäß die Komplexität an.[749] Dieser Argumentation folgend wäre somit eine geringe Fertigungstiefe mit einer hohen Beschaffungskomplexität zu assoziieren.[750] Beiden Argumenten ist nach Auffassung des Autors zuzustimmen. Der Aspekt der Unsicherheit im Falle eines Fremdbezuges wird jedoch als weniger komplexitätstreibend eingeschätzt als die zusätzliche Planung, Durchführung, Steuerung und Kontrolle der unternehmensinternen Prozesse. Zudem wird der Unsicherheitsaspekt der Zulieferungen bereits gesondert durch den Indikator *Unsicherheit bzgl. der Lieferzeit und -qualität* berücksichtigt. Aus diesem Grund wird ein positiver Zusammenhang zwischen einer zunehmenden *Fertigungstiefe* und der Internen Komplexität unterstellt.

Die Indikatoren für die vielfaltsbasierte Komplexität lassen sich unmittelbar aus den Elementen der Logistikkonzeption ableiten (vgl. Kapitel 2.1.3). Diese propagiert die Ganzheitlichkeit und das Systemdenken als oberste Maxime einer zukunftsfähigen Logistik.[751] Eine *mangelnde Ganzheitlichkeit und Durchgängigkeit (Durchg)* von Maßnahmen führt einerseits zu suboptimalen Lösungen und einem Bereichsdenken, welches dem Grundgedanken einer durchgängigen Logistikkette widerspricht. Gleichzeitig resultiert die mangelnde Abstimmung in einem vermeidbaren Doppelaufwand. Die Komplexität nimmt insbesondere bei einer manuellen Durchführung der Planung, Steuerung und Kontrolle der Prozesse schnell ein unbeherrschbares Ausmaß an, weshalb zunehmend IT-Systeme eingesetzt werden. Neben Softwarelösungen zum Bestandsmanagement oder der Losgrößenplanung werden allerdings oftmals parallel weitere IuK-Anwendungen genutzt. Die *Vielfalt der eingesetzten IT-Systeme (ViellT)* führt dabei oftmals zu einem Komplexitätsanstieg, da Schnittstellen inkompatibel sind, der Anwender durch die Vielfalt überfordert ist oder der Datenaustausch mit den Partnern der Supply Chain aufgrund verschiedener IT-Systeme nicht reibungslos funktioniert.[752] Als weiterer Indikator der vielfaltsinduzierten Komplexität wird die *Heterogenität der Bereichsziele (HetBeZ)* verwendet. Als Folge dieser mangelhaften Harmonisierung und Umsetzung der Logistikkonzeption sind die Unterneh-

748 Vgl. LARGE (2009), S. 87ff.
749 Vgl. ARNDT (2008), S. 192.
750 Vgl. die Argumentation im Rahmen der Operationalisierung der *Beschaffungsprozesskomplexität*.
751 Vgl. PFOHL (2004b), S. 20ff.; WILDEMANN (2005), S. 16f.; FLEISCHMANN (2008), S. 3.
752 Vgl. FELDMAYER, SEIDENSCHWARZ (2005), S. 94f.

men gezwungen, die eingeleiteten Maßnahmen nachträglich aufeinander abzustimmen und eine Priorisierung der einzelnen Zielgrößen vorzunehmen.

Nicht nur die Heterogenität, sondern auch die Häufigkeit, mit der sich die verfolgten Strategien und Ziele ändern, wirkt komplexitätstreibend, da bereits durchgeführte Planungen dadurch obsolet und Anpassungen unvermeidbar sind. Durch eine hohe *Dynamik von Zielvorgaben (DynZV)* ist darüber hinaus mit einer geringeren Stabilität der Prozesse zu rechnen, wodurch operative Eingriffe notwendig werden.

Eine Voraussetzung für ein ganzheitliches Logistikmanagement bildet die vollständige Kenntnis der Waren- und Informationsflüsse. Bestehen Unsicherheiten oder existiert ein *Transparenzdefizit (TraDef)*, lassen sich diese a priori nur ungenügend oder mit erhöhtem Aufwand planen, während es retrospektiv betrachtet Schwierigkeiten bereitet, Schwachstellen und Ursachen für Probleme zu erkennen. Insbesondere im Retourenmanagement oder bei Reklamationen bildet die vollkommene Nachvollziehbarkeit der Waren- und Informationsflüsse jedoch eine Grundvoraussetzung. Aber auch in der Beschaffungslogistik führt ein Mangel an Transparenz zu einem erhöhten Aufwand bei der Disposition und der physischen Beschaffung der Güter und Rohstoffe.[753]

Abbildung 6-10 fasst die für die Operationalisierung der Internen Komplexität verwendeten Indikatoren überblicksartig zusammen.

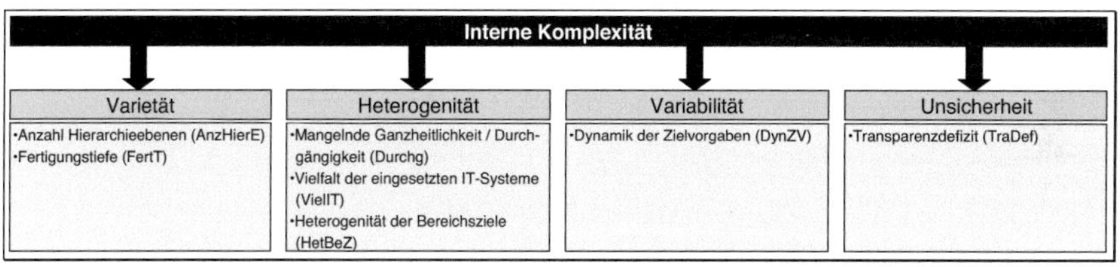

Abbildung 6-10: Indikatoren zur Operationalisierung der Internen Komplexität

Nachdem nunmehr die vier Konstrukte der Beschaffungskomplexität durch entsprechende Indikatoren operationalisiert wurden, sollen im Folgenden die zu den Indikatoren gehörenden Items und Skalen entwickelt werden.

B) Itemformulierung

Obwohl die Strukturgleichungsanalyse grundsätzlich metrisch skalierte Daten voraussetzt, hat sich in der betriebswirtschaftlichen Forschung die Verwendung von

[753] Die fehlende Kenntnis von Warenflüssen im Unternehmen führt beispielsweise zu ineffizienten Lagerplatzzuweisungen, wodurch ein erhöhter Handling- und Kommissionieraufwand entsteht.

Likert-Skalen etabliert, die trotz ihres eigentlich ordinalen Charakters gemeinhin als quasi-intervallskaliert interpretiert werden.[754] In zahlreichen Studien konnte zudem gezeigt werden, dass bei der Verwendung von mindestens fünf Skalenstufen die Verzerrungen bei den Parameterschätzungen vernachlässigbar gering sind, sodass die Verwendung von Likert-Skalen als zulässig gilt.[755]

Bei der Entwicklung der Items war es teilweise möglich, auf bestehende Messskalen in der Literatur zurückzugreifen.[756] Eine vollständige Übersicht zu den Indikatoren und den formulierten Items sowie den Skalen findet sich im Anhang zu dieser Arbeit (vgl. Anhang A-9 und Anhang A-10 auf der Seite 349ff.).

C) Bereinigungsphase

Da die Analyse formativer Messmodelle auf dem Prinzip der multiplen Regression beruht, erfordert das Vorliegen von Multikollinearität die nachträgliche Eliminierung einzelner Indikatoren. Sie ist deshalb als problematisch anzusehen, da ein zunehmender Grad an linearer Abhängigkeit zwischen den Indikatoren zu einer erhöhten Ungenauigkeit bei der Schätzung führt.[757] In der Literatur wird ein VIF-Wert über 10 als Indiz für Multikollinearität angegeben.[758] Da dieser Wert erst überschritten wird, wenn die gemeinsame Varianz eines Indikators mit den anderen Variablen im Messmodell bei 90% liegt, empfehlen andere Autoren insbesondere bei kleinen Stichproben konservativere Grenzwerte von 3 oder 4.[759] Wie Anhang A-13 auf Seite 354 entnommen werden kann, werden selbst diese strengeren Grenzwerte im vorliegenden Datensatz nicht überschritten. Es ist somit davon auszugehen, dass kein Multikollinearitätsproblem vorliegt.

Als weiterer Grund für die nachträgliche Eliminierung eines Indikators wurde in Kapitel 5.2.2.2 das gehäufte Auftreten von missing values angeführt. Anhang A-11 auf

---

754 Vgl. Backhaus et al. (2003), S. 5; Homburg, Klarmann (2006), S. 733.

755 Vgl. Zinnbauer, Eberl (2004), S. 3; Homburg, Klarmann (2006), S. 733.

756 Die Skalen der Indikatoren *Beschaffungsmarktkonzentration, Unterschiedlichkeit der Lieferanten* sowie *Änderungshäufigkeit der Produkte / des Produktprogrammes* basieren auf Blum, der seinerseits auf Messskalen von Werner zurückgreift. Vgl. Blum (2006), S. 58ff.; Werner (2008), S. 132f. Die Skala zum Indikator *Produktbeschaffenheit* wurde erfolgreich von Aust sowie Dehler verwendet. Vgl. Aust (1999), S. 143; Dehler (2001), S. 188f. Die Skalen zu den Indikatoren *Bedarfsschwankungen, Prognoseunsicherheit* sowie *Unsicherheit bzgl. der Lieferzeit und -qualität* gehen auf Chen und Paulraj zurück. Vgl. Chen, Paulraj (2004), S. 123.

757 Vgl. Diamantopoulos, Winklhofer (2001), S. 272; Eckey et al. (2001), S. 93; Jarvis et al. (2003), S. 202; Fassott, Eggert (2005), S. 40; Backhaus et al. (2006b), S. 88f.; Schneider (2007), S. 183.

758 Vgl. Diamantopoulos, Winklhofer (2001), S. 272; Huber et al. (2007), S. 39.

759 Vgl. Schneider (2007), S. 187; Ringle, Spreen (2007), S. 214.

Seite 352 zeigt, dass die Indikatoren *Heterogenität der Schnittstellen* sowie *Änderungshäufigkeit der Produkte bzw. des Produktprogrammes* diejenigen Variablen mit dem größten Anteil an fehlenden Werten darstellen (1,69%). Dennoch ist selbst dieser Wert als vernachlässigbar gering anzusehen, sodass aufgrund des missing-value-Anteils keine nachträglichen Eliminierungen notwendig sind.

Somit lässt sich das exogene Messmodell der Beschaffungskomplexität wie in Abbildung 6-11 zusammenfassen.

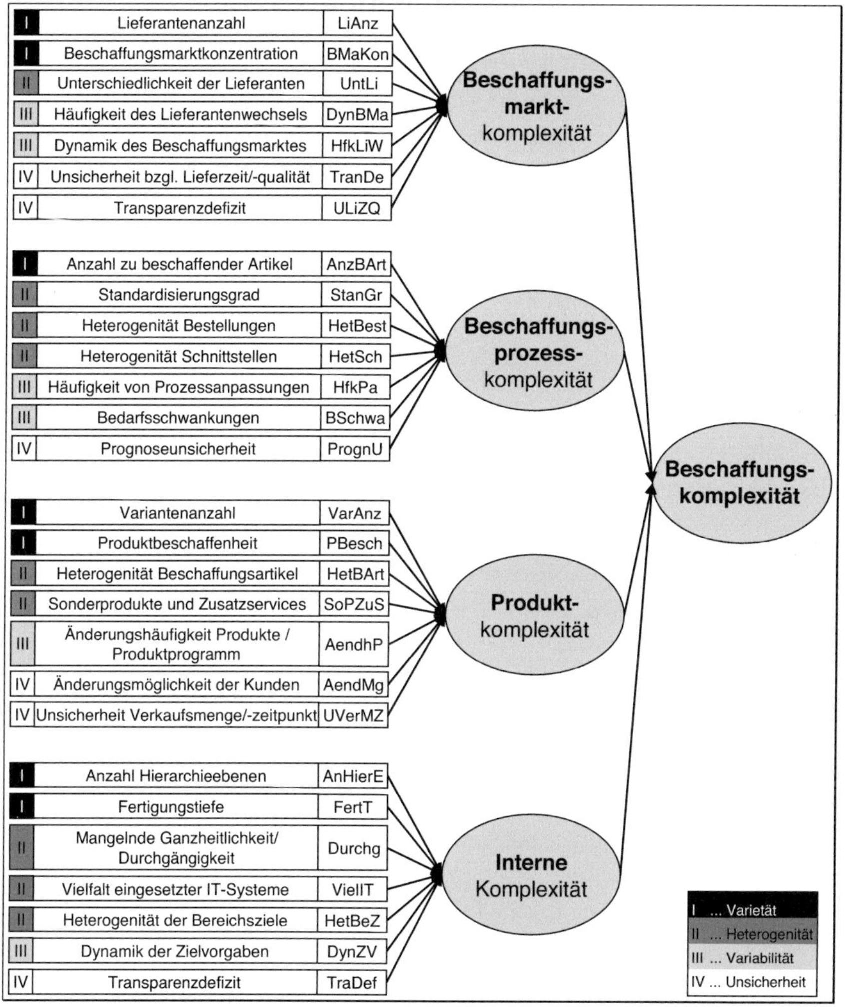

Abbildung 6-11: Exogenes Messmodell der Beschaffungskomplexität

Nach dem exogenen soll im Folgenden das endogene Messmodell entwickelt werden. Aufgrund des großen Forschungsinteresses am Konstrukt des Logistikerfolges kann dabei auf zahlreiche Publikationen zurückgegriffen werden.

6.3.2.2 Konzeption des endogenen Messmodells

In den vergangenen Jahren vollzog sich eine Verschiebung von rein kostenbasierten und effizienzgetriebenen Optimierungszielen hin zu einem leistungsorientierten Zielsystem.[760] Als Erklärung können die veränderten Kundenanforderungen und -wünsche sowie das entsprechend angepasste Kaufverhalten gesehen werden. Trotz aktueller „Geiz-ist-geil"-Kampagnen und der Schnäppchensuche im Internet ist ein verstärktes Interesse und Bewusstsein der Konsumenten für Qualität zu beobachten.[761] Der Anteil dieser Kundengruppe, die im Marketing als *Smart Shopper* bezeichnet werden, ist in den vergangenen Jahren stark angestiegen.[762] Darauf haben die Unternehmen reagiert und ihr Zielsystem entsprechend angepasst. Aus diesem Grund wurden in Kapitel 6.3.1.2 die drei leistungsbezogenen Erfolgskomponenten Qualität, Flexibilität und Zeit in das zu entwickelnde Gesamtmodell integriert. Während hinsichtlich des kostenbasierten Logistikerfolges größtenteils Einigkeit besteht, differieren die Auffassungen darüber, welche Aspekte den leistungsbezogenen Erfolgsdimensionen zuzurechnen sind. Die besondere Schwierigkeit besteht darin, dass in der Literatur oftmals qualitätsbezogene Aspekte mit weiteren Kenngrößen zur Lieferperformance sowie der allgemeinen Leistungsfähigkeit eines Unternehmens vermischt und unter dem Begriff *Logistikleistung*, *Lieferservice* oder *Performance* subsumiert werden.[763] In der vorliegenden Untersuchung wird allerdings ein weniger abstrahierender Ansatz verfolgt. Durch die explizite Unterscheidung der verschiedenen leistungsbezogenen Erfolgsdimensionen sollen Erkenntnisse zu strukturellen Zusammenhängen zwischen der beschaffungsspezifischen Komplexität und den verschiedenen logistischen (Erfolgs-) Kenngrößen erlangt werden, die in dieser Form bislang nicht vorliegen. Aus diesem Grund sind die bisherigen Operationalisierungen und Begriffsbestimmungen auf der Ebene der Logistikleistung anzupassen.

---

760 Vgl. KALUZA, KLENTER (1992), S. 16; KLENTER (1995), S. 18.

761 Vgl. MIDDENDORF, PRIEMER (2009), S. 234f.

762 Vgl. WIRTZ (2006), S. 47f.; HUBER ET AL. (2008), S. 81.

763 Vgl. DEHLER (2001), S. 207; CHEN, PAULRAJ (2003), S. 143; BLUM (2006), S. 71ff.; PFOHL (2004a), S. 211f.; BOWERSOX ET AL. (2007), S. 24.

A) Identifikationsphase

▪ Kostenbasierter Logistikerfolg

Der kostenbasierte Logistikerfolg stellt ein allgegenwärtiges Ziel in der unternehmerischen Praxis sowie der wissenschaftlichen Diskussion dar und ist deshalb zwingend als Erfolgsdimension in das Untersuchungsmodell aufzunehmen. Dabei bereitet die Abgrenzung der Logistikkosten im Allgemeinen Probleme und hängt stark von der unternehmensspezifischen Aufgabenzuordnung der Logistik ab.[764] Da in der Literatur teilweise Überschneidungen bei den angeführten Kostengrößen existieren und zudem in der Praxis die genaue Ermittlung und Quantifizierung der Logistikkosten Schwierigkeiten bereitet, soll sich die Operationalisierung auf die wesentlichen Kostengrößen beschränken. Hierzu zählen zweifelsohne sowohl die *Bestands- (BestK)* als auch die *Transportkosten (TransK).*[765] Die Bestandskosten entstehen durch das in den Beständen gebundene Kapital.[766] Zu den Transportkosten zählen die Aufwendungen für den inner- und außerbetrieblichen Transport der Waren. Gleichfalls wird in der Literatur vielfach auf die Relevanz der *Kommissionier-, Verpackungs-* und *Umschlagskosten* hingewiesen, weshalb auch diese Kostenbestandteile (zusammengefasst als *Handlingkosten (HandK)*) für die Operationalisierung der kostenbasierten Erfolgsdimension verwendet werden sollen.[767] Um die Logistikkosten zu minimieren, bedarf es eines effizienten logistischen Systems, in dem Überkapazitäten in Form von überhöhten Sicherheits- oder Personalbeständen sowie überdimensionierten Lagern und Fuhrparks vermieden werden. Vielmehr müssen für einen kostenbasierten Logistikerfolg die verfügbaren Kapazitäten und Ressourcen

---

764 Vgl. WEBER, BLUM (2001), S. 280.

765 Vgl. KLAUS, KILLE (2006), S. 52.

766 Vgl. SCHULTE (2009), S. 8. Neben den Bestandskosten zählen zu den Lagerhaltungskosten darüber hinaus die Kosten für die Lagerung der Beschaffungsartikel, Roh-, Hilfs- und Betriebsstoffe bzw. der Fertigwaren. Diese als *Lagerkosten* bezeichneten Aufwendungen beinhalten z. B. die Kosten für Miete, Energie, Lagertechnologien, das im Lagerbereich angestellte Personal sowie Kosten für Versicherungen, Abschreibungen und Verluste durch Diebstahl oder Schwund. Vgl. SCHULTE (2009), S. 8. Da die Personalkosten ebenso wie die Kosten für die Kommissionierung und den Umschlag der Lagerartikel (Handlingkosten), die ebenfalls zu den Lagerkosten im weiteren Sinne gezählt werden können, als separate Kostenfaktoren in dem Untersuchungsmodell berücksichtigt werden, besteht somit ein Abgrenzungsproblem bzw. eine Vermischung verschiedener Kostenfaktoren (Indikatoren). Wesentliche Aspekte der Lagerkosten werden bereits durch andere Indikatoren des Messmodells abgedeckt. Darüber hinaus stellen die Bestandskosten in der Regel den dominierenden Teil der Lagerhaltungskosten dar. Deshalb wird in Anlehnung an frühere empirische Arbeiten sowie die Empfehlungen aus dem Pretest statt des übergeordneten und in der Praxis weniger verbreiteten Begriffs der Lagerhaltungskosten der Indikator *Bestandskosten* verwendet. Vgl. BLUM (2006), S. 123; WECKER, WIRTZ (2007), S. 929.

767 Vgl. BUSCH, DANGELMAIER (2004), S. 8f.; BOWERSOX ET AL. (2007), S. 84; FLEISCHMANN (2008), S. 8.

bestmöglich genutzt werden. Insbesondere im Falle einer wachsenden Wirtschaft stellen logistische Ressourcen Engpässe dar und bieten somit ein erhebliches Entwicklungspotenzial.[768] Die *Kapazitätsauslastung (KapAus)* wirkt sich somit unmittelbar auf die Effizienz und infolgedessen auf die kostenbasierte Zielerreichung aus.[769] Als letzter Kostenbestandteil sind die *Personalkosten (PersK)* zu berücksichtigen, die in der Literatur regelmäßig zur Operationalisierung der Logistikkosten verwendet werden und eine wesentliche Einflussgröße für die Erreichung der Kostenziele darstellen.[770]

- **Qualitätsbasierter Logistikerfolg**

Auch wenn zahlreiche Definitions- und Abgrenzungsversuche existieren und der Qualitätsbegriff innerhalb der DIN ISO 9000ff. explizit definiert wird, gestaltet sich eine umfassende Operationalisierung des qualitätsbasierten Logistikerfolges schwierig.[771] Trotz seiner Präsenz innerhalb der DIN ISO-Normenschrift wird der Qualitätsbegriff in den verschiedenen Wissenschaftsdisziplinen unterschiedlich wahrgenommen und aufgefasst. Auch innerhalb der Betriebswirtschaftslehre liegt kein einheitliches Begriffsverständnis vor. Ein Grund hierfür kann in der Mehrdimensionalität des Begriffs gesehen werden.[772] DONABEDIAN orientiert sich bei der Begriffsbestimmung beispielsweise an den Phasen des Dienstleistungserstellungsprozesses und unterscheidet zwischen der Potenzial-, Prozess- sowie Ergebnisdimension.[773] AHIRE und WALLER greifen den allgemein anerkannten Ansatz von GARVIN auf, der acht Qualitätsdimensionen für Produkte unterscheidet.[774] Ausgehend von diesen produktorientierten Dimensionen leiten die Forscher sieben logistikspezifische Qualitätsdimensionen ab:[775]

- Leistungsfähigkeit (performance)
- Leistungsbreite und -merkmale (features)
- Zuverlässigkeit (reliability)
- Übereinstimmung mit den Anforderungen (conformity)

---

768 Vgl. STRAUBE, PFOHL (2008), S. 14ff.
769 Vgl. KUMMER (1999), S. 36f.; WEBER (2002), S. 110; HEISERICH (2002), S. 17; LUCZAK ET AL. (2004), S. 20; SCHÖNSLEBEN (2007), S. 56.
770 Vgl. DEHLER (2001), S. 211; WECKER (2006), S. 202.
771 Vgl. ZOLLONDZ (2001), S. 8ff.
772 Vgl. LASCH, GIEßMANN (2009b), S. 95.
773 Vgl. DONABEDIAN (1980), S. 79ff.
774 Vgl. GARVIN (1987), S. 101ff.; AHIRE, WALLER (1994).
775 Vgl. AHIRE, WALLER (1994), S. 22ff.

- Stabilität und Robustheit der Abläufe (robustness)
- Zweckmäßig- und Gebrauchsfähigkeit (serviceability)
- Flexibilität (flexibility).

Die wahrgenommene Qualität (perceived quality), die im Ansatz von GARVIN ebenfalls als weitere die Produktqualität beeinflussende Dimension genannt wird, vernachlässigen die beiden Forscher jedoch. Die wahrgenommene Qualität zeigt sich beispielsweise darin, ob, in welchem Umfang, mit welchem Detaillierungsgrad oder mit welcher zeitlichen Verzögerung ein Unternehmen Auskünfte zum aktuellen Bearbeitungsstatus oder voraussichtlichen Lieferterminen geben kann. Dieser Aspekt wird als *Informationsfähigkeit* bezeichnet und von anderen Autoren als ein entscheidendes Merkmal für die Logistikqualität angesehen.[776] Darüber hinaus herrscht in der Literatur jedoch Einigkeit dahingehend, dass Faktoren wie die *Lieferfähigkeit* und *Liefertreue* logistikrelevante Qualitätsgrößen darstellen.[777] Auch die Lieferzuverlässigkeit sowie die Prozessstabilität und -sicherheit gelten in der wissenschaftlichen Auseinandersetzung als allgemein anerkannte Qualitätsmerkmale.[778]
In der vorliegenden Untersuchung soll folgende Operationalisierung der Logistikqualität verwendet werden: Basierend auf der Bedeutung für den Unternehmenserfolg sowie aufgrund der herausragenden Stellung, den der Aspekt der *Lieferfähigkeit (LiFaeh)* in der wissenschaftlichen Diskussion zu den logistischen Erfolgsgrößen einnimmt, ist die Berücksichtigung dieses Faktors unabdingbar. Die Lieferfähigkeit gibt die Wahrscheinlichkeit an, mit der ein Unternehmen einen bestellten Artikel liefern oder eine vom Kunden gewünschte Dienstleistung erbringen kann.[779] Da sie zeigt, wie genau ein Unternehmen die Bedarfe prognostizieren und die gewünschten Artikel zur Verfügung stellen kann, bildet sie somit ein Gütemaß für die Leistungsfähigkeit eines Unternehmens. Der Aussagegehalt der Lieferfähigkeit ist jedoch kritisch zu hinterfragen, da eine Lieferfähigkeit von 100% lediglich ausdrückt, dass ein Unternehmen die Lieferbarkeit der Waren gegenüber dem Kunden durchweg bestätigt. Die Einhaltung von Mengen- und Zeitvorgaben bei der Auslieferung der

---

776 Vgl. FAWCETT, COOPER (1998), S. 349; RENNEMANN (2007), S. 178; SCHULTE (2009), S. 7.

777 Vgl. ZOLLONDZ (2001), S. 506f.; WECKER (2006), S. 203f.; ARNDT (2008), S. 48f.

778 Vgl. AHIRE, WALLER (1994), S. 22ff.; ZOLLONDZ (2001), S. 506f.; WECKER (2006), S. 203f.

779 Vgl. PFOHL (2004b), S. 37; GUDEHUS (2005), S. 383. Zur Vereinfachung wird im Folgenden von einem physischen Produkt und keiner Dienstleistung ausgegangen. Die Argumentation ist jedoch für immaterielle Güter identisch.

Waren findet dabei jedoch keine Berücksichtigung.[780] Den Grad, in dem zeitliche und mengenmäßige Vorgaben eingehalten werden, drückt hingegen die *Lieferzuverlässigkeit (LiZuv)* aus, weshalb sie dem klassischen Verständnis der Termintreue entspricht.[781] Die Einhaltung des bestätigten Liefertermines ist einerseits entscheidend für die Kundenzufriedenheit und wirkt sich andererseits unmittelbar auf die Abläufe innerhalb der gesamten Lieferkette aus. So können beim nachgelagerten Unternehmen der Supply Chain Betriebsstörungen oder Produktionsengpässe auftreten, wenn Lieferzeiten nicht eingehalten werden.[782] Die Lieferzuverlässigkeit befindet sich dabei jedoch nicht in der alleinigen Verantwortung der Distributionslogistik, sondern wird in hohem Maße von der Zuverlässigkeit der Beschaffungs- und Produktionsprozesse bestimmt.[783] Hierin zeigt sich erneut die Notwendigkeit einer ganzheitlichen Betrachtung der Logistik. Die zustandsbezogene Liefergenauigkeit kann darüber hinaus durch die *Lieferqualität (LiQ)* ermittelt werden. Diese gibt den Anteil richtiger und unbeschädigter Auslieferungen an, wodurch explizit Abweichungen hinsichtlich der Menge sowie Lieferungen falscher Artikel berücksichtigt werden.[784] Aufgrund von Mengenabweichungen können beim Kunden Fehlmengen entstehen, die in Produktionsengpässen sowie Fehlmengenkosten resultieren. Gleichzeitig entstehen beim Produzenten zusätzliche Kosten für Nachlieferungen, Regressansprüche oder Kundenabwanderungen als Folge von Imageverlusten und einer negativer Mund-zu-Mund-Propaganda.[785] Eine Überschreitung der Liefermenge führt hingegen zu zusätzlichen Lager- sowie Opportunitätskosten. Neben der mengenmäßigen Genauigkeit sind ebenso qualitative Aspekte der Lieferqualität zu beachten. Die unsachgemäße Behandlung des Liefergutes z. B. durch eine fehlende oder fehlerhafte Verpackung kann zu einer Beschädigung der Güter und somit zu wirtschaftlichen Verlusten infolge von Reklamationen, Nachlieferungen oder zu gewährenden Nachlässen führen.[786] Neben den Material- und Warenflüssen umfasst das logistische Aufgabenfeld ebenfalls die Planung, Steuerung und Kontrolle der dazu

---

780 Vgl. ARNDT (2008), S. 128.
781 Vgl. EHRMANN (2008), S. 63.
782 Vgl. ARNDT (2008), S. 127; SCHULTE (2009), S. 7.
783 Vgl. PFOHL (2004b), S. 36f.
784 PFOHL bezeichnet diese Leistungskomponente als *Lieferungsbeschaffenheit*. Vgl. PFOHL (2004b), S. 38. Die inhaltliche Bedeutung entspricht jedoch dem in dieser Arbeit zu Grunde liegenden Begriffsverständnis für *Lieferqualität*, weshalb dieser in der Literatur ebenfalls gebräuchliche Terminus verwendet werden soll. Vgl. THALER (2001), S. 82; ARNDT (2008), S. 133.
785 Vgl. PFOHL (2004b), S. 40.
786 Vgl. PFOHL (2004b), S. 40; SCHULTE (2009), S. 7f.

benötigten Informationsflüsse.[787] Ein weiteres Kriterium für die Beurteilung der Qualität der logistischen Abläufe ist daher die bereits angesprochene *Informationsfähigkeit (InfFae).*[788] Sie ist nicht nur für die Qualitätswahrnehmung des Kunden und die daraus resultierende Kundenzufriedenheit von Bedeutung, sondern besitzt vor allem für die externen Partner der Supply Chain eine besondere Relevanz. Diese sind auf die Verfügbarkeit und Verlässlichkeit von Informationen angewiesen, um ihre eigenen Prozesse und Kapazitäten planen und steuern zu können.[789] Eine Voraussetzung für verlässliche Informationen sind planbare, robuste und stabil verlaufende Prozesse. Die *Prozessstabilität (PrStab)* als weiterer Indikator der qualitätsbasierten Erfolgsdimension gilt in der wissenschaftlichen Auseinandersetzung als allgemein anerkannte Erfolgsgröße der Logistik.[790] Die Stabilität zeigt sich dabei nicht nur darin, dass die Prozesse robust gegenüber Störgrößen verlaufen, sondern dass sowohl die Ausbringungsmenge als auch die Qualität des Outputs lediglich einer natürlichen Streuung unterliegt. Dadurch gewinnen Prognosen und Planungen an Sicherheit, wodurch sich die Komplexität reduzieren lässt. Die Stabilität der Prozesse stellt darüber hinaus eine Grundvoraussetzung für Automatisierungen und Standardisierungen von Prozessschritten dar.

- **Flexibilitätsbasierter Logistikerfolg**

Die Flexibilität der Logistik zeichnet sich durch die Fähigkeit eines logistischen Systems aus, unmittelbar auf kurz- sowie langfristige Änderungen der Kundenwünsche, Anforderungen sowie Rahmenbedingungen reagieren zu können. Die Bedeutung der Flexibilität für den Logistikerfolg wird in der Literatur immer wieder explizit betont.[791] Sie zeigt sich beispielsweise bei Neuprodukteinführungen, Unterbrechungen in der Lieferkette, Rückrufaktionen der Hersteller, individuellen Kundenaufträgen oder nachträglichen Änderungswünschen bei Bestellungen.[792] Die Wandlungs- und Reaktionsfähigkeit bezieht sich dabei einerseits auf die Ressourcen der Kapazitätsauslastung in Transport-, Umschlags- und Lagerprozessen, andererseits spielt auch die

---

[787] Vgl. STÖLZLE, GAREIS (2002), S. 371; HEISEREICH (2002), S. 12. Für einen vertiefenden Literaturüberblick vgl. z. B. ENGELBRECHT (2004), S. 7ff.

[788] Vgl. PFOHL (2004b), S. 40.

[789] Z. B. benötigt ein Transportdienstleister, der für die Distribution der Fertigprodukte eingesetzt wird, möglichst zeitaktuelle Informationen zum zeit- sowie mengenbezogenen Produktionsstatus, um die Verfügbarkeit der notwendigen Transportkapazitäten gewährleisten zu können.

[790] Vgl. AHIRE, WALLER (1994), S. 22ff.; ZOLLONDZ (2001), S. 506f.; THALER (2001), S. 77f.

[791] Vgl. BOWERSOX ET AL. (2007), S. 52; EHRMANN (2008), S. 64.

[792] Vgl. BOWERSOX ET AL. (2007), S. 52.

Sicherstellung der Verfügbarkeit personeller und infrastruktureller Ressourcen eine bedeutende Rolle.[793] Als erster Indikator wird die *Lieferflexibilität (LiFlex)* verwendet. Diese gibt an, zu welchem Grad ein Unternehmen auf zeitliche Änderungen bei der Auslieferung reagieren kann.[794] Nach Auffassung von PFOHL ist der Flexibilisierungsgrad dabei sowohl von den Auftragsspezifika (z. B. Auftragsgröße) und Liefermodalitäten (z. B. Verpackungsart) als auch von der Verfügbarkeit von Informationen zum Status der Bearbeitung sowie eingetretenen Lieferverzögerungen abhängig.[795] In dieser Arbeit wird allerdings der Auffassung von SCHULTE gefolgt, der diesen Aspekt als eigenständige Kennzahl der Logistikleistung auffasst und als *Informationsfähigkeit* bezeichnet.[796] Da die Auskunftsfähigkeit nur mittelbar ein Indiz für Flexibilität darstellt, sondern vielmehr einen Indikator der Qualität darstellt, wurde die Informationsfähigkeit bereits dem qualitätsbasierten Logistikerfolg zugeordnet. Einen weiteren Indikator stellt die *Volumenflexibilität (VolFlex)* dar, welche die Fähigkeit beschreibt, kurzfristig auf mengenmäßige Änderungswünsche der Kunden eingehen und reagieren zu können. Sie kennzeichnet somit die Anpassungsfähigkeit der Kapazitäten und Prozesse, um die Outputmenge variabel gestalten zu können.[797] Die Fähigkeit eines Logistiksystems, auf Veränderungen oder unvorhergesehene Ereignisse wie Lieferausfälle, Streiks oder gestörte Prozessabläufe zu reagieren, spiegelt sich in der *Prozessflexibilität (PrFlex)* wider.[798] Diese erfordert dabei angepasste Abläufe der Planung und Durchführung von administrativen sowie operativen Prozessen, die beispielsweise auch dadurch notwendig werden, dass die Kunden nachträglich die Zusammenstellung der zuvor getätigten Bestellungen verändern.[799] Die generelle Möglichkeit, verschiedene Produktvarianten anbieten bzw. vorhandene Produkte kundenindividuell gestalten zu können, wird als *Mixflexibilität (MixFlex)* bezeichnet.[800] WECKER fasst diese mit der zuvor angesprochenen Prozessflexibilität zusammen, aber nach Ansicht des Autors umfasst die Prozessflexibilität mehr als die reine Fähigkeit, verschiedene Produktvarianten herstellen zu können.[801] Außerdem stellt die Mixflexibilität zusätzliche Anforderungen an ein Logistiksystem, die über die

[793] Vgl. KRÜGER (2004), S. 38; RENNEMANN (2007), S. 183.
[794] Vgl. ARNDT (2008), S. 128; EHRMANN (2008), S. 64.
[795] Vgl. PFOHL (2004b), S. 40.
[796] Vgl. SCHULTE (2009), S. 8.
[797] Vgl. BEAMON (1999), S. 285; BOLSTORFF, ROSENBAUM (2003), S. 8; CHEN, PAULRAJ (2007), S. 42.
[798] Vgl. ZAHN, SCHMID (1996), S. 128; KRÜGER (2004), S. 38, 177f.; ARNDT (2008), S. 128.
[799] Vgl. KRÜGER (2004), S. 177f.
[800] Vgl. BEAMON (1999), S. 285; SCANNELL ET AL. (2000), S. 32; WECKER (2006), S. 205.
[801] Vgl. WECKER (2006), S. 205.

der Prozessflexibilität hinausgehen. Die Prozessflexibilität erfordert z. B. flexible Lieferanten, die im Falle eines Lieferausfalles spontan Ersatzlieferungen bereitstellen können. Des Weiteren sind die Fertigungsabläufe derart zu gestalten, dass Maschinenbelegungen flexibel variiert und angepasst oder modular aufgebaute Prozessabläufe getauscht werden können. Die Mixflexibilität erfordert hingegen eine über die operative Ebene hinausgehende Flexibilität, da hierbei Prozessanpassungen nicht nur vorübergehend, sondern längerfristig verändert werden müssen. Demzufolge spiegelt sich diese Art der Flexibilität u. a. in variablen Produktionsanlagen, vielseitig ausgebildeten und flexibel einsetzbaren Mitarbeitern in der Produktion oder einem breiten Portfolio an Lieferanten mit einem vielseitigen Leistungsangebot wider. Aus diesem Grund werden die beiden Indikatoren Prozess- und Mixflexibilität anders als bei WECKER losgelöst voneinander als separate Indikatoren der Flexibilität in das Modell integriert. Neben diesen operativen und taktischen Flexibilitätsarten zeigt die generelle *Anpassungsfähigkeit (AnpFae)* eines Logistiksystems an sich verändernde Rahmenbedingungen auf strategischer Ebene die langfristige Flexibilität und damit die Möglichkeit zu einer Potenzialänderung auf. Unter der Anpassungsfähigkeit wird verstanden, inwiefern ein Unternehmen dazu in der Lage ist, generelle strukturelle Veränderungen vorzunehmen und beispielsweise bestehende Lieferanten zu wechseln, Beschaffungs- oder Distributionsstrukturen neu zu gestalten und Abläufe der Leistungserstellung grundlegend zu verändern.

- **Zeitbasierter Logistikerfolg**

Im Zuge sich ändernder technischer und gesellschaftlicher Rahmenbedingungen sowie dem bereits mehrfach erwähnten Wandel der Kundenanforderungen gewann in der Vergangenheit die Zeit als Erfolgs- und Wettbewerbsfaktor eine wachsende Bedeutung.[802] Auch der Begriff des *Zeiterfolges* besitzt jedoch keine semantische Eindeutigkeit und wird in der Literatur unterschiedlich interpretiert. GÖPFERT und HAAGE vertreten in Anlehnung an BITZER ein recht weites Begriffsverständnis und umschreiben den Zeiterfolg z. B. durch Aspekte der Zeitverkürzung sowie der Pünktlichkeit und zeitlichen Flexibilität.[803] Da die qualitäts- bzw. flexibilitätsbasierten Erfolgsgrößen in dieser Untersuchung als eigenständige Dimensionen Berücksichtigung finden und Redundanzen vermieden werden sollen, wird bei der Operationalisierung des Zeiter-

[802] Vgl. KALUZA, KLENTER (1993), S. 2; KLENTER (1995), S. 18.
[803] Vgl. BITZER (1991), S. 55; GÖPFERT, HAAGE (2004), S. 128.

folges stattdessen dem Ansatz von THALER gefolgt, der seinen Ausführungen ein engeres Verständnis der zeitbasierten Erfolgsgröße zu Grunde legt.[804]
Als erster Indikator wird die *Lieferzeit (LiZ)* verwendet. Diese kennzeichnet den Zeitraum von der Auftragsvergabe durch den Kunden bis zum Erhalt der Ware und setzt sich dementsprechend aus den Komponenten Auftragsbearbeitungszeit, Produktionsdurchlaufzeit sowie der Zeit für die Kommissionierung, Verpackung, Verladung und den Transport zusammen.[805] Der Lieferzeit kommt innerhalb des logistischen Zielsystems insbesondere deshalb eine große Bedeutung zu, da durch kürzere Lieferzeiten eine kurzfristige Disposition sowie niedrigere Lagerbestände und Kapitalbindungskosten ermöglicht werden.[806] Als weitere Messgröße soll die *Durchlaufzeit (DLZ)* verwendet werden, da diese ebenfalls die zeitliche Leistungsfähigkeit eines logistischen Systems widerspiegelt und die Kundenzufriedenheit beeinflusst.[807] Die Durchlaufzeit entspricht der Zeit zwischen dem Eingang einer Bestellung und dem Zeitpunkt der Fertigstellung des Produktes.[808] Sie übt nicht nur einen unmittelbaren Einfluss auf die Lieferzeit aus, sondern determiniert ebenfalls die Höhe des Sicherheitsbestandes und infolgedessen die Kapitalbindungskosten. Somit ist sie nicht nur erfolgs- sondern ebenfalls kostenwirksam.[809] Ergänzend zur Liefer- und Durchlaufzeit nimmt der Kunde die zeitbezogene Leistungsfähigkeit eines Unternehmens des Weiteren darüber wahr, wie schnell seine Anforderungen an die Prozesse oder Produkte umgesetzt oder Änderungswünsche, z. B. in Form von Wunschlieferterminen oder hinsichtlich der Funktionalitäten und des Designs der Produkte, berücksichtigt werden. Die kurze *Reaktionszeit auf Kundenwunschänderungen (ReakZ)* trägt somit zu einer gefestigten Kundenbeziehung und einer erhöhten Kundenzufriedenheit bei.[810] Die schnelle Reaktion auf veränderte Marktanforderungen ermöglicht die Realisierung von First-Mover-Vorteilen sowie die Schaffung von Markteintrittsbarrieren. Auch die für die Entwicklung und Markteinführung neuer Produkte benötigte Zeit kann hier als Beispiel für die Reaktionszeit auf veränderte Kundenwünsche und -anforderungen angeführt werden.[811] Die Reaktionszeit ist damit eine strategi-

[804] Vgl. THALER (2001), S. 70ff.
[805] Vgl. EHRMANN (2008), S. 63.
[806] Vgl. PFOHL (2004b), S. 36; DISSELKAMP, SCHÜLLER (2004), S. 130; SCHULTE (2009), S. 7.
[807] Vgl. JAYARAM ET AL. (2000), S. 330.
[808] Vgl. ARNDT (2008), S. 129; JODLBAUER (2007), S. 28.
[809] Vgl. ARNDT (2008), S. 129 sowie Kapitel 6.3.3.2.
[810] Vgl. LÜCKE (2000), S. 54.
[811] Vgl. JAYARAM ET AL. (2000), S. 318.

sche Größe des zeitbezogenen logistischen Zielsystems und wird deshalb als Indikator verwendet. Eine besondere Relevanz im Bereich der Beschaffung besitzt die Zeit, die benötigt wird, um die erforderlichen Rohmaterialien, Zukaufteile oder Komponenten zur Weiterverarbeitung in der Produktion bereitzustellen. Diese Zeit soll als *Bereitstellungszeit (BerZ)* bezeichnet werden und setzt sich somit aus den zeitlichen Bestandteilen Bedarfsermittlung, Bestellauslösung, physische Bestellung, Wareneingangsmanagement, Ein- bzw. Auslagerungen sowie Kommissionierung zusammen. Neben der Senkung von Liefer- und Durchlaufzeiten existieren weitere Zielgrößen, welche die Beschleunigung von logistischen Prozessen vorantreiben. Beispielhaft sei an dieser Stelle die Reduktion unnötiger Kontrollvorgänge, nichtwertschöpfender Aktivitäten sowie langer Warte- und Pufferzeiten genannt. BREWER und SPEH messen der schrittweisen Optimierung der Prozesse eine derart große Bedeutung bei, dass dieser Aspekt in dem von den Autoren entwickelten Ansatz einer logistikspezifischen Balanced Scorecard[812] eine eigene von insgesamt vier Perspektiven darstellt.[813] Dem Prinzip des kontinuierlichen Verbesserungsprozesses folgend stellt die *Prozessbeschleunigung (PrBes)* eine Möglichkeit der zeitorientierten Prozessverbesserung dar und wird aus diesem Grund als weiterer Indikator in das Messmodell integriert.[814]

B) Itemformulierung

Zur Messung der logistischen Zielgrößen stehen im Allgemeinen drei Möglichkeiten zur Verfügung.[815] Die **erste Möglichkeit** zur Erfassung der logistischen Erfolgsgrößen Kosten, Qualität, Zeit und Flexibilität im Fragebogen stellen Kennzahlen dar. Die Aussagekraft solcher Kennzahlen ist für eine vergleichende Analyse, wie sie z. B. bei Benchmarkinganalysen vorkommt, als sehr hoch einzuschätzen. Die unmittelbare Messung gestaltet sich jedoch schwierig, da sich der Logistikerfolg aus mehreren Elementen zusammensetzt, deren Quantifizierung in realen Größen schwierig ist. Eine umfassende und objektive Bewertung wird zusätzlich dadurch erschwert, dass diese aus Sicht der Kunden als Empfänger der logistischen Leistung erfolgen müsste.[816] DEHLER bemerkt des Weiteren kritisch, dass die Interpretation dieser

812 Die Autoren bezeichnen dieses im Schrifttum etablierte Modell als *Supply Chain Management Performance Framework*. Vgl. BREWER, SPEH (2000), S. 78.
813 Vgl. BREWER, SPEH (2000), S. 78.
814 Vgl. HEUSLER (2004), S. 19; SCHÄFER (2002), S. 59; WECKER (2006), S. 201.
815 Vgl. DEHLER (2001), S. 208.
816 Vgl. FLEISCHMANN (2008), S. 8.

Daten sehr stark vom jeweiligen Unternehmen sowie der zugehörigen Branche abhängig ist, wodurch eine Vergleichbarkeit zwischen den teilnehmenden Unternehmen der Befragung erschwert wird.[817] Darüber hinaus ist zu befürchten, dass eine Vielzahl der befragten Unternehmen davor zurückschreckt, derart sensible Daten bekannt zu geben und sich deshalb nicht an der Befragung beteiligt.

Die **zweite Alternative** bildet die subjektive Leistungsbeurteilung des Unternehmens im Vergleich zu den Wettbewerbern. Die Verankerung des Wettbewerbers als Vergleichskategorie stellt eine gute Möglichkeit dar, konsistente Antworten zu erlangen. Diese Art der Messung entspricht darüber hinaus der Betrachtung der Logistik als Möglichkeit zur Wettbewerbsdifferenzierung. Diesen Vorteilen steht jedoch der Nachteil gegenüber, dass die Leistung der Wettbewerber und daraus folgend das Ausmaß deren logistischen Erfolges nur schwer einzuschätzen ist und deshalb von Subjektivität beeinflusst wird. Weiterhin ist davon auszugehen, dass es unabhängig von der Branche immer Unternehmen geben wird, die ihre logistischen Ziele in vollem Umfang erreichen, als auch Wettbewerber mit einer defizitären Zielerreichung. Somit ist für die Unternehmen eine objektive Beurteilung der eigenen Leistungsfähigkeit im Vergleich zu den Wettbewerbern schwierig durchführbar. Vor dem Hintergrund wird auch von dieser zweiten Alternative Abstand genommen.

Die **dritte Möglichkeit** greift ebenfalls den Grundgedanken der subjektiven Leistungsbeurteilung auf, bezieht sich jedoch nicht auf die Bewertung im Wettbewerbsumfeld. Vielmehr sollen die Unternehmen die realisierte Leistungssteigerung innerhalb eines bestimmten Betrachtungszeitraumes beurteilen. Diese Messung des Logistikerfolges entspricht dem Prinzip des kontinuierlichen Verbesserungsprozesses, da sich die Bewertung darauf fokussiert, ob und in welchem Umfang bestehende Defizite bei der Zielerreichung in der Vergangenheit beseitigt wurden und die logistische Leistung bzw. Leistungsfähigkeit im Betrachtungszeitraum verbessert werden konnte. Das Streben nach ständiger Optimierung obliegt dabei nicht nur Unternehmen, die ihre logistischen Ziele bisher nur ungenügend erreichen konnten. Auch Unternehmen mit einem hohen Entwicklungsstand hinsichtlich des logistischen Leistungsvermögens sind dazu angehalten, durch kontinuierliche Verbesserungen die Wettbewerbsposition zu sichern bzw. auszubauen. Die Beurteilung des Logistikerfolges anhand der Leistungssteigerung im Zeitverlauf ist durch die Unternehmen

817 Vgl. DEHLER (2001), S. 208.

einfach zu realisieren und gilt in der Literatur als anerkanntes Vorgehen.[818] Als sinnvoll wird hierbei ein Betrachtungszeitraum von drei Jahren erachtet.[819] Die Subjektivität der Beurteilung wird nicht als kritisch angesehen, da auch objektiv erhobene Kennzahlen durch jedes Unternehmen vor dem Hintergrund der eigenen Ansprüche, Potenziale und Zielsetzungen individuell wahrgenommen und eingeschätzt werden. Aufgrund der diversen Vorteile sowie der allgemeinen Akzeptanz in der Literatur wird für die vorliegende Untersuchung die dritte Alternative präferiert.

C) Bereinigungsphase

Wie Anhang A-12 auf Seite 353 zeigt, liegt innerhalb des endogenen Messmodells kein Multikollinearitätsproblem vor. Da auch der Anteil fehlender Werte unkritisch ist und somit keine Verzerrung der Parameterschätzungen befürchtet werden muss, ist eine nachträgliche Eliminierung einzelner Indikatoren nicht notwendig.[820] Somit fließen alle 20 Indikatoren in das endogene Messmodell ein (vgl. Abbildung 6-12).

Mit den latenten Variablen sowie den dazu gehörigen Indikatoren liegen nunmehr die Hauptbestandteile des Strukturgleichungsmodells vor. Abschließend sind im Folgenden die theoretisch vermuteten Zusammenhänge (Hypothesen) in das Modell zu überführen. Hierbei soll zwischen direkten, mediierenden sowie moderierenden Effekten unterschieden werden.

---

818 Vgl. DEHLER (2001), S. 208; BLUM (2006), S. 73f.; WECKER (2006); GRÜBNER (2007), S. 207.

819 Vgl. GRÖßLER ET AL. (2006), S. 280; WECKER, WIRTZ (2007), S. 935.

820 Der „kritischste" Indikator weist einen missing-value-Anteil von 3,81% auf. Dies ist als unbedenklich einzustufen.

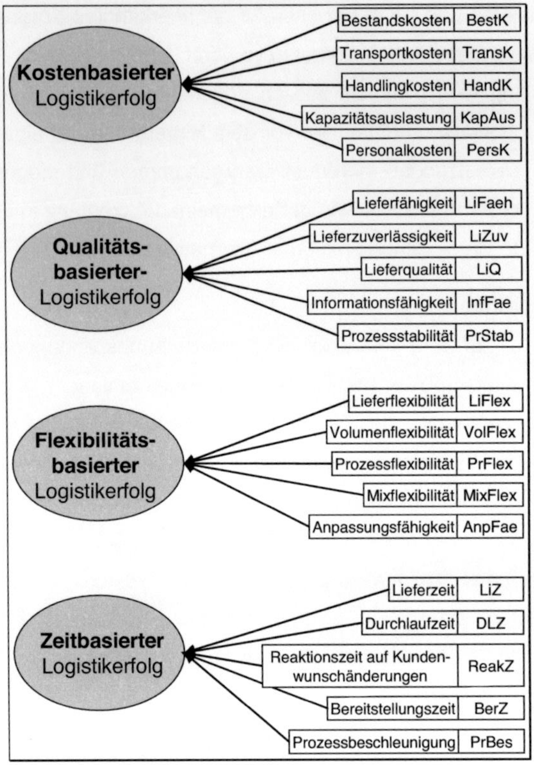

Abbildung 6-12: Endogenes Messmodell des Logistikerfolges

6.3.3 Hypothesenbildung

6.3.3.1 Hypothesen zu direkten Effekten

Mit einer zunehmenden Beschaffungskomplexität wird im Allgemeinen vor allem ein Anstieg der Kosten assoziiert, da beispielsweise eine hohe Variantenanzahl und Teilevielfalt zu höheren Kosten für die Beschaffung, Lagerung sowie das Handling führt.[821] RATHNOW verdeutlicht, dass eine zunehmende Variantenvielfalt in allen logistischen Subsystemen mit einem Kostenanstieg verbunden ist, der nicht zwangsläufig mit höheren Umsätzen einhergeht.[822] SCHWENK-WILLI verallgemeinert dies und zeigt auf, dass nicht nur die Produktvielfalt, sondern die Komplexität im Allgemeinen

[821] Vgl. MEYER (2007), S. 94; WERNER (1997), S. 63; GERMAIN ET AL. (2008), S. 558.
[822] Vgl. RATHNOW (1993), S. 22.

kostentreibend ist.[823] Dies wird ebenso von WILDEMANN durch zahlreiche Beispiele untermauert.[824] Auch CHOI und KRAUSE konnten in ihrer Untersuchung einen Zusammenhang zwischen der Komplexität in der Beschaffung und einem Kostenanstieg feststellen.[825] Darüber hinaus ist aufgrund einer hohen Unsicherheit der Bedarfsprognose das Vorhalten eines ausreichenden Sicherheitsbestandes notwendig, wodurch mit zusätzlichen Kapitalbindungs- und Lagerkosten zu rechnen ist. Eine hohe Anzahl zu beschaffender Artikel resultiert in einer Vielzahl zu führender Lieferantengespräche und im weiteren Verlauf zu einem Anstieg der erforderlichen Lieferantenaudits und Qualitätskontrollen. Gleichzeitig werden durch ein diversifiziertes Produktprogramm mit einer Vielzahl angebotener Produktvarianten in geringeren Stückzahlen je Variante Rabattstufen nicht erreicht, wodurch die Einstandspreise steigen.[826] Des Weiteren wächst mit einer steigenden Variantenvielfalt auch vor dem Hintergrund, dass die Unternehmen die Flexibilität und Lieferbereitschaft oftmals durch den Aufbau eines entsprechenden Lagerbestandes sicherstellen wollen, die erforderliche Lagerfläche an.[827] Eine mangelnde Transparenz als weiterer Komplexitätstreiber verursacht Ineffizienzen, zusätzliche Lager- sowie Sicherheitsbestände und damit gestiegene Logistikkosten. Aufgrund dieser Überlegungen und den Ausführungen in Kapitel 2.3 zu den Kostenwirkungen einer erhöhten Komplexität lässt sich folgende Hypothese H1 formulieren:

H1: Je größer die Beschaffungskomplexität in einem Unternehmen, desto stärker sind die negativen Auswirkungen auf die Erreichung der kostenbasierten Logistikziele.

Die Qualität der logistischen Leistung ist stark von der Verfügbarkeit der benötigten Inputfaktoren (Rohmaterialien, Zukaufteile, Technologien, etc.) abhängig. Die Sicherstellung der zeitgenauen Bereitstellung der erforderlichen Volumina wird jedoch mit einer zunehmenden Komplexität schwieriger. Insbesondere die Termintreue sowie die Lieferfähigkeit werden stark von der Unsicherheit determiniert, die sich als Folge unzuverlässiger Lieferanten oder einer schwankenden Qualität der Beschaffungsob-

823 Vgl. SCHWENK-WILLI (2001), S. 35ff.

824 Vgl. WILDEMANN (2007), S. 21ff.

825 Die Autoren verwenden den Begriff Supply Base Complexity und fassen darunter die Dimensionen Lieferantenanzahl, Unterschiedlichkeit der Lieferanten sowie den Grad der Wechselbeziehungen zwischen den Lieferanten. Vgl. CHOI, KRAUSE (2006), S. 642f.

826 VGL. SCHULTE (1992b), S. 86.

827 Vgl. WILDEMANN (1998a), S. 8f.

jekte ergibt. Gleichzeitig erhöhen nichtstandardisierte Abläufe und Schnittstellen die Wahrscheinlichkeit von Fehlern. Des Weiteren wird postuliert, dass eine zunehmende Komplexität und die mit ihr einhergehende Intransparenz zu einer verminderten Informationsfähigkeit sowie einer verschlechterten Lieferqualität führen. Außerdem ist davon auszugehen, dass die Stabilität der Prozesse negativ durch die vorherrschende Komplexität (Vielzahl an Systembeteiligten, hohe Dynamik, wechselseitige Abhängigkeiten der verschiedenen Prozessketten, etc.) beeinflusst wird. Aufbauend auf diesen Überlegungen wird folgende Hypothese H2 aufgestellt:

H2: Je stärker die Beschaffungskomplexität in einem Unternehmen, desto stärker sind die negativen Auswirkungen auf die Erreichung der qualitätsbezogenen Logistikziele.

Die logistische Flexibilität spiegelt die Reaktionsfähigkeit eines Unternehmens wider. Die Fähigkeit, auf Termin- oder Mengenänderungswünsche der Kunden reagieren zu können, ist jedoch stark von den Möglichkeiten der Beschaffung abhängig, da diese für die Verfügbarkeit der Waren und Materialien verantwortlich ist. Diese Verfügbarkeit wird durch die vorherrschende Komplexität eingeschränkt. Auch die Fähigkeit, Prozesse an veränderte Rahmenbedingungen anzupassen, nimmt mit einer zunehmenden Vernetzung und dem damit einhergehenden Komplexitätsanstieg deutlich ab. Es lässt sich also feststellen, dass die Erreichung der flexibilitätsbezogenen Logistikziele mit einer ansteigenden Beschaffungskomplexität schwieriger ist. Auf dieser Grundlage wird folgende Hypothese H3 formuliert:

H3: Je stärker die Beschaffungskomplexität in einem Unternehmen, desto stärker sind die negativen Auswirkungen auf die Erreichung der flexibilitätsbezogenen Logistikziele.

Die befragten Manager der Fallstudienanalyse von MEYER weisen der Verlängerung von Durchlaufzeiten als Konsequenz einer zunehmenden Komplexität eine deutliche Relevanz zu.[828] Im Zusammenhang mit der Beschaffungskomplexität scheint insbesondere die Lieferzeit von der Beschaffungskomplexität abhängig zu sein. Kurze Lieferzeiten setzen die Verfügbarkeit der erforderlichen Beschaffungsartikel zur richtigen Zeit, in der richtigen Menge und am richtigen Ort voraus. Diese Verfügbarkeit kann allerdings vor allem mit einer zunehmenden Prozess- und Beschaffungsmarktkom-

828 Vgl. MEYER (2007), S. 94.

plexität (häufige Lieferantenwechsel, Unsicherheit bzgl. Lieferzeit und -qualität, Lieferantenanzahl, Häufigkeit von Prozessanpassungen, etc.) nur schwer sichergestellt und erst recht nicht garantiert werden. Eine zunehmende Komplexität wirkt sich dabei sowohl auf die Dauer der physischen Abläufe (z. B. Transport- und Lieferzeiten) als auch die der administrativen Prozesse (z. B. die benötigte Zeit zur Auswertung der relevanten Daten oder zur Entscheidungsfindung) aus.[829] Somit lässt sich die folgende Hypothese H4 formulieren:

H4: Je stärker die Beschaffungskomplexität in einem Unternehmen, desto stärker sind die negativen Auswirkungen auf die Erreichung der zeitbezogenen Logistikziele.

Neben diesen direkten Ursache-Wirkungs-Beziehungen existieren in der Realität vielfach indirekte Einflussnahmen (mediierende Effekte). Diese werden im folgenden Abschnitt näher betrachtet und in das Modell integriert.

6.3.3.2 Hypothesen zu mediierenden Effekten

Die besondere Stärke der Datenanalyseverfahren der zweiten Generation besteht darin, selbst komplexe Zusammenhänge in einem Modell untersuchen zu können (vgl. Kapitel 5.1). Mithilfe der Strukturgleichungsanalyse ist es dadurch möglich, mediierende Effekte zu modellieren, bei denen sich eine Variable durch eine vermittelnde Funktion zwischen exogener und endogener Größe auszeichnet. Die Wirkungsbeziehung kann entweder vollständig oder teilweise durch den Mediator beeinflusst werden. Insbesondere in der Logistik mit ihrem Querschnittscharakter ergeben sich zahlreiche Interdependenzen und Wechselbeziehungen zwischen den Funktionsbereichen, sodass die Erreichung eines Teilzieles in der Regel ebenfalls weitere Zielgrößen beeinflusst (vgl. Kapitel 2.1.2).[830] Im Allgemeinen wird in der Literatur von einem Zielkonflikt zwischen den leistungs- und den kostenbezogenen Erfolgskomponenten gesprochen, sodass die Erreichung bzw. Erhaltung eines bestimmten Leistungsniveaus mit einem entsprechenden finanziellen Aufwand und somit einem Kostenanstieg verbunden ist.[831] Die Fokussierung von Einzel- und Bereichszielen sowie das individuelle Streben nach Macht und Prestige fördern das Konfliktpotenzial

---

[829] Vgl. SCHÄFER (2002), S. 59; HEUSLER ET AL. (2006), S. 20.
[830] Vgl. ARNDT (2008), S. 117.
[831] Vgl. PFOHL (2004a), S. 272; GUDEHUS (2005), S. 79; ENGELHARDT-NOWITZKI, OBERHOFER (2006), S. 28; ARNDT (2008), S. 124.

innerhalb von Unternehmen. Auch die Logistik ist von der Tendenz einer isolierten Optimierung individueller Abteilungsziele betroffen. Im Mittelpunkt der vertriebsinduzierten Zielformulierung steht z. B. die Erfüllung der Kundenwünsche und die damit verbundene Kundenzufriedenheit, aus der sich das Angebot eines umfangreichen Varianten- oder Leistungsspektrums ergibt.[832] Dies steht jedoch im Widerspruch zu logistischen Zielsetzungen wie der Realisierung geringer Bestände. Ein großes Angebot an verschiedenen Produktvarianten führt tendenziell zu einer größeren Teilevielfalt sowie komplexeren Fertigungssystemen. Ein Vorhalten von Ersatzteilen im Rahmen eines umfangreichen Serviceangebotes in der Nachserienbetreuung von Produkten lässt so die Lagerbestände und den Koordinationsaufwand steigen. Es zeigt sich, dass die verschiedenen Bereichs- und Teilziele keineswegs autark sind, sondern zahlreiche Verflechtungen aufweisen.[833] Die logistischen Teilziele werden somit einerseits selbst durch die Beschaffungskomplexität beeinflusst, nehmen andererseits aber gleichzeitig selbst Einfluss auf weitere Erfolgsgrößen.

Der Zusammenhang zwischen dem qualitäts- und dem kostenbasierten Logistikerfolg ist kontrovers zu diskutieren. ARNDT spricht von einem Zielkonflikt zwischen einer hohen Lieferfähigkeit (qualitätsbasierter Logistikerfolg) und geringen Lagerkosten (kostenbasierter Logistikerfolg).[834] Eine Erhöhung der Prozessstabilität wird ebenso wenig wie die Verbesserung der Lieferqualität ohne ein umfassendes Qualitätsmanagement erreicht werden können. Die Einführung eines Qualitätsmanagements ist allerdings mit teilweise erheblichen Kosten für Personalschulungen, die Erarbeitung von Verfahrensanweisungen bzw. Lasten- und Pflichtenheften, die Durchführung von Audits oder die Anpassung und Kontrolle von Prozessabläufen verbunden.[835] Auf der anderen Seite stehen diesen anfänglichen Investitionskosten ebenso erhebliche Kosteneinsparungspotenziale gegenüber, denn nicht die Qualität als solches, sondern vielmehr das Fehlen selbiger ist kostenverursachend. Abweichungen der Merkmalsausprägungen oder Qualitätsmängel bei der Leistungserstellung verursachen zusätzliche Kosten für Nachlieferungen von Fehlmengen, Ausschuss sowie erforderliche Nacharbeiten.[836] Gleichzeitig kann durch konstante Prozessabläufe die Planungssicherheit erhöht und die Notwendigkeit kostenintensiver

832 Vgl. SCHULTE (2009), S. 11f.
833 Vgl. HEISERICH (2002), S. 17; ARNDT (2008), S. 120.
834 Vgl. ARNDT (2008), S. 125.
835 Vgl. BRUHN (2008), S. 523ff.
836 Vgl. GERMAIN ET AL. (2008), S. 562.

Prozesseingriffe oder -unterbrechungen reduziert werden. Dennoch ist anzunehmen, dass der in der Literatur beschriebene Zielkonflikt zwischen dem leistungsbezogenen und dem kostenbezogenen Logistikerfolg nicht zuletzt auf die negative Interdependenz zwischen der Qualität und den Kosten zurückzuführen ist.[837] Auch wenn eine mangelnde Qualität gleichzeitig kostentreibend ist, kann nicht davon ausgegangen werden, beide (konträren) Zielsetzungen, eine Kostenreduktion bei gleichzeitiger Qualitätsverbesserung, simultan zu erreichen.[838] Eine Qualitätsverbesserung ist kurzfristig nur durch einen technologischen Fortschritt, qualitativ hochwertige Produktionsfaktoren sowie qualifiziertes Personal zu erreichen. All diese Faktoren verursachen jedoch einen Anstieg der Logistikkosten, weshalb Hypothese H5 lautet:

H5: Je größer der qualitätsbasierte Logistikerfolg in einem Unternehmen, desto weniger werden kostenbezogene Logistikziele erreicht.

Eine hohe Prozessqualität zeichnet sich dadurch aus, dass die Abläufe stabil verlaufen und resistent gegenüber Störeinflüssen (z. B. Lieferausfälle) sind. Durch sie erhöhen sich die Planbarkeit der Prozessabläufe sowie die Qualität und die Menge des Prozessoutputs. Durch die Stabilität und hohe Verlässlichkeit ist es möglich, flexibel auf kurzfristige Änderungswünsche des Kunden zu reagieren.[839] Gleichzeitig spiegelt die Auskunftsfähigkeit eines Unternehmens die Transparenz der Abläufe wider, wodurch ebenfalls kurzfristig auf veränderte Anforderungen oder Rahmenbedingungen reagiert werden kann. Durch eine hohe Lieferfähigkeit, die entweder auf entsprechenden Sicherheitsbeständen oder auf kurzen Beschaffungs- und Durchlaufzeiten in Verbindung mit stabilen Prozessabläufen beruht, ist es möglich, flexibel auf kurzfristige Änderungswünsche des Kunden reagieren zu können. Aus diesen Erwägungen lässt sich die folgende Hypothese H6 formulieren:

H6: Je größer der qualitätsbasierte Logistikerfolg in einem Unternehmen, desto mehr werden flexibilitätsbezogene Logistikziele erreicht.

837 Vgl. ENGELHARDT-NOWITZKI, OBERHOFER (2006), S. 28.

838 Hierbei ist zudem der Betrachtungszeitraum von drei Jahren zu berücksichtigen (vgl. Kapitel 6.3.2.2). Dieser Zeitraum ist womöglich zu kurz, damit sich Investitionen amortisieren und die erzielten Qualitätsverbesserungen zu Kosteneinsparungen führen, die die dazu notwendigen finanziellen Aufwendungen übersteigen.

839 Hierbei liegt die Annahme zu Grunde, dass das erreichte Qualitätsniveau nicht durch eine Standardisierung gesichert werden soll, wodurch die Flexibilität definitionsgemäß teilweise eingeschränkt wird. Vgl. SCHÖNSLEBEN (2007), S. 39.

Darüber hinaus wird erwartet, dass durch eine hohe Reaktionsfähigkeit und flexible Strukturen schnell auf unvorhergesehene Ereignisse reagiert und dadurch zugesicherte Liefertermine eingehalten sowie Verzögerungen vermieden werden können. Eine flexible Maschinenbelegungsplanung ermöglicht beispielsweise die Anpassung der Auftragsbearbeitungsreihenfolge im Falle eines Versorgungsengpasses und kann so einen Maschinenstillstand und damit Lieferausfälle anderer Fertigungsartikel verhindern. Gleichzeitig führt eine flexible Beschaffungsstrategie zu verkürzten Bereitstellungs- und somit zu kürzeren Lieferzeiten. Ebenso ist zu vermuten, dass die generelle Fähigkeit, Prozesse und Strukturen anzupassen, einen positiven Beitrag zur Verkürzung der Lieferzeiten sowie der Reaktionszeit auf Kundenwunschänderungen leistet. Während starre und gefestigte Strukturen eine kontinuierliche Verbesserung der Servicezeiten verhindern, trägt eine hohe Flexibilität aktiv zu einer sukzessiven Prozessbeschleunigung und somit zu Vorteilen im Zeitwettbewerb bei. Auf Basis dieser Argumentation lässt sich die folgende Hypothese H7 formulieren:

H7: Je größer der flexibilitätsbasierte Logistikerfolg in einem Unternehmen, desto mehr werden zeitbezogene Logistikziele erreicht.

Parallel dazu nimmt der flexibilitätsbasierte Logistikerfolg Einfluss auf die Erreichung der Kostenziele. EHRMANN konstatiert, dass die „[...] Lieferflexibilität [...] mit Kostenwirkungen verbunden [ist]“[840] und PFOHL spricht von einem Zielkonflikt zwischen dem Streben nach möglichst geringen Logistikkosten und der Maximierung des flexibilitätsbasierten Logistikerfolges.[841] Diese Auffassung wird von ARNDT geteilt, der den negativen Zusammenhang zwischen der Reaktionsfähigkeit und den Logistikkosten als den zentralen Zielkonflikt der Logistik bezeichnet.[842] Die Volumenflexibilität erfordert beispielsweise das Vorhalten eines entsprechenden Lagerbestandes, der mit Lager-, Handling- sowie Kapitalbindungskosten einhergeht und sich ebenso negativ auf die Erreichung der Kostenziele auswirkt, wie das Streben nach möglichst kurzen Innovationszyklen und das Angebot neuer Produktvarianten (Flexibilität des Sortimentmixes). Durch die gesetzlichen Gewährleistungs- und Instandhaltungsbestimmungen ist hierdurch eine Vielzahl an Ersatzteilen zu lagern und bereitzustellen. Dadurch ergeben sich gleichzeitig Kapitalbindungs- und Entsorgungskosten. Es kann

840 EHRMANN (2008), S. 64.
841 Vgl. PFOHL (2004b), S. 41.
842 Vgl. ARNDT (2008), S. 125.

deshalb festgestellt werden, dass der Wunsch nach einer größtmöglichen Flexibilität nur mit einem entsprechenden (organisatorischen und monetären) Aufwand erfüllt werden kann.[843] Somit lautet die Hypothese H8:

H8: Je größer der flexibilitätsbasierte Logistikerfolg in einem Unternehmen, desto weniger werden kostenbezogene Logistikziele erreicht.

Analog zu den beiden Erfolgskomponenten Qualität und Flexibilität stellt auch die Zeit einen Mediator dar, der sich indirekt auf die Erreichung des kostenbasierten Logistikerfolges auswirkt. Die schnelle Reaktion auf Bestellungen oder Bestelländerungen als eine Zielgröße innerhalb des zeitbasierten Logistikerfolges ist in der Regel nur durch entsprechende Sicherheitsbestände möglich, die ihrerseits jedoch mit erhöhten Lager-, Umschlags- und Handlingkosten verbunden sind.[844] Ebenso erfordert die Anpassung des Produktprogrammes infolge veränderter Kundenwünsche und -anforderungen eine kostenintensive Entwicklungszeit und Erprobungsphase.[845] Zeitverkürzungen werden somit auf den ersten Blick durch erhöhte Kosten „erkauft". Gleichzeitig existieren neben dieser negativen Wirkungsbeziehung zwischen dem zeit- und kostenbasierten Logistikerfolg jedoch auch zahlreiche konträre Abhängigkeiten. So wirken sich beispielsweise lange Durchlaufzeiten unmittelbar auf die Bestands- sowie die Kapitalbindungskosten aus und längere Wiederbeschaffungszeiten erfordern höhere Sicherheitsbestände, wodurch die Lagerkosten ansteigen.[846] Zusätzlich führen sie zu einer verminderten Kapazitätsauslastung, da nachgelagerte Prozessstufen auf die Fertigstellung eines vorangehenden Bearbeitungsschrittes warten müssen und es somit zu Maschinenstillständen kommen kann. Diese Aspekte werden als stärker angesehen als die zuvor beschriebenen Abhängigkeitsbeziehungen, weshalb folgende Hypothese H9 formuliert wird:

H9: Je größer der zeitbasierte Logistikerfolg in einem Unternehmen, desto mehr werden kostenbezogene Logistikziele erreicht.

Zusätzlich können sich auch moderierende Variablen auf die Stärke, Richtung und Form des Zusammenhanges zwischen einer unabhängigen und einer abhängigen

843 Vgl. STABERHOFER, ROHRHOFER (2007), S. 40.
844 Vgl. ARNDT (2008), S. 124.
845 Vgl. EHRLENSPIEL ET AL. (2007), S. 155; SCHUH ET AL. (2008a), S. 3.
846 Vgl. ARNDT (2008), S. 129.

Variable auswirken. Moderierende Effekte tragen erheblich zum Erklärungsgehalt und der Güte eines Modells bei und sollten deshalb nicht unberücksichtigt bleiben.

6.3.3.3 Hypothesen zu moderierenden Effekten

Beeinflusst eine unabhängige exogene Größe den Zusammenhang zwischen den latenten Variablen in einem Strukturgleichungsmodell, wird von einem moderierenden Effekt gesprochen.[847] Die moderierende Variable kann dabei den Zusammenhang zwischen einer unabhängigen und einer abhängigen Variable entweder verstärken (positiver Einfluss des Moderators) oder diesen abschwächen (negativer Einfluss des Moderators). Im Extremfall kann ein moderierender Effekt sogar zu einer Umkehrung der eigentlichen Wirkungsrichtung führen. In der Literatur wird oftmals die Unternehmensgröße als Moderator betrachtet.[848] Auch in dieser Untersuchung wird postuliert, dass die Unternehmensgröße die Stärke der Komplexitätsauswirkungen in einer Organisation beeinflusst. Es wird vermutet, dass die Unternehmensgröße den negativen Einfluss der Beschaffungskomplexität auf die logistischen Zielgrößen verstärkt und somit einen positiven Einfluss auf die Beziehung zwischen der Beschaffungskomplexität und den logistischen Zielgrößen ausübt. Oftmals entwachsen die großen Unternehmen mit zunehmendem Markterfolg ihren anfänglichen Strukturen, ohne diese entsprechend anzupassen. Als Konsequenz verlaufen Prozesse trotz des vollzogenen Wachstums nach dem Motto „Das haben wir schon immer so gemacht“ unreflektiert weiter. Anfänglich ist eine wachstumsbedingte Komplexitätszunahme noch durch Improvisation zu kompensieren.[849] Allerdings führt ein stetiges Weiterwachsen und somit ein anhaltender Komplexitätsanstieg dazu, dass aufgrund der ohnehin schwer zu beherrschenden Komplexität ein deutlich stärkerer negativer Effekt resultiert als bei kleinen Unternehmen, die ihrerseits in der Regel durch einfachere Prozesse, übersichtlichere Strukturen und eine geringere Komplexität gekennzeichnet sind. Solange das Unternehmen und seine Rahmenbedingungen als komplexes System konstant bleiben, ist deshalb mit keinen gravierenden Unterschieden hinsichtlich der Zielerreichung zwischen großen und kleinen Unternehmen zu rechnen. Ergeben sich durch die Aufnahme oder den Wegfall von Systemelementen, die

---

[847] Vgl. HUBER ET AL. (2007), S. 48. Synonym dazu findet sich in der Literatur der Begriff *Interaktionseffekt.* Vgl. GÖTZ, LIEHR-GOBBERS (2004), S. 724; HUBER ET AL. (2006), S. 696.
[848] Vgl. MILGATE (2001), S. 112; VACHON, KLASSEN (2002), S. 224; GRÜBNER (2007), S. 221.
[849] Vgl. ARNDT (2008), S. 40.

Dynamik auf den Märkten, eine zusätzliche Heterogenität der Systembestandteile oder eine verstärkte Unsicherheit jedoch Veränderungen am Systemzustand, ist davon auszugehen, dass kleinere Unternehmen aufgrund ihrer größeren Transparenz und höheren Flexibilität weniger negative Auswirkungen hinsichtlich ihrer logistischen Zielerreichung zu verzeichnen haben, als große, starre und weniger flexible Unternehmen. Somit leitet sich folgende Hypothese H10 ab:

H10: Je größer ein Unternehmen ist, desto stärker sind die negativen Auswirkungen der Beschaffungskomplexität auf die Erreichung des a) kostenbasierten Logistikerfolges, b) qualitätsbasierten Logistikerfolges, c) flexibilitätsbasierten Logistikerfolges bzw. d) zeitbasierten Logistikerfolges.

Die Unternehmensgröße soll in der vorliegenden Untersuchung aufgrund der einfachen Realisierbarkeit anhand der Mitarbeiterzahl gemessen werden.[850]

6.3.4 Erstellung des vollständigen Pfaddiagrammes

Auf Basis der vorangegangenen Konzeption und Hypothesenbildung lässt sich folgendes Untersuchungsmodell aufstellen (vgl. Abbildung 6-13).[851] In dem dargestellten Pfaddiagramm sind sowohl die Hypothesen zu den direkten (H1 - H4), indirekten (H5 - H9) sowie den moderierten Effekten (H10) enthalten. Es stellt somit die grafische Umsetzung der theoretischen Modellstruktur sowie der mathematischen Gleichungssysteme dar. Die grafische Veranschaulichung ist ein zentraler Vorteil gegenüber anderen Methoden und ermöglicht eine unkomplizierte Ergebnisauswertung.

6.4 Untersuchungsdesign

Bevor die kausalanalytische Untersuchung durchgeführt wird, sollen im Folgenden zunächst das Untersuchungsdesign sowie die vorhandene Datenbasis vorgestellt werden, um darauf aufbauend abschließend eine Entscheidung für ein kovarianz- bzw. varianzbasiertes Analyseverfahren zu treffen.

---

850 Alternativ wäre eine Quantifizierung mithilfe bilanzbasierter Größen wie dem Umsatz, getätigten Investitionen oder dem Return-on-Investment möglich. Allerdings ist davon auszugehen, dass Unternehmen derart sensible Daten nicht veröffentlichen und stattdessen eher auf eine Teilnahme an der Untersuchung verzichten.

851 Ein vollständiges Pfaddiagramm inklusive der verwendeten Indikatoren findet sich im Anhang dieser Arbeit (vgl. Anhang A-8 auf Seite 348).

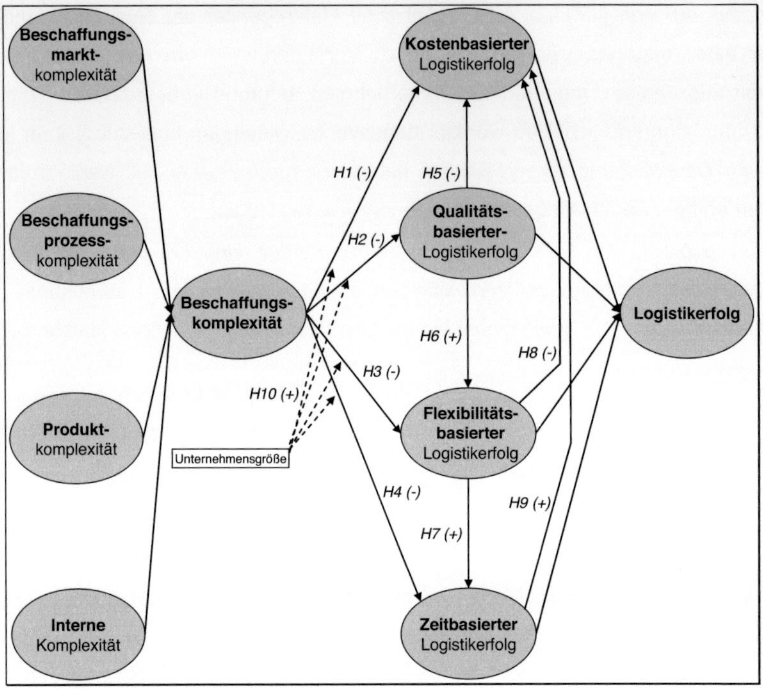

Abbildung 6-13: Vollständiges Pfaddiagramm der Untersuchung

6.4.1 Datenerhebung und -grundlage

In Kapitel 6.2 wurde bereits auf die Dominanz der Sekundärdatenverwendung innerhalb der Komplexitäts- bzw. Logistikerfolgsfaktorenforschung hingewiesen. Aufgrund der genannten Vorzüge originärer Daten (vgl. Kapitel 4) und wegen des neuartigen Forschungsobjektes wird in dieser Arbeit auf Primärdaten zurückgegriffen. Für nähere Informationen zum Prozess der Datenerhebung sei auf Kapitel 4.1.1 verwiesen. An 1.496 Unternehmen des verarbeitenden Gewerbes wurde auf postalischem sowie elektronischem Weg ein standardisierter, fünfseitiger Fragebogen zugesandt. Nach Ablauf der Antwortfrist sowie einer dreiwöchigen telefonischen Nachfassaktion lagen 236 Fragebögen vor. Dies entspricht einer Nettorücklaufquote von 15,8%.[852] Zur Überprüfung der Datenbasis hinsichtlich der zu Grunde liegenden Verteilungsfunktion wurde ein Kolmogorov-Smirnov-Test durchgeführt. Dabei konnte

[852] Für eine detaillierte Darlegung der Zusammensetzung der Datenbasis vgl. Kapitel 4.1.2.

die anfängliche Vermutung, dass die erhobenen Daten keiner Normalverteilung unterliegen mit einer Irrtumswahrscheinlichkeit von null Prozent bestätigt werden. Zur Ermittlung des Logistikerfolges (endogenes Messmodell) wurden 20 Indikatoren erhoben (vgl. Kapitel 6.3.2.2). Um Missverständnisse zu vermeiden und die Beantwortung der Fragen trotz der teilweise verwendeten Fachtermini zu erleichtern, wurden zusätzlich kurze Erläuterungen und Beispiele angefügt. Durch diese klare Begriffsabgrenzung ist es auch Befragten, die sich bisher nicht näher mit der Vielzahl an teilweise ähnlich anmutenden Begrifflichkeiten auseinandergesetzt haben, möglich, die Fragen zu beantworten. Auch im Bereich der Komplexitätserfassung (exogenes Messmodell) ist zu vermuten, dass die bloße Auflistung der zur Messung verwendeten Indikatoren zu Verständnisschwierigkeiten, einer Vielzahl an missing values oder gar einer gänzlichen Verweigerung zur Teilnahme an der Studie führen könnte. Aus diesem Grund wurden Aussagen formuliert und teilweise mit Beispielen ergänzt, die dem dahinter stehenden Indikator entsprechen und diesen somit verbal umschreiben. Dadurch soll die Gefahr von Missverständnissen, Abgrenzungsschwierigkeiten sowie einer Überforderung der Probanden reduziert werden.[853]

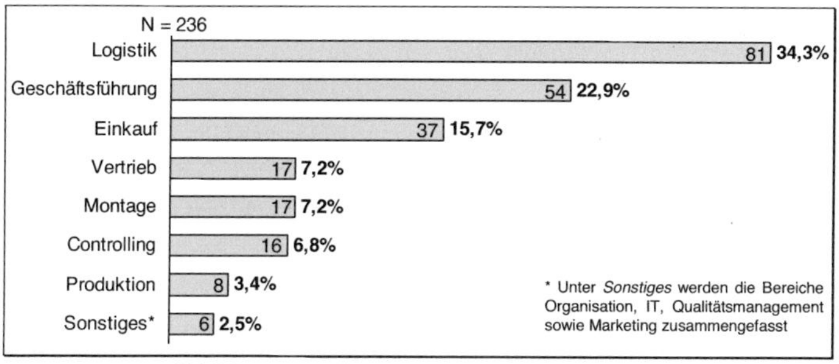

Abbildung 6-14: Tätigkeitsbereiche der Befragten

Um kompetente und verlässliche Informationen zu erhalten, wurden die Unternehmen gebeten, den Fragebogen von einem Mitarbeiter aus dem Bereich Beschaffung bzw. Einkauf oder Logistik beantworten zu lassen. Wie Abbildung 6-14 zeigt, sind 50% der Befragten in einem dieser beiden Bereiche tätig. Weitere 22,9% gehören der Geschäftsführung an. Dieser hohe Anteil ist darauf zurückzuführen, dass 96,3% der Nennungen von Unternehmen mit weniger als 250 Mitarbeitern stammen. Diese zählen zur Gruppe der KMU, die oftmals personenorientiert von einem Geschäftsfüh-

853 Der Fragenbogen ist als Anhang A-23 auf Seite 364ff. beigefügt.

rer geleitet werden, der sämtliche Unternehmensbereiche abdeckt und in der Regel über ein entsprechendes Know-how sowie eine langjährige Erfahrung verfügt. Wie Abbildung 4-15 zeigt, gehören 82,2% der Befragten dem mittleren oder oberen Management an.

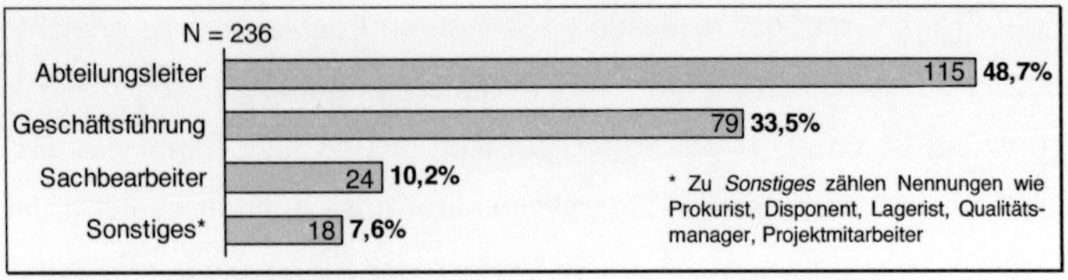

Abbildung 6-15: Position der Befragten im Unternehmen

Die Befragten sind somit sowohl aufgrund ihres Tätigkeitsfeldes als auch durch ihre Position innerhalb des Unternehmens geeignete Ansprechpartner, um die formulierten Fragen fachlich richtig und kompetent zu beantworten. Die durchschnittliche Unternehmensangehörigkeit von 11,4 Jahren kann als weiteres Indiz dafür gewertet werden, dass die Befragten aufgrund ihrer Erfahrung in der Lage sind, die Fragen zu beantworten und die Situation im Unternehmen sowie innerhalb des Wettbewerbsumfeldes kompetent und richtig einschätzen zu können.

Trotz eines umfangreichen Stichprobenumfanges kann es in empirischen Untersuchungen zu Verzerrungen aufgrund der Datengrundlage kommen. Die bekanntesten Störeinflüsse sind der Unit-Nonresponse, Item-Nonresponse sowie der Common Method Bias. Ein **Unit-Nonresponse** liegt vor, wenn die Befragten nicht reagieren oder die Beteiligung an der Untersuchung verweigern.[854] Dadurch wird nicht nur der Stichprobenumfang beeinflusst, sondern es kann zu Verzerrungen kommen, wenn sich die Befragungsteilnehmer von den Verweigerern systematisch unterscheiden und somit einzelne Vertreter innerhalb einer Stichprobe überrepräsentiert sind, während andere Gruppen nur unzureichend berücksichtigt werden. In der vorliegenden Untersuchung wurde durch eine geschichtete Zufallsauswahl von 1.496 gewährleistet, dass sich die befragten Unternehmen strukturell nicht von der Grundgesamtheit unterscheiden. Die erzielte Rücklaufquote von 15,8% erfüllt die Anforderungen der empirischen Forschung und auch die Verteilung hinsichtlich der Branchen sowie

[854] Vgl. ALBERS ET AL. (2007), S. 119.

Unternehmensgrößen entspricht annähernd der Grundgesamtheit, sodass nicht von einer Verzerrung infolge eines Unit-Nonresponse auszugehen ist.[855]

Werden einzelne Fragen verstärkt nicht beantwortet, wird von einem **Item-Non-response** gesprochen.[856] Als Ursachen für eine Nichtbeantwortung einzelner Fragen können beispielsweise das schlichte Übersehen, Verständnisprobleme oder eine kognitive Überlastung bei der Antwortgenerierung angeführt werden.[857] Ebenso ist es möglich, dass die Frage als zu heikel empfunden wird oder der Befragte befürchtet, durch die Beantwortung Betriebsgeheimnisse oder sensible Informationen zu offenbaren. Eine Analyse des vorliegenden Datensatzes zeigt, dass lediglich vereinzelt einzelne Fragen unbeantwortet blieben und der durchschnittliche Anteil fehlender Werte (missing values) mit 1,28% als unkritisch zu bezeichnen ist.[858] Auch der Maximalwert von 3,81% deutet darauf hin, dass es sich bei den vorhandenen missing values lediglich um eine zufällige Nicht-Beantwortung einzelner Fragen und nicht um ein systematisches Fehlen von Angaben handelt.

Des Weiteren wird in der Literatur verstärkt auf die Verzerrung aufgrund der Untersuchungsmethodik (**Common Method Bias**) hingewiesen.[859] Diese Verzerrungen können dann entstehen, wenn ein Befragter gleichzeitig die Quelle für die exogenen als auch die endogenen Variablen ist und dadurch bei der Beantwortung der Fragen befangen ist oder das Antwortverhalten durch die Motivation, konsistente Antworten zu geben, beeinflusst wird. Bereits im Vorfeld der Untersuchung wurde diese Problematik berücksichtigt und den befragten Unternehmen strikte Anonymität zugesichert, um die Wahrscheinlichkeit sozial erwünschter oder gefälliger Antworten zu minimieren.[860] Des Weiteren wurden den Empfehlungen von PODSAKOFF und ORGAN folgend die Fragen bezüglich der abhängigen und unabhängigen Variablen räumlich getrennt voneinander positioniert und durch zusätzliche Fragenblöcke unterbrochen.[861] Das Risiko von Verzerrungen aufgrund von zweideutigen oder unklaren Indikatorformulierungen konnte durch den umfangreichen Pretest sowie die zusätzlichen Erläuterun-

---

855 Vgl. BALDAUF ET AL. (1999), S. 346.
856 Vgl. ALBERS ET AL. (2007), 119.
857 Vgl. LITTLE, RUBIN (1987), S. 10ff.; BOLLEN (1989), S. 375ff.; MARSH (1998), S. 22f.; HAIR ET AL. (2006), S. 49ff.
858 Für eine detaillierte Übersicht zu den vorhandenen missing-values-Werten vgl. Anhang A-11 und Anhang A-12 auf Seite 352f.
859 Vgl. PODSAKOFF ET AL. (2003), S. 879; HOMBURG, KLARMANN (2006), S. 733.
860 Vgl. PODSAKOFF ET AL. (2003), S. 887f.
861 Vgl. PODSAKOFF, ORGAN (1986), S. 533.

gen und Beispiele zu den Indikatoren reduziert werden.[862] Ob durch diese präventiven Maßnahmen ein Common Method Bias wirksam verhindert werden konnte, lässt sich a posteriori mithilfe des Harman Single Factor Tests überprüfen.[863] Hierzu werden sämtliche Indikatoren einer explorativen Faktorenanalyse zugeführt. Dem Test zufolge besteht genau dann eine substanzielle Verzerrung, wenn durch die Faktorenanalyse entweder nur ein einziger Faktor extrahiert wird oder ein Faktor die Mehrheit der erklärten Varianz auf sich vereint.[864] Im vorliegenden Fall wurden dreizehn Faktoren extrahiert, wobei der erste Faktor 17,3% der Gesamtvarianz erklärt. Zusammenfassend ist somit festzuhalten, dass die Wahrscheinlichkeit von Verzerrungen aufgrund der Untersuchungsmethode zwar nicht gänzlich auszuschließen, aber als gering zu betrachten ist.

6.4.2 Auswertungsverfahren und Methodik

Um die Frage nach dem geeigneten Verfahren zur Auswertung der vorhandenen Daten zu beantworten, wird auf die Ausführungen in Kapitel 5.2.3 Bezug genommen. Gleichzeitig werden dabei die besonderen Rahmenbedingungen der Untersuchung (Modellspezifikation, Forschungsziel, Datengrundlage, etc.) berücksichtigt.

Wie dargelegt wurde, stellen PLS und LISREL keine Konkurrenten, sondern vielmehr gleichberechtigte Alternativen dar. Üblicherweise wird die Entscheidung für LISREL bzw. PLS anhand der Spezifikationsart (reflektiv bzw. formativ) getroffen.[865] Reflektive Konstrukte bieten gegenüber einer formativen Spezifikation den Vorteil, dass sie erstens in der wissenschaftlichen Diskussion stärker anerkannt sind und zweitens eine Vielzahl an Gütekriterien zur Verfügung stehen, um die Ergebnisse hinsichtlich der Validität und Reliabilität zu beurteilen. Dies mag ein Grund dafür sein, warum sich in der Literatur diverse Beispiele finden lassen, in denen Konstrukte mit einem formativen Charakter reflektiv operationalisiert wurden oder die Frage nach der richtigen Spezifikationsart gänzlich unberücksichtigt bleibt.[866] Demzufolge ist in diesen

---

[862] Vgl. TOURANGEAU (2000), S. 29ff.; HOMBURG, KLARMANN (2006), S. 733.

[863] Vgl. PODSAKOFF ET AL. (2003), S. 889.

[864] Vgl. REINARTZ ET AL. (2004), S. 301.

[865] Im Allgemeinen wird dabei LISREL mit einer reflektiven und PLS mit einer formativen Spezifikation gleichgesetzt, obwohl mit PLS ausdrücklich sowohl formative als auch reflektive Modelle geschätzt werden können.

[866] Vgl. WERNER (1997), S. 132ff.; PODSAKOFF ET AL. (2003), S. 879ff.; JARVIS ET AL. (2003); EBERL (2004), S. 23f.; GÖTZ, LIEHR-GOBBERS (2004), S. 715; FASSOTT (2005), S. 22f.; BLUM (2006), S. 104ff.; CHRISTOPHERSEN, GRAPE (2007), S. 115.

Fällen auch die Verwendung des kovarianzbasierten LISREL-Verfahrens, welches streng genommen nur für reflektive Modelle geeignet ist, kritisch zu sehen. DILLER fordert ausdrücklich, den Einflussfaktoren (formative Indikatoren) der latenten Konstrukte wesentlich mehr Aufmerksamkeit zu schenken als den in der Regel recht einfachen Folgewirkungen (reflektive Indikatoren).[867] Dies spricht dafür, trotz der bestehenden kritischen Einstellung gegenüber formativen Modellen dennoch auf eine formative Spezifikation zurückzugreifen, wenn diese plausibel, sinnvoll und dem Charakter sowie dem nomologischen Netz des Konstruktes entspricht. In der vorliegenden Untersuchung werden ausschließlich formative Messmodelle verwendet, wodurch die Verwendung von PLS nahezu vorgegeben ist. Mithilfe der Untersuchung sollen die zentralen managementrelevanten Determinanten, die als Stellhebel einen besonders starken Einfluss auf die Zielgrößen der Logistik ausüben, ermittelt werden, um darauf aufbauend konkrete Handlungsempfehlungen abzuleiten. Somit steht die Vorhersage der Erfolgsauswirkung im Zentrum des Interesses, was ebenfalls der grundlegenden Intention des PLS-Ansatzes entspricht.[868]

Neben diesen beiden Aspekten lassen sich weitere Gründe anführen, die für eine Verwendung des PLS-Ansatzes sprechen:[869]

- Der Fokus der Untersuchung liegt auf der Vorhersage und der Ermittlung der Stärke des Zusammenhanges.[870]
- Das Modell ist relativ komplex und beinhaltet eine Vielzahl an Indikatoren.
- Für das zu erforschende Phänomen liegen keine bewährten Messansätze und Theorien vor, sodass es sich um einen neuartigen Forschungsansatz handelt.
- Mit 236 Fragebögen ist der Stichprobenumfang zwar recht umfangreich, jedoch deutlich zu gering, um LISREL zu verwenden.[871]

---

867 Vgl. DILLER (2004), S. 177; DILLER (2006), S. 614.

868 Vgl. FORNELL, BOOKSTEIN (1982), S. 443; CHIN, NEWSTED (1999), S. 337.

869 Vgl. CHIN, NEWSTED (1999), S. 336; BLIEMEL ET AL. (2005b), S. 10.

870 Während kovarianzbasierte Verfahren für Hypothesentests, aber weniger zur Untersuchung der Stärke des Zusammenhanges geeignet sind, bieten sich varianzbasierte Verfahren insbesondere zur Untersuchung von Erfolgsfaktoren an. Vgl. CHRISTOPHERSEN, GRAPE (2007), S. 108.

871 Für das hier vorliegende Modell müssten für eine Verwendung von LISREL ca. 750 Fragebögen vorliegen, was in empirischen Untersuchungen nur äußerst schwer zu erreichen ist. Nach der gängigen Auffassung in der Literatur sollte der Stichprobenumfang bei einer Verwendung von PLS mindestens dem Zehnfachen der Anzahl an Indikatoren des komplexesten formativen Konstruktes entsprechen. Vgl. CHIN (1998b), S. 311. In dieser Arbeit werden maximal sieben Indikatoren zur Operationalisierung der Konstrukte verwendet, sodass der verfügbare Datensatz mit 236 Beobachtungen als sehr gut bezeichnet werden kann. Die Anwendungsvoraussetzungen von PLS werden somit erfüllt. Vgl. Abschnitt *Anwendungsrestriktionen und Datengrundlage* in Kapitel 5.2.2.1.

- Die vorhandenen Daten unterliegen keiner Standardnormalverteilung, die für eine Anwendung von LISREL erforderlich ist.[872]
- Die im Modell enthaltenen latenten Variablen werden formativ operationalisiert.

EGGERT ET AL. empfehlen darüber hinaus die Verwendung von PLS, wenn moderierende Effekte untersucht werden sollen, da dies mit einem varianzbasierten Vorgehen deutlich einfacher zu realisieren ist als mit kovarianzbasierten Verfahren.[873] CHIN ergänzt „While problematic if not accounted for within covariance-based modeling software such as LISREL, these correlations may actually help provide a more accurate estimation for the interaction effect when using PLS."[874]

Anders als bei der kovarianzbasierten Analyse existieren für varianzbasierte Modelle mit PLS-Graph 3.0 und SmartPLS 2.0 zwei hinsichtlich ihrer Leistungsfähigkeit vergleichbare Softwarelösungen.[875] Aufgrund der benutzerfreundlichen grafischen Oberfläche, den regelmäßigen Softwareupdates, der ausführlichen Dokumentation der Ergebnisse, die zudem problemlos in weitere Office - Anwendungen exportiert werden können, sowie der vielfältigen individuellen Einstellmöglichkeiten für die Parameterschätzung wird in dieser Arbeit SmartPLS 2.0 genutzt. Parallel dazu wird jedoch PLS-Graph zur Validierung und Absicherung der Ergebnisse verwendet.

Für den Umgang mit fehlenden Daten stehen in SmartPLS mehrere alternative Vorgehensweisen zur Verfügung. Um keine Ungleichgewichtung der Variablen zu erzeugen („paarweiser Fallausschluss")[876] oder die Datenbasis durch den Ausschluss der betroffenen Datensätze unnötig zu reduzieren („listenweiser Fallausschluss")[877], werden missing values durch Mittelwerte ersetzt.[878] Für die Operationalisierung der Konstrukte zweiter Ordnung (Beschaffungskomplexität, Logistikerfolg) kann im Falle formativer Messmodelle der *repeated indicators approach* verwendet werden, der auf

---

[872] Vgl. ZINNBAUER, EBERL (2004), S. 3; BACKHAUS ET AL. (2006a), S. 715; HOMBURG, KLARMANN (2006), S. 736.

[873] Vgl. EGGERT ET AL. (2005), S. 107.

[874] CHIN ET AL. (2003), S. 193.

[875] Zusätzlich stehen mit dem DOS-basierten LVPLS und den beiden windowsbasierten PLS-GUI sowie SPAD-PLS weitere Softwarepakete zur Verfügung. Wie TEMME und KREIS festgestellt haben, differieren die Schätzergebnisse zwischen den verschiedenen Tools jedoch nur marginal, sodass vor allem Aspekte wie die Benutzerfreundlichkeit, Ergebnispräsentation sowie Verfügbarkeit für die Auswahlentscheidung ausschlaggebend sind. Vgl. TEMME, KREIS (2005), S. 201.

[876] Beim paarweisen Fallausschluss werden nur die betroffenen Variablen aus dem Datensatz eliminiert, wodurch sich eine Ungleichgewichtung der Konstrukte ergibt.

[877] Beim listenweisen Fallausschluss wird der komplette Datensatz aus der Untersuchung ausgeschlossen und somit der auswertbare Stichprobenumfang nachträglich reduziert.

[878] Vgl. BACKHAUS ET AL. (2003), S. 325.

dem von WOLD entwickelten *Hierarchical Component Model* basiert.[879] Hierbei fungieren die Indikatoren der Konstrukte erster Ordnung gleichzeitig als Indikatoren zur Messung der Konstrukte zweiter Ordnung.[880] Sind die Gewichte zwischen dem Konstrukt zweiter und den Konstrukten erster Ordnung signifikant, ist davon auszugehen, dass die Dimensionen das Konstrukt hinreichend genau abbilden.

In Tabelle 6-5 sind die in der Untersuchung zur Anwendung gelangenden Gütekriterien in der chronologischen Reihenfolge ihrer Verwendung zusammengefasst.[881] Vor der eigentlichen Untersuchung ist durch die theorie- und hypothesengeleitete Modellentwicklung unter Einbeziehung von bisherigen Studien zum Thema, die gängige Literatur sowie Experten die konzeptionelle Güte zu gewährleisten. Nach der Datenerhebung liefert eine Analyse der statistischen Kenngrößen Aufschluss über die tatsächliche empirische Güte. In Kapitel 5.2.2.2 wurde insbesondere die Problematik der Skalenbereinigung erörtert, die einen wesentlichen Einfluss auf die Schätzergebnisse sowie die Modellgüte ausübt. Da die verwendeten Indikatoren mithilfe einer intensiven Auseinandersetzung mit der existierenden Literatur theoretisch hergeleitet und mit Experten diskutiert wurden, widerspräche die nachträgliche Eliminierung einzelner Indikatoren einer wissenschaftlich korrekten Vorgehensweise und würde den definitorischen Rahmen der Konstrukte verändern. Somit wird der Auffassung von DIAMANTOPOULOS und WINKLHOFER zugestimmt und eine ex post-Anpassung des Modells aufgrund unerwünschter oder vermeintlich irrelevanter Parameter strikt abgelehnt.[882] Die Operationalisierung basiert auf theoretisch-konzeptionellen Überlegungen und darf nach Ansicht des Autors nicht aus Gründen einer vermeintlich höheren Modellgüte modifiziert werden.

---

[879] Vgl. WOLD (1982), S. 39. Um implizite Gewichtungen einzelner Dimensionen zu vermeiden, sollte die Anzahl der verwendeten Indikatoren je Konstrukt identisch sein. Vgl. HUBER ET AL. (2007), S. 34. Dies ist im vorliegenden Fall gegeben. Alternativ zum *repeated indicators approach* wäre ebenso die Verwendung des *composite second* order - Ansatzes, bei dem die Werte der Konstrukte erster Ordnung als Indikatoren für das übergeordnete Konstrukt verwendet werden, möglich. Vgl. YI, DAVIS (2003), S. 159f. Dieser Ansatz führt jedoch zu nahezu identischen Ergebnissen, sodass der üblichere *repeated indicators approach* genutzt werden soll (vgl. Anhang A-21 auf Seite 363).

[880] Vgl. WOLD (1982).

[881] Für nähere Erläuterungen der entsprechenden Gütekriterien sei auf Kapitel 5.2.2.2 sowie 5.2.3.1 verwiesen. Vgl. hierzu insbesondere Tabelle 5-2 und 5-3 auf Seite 146 bzw. 169.

[882] Vgl. DIAMANTOPOULOS, WINKLHOFER (2001), S. 272 sowie Abschnitt *Gütebeurteilung in formativen Messmodellen* in Kapitel 5.2.2.2.

(formatives) Messmodell	
Nomologische Validität	Pretest (qualitative Beurteilung): ▪ Vollständigkeit der Operationalisierung ▪ Relevanz der verwendeten Indikatoren
Expertenvalidität[883]	▪ Pretest: ▪ p_{sa} - Index (hier: ≥ 0,7) ▪ c_{sv} - Index (hier: ≥ 0,7)
Multikollinearität	▪ VIF < 10
Indikatorrelevanz (Indikatorgewichte)	Individuelle Beurteilung der Regressionskoeffizienten: ▪ Vorzeichen (den Vorüberlegungen entsprechend) ▪ Gewicht (empfohlen: ≥ 0,2)[884]
Signifikanztest	t-Wert: ≥ 1,285[885]
(varianzbasiertes) Strukturmodell	
Pfadkoeffizienten	▪ Vorzeichen (den Vorüberlegungen entsprechend) ▪ Werte ≥ 0,2
Signifikanztest	t-Wert: ≥ 1,285
Bestimmtheitsmaß R^2	empfohlen: ≥ 0,3 (hier: ≥ 0,2)[886]
Effektstärke f^2	≥ 0,02

Tabelle 6-5: Gütekriterien auf Mess- und Strukturmodellebene[887]

Lediglich eine vorliegende Multikollinearität stellt für die Parameterschätzung ein ernsthaftes Problem dar.[888] Die Überprüfung der Rohdaten mithilfe des Variance Inflation Factor (VIF) deutet jedoch nicht auf ein Multikollinearitätsproblem hin (vgl. Anhang A-13 und Anhang A-14 auf Seite 354f.).

883 Vgl. ANDERSON, GERBING (1991).

884 LOHMÖLLER schlägt vor, bereits Pfadkoeffizienten (Gewichte) ≥ 0,1 zu akzeptieren. Vgl. LOHMÖLLER (1989), S. 60f. In diesem Beitrag wird jedoch der konservative Wert von 0,2 verwendet, wie z. B. von CHIN und anderen empfohlen. Vgl. CHIN (1998b), S. 324f.; KRAFFT ET AL. (2005), S. 82.

885 Ein Signifikanzniveau von 10% (t-Wert: 1,285) wird allgemein als unterer Grenzwert akzeptiert. Ein Signifikanzniveau von 5% (t-Wert: 1,651) ist als angemessen und eines von 1% (t-Wert: 2,34) als hoch signifikant zu beurteilen. Vgl. BACKHAUS ET AL. (2003), S. 808.

886 Obwohl oftmals ein R^2 ≥ 0,3 gefordert wird, ist dies nur ein Richtwert und stark von der Problemstellung abhängig. Vgl. CHIN (1998b), S. 323; BACKHAUS ET AL. (2003), S. 96. Da es sich hier um ein recht komplexes Strukturgleichungsmodell handelt und die Messung der Variablen nicht mit quantitativen Kenngrößen, sondern auf Basis einer subjektiven Einschätzung der Probanden erfolgt, ist mit niedrigeren Werten von R^2 zu rechnen. In ähnlichen Untersuchungen werden sogar Werte ≤ 0,2 akzeptiert. Vgl. DEHLER (2001), S. 196ff.; WECKER (2006), S. 296.

887 Vgl. KRAFFT ET AL. (2005), S. 82; HUBER ET AL. (2007), S. 45.

888 Vgl. DIAMANTOPOULOS, WINKLHOFER (2001), S. 272; ECKEY ET AL. (2001), S. 93; JARVIS ET AL. (2003), S. 202; FASSOTT, EGGERT (2005), S. 40; SCHNEIDER (2007), S. 183.

6.5 Ergebnisse der Untersuchung

6.5.1 Parameterschätzung und Gütebeurteilung

6.5.1.1 Parameter der Messmodelle

In Abbildung 6-16 sind zunächst die Parameterschätzungen im exogenen Messmodell abgebildet.[889]

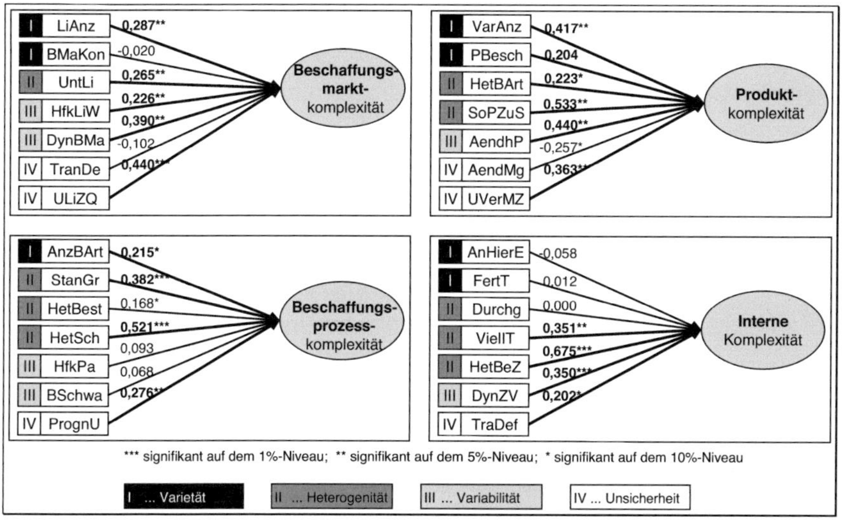

Abbildung 6-16: Parameter des exogenen Messmodells

Auf der Ebene der **Beschaffungsmarktkomplexität** wirken vor allem die *Unsicherheit bezüglich Lieferzeit und -qualität* (Gewicht: 0,440), die *Dynamik des Beschaffungsmarktes* (Gewicht: 0,390) sowie die *Lieferantenanzahl* (Gewicht: 0,287) komplexitätstreibend. Auch die *Unterschiedlichkeit der Lieferanten* (Gewicht: 0,265) und die *Häufigkeit*, mit der diese gewechselt werden (Gewicht: 0,226) beeinflussen das Ausmaß der Beschaffungsmarktkomplexität signifikant. Lediglich bei zwei Indikatoren kann keine signifikante Einflussnahme festgestellt werden (*Beschaffungsmarktkonzentration, Transparenzdefizit*). Die zunehmende Dynamik, die sowohl auf den Be-

[889] Wie zu erkennen ist, treten teilweise negative Parameterwerte auf, die allerdings sehr gering und zudem nicht signifikant sind, sodass eine Neuinterpretation nicht zweckmäßig erscheint. Denkbar wäre eine Eliminierung dieser Parameter, aber da die Indikatoren auf theoretischen Überlegungen basieren und jeder einzelne Indikator für die Erfassung des formativen Konstruktes notwendig ist, wird auf eine nachträgliche Eliminierung bewusst verzichtet.

schaffungs- als auch den Absatzmärkten zu beobachten ist (vgl. Abbildung 4-4 auf Seite 96), bildet jedoch neben der Unsicherheit die entscheidende Komplexitätsdeterminante und gehört damit zu den größten Treibern der Beschaffungsmarktkomplexität. Der sehr starke Einfluss des Komplexitätstreibers *Unsicherheit bezüglich Lieferzeit und -qualität* ist nicht zuletzt ein Resultat dieser fehlenden Konstanz auf dem Beschaffungsmarkt, denn häufige Lieferantenwechsel – sei es aufgrund einer bewussten unternehmensinternen Entscheidung oder als Folge einer hohen Fluktuation der verfügbaren Lieferanten – erhöhen unmittelbar das Risiko verspäteter oder qualitativ unzureichender Lieferungen und damit die Komplexität. Dieses Ergebnis stellt einen ersten Ansatzpunkt für die in Kapitel 7 zu formulierenden Handlungsempfehlungen dar.

Bezüglich der **Prozesskomplexität** bildet vor allem die *Heterogenität der Schnittstellen* (Gewicht: 0,521) einen bedeutenden Komplexitätstreiber. Des Weiteren können die Ergebnisse früherer Studien, in denen die Relevanz des *Standardisierungsgrades* (Gewicht: 0,382), der *Prognoseunsicherheit* (Gewicht: 0,276) sowie der *Anzahl an Beschaffungsartikeln* (Gewicht: 0,215) für das Ausmaß der Komplexität nachgewiesen wurde, bestätigt werden.[890] Insgesamt lässt sich jedoch feststellen, dass die Beschaffungsprozesse vor allem durch die Verschiedenartigkeit der Systemelemente komplexer werden. Alle drei Indikatoren zur Abbildung der Heterogenität als Determinante der Komplexität üben einen signifikanten Einfluss auf die Beschaffungsprozesskomplexität aus. Damit kann gezeigt werden, dass die Vereinheitlichung und Harmonisierung von Prozessen, Schnittstellen und sonstigen Parametern (z. B. Bestellumfänge und -frequenzen) signifikant zu einer Komplexitätsreduktion in der Beschaffung beitragen kann.

Wie bereits in Kapitel 4 gezeigt wurde, tendieren die Unternehmen verstärkt dazu, ihr Produktportfolio durch zusätzliche Mehrwertdienste auszudehnen, um den Kunden die Möglichkeit für eine weitere Individualisierung zu bieten. Das *Angebot an Sonderprodukten und Zusatzservices* stellt jedoch den größten Treiber der **Produktkomplexität** dar (Gewicht: 0,533). Einen ebenfalls starken Einfluss auf die vom Produkt im weiteren Sinne ausgehende Komplexität übt die *Änderungshäufigkeit der Produkte bzw. des Produktprogrammes* (Gewicht: 0,440) aus – ein in der Literatur häufig

---

[890] Vgl. MILGATE (2001), S. 112; GRÖßLER ET AL. (2006), S. 263; CHEN, PAULRAJ (2004), S. 123. Nicht signifikant sind hingegen die Indikatoren *Häufigkeit von Prozessanpassungen* sowie *Bedarfsschwankungen.*

angeführter Komplexitätstreiber.[891] Aber nicht nur die Häufigkeit, mit der das Produktprogramm variiert wird, sondern auch die generelle Breite des Produktsortimentes wirkt stark komplexitätstreibend: Mit einem Gewicht von 0,417 nimmt die *Variantenanzahl* einen nahezu gleich hohen Einfluss auf die Produktkomplexität. Diese wird darüber hinaus signifikant von der *Unsicherheit bezüglich der Verkaufsmenge bzw. des -zeitpunktes* (Gewicht: 0,363) sowie der *Heterogenität der Beschaffungsartikel* (Gewicht: 0,223) bestimmt.[892] Im Allgemeinen kann festgestellt werden, dass die Produktkomplexität vor allem durch die Variabilität – in Form von häufig wechselnden Produkten und einem variierenden Produktprogramm – sowie der Anzahl und Vielfalt an angebotenen Produktvarianten und Zusatzservices (Varietät bzw. Heterogenität) bestimmt wird.[893]

Den insgesamt größten Einfluss auf die Beschaffungskomplexität besitzt jedoch der Indikator *Heterogenität der Bereichsziele* (Gewicht: 0,675). Dies ist vermutlich dadurch zu erklären, dass dieser unmittelbar den Gedanken der Ganzheitlichkeit und Flussorientierung widerspiegelt. Das Fehlen dieser holistischen Abstimmung innerhalb des Unternehmens führt somit zwangsläufig zu einem Anstieg der Komplexität. Einen weiteren bedeutenden und signifikanten Einflussfaktor der **Internen Komplexität** bildet die *Dynamik der Zielvorgaben* (Gewicht: 0,350) und verdeutlicht damit den Einfluss des Unternehmensmanagements auf die Komplexität. Durch eine ganzheitliche Unternehmensstrategie und die Umsetzung einer integrierten Unternehmensorganisation, in deren Zuge strategische und operative Ziele gemeinsam erarbeitet, aufeinander abgestimmt und offen kommuniziert werden, kann somit die Komplexität nachhaltig beeinflusst werden. Ein ebenfalls signifikanter Einfluss auf die Interne Komplexität kann bei dem Indikator *Vielfalt der IT-Systeme* (Gewicht: 0,351) festgestellt werden.[894]

Eine Beurteilung des exogenen Messmodells anhand der in Tabelle 6-5 auf Seite 250 angeführten Gütekriterien zeigt, dass das Kriterium der Indikatorrelevanz von ca. zwei Drittel der Parameter erfüllt wird und diese sowohl die erwarteten positiven

---

[891] Vgl. GRÖßLER ET AL. (2006), S. 280; BLUM (2006), S. 58ff.
[892] Nicht signifikant ist lediglich der Indikator *Produktbeschaffenheit*.
[893] Dazu zählen auch die Bauweise und Beschaffenheit der Produkte, denn sowohl bei der Heterogenität der Beschaffungsartikel (z. B. Größe oder Gewicht der zu beschaffenden Teile) als auch bei der Produktbeschaffenheit im Allgemeinen (z. B. Anzahl an Komponenten und Einzelteilen je Produkt) ist ein deutlicher Einfluss auf die Produktkomplexität feststellbar.
[894] Die Indikatoren Anzahl an Hierarchieebenen, Fertigungstiefe sowie mangelnde Ganzheitlichkeit und Durchgängigkeit sind hingegen nicht signifikant.

Vorzeichen als auch ein Gewicht ≥ 0,2 besitzen. Vor dem Hintergrund, dass der PLS-Algorithmus nicht die Höhe einzelner Parameterwerte sondern die Gesamtmodellgüte maximiert, wodurch die Schätzung einzelner Parameter teilweise zu geringeren Werten führt, ist dieser hohe Anteil an Pfadkoeffizienten oberhalb der ohnehin sehr strengen und konservativen Grenze von 0,2 als erfreulich anzusehen. Positiv ist des Weiteren hervorzuheben, dass 19 der 28 verwendeten Indikatoren mindestens auf einem 10%-Niveau signifikant sind.[895] Nicht signifikante Indikatoren sind zudem nicht zwingend ein Indiz einer falschen oder schlechten Modellkonzeption, sondern in empirischen Untersuchungen durchaus üblich. Die Vollständigkeit der Operationalisierung sowie die Relevanz der verwendeten Indikatoren wurde durch den sehr ausführlichen Pretest und die dadurch mögliche gemeinsame Modellentwicklung mit Experten sichergestellt. Für eine weitere Beurteilung der verbleibenden Gütekriterien sei auf Anhang A-13 auf Seite 354 verwiesen.

Das Anliegen dieser Arbeit besteht darin, die Auswirkungen auf den Logistikerfolg im Allgemeinen und dessen Komponenten im Speziellen zu analysieren, wobei die konkrete Zusammensetzung des Logistikerfolges kein ausdrückliches Forschungsanliegen darstellt. Hier sei auf Abbildung 6-17, in der die Ergebnisse der Parameterschätzung für das endogene Messmodell dargestellt sind, sowie die Literatur zur logistischen Erfolgsfaktorenforschung verwiesen.[896]

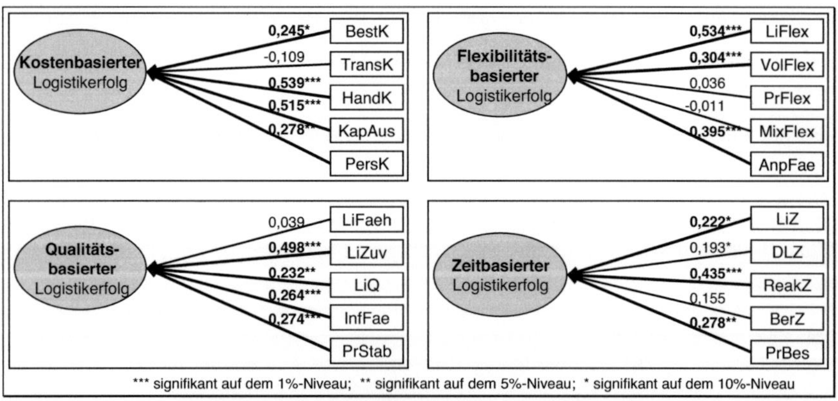

Abbildung 6-17: Parameter des endogenen Messmodells

[895] Ausgenommen ist hierbei der Indikator *Änderungsmöglichkeit der Kunden*, da dieser zwar signifikant ist, jedoch ein negatives Vorzeichen besitzt. Eine Erklärung für dieses von den Erwartungen abweichende Vorzeichen ist auf Basis theoretischer Überlegungen nicht zu finden. In zukünftigen Untersuchungen sollte dieser Indikator deshalb nicht verwendet werden.

[896] Vgl. DEHLER (2001); LEMKE (2004).

Wie bei den Dimensionen der Beschaffungskomplexität kann auch bei den logistischen Erfolgskomponenten eine hohe bis sehr hohe Modellgüte festgestellt werden. Hinsichtlich der Indikatorrelevanz ist positiv zu erwähnen, dass die Parameterschätzung bei der Mehrzahl der verwendeten Indikatoren (75%) Werte ergeben hat, die deutlich über dem in Tabelle 6-5 auf Seite 250 definierten Akzeptanzniveau von ≥ 0,2 liegen.[897] Die teilweise hohen Gewichte über 0,4 deuten auf die hohe Relevanz und die Eignung der Indikatoren für die Operationalisierung der entsprechenden Konstrukte hin. Der durchgeführte Signifikanztest mithilfe der Bootstrapping-Methode zeigt darüber hinaus, dass lediglich bei einzelnen Indikatoren keine statistische Signifikanz der geschätzten Parameter vorliegt. Allerdings ist bei jeder der vier Erfolgsdimensionen der mehrheitliche Teil der verwendeten Indikatoren auf einem hohen bis sehr hohen Niveau signifikant, wodurch eine reliable und valide Messung der Erfolgskomponenten sichergestellt ist. Anhang A-14 auf Seite 355 beinhaltet eine detaillierte Gütebeurteilung anhand der in Tabelle 6-5 formulierten Gütekriterien.

6.5.1.2 Parameter des Strukturmodells und Gesamteffekte

Da mithilfe des Untersuchungsmodells Auswirkungen untersucht und verglichen werden sollen, wurde bei der Datenerhebung mithilfe der fünfstufigen Likert-Skala eine einheitliche Skalierung verwendet. Somit entsprechen die ermittelten Koeffizienten im Strukturmodell den Betagewichten bei der Regressionsanalyse.[898] Die vollständigen Ergebnisse der Parameterschätzung sind in Abbildung 6-18 dargestellt.
Aufgrund der Modellkomplexität und der Fülle an Informationen in Abbildung 6-18 soll diese im Folgenden schrittweise analysiert und die enthaltenen Ergebnisse interpretiert und bewertet werden. Um eine Nachvollziehbarkeit für den Leser zu gewährleisten, werden die entsprechenden Parameter dazu separat aus der Abbildung herausgegriffen und erneut in tabellarischer Form angegeben.

[897] Würde den weniger restriktiven Empfehlungen von LOHMÖLLER gefolgt, lägen sogar nur vier der insgesamt 20 Indikatoren unterhalb der geforderten Akzeptanzgrenze. Vgl. LOHMÖLLER (1989), S. 60f.

[898] Vgl. LARGE (2006), S. 1.021.

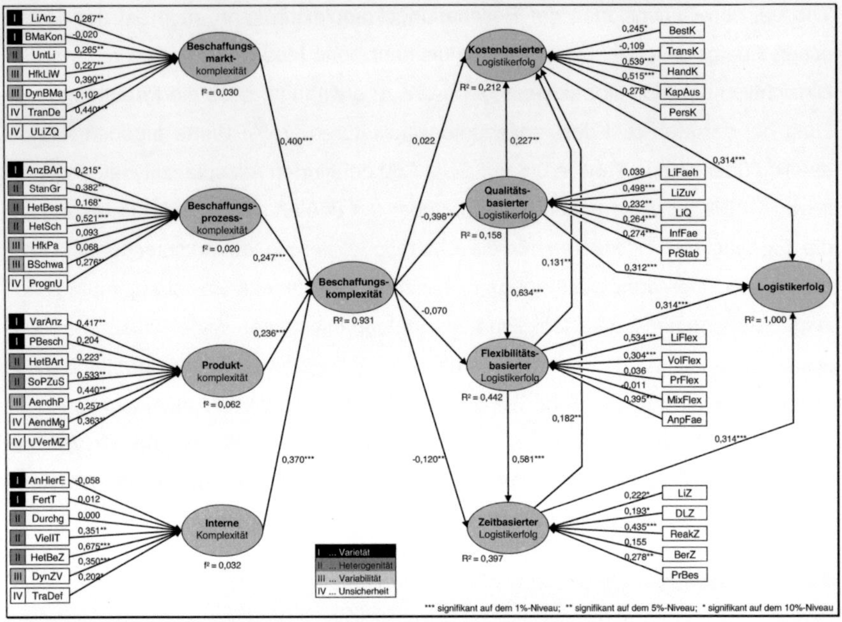

Abbildung 6-18: Ergebnis der Parameterschätzung

Zunächst sollen die direkten Effekte betrachtet werden. Den Ausgangspunkt bildet das exogene Messmodell mit den vier Dimensionen Beschaffungsmarkt-, Beschaffungsprozess-, Produkt- sowie Interne Komplexität (vgl. Tabelle 6-6).

Komplexitäts-dimension	Vermuteter Einfluss auf die Beschaffungskomplexität	Parameter-wert	t- Wert	Signifikanz	Unterstützung des vermuteten Einflusses
Markt	positiv	**0,400**	6,223	**1%-Niveau**	ja
Prozess	positiv	**0,247**	3,651	**1%-Niveau**	ja
Produkt	positiv	**0,236**	3,929	**1%-Niveau**	ja
Interne	positiv	**0,370**	6,027	**1%-Niveau**	ja

Tabelle 6-6: Relevanz der exogenen Dimensionen der Beschaffungskomplexität

Innerhalb des exogenen Modells zeigt sich, dass alle vier Dimensionen einen signifikanten Einfluss auf die Beschaffungskomplexität ausüben. Vor allem wird diese jedoch durch die Beschaffungsmarktkomplexität sowie die Interne Komplexität bestimmt, deren Pfadkoeffizienten mit 0,400 bzw. 0,370 deutlich über dem Grenzwert von 0,2 liegen und zudem hoch signifikant sind. Aber auch die beiden verbleibenden Dimensionen tragen nachhaltig und signifikant zur Komplexität in der Beschaffung bei. Mit einem Gewicht von 0,247 ist dabei der Einfluss der Beschaffungsprozesskomplexität etwas stärker als das Gewicht der von den Produkten bzw. dem Produktprogramm ausgehenden Komplexität (Pfadkoeffizient: 0,236). Dies rechtfertigt die in der Vergangenheit vollzogene Verschiebung von der anfänglich reinen Produktfokussierung im Rahmen des Variantenmanagements hin zu einer verstärkten Betrachtung der prozessualen Komplexitätsursachen (vgl. Kapitel 3.1). Auch wenn die Relevanz des Produktprogrammes und der Produktgestaltung unbestritten ist und auch in der vorliegenden Untersuchung ein signifikanter Einfluss dieser Parameter auf die Beschaffungskomplexität festgestellt werden kann, wird die Beschaffungskomplexität dennoch stärker von der Beschaffungsprozess- sowie der Beschaffungsmarkt- und Internen Komplexität bestimmt. Insgesamt kann festgestellt werden, dass die Komplexität sowohl von internen als auch externen Faktoren abhängig ist. Dies impliziert, dass für eine vollständige Untersuchung bzw. Erfassung der Komplexität zwingend exogene und endogene Einflussgrößen berücksichtigt werden müssen und eine Beschränkung auf externe oder interne Komplexitätsursachen (vgl. z. B. WESTPHAL oder VACHON und KLASSEN)[899] nicht nur einer ganzheitlichen Betrachtungsweise widerspricht, sondern wesentliche Komplexitätsdeterminanten unberücksichtigt lässt.

Im Folgenden soll der Einfluss der Beschaffungskomplexität auf den Logistikerfolg näher untersucht und diskutiert werden. Dazu werden zunächst die Einzeleffekte betrachtet. Hierzu zählen der direkte Einfluss der Beschaffungskomplexität auf die vier logistischen Erfolgsdimensionen (Hypothesen H1 bis H4) sowie die bestehenden Wechselwirkungen zwischen den Erfolgskomponenten (Hypothesen H5 bis H9).

Wie Tabelle 6-7 zu entnehmen ist, liefert die Untersuchung ein erstaunliches und unerwartetes Ergebnis, denn entgegen der anfänglichen Vermutung, wonach eine steigende Beschaffungskomplexität vorrangig negative Auswirkungen auf die Erreichung der kostenbezogenen Logistikziele besitzt **(Hypothese H1)**, ist sogar ein leicht positiver Zusammenhang feststellbar (Pfadkoeffizient: 0,022). Damit wird gerade die scheinbar intuitive und im Rahmen des Pretests am häufigsten hervorgebrachte Vermutung, dass eine zunehmende Komplexität vor allem und vordergründig kostenwirksam ist, durch die vorliegenden Daten (zunächst) nicht unterstützt. Vor dem Hintergrund der fehlenden statistischen Signifikanz und der zudem sehr geringen Höhe

---

[899] Vgl. WESTPHAL (2001); VACHON, KLASSEN (2002), S. 223f.

des geschätzten Parameterwertes soll und darf dieses Ergebnis jedoch nicht überinterpretiert werden.[900]

Hypothese	Vermuteter Zusammenhang	Ermittelter Zusammenhang	t- Wert	Signifikanz	Unterstützung der Hypothese
H1 (BKom - K)	negativ	**0,022**	0,265	**n. s.** (vollkommen mediiert)	nein (nur indirekt)[901]
H2 (BKom - Q)	negativ	**-0,398**	5,751	**1%-Niveau**	ja
H3 (BKom - F)	negativ	**-0,070**	0,967	**n. s.** (vollkommen mediiert)	ja
H4 (BKom - Z)	negativ	**-0,120**	1,924	**5%-Niveau**	ja
H5 (Q - K)	negativ	**0,227**	2,277	**5%-Niveau**	nein
H6 (Q - F)	positiv	**0,634**	9,172	**1%-Niveau**	ja
H7 (F- Z)	positiv	**0,581**	7,861	**1%-Niveau**	ja
H8 (F - K)	negativ	**0,131**	1,672	**5%-Niveau**	nein
H9 (Z - K)	positiv	**0,182**	2,092	**5%-Niveau**	ja

Tabelle 6-7: Übersicht der ermittelten Einzeleffekte (Hypothesen H1 - H9)

Demgegenüber ist bezüglich des qualitätsbasierten Logistikerfolges ein stark negativer Einfluss ausgehend von der Beschaffungskomplexität feststellbar (Pfadkoeffizient: -0,398). Dieser ist zudem auf dem 1%-Niveau signifikant und unterstützt die **Hypothese H2**, wonach mit einer zunehmenden Komplexität die qualitätsbezogenen Logistikziele in einem geringeren Umfang erreicht werden. Auch wenn die **Hypothese H3**, die einen negativen Zusammenhang zwischen der Beschaffungskomplexität und dem flexibilitätsbasierten Logistikerfolg unterstellt, unterstützt wird (Pfadkoeffizient: -0,070), ist jedoch einschränkend zu konstatieren, dass dieses Ergebnis nicht signifikant und deshalb ebenfalls mit Vorsicht zu interpretieren ist. Auch hinsichtlich des zeitbasierten Logistikerfolges kann ein negativer Zusammenhang (Pfadkoeffizient: -0,120) festgestellt werden **(Hypothese H4)**, der jedoch schwächer ist als der Einfluss der Beschaffungskomplexität auf die Qualität. Dennoch ist die negative

[900] Man beachte vor allem die folgenden Ausführungen zu den mediierten Effekten sowie Abbildung 6-20 auf Seite 263.

[901] Vgl. Abbildung 6-19 auf Seite 261.

Beziehung zum zeitbasierten Logistikerfolg signifikant, weshalb auch diese Hypothese durch die empirischen Daten unterstützt wird.[902]

Zusammenfassend liefert die Untersuchung der direkten Abhängigkeiten somit ein unerwartetes Zwischenergebnis, denn anders als vorab angenommen, wirkt sich eine zunehmende Beschaffungskomplexität unmittelbar nur auf die logistische Leistung aus, während die Erreichung der kostenbezogenen Logistikziele nicht signifikant tangiert wird.

Die aufgestellten Hypothesen zu den vermuteten Wechselbeziehungen innerhalb der logistischen Erfolgskomponenten können durch die zu Grunde liegenden Daten ebenfalls nicht durchweg unterstützt werden. **Hypothese H5** unterstellt, dass es sich bei Qualität und Kosten um konfliktäre Logistikziele handelt, die sich negativ beeinflussen. Dieser vermutete Zusammenhang kann durch die Ergebnisse der Untersuchung nicht gestützt werden. Vielmehr lässt sich ein positiver Zusammenhang feststellen (Pfadkoeffizient: 0,227), der womöglich darauf zurückzuführen ist, dass eine Erhöhung der logistischen Qualität zwar kurzfristig zusätzliche finanzielle Mittel erfordert, sich diese Mehraufwendungen jedoch womöglich mittel- bis langfristig ausgleichen und durch sich ergebende Einsparungen überkompensiert werden.[903] Eine weitere Erklärung bildet die langfristige Verbesserung der Planungssicherheit als Folge der konstanten und fehlerfreien Prozesse, wodurch kostenintensive Prozesseingriffe oder -unterbrechungen vermieden werden. Gleichzeitig erfordern stabile und störungsresistente Prozesse einen geringeren Steuerungs- und Kontrollaufwand, weshalb ebenfalls mit Kosteneinsparungen zu rechnen ist. Darüber hinaus verursachen Abweichungen der Merkmalsausprägungen oder Qualitätsmängel bei der Leistungserstellung neben den negativen Konsequenzen hinsichtlich der Kundenzufriedenheit teilweise erhebliche Kosten für die Nachlieferung von Fehlmengen, Vertragsstrafen, Regressansprüche oder Preisminderungen aus Kulanzgründen. Durch eine hohe Lieferqualität werden diese zusätzlichen Kosten vermieden.[904] Auch in der Literatur wird auf die langfristig positiven Folgen eines gesteigerten Qualitätsbewusstseins sowie eines Qualitätsmanagements hingewiesen.[905] Somit entspricht

---

902 Darüber hinaus sei darauf hingewiesen, dass es sich bei den in Tabelle 6-7 dargestellten Effekten lediglich um direkte Zusammenhänge handelt und der zeitbasierte Logistikerfolg zusätzlich indirekt durch die Flexibilität beeinflusst wird.

903 Vgl. PFEIFER (2001), S. XXVIIf.

904 Vgl. GERMAIN ET AL. (2008), S. 562.

905 Vgl. PFEIFER (2001), S. XXVIIf.

der festgestellte positive Zusammenhang zwar nicht der ursprünglich formulierten Vermutung, ist jedoch dennoch theoretisch nachvollziehbar und zu begründen.[906]

Die **Hypothesen H6, H7** und **H9** zu den vermuteten Wechselbeziehungen innerhalb der logistischen Erfolgskomponenten werden jedoch auf einem hohen bis sehr hohen statistischen Signifikanzniveau unterstützt (vgl. Tabelle 6-7). Auch die Höhe der Pfadkoeffizienten liegt über oder zumindest in der Nähe der geforderten Mindestgrenze von 0,2. **Hypothese H8**, die einen negativen Zusammenhang zwischen dem flexibilitäts- und dem kostenbasierten Logistikerfolg unterstellt, kann auf Basis der vorliegenden Daten jedoch nicht unterstützt werden und ist somit zu verwerfen. Eine mögliche Erklärung für den unerwarteten positiven Einfluss kann womöglich darin gesehen werden, dass durch eine hohe *Prozessflexibilität* und eine flexible Gestaltung der Abläufe unnötige Wartezeiten vermieden und somit die Anlagen und Ressourcen besser ausgelastet werden können *(Kapazitätsauslastung)*.[907]

Unter Berücksichtigung dieser Wechselwirkungen innerhalb der logistischen Erfolgskomponenten können neben den bereits diskutierten direkten Beziehungen zusätzlich indirekte Zusammenhänge (mediierte Effekte) untersucht werden. Auf Basis der in Tabelle 6-7 ermittelten direkten Pfadkoeffizienten im Partialmodell des Logistikerfolges lassen sich folgende indirekte Einflüsse der Beschaffungskomplexität auf die logistischen Erfolgskomponenten feststellen (vgl. Abbildung 6-19).[908]

Der zuvor ermittelte signifikant negative Einfluss der Beschaffungskomplexität auf den qualitäts- sowie den zeitbezogenen Logistikerfolg (Pfadkoeffizienten: -0,398 bzw. -0,120) führt durch deren starken Zusammenhang mit dem kostenbasierten Logistikerfolg zu einem negativen indirekten Effekt zwischen der Beschaffungskomplexität und den Kosten. Mediiert durch den qualitätsbasierten Logistikerfolg ergibt sich der

---

906 Im Rahmen der Hypothesenformulierung wurde die Kausalitätsrichtung zwischen dem qualitäts- und dem kostenbasierten Logistikerfolg bereits kontrovers diskutiert, weshalb die Ergebnisse der Parameterschätzung nicht überraschen, sondern die bestehende Ambivalenz verdeutlichen.

907 Des Weiteren ist es denkbar, dass Lieferantenwechsel (*Anpassungsfähigkeit*) einfacher durchzuführen sind, wenn standardisierte Prozesse und Schnittstellen vorliegen, die Lieferanten ein vergleichbares Leistungsniveau besitzen und ein Qualitätsmanagement existiert, welches Mindestanforderungen bezüglich der Leistungsfähigkeit der Lieferanten festschreibt. Durch diese verbesserte Anpassungsfähigkeit des logistischen Systems wären somit zusätzliche Sicherheitsbestände (*Bestandskosten*), um eventuelle Lieferschwierigkeiten oder Qualitätsprobleme beim Wechsel von Lieferanten zu kompensieren, unnötig und es ließe sich ein positiver Zusammenhang zwischen der Flexibilität und dem Kostenerfolg ausmachen.

908 Da das Modell lediglich einen direkten Einfluss der Beschaffungskomplexität auf den qualitätsbasierten Logistikerfolg berücksichtigt und keine dritte Größe diese Beziehung mediiert, wird in Abbildung 6-19 die Qualität nicht explizit als abhängige Variable angeführt.

leicht negative Zusammenhang von -0,090, während der indirekte Einfluss über den flexibilitätsbasierten Logistikerfolg -0,042 beträgt.[909]

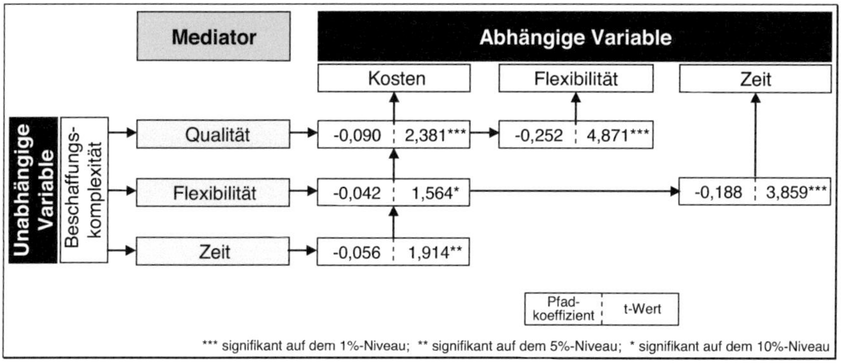

Abbildung 6-19: Signifikanz der mediierten Abhängigkeitsbeziehungen

Auch der zeitbasierte Logistikerfolg wirkt als Mediator zwischen der Beschaffungskomplexität und dem kostenbasierten Logistikerfolg (indirekter Effekt: -0,056). Alle drei mediierten Beziehungen sind dabei signifikant.

Die Analyse der indirekten Beziehungen zeigt des Weiteren, dass auch hinsichtlich des flexibilitätsbasierten Logistikerfolges neben der direkten zusätzlich eine negative indirekte Beeinflussung durch die Beschaffungskomplexität besteht (Koeffizient des indirekten Pfades: -0,252). Mediiert durch die Qualität führt somit eine zunehmende Beschaffungskomplexität zu einer deutlich geringeren Flexibilität innerhalb der Logistik. Dieser negative Einfluss auf den flexibilitätsbasierten Logistikerfolg führt in seiner Konsequenz dazu, dass auch die zeitbezogenen Logistikziele, die ohnehin einer direkten negativen Beeinflussung durch die Beschaffungskomplexität unterliegen (vgl. Tabelle 6-7 auf Seite 258), mit einer ansteigenden Komplexität weniger bzw. in einem geringeren Umfang erreicht werden. Die stark mediierte Beziehung (Koeffizient: -0,188) ist dabei wie alle anderen indirekten Effekte hoch signifikant.

Die Stärke der Mediation kann durch den VAF-Wert (Variance Accounted For) ermittelt werden. Dieser relativiert den indirekten Effekt, indem dieser ins Verhältnis zur Gesamtwirkung gesetzt wird. Somit lässt sich der VAF-Wert nach der Formel:

[909] Diese Werte sind folgendermaßen zu interpretieren: Dadurch, dass die Qualität signifikant negativ durch die Beschaffungskomplexität beeinflusst wird (-0,398) und diese wiederum stark mit dem kostenbasierten Logistikerfolg korreliert (0,227), ergibt sich als Folgewirkung des negativen Einflusses der Beschaffungskomplexität auf den qualitätsbasierten Logistikerfolg ebenfalls eine negative Beeinflussung der Kosten durch die Multiplikation der Pfadkoeffizienten (-0,090). Vgl. Abbildung 6-19 sowie Tabelle 6-7 auf Seite 258.

$$VAF = \frac{a \cdot b}{a \cdot b + c} \tag{6.1}$$

berechnen.[910] Hinsichtlich der Mediation zwischen der Beschaffungskomplexität und dem flexibilitätsbasierten Logistikerfolg durch die Qualität ergibt sich ein VAF-Wert von 0,783.[911] Dies deutet auf eine stark mediierte Beziehung hin, da der Gesamteffekt deutlich durch die indirekte Beeinflussung determiniert wird. Der Einfluss der Beschaffungskomplexität auf den zeitbasierten Logistikerfolg wird zwar signifikant durch die Flexibilität mediiert (vgl. Abbildung 6-19), jedoch geringer als im vorangegangenen Beispiel. Der VAF-Wert beträgt dennoch 0,610, sodass der indirekte Einfluss immerhin einen mittleren Anteil am Gesamteffekt besitzt. Der Einfluss der Beschaffungskomplexität auf den kostenbasierten Logistikerfolg wird hingegen nicht nur durch einen einzelnen Mediator, sondern simultan durch drei latente Größen – Qualität, Flexibilität und Zeit – mediiert. Der gesamte mediierte Einfluss der Beschaffungskomplexität auf den kostenbasierten Logistikerfolg ist mit einem t-Wert von 1,958 auf dem 5%-Niveau signifikant. Zusätzlich ist festzustellen, dass der Pfad zwischen der Beschaffungskomplexität und dem kostenbasierten Logistikerfolg, bei dem im ursprünglichen Modell noch keine Signifikanz vorlag (vgl. den Pfad Beschaffungskomplexität - kostenbasierter Logistikerfolg in Abbildung 6-18 auf Seite 256), ebenfalls signifikant wird, sobald die drei Mediatoren aus dem Gesamtmodell entfernt werden (vgl. Anhang A-20 auf Seite 362). Damit handelt es sich bei diesem Einfluss um einen vollständig mediierten Zusammenhang, während die Beziehungen zwischen der Beschaffungskomplexität und dem flexibilitäts- sowie dem zeitbasierten Logistikerfolg lediglich partiell mediiert sind.[912]

Aus den ermittelten direkten und indirekten Einflüssen lassen sich abschließend die sich ergebenden Gesamteffekte (total effects) berechnen. Im Grunde genommen besitzen diese den größten Aussagegehalt, da sie unter Berücksichtigung der direk-

---

910 Die Variable *c* symbolisiert dabei den Pfadkoeffizienten auf dem direkten Pfad zwischen der unabhängigen und der abhängigen Variable, während *b* und *c* den Pfadkoeffizienten von der unabhängigen Variable zum Mediator bzw. vom Mediator zur abhängigen Variable entsprechen (vgl. Abbildung 5-4 auf Seite 128). Der VAF kann für den Fall, dass ein negativer direkter mit einem positiven indirekten Effekt zusammentrifft, auch negative Werte annehmen.

911 Ein VAF-Wert von 0,783 gibt an, dass 78,3% des Gesamteinflusses der Beschaffungskomplexität auf den flexibilitätsbasierten Logistikerfolg auf den mediierten Effekt durch die Qualität zurückzuführen sind. Dieser Wert ergibt sich gemäß der Formel (6.1) durch die Berechnung (-0,398·0,634) / (-0,398·0,634 - 0,070).

912 Dies zeigt sich dadurch, dass trotz des Mediators der direkte Pfad ebenfalls signifikant ist, während dieser im Falle des kostenbasierten Logistikerfolges lediglich dann signifikant wird, wenn die Mediatoren aus dem Modell entfernt werden.

ten und indirekten Abhängigkeitsbeziehungen den insgesamt resultierenden (Gesamt-) Einfluss zwischen der exogenen und endogenen Größe wiedergeben. Der Gesamteffekt ergibt sich als Summe des direkten Pfadkoeffizienten und der multiplikativ verknüpften indirekten Pfadbewertungen. In der vorliegenden Untersuchung können folgende Gesamteffekte ermittelt werden (vgl. Abbildung 6-20).

	Beschaffungs-komplexität	Kosten	Qualität	Flexibilität	Zeit	Logistikerfolg
Beschaffungs-komplexität		-0,167*	-0,398***	-0,323***	-0,308***	-0,376***
Markt	0,400***	-0,067*	-0,159***	-0,129***	-0,123***	-0,150***
Prozess	0,247***	-0,041	-0,098***	-0,080**	-0,076**	-0,093**
Produkt	0,236***	-0,039	-0,094***	-0,076**	-0,073**	-0,089**
Interne	0,370***	-0,062*	-0,147***	-0,119***	-0,114***	-0,139***
Kosten						0,314***
Qualität		0,377***		0,634***	0,368***	0,748***
Flexibilität		0,236***			0,581***	0,571***
Zeit		0,182**				0,372***

*** signifikant auf dem 1%-Niveau; ** signifikant auf dem 5%-Niveau; * signifikant auf dem 10%-Niveau

Abbildung 6-20: Gesamteffekte

Aufgrund der zentralen Bedeutung für diese Arbeit scheint an dieser Stelle zunächst eine tiefergehende Betrachtung der ermittelten Gesamteffekte der Beschaffungskomplexität interessant. Insgesamt kann ein negativer Einfluss der Beschaffungskomplexität auf den Logistikerfolg eines Unternehmens von -0,376 festgestellt werden. Dieser negative Zusammenhang ist dabei nicht nur sehr hoch, sondern zudem auf dem 1%-Niveau signifikant. Mithilfe der Untersuchung kann somit die Feststellung, dass sich eine zunehmende (Beschaffungs-) Komplexität negativ auf den Logistikerfolg eines Unternehmens auswirkt, erstmals empirisch unterlegt und bekräftigt werden.

Neben dem Nachweis einer negativen Beeinflussung des Logistikerfolges durch die Beschaffungskomplexität bildet die detaillierte Untersuchung der Auswirkungen auf die logistischen Erfolgskomponenten ein weiteres zentrales Anliegen dieser Arbeit. Nachdem bei der Untersuchung der direkten Effekte zunächst ein positiver Zusammenhang zwischen der Beschaffungskomplexität und dem kostenbasierten Logistikerfolg festgestellt wurde, der zu einer Falsifizierung der Hypothese H1 führte (vgl. Tabelle 6-7 auf Seite 258), kann nach einer zusätzlichen Berücksichtigung der indirekten Beziehungen insgesamt dennoch der vermutete negative Zusammenhang festgestellt werden (Gesamteinfluss: -0,167). Die Beschaffungskomplexität führt somit zwar nicht direkt zu einem geringeren kostenbasierten Logistikerfolg, beeinflusst diesen jedoch mittelbar und signifikant auf dem 10%-Niveau durch die bestehenden Wechselwirkungen mit den Faktoren Qualität, Flexibilität und Zeit.

Eindeutiger und deutlicher als die Beeinflussung der logistischen Kosten fällt hingegen der negative Einfluss der Beschaffungskomplexität auf die Erreichung der leistungsbezogenen Logistikziele aus. Sowohl beim qualitäts- als auch beim flexibilitäts- und zeitbasierten Logistikerfolg konnte bereits ein direkter negativer Zusammenhang zur Beschaffungskomplexität festgestellt werden (vgl. Tabelle 6-7 auf Seite 258). Dieser negative Einzeleffekt wird durch die bestehenden Wechselwirkungen zusätzlich verstärkt.[913] Allen voran werden insbesondere die qualitätsbezogenen Logistikziele mit einer steigenden Komplexität in einem geringeren Umfang erreicht (Gesamteinfluss: -0,398). Aber nicht nur die Qualität der logistischen Leistungserstellung nimmt mit einer zunehmenden Komplexität ab, sondern ebenso die Leistungsfähigkeit im Ganzen. Diese drückt sich neben einer hohen Qualität ebenso durch flexible Prozesse und eine hohe Anpassungsfähigkeit (flexibilitätsbasierter Logistikerfolg) sowie kurze Liefer-, Durchlauf- und Reaktionszeiten (zeitbasierter Logistikerfolg) aus. Mithilfe der durchgeführten Untersuchung können die negativen Auswirkungen der Beschaffungskomplexität auf den flexibilitäts- sowie den zeitbasierten Logistikerfolg empirisch belegt werden. Beide Erfolgskomponenten werden in nahezu identischem Ausmaß negativ durch die Beschaffungskomplexität tangiert (Gesamteinfluss: -0,323 bzw. -0,308).

Insgesamt lässt sich feststellen, dass ein Anstieg der Beschaffungskomplexität um eine Skaleneinheit zu einer verminderten Logistikleistung zwischen 0,31 und 0,40 Skaleneinheiten führt. Dies bestätigt nicht nur die Ergebnisse von CLOSS ET AL., die einen negativen Einfluss der Produktkomplexität auf die Logistikleistung nachgewiesen haben, sondern stellt darüber hinaus eine Erweiterung des bisherigen Wissensstandes dar.[914] Wie Abbildung 6-20 entnommen werden kann, wirkt sich nicht nur die Produktkomplexität negativ auf den Logistikerfolg aus (Gesamteinfluss: -0,089), sondern vor allem bei der Beschaffungsmarkt- sowie der Internen Komplexität besteht ein starker Zusammenhang (Gesamteinfluss: -0,150 bzw. -0,139). Aber auch die Beschaffungsprozesskomplexität besitzt einen statistisch signifikanten Einfluss auf den Logistikerfolg (Gesamteinfluss: -0,093).

---

913 Im Falle des qualitätsbasierten Logistikerfolges entspricht der Gesameinfluss dem bereits ermittelten Einzeleffekt, da im Untersuchungsmodell keine mediierenden Effekte von dritten Variablen auf den qualitätsbezogenen Logistikerfolg enthalten sind.

914 Vgl. CLOSS ET AL. (2009), S. 8.

Eine weiterführende Betrachtung des endogenen Modells zeigt, dass die Kosten nicht nur deutlich geringer durch die Beschaffungskomplexität beeinflusst werden, sondern auch einen im Vergleich zu den leistungsbezogenen Größen untergeordneten Einfluss auf den gesamten Logistikerfolg ausüben. Während der Einfluss des kostenbasierten Logistikerfolges lediglich 0,314 beträgt, wird dieser von dem zeitbasierten Logistikerfolg bereits mit 0,372 und von der Flexibilität gar mit einem Gewicht von 0,571 bestimmt. Die stärkste Abhängigkeit des Logistikerfolges besteht jedoch von der Qualität (Pfadkoeffizient: 0,748). Dies bestätigt die Ergebnisse früherer Arbeiten, in denen gezeigt werden konnte, dass der Logistikerfolg hauptsächlich von Leistungs- und nur sekundär von Kostenfaktoren abhängt.[915] Auch in aktuellen Studien zu den Trends und Zielen in der Logistik wird auf die dominierende Rolle der leistungsbezogenen Erfolgsfaktoren in der Logistik hingewiesen. STRAUBE und PFOHL stellen beispielsweise fest, dass die Beherrschung der Logistikkosten eine durchaus relevante Zielstellung innerhalb der Logistik darstellt, die jedoch als „[...] notwendiger Faktor [...]“[916] vor allem das Bestehen im Wettbewerb sicherstellen soll. Demgegenüber bilden nach Auffassung der Autoren ein zuverlässiges sowie reaktionsfähiges Logistiksystem und damit die Qualität bzw. die Flexibilität die Kernziele einer strategischen Unternehmensausrichtung.[917] Diese Ansicht wird ebenfalls von anderen Wissenschaftlern sowie die Ergebnisse der vorliegenden Arbeit unterstützt.[918]

Die Gütebeurteilung im Strukturmodell hinsichtlich der Pfadkoeffizienten zeigt, dass die Parameter den Hypothesen entsprechende Vorzeichen besitzen. Eine Ausnahme bildet der Pfad zwischen der Beschaffungskomplexität und dem kostenbasierten Logistikerfolg, bei dem sowohl das Vorzeichen als auch die Höhe des Schätzwertes nicht den Erwartungen entspricht. Dies ist jedoch auf die vollständige Mediation zurückzuführen. Auch die Höhe der Parameter wird stark durch die berücksichtigten indirekten Beziehungen determiniert. Dadurch teilt sich der Gesamteffekt zwangsläufig auf mehrere Einzelpfade auf, wodurch die Pfadkoeffizienten entsprechend geringer ausfallen (müssen). Auch hier würde eine Eliminierung der indirekten Beziehungen dazu führen, dass die Koeffizienten der direkten Pfade von der Beschaffungskomplexität zum kosten-, qualitäts-, flexibilitäts- und zeitbasierten Logistikerfolg an-

915 Vgl. DEHLER (2001); ENGELBRECHT (2004).
916 STRAUBE, PFOHL (2008), S. 16.
917 Vgl. STRAUBE, PFOHL (2008), S. 16ff.
918 Vgl. WEBER ET AL. (2008), S. 13.

nähernd den ermittelten Gesamteffekten aus Abbildung 6-20 entsprechen und somit oberhalb der Grenzwerte von 0,2 liegen.[919]

Eine Betrachtung der t-Werte als Ergebnis des Signifikanztests zeigt, dass bis auf zwei Ausnahmen sämtliche Pfadkoeffizienten mindestens auf dem 5%-Niveau signifikant sind. Die beiden nicht signifikanten Parameterwerte sind jedoch keine Zeichen einer mangelhaften Modellgüte, sondern erneut ein Resultat der einbezogenen indirekten Abhängigkeiten. Bleiben die mediierten Beziehungen unberücksichtigt, ergibt sich ein vereinfachtes Untersuchungsmodell, in dem ausschließlich direkte Abhängigkeitsbeziehungen enthalten sind (vgl. Anhang A-19 auf Seite 362).[920]

Die ermittelten Bestimmtheitsmaße befinden sich auf einem mittleren bis guten Niveau und deuten ebenfalls auf eine zufriedenstellende Modellgüte hin. Bis auf das Bestimmtheitsmaß des qualitätsbasierten Logistikerfolges, welches mit einem Wert von 0,158 leicht hinter den Erwartungen zurückbleibt, befinden sich sämtliche R_j^2 oberhalb des zuvor definierten Akzeptanzniveaus von 0,2. Eine mögliche Erklärung für den nur mittelmäßigen Wert des qualitätsbasierten Logistikerfolges kann in der Vieldeutigkeit und Mehrdimensionalität dieses Konstruktes gesehen werden. In der Literatur herrscht ebenfalls kein einheitliches Begriffsverständnis, wodurch die Messung erschwert wird. Zugunsten einer geringeren Modellkomplexität wurde jedoch bewusst auf eine zusätzliche mehrdimensionale Konzeptualisierung des qualitätsbasierten Logistikerfolges verzichtet. Auch in vergleichbaren Studien wurden womöglich aus diesem Grund lediglich geringe R^2 für den qualitätsbasierten Logistikerfolg erzielt.[921]

Als letztes Gütekriterium zur Beurteilung des Strukturmodells wurde in Tabelle 6-5 auf Seite 250 die Effektstärke eingeführt. Die ermittelten Werte befinden sich zwar mindestens auf dem geforderten Niveau von 0,02, sind jedoch allenfalls als akzeptabel zu bezeichnen. Keines der vier exogenen Konstrukte kommt über das Niveau

---

919 Eine Ausnahme bildet erneut der Pfad zum kostenbasierten Logistikerfolg, der mit einem Gesamteffekt von 0,169 leicht unter der geforderten Grenze von 0,2 liegt. Dies ist jedoch nicht als kritisch zu sehen, sondern verdeutlicht lediglich den geringeren Zusammenhang gegenüber den leistungsbezogenen Erfolgsgrößen.

920 Wie der Abbildung entnommen werden kann, liefert dieses reduzierte Untersuchungsmodell nahezu identische Schätzergebnisse zum ursprünglichen Modell. Da sich die Gesamteffekte nicht mehr auf direkte und indirekte Pfade verteilen, steigen die Pfadkoeffizienten an und es zeigt sich die bereits in Abbildung 6-20 verdeutlichte hohe Signifikanz der Gesamteffekte nunmehr direkt auf der Ebene der Pfadkoeffizienten.

921 Vgl. MILGATE (2001), S. 115; VACHON, KLASSEN (2002), S. 225.

eines „schwachen Einflusses“[922] hinaus. Dennoch ist dieses Ergebnis nicht überraschend, da bereits vor der Untersuchung davon auszugehen war, dass der Logistikerfolg wesentlich stärker von anderen Aspekten als der Beschaffungskomplexität abhängt. Wie gezeigt werden konnte, übt diese zwar einen nicht unwesentlichen Einfluss auf das Ausmaß des logistischen Erfolges aus, aber es existieren andere Faktoren, die für den Erfolg eines Unternehmens eine weitaus höhere Relevanz besitzen. Beispielhaft seien die Unterstützung durch das Management, die Integration von Netzwerkpartnern, die Etablierung eines durchgängigen Qualitätsmanagements innerhalb der logistischen Lieferkette oder die Durchführung von Benchmarkingprojekten als Grundlage eines kontinuierlichen Verbesserungsprozesses genannt. Dennoch bildet die Komplexität eine an Bedeutung gewinnende Einflussgröße für den Logistikerfolg, wie sowohl die Unternehmensbefragung in Kapitel 4 als auch die Ergebnisse der Strukturgleichungsanalyse verdeutlichen.

Da dem Untersuchungsmodell eine hohe Anzahl an Messindikatoren zu Grunde liegt, ist aufgrund der „consistency at large“ - Eigenschaft von konsistenten Ergebnissen auszugehen.[923] Zusätzlich wird zur Sicherstellung konsistenter Parameterschätzungen in der Literatur die Durchführung eines Stabilitätstests vorgeschlagen.[924] Um die Verlässlichkeit der ermittelten Parameterwerte zu bekräftigen und deren Stabilität zu überprüfen, wurden deshalb zufällig 10%, 30% sowie 50% der vorhandenen Datensätze entfernt und das Modell erneut geschätzt. Diese Schätzung wurde anschließend jeweils zehnmal mit verschiedenen Subsamples im Umfang von 212 (90%), 165 (70%) bzw. 118 (50%) Datensätzen wiederholt, um konsistente Ergebnisse zu erlangen. Nach der wiederholten Parameterschätzung für die Subsamples wurde mithilfe eines t-Tests untersucht, ob signifikante Unterschiede zu den ursprünglich ermittelten Parametern aus Abbildung 6-18 auf Seite 256 bestehen.[925] Wenn dies der Fall wäre und die t-Werte auf signifikante Unterschiede der Parameterwerte zwischen dem ursprünglichen Modell mit 236 und den Modellen mit der reduzierten Anzahl an Datensätzen hindeuten, könnten die bisherigen Ergebnisse nicht verallgemeinert werden und das Modell wäre zu verwerfen. Die Ergebnisse

---

922 Vgl. Krafft et al. (2005), S. 84.

923 Vgl. Chin, Newsted (1999), S. 328f. sowie Kapitel 5.2.3.1.

924 Vgl. Homburg, Klarmann (2006), S. 737.

925 T-Werte innerhalb des Konfidenzintervalls würden dabei auf signifikante Unterschiede zwischen dem Pfadkoeffizienten des ursprünglichen Modells mit 236 Datensätzen und dem Parameterwert im Modell mit 212 (90%), 165 (70%) bzw. 118 (50%) Datensätzen hindeuten.

würden in diesem Fall offensichtlich von der zu Grunde liegenden Datenbasis abhängen und je nach verfügbaren Daten variieren.[926] Die Schätzung sowie der Signifikanztest hinsichtlich eventuell vorhandener Abweichungen zwischen dem Originalmodell und den zufällig gebildeten Teilstichproben mit 90%, 70%, bzw. 50% der Daten wurde somit insgesamt 30 mal durchgeführt, wobei für die Beurteilung der Konsistenz und der Verallgemeinerbarkeit der bisherigen Ergebnisse nur die t-Werte des Signifikanztests von Interesse sind. In Abbildung 6-21 sind die jeweils maximalen t-Werte der 30 Schätzungen dargestellt, da diese derjenigen Schätzung eines Subsamples entsprechen, die den deutlichsten Unterschied zum ursprünglichen Modell aufweist. Eine ausführliche Übersicht mit sämtlichen Ergebnissen findet sich in Anhang A-18 auf Seite 361.

	Beschaffungskomplexität		**Kosten**		**Qualität**		**Flexibilität**		**Zeit**		**Logistikerfolg**	
	t-Wert*	Signifikanz	t-Wert*	Signifikanz	t-Wert*	Signifikanz	t-Wert*	Signifikanz	t-Wert*	Signifikanz	t-Wert*	Signifikanz
Beschaffungskomplexität			0,696	n. s.	0,933	n. s.	1,039	n. s.	0,855	n. s.		
Markt	0,870	n. s.										
Prozess	0,842	n. s.										
Produkt	0,634	n. s.										
Interne	1,277	n. s.										
Kosten											0,584	n. s.
Qualität			0,602	n. s.			0,534	n. s.			0,681	n. s.
Flexibilität			1,140	n. s.					0,548	n. s.	0,541	n. s.
Zeit			0,835	n. s.							0,399	n. s.

* Maximaler t-Wert der 30 zufällig gebildeten Subsamples mit 90%, 70% bzw. 50% der Originaldatensätze
n. s. - nicht signifikant

Abbildung 6-21: Stabilitätstest der Parameter

Wie Abbildung 6-21 verdeutlicht, können keine signifikanten Unterschiede zwischen den Parametern der zufällig gebildeten Subsamples und den Ergebnissen auf Basis der vollständigen Stichprobendaten festgestellt werden. Dieser umfangreiche Stabilitätstest lässt vor dem Hintergrund der zahlreichen anderen Gütekriterien, die zur Beurteilung der Messmodelle und des Strukturmodells verwendet wurden, den Schluss zu, dass die gewonnenen Parameterschätzungen signifikant und konsistent sind. Da die Ergebnisse somit nicht von den zu Grunde liegenden Daten abhängig sind und diese mithilfe der zur Verfügung stehenden statistischen Tests sowie den üblichen Gütekriterien überprüft und abgesichert wurden, ist davon auszugehen, dass die vorgestellten Ergebnisse verallgemeinert werden können.

926 Starke Abweichungen der Parameterwerte wären auf inkonsistente Daten, zu hinterfragende theoretische Vorüberlegungen oder eine mangelnde Eignung des Datenanalyseverfahrens zurückzuführen.

Abschließend soll der Einfluss der Unternehmensgröße als moderierende Variable untersucht werden.

6.5.1.3 Analyse moderierender Effekte

6.5.1.3.1 Methodische Vorgehensweise

Um den Einfluss einer moderierenden Variable zu untersuchen, stehen mit der Bildung eines *multiplikativen Interaktionsterms*[927] sowie der *multiplen Gruppenanalyse*[928] zwei alternative Vorgehensweisen zur Verfügung. Die Entscheidung, welche der beiden Methoden zur Anwendung kommt, hängt vom Datenniveau sowie dem Charakter der moderierenden Variable ab. Für den Fall, dass metrisch skalierte Daten vorliegen und der Moderationseffekt nur einzelne Beziehungen innerhalb des Strukturgleichungsmodells betrifft, sollte die Schätzung mithilfe von Interaktionstermen vorgenommen werden.[929] Diese entstehen durch das Zusammenwirken der moderierenden und der unabhängigen Variablen.[930] Der Wert des Pfadkoeffizienten zwischen der unabhängigen und der abhängigen Variable verdeutlicht den Einfluss der exogenen Größe, wenn die Moderatorvariable den Mittelwert Null annimmt. Der Pfadkoeffizient der Interaktionsvariablen beschreibt hingegen, wie sich der Einfluss der unabhängigen auf die abhängige Variable verändert, wenn sich die moderierende Variable um eine Standardabweichung ihres Mittelwertes erhöht.[931] Wenn der Pfadkoeffizient der Interaktionsbeziehung signifikant ist, wird die Hypothese einer

---

927 Das Vorgehen lässt sich für den PLS-Ansatz leicht realisieren, wohingegen bei der kovarianzbasierten Kausalmodellierung die Prämisse von unkorrelierten Fehlertermen der Indikatorvariablen nicht erfüllt ist, da die Indikatoren der Interaktionsvariablen durch Multiplikation entstehen und sie somit zwangsläufig einen Teil ihrer Varianz mit den Indikatoren der Ausgangsvariablen teilen. Dadurch ist für die Analyse moderierender Effekte eine Vielzahl komplizierter Restriktionen zu berücksichtigen. Vgl. GÖTZ, LIEHR-GOBBERS (2004), S. 724ff.; EGGERT ET AL. (2005), S. 107.

928 Beim LISREL-Ansatz wird in diesem Falle von einer *Mehrgruppenkausalanalyse* gesprochen. Vgl. MARSH ET AL. (2006), S. 225ff.

929 Vgl. HUBER ET AL. (2007), S. 48ff.

930 Vgl. CHIN ET AL. (2003), S. 196ff. Im Falle reflektiver Modelle berechnen sich die Indikatorwerte der Interaktionsvariable als Produkt der standardisierten Indikatoren der exogenen Variablen und der Moderatorvariable. Bei formativen Modellen werden hingegen nicht die Indikatorwerte, sondern die standardisierten Konstruktwerte (Latent Variable Scores) miteinander multipliziert. Anders als im reflektiven Fall, in dem $m \cdot n$ Indikatoren zur Operationalisierung der Interaktionsvariable verwendet werden, wird diese bei formativen Messmodellen somit aus einem einzigen Indikator gebildet, der aus der Multiplikation der beiden Konstruktwerte hervorgeht. Vgl. EGGERT ET AL. (2005), S. 108f.

931 Vgl. EGGERT ET AL. (2005), S. 109.

moderierten Beziehung zwischen der unabhängigen und abhängigen Variable unterstützt.[932]

Die zweite Möglichkeit zur Untersuchung eines moderierenden Effektes bildet die multiple Gruppenanalyse. Mit ihrer Hilfe soll herausgefunden werden, ob voneinander abweichende Schätzergebnisse mit zufälligen Schwankungen erklärt werden können, oder ob es sich um statistisch signifikante Unterschiede zwischen (zwei) Gruppen handelt. Die multiple Gruppenanalyse eignet sich deshalb besonders bei nominal skalierten Daten, da hier die Ausprägung der Variable als Grundlage für die Trennung in die verschiedenen Gruppen dient. Sie ist zudem dann zu favorisieren, wenn der vermutete Interaktionseffekt auf das gesamte Modell und nicht nur auf einzelne Pfade wirkt. Dies ist beispielsweise dann der Fall, wenn vermutet wird, dass qualitative Faktoren (z. B. Geschlecht, Bildungsniveau, Parteizugehörigkeit) oder quantitative Aspekte (Gehalt, Unternehmensgröße) die Gesamtheit der untersuchten Beziehungen beeinflusst. Dazu wird die Gesamtstichprobe zunächst anhand des interagierenden Merkmals in Subpopulationen (Subsamples) getrennt. Im folgenden Schritt wird für jedes der Subsamples eine Parameterschätzung durchgeführt. Den Abschluss der multiplen Gruppenanalyse bildet die Überprüfung, ob zwischen den Teilstichproben signifikante Unterschiede hinsichtlich der ermittelten Parameterwerte bestehen. Auf Basis der Standardabweichungen der Parameter, die mithilfe der Bootstrapping-Methode ermittelt werden können, lässt sich anschließend die t-Statistik berechnen und somit die Signifikanz der Unterschiede zwischen den Populationen beurteilen. Eine Voraussetzung für die Anwendung einer multiplen Gruppenanalyse besteht darin, dass sich die Messmodelle der Konstrukte zwischen den beiden Teilpopulationen nicht signifikant voneinander unterscheiden (Messmodellinvarianz). Im vorliegenden Fall differieren lediglich die zu Grunde liegenden Daten (kleine Unternehmen bzw. große Unternehmen), aber nicht das Untersuchungsmodell, weshalb dieser Prämisse entsprochen wird. Da vermutet wird, dass die Unternehmensgröße als moderierende Variable einen Einfluss auf sämtliche Parameter des Untersuchungsmodells ausübt, müssten insgesamt 17 Interaktionsvariablen in das Modell eingefügt werden. Dies würde die Modellkomplexität enorm

---

[932] Vgl. BARON, KENNY (1986), S. 1.174.

erhöhen und die Verlässlichkeit der Ergebnisse in Frage stellen.[933] Aus diesem Grund wird die Methodik der multiplen Gruppenanalyse präferiert.

6.5.1.3.2 Analyse des Moderators „Unternehmensgröße“

In einem ersten Schritt wurde der vorhandene Datensatz hinsichtlich des Kriteriums „Unternehmensgröße“ in zwei Gruppen zerlegt.[934] In dem ersten Subsample befinden sich 169 Datensätze von Unternehmen mit bis zu 250 Mitarbeitern („Kleine Unternehmen“), wohingegen für das zweite Subsample 67 Datensätze von Unternehmen mit mehr als 250 Mitarbeitern („Große Unternehmen“) zur Verfügung stehen. In Abbildung 6-22 sind zunächst die Ergebnisse der Parameterschätzung für die kleinen Unternehmen dargestellt.

	Einzeleffekte						Gesamteffekte				
	Beschaffungs-komplexität	Kosten	Qualität	Flexibilität	Zeit	Logistik-erfolg	Kosten	Qualität	Flexibilität	Zeit	Logistik-erfolg
Beschaffungs-komplexität		0,005	-0,381***	-0,048	-0,136**		-0,171	-0,381***	-0,290**	-0,314**	-0,362***
Markt	0,387***						-0,066	-0,148***	-0,112**	-0,121***	-0,140***
Prozess	0,202***						-0,035	-0,077*	-0,059	-0,063	-0,073*
Produkt	0,288***						-0,049	-0,110**	-0,084*	-0,090**	-0,104*
Interne	0,370***						-0,063	-0,141**	-0,107**	-0,116***	-0,134**
Kosten						0,313***					0,313***
Qualität		0,232**		0,635***		0,313***	0,387***		0,634***	0,389***	0,755***
Flexibilität		0,168**			0,613***	0,313***	0,245***			0,613***	0,581***
Zeit		0,126				0,313***	0,126				0,352***

*** signifikant auf dem 1%-Niveau; ** signifikant auf dem 5%-Niveau; * signifikant auf dem 10%-Niveau

Abbildung 6-22: Parameterschätzung für kleine Unternehmen

Auch bei den kleinen Unternehmen setzt sich die Beschaffungskomplexität vor allem aus der vom Markt ausgehenden sowie der Internen Komplexität zusammen, was den Ergebnissen der unternehmensgrößenneutralen Analyse entspricht (vgl. Tabelle 6-6 auf Seite 256). Allerdings nimmt bei kleinen Unternehmen die durch die Produkte sowie das Produktprogramm verursachte Komplexität einen stärkeren Ein-

933 Insgesamt wären dann 27 latente Konstrukte im Modell enthalten. Aufgrund der formativen Messmodellspezifikation wären zudem die ebenfalls bereits auf Schätzungen basierenden Konstruktwerte zur Bildung der Interaktionsvariablen zu verwenden. Da somit für das gesamte Modell auf Basis bereits geschätzter Werte weitere Parameter geschätzt werden sollen, ist davon auszugehen, dass mithilfe einer multiplen Gruppenanalyse verlässlichere Ergebnisse erzielt werden können.

934 Die Unterscheidung in „kleine“ und „große“ Unternehmen wurde in Anlehnung an die in Kapitel 4 vorgenommene Gruppierung vorgenommen. Um eine höhere Trennschärfe zwischen den Gruppen zu erreichen, kann statt einer 50/50-Aufteilung des Datensatzes eine Drittelung vorgenommen werden. Anschließend erfolgt lediglich eine Betrachtung der zwei äußeren Gruppen. Die mittlere Gruppe entfällt somit für die weitere Analyse und dient lediglich als Trennbereich. Da die Unternehmensgröße in der vorliegenden Untersuchung jedoch anhand einer vierstufigen Skala erhoben wurde, ist eine solche Vorgehensweise nicht möglich. Des Weiteren ist kritisch anzumerken, dass für beide Subsamples ein ausreichend großer Stichprobenumfang gewährleistet sein muss, um die Parameterschätzung durchführen zu können. Bei einer Dreiteilung der Daten ist somit zwangsläufig ein höherer Ausgangsdatenbestand erforderlich.

fluss auf die Beschaffungskomplexität als dies beim Durchschnitt der Unternehmen der Fall ist.[935] Dass das angebotene Produktprogramm sowie die Gestaltung der Produkte insbesondere bei Klein- und Kleinstunternehmen einen größeren Komplexitätstreiber darstellt als bei Großunternehmen, ist dabei nicht überraschend.

Hinsichtlich der direkten Einflüsse sowie der Gesamteffekte auf die logistischen Erfolgsfaktoren bestehen jedoch keine markanten Unterschiede gegenüber den zuvor festgestellten Zusammenhängen bei der gemeinsamen Untersuchung beider Größenklassen. Auch bei den kleinen Unternehmen ist ein deutlicher und signifikanter Zusammenhang sowohl zwischen dem gesamten Logistikerfolg (Gesamteinfluss: -0,362) als auch bezüglich der logistischen Erfolgskomponenten feststellbar. Die leistungsbezogenen Logistikziele werden dabei auch bei den Unternehmen bis 250 Mitarbeiter deutlich negativer durch die Beschaffungskomplexität beeinflusst als der kostenbasierte Logistikerfolg (Gesamteinfluss Qualität: -0,381; ~ Flexibilität: -0,290, ~ Zeit: -0,314, ~ Kosten: -0,171).

Ein deutlich anderes Bild ergibt sich bei einer gesonderten Betrachtung der großen Unternehmen mit mehr als 250 Mitarbeitern (vgl. Abbildung 6-23).

	Einzeleffekte						Gesamteffekte				
	Beschaffungs-komplexität	Kosten	Qualität	Flexibilität	Zeit	Logistik-erfolg	Kosten	Qualität	Flexibilität	Zeit	Logistik-erfolg
Beschaffungs-komplexität		-0,166	-0,685***	-0,372**	-0,379***		-0,483	-0,685**	-0,678**	-0,598*	-0,754**
Markt	0,357***						-0,172*	-0,244**	-0,242**	-0,213*	-0,269**
Prozess	0,399***						-0,193	-0,273**	-0,271*	-0,239*	-0,301*
Produkt	0,295***						-0,143*	-0,202**	-0,200**	-0,176*	-0,223**
Interne	0,220***						-0,106	-0,150**	-0,149*	-0,131*	-0,166*
Kosten						0,226**					0,308***
Qualität		0,103		0,446***		0,308***	0,154		0,446**	0,144	0,538***
Flexibilität		-0,032			0,322**	0,308***	0,113			0,322*	0,443***
Zeit		0,449***				0,308***	0,449***				0,447***

*** signifikant auf dem 1%-Niveau; ** signifikant auf dem 5%-Niveau; * signifikant auf dem 10%-Niveau

Abbildung 6-23: Parameterschätzung für große Unternehmen

Zunächst lässt sich bei den großen Unternehmen gegenüber der unternehmensgrößenneutralen Parameterschätzung eine abweichende Bedeutung der vier exogenen Dimensionen auf die Beschaffungskomplexität feststellen. Diese wird bei Unternehmen mit mehr als 250 Mitarbeitern zwar ebenfalls stark von der Beschaffungsmarkt-, jedoch noch deutlicher von der Beschaffungsprozesskomplexität bestimmt. Die Interne Komplexität, die zuvor die zweitstärkste Komplexitätsdimension darstellte (vgl. Abbildung 6-18 auf Seite 256), beeinflusst die Beschaffungskomplexität bei den

[935] Bei der unternehmensgrößenneutralen Analyse stellte die Produktkomplexität mit einem Gewicht von 0,236 diejenige Dimension mit dem geringsten Einfluss auf die Beschaffungskomplexität dar, wohingegen sie bei einer gesonderten Betrachtung der kleinen Unternehmen einen stärkeren Einfluss nimmt als die von den Prozessen ausgehende Komplexität.

großen Unternehmen hingegen nur peripher. Die großen Unternehmen sollten somit insbesondere die Beschaffungsprozesse komplexitätsarm gestalten und die relevanten Faktoren des Beschaffungsmarktes fokussiert analysieren und beeinflussen. Wie in Kapitel 4 gezeigt werden konnte, sind sich vor allem die großen Unternehmen der zunehmenden Komplexität bewusst und der Großteil hat sich bereits intensiver mit der Thematik auseinandergesetzt (vgl. Abbildung 4-3 und Abbildung 4-4 auf Seite 93 bzw. 96). Eine Erklärung hierfür könnten die Ergebnisse aus Abbildung 6-23 bilden. Durch die multiple Gruppenanalyse kann gezeigt werden, dass sich die Beschaffungskomplexität bei großen Unternehmen deutlich stärker auf den Logistikerfolg auswirkt als dies bei kleinen Unternehmen der Fall ist. Dabei werden sowohl die Erfolgsdimensionen für sich selbst betrachtet als auch der gesamte Logistikerfolg in einem stärkeren Maße negativ beeinflusst. Ein Vergleich der ermittelten Gesamteffekte zeigt, dass der negative Zusammenhang zwischen der Beschaffungskomplexität und den leistungsbezogenen Erfolgskomponenten bei großen Unternehmen annähernd doppelt so stark ist wie bei kleinen Unternehmen.[936] Hinsichtlich des kostenbasierten Logistikerfolges wirkt sich die Beschaffungskomplexität sogar dreimal so intensiv aus.[937] Der gesamte negative Einfluss der Beschaffungskomplexität auf den Logistikerfolg ist mit -0,754 ebenfalls deutlich stärker als bei den kleinen Unternehmen (-0,362) bzw. der unternehmensgrößenneutralen Betrachtung (-0,377).

Für die statistische Beurteilung der ermittelten Unterschiede zwischen kleinen und großen Unternehmen bietet sich die Durchführung eines Signifikanztests an. Getestet wird hierbei die Nullhypothese, dass die Parameter in beiden Subsamples identisch sind und kein Einfluss der moderierenden Variable „Unternehmensgröße“ vorherrscht.[938] Zur Berechnung der t-Statistik kann folgende Formel verwendet werden:[939]

---

936 Der Gesamteffekt bezüglich des qualitätsbasierten Logistikerfolges beträgt bei den großen Unternehmen -0,685, bei den kleinen nur -0,381. Hinsichtlich des flexibilitätsbasierten Logistikerfolges ist bei den großen Unternehmen ein negativer Effekt von -0,678 und bei den kleinen einer von -0,290 feststellbar. Der Einfluss auf den zeitbasierten Logistikerfolges beträgt bei den großen Unternehmen -0,598, während dieser bei den kleinen Unternehmen mit -0,314 deutlich geringer ausfällt.

937 Der Einfluss auf den kostenbasierten Logistikerfolg beträgt bei den großen Unternehmen -0,483, bei den kleinen lediglich -0,171.

938 Werte der t-Statistik über 1,285 führen somit dazu, dass die Nullhypothese mit einer zehnprozentigen Irrtumswahrscheinlichkeit abzulehnen ist und mit einer Wahrscheinlichkeit von 90% ein statistisch signifikanter Unterschied zwischen den Parameterschätzungen vorliegt. Größere t-Werte verringern die Irrtumswahrscheinlichkeit entsprechend.

939 Vgl. HUBER ET AL. (2007), S. 50f.

$$t = \frac{b_{(1)} - b_{(2)}}{\sqrt{\frac{(n_{(1)}-1)^2}{n_{(1)}+n_{(2)}-2} \cdot se^2_{\beta_{(1)}} + \frac{(n_{(2)}-1)^2}{n_{(1)}+n_{(2)}-2} \cdot se^2_{\beta_{(2)}}} \cdot \sqrt{\frac{1}{n_{(1)}} + \frac{1}{n_{(2)}}}}. \qquad (6.2)$$

Die Ergebnisse des Signifikanztests sind in der folgenden Abbildung dargestellt.

	Beschaffungs-komplexität		Kosten		Qualität		Flexibilität		Zeit		Logistikerfolg	
	t-Wert	Signifikanz	t-Wert	Signifikanz	t-Wert	Signifikanz	t-Wert	Signifikanz	t-Wert	Signifikanz	t-Wert	Signifikanz
Beschaffungs-komplexität			0,847	n. s.	1,931	5%	1,950	5%	1,588	10%	1,271	10%
Markt	0,249	n. s.										
Prozess	1,456	10%										
Produkt	0,063	n. s.										
Interne	1,388	10%										
Kosten											0,266	n. s.
Qualität			0,717	n. s.			0,926	n. s.			0,259	n. s.
Flexibilität			1,255	n. s.					1,464	10%	0,259	n. s.
Zeit			1,672	5%							0,259	n. s.

n. s. - nicht signifikant

Abbildung 6-24: Signifikanz der Gruppenunterschiede

Wie Abbildung 6-24 entnommen werden kann, ist der festgestellte Unterschied hinsichtlich der stärkeren Abhängigkeit des Logistikerfolges von der Beschaffungskomplexität zwischen den kleinen und großen Unternehmen signifikant.[940] Damit ist statistisch nicht zu widerlegen, dass die Beschaffungskomplexität bei großen Unternehmen einen stärkeren Einfluss auf die Erreichung der Logistikziele ausübt als bei kleinen Unternehmen. Signifikant ist ebenfalls die unterschiedliche Relevanz der Beschaffungsprozess- sowie der Internen Komplexität für große bzw. kleine Unternehmen.[941]

Mit der in Kapitel 6.3.3.3 formulierten **Hypothese H10** wurde unterstellt, dass die negativen Auswirkungen der Beschaffungskomplexität auf die Erreichung der logistischen Erfolgsdimensionen Kosten, Qualität, Flexibilität und Zeit mit einer steigenden Unternehmensgröße zunehmen. Der moderierende Effekt errechnet sich dabei als Differenz des entsprechenden Parameterwertes in der Teilstichprobe der großen Unternehmen sowie der Teilstichprobe der kleinen Unternehmen. Da unterstellt wird, dass die Unternehmensgröße einen wesentlichen Einfluss auf den insgesamt feststellbaren Zusammenhang zwischen der Beschaffungskomplexität und dem kosten-, qualitäts-, flexibilitäts- bzw. zeitbasierten Logistikerfolg ausübt, sind zur Ermittlung des moderierendes Effektes die entsprechenden Gesamteffekte aus Abbildung 6-22

940 Eine Ausnahme bildet hierbei der Einfluss auf den kostenbasierten Logistikerfolg, bei dem kein signifikanter Unterschied zwischen kleinen und großen Unternehmen festzustellen ist.

941 Die restlichen Ergebnisse sind Abbildung 6-24 zu entnehmen.

bzw. Abbildung 6-23 zu verwenden. Unter Berücksichtigung der bisherigen Ausführungen können die Ergebnisse der multiplen Gruppenanalyse wie folgt zusammengefasst werden (vgl. Tabelle 6-8).

Hypothese		Einfluss der Unternehmensgröße auf Parameterwert				Unterstützung der Hypothese
	Effekt	Vermuteter Einfluss	Ermittelter moderierter Effekt	t- Wert	Signifikanz	
H10	BKom - Kosten	positiv	**-0,312**	0,847	**n. s.**	unter Vorbehalt[942]
	BKom - Qualität	positiv	**-0,304**	1,931	**5%-Niveau**	Ja
	BKom - Flexibilität	positiv	**-0,388**	1,950	**5%-Niveau**	Ja
	BKom - Zeit	positiv	**-0,284**	1,588	**10%-Niveau**	Ja

Tabelle 6-8: Einfluss der Unternehmensgröße (Hypothese H10)

Wie Tabelle 6-8 zeigt, besteht bei sämtlichen Beziehungen zwischen der Beschaffungskomplexität und den logistischen Erfolgsgrößen eine deutliche Beeinflussung durch die Unternehmensgröße, weshalb die Hypothese H10 durch die multiple Gruppenanalyse unterstützt wird. Der größte Unterschied kann hinsichtlich des Einflusses der Beschaffungskomplexität auf den flexibilitätsbasierten Logistikerfolg festgestellt werden, der bei den großen Unternehmen -0,678 und bei den kleinen lediglich -0,290 beträgt. Dadurch ergibt sich ein moderierender Effekt von -0,388. Auch hinsichtlich des qualitäts- sowie des zeitbasierten Logistikerfolges besteht ein deutlicher und statistisch signifikanter Unterschied zwischen den Unternehmensgruppen (moderierender Effekt: -0,304 bzw. -0,284). Die Untersuchung hat somit gezeigt, dass sich die Beschaffungskomplexität bei großen Unternehmen noch stärker auf die Erreichung der leistungsbezogenen Logistikziele auswirkt als dies ohnehin auch bei den kleinen Unternehmen der Fall ist. Aber auch bezüglich des kostenbasierten Logistikerfolges ist bei den großen Unternehmen eine stärkere Beeinflussung durch die Beschaffungskomplexität feststellbar. Dieser moderierende Effekt von -0,312 ist jedoch nicht signifikant und sollte entsprechend vorsichtig und kritisch interpretiert werden.

Obwohl der verstärkende Einfluss der Unternehmensgröße vermutet wurde, überrascht dennoch die Intensität des Unterschiedes zwischen kleinen und großen Unternehmen. Für den gegenüber den kleinen Unternehmen deutlich stärkeren Zusam-

942 Sowohl die Höhe als auch das Vorzeichen des Pfadkoeffizienten entsprechen zwar den in Tabelle 5-3 auf Seite 169 definierten Anforderungen, allerdings ist der festgestellte Zusammenhang nicht signifikant und muss entsprechend kritisch interpretiert werden.

menhang zwischen der Komplexität und dem Logistikerfolg in großen Unternehmen lassen sich zwei mögliche Erklärungsansätze finden. Zunächst ist davon auszugehen, dass ein großes Unternehmen definitionsgemäß ein überaus komplexes System mit zahlreichen Verflechtungen und Abhängigkeiten darstellt. Da die Führung und das Management eines solchen Unternehmens ohnehin ein sehr schwieriges Unterfangen darstellen, wirkt sich ein zusätzlicher Komplexitätsanstieg stärker auf die Zielerreichung aus als dies bei kleinen Unternehmen der Fall ist. Diese sind in der Regel weniger vielschichtig bzw. komplex aufgebaut und besitzen eine einfache Organisationsstruktur, wodurch sich widersprechende oder behindernde Bereichsziele und Zielvorgaben als einer der einflussreichsten Komplexitätstreiber seltener vorfinden lassen und im Allgemeinen eine höhere Transparenz der Waren- und Informationsflüsse vorherrscht. Aus diesem Grund besitzt beispielsweise eine Verspätung eines Lieferanten oder die nachträgliche Änderung einer bereits getätigten Bestellung durch den Kunden weniger weitreichende Konsequenzen als in einem Großunternehmen. Durch dessen zahlreiche unternehmensinternen sowie -externen Verflechtungen und Schnittstellen steigt die Komplexität überproportional an. Gleichzeitig ist zu vermuten, dass z. B. eine Neuprodukteinführung bei einem Kleinstunternehmen mit deutlich weniger unerwarteten Ereignissen einhergeht als dies in einem Großkonzern der Fall ist. Aus diesem Grund sind die festgestellten Unterschiede hinsichtlich des Einflusses der Beschaffungskomplexität durchaus nachvollziehbar und plausibel, wenn auch in dieser Höhe überraschend.

Eine zweite mögliche Erklärung für die starke Diskrepanz ist womöglich darin zu sehen, dass unter den 67 großen Unternehmen auch zahlreiche namhafte und renommierte Vertreter sind. Da insbesondere bei diesen Unternehmen ein starkes Interesse an der Außenwirkung und der positiven Wahrnehmung durch die Kunden bzw. die Öffentlichkeit besteht, ist zu vermuten, dass die Unternehmen geneigt sind, sich aus Imagegründen bei der Beantwortung des Fragebogens besser darzustellen als es in Wirklichkeit der Fall ist. Ebenso ist es möglich, dass sich die Befragten der vorhandenen Defizite bei der Zielerreichung selbst nur teilweise bewusst sind oder diese ebenfalls vor dem Hintergrund der Außenwirkung nicht eingestehen möchten, um der Unternehmensreputation nicht zu schaden. Wenn gleichzeitig bestehende Defizite[943]

[943] Z. B. hinsichtlich der Lieferantenzuverlässigkeit (ULiZQ), der vorhandenen Transparenz von Waren- und Informationsflüssen (TraDef), widersprüchlicher Zielvorgaben (HetBeZ), einer mangelnden Ganzheitlichkeit (Durchg) oder der Unsicherheit von Bedarfsprognosen (PrognU).

aus Gründen der Außenwirkung oder einem defensiven Umgang mit bestehenden Mängeln als geringfügiger dargestellt oder gänzlich verschwiegen werden, steht einem scheinbar niedrigen Komplexitätsgrad ein hoher Logistikerfolg gegenüber.[944] Im Umkehrschluss entspricht dies dem ermittelten Ergebnis eines sehr hohen Einflusses der Beschaffungskomplexität auf den Logistikerfolg. An dieser Stelle soll keine absichtliche Verzerrung der Angaben unterstellt, sondern lediglich eine mögliche Erklärung für den unerwartet hohen Unterschied der ermittelten Parameterwerte in kleinen und großen Unternehmen gegeben werden. Insbesondere vor dem Hintergrund des geringen Stichprobenumfanges sind die Ergebnisse der multiplen Gruppenanalyse deshalb mit Vorsicht zu interpretieren.[945]

6.5.2 Modifikation der Modellstruktur

Die Modifikation der Modellstruktur ist vor allem bei kovarianzbasierten Analyseverfahren ein fester Bestandteil der Strukturgleichungsanalyse.[946] Obwohl die Modellkonzeption auf theoretischen Vorüberlegungen basiert und eine nachträgliche Modifikation aufgrund unerwarteter Ergebnisse oder nicht erfüllter Gütekriterien dem Wissenschaftsverständnis in dieser Arbeit widerspricht, sollen im Folgenden dennoch bestehende Kritikpunkte in der Literatur aufgegriffen und hinsichtlich ihrer Berechtigung am Beispiel des betrachteten Untersuchungsmodells diskutiert werden.

Das in dieser Arbeit entwickelte Modell sieht eine mehrdimensionale Konzeptualisierung der Konstrukte vor. Mit deren Hilfe ist es möglich, auch sehr komplexe und vielschichtige Sachverhalte mit unterschiedlichen Facetten zu untersuchen. Gleichzeitig wird durch die Einführung von Konstrukten zweiter Ordnung nachhaltig die Modellkomplexität reduziert.[947] ALBERS und GÖTZ empfehlen dennoch, möglichst auf die Verwendung mehrdimensionaler Konstrukte zu verzichten, wenn dies nicht aus tech-

---

[944] Die Analyse der von PLS geschätzten Konstruktwerte (Latent Variable Scores) unterstützen diese Vermutung. Während bei den großen Unternehmen die Beschaffungskomplexität und der Logistikerfolg Werte von 1,701 bzw. 3,405 annehmen, beträgt die Komplexität bei den kleinen Unternehmen 2,480 und der Logistikerfolg 3,597. Dadurch resultiert bei den großen Unternehmen eine Diskrepanz zwischen der exogenen und der endogenen Variable von 1,704, die bei den kleinen Unternehmen mit 1,117 deutlich geringer ausfällt.

[945] Zur Analyse der Abhängigkeiten bei den großen Unternehmen lagen lediglich 67 Datensätze vor. Den Empfehlung aus Kapitel 5.2.3.2 folgend wären mindestens 70 Datensätze erforderlich. Da dies lediglich einen Richtwert darstellt, sind die 67 Datensätze zwar als akzeptabel zu bezeichnen, allerdings sollten folgende Forschungsarbeiten eine fokussierte Untersuchung bei großen Unternehmen durchführen, um die in dieser Arbeit ermittelten Ergebnisse zu verifizieren oder ggf. zu widerlegen.

[946] Vgl. BACKHAUS ET AL. (2006b), S. 356.

[947] Vgl. ALBERS, GÖTZ (2006), S. 673.

nischen Gründen, z. B. zur Untersuchung moderierender bzw. mediierender Einflüsse, notwendig ist. Die Autoren begründen dies damit, dass speziell bei einem rein formativ spezifizierten Modell, wie es auch dieser Arbeit zu Grunde liegt, die Verdichtung verschiedener Dimensionen zu einem Konstrukt zweiter Ordnung mit Informationsverlusten verbunden ist.[948] Dem ist jedoch zu entgegnen, dass im vorliegenden Fall nicht nur der Einfluss auf den Logistikerfolg in seiner Gesamtheit von Interesse ist, sondern vor allem die unterschiedlichen Effekte auf die Erfolgskomponenten untersucht werden sollten. Durch deren Berücksichtigung als Konstrukte erster Ordnung ist ein detaillierteres Bild der Zusammenhänge möglich, sodass in Kapitel 7 differenziertere Handlungsempfehlungen abgeleitet werden können. Eine Eliminierung der Konstrukte zweiter Ordnung wurde in Kapitel 6.3.1.3 zudem abgelehnt, da dies zu einer deutlichen Komplexitätszunahme des Modells führen würde (vgl. Abbildung 6-3 auf Seite 200). Zusätzlich ließe sich eine Analyse mediierter sowie moderierter Effekte deutlich schwieriger realisieren. Um die Empfehlung von ALBERS und GÖTZ jedoch zu berücksichtigen, wurde das Untersuchungsmodell ebenso ohne das endogene Konstrukt zweiter Ordnung (Logistikerfolg) geschätzt. Die Ergebnisse der Parameterschätzung sind Anhang A-19 auf Seite 362 zu entnehmen. Hierin zeigt sich, dass hierbei nahezu identische Ergebnisse zum ursprünglichen Untersuchungsmodell erzielt werden. Die Auffassung von ALBERS und GÖTZ, wonach die Verwendung mehrdimensionaler Konstrukte mit Informationsverlusten einhergeht, kann demnach für das zu Grunde liegende Untersuchungsmodell nicht bestätigt werden. Vielmehr ist zu entgegnen, dass durch die Integration des übergeordneten Konstruktes zusätzlich der Einfluss auf den Logistikerfolg in seiner Gesamtheit quantifiziert werden kann.

Ein weiterer Entscheidungsspielraum besteht hinsichtlich der Operationalisierung der mehrdimensionalen Konstrukte. Neben dem *repeated indicators approach*, der für die Analyse verwendet wurde, steht mit dem *composite second order approach* eine alternative Vorgehensweise zur Verfügung. In Anhang A-21 auf Seite 363 sind die Ergebnisse der Parameterschätzung unter Verwendung dieser zweiten Alternative dargestellt. Wie zu sehen ist, weichen die Parameterwerte nur marginal von denjenigen des repeated indicator approach ab.[949]

---

948 Vgl. ALBERS, GÖTZ (2006), S. 675.
949 Die Gesamteffekte weisen lediglich Unterschiede auf der zweiten Dezimalkommastelle auf.

Abschließend soll die in der Literatur kontrovers geführte Diskussion bezüglich der Interdependenzen zwischen den logistischen Zielgrößen aufgegriffen werden. Durch die Hypothesen H5 bis H9 wurde eine eindeutige Kausalitätsrichtung unterstellt, die zwar auf theoretischen Vorüberlegungen basiert und mit Experten diskutiert wurde, die aber dennoch kritisch gesehen werden kann, da sie eine Allgemeingültigkeit der beschriebenen Ursache-Wirkungs-Beziehungen voraussetzt. So argumentiert z. B. KRÜGER in Anlehnung an MELNYK und DENZLER, dass keine eindeutige Kausalitätsrichtung zwischen den Kosten und der Leistung besteht, sondern sich diese wechselseitig beeinflussen. Hierzu führt der Autor Beispiele an, wie sich eine Kostenveränderung auf die Flexibilität auswirkt und wie im Umgekehrten eine Flexibilitätserhöhung kostenwirksam ist.[950] Dem ist prinzipiell zuzustimmen. Dennoch bildet das in Kapitel 6.3.3 skizzierte Hypothesengerüst eine plausible und wie die Ergebnisse der Parameterschätzung zeigen gute bis sehr gute Abbildung der real existierenden Zusammenhänge. Im Allgemeinen ist zu konstatieren, dass die Integration der mediierten Beziehungen – abhängig von der Kausalrichtung – lediglich eine Erweiterung des eigentlichen Untersuchungsmodells darstellt, die mit dem Ziel vorgenommen wurde, einen höheren Detaillierungsgrad zu erreichen und dadurch differenziertere Ergebnisse zu erlangen. Ebenso ist es möglich, die mediierten Beziehungen gänzlich unberücksichtigt zu lassen und auf eine dezidierte Unterscheidung zwischen direkten und indirekten Effekten zu verzichten. Dass die Einbeziehung mediierter Beziehungen das Gesamtergebnis nicht beeinflusst, verdeutlicht Anhang A-21 auf Seite 363. Der im ursprünglichen Modell ermittelte negative Einfluss der Beschaffungskomplexität auf den Logistikerfolg und dessen Dimensionen kann durch das reduzierte Modell ohne Mediation mit geringfügigen Abweichungen bei der Höhe der Pfadkoeffizienten bestätigt werden.[951]

Wie bereits durch den Stabilitätstest gezeigt wurde, handelt es sich bei den ermittelten Ergebnissen um stabile und konsistente Parameterschätzungen (vgl. Abbildung 6-21 auf Seite 268). Auch Modifikationen an dem Modell, wie sie soeben be-

[950] Vgl. MELNYK, DENZLER (1996); KRÜGER (2004), S. 14.

[951] Hinsichtlich des Einflusses auf den kostenbasierten Logistikerfolg ist eine Abweichung der Pfadkoeffizienten zwischen dem ursprünglichen und dem reduzierten Modell ohne indirekte Effekte von 0,020 Einheiten feststellbar. Der Einfluss auf den qualitätsbasierten Logistikerfolg unterscheidet sich um 0,013 Einheiten. Die Ergebnisse hinsichtlich des flexibilitätsbasierten Logistikerfolges variieren um 0,005 Einheiten, während die Parameter zum Einfluss auf den zeitbasierten Logistikerfolg um 0,003 Einheiten voneinander abweichen. Auch der Gesamteffekt auf den Logistikerfolg unterscheidet sich nur geringfügig (ursprüngliches Modell: -0,376; modifiziertes Modell: -0,392).

schrieben und im Nachgang der eigentlichen Analyse durchgeführt wurden, führen zu keinen grundlegenden Abweichungen der Parameterschätzungen, sondern entsprechen den zuvor ermittelten Ergebnissen. Parallel zur Analyse der Daten mithilfe von SmartPLS 2.0 wurden die Parameter zudem mit der Software PLS Graph 3.0 geschätzt. Dabei konnten vergleichbare Resultate erzielt und dadurch eine Abhängigkeit der Untersuchungsergebnisse von der Wahl der zur Analyse verwendeten Softwarelösung ausgeschlossen werden.

6.6 Fazit zur kausalanalytischen Untersuchung

Auf Basis theoretischer Vorüberlegungen und unter Zuhilfenahme bestehender Konzeptualisierungs- und Operationalisierungsansätze in der Literatur konnte zunächst ein Messmodell der Beschaffungskomplexität entwickelt werden. Die nahezu vollständige Erfüllung der zuvor definierten Gütekriterien zeigt, dass dieses Modell als Basis für zukünftige Forschungsarbeiten dienen kann. Des Weiteren wurde mithilfe des Strukturmodells untersucht, welcher Zusammenhang zwischen der Beschaffungskomplexität und dem Logistikerfolg besteht. Dabei konnte gezeigt werden, dass die logistischen Ziele Kosten, Qualität, Flexibilität und Zeit mit einer zunehmenden Komplexität in geringerem Umfang erreicht werden. Der negative Einfluss der Beschaffungskomplexität ist dabei hoch signifikant. Gleichzeitig wurde festgestellt, dass sich die Beschaffungskomplexität vorrangig negativ auf die logistischen Leistungsgrößen (Qualität, Flexibilität, Zeit) auswirkt, während der kostenbasierte Logistikerfolg nur peripher und indirekt über die bestehenden Verflechtungen zu den Leistungskenngrößen beeinflusst wird. Am stärksten wirken sich hierbei die vom Beschaffungsmarkt sowie die intern verursachte Komplexität aus. Aber auch bei der Beschaffungsprozess- sowie der Produktkomplexität kann ein signifikanter Einfluss auf die logistischen Erfolgsgrößen festgestellt werden. Die Ergebnisse früherer Forschungsarbeiten, in denen bereits der negative Einfluss der Produktkomplexität auf die logistische Leistung untersucht und nachgewiesen wurde, können somit durch die vorliegende Untersuchung nicht nur bestätigt, sondern erweitert werden.[952] In der weiteren Analyse zeigte sich darüber hinaus ein moderierender Einfluss der Unternehmensgröße. Die Beschaffungskomplexität wirkt sich demnach bei großen Unternehmen deutlich stärker auf den Logistikerfolg aus als bei kleinen. Dennoch ist auch

952 Vgl. CLOSS ET AL. (2009), S. 8.

bei den Unternehmen mit weniger als 250 Mitarbeitern ein deutlicher und signifikanter Einfluss der Beschaffungskomplexität feststellbar. Insgesamt betrachtet wird diese dabei vor allem durch die vom Markt ausgehende sowie die Interne Komplexität beeinflusst. Bei den großen Unternehmen besitzt darüber hinaus die von den Prozessen ausgehende Komplexität einen starken Einfluss, wohingegen diese bei den kleinen Unternehmen ebenfalls deutlich durch die Produktkomplexität determiniert wird.

Auf Basis der bisher gewonnenen Erkenntnisse und Untersuchungsergebnisse sollen im Folgenden Handlungsempfehlungen für die Praxis abgeleitet werden.

7 Managementimplikationen auf Basis der gewonnenen Erkenntnisse

7.1 Bedeutungszuwachs des Komplexitätsmanagements für den Unternehmenserfolg

Durch die ansteigende Komplexität, die nicht nur in der Theorie bescheinigt, sondern gleichsam von den Unternehmen wahrgenommen wird (vgl. die Abbildungen 4-3 und 4-4 auf Seite 93 bzw. 96), entwickelt sich die Durchführung und Etablierung eines Komplexitätsmanagements zu einem strategischen Erfolgsfaktor und bildet die Grundlage für das Bestehen am Markt. Der Spagat zwischen einem breiten und individuellen Produkt- bzw. Leistungsangebot auf der einen und der effizienten sowie kostengünstigen Produktherstellung auf der anderen Seite ist nur durch ein Umdenken bei der Leistungserbringung zu erreichen. Es bedarf neuer Ansätze, um Wirtschaftlichkeit und Kundenzufriedenheit zu vereinen bzw. sicherzustellen. Da sich der Kundennutzen einerseits aus einem akzeptablen Preis und andererseits aus der Zufriedenheit mit den Eigenschaften des Produktes sowie dem (logistischen) Service zusammensetzt, ist die Ein- bzw. Durchführung eines Komplexitätsmanagements unabdingbar. Darauf aufbauend lässt sich folgende Empfehlung formulieren:

Die Unternehmen sollten sich der zunehmenden Bedeutung des Komplexitätsmanagements für den zukünftigen Unternehmenserfolg bewusst sein und sich verstärkt mit der Komplexität in ihrem Unternehmen sowie den bestehenden Möglichkeiten zu deren Beeinflussung auseinandersetzen. Nachdem dieses Bewusstsein für die Notwendigkeit eines aktiven Komplexitätsmanagements vorhanden ist, muss in einem nächsten Schritt zunächst Transparenz hinsichtlich der aktuellen Komplexitätssituation im Unternehmen geschaffen werden. Dazu ist es empfehlenswert, Komplexitätsmanagementprojekte oder Workshops durchzuführen und in bereichsübergreifenden Teams bestehende Komplexitätsprobleme sowie deren Ursachen und Auswirkungen zu diskutieren.

Im Anschluss an die Auseinandersetzung mit den komplexitätstreibenden Faktoren sowie ihren Auswirkungen können Möglichkeiten zur Komplexitätsreduktion, -beherrschung bzw. -vermeidung diskutiert und Veränderungen hinsichtlich der Produktgestaltung, Prozessabläufe, organisatorischen Gegebenheiten oder Verhaltensweisen festgelegt werden. Dazu stehen den Unternehmen zahlreiche Einzelansätze zur Verfügung, die in Kapitel 3.2 vorgestellt wurden. Wie Abbildung 4-13 auf Seite 108 zeigt, sind die Ansätze zum Komplexitätsmanagement der Mehrzahl der Unternehmen bereits bekannt, wodurch eine Grundvoraussetzung für eine spätere Anwendung erfüllt ist. Andererseits sollten die Unternehmen eine verstärkte und vor allem durchgängige Verwendung der Ansätze fokussieren und anstreben. Wie Abbildung 4-14 auf Seite 110 entnommen werden kann, besteht noch eine starke Diskrepanz zwischen der Kenntnis und der Nutzung der Einzelansätze. Aus diesem Grund sollte die Unternehmensleitung zunächst sinnvolle Anwendungsbereiche für Komplexitätsmanagementmaßnahmen identifizieren und anschließend Voraussetzungen sowie Konsequenzen von Umgestaltungsmaßnahmen diskutieren. Hierbei ist eine ganzheitliche und bereichsübergreifende Sichtweise notwendig, da die Einführung einer Methodik oder die Veränderung bestehender Abläufe gleichzeitig Auswirkungen auf vor- und nachgelagerte Wertschöpfungsstufen hat. Somit lässt sich festhalten:

Die vorhandenen guten Vorkenntnisse bezüglich der Einzelansätze des Komplexitätsmanagements sollten genutzt werden, um in interdisziplinären Teams Möglichkeiten und Voraussetzungen einer verstärkten oder erstmaligen Anwendung komplexitätsbeeinflussender Maßnahmen zu diskutieren. Weiterhin wird empfohlen, bei weitreichenden Veränderungen, die über eine organisatorische Umgestaltung oder veränderte Verhaltensweisen im Unternehmen hinausgehen (z. B. Änderungen am Produktprogramm oder -design, Veränderung der Prozessabläufe oder -schnittstellen, etc.), ebenfalls die externen Partner (Lieferanten, Logistikdienstleister, Netzwerkadministratoren, etc.) einzubeziehen, um gemeinsam über die Sinnhaftigkeit sowie die erforderlichen Anpassungen zu diskutieren.

MEYER stellt in der von ihm durchgeführten Studie fest, dass das Komplexitätsmanagement für den Großteil der Unternehmen eine große Bedeutung besitzt und in 54% der Unternehmen spezielle Komplexitätsmanagementprojekte existieren.[953] Diese Ergebnisse können durch die vorliegende Untersuchung bestätigt werden. Wie in Kapitel 4 gezeigt wurde, sind sich 88,9% der Befragten der zunehmenden Komplexität bewusst und 68,2% der Unternehmen geben an, bereits Maßnahmen zur aktiven Komplexitätsbeeinflussung ergriffen zu haben (vgl. Abbildung 4-5 sowie Ab-

[953] Vgl. MEYER (2007), S. 91f.

bildung 4-8 auf Seite 97 bzw. 101). Vor dem Hintergrund der aktuellen Marktgegebenheiten mit einer zunehmenden Individualisierung der Kundenanforderungen, einem steigenden Wettbewerbsdruck aus dem osteuropäischen und asiatischen Raum, den voranschreitenden informationstechnischen Möglichkeiten sowie dem gesteigerten Umweltbewusstsein stehen nicht nur die Produktgestaltung, sondern ebenfalls die Prozessabläufe auf dem Prüfstand. HANENKAMP hat darüber hinaus festgestellt, dass die Frequenz, mit der Unternehmen ihre Aufbau- und Ablauforganisation verändern, zunimmt. Dadurch wächst die Komplexität zusätzlich an, da nicht auf bewährte Strukturen zurückgegriffen werden kann und aufwändige Anpassungen der Prozesse und Abläufe erforderlich sind.[954] Somit lässt sich folgende Empfehlung ableiten:

Die zunehmenden wirtschaftlichen Verflechtungen sowie die hohe Dynamik auf den Märkten begünstigen den in der Vergangenheit ohnehin bereits zu beobachtenden Komplexitätsanstieg zusätzlich. Aus diesem Grund ist die Durchführung eines Komplexitätsmanagements keine Frage des „Ob“, sondern allenfalls eine des „Wie“.

Mithilfe der durchgeführten Untersuchung in Kapitel 6 wurde gezeigt, dass branchenunabhängig ein negativer Zusammenhang zwischen der Komplexität und dem Logistikerfolg feststellbar ist. Dies bedeutet, dass mit einer zunehmenden Komplexität der Produkte, Prozesse oder der Unternehmensorganisation die logistischen Ziele weniger bzw. in geringerem Umfang erreicht werden und demnach der Logistikerfolg im Allgemeinen abnimmt. Demzufolge wirkt sich ein im Unternehmen fest verankertes und ganzheitliches Komplexitätsmanagement, mit dessen Hilfe die Komplexität kurzfristig reduziert und langfristig beherrscht bzw. vermieden wird (vgl. Kapitel 2.4), positiv auf den logistischen Erfolg eines Unternehmens aus. MEYER stellt in seiner Untersuchung fest, dass fast die Hälfte der Befragten eine Strategie der Komplexitätsreduktion verfolgt, während bei einem Drittel die Beherrschung der vorliegenden Komplexität das Ziel des Komplexitätsmanagements darstellt. Lediglich 24% der Befragten verfolgen hingegen die präventive Strategie der Komplexitätsvermeidung.[955] Dabei steht gerade diese auf eine langfristige Verbesserung der Komplexität ausgerichtete Strategie für eine Weitsicht, wie sie einem ganzheitlichen und strategischen Komplexitätsmanagement zu Grunde liegt. Eine vorrangige Reduktion der Komplexi-

---

954 Vgl. HANENKAMP (2004), S. 35.
955 Vgl. MEYER (2007), S. 92.

tät, wie sie von GRÜBNER vorgeschlagen wird, bildet zwar ohne Zweifel die Grundlage, um kurzfristig eine Vereinfachung der Abläufe zu erzielen, sollte jedoch nur den ersten, aber keineswegs finalen Schritt eines Komplexitätsmanagements darstellen.[956] SCHWENK-WILLI konstatiert treffend „Die Vielfalt wird nicht geplant, nicht entwickelt und auch nicht gesteuert – sie entsteht einfach“[957] und MEYER zitiert die befragten Experten mit „[das Komplexitätsmanagement ist ein] schwieriges Aufräumen ‚gewucherter' Strukturen, Prozesse und Produktvarianten [...].“[958] Dies kann durch die Ergebnisse der durchgeführten Untersuchung bestätigt werden: Während 62,9% der Befragten über derzeit aktuelle Komplexitätsursachen diskutieren, setzt sich lediglich jedes dritte Unternehmen (37,1%) mit den Faktoren auseinander, die zukünftig zu einer steigenden Komplexität führen (vgl. Abbildung 4-7 auf Seite 100). Die Feststellungen von SCHWENK-WILLI und MEYER zeigen jedoch, warum eine Strategie der Reduktion und Beherrschung gegenüber einer präventiven Vermeidung einen entscheidenden Nachteil besitzt: Es wird sich langfristig nichts ändern! Vielmehr werden die Unternehmen immer wieder aufs Neue gezwungen sein, der (neu hinzugekommenen) Komplexität entgegenzuwirken und versuchen, diese zu bewältigen. Eine Vermeidungsstrategie führt hingegen dazu, dass die neu entstandene Komplexität, mithilfe der bekannten Ansätze beherrschbar ist und kein erneutes Komplexitätsproblem entsteht. Unabhängig von der verfolgten Strategie ist jedoch das Bewusstsein notwendig, dass das Komplexitätsmanagement in Zukunft noch stärker als in der Vergangenheit den Schlüssel zum (logistischen) Erfolg darstellt.[959] Aufbauend auf diesen Ergebnissen lässt sich die folgende Empfehlung ableiten:

Das Komplexitätsmanagement hilft dabei, die aktuellen und zukünftigen Herausforderungen, die sich durch die steigende Komplexität innerhalb des wirtschaftlichen Umfeldes ergibt, zu bewältigen. Es sollte dabei nicht nur primär auf die kurzfristige Reduktion und Beherrschung, sondern auf die langfristige Optimierung und Vermeidung der Komplexität ausgerichtet sein. Diese wirkt sich nachhaltig negativ auf die Erreichung der logistischen Ziele aus, wodurch das Komplexitätsmanagement einen strategischen Erfolgsfaktor für die Logistik sowie eine Möglichkeit zur Generierung von Wettbewerbsvorteilen darstellt.

956 Vgl. GRÜBNER (2007), S. 330f.
957 SCHWENK-WILLI (2001), S. 60.
958 MEYER (2007), S. 91.
959 Vgl. PÜMPIN (1992), S. 28.

In Kapitel 2.5 wurden zahlreiche Anforderungen an ein Komplexitätsmanagement hergeleitet und Voraussetzungen, die für ein erfolgreiches Komplexitätsmanagement erfüllt sein müssen, benannt. Gleichzeitig konnte in Kapitel 4.4.3 gezeigt werden, dass derzeit noch Defizite bei der Erfüllung dieser Faktoren vorherrschen. Deshalb werden im folgenden Kapitel notwendige Veränderungen bei der Durchführung des Komplexitätsmanagements sowie allgemeine Hindernisse zusammengefasst.

7.2 Beseitigung von Hindernissen beim Management von Komplexität

Ein grundlegendes Problem ist darin zu sehen, dass sich oftmals niemand im Unternehmen für die vorherrschende Komplexität verantwortlich fühlt.[960] Entweder wird diese als notwendiges Übel akzeptiert oder die Schuld bei anderen Unternehmensbereichen bzw. dem Management gesucht. Das Komplexitätsmanagement bedarf jedoch klarer Verantwortlichkeiten und Kompetenzen, damit die notwendigen Schritte umgehend und problemlos durchgeführt werden können. Da nur die wenigsten Unternehmen eine eigene Komplexitätsabteilung einführen werden oder können, empfiehlt es sich, Komplexitätsmanagementprojekte durchzuführen oder Komplexitätsbelange in bereichsübergreifenden Teams zu diskutieren, die über die entsprechenden zeitlichen Ressourcen verfügen, um das Komplexitätsmanagement nicht nebenbei, sondern systematisch, umfassend und zielführend zu betreiben. Gleichzeitig sind die Teammitglieder durch das Management mit den notwendigen (Entscheidungs-) Kompetenzen auszustatten.[961] Insbesondere bei Entscheidungen, die mit einer Gefährdung von Arbeitsplätzen einhergehen (z. B. durch die Reduktion des Produktprogrammes oder die Abstoßung eines Marktsegmentes), ist mit einem internen Protest oder einer Ablehnung zu rechnen. Deshalb müssen die Entscheidungen einerseits auf Basis einer sachkundigen Analyse durch die Teammitglieder getroffen und andererseits durch die Übertragung von Entscheidungskompetenzen von der Unternehmensleitung mit getragen und unterstützt werden. Auch bei unternehmensexternen Stakeholdern wie Vertriebspartnern, Lieferanten oder Kunden muss das Bewusstsein vermittelt werden, dass etwaige Einschnitte wie die Reduktion der Variantenvielfalt, die Streichung von Zusatzleistungen oder die Bereinigung eines Kundensegmentes nicht ausschließlich einen Nachteil darstellen, sondern gleichzei-

---

[960] Vgl. SCHWENK-WILLI (2001), S. 60.
[961] Vgl. HANENKAMP (2004), S. 35.

tig positive Aspekte besitzen. Beispielsweise führt eine Reduktion der Variantenvielfalt zu einer stärkeren Konzentration auf weniger Produkte, damit zu einem größeren Erfahrungskurveneffekt und infolgedessen zu einer höheren Produktqualität durch größere Produktionslose und verlässliche Terminzusagen.[962]

In Kapitel 2.2.2 wurde die *zeitliche Diskrepanz zwischen Ursache und Wirkung* als ein konstitutives Merkmal der Komplexität angeführt. Deshalb ist es notwendig, das Komplexitätsmanagement als einen kontinuierlichen Prozess zu verstehen und durchzuführen. Da Veränderungen der Komplexitätsursachen erst zeitverzögert zu einer Verbesserung der Komplexitätssituation führen, bildet die zeitversetzte Überprüfung und Analyse der Wirksamkeit der eingeleiteten Maßnahmen den Ausgangspunkt für die erneute Festlegung von Maßnahmen und Zielen. Zusammenfassend lassen sich somit folgende Empfehlungen formulieren:

> Das Komplexitätsmanagement sollte von mehreren Vertretern verschiedener Abteilungen, die durch das Management autorisiert und mit den entsprechenden (Entscheidungs-) Kompetenzen ausgestattet sind, durchgeführt werden. Diese Teams sollten sich in regelmäßigen Abständen treffen, um aktuelle Komplexitätsprobleme zu diskutieren, Gegenmaßnahmen einzuleiten, Verantwortlichkeiten festzulegen und im Anschluss deren Erfolg zu beurteilen bzw. notwendige Anpassungen vorzunehmen. Neben den aktuellen Komplexitätsursachen sind vom Management bzw. dem eingesetzten Team auch komplexitätstreibende Faktoren zu berücksichtigen, die in Zukunft zu einem Komplexitätsproblem führen könnten.
>
> Im Zuge dessen ist ebenso über den Einsatz komplexitätsvermeidender Einzelansätze, wie sie ebenfalls in dieser Arbeit vorgestellt wurden, zu beratschlagen. Wie gezeigt wurde, kommt der Komplexitätsvermeidung als Folge einer zunehmenden Vielfalt, Dynamik und Unsicherheit auf den Märkten sowie dem Unternehmensumfeld eine besondere Rolle zu. Aus diesem Grund sollte das Management vor allem bei Neuplanungen von Produktinnovationen, Fertigungsstandorten oder Prozessen (z. B. durch das Angebot zusätzlicher Mehrwertdienste, Insourcing, etc.) auf eine komplexitätsarme Gestaltung achten.

Die bewusste Förderung und das aktive Vorantreiben von Komplexitätsmanagementbemühungen durch die Unternehmensleitung bilden eine Grundvoraussetzung für

[962] Vgl. GRÜBNER (2007), S. 331.

den Erfolg. Insbesondere sind die notwendigen personellen und finanziellen Ressourcen, die mit der Einführung eines Komplexitätsmanagements verbunden sind, bereitzustellen. Die fehlende Zeit für eine intensive Auseinandersetzung mit der Thematik wurde von jedem dritten der befragten Unternehmen als Grund für ein fehlendes Komplexitätsmanagement angeführt (vgl. Abbildung 4-9 auf Seite 103) und auch die Unterstützung durch das Management wird von den Unternehmen als verbesserungsfähig eingeschätzt (vgl. Abbildung 4-16 auf Seite 112). Damit das Komplexitätsmanagement mehr ist als ein kurzfristiges und vorübergehendes Projekt, welches nach Abschluss in Vergessenheit gerät, ist es notwendig, dass durch die Unternehmensleitung ein Komplexitätsbewusstsein in der normativen und strategischen Managementebene verankert wird, sodass die Durchführung eines Komplexitätsmanagements nicht als notwendiges Übel, sondern als strategischer Erfolgsfaktor und Chance begriffen wird. Denkbar ist beispielsweise, dass die Forderung nach einer möglichst komplexitätsarmen Produkt- und Prozessgestaltung ähnlich wie der Nachhaltigkeitsgedanke in den grundlegenden Regeln und Leitlinien des Unternehmens festgeschrieben wird und somit als Standard bei Neuprodukt- bzw. Prozessplanungen gilt. Vergleichbar mit einem Lasten- und Pflichtenheft, wie es im Bereich des Qualitätsmanagements eingesetzt wird, sollte schriftlich fixiert werden, mit welchen Maßnahmen und Methoden die Mitarbeiter die Komplexität reduzieren[963] können und wie diese zukünftig zu vermeiden[964] ist. Somit stünde den Mitarbeitern als Orientierung ein Leitfaden zur Verfügung, welcher vom Großteil der Befragten zwar gewünscht wird, aber der nur bei einem geringen Teil der Unternehmen vorhanden ist (vgl. Abbildung 4-16 auf Seite 112). Ebenso ist es erforderlich, dass sich die Unternehmensleitung gegen ein kontinuierlich ausuferndes Produktprogramm ausspricht und die Reduktion des Leistungsangebotes auf ein wirtschaftlich sinnvolles Maß unterstützt. Zur Ermittlung der optimalen Variantenanzahl unter Berücksichtigung der Kosten- und Erlöswirkungen kann u. a. auf die Arbeiten von RATHNOW und BOHNE zurückgegriffen werden.[965] Zusammenfassend lässt sich festhalten:

[963] Z. B. durch eine standardisierte Prozessabfolge, die Verwendung einer einheitlichen Terminologie oder die Lagerplatzvergabe nach einem einheitlichen Prinzip.

[964] Z. B. durch die Verwendung der vorgestellten Einzelansätze in Kapitel 3.2.

[965] Vgl. RATHNOW (1993); BOHNE (1998).

Für den Erfolg der Komplexitätsmanagementbemühungen sind die Unterstützung der Unternehmensleitung und deren klares Bekenntnis zur Durchführung eines Komplexitätsmanagements eine Grundvoraussetzung. Das Management sollte die Mitarbeiter nicht nur für die Komplexitätsproblematik sensibilisieren und das Bewusstsein schaffen, dass eine Verschlankung des Produktprogrammes, die Standardisierung und Segmentierung der Prozessabläufe oder der Abbau von Hierarchieebenen notwendig ist, um das Bestehen am Markt sicherzustellen, sondern diese ebenso dazu animieren, Verbesserungsvorschläge zu unterbreiten. Das Ziel der Unternehmensleitung muss es sein, durch Anreizsysteme ein konstruktives Umfeld zu schaffen, in dem die Mitarbeiter selbstständig und durch eigenen Antrieb Komplexitätsprobleme wahrnehmen und entsprechend des Bottom-Up-Ansatzes der Unternehmensleitung Gegenmaßnahmen zur Diskussion und Entscheidung vorlegen.

In der Praxis besteht des Weiteren eine starke Diskrepanz zwischen dem Kenntnisstand und der tatsächlichen Anwendung der Einzelansätze, die jedoch je nach Ansatz unterschiedlich groß ist (vgl. Abbildung 4-14 auf Seite 110). Während die Mehrzahl der Unternehmen beispielsweise den Ansatz der Standardisierung kennt und diesen auch anwendet (88,9% bzw. 80,3%), beträgt die Diskrepanz zwischen der Kenntnis und der Anwendung bei anderen Anätzen wie dem Baukastenprinzip, der Modulbauweise oder der Kanban-Steuerung ca. 20%. Die Unternehmensleitung sollte jedoch die Verwendung dieser Ansätze fördern und wenn nötig in einem Lasten- und Pflichtenheft fordern. Gleichzeitig sollten die betreffenden Mitarbeiter im Bereich der Produkt- und Prozessplanung auf die Vorteile, die eine Nutzung der Einzelansätze mit sich bringt, hingewiesen und Schulungen für den richtigen, zielführenden und effizienten Einsatz angeboten bzw. durchgeführt werden. Als Fortsetzung eines Komplexitätsbewusstseins auf normativer und der Ableitung von Komplexitätszielen auf strategischer Ebene bildet die Nutzung der Einzelansätze auf der operativen Ebene die logische Konsequenz der vorangegangenen Stufen und den dritten Schritt eines unternehmensweiten Komplexitätsmanagements über alle Managementebenen hinweg. Als Empfehlung lässt sich somit formulieren:

Zur Umsetzung des Komplexitätsmanagements auf operativer Ebene empfiehlt sich die Nutzung der in dieser Arbeit exemplarisch vorgestellten Einzelansätze. Diese sollten je nach Zielstellung und Fokus des unternehmensindividuellen Komplexitätsmanagements eingeführt, an die Erfordernisse und Rahmenbedingungen des Unternehmens angepasst und fortführend kontinuierlich angewendet werden. Die Aufgabe der Unternehmensleitung besteht darin, die Mitarbeiter zur Nutzung der Einzelansätze zu animieren, deren Verwendung mithilfe von Lasten- und Pflichtenheften zu fixieren, Schulungen im Umgang mit den Verfahren anzubieten und auf eine ganzheitliche Sichtweise bei der Analyse der sich ergebenden Anpassungsbedarfe innerhalb der logistischen Kette zu achten.

Die Unsicherheit, wie bei der Durchführung eines Komplexitätsmanagements vorzugehen ist, stellt ebenfalls oftmals einen Grund dafür dar, dass die Unternehmen gänzlich auf die Verwendung komplexitätsmindernder Maßnahmen verzichten oder sich nicht gebührend mit der Problematik auseinandersetzen (vgl. Abbildung 4-9 auf Seite 103). Zunächst ist es notwendig, Transparenz bezüglich der eigenen Waren-, Finanz- und Informationsflüsse sowie der relevanten Komplexitätsursachen und -auswirkungen zu schaffen. Diese Transparenz ist deshalb so bedeutsam, da sie die Grundlage für sämtliche Managemententscheidungen bildet. Nur wenn die Abläufe und Zusammenhänge bekannt sind, können Problemstellen erkannt, bestehende Defizite sowie ihre Ursachen verstanden und Verbesserungsvorschläge abgeleitet werden. Insbesondere bei der Kenntnis von Ursache-Wirkungs-Beziehungen bestehen in der Praxis derzeit jedoch noch erhebliche Defizite (vgl. Abbildung 4-16 auf Seite 112). Gleichzeitig sollten die Unternehmen auf Kennzahlen zurückgreifen, anhand derer sie retrospektiv die Komplexität sowie die logistische Leistung hinsichtlich der Komponenten Kosten, Qualität, Flexibilität bzw. Zeit miteinander vergleichen und dadurch die festgestellten Veränderungen bewerten und relativieren können. Kennzahlen dienen dabei nicht nur als Grundlage für Planungen, indem sie dazu beitragen, Zielgrößen zu quantifizieren und festzulegen, sondern besitzen vor allem eine Steuerungs- und Vergleichsfunktion.[966] Beispiele für logistikspezifische Komplexi-

[966] Vgl. SCHMIDT, SCHNEIDER (2008), S. 397.

tätskennzahlen finden sich u. a. bei MEYER oder PILLER.[967] Als weitere Empfehlung lässt sich zusammenfassen:

Transparenz bildet die Grundlage, um die Ursachen für ein bestehendes Komplexitätsproblem zu erkennen und gezielt Handlungsempfehlungen ableiten zu können. Ohne die Kenntnis von Zusammenhängen und Wechselwirkungen können die entscheidenden und treibenden Faktoren für eine überhöhte Komplexität nicht benannt und infolgedessen auch nicht beeinflusst werden. Die Schaffung von Transparenz sollte somit die höchste Priorität besitzen.

Die Ergebnisse der kausalanalytischen Untersuchung aus Kapitel 6 können den Unternehmen dabei als Hilfestellung dienen, um ihr individuelles Komplexitätsmanagement gezielt auf die relevanten Einflussgrößen abzustimmen. Aus diesem Grund sollen im folgenden Kapitel die ermittelten Zusammenhänge verwendet werden, um Empfehlungen für strategische Entscheidungen abzuleiten.

7.3 Nutzung der ermittelten Abhängigkeitsstrukturen für strategische Entscheidungen

Die Ausrichtung der Komplexitätsmanagementbemühungen auf ein bestimmtes Teilgebiet (z. B. Produkt, Prozess, Organisation) obliegt der Unternehmensleitung und wird nicht zuletzt durch die individuelle Zielsetzung des Unternehmens beeinflusst. Möchte sich ein Unternehmen beispielsweise als Nischenanbieter etablieren und durch individuelle Produkte von den Konkurrenten abheben, stellt die Reduktion der Variantenvielfalt trotz ihres hohen Einflusses auf die Produktkomplexität keine adäquate Alternative dar. Die Festlegung der einzuleitenden Maßnahmen sowie deren Abstimmung sollte deshalb vor dem Hintergrund der Unternehmensziele, Kundenanforderungen sowie der vorherrschenden Wettbewerbssituation erfolgen und kann durch diese Arbeit nicht pauschal und allgemeingültig vorgegeben werden.[968] Dennoch können die ermittelten Abhängigkeiten dazu dienen, die mit dem Komplexitätsmanagement verbundenen Ziele besser und effizienter zu erreichen, da die Einflussfaktoren bekannt sind. Mithilfe der kausalanalytischen Untersuchung in Kapitel 6 konnte auf Basis empirischer Daten gezeigt werden, dass zwischen der Beschaf-

---

967 Vgl. PILLER (2006), S. 132ff.; MEYER (2007), S. 129; SCHMIDT, SCHNEIDER (2008), S. 401ff.
968 Vgl. ARNDT (2008), S. 124.

fungskomplexität und dem logistischen Erfolg eines Unternehmens ein signifikant negativer Zusammenhang besteht. Die Stärke des negativen Einflusses der Komplexität variiert zwar zwischen den verschiedenen Unternehmensgrößenklassen, ist jedoch sowohl bei kleinen als auch bei großen Unternehmen deutlich feststellbar (vgl. die Abbildungen 6-22 und 6-23 auf Seite 271f.). Die ermittelten Gesamteffekte verdeutlichen, dass der Verzicht auf ein aktives Komplexitätsmanagement zu einer verminderten Leistungsfähigkeit und Zielerreichung führt. Somit wird die These aus Kapitel 7.1 unterstützt, wonach das Komplexitätsmanagement einen logistischen Erfolgsfaktor darstellt. Anders als erwartet führt eine hohe Beschaffungskomplexität dabei allerdings nicht primär zu einem Kostenanstieg, auch wenn der Einfluss auf den kostenbasierten Logistikerfolg mit einem Wert von -0,167 ebenfalls bedeutsam und signifikant ist. Deutlich stärker verringert sich mit einer zunehmenden Komplexität allerdings das logistische Leistungsvermögen. Diese Ergebnisse lassen sich wie folgt zusammenfassen:

Die Beschaffungskomplexität besitzt einen negativen Einfluss auf sämtliche logistischen Erfolgsgrößen. Der Zusammenhang zwischen der Beschaffungskomplexität und dem kostenbasierten Logistikerfolg ist jedoch deutlich geringer als der Einfluss auf die leistungsbezogenen Zielgrößen und beruht darüber hinaus lediglich auf den indirekten Effekten durch die bestehenden Wechselwirkungen.

Somit verspricht die Durchführung bzw. Etablierung eines Komplexitätsmanagements im Unternehmen vor allem Verbesserungen hinsichtlich der logistischen Leistung wie der Lieferzuverlässigkeit, Prozessstabilität, Lieferflexibilität oder Lieferzeit. Nur als Nebenprodukt und sekundär werden sich durch komplexitätsmindernde Maßnahmen die Kapazitätsauslastung erhöhen oder die Handling- sowie Bestandskosten reduzieren lassen. Die Unternehmen sollten deshalb mit einem Komplexitätsmanagement vor allem eine Verbesserung der logistischen Leistung anstreben und nur gemäßigte Verbesserungen bezüglich der Kosten erwarten bzw. explizit als Zielvorgabe an das Komplexitätsmanagement formulieren.

Der zu Beginn der wissenschaftlichen Auseinandersetzung mit der Komplexitätsthematik zu beobachtende starke Fokus auf die Problematik der Variantenvielfalt sowie die möglichst komplexitätsarme Produktgestaltung ist sukzessive ausgeweitet worden (vgl. Kapitel 3.1). Dennoch wird auch in der jüngeren Literatur das Variantenmanagement oftmals fälschlicherweise als Synonym für das Komplexitätsmanagement verwendet, was jedoch zeigt, wie stark die Komplexität mit dem Produktprogramm sowie der Produktgestaltung verwoben ist.[969] Nicht zuletzt aus dieser starken Assoziation der Variantenvielfalt mit der Komplexität richten 87,6% der befragten Unternehmen ihre Komplexitätsbemühungen auf das Produkt im weiteren Sinne aus. Wie die kausalanalytische Untersuchung jedoch gezeigt hat, wird die Beschaffungskomplexität vor allem von der vom Markt ausgehenden sowie der Internen Komplexität verursacht (vgl. Abbildung 6-20 auf Seite 263). Die Unternehmen sollten sich somit der Entwicklung des Komplexitätsmanagements folgend nicht auf die Beeinflussung der Produktkomplexität beschränken, sondern den Blickwinkel erweitern und sich verstärkt auf die externen Komplexitätsursachen auf dem Beschaffungsmarkt sowie die organisatorischen Komplexitätstreiber innerhalb des Unternehmens konzentrieren. Die Tatsache, dass die Interne Komplexität ein größeres Gewicht besitzt als die Produktkomplexität, bestätigt gleichzeitig die von BLISS lediglich auf Basis theoretischer Überlegungen getroffene Empfehlung, sich zuerst der internen Komplexität zuzuwenden und erst im Anschluss daran eine Reduktion der nach außen gerichteten Komplexität vorzunehmen (z. B. durch die Eliminierung von Produktvarianten oder sonstige Bereinigungsformen).[970] Gleichzeitig kann die Aussage von WILDEMANN empirisch unterlegt werden, wonach die Gestaltung der Lieferanten-Abnehmer-Beziehung (in dieser Arbeit dem Bereich Beschaffungsmarkt zugeordnet) einen großen Stellhebel zur Erschließung logistischer Potenziale darstellt.[971] Hinsichtlich der Beschaffungsmarktkomplexität sollten die Unternehmen versuchen, die Verlässlichkeit von Lieferungen zu erhöhen.

Neben der Unsicherheit von Lieferzeit und -qualität stellen jedoch vor allem die Unterschiedlichkeit von Zielvorgaben und die Häufigkeit, mit der diese verändert werden, bedeutsame Komplexitätstreiber dar (vgl. Abbildung 6-16 auf Seite 251). Die Ergebnisse der Parameterschätzung im endogenen Modell haben gezeigt, dass hinsichtlich der logistischen Zielgrößen erhebliche Wechselwirkungen bestehen. Diese ermittelten Abhängigkeitsbeziehungen innerhalb des logistischen Zielsystems sollten den Unternehmen als Grundlage dienen, um konterkarierende Zielvorgaben zu vermeiden, die, wenn überhaupt, nur unter höchsten Anstrengungen der Mitarbeiter zu realisieren sind. Darüber hinaus sollten sich die Bereichsziele nicht primär an aktuel-

---

969 Vgl. SCHUH (2005), S. 34.
970 Vgl. BLISS (2000), S. 197ff.
971 Vgl. WILDEMANN (2005), S. 313.

len Rahmenbedingungen oder Gegebenheiten orientieren, sondern sukzessive aus den langfristigen Logistikzielen abgeleitet werden. In der Literatur wird jedoch die mangelnde Kenntnis von Zusammenhängen als eine Ursache von widersprüchlichen Zielvorgaben angeführt.[972] Als zentrale Erkenntnis hinsichtlich der Zusammensetzung der Beschaffungskomplexität lässt sich somit zusammenfassen:

Vor allem die Beschaffungsmarktkomplexität sowie die Interne Komplexität wirken sich stark und signifikant auf die Beschaffungskomplexität aus. Die Unternehmen sollten deshalb versuchen, die komplexitätstreibenden **externen Faktoren auf dem Beschaffungsmarkt** (z. B. Unsicherheit bzgl. der Lieferzeit und -qualität, Lieferantenanzahl oder Unterschiedlichkeit der Lieferanten) sowie die selbst verursachte **Interne Komplexität**, die z. B. durch eine Vielzahl unterschiedlicher IT-Systeme, unterschiedliche Bereichsziele, häufige Veränderungen der Zielvorgaben oder eine hohe Intransparenz entsteht, zu reduzieren bzw. zu vermeiden.

Kleine und mittelständische Unternehmen besitzen diverse besondere Eigenschaften, aus denen sich einige Nachteile, aber auch zahlreiche Vorteile gegenüber den großen Unternehmen ergeben.[973] Durch die geringe organisatorische Durchdringung des Unternehmens, die flachen Hierarchien und kurzen Entscheidungswege sowie die im Vergleich zu Großunternehmen geringere Anzahl an Lieferanten und externen Partnern weisen kleine Unternehmen in der Regel eine geringere Komplexität auf. Dadurch sind sie agiler und können flexibler auf veränderte Rahmenbedingungen reagieren. Dieser entscheidende Vorteil gegenüber den Großunternehmen muss von den kleinen Unternehmen genutzt und beibehalten werden. Ihnen ist somit zu empfehlen, die verhältnismäßig geringe interne bzw. organisatorische Komplexität zu bewahren. Dies ist u. a. durch flache Hierarchien, kurze Entscheidungswege, eine hohe Transparenz bezüglich der Waren- und Informationsflüsse sowie klar definierte Verantwortlichkeiten möglich. Bisher richten 96,3% der befragten Unternehmen mit bis zu 250 Mitarbeitern ihren Fokus beim Komplexitätsmanagement auf die Prozesse, während sich 88,1% verstärkt der Produkt- und 81,7% der Organisationskomplexität annehmen. An dieser Stelle ist aufgrund der hohen Bedeutung für die gesamte Beschaffungskomplexität eine Verschiebung der Prioritätensetzung zu Gunsten der organisatorischen Komplexität empfehlenswert.

---

[972] Vgl. HASENPUSCH ET AL. (2004), S. 133f.
[973] Vgl. BRAEHMER (2005), S. 4ff.; DOMBROWSKI (2009), S. 7ff.

Auch bei den großen Unternehmen wird die Beschaffungskomplexität stark von der Beschaffungsmarktkomplexität beeinflusst (vgl. Abbildung 6-23 auf Seite 272). Einen noch stärkeren Einfluss nimmt jedoch die Beschaffungsprozesskomplexität, die anders als bei den kleinen Unternehmen ein deutlich größeres Gewicht besitzt als die Interne Komplexität. 95,2% der befragten Unternehmen mit mehr als 250 Mitarbeitern verfolgen mit den bereits durchgeführten Maßnahmen zum Komplexitätsmanagement eine Verbesserung der Prozesse. 84,7% richten ihren Fokus auf die vom Produkt ausgehende Komplexität und 71,9% widmen sich vor allem der organisatorischen Komplexität. Somit entspricht die intuitive Priorisierung der Prozess- und Organisationskomplexität der Empfehlung, die den großen Unternehmen aufgrund der kausalanalytischen Untersuchung zu geben wäre.

Während bei den kleinen Unternehmen vor allem die Interne Komplexität zu einem starken Anstieg der Beschaffungskomplexität führt und deshalb von den Unternehmen besonders sorgfältig analysiert und gestaltet werden sollte, wird diese bei den großen Unternehmen vorrangig durch die Beschaffungsprozesskomplexität bestimmt. Kleine Unternehmen sollten deshalb versuchen, ihre organisatorischen Strukturen einfach, transparent und flexibel zu gestalten, während den großen Unternehmen zu raten ist, sich insbesondere mit der Komplexität der Prozesse und Abläufe zu befassen und diese durch einheitliche Schnittstellen, Standardisierungen und fest etablierte Prozessabläufe möglichst komplexitätsarm zu gestalten. Beiden Unternehmensgrößenklassen gemein ist der signifikante Einfluss der Beschaffungsmarktkomplexität. Auch diesbezüglich sollten bestehende Strukturen und Abläufe von den Unternehmen individuell analysiert und eventuell angepasst werden.

Nachdem bisher gezeigt wurde, dass die Beschaffungskomplexität einerseits einen signifikanten Einfluss auf den Logistikerfolg sowie die logistischen Zielgrößen besitzt und durch sämtliche vier Dimensionen verursacht wird, stellt sich fortführend die Frage, welche der in Kapitel 2.2.2 vorgestellten konstitutiven Eigenschaften in besonderem Maße für die Komplexität innerhalb der einzelnen Dimensionen verantwortlich sind. Aufschluss darüber gibt die folgende Abbildung 7-1.

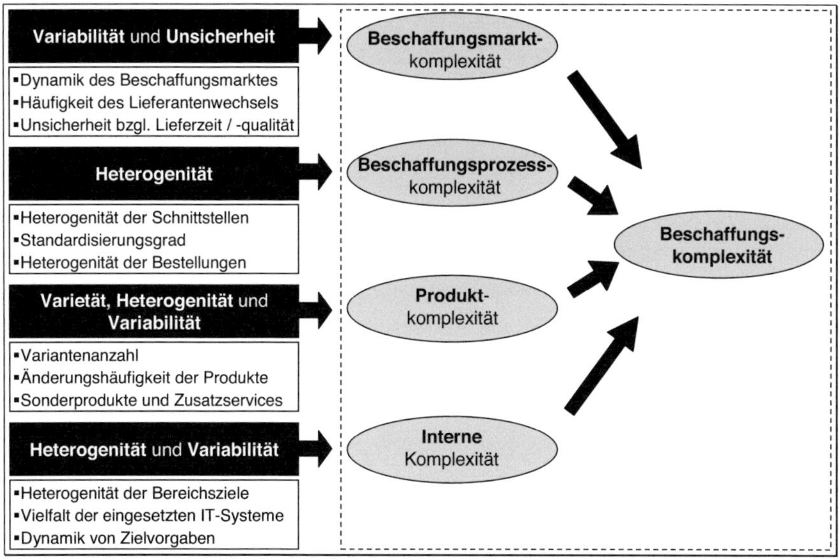

Abbildung 7-1: Einflussfaktoren und Determinanten der Beschaffungskomplexität

Auf dem Beschaffungsmarkt entsteht die Komplexität vor allem durch die vorherrschende Variabilität und Unsicherheit. Starke Preisschwankungen oder eine schwankende Verfügbarkeit von Rohstoffen führen ebenso wie hinzukommende oder wegfallende Lieferanten (DynBM) sowie ein häufiger Wechsel des Lieferantenstammes (HfkLiW) zu einem Komplexitätsanstieg. Den größten Komplexitätstreiber stellt jedoch die Unsicherheit dar, ob, in welchem Umfang und in welchem qualitativen Zustand die Beschaffungsartikel bei dem beschaffenden Unternehmen ankommen (ULiZQ). Die Unternehmen sollten Transparenz und konstante Rahmenbedingungen schaffen, um die Unsicherheit bzw. die daraus folgende Komplexität zu minimieren.

Die Beschaffungsprozesskomplexität wird hingegen vor allem durch die Heterogenität verursacht. Vor allem nicht aufeinander abgestimmte und unterschiedliche Schnittstellen (HetSch) wirken sich hierbei komplexitätstreibend aus, da zwangsläufig Transformations- oder Umschlagsprozesse erforderlich werden. Kaum minder bedeutsam ist der komplexitätsfördernde Einfluss eines geringen Standardisierungsgrades (StanGr). Werden Prozesse nicht nach fest vorgegebenen Ablaufregeln durchgeführt, erschwert sich die Steuerung ebenso wie die Kontrolle und Vergleichbarkeit über einen bestimmten Beobachtungszeitraum hinweg. Gleichzeitig erhöht sich die Wahrscheinlichkeit von Qualitätsschwankungen. Auch der Einfluss von stark unterschiedlichen Bestellungen hinsichtlich der Anzahl sowie der Häufigkeit, mit denen diese ausgelöst werden (HetBest), trägt zu einem Komplexitätsanstieg der Prozesse bei. Die Unternehmen sollten deshalb versuchen, durch Standardisierungen und Vereinheitlichungen die Komplexität zu reduzieren bzw. zukünftig zu vermeiden.

Hinsichtlich der Produktkomplexität zeigt sich ein sehr inhomogenes Bild, da diese durch mehrere Faktoren beeinflusst wird. Der Einfluss der Variantenanzahl (VarAnz) als Indikator der Varietät in Verbindung mit zusätzlichen Sonderprodukten, Mehrwertdiensten oder ergänzenden Serviceleistungen (SoPZuS) gilt dabei als ebenso unbestritten wie die komplexitätstreibende Wirkung eines häufig und stark schwankenden Produktprogrammes (AendhP) als Zeichen einer hohen Variabilität. Die Unternehmen sollten vor der Einführung eines neuen Produktes oder einer zusätzlichen Variante dringend eine Marktanalyse durchführen und eine Kosten-Nutzen-Abschätzung vornehmen. Oftmals wird der zusätzliche Kundennutzen einer weiteren Produktvariante überschätzt und durch Kannibalisierungseffekte kompensiert.[974]

Die Interne Komplexität entsteht vor allem durch die Heterogenität und Variabilität. Die größten Komplexitätstreiber stellen dabei, wie bereits zuvor ausführlich dargelegt, die Heterogenität der Bereichsziele (HetBZ), Vielfalt der eingesetzten IT-Systeme (VielIT) sowie die Dynamik der Zielvorgaben (DynZV) dar.

Zusammenfassend kann somit die von SCHULTE (ohne empirischen Nachweis) formulierte These, wonach die Heterogenität die Haupteinflussgröße der Komplexität bildet, empirisch belegt und untermauert werden.[975] Es lassen sich auf Basis der durchgeführten Untersuchung die in Abbildung 7-2 angegebenen beschaffungsspezifischen Komplexitätstreiber im herstellenden und verarbeitenden Gewerbe identifizieren. Um deren unterschiedliche Bedeutung für das Komplexitäts- und Logistikmanagement aufzuzeigen, wurden diese entsprechend ihres Gesamteinflusses auf den Logistikerfolg in eine Rangfolge gebracht.[976]

54,5% der befragten Unternehmen bestätigten, dass ihnen die Einschätzung, welche Komplexitätsursache der Grund für ein aufgetretenes (logistisches) Problem ist, Schwierigkeiten bereitet (vgl. Kapitel 4.3). Die Darstellung in Abbildung 7-2 bietet den Unternehmen einen Anhaltspunkt, welche Komplexitätstreiber einen wesentlichen

---

[974] Vgl. Kapitel 2.3.

[975] Vgl. SCHULTE (1992b), S. 85.

[976] Der Gesamteinfluss ergibt sich wie zuvor erneut als gewichtete Summe der einzelnen Pfade zwischen dem jeweiligen Indikator und dem endogenen Konstrukt *Logistikerfolg*.

Einfluss auf den Logistikerfolg besitzen und welche Ursachen lediglich eine untergeordnete Rolle spielen. Sie bildet die Grundlage, um die bestehende Intransparenz und das fehlende Wissen, wo das Komplexitätsmanagement vordergründig ansetzen sollte, zu beseitigen, ersetzt jedoch keine individuelle Analyse der für das jeweilige Unternehmen relevanten Komplexitätstreiber.

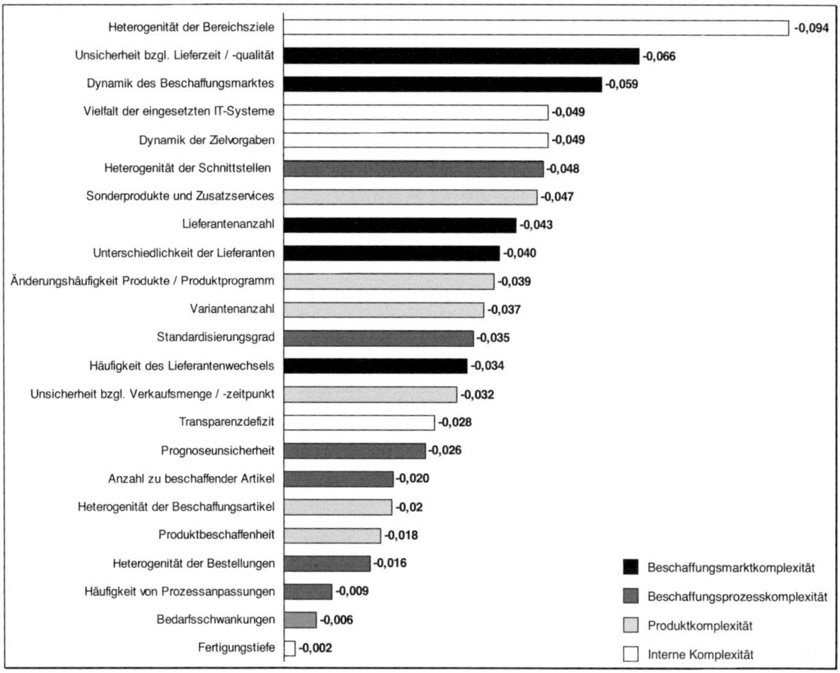

Abbildung 7-2: Relevante Komplexitätstreiber und ihr Einfluss auf den Logistikerfolg

Auch wenn die Datengrundlage für die Untersuchung sehr groß ist und Unternehmen verschiedenster Branchen, Regionen und Größenklassen berücksichtigt wurden, handelt es sich dennoch um empirische Ergebnisse und nicht um Gesetzmäßigkeiten. Die Unternehmen sollten die gewonnenen Erkenntnisse als Grundlage nutzen, um darauf aufbauend eine eigene Analyse der beschaffungsrelevanten Komplexitätsursachen durchzuführen.

Im folgenden Kapitel soll abschließend gezeigt werden, wie die in Kapitel 3.2 vorgestellten Einzelansätze genutzt werden können, um diese Komplexitätstreiber positiv zu beeinflussen und dadurch die Komplexität nachhaltig zu reduzieren.

7.4 Möglichkeiten zur Beeinflussung der wesentlichen Komplexitätstreiber

Einschränkend sollen im Folgenden zunächst diejenigen Komplexitätstreiber betrachtet werden, bei denen ein deutlicher Einfluss auf den Logistikerfolg festgestellt werden konnte. Für diese Komplexitätstreiber (Indikatoren) werden kurze Empfehlungen vorgestellt, wie die Unternehmen im Sinne einer kurzfristigen Komplexitätsreduktion sowie einer langfristigen -beherrschung und -vermeidung verfahren sollten. Diese Ausführungen sind dabei keinesfalls erschöpfend, sondern schaffen lediglich die Grundlage, um den Unternehmen den Einstieg in das Komplexitätsmanagement zu erleichtern und die bestehende Verunsicherung zu beseitigen. Im Folgenden werden die Komplexitätstreiber nach absteigendem Einfluss sortiert untersucht und Möglichkeiten zur Beeinflussung diskutiert.[977]

- **Heterogenität der Bereichsziele (-0,094)**

PFOHL verweist auf die Verbindung und notwendige Koexistenz der operativen, strategischen und normativen Handlungsebene. Demnach erzielen Unternehmen durch operative Maßnahmen Erfolge und sichern die Existenz, während mithilfe strategischer Maßnahmen zukünftige Erfolgspotenziale aufgebaut werden.[978] Dazu ist es erforderlich, dass zwischen den verschiedenen Anspruchsgruppen und Instanzen eines Unternehmens ein gemeinsamer Konsens geschaffen und strategische Entscheidungen ganzheitlich getroffen werden. Gleichzeitig beschreibt WILDEMANN, dass in der Praxis oftmals Defizite bei der Bildung aufeinander abgestimmter Logistikziele bestehen.[979] Die Unternehmensleitung sollte versuchen, Zielkonflikte zu vermeiden, indem die Logistik- und Bereichsziele konsequent auf Basis der übergeordneten Unternehmensziele auf strategischer sowie der Logistikkonzeption auf normativer Ebene entwickelt werden (Top-Down-Ansatz).[980] Durch eine konsequente Ableitung der Ziele aus dem übergeordneten Zielsystem wird erreicht, dass keine Bereichs-

[977] Als Grenzwert soll ein negativer Gesamteffekt von mindestens -0,047 gelten, da somit diejenigen Komplexitätsursachen berücksichtigt werden, deren Einfluss mindestens 50% des größten Einflussfaktors (Heterogenität der Bereichsziele: -0,094) beträgt.

[978] Vgl. PFOHL (2004a), S. 31.

[979] Vgl. WILDEMANN (2005), S. 281.

[980] Da speziell bei kleinen und mittelständischen Unternehmen oftmals kein detailliertes oder ausgereiftes Zielsystem auf Unternehmensebene vorliegt, kann die Ableitung von Bereichszielen auch in umgekehrter Richtung erfolgen. Bei der Bottom-Up-Methode bildet die Ableitung von Zielen innerhalb eines Teilbereichs, z. B. der Beschaffung, den Ausgangspunkt des Zielbildungsprozesses. Vgl. LARGE (2009), S. 57. Diese Empfehlung steht keineswegs im Widerspruch zum vorherigen Vorschlag Top-Down-Vorgehensweise. Beide Strategien können parallel angewendet werden und schließen sich nicht gegenseitig aus.

interessen die Zielfestlegung beeinflussen oder Zielkonflikte entstehen. Dennoch sind diese oft nicht zu verhindern, da sich Zielstellungen wie „geringe Kosten" und „hoher Service" ebenso wie „niedrige Einstandspreise" und „hohe Qualität der Beschaffungsobjekte" widersprechen und nur schwer parallel zu erreichen sind. An dieser Stelle muss die Unternehmensleitung eine Gewichtung der einzelnen Zielsetzungen vornehmen und Prioritäten festlegen.[981] Die Grundvoraussetzung für ein ganzheitliches sowie harmonisiertes Zielsystem und damit einhergehend die Basis für die Umsetzung der Logistikkonzeption bildet die Institutionalisierung der Logistik. Erst durch eine organisatorische Zusammenfassung der logistischen Aufgaben, Kompetenzen und Ressourcen wird die zentrale Koordination der logistischen Abläufe, Flüsse und Entscheidungen ermöglicht. Durch die Institutionalisierung werden gleichzeitig Informationsasymmetrien zwischen den verschiedenen Abteilungen bzw. Entscheidungsträgern abgebaut und Zielkonflikte durch die zentrale Entwicklung der Logistik- bzw. Bereichsziele vermieden.[982]

- **Unsicherheit bzgl. Lieferzeit und -qualität (-0,066)**

Um die Verlässlichkeit von Lieferungen zu erhöhen, ist ein enges und partnerschaftliches Verhältnis zum Lieferanten notwendig.[983] Gleichzeitig sollte dieser dazu aufgefordert und angehalten werden, Lieferverzögerungen rechtzeitig zu kommunizieren, damit kurzfristig auf Ersatzlieferanten zurückgegriffen oder die Bearbeitungsreihenfolge von Aufträgen verändert werden kann. Dies ist beispielsweise dadurch möglich, dass der Lieferant an vorher festgelegten Meilensteinen des Produktionsprozesses die geplante sowie die tatsächliche Ausbringungsmenge an das Unternehmen weiterleitet. Da es sich hierbei um sensible Daten handelt, ist es ebenso denkbar, dass der Lieferant lediglich durch ein Ampelsystem die Einhaltung des Produktionsplanes (grün), einen leichten, aber unkritischen, Rückstand (gelb) oder eine deutliche Planuntererfüllung (rot) meldet. Durch eine elektronische Datenanbindung, z. B. via EDI[984] oder SAP, sind derartige Daten schnell austausch- und auswertbar. In der Automobilindustrie wird die Weitergabe des erreichten Status während des Produktionsprozesses an die nachgelagerten Wertschöpfungsstufen bereits erfolgreich eingesetzt (z. B. in der Fahrzeugdistribution). Eine Übertragung auf den Bereich

---

981 Vgl. Arndt (2008), S. 115f.; Large (2009), S. 45.
982 Vgl. Wildemann (2005), S. 415.
983 Vgl. Large (2009), S. 138.
984 Hierunter ist der elektronische Datenaustausch zu verstehen.

der Beschaffung erscheint nicht nur sinnvoll, sondern auch praktikabel. Besitzt das Unternehmen aufgrund der eigenen Wettbewerbsstellung einen gewissen Gestaltungsspielraum, sollten zudem Bonus-Malus-Vereinbarungen getroffen werden, die für den Lieferanten als Anreiz dienen, um einen hohen Servicegrad zu erreichen und die Prozesse kontinuierlich zu verbessern.

Bei kritischen Beschaffungsobjekten und denjenigen Artikeln, bei denen häufig Lieferverzögerungen oder Qualitätsmängel auftreten, sollten die Unternehmen zusätzlich die Möglichkeit und Eignung einer dualen Beschaffungsstrategie prüfen. Hierbei werden die Beschaffungsartikel vorrangig von einem Hauptlieferanten bezogen, zu dem parallel ein zweiter Lieferant existiert, auf den im Notfall zurückgegriffen werden kann.[985] Dazu ist es jedoch einerseits notwendig, dass Lieferverzögerungen rechtzeitig durch den Hauptlieferanten angekündigt werden. Andererseits erfordert diese Art der Beschaffung einen flexiblen und verlässlichen Zweitlieferanten, da dieser im Falle von Lieferverzögerungen oder Engpässen eine deutlich höhere Volumina zur Verfügung stellen muss als im Normalfall. Bestehen bei bestimmten Beschaffungsobjekten generelle und lieferantenunabhängige Lieferschwierigkeiten oder Qualitätsprobleme, sollte auf Substitute zurückgegriffen oder eine eventuelle Eigenfertigung ins Auge gefasst werden. Des Weiteren kann durch eine Ersetzung individueller und spezieller Beschaffungsobjekte durch Standard- und Normteile, die leichter am Markt zu beschaffen sind, das Versorgungsrisiko und damit die Unsicherheit verringert werden.

- **Dynamik des Beschaffungsmarktes (-0,059)**

Insbesondere durch die EU-Osterweiterung unterliegt der europäische Beschaffungsmarkt einer hohen Dynamik. Ein Komplexitätsanstieg ergibt sich dabei vor allem bei der Beschaffungsmarktforschung, die Transparenz über die Angebots- bzw. Nachfragestruktur schaffen und Informationen über Lieferanten, Beschaffungsobjekte sowie Preise bereitstellen soll. Aber auch die Komplexität der Lieferantenauswahl und -bewertung steigt an.[986] Durch ein Frühwarnsystem können zukünftige Entwicklungen rechtzeitig antizipiert und dadurch der Zeitraum für die Erkenntnis-, Analyse-, Entscheidungs- und Realisierungsphase verlängert werden. PIONTEK gibt einen Überblick über Frühwarnindikatoren, die auf eine voraussichtliche Veränderung auf dem

[985] Vgl. LARGE (2009), S. 137.
[986] Vgl. LASCH, JANKER (2008), S. 1.003.

Beschaffungsmarkt hindeuten und ordnet diese nach strukturellen, konjunkturellen, soziopolitischen und technologischen Gesichtspunkten.[987] Während einer rezessiven Konjunkturphase übertrifft das Angebot die Nachfrage, wodurch mit kurzen Lieferzeiten und einem hohen Lieferservice zu rechnen ist. Im umgekehrten Fall einer Hochkonjunktur ist der Beschaffungsmarkt hingegen durch ein verknapptes Angebot und längere Lieferzeiten gekennzeichnet. Ein weiteres Beispiel stellt der politische Risikoindex dar, der die Wahrscheinlichkeit für politische Umstürze, Kursänderungen oder Kriege angibt, wodurch die Verfügbarkeit, Lieferkonditionen und Preise beeinflusst werden. Im Allgemeinen ist die Dynamik der Beschaffungsmärkte jedoch ein Problem, welches durch das Unternehmen selbst nicht verändert, sondern nur durch entsprechende Strategien und Konzepte gemindert werden kann. Beispielsweise sollte über eine Rückverlagerung extern vergebener Wertschöpfungsschritte nachgedacht werden (Insourcing).[988] Dadurch ist es möglich, sich punktuell vom Beschaffungsmarkt zu entkoppeln und das Risiko von Preissteigerungen oder Nichtlieferungen zu internalisieren. GÖPFERT beschreibt, dass der Trend zur Reduktion der Fertigungstiefe (Outsourcing) zunehmend nachlässt, da viele Unternehmen ihre Fertigungstiefe unter das wirtschaftlich sinnvolle Niveau von 25 - 30% gesenkt haben.[989] In Übereinstimmung mit mehreren Experten geht GÖPFERT deshalb davon aus, dass insbesondere in der Automobilindustrie eine Erhöhung der Fertigungstiefe zu beobachten sein wird. Dennoch besteht auch nach einer Rückverlagerung die Abhängigkeit vom Markt für Rohmaterialien weiter. Als Gegenmaßnahme verbleibt in diesem Fall lediglich, die Produktgestaltung zu überarbeiten und auf alternative Rohstoffe und Materialien zurückzugreifen, die auf einem Markt mit einer geringeren Dynamik beschafft werden können.

- **Vielfalt der eingesetzten IT-Systeme (-0,049)**

IT-Systeme sind notwendig, um die Finanz- sowie die physischen Warenflüsse im Unternehmen und zu den externen Partnern informatorisch abzubilden.[990] SANDERS und PREMUS konnten zeigen, dass sich hinreichende informationstechnische Fähigkeiten eines Unternehmens positiv auf die Zusammenarbeit mit den Lieferanten

987 Vgl. PIONTEK (2004), S. 97ff.
988 Vgl. HOFMANN (2008), S. 108.
989 Vgl. GÖPFERT, GRÜNERT (2009), S. 135ff.
990 Vgl. LARGE (2009), S. 195.

auswirken.[991] Neben den klassischen Kommunikationstechnologien (postalischer Kontakt, Telefon, Fax, E-Mail) können ebenfalls EDI-Systeme wie EDIFACT, ODETTE oder SEDAS zum Einsatz gelangen. Gemeinsam mit den üblichen Office-Anwendungen, den Softwarepaketen zur elektronischen Finanzbuchhaltung sowie weiteren Applikationen wie SAP R/3 oder Business-Intelligence-Lösungen führt dies nicht nur zu einer Überlastung des Anwenders, sondern gleichzeitig zu einer Informationsüberflutung und damit zu einer ansteigenden Intransparenz. Durch eine Vielzahl an unterschiedlichen IT-Systemen steigt definitionsgemäß die Anzahl und Heterogenität von Schnittstellen. Das Problem wird zusätzlich dadurch verstärkt, dass in den Unternehmen oftmals abteilungsspezifische Insellösungen existieren, die an die Erfordernisse der Anwender angepasst sind.[992] Da die verschiedenen IT-Systeme vielfach keine standardisierten Schnittstellen oder Exportfunktionen besitzen, sind aufwändige Transformationen notwendig oder die Daten müssen manuell weiter verwertet werden.[993] Ebenso besteht die Gefahr, dass Unbefugte Daten löschen oder verändern, weshalb es empfehlenswert ist, Eingabesperren zu implementieren und lediglich die Informationen bereitzustellen, die vom Anwender benötigt werden.

Ein weiteres Problem ist darin zu sehen, dass in der Logistik teilweise alternative Systeme parallel existieren und sich kein Standard herausgebildet hat. Als Beispiel kann die RFID-Technologie angeführt werden, die parallel zum etablierten Barcode-System existiert und zur Steuerung bzw. Überwachung des Waren- und Informationsflusses eingesetzt wird. Gelangen innerhalb der Lieferanten-Abnehmer-Beziehung beide Systeme zum Einsatz, ist zwangsläufig mit einem Komplexitätsanstieg zu rechnen, da eine manuelle Nacherfassung notwendig wird. Aus diesem Grund sollten die Unternehmen neben Kosten- und Leistungskriterien weitere Faktoren wie die vorhandenen Technologien, IT-Systeme und Schnittstellen in die Lieferantenauswahlentscheidung einbeziehen.

- **Dynamik der Zielvorgaben (-0,049)**

Die Unternehmen sollten sich der Notwendigkeit einer strategischen Ausrichtung des Managements bewusst werden und von kurzfristigen Zielvorgaben sowie der Fokussierung auf das operative Tagesgeschäft absehen.[994] Vielmehr muss es im Interesse

---

991 Vgl. SANDERS, PREMUS (2005), S. 14f.
992 Vgl. GEHR, HELLINGRATH (2006), S. 20; ARNDT (2008), S. 191.
993 Vgl. APPELFELLER, BUCHHOLZ (2005), S. 154.
994 Vgl. PFOHL (2004a), S. 34.

der Unternehmen liegen, ein strategisch ausgerichtetes Logistikmanagement zu implementieren, welches sich direkt an den Unternehmensleitlinien orientiert. Auf Basis der Unternehmensstrategie sollte anschließend eine zu verfolgende Logistikstrategie abgeleitet und mit entsprechenden Zielvorgaben untersetzt werden. Da sich sämtliche Maßnahmen und operativen Abläufe an diesen strategischen Zielvorgaben orientieren, ist es notwendig, dass diese einen mittel- bis langfristigen Charakter besitzen. Außerdem ist zu bemerken, dass der Erfolg einer eingeleiteten (operativen) Maßnahme oftmals nicht unmittelbar, sondern erst zeitversetzt wahrgenommen bzw. festgestellt werden kann. Somit ist das Ausbleiben eines gewünschten Ergebnisses kein Grund für das Versagen der Maßnahme und somit auch keine Legitimation für die kurzfristige oder spontane Änderung der Zielvorgaben.

- **Heterogenität der Schnittstellen (-0,048)**

Die Nutzung einer Modular Sourcing - Strategie stellt eine Möglichkeit dar, um die Anzahl der zu koordinierenden und zu überwachenden Lieferanten sowie die Schnittstellen zu unternehmensexternen Wertschöpfungspartnern zu verringern.[995] Vor allem größere Unternehmen verfügen in der Regel über verschiedene Beschaffungsbereiche, die entsprechend ihres Fokus für den Einkauf einer bestimmten Warengruppe (z. B. Standardartikel, Sonderprodukte, Dienstleistungen, Roh-, Hilfs- und Betriebsstoffe) verantwortlich sind. Um einerseits gegenüber den externen Partnern eine einheitliche Außenwirkung zu erzielen und andererseits die Beschaffungsvorgänge möglichst transparent zu gestalten, sollten hierbei einheitliche Vorgehensweisen und Technologien genutzt werden. Beispielsweise ist es denkbar, Bestellungen durchweg und unabhängig davon, ob es sich um einen häufig benötigten Standardartikel, eine selten nachgefragte Sonderanfertigung oder wertschöpfungsbegleitende Beschaffungsobjekte wie Büromaterialien handelt, über eine einheitliche Plattform (z. B. betriebsinterne Einkaufssoftware, SAP R/3) zu beschaffen. Eine standardmäßige Beschaffung über das E-Procurement-System, die in dringenden Notfällen durch Bestellungen per Fax und bei Bedarf durch telefonische Direktbestellungen beim Vertriebsleiter des Zulieferers ersetzt wird, erhöht nicht nur die Steuerungskomplexität, sondern führt zu intransparenten und im Extremfall nicht mehr zu rekonstruierenden Waren- und Informationsflüssen. In der Literatur wird der eigenmächtige

[995] Gleichzeitig ist eine Konzentration auf Kernkompetenzen möglich. Ebenso können Prozesse verschlankt oder gänzlich eliminiert werden, indem auf die Qualitätskontrolle von Zwischenprodukten verzichtet wird oder Montagetätigkeiten an externe Dienstleister vergeben werden.

und unautorisierte Einkauf einzelner Mitarbeiter oder Abteilungen außerhalb der standardisierten und üblichen Beschaffungswege als *Maverick Buying* bezeichnet.[996] Eine Möglichkeit zur Verhinderung dieses in der Praxis immer wieder zu beobachtenden Phänomens besteht in der Nutzung von Einkaufskartensystemen (*Purchasing Cards*), mit deren Hilfe berechtigte Mitarbeiter bei den zuvor zugewiesenen Lieferanten Bestellungen tätigen können und somit keine zusätzlichen Schnittstellen generieren.[997] Insbesondere bei einer hohen Anzahl externer Geschäftspartner sollte auf Schnittstellenstandards zurückgegriffen werden. Eine Harmonisierung von Schnittstellen kann ebenfalls dadurch erreicht werden, dass innerhalb der Beschaffung Standardisierungen vorgenommen und als Voraussetzung für eine Geschäftsbeziehung definiert werden. Es ist z. B. denkbar, eine Anlieferung auf standardisierten Ladehilfsmitteln vorzuschreiben, um bei der Warenannahme keine zeitaufwändigen Umbauten des Bediengerätes vornehmen zu müssen. Auch die Art der Lieferdokumente sollte lieferantenunabhängig gestaltet werden, um eine parallele Verwendung digitaler Medien und althergebrachter Dokumente in Papierform zu vermeiden.

- **Sonderprodukte und Zusatzservices (-0,047)**

Den Unternehmen ist zu raten, ihr Leistungsangebot einer strengen Kosten-Nutzen-Analyse zu unterziehen, um sich den eventuell höheren Kundennutzen nicht durch einen überproportional hohen logistischen Aufwand oder Ressourceneinsatz teuer zu erkaufen. Sollte diese Analyse zum Ergebnis gelangen, dass angebotene Services oder Sonderausstattungen, die über das eigentliche Standardprodukt hinausgehen, vom Großteil der Kunden nachgefragt werden, ist es womöglich ratsam, diese zusätzliche Ausstattungsvariante bzw. Dienstleistung in die standardmäßige Grundausstattung aufzunehmen. Neben der positiven Wahrnehmung durch den Kunden, der somit ein aufgewertetes Produkt bzw. einen umfassenderen Service erhält als bisher, lässt sich dadurch der Steuerungsaufwand während des Wertschöpfungsprozesses reduzieren. Gleichzeitig sind Skaleneffekte zu realisieren, da nicht mehr zwischen dem Standard- und dem Sonderprodukt bzw. -service variiert werden muss. Zusätzlich lassen sich sogenannte *Modellmix-Verluste* vermeiden, die durch Rüstvorgänge und die unterschiedlichen Arbeitsinhalte der einzelnen Varianten entstehen.[998] Ist eine Überführung des Sonderproduktes in die Grundausstattung nicht möglich oder

[996] Vgl. VAN WEELE (2005), S. 174; WANNENWETSCH (2008), S. 68; WERNER (2008), S. 34.
[997] Für weitere Informationen zum Maverick Buying vgl. WERNER (2008), S. 35f.
[998] Vgl. SCHULTE (1992b), S. 88f.

wirtschaftlich sinnvoll, da beispielsweise ein derart großer Qualitäts- oder Leistungsunterschied zum Standardprodukt besteht, dass ein höherer Verkaufspreis nicht nur gerechtfertigt, sondern erforderlich ist, um die eigenen Mehraufwendungen zur Herstellung dieser Sonderausstattung zu kompensieren, sollte durch eine modulare Produktgestaltung die möglichst einfache und effiziente Aufrüstung des Standardproduktes ermöglicht werden.[999] Alternativ dazu kann auf den Ansatz der Segmentierung zurückgegriffen werden, um Sonderprodukte und Zusatzservices anbieten zu können, ohne zwangsläufig einen Komplexitätsanstieg in Kauf nehmen zu müssen.[1000] Mithilfe einer vertikalen Prozesssegmentierung werden Standard- und Sonderaufträge ablauforganisatorisch getrennt und somit Ausnahmeregelungen vermieden, da in jeder Fertigungslinie nur noch Produkte gleicher Variabilität bearbeitet werden müssen.[1001]

Durch die Unternehmensbefragung konnten weitere Faktoren identifiziert werden, die aus Sicht der Praxis eine hohe Relevanz für die vorherrschende Komplexität besitzen (vgl. Anhang A-4 auf Seite 337). Auch für diese Komplexitätstreiber sollen im Folgenden Möglichkeiten zur Beeinflussung und Reduktion der sich ergebenden Komplexität vorgestellt werden.[1002]

- **Variantenanzahl (3,73)**

Oftmals wird der Nutzen, den eine zusätzliche Produktvariante generiert, überschätzt. Da es sich bei verschiedenen Produktvarianten teilweise um substitutive Güter handelt, kommt es zu Kannibalisierungseffekten, wodurch der Gewinn für das Unternehmen letztendlich geringer ausfällt als vorab erwartet. Aus diesem Grund sollte eine Sortimentsanalyse durchgeführt werden, um die erfolgswirksamen, zwingend benötigten Produktvarianten zu identifizieren und das Produktprogramm von den überflüssigen zu bereinigen. Als geeignete Analysemethode eignet sich hierbei eine ABC-Analyse, mit deren Hilfe der Beitrag der einzelnen Varianten am Gesamtumsatz ermittelt werden kann.

---

999 Selbiges gilt auf Prozessebene. Die angebotenen Zusatzservices sollten ebenfalls auf Standardprozessen aufbauen und eine Erweiterung bzw. Ergänzung, keinesfalls aber ein Substitut darstellen. Dies lässt sich u. a. durch eine Prozessmodularisierung erreichen. Vgl. MAYER (2007), S. 157.

1000 Vgl. ADAM, ROLLBERG (1995), S. 669.

1001 Vgl. BLISS (2000), S. 50f.

1002 Die Betrachtung beschränkt sich hierbei auf diejenigen Komplexitätstreiber, deren Relevanz von den befragten Unternehmen auf einer fünfstufigen Likert-Skala mit > 3 eingeschätzt wurde. Der Komplexitätstreiber *Sonderprodukte und Zusatzservices (3,40)* wurde bereits eingehend thematisiert und entfällt aus diesem Grund bei der folgenden Betrachtung.

Darüber hinaus bieten sich die in Kapitel 3.2.1 vorgestellten Einzelansätze zur komplexitätsarmen Produktgestaltung an, mit deren Hilfe die konträren Ziele eines variantenreichen Produktprogrammes und einer effizienten, schlanken sowie großvolumigen Fertigung vereint werden können. Der Großteil der diskutierten Ansätze setzt eine Standardisierung der Produkte bzw. Produktkomponenten voraus. Diese ist vorrangig bei Komponenten und Bauteilen empfehlenswert, die keinen direkten Kundennutzen erzielen und von diesen nicht unmittelbar wahrgenommen werden. Als Beispiele lassen sich hier neben nicht sichtbaren Produktbestandteilen wie dem Kabelbaum im Automobil oder der Grafikkarte beim PC ebenfalls Verpackungsmaterialien sowie Betriebs- und Hilfsmittel (Werkzeuge, Schmiermittel) nennen. Auch die Verschiebung des Variantenbestimmungspunktes als Ansatz auf Prozessebene ermöglicht trotz eines diversifizierten Produktprogrammes eine komplexitätsarme Beschaffung, Produktion und Distribution bei einem gleichzeitig deutlich geringeren Planungs-, Steuerungs- und Kontrollaufwand.

- **Anzahl zu beschaffender Artikel (3,51)**

Der Unternehmensbereich Forschung und Entwicklung bestimmt auf Basis der Kundenanforderungen sowie der Vorgaben des Marketings durch die Konstruktion und Gestaltung der Produkte die zu beschaffenden Roh-, Hilfs- und Betriebsstoffe sowie die benötigten Produktionsmaterialien. Um die Anzahl der Beschaffungsobjekte zu minimieren und damit eine Reduktion der Beschaffungskomplexität zu erzielen, sollten die verschiedenen Unternehmensbereiche intensiv zusammenarbeiten. In einer Studie von TRACY konnte der positive Einfluss einer Integration des Beschaffungs-, Produktions- und Logistikmanagements in die Neuproduktentwicklung auf den Unternehmenserfolg nachgewiesen werden.[1003] Durch eine Anpassung der Produktgestaltung lässt sich die Anzahl der zu beschaffenden Artikel nachhaltig senken. Auch eine Standardisierung der Produkte und Fertigungsverfahren trägt zu einer Reduktion der zu beschaffenden Objekte bei, da z. B. keine separaten Roh-, Hilfs- und Betriebsstoffe oder Fertigungsmaterialien beschafft werden müssen.

Eine weitere Möglichkeit zur Reduktion der Anzahl zu beschaffender Artikel besteht in der Realisierung einer Modular Sourcing - Strategie. Hierdurch wird die aufwändige und umfangreiche Beschaffung zahlreicher Roh- und Verbrauchsmaterialien

[1003] Vgl. TRACY (2004), S. 47ff.

sowie Komponenten und Bauteile zur Herstellung der Produkte durch die Beschaffung eines einzelnen bereits fertig vormontierten Moduls ersetzt.[1004]

▪ Heterogenität der Beschaffungsartikel (3,50)

Neben der Anzahl führt ebenso eine unterschiedliche Wertigkeit oder ein heterogenes Qualitätsniveau der Beschaffungsobjekte zu einem Komplexitätsanstieg, da zusätzliche Schutzvorrichtungen oder Verpackungsmaterialien notwendig sind oder Artikel aufgrund der höheren Anforderungen nur bei bestimmten Lieferanten bezogen werden können. Hier sollte die Beschaffung in Zusammenarbeit mit den Bereichen Konstruktion und Entwicklung, Produktion sowie Absatz entscheiden, ob die an die Beschaffungsobjekte gestellten Anforderungen notwendig oder Angleichungen möglich sind. Hierzu kann beispielsweise eine Wert- oder Conjoint Analyse genutzt werden.[1005] Durch eine Harmonisierung der Anforderungen könnten bisher separat beschaffte Einzelteile ebenfalls von Märkten mit weniger leistungsfähigen Lieferanten oder einer geringeren Qualität beschafft und dadurch Skaleneffekte realisiert werden. Die Komplexität der Materialbereitstellung sowie des Handlings von Beschaffungsobjekten mit stark voneinander abweichenden physischen Eigenschaften kann des Weiteren durch eine Modulbauweise reduziert werden. Vor allem sehr große oder besonders schwere Beschaffungsobjekte lassen sich durch einen modularen Produktaufbau in mehrere kleine, leichter zu handhabende Komponenten zerlegen, die anschließend innerhalb der Fertigung erneut zu einem großen Gesamtobjekt montiert werden. Dem höheren Aufwand durch die zusätzlichen Montagetätigkeiten stehen zahlreiche Vorteile innerhalb der Beschaffung sowie Materialbereitstellung gegenüber. Beispielhaft seien der Wegfall zusätzlicher Regalbediengeräte oder Flurförderer für unhandliche Beschaffungsobjekte, ein geringerer Lagerplatzbedarf oder die Möglichkeit zur Standardisierung von Verpackungsgrößen und damit verbunden die höhere Kapazitätsauslastung innerhalb des Lagers genannt. Die Heterogenität der Beschaffungsobjekte kann zudem durch eine Verwendung von Gleichteilen bzw. Plattformen vermindert werden, die produkt- bzw. produktreihenübergreifend eingesetzt werden. Dadurch wird die Vielfalt der verbauten und zuvor zu beschaffenden Objekte reduziert. Auch durch ein Modular Sourcing lässt sich die Heterogenität der Beschaffungsartikel reduzieren, da beispielsweise die Beschaffung von Kleinteilen

[1004] Vgl. LARGE (2009), S. 89.
[1005] Vgl. LARGE (2009), S. 87.

(z. B. Schrauben, Scharniere, etc.), Fertigungsmaterialien sowie Hilfs- und Betriebsstoffen entfällt bzw. auf den externen Dienstleister oder Modullieferanten übertragen wird.

▪ **Heterogenität der Bestellungen (3,49)**

Der negative Einfluss abweichender Bestellrhythmen auf die Komplexität und infolgedessen auf den Logistikerfolg leitet sich unmittelbar aus der Transaktionskostentheorie ab, die einen negativen Zusammenhang zwischen der Kauffrequenz und den Transaktionskosten unterstellt.[1006] Durch eine Paketbildung können die Bedarfsverläufe verschiedener Produkte, die nunmehr nur als gemeinsames Produktbündel verkauft werden, angeglichen und die unterschiedlichen Bestellrhythmen bzw. -häufigkeiten harmonisiert werden. Auch das Plattformkonzept, die Gleichteileverwendung sowie die Standardisierung als Einzelansätze auf Produktebene reduzieren die Vielfalt der Bestellrhythmen. Gleichzeitig wird das Problem unterschiedlicher Bestellvolumina obsolet, da als Folge der genannten Ansätze identische Bauteile und Komponenten verwendet werden. Mithilfe eines Modular Sourcing entfällt die Beschaffung produktunabhängiger Beschaffungsobjekte (z. B. Werkzeuge, Hilfs- und Betriebsstoffe, Investitionsgüter). Des Weiteren reduzieren Sicherheitsbestände die Notwendigkeit zeitkritischer Eilbestellungen sowie die zusätzliche Beschaffung bei einem Ersatzlieferanten im Falle eines kurzfristigen Lieferausfalles oder eines unvorhergesehenen Nachfrageanstieges. Dies ist allerdings mit einer Zunahme der Lager- und Kapitalbindungskosten verbunden.

▪ **Prognoseunsicherheit (3,32)**

Hinsichtlich der Regelmäßigkeit des Verbrauchs lassen sich drei verschiedene Artikeltypen unterscheiden: X-Artikel sind durch einen konstanten Verbrauch und eine hohe Vorhersagegenauigkeit gekennzeichnet, während Y-Artikel einen trendmäßigen oder saisonal schwankenden Bedarfsverlauf besitzen und somit lediglich eine mittlere Vorhersagegenauigkeit aufweisen. Problematisch gestalten sich vor allem die Z-Artikel, deren Verbrauch vollkommen unregelmäßig verläuft, weshalb die Bedarfsmenge nur schwer prognostiziert werden kann.[1007] Abhilfe kann die Paketbildung schaffen, bei der die Produkte nur in fest vorgegebenen Konstellationen bestellt werden können. Somit zieht der Verkauf eines Produktes mit konstantem Bedarf

[1006] Vgl. WILLIAMSON (1985), S. 60f.; WILDEMANN (2005), S. 116; CHOI, KRAUSE (2006), S. 644.
[1007] Vgl. HEISEREICH (2002), S. 65; VAHRENKAMP (2007), S. 77f.

(X-Artikel) zwangsläufig den Verkauf eines weiteren Produktes, z. B. ein Produkt mit einem unregelmäßigen Bedarf, nach sich und erhöht somit die Prognosegenauigkeit dieses Y- oder Z-Artikels. Auch die Verwendung eines Plattformkonzeptes trägt zur Reduktion der Prognoseunsicherheit bei. Plattformen weisen über einen längeren Zeitraum betrachtet einen nahezu konstanten Bedarf auf, da sie regelmäßig verbaut werden und sich Schwankungen zwischen den einzelnen Varianten ausgleichen.[1008] Aus diesem Grund ist eine detaillierte Bedarfsprognose auf Basis einzelner Produktvarianten nicht notwendig, sondern kann durch eine aggregierte Bedarfsplanung ersetzt werden. Gleiches ist durch die Verwendung standardisierter (Gleich-) Teile möglich, da auch hier von einem Ausgleich der Bedarfsschwankungen auszugehen ist und somit eine aggregierte Gesamtprognose möglich wird.[1009]

Für eine hohe Planungs- und Prognosesicherheit sind zudem frühzeitige und aktuelle Informationen notwendig. Aus diesem Grund sollte das Marktgeschehen auf den Beschaffungs- und Absatzmärkten kontinuierlich beobachtet und analysiert werden. Ebenso ist eine rollierende Planung zu bevorzugen, bei der die Planung im Zeitablauf wiederholt wird und dabei aktuelle Informationen zu unsicheren Einflussgrößen (z. B. Nachfrageentwicklung, Käuferverhalten, etc.) einbezogen werden.[1010] Um bei Fehlprognosen trotzdem handlungsfähig zu sein und keine out of stock - Situation zu provozieren, sollte je nach vorhandener Wiederbeschaffungszeit, dem bestehenden Beschaffungsrisiko und abhängig davon, ob es sich um einen kritischen oder unkritischen bzw. einen erfolgswirksamen A- bzw. einen unbedeutenden C-Artikel handelt, unter Umständen ein Sicherheitsbestand vorgehalten werden.

- **Fertigungstiefe (3,16)**

Der Einfluss der Fertigungstiefe stellt aus Sicht der Praxis einen weiteren komplexitätsbeeinflussenden Faktor dar. Auch in der Literatur wird oftmals die Fremdvergabe logistischer Leistungen bzw. das Outsourcing von Wertschöpfungsprozessen als Möglichkeit zur Konzentration auf Kernkompetenzen sowie die Reduktion der Komplexität angeführt.[1011] Allerdings wurde in Kapitel 6.3.2.1 darauf hingewiesen, dass mit einer zunehmenden Fremdvergabe zwar interne Ressourcen freigesetzt und die

[1008] Vgl. BLOECH ET AL. (2003), S. 205.
[1009] Vgl. NEBL (2007), S. 782.
[1010] Vgl. INDERFURTH, JENSEN (2008), S. 166.
[1011] Vgl. SCHULTE (1992b), S. 90; RAZZAQUE, SHENG (1998), S. 92; MCCARTHY, ANAGNOSTOU (2004), S. 64; HARLAND (2005), S. 834.

Prozesse verschlankt werden können, die Koordination der externen Dienstleister allerdings zusätzliche Planungs- und Steuerungsprozesse erfordert, wodurch gleichzeitig die Koordinationskomplexität ansteigt. Mit einer zunehmenden Fremdvergabe wächst zudem die Abhängigkeit von den externen Partnern. Aus diesem Grund sollten die Unternehmen vor der Entscheidung für ein Outsourcing in bereichsübergreifenden Teams Chancen und Risiken der Fremdvergabe diskutieren und bei der Auswahl der externen Partner neben Kostenaspekten vor allem Qualitäts- und Leistungskriterien (Lieferzeit, Lieferflexibilität, Lieferqualität, Lieferzuverlässigkeit, etc.) berücksichtigen.

- **Unsicherheit bzgl. Verkaufsmenge / -zeitpunkt (3,10)**

Die Prognose- und Planungsunsicherheit bezieht sich nicht nur auf die mengenmäßige Ausprägung (Volumen), sondern auch auf deren zeitliche Realisation.[1012] Je genauer die Menge sowie der Zeitpunkt der Kundennachfrage prognostiziert werden kann, desto einfacher und besser ist die Produktionsplanung (Losgrößenplanung, Maschinenbelegungsplanung, Order Management) und entsprechend die Kapazitätsauslastung. Gleichzeitig kann die Notwendigkeit von Sicherheitsbeständen reduziert werden, da nicht mit unvorhergesehenen Bedarfen gerechnet werden muss.[1013] Durch die Paketbildung kann, wie bei den Möglichkeiten zur Erhöhung der Prognosesicherheit bereits verdeutlicht, die Prognostizierbarkeit von Z-Artikeln verbessert und deren Verkaufsmenge sowie -zeitpunkt einfacher und genauer vorhergesagt werden. Gleichzeitig lässt sich die Komplexität von Ein- und Auslagerungen reduzieren, da die Bestandteile des angebotenen Paketes nicht nur einen identischen Bedarfsverlauf besitzen, sondern in räumlicher Nähe zueinander gelagert werden können, sodass Einsparungen hinsichtlich der Kommissionierzeit sowie der benötigten Zeit für Ein- und Auslagerungen zu erwarten sind. Durch einmalige Sonderaktionen und Rabatte lässt sich zudem der Verkaufszeitpunkt bestimmter Produkte steuern und auf einen kurzen Zeitraum festsetzen. Da dies jedoch nur partiell und temporär möglich ist, sollten weitere Alternativen zur Vermeidung dieser Unsicherheit genutzt werden. Die Unsicherheit bezüglich des Verkaufszeitpunktes besteht vor allem bei Produkten, bei denen keine kontinuierliche Nachfrage vorherrscht, sondern die sporadisch und unregelmäßig verkauft werden. Mithilfe einer ABC-Analyse sollte

---

1012 Vgl. TEMPELMEIER (2005), S. 16.
1013 Vgl. ARNDT (2008), S. 125f.

geprüft werden, wie hoch der Wertbeitrag dieser sogenannten *Langsamdreher* ist. Für den Fall, dass diese Produkte oder Produktvarianten zusätzlich zu ihrem unregelmäßigen Bedarfsverlauf einen geringen Anteil am Umsatz besitzen, ist eine Bereinigung des Produktprogrammes empfehlenswert.

Durch die Verfolgung einer Postponement-Strategie erfolgt die endgültige Festlegung der Produktspezifikation erst im fortgeschrittenen Stadium der Wertschöpfung. Für die Beschaffung der auftragsneutralen Beschaffungsobjekte ist somit noch keine detaillierte Absatzplanung der einzelnen Produkte und Produktvarianten erforderlich. Dadurch wird das Problem der ungenauen oder unsicheren Absatzplanung entschärft, da zunächst eine variantenunabhängige Bedarfsplanung auf einer höheren Abstraktionsebene erfolgen kann, ohne dass detaillierte Verkaufsmengen oder -zeitpunkte bekannt sein müssen. Da der auftragsneutrale Produktbestandteil die Basis für sämtliche Produktvarianten bildet, wird das Prognoserisiko vor dem Hintergrund, dass sich singuläre Schwankungen zwischen den einzelnen Produktvarianten insgesamt näherungsweise ausgleichen, verringert.

- **Änderungsmöglichkeit der Kunden (3,09)**

Die Gründe für nachträgliche Änderungen bereits getätigter Bestellungen sind vielfältig. Beispielsweise können beim Kundenauftrag Fehler hinsichtlich der bestellten Güter oder Mengen aufgetreten sein oder der Kunde nimmt aufgrund geänderter Bedarfe, verfügbarer Kapazitäten oder Stornierungen seiner eigener Nachfrager eine Anpassung seiner Bestellung vor. Als weitere Ursache nachträglicher Bestellstornierungen wird in der Literatur das sogenannte *Shortage Gaming* angeführt.[1014] Im Falle eines Lieferengpasses oder in monopolistischen Märkten, in denen die Nachfrage das Angebot übersteigt, sind Rationierungsmaßnahmen notwendig, sodass jeder Kunde lediglich einen Teil seiner Nachfragemenge zur Verfügung gestellt bekommt. Die Kunden reagieren auf die proportional zur Bestellmenge zugewiesene Liefermenge, indem sie zukünftig eine größere Stückzahl bestellen als tatsächlich benötigt wird, um anschließend trotz der Sanktionierung die gewünschte Menge zugewiesen zu bekommen. Für den Fall, dass durch den Lieferanten anschließend keine Rationierung erfolgt, da beispielsweise kurzfristig doch eine größere Angebotsmenge zur Verfügung steht, werden die nunmehr zu viel bestellten Einheiten nachträglich

[1014] Vgl. LEE ET AL. (1997), S. 555; VAHRENKAMP (2005), S. 40.

storniert.[1015] Diesem Phänomen kann begegnet werden, indem maximale Bestellmengen festgelegt werden und eine Verpflichtung zur Abnahme der bestellten Mengeneinheiten besteht. Des Weiteren ist es möglich, eine Stornierungsgebühr zu verlangen oder nachträgliche Bestelländerungen gänzlich zu untersagen. Allerdings sollte vor dem Hintergrund einer Kunden- und Serviceorientierung die Möglichkeit von Stornierungen oder Mengenänderungen nicht vollkommen ausgeschlossen, sondern in Abhängigkeit der verbleibenden Zeit bis zur geplanten Lieferung reglementiert werden.[1016] Denkbar ist beispielsweise, die Möglichkeit für Änderungen zeitlich gestaffelt anzubieten, sodass zeitnahe Stornierungen in vollem Umfang möglich sind und mit voranschreitender Zeit sukzessive eingeschränkt werden.[1017]

- **Unterschiedlichkeit der Lieferanten (3,07)**

Auf sämtlichen Märkten existiert ein marktübliches Leistungsniveau der vorhandenen Lieferanten hinsichtlich der Faktoren Technologie, Produktivität und Logistik im Allgemeinen.[1018] Diskontinuitäten und Unterschiede zwischen den Anbietern führen jedoch zu unterschiedlichen Beschaffungskonditionen, einem heterogenen Qualitätsniveau, einer differierenden logistischen Leistungsfähigkeit und somit zu einer Komplexitätszunahme. Die Unternehmen sollten trotz oder gerade aufgrund der individuellen Unterschiede zwischen den Lieferanten bestimmte Standards und Richtlinien für die unternehmensübergreifende Zusammenarbeit festlegen und auf der Erfüllung dieser (Mindest-) Anforderungen bestehen. WILDEMANN schlägt in diesem Kontext die Erarbeitung gemeinsamer Qualitäts-, Verpackungs-, Transport- und Lagerstufenkonzepte zwischen dem herstellenden Unternehmen und dessen Lieferanten vor.[1019] Innerhalb der an Verbreitung und Bedeutung zunehmenden Onlineauktionen sowie elektronischen Ausschreibungen besteht beispielsweise die Möglichkeit, die Teilnahmeerlaubnis an die Erfüllung gewisser Mindeststandards zu knüpfen und Lieferanten, die das geforderte Leistungsniveau nicht erreichen, von der Ausschreibung auszuschließen. Auch weitere reglementierende Faktoren, die über die Leistungsfähigkeit hinausgehen, aber ebenso zu einer heterogenen Lieferanten-

---

[1015] Vgl. FRANSOO, WOUTERS (2000), S. 79; TEMPELMEIER (2005), S. 166.
[1016] Im Bereich der Automobilindustrie ist beispielsweise trotz der offensichtlichen Auswirkungen für die Komplexität eine Auftragsänderung bis zu wenigen Tagen vor der geplanten Auslieferung möglich. Vgl. OSTERTAG (2008), S. 78f.
[1017] Vgl. VAHRENKAMP (2005), S. 40.
[1018] Vgl. LARGE (2009), S. 99.
[1019] Vgl. WILDEMANN (2005), S. 331.

basis führen und damit die Komplexität erhöhen, können hierbei problemlos berücksichtigt werden. Beispielhaft seien die regionale Herkunft, die Unternehmensgröße, der Leistungsumfang oder die Möglichkeit zur Ausweitung des Leistungsspektrums genannt. Durch ein konsequentes Local Sourcing, d. h. die Konzentration auf lokale oder zumindest regionale Anbieter, wird die regionale Lage als Ursache von Preisunterschieden oder einer inhomogenen Rohstoffverfügbarkeit verringert, während durch eine Single Sourcing - Strategie die Unterschiedlichkeit des logistischen Leistungsvermögens ausgeschlossen wird.

- **Bedarfsschwankungen (3,06)**

Mithilfe von Sicherheitsbeständen und einem flexiblen Fertigungssystem, bei dem die Maschinenbelegung und die Auftragsbearbeitungsreihenfolge an die Erfordernisse angepasst werden können, ist es möglich, auf kurzfristige Bedarfsschwankungen zu reagieren und diese aufzufangen. Die Ursache dieser Bedarfsschwankungen ist damit allerdings nicht beseitigt. Oftmals ist diese nicht nur in den Phänomenen des *Bullwhip-Effektes*[1020] oder des *Shortage Gamings* zu sehen, sondern auch verkaufsfördernde Aktivitäten oder das Auslaufen eines Modells können zu einem schlagartigen Rückgang der Bedarfszahlen führen, die erst im Nachgang durch einen wachsenden Ersatzteilbedarf wieder anwachsen. Auch der Bestimmungszweck eines Gutes bildet eine mögliche Ursache für saisonal schwankende Bedarfe (z. B. Eiscreme, Winterkleidung). Für den Umgang mit kurzfristigen Bedarfsschwankungen stehen nur sehr eingeschränkt Maßnahmen zur Verfügung. Eine Möglichkeit bildet die Verwendung von Gleichteilen und modellreihenübergreifenden Plattformen.[1021] Es ist davon auszugehen, dass sich die Nachfrageschwankungen zwischen einzelnen Produkten nahezu ausgleichen, wodurch die gemeinsamen Bedarfe der betreffenden Produkte bzw. Produktvarianten einer geringeren Schwankung unterliegen als dies im Falle einer isolierten Betrachtung der Fall wäre.[1022] Beschaffungsseitig helfen Pufferbestände dabei, volatile Bedarfe auszugleichen und keine stark schwankenden Bedarfsmengen an den Lieferanten weiterzureichen. Dadurch wird

[1020] Der Bullwhip-Effekt (Peitschenschlag-Effekt) beschreibt das in der Praxis oftmals zu beobachtende und empirisch bereits mehrfach nachgewiesene Phänomen, dass die Schwankung der Bedarfe mit einer zunehmenden Distanz innerhalb der Supply Chain vom Endkunden ansteigt. Vgl. FORRESTER (1958), S. 37ff.; TEMPELMEIER (2005), S. 161f.

[1021] Vgl. BOCZANSKI ET AL. (2005), S. 154.

[1022] Vorausgesetzt wird, dass kein genereller Rückgang bzw. Anstieg der Nachfrage vorliegt und die Varianten, in denen die Gleichteile bzw. die Plattform verbaut werden, den gleichen saisonal schwankenden Bedarfsverlauf besitzen.

einerseits der Entstehung eines Bullwhip-Effektes entgegengewirkt und andererseits gewährleistet, dass die Beschaffungsprozesse und Warenflüsse möglichst konstant und homogen verlaufen, ohne dass zusätzliche Lagerflächen, Mitarbeiter oder Regalbediengeräte benötigt werden. Das effektivste Mittel, um Bedarfsschwankungen zu minimieren, ist jedoch die Vereinbarung von Rahmenverträgen, in denen die zukünftigen Bedarfe zumindest im Groben festgehalten werden.

8 Schlussbetrachtung

8.1 Zusammenfassung der Untersuchungsergebnisse

Aufgrund des starken Wettbewerbsdrucks sowie der wachsenden Kundenwünsche und -erwartungen steigen die Anforderungen an die Logistik rapide an. In Verbindung mit der hohen Dynamik auf den Märkten, verkürzten Produktlebenszyklen, der anhaltenden Globalisierung und der stetigen Erweiterung des Produktangebotes nimmt die Komplexität der Leistungserstellung sukzessive ein Ausmaß an, welches eine effektive und effiziente Leistungserstellung zunehmend schwierig gestaltet oder gänzlich verhindert. Die logistischen Prozesse sind infolge des zu beobachtenden Komplexitätsanstieges schwieriger zu beherrschen, wodurch nicht nur die Leistungsfähigkeit der Abläufe (hohe Termintreue, geringe Störanfälligkeit, hohe Flexibilität), sondern auch die Effizienz bei deren Durchführung leiden. Infolgedessen gewinnt das Komplexitätsmanagement sowohl in der theoretischen Diskussion als auch in der Praxis zunehmend an Bedeutung und stellt mittlerweile einen Erfolgsfaktor dar.[1023] Aus diesem Grund widmete sich die vorliegende Arbeit explizit dem Komplexitätsmanagement innerhalb der Logistik und verfolgte dabei das Ziel, zunächst Transparenz zu schaffen, indem existierende Ansätze und Maßnahmen vorgestellt und deren bisherige Verbreitung in der Praxis untersucht wurden. Darüber hinaus sollten bestehende Defizite des Komplexitätsmanagements bei der Durchführung in der Praxis aufgezeigt, aber auch existierende Forschungslücken identifiziert werden. Hierbei konnte festgestellt werden, dass sowohl in der Praxis als auch in der wissenschaftlichen Diskussion das Wissen über bestehende Zusammenhänge und Wechselwirkungen zwischen den Komplexitätsursachen und ihren Auswirkungen fehlt. Der negative Einfluss einer zunehmenden Komplexität wird zwar hinreichend oft betont und von den Unternehmen auch als solcher wahrgenommen, allerdings wurde er bisher noch nicht umfassend empirisch untersucht und quantifiziert. Diese bestehende Forschungslücke sollte mithilfe der vorliegenden Arbeit geschlossen und der Einfluss der Beschaffungskomplexität auf den Logistikerfolg untersucht werden. Besonderes Interesse bestand hierbei in der Entwicklung eines umfassenden Messinstrumentes für die Beschaffungskomplexität, da das Problem der mangelnden Messbarkeit von

[1023] Vgl. NYHUIS, ROTBAUER (2003), S. 121f.; SCHUH (2005), S. 292.

Komplexität sowohl von den Wissenschaftlern benannt als auch von den Praktikern beklagt wird.[1024] Der Gang der Untersuchung lässt sich wie folgt rekapitulieren:

Nach einer kurzen Einführung (**Kapitel 1**) folgte im **zweiten Kapitel** eine Grundlagenbetrachtung, in deren Rahmen zunächst die verschiedenen Komplexitätsdeterminanten und -eigenschaften untersucht wurden. Die anschließende Diskussion der vielfältigen Komplexitätsursachen und -auswirkungen konnte zeigen, dass sich die Komplexität auf sämtliche Unternehmensbereiche, Prozesse und Leistungsgrößen auswirkt. Aufgrund der vielfältigen Abhängigkeiten ergibt sich deshalb die Forderung, das Komplexitätsmanagement nicht nur punktuell durchzuführen, sondern für eine nachhaltige Optimierung Ursachen, Auswirkungen sowie die bestehenden Abhängigkeitsbeziehungen gemeinsam und ganzheitlich zu betrachten.

Im **dritten Kapitel** erfolgte eine Reflexion des aktuellen Forschungsstandes. Dabei zeigte ein Kurzüberblick zur Entwicklung des Komplexitätsmanagements, dass das Forschungsinteresse anfänglich vorrangig der Produktkomplexität galt, bevor später auch Prozesse und organisatorische Aspekte berücksichtigt wurden. Dieser Entwicklung folgend wurden anschließend existierende Maßnahmen und Methoden (in dieser Arbeit als *Einzelansätze* bezeichnet) vorgestellt und hinsichtlich des jeweiligen Fokus strukturiert. In einem Literaturüberblick konnte gezeigt werden, dass eine Vielzahl an wissenschaftlichen Arbeiten zum Thema existiert. Diese nähern sich dem Thema des Komplexitätsmanagements aus verschiedenen Perspektiven, untersuchen dabei höchst unterschiedliche Problemstellungen und haben eine große Menge an individuellen Lösungsansätzen hervorgebracht.

Anschließend richtete sich im **vierten Kapitel** der Blick auf den Stand der Praxis. Wie die Ergebnisse einer deutschlandweiten Studie im Bereich des herstellenden und verarbeitenden Gewerbes zeigen konnten, ist sich der Großteil der Unternehmen der zunehmenden Komplexität bewusst. Die Mehrzahl von ihnen hat bereits Komplexitätsmanagementprojekte durchgeführt bzw. -maßnahmen angewendet. Wie die Studie des Weiteren verdeutlicht hat, sind die in Kapitel 3 vorgestellten Einzelansätze den Unternehmen zwar weitgehend bekannt, allerdings werden sie nur von einem Teil der Befragten auch tatsächlich (durchgängig) angewendet. Die weitere Analyse hinsichtlich der Erfolgsfaktoren für ein zielgerichtetes Komplexitätsmanagement offenbarte eine erhebliche Diskrepanz zwischen der Bedeutung, die den einzelnen

[1024] Vgl. Kapitel 2.2.2 sowie Abbildung 4-16 auf Seite 112.

Faktoren aus Sicht der Unternehmen beigemessen wird, und deren Erfüllung in der Praxis. Danach mangelt es aus Sicht der Unternehmen vor allem an *Möglichkeiten zur Messung bzw. Bewertung von Komplexität*, der *Kenntnis von Zusammenhängen und Wechselwirkungen* sowie der *Kenntnis von Auswirkungen der Komplexität*. Dies bestätigt die bereits auf Basis des Literaturstudiums identifizierte Forschungslücke, wonach der negative Einfluss der Komplexität auf die logistischen Zielgrößen zwar vielfach betont wird, jedoch die Art und Stärke des Zusammenhanges noch weitgehend unerforscht sind. Insbesondere besteht Unklarheit darüber, welche Faktoren besonders zu einem Anstieg der (Beschaffungs-) Komplexität beitragen und wie die einzelnen logistischen Zielgrößen beeinflusst werden. Mithilfe eine kausalanalytischen Untersuchung sollte diese theoretisch identifizierte und praktisch bestätigte Forschungslücke im verbleibenden Teil der Arbeit geschlossen werden.

Um beim Leser das notwendige Verständnis für die Methodik zu schaffen, wurden im **fünften Kapitel** zunächst die Grundlagen zur Kausalanalyse vermittelt und darüber hinaus insbesondere die dominierenden Ansätze LISREL (kovarianzbasiert) sowie PLS (varianzbasiert) kritisch gegenübergestellt. Hierbei wurden vor allem die jeweiligen Zielsetzungen, Möglichkeiten zur Gütebeurteilung, Vor- und Nachteile sowie die erforderlichen Anwendungsvoraussetzungen und Restriktionen diskutiert.

Anschließend erfolgte im **sechsten Kapitel** die kausalanalytische Untersuchung zum Einfluss der Beschaffungskomplexität auf den Logistikerfolg. Zunächst wurde dazu das zu Grunde liegende Untersuchungsmodell entwickelt. Teilweise konnte hierbei auf bestehende Konzeptualisierungen und Operationalisierungen innerhalb der Literatur zurückgegriffen werden. Da es sich aber speziell beim Konstrukt der Beschaffungskomplexität um einen bisher nicht näher untersuchten Forschungsgegenstand handelt, wurde ein neuartiger Messansatz entwickelt, der auf den vier Dimensionen Beschaffungsmarktkomplexität, Beschaffungsprozesskomplexität, Produktkomplexität und Interne Komplexität basiert. Diese Dimensionen wurden jeweils mithilfe von sieben Indikatoren operationalisiert, die die konstitutiven Eigenschaften der Komplexität (Varietät, Heterogenität, Variabilität und Unsicherheit) widerspiegeln. Auf Basis der Modellkonzeption sowie der verfügbaren Datenbasis (236 Datensätze) wurde der Partial Least Squares (PLS) - Ansatz als das geeignete Analyseverfahren ausgewählt, um die direkten und indirekten Einflüsse der Beschaffungskomplexität auf die logistischen Erfolgsgrößen Kosten, Qualität, Flexibilität und Zeit zu untersuchen. Darüber hinaus wurde ebenfalls der moderierende Effekt der Unternehmensgröße berücksichtigt. Bis auf zwei Ausnahmen konnten die zuvor aufgestellten Hypothesen unterstützt und der negative Einfluss der Beschaffungskomplexität auf den Logistikerfolg empirisch aufgezeigt werden.[1025] Die Erfüllung zahlreicher Gütekriterien unterstreicht die Modellgüte. Darüber hinaus rechtfertigt der umfangreiche Stabilitätstest die Annahme, dass die Ergebnisse konsistent sind und verallgemeinert werden können.

Auf Basis der ermittelten Erkenntnisse wurden in **Kapitel 7** Handlungsempfehlungen für die Praxis abgeleitet, die sowohl die Ergebnisse der kausalanalytischen Untersuchung (Kapitel 6) als auch die identifizierten Defizite bei der Durchführung des Komplexitätsmanagements in der Praxis (Kapitel 4) berücksichtigen.

Der Forschungsbeitrag dieser Arbeit lässt sich folgendermaßen zusammenfassen:

- Es wurde ein Modell zur Messung der Beschaffungskomplexität entwickelt und verifiziert, welches in späteren Arbeiten erneut verwendet bzw. erweitert werden kann.
- Auf Basis empirischer Daten wurden die wesentlichen und einflussreichen Komplexitätstreiber identifiziert.
- Die in der Literatur vorhandene Operationalisierung des Logistikerfolges konnte bestätigt und erweitert werden.
- Der oftmals propagierte Zielkonflikt der logistischen Zielgrößen wurde bestätigt und empirisch belegt.
- Der negative Zusammenhang zwischen der Beschaffungskomplexität und dem logistischen Erfolg eines Unternehmens wurde empirisch nachgewiesen und quantifiziert.

Abschließend sollen die eingangs formulierten Forschungsfragen auf Basis der erzielten Forschungsergebnisse beantwortet werden:

1) Welchen Stellenwert besitzt das Komplexitätsmanagement in der Unternehmenspraxis und welche Probleme können hinsichtlich der Effektivität und Effizienz bei der Durchführung festgestellt werden?

Zwei Drittel der Unternehmen sind sich der zunehmenden Komplexität bewusst und haben bereits komplexitätsbeeinflussende Maßnahmen durchgeführt. Dabei steht vor

[1025] Es wurde festgestellt, dass sich die Beschaffungskomplexität vor allem auf die logistische Leistung und nur sekundär sowie deutlich schwächer auf den kostenbasierten Logistikerfolg auswirkt.

allem die Prozess- und Produktkomplexität im Fokus. Die in der Literatur diskutierten Einzelansätze des Komplexitätsmanagements sind dem Großteil der Unternehmen bekannt und werden bereits verbreitet eingesetzt. Allerdings verhindern fehlende Kenntnisse zu den konkreten Auswirkungen der Komplexität sowie den Zusammenhängen und Wechselwirkungen ein zielgerichtetes und effizientes Komplexitätsmanagement. Darüber hinaus mangelt es an geeigneten Ansätzen, um ein vorhandenes Komplexitätsproblem festzustellen und die vorherrschende Komplexität zu messen bzw. zu bewerten. Des Weiteren bestehen oftmals Schwierigkeiten, wie das Komplexitätsmanagement durchgeführt und wo dabei begonnen werden soll.

2) Wie setzt sich die Beschaffungskomplexität im Allgemeinen zusammen und welche Faktoren wirken besonders komplexitätstreibend?

Alle vier betrachteten Komplexitätsdimensionen weisen einen deutlichen und signifikanten Einfluss auf die Beschaffungskomplexität auf. Diese wird somit sowohl durch die Komplexität des Beschaffungsmarktes als auch die der Beschaffungsprozesse, Produkte sowie der intern verursachten (organisatorischen) Komplexität geprägt. In besonderem Maße wird die Beschaffungskomplexität jedoch durch die Beschaffungsmarktkomplexität sowie die Interne Komplexität bestimmt. Gleichzeitig konnte gezeigt werden, dass die in der Literatur angeführten Hauptursachen der Komplexität in Form der Varietät („alles was viel ist"), Heterogenität („alles was unterschiedlich ist"), Variabilität („alles was sich häufig ändert") und Unsicherheit („alles was unsicher ist und schwer geplant werden kann") eine praktische Relevanz besitzen und in unterschiedlichsten Formen zu einem Anstieg der Komplexität beitragen.

3) Welcher Zusammenhang besteht zwischen der Beschaffungskomplexität und dem Logistikerfolg eines Unternehmens?

Den theoretischen Vorüberlegungen entsprechend wirkt sich eine zunehmende Beschaffungskomplexität signifikant negativ auf den Logistikerfolg eines Unternehmens aus. Dabei werden sämtliche logistischen Zielgrößen (Kosten, Qualität, Flexibilität, Zeit) negativ durch die Beschaffungskomplexität beeinflusst. Entgegen der anfänglichen Vermutung ließ sich ein <u>unmittelbarer</u> Zusammenhang zwischen der Beschaffungskomplexität und dem kostenbasierten Logistikerfolg jedoch nicht feststellen, wohingegen die leistungsbezogenen Logistikziele sowohl eine direkte als auch eine indirekte negative Abhängigkeit zur Beschaffungskomplexität aufweisen. Insgesamt konnte mithilfe der vorliegenden Untersuchung gezeigt werden, dass die zunehmende Komplexität insbesondere zu einer verminderten Logistikleistung führt, während die Logistikkosten lediglich indirekt beeinflusst werden.

4) Welche Komplexitätstreiber besitzen einen besonders starken Einfluss auf den Logistikerfolg und sollten im Rahmen des Komplexitätsmanagements bevorzugt betrachtet und behandelt werden?

Vor allem die *Heterogenität der Bereichsziele* sowie *die Unsicherheit bezüglich der Lieferzeit und -qualität* stellen bedeutende Komplexitätstreiber dar, die einen starken Einfluss auf den Logistikerfolg besitzen. Darüber hinaus sollten Unternehmen versuchen, sich durch geeignete Beschaffungskonzepte von der *Dynamik des Beschaffungsmarktes* zu entkoppeln (z. B. Insourcing) oder mithilfe eines Frühwarnsystems kritische Veränderungen frühzeitig zu antizipieren. Weitere einflussreiche Komplexitätstreiber sind u. a. die *Vielfalt der eingesetzten IT-Systeme,* die *Heterogenität der Schnittstellen, die Dynamik der Zielvorgaben* sowie das *Angebot von Sonderprodukten und Zusatzservices.*

8.2 Kritische Würdigung und weiterer Forschungsbedarf

Im Folgenden soll eine kritische Würdigung des konzipierten Untersuchungsmodells und der erzielten Ergebnisse erfolgen, um auf bekannte Schwachstellen bzw. nicht näher untersuchte Aspekte hinzuweisen und damit den Anstoß für zukünftige Forschungsarbeiten zu geben.

- **Methodisch konzeptionelle Aspekte**

Bei der Analyse moderierender Effekte wurde darauf hingewiesen, die ermittelten Unterschiede zwischen kleinen und großen Unternehmen kritisch und vorsichtig zu interpretieren, da nicht auszuschließen ist, dass sich vor allem renommierte und sehr bekannte Unternehmen während der Befragung besser dargestellt haben als es der Realität entspricht. Bewusste Verfälschungen der Untersuchungsergebnisse durch sozial erwünschte oder gefällige Antworten (Common Method Bias) konnten zwar auf Basis des Harman Single Factor-Tests nicht festgestellt werden, aber dieser stellt lediglich eine (statistische) Möglichkeit zur Überprüfung der Daten hinsichtlich derartiger Verzerrungen dar. Aus diesem Grund wird von PODSAKOFF vorgeschlagen, innerhalb des Fragebogens zuerst die Fragen zu den unabhängigen und später die der abhängigen Variablen anzuordnen.[1026] Aufgrund der Aufteilung des Fragebogens in Themenblöcke war dies allerdings nicht möglich (vgl. Anhang A-23 auf Seite 364ff.). Darüber hinaus wurde bei der Konzeption des Fragebogens befürchtet, dass die Platzierung der sehr umfangreichen Fragen zu den unabhängigen Variablen (Items der Beschaffungskomplexität) auf einer der ersten Seiten abschreckend wirkt und die Bereitschaft der Befragten verringert. Trotz alledem wurde auf eine räumliche Trennung der Fragen zu den unabhängigen und abhängigen Variablen geachtet und den Befragten zudem vollkommene Anonymität zugesichert. Somit bestand kein Anreiz für die Abgabe „sozial" erwünschter Antworten und aus Sicht des Autors ist nicht von einer methodisch bedingten Verzerrung der Ergebnisse auszugehen.

- **Ergebnisse und Ergebnisinterpretation**

Zunächst gilt es zu beachten, dass im statistischen Sinne keine Kausalitäten, d. h. Ursache-Wirkungs-Beziehungen, sondern lediglich Korrelationen (Zusammenhänge) zwischen unabhängigen und abhängigen Variablen untersucht bzw. ermittelt wurden. Im Gegensatz zu Kausalitäten wird somit im statistischen Sinne nicht unterschieden, welche Größe ursächlich für den festgestellten Zusammenhang ist. Allerdings kann auf Basis theoretischer Vor- und Plausibilitätsüberlegungen ein Ursache-Wirkungs-Zusammenhang hergestellt werden, sodass auch im statistischen Sinne von einer Kausalbeziehung gesprochen und die Korrelation als kausal interpretierbar angesehen werden kann.[1027] Dem Leser sollte jedoch bewusst sein, dass es sich bei den ermittelten Zusammenhängen um keine Gesetzmäßigkeiten, sondern um statistisch verifizierte Hypothesen auf Basis der vorliegenden Daten handelt. Sie sind somit entsprechend kritisch und mit Bedacht zu interpretieren.

Mithilfe der kausalanalytischen Untersuchung wurde u. a. festgestellt, dass unabhängig von der Unternehmensgröße mit einer steigenden Komplexität die logistischen Ziele „weniger" erreicht werden. Der negative Zusammenhang ist statistisch signifikant, eröffnet jedoch einen Interpretationsspielraum, da nicht näher untersucht wurde, ob Abstriche beim <u>Ausmaß</u> der Zielerreichung zu machen sind oder die Ziele

[1026] Vgl. PODSAKOFF, ORGAN (1986), S. 533.
[1027] Vgl. RIEKEBERG (2003), S. 20f.; BACKHAUS ET AL. (2006b), S. 346f.

zwar in vollem Umfang, aber nicht im angestrebten Zeitraum erreicht werden.[1028] Zukünftige Forschungsarbeiten können den festgestellten negativen Zusammenhang als Ausgangspunkt nehmen, um die Art der negativen Auswirkungen der Beschaffungskomplexität auf den Logistikerfolg näher und detaillierter zu untersuchen.

- **Offene Fragen**

Mithilfe der kausalanalytischen Untersuchung konnte der negative Einfluss einer zunehmenden Komplexität auf den Logistikerfolg empirisch nachgewiesen werden. Aus systemtheoretischer Sicht ist jedoch davon auszugehen, dass es einen bestimmten Punkt gibt, bis zu dem ein Komplexitätsaufbau sinnvoll ist, um den marktseitigen Anforderungen gerecht zu werden (ASHBY´s Gesetz der erforderlichen Varietät). Dieser Systemzustand stellt den optimalen Komplexitätsgrad dar, ab dem ein zusätzlicher Komplexitätsanstieg kontraproduktiv ist und sich, wie gezeigt wurde, negativ auf die Zielerreichung auswirkt. Als Schwierigkeit wird allerdings angesehen, dass einerseits unterstellt wird, dass dieser optimale Komplexitätsgrad für alle Unternehmen gleich ist, und andererseits vorausgesetzt wird, dass die Komplexität bis zu diesem Punkt bewältigt wird und kein Problem darstellt. Beides ist in der Realität allerdings nicht zwingend gegeben.[1029] Im Fokus zukünftiger Forschungsarbeiten könnte somit die Bestimmung dieses optimalen Komplexitätsgrades liegen, um insbesondere jungen Startup-Unternehmen einen Anhaltspunkt zu geben, bis zu welchem Punkt ein Komplexitätsanstieg (z. B. der Ausbau des Produktprogrammes, Aufbau eines breiten Lieferantenstammes, etc.) sinnvoll ist.

Zukünftige Forschungsarbeiten sollten des Weiteren die geschaffene Transparenz nutzen, um das im Rahmen der empirischen Untersuchung identifizierte Problem der frühzeitigen Feststellung eines Komplexitätsproblems weiter zu untersuchen und Lösungsansätze zu generieren (vgl. Abbildung 4-16 auf Seite 112). Hierbei könnte das entwickelte Messmodell der Beschaffungskomplexität als Grundlage für die Definition von Kennzahlen dienen, mit deren Hilfe die Erfassung der komplexitätstreiben-

[1028] Im Fragebogen wurde nach dem „Maß der Zielerreichung" gefragt (vgl. Anhang A-23 auf Seite 364ff.). Auch wenn davon auszugehen ist, dass die Mehrzahl der Unternehmen darunter das Ausmaß der Zielerreichung versteht, beinhaltet die Zieldefinition auch die Festlegung des Zeitraumes, in dem ein Zielzustand eingetreten sein soll. Somit ist nicht auszuschließen, dass die Unternehmen diesen Aspekt zumindest indirekt in die Beantwortung der Frage haben einfließen lassen.

[1029] Der optimale Komplexitätsgrad ist vielmehr für jedes Unternehmen individuell zu bestimmen, da die Empfehlung, die Komplexität bis zu einem bestimmten (optimalen) Komplexitätsgrad zu erhöhen, nur für diejenigen Unternehmen eine sinnvolle Strategie darstellt, die bisher kein Problem bei der Beherrschung der aktuell vorhandenen Komplexität besitzen.

den Faktoren möglich ist. In diesem Zusammenhang ist eine weiterführende Untersuchung der Komplexität in den verbleibenden logistischen Subsystemen empfehlenswert, um spezifische Komplexitätskennzahlen ableiten und anschließend zu subsystemübergreifenden Kennzahlen aggregieren zu können. In einem nächsten Schritt sollten deshalb Messmodelle zur Erfassung der Komplexität in den restlichen logistischen Subsystemen entwickelt, empirisch getestet und anschließend zu einem Gesamtmessmodell der Unternehmenskomplexität zusammengeführt werden. Die in dieser Arbeit verwendete Operationalisierung der Beschaffungskomplexität anhand der vier Determinanten Varietät, Heterogenität, Variabilität sowie Unsicherheit hat sich dabei als geeigneter Ansatz erwiesen und sollte hierfür beibehalten werden.

Mithilfe der vorliegenden Untersuchung zum Stand der Praxis ist darüber hinaus eine grundlegende Bestandsaufnahme zur Komplexitätswahrnehmung sowie der Durchführung, Zielsetzung und bestehenden Defiziten des Komplexitätsmanagements erfolgt. In Zukunft sollten zeitlich versetzte Folgestudien durchgeführt werden, um die Entwicklungen in diesem Bereich aufzuzeigen und dadurch eine kontinuierliche, anforderungsgerechte sowie praxisorientierte Komplexitätsforschung voranzutreiben bzw. zu ermöglichen.

Anhang

Inhaltsübersicht

Literaturüberblick zu Komplexitätstreibern in der Logistik (1/5)

Autor	Angeführte Komplexitätstreiber	
	Intern	Extern
SCHULTE (1992)	▪ Marktkomplexität ▪ Kundenvielfalt ▪ Ausmaß der Sortimentsbreite ▪ Steigende Auftragsvielfalt ▪ Produktkomplexität ▪ Steigende Anzahl von Komponenten und Materialien ▪ Geringer Grad an Standardisierung ▪ Produktdesign ▪ Produktionskomplexität ▪ Anzahl an Produktionsstandorten ▪ Fertigungsverfahren und -tiefe ▪ Verschiedenartigkeit eingesetzter Technologien ▪ Organisationskomplexität ▪ Vielzahl von Aktivitäten im Rahmen der Leistungserstellung ▪ Koordinationsaufwand ▪ Notwendigkeit einer Systemanpassung und / oder -entwicklung	
SYRING (1993)	▪ Sachliche Komplexitätsfaktoren ▪ Zunehmende Individualisierung ▪ Produktvielfalt ▪ Steigende Zentralisierung ▪ Verstärkung von Unternehmensnetzwerken ▪ Zeitliche Komplexitätsfaktoren ▪ Steigende Veränderungsdynamik ▪ Beschleunigung der Material- und Informationsflüsse	
HÖGE (1995)	▪ Komplexitätsintensive Zielsetzungen ▪ Mangelnde Operationalisierung der Ziele ▪ Inkonsistenz des Zielsystems ▪ Programmpolitik ▪ Taylorismus ▪ Zu wenig komplexitätsorientierte Steuerungs- und Kontrollinstrumente	▪ Dynamik des Umsystems ▪ Wirtschaftliche, rechtliche, politische, ökologische, technologische, kulturelle und soziale Faktoren ▪ Beschaffungs-, Geld-, Kapital-, Absatz- und Arbeitsmarkt
KESTEL (1995)	▪ Unternehmensstrategie der Differenzierung ▪ Informationsdefizite im Controlling / in der Kostenrechnung ▪ Konstruktionsabteilung	▪ Marktbedingte Ursachen ▪ Wandel vom Anbieter- zum Käufermarkt ▪ Wandel in den Nachfragestrukturen ▪ Erhöhung des Wettbewerbsdrucks ▪ Nicht-marktbedingte Ursachen ▪ Technologieentwicklung ▪ Internationale technische Normen und Standards ▪ Gesetze und Vorschriften
ADAM, JOHANNWILLE (1998)	▪ Kundenkomplexität ▪ Varianten- und Teilekomplexität ▪ Komplexität des Fertigungssystems ▪ Koordinationskomplexität	

Literaturüberblick zu Komplexitätstreibern in der Logistik (2/5)

Autor	Angeführte Komplexitätstreiber	
	Intern	Extern
WILDEMANN (1998)	▪ Strukturelle Komplexitätstreiber ▪ Grad der Spezialisierung ▪ Funktionsorientierung ▪ Länge der Entscheidungsprozesse ▪ Ausmaß an Kontrollinstanzen innerhalb der Organisation ▪ Trennung von Aufgabe, Verantwortung und Kompetenz ▪ Nichtnotwendige Produktvielfalt ▪ Informations- bzw. kommunikationsbezogene Komplexitätstreiber ▪ Bringprinzip bzgl. der Informationen ▪ Informationsasymmetrie ▪ Medienbrüche ▪ Formularwesen ▪ Individuelle Komplexitätstreiber ▪ Machtstreben ▪ Bereichsegoismus ▪ Mangel an Sozial- / Fachkompetenz ▪ Mangelnde Unternehmensidentifikation ▪ Übermaß an negativen Emotionen	▪ Globalisierung ▪ Dynamik der Märkte ▪ Nachfrageschwankungen ▪ Anzahl der Kunden ▪ Größe des Sortiments ▪ Länderspezifika ▪ Vielfalt der Lieferanten
WILDING (1998)	▪ Unsicherheit ▪ Deterministisches Chaos ▪ Interaktionen innerhalb eines Lieferantennetzwerkes ▪ Verstärkungseffekt der Nachfrage (Bullwhip-Effekt)	
RAUFEISEN (1999)	▪ Einflussfaktoren auf den Auftragsabwicklungsprozess ▪ Unternehmens-, Wettbewerbs- und Geschäftsfeldstrategie ▪ Produktbezogene Einflussfaktoren ▪ Art und Umfang des Erzeugnisspektrums ▪ Ausmaß der Leistungstiefe ▪ Kongruenz der Fertigungsstruktur ▪ Standardisierungsgrad der Produkte ▪ Marktbezogene Einflussfaktoren ▪ Gestaltung des Beschaffungs- und Absatzmarktes ▪ Spezialisierungsbezogene Einflussfaktoren ▪ Ausmaß an Zentralisierung innerhalb der Organisation ▪ Fachkompetenz der Mitarbeiter ▪ Informations- und kommunikationsbezogene Einflussfaktoren ▪ Gestaltung der Information und Kommunikation im Unternehmen	
BLISS (2000)	▪ Faktoren korrelierter Unternehmenskomplexität ▪ Heterogene Kundengruppen → Kundenstrukturkomplexität ▪ Hohe Variantenvielfalt → Programmkomplexität ▪ Produktkomplexität ▪ Faktoren autonomer Unternehmenskomplexität ▪ Produktionsprogrammkomplexität ▪ Organisationskomplexität ▪ Vielzahl operativer Ziele → Zielkomplexität ▪ Komplexität des Fertigungssystems	▪ Individualisierung der Nachfrage → Nachfragekomplexität ▪ Globalisierung und Wandel der Märkte → Wettbewerbskomplexität ▪ Technologische Komplexität

Literaturüberblick zu Komplexitätstreibern in der Logistik (3/5)

Autor	Angeführte Komplexitätstreiber	
	Intern	Extern
FISCHER (2000)	▪ Ausdehnung der Wertschöpfungstiefe ▪ Produktprogrammerweiterung ▪ Individualisierung des Angebotes → Variantenvielfalt ▪ Zentralisierung innerhalb der Organisation	
MILGATE (2001)	▪ Unsicherheit in der Supply Chain ▪ Unsicherheiten aus dem Beschaffungsmarkt resultierend ▪ Unsicherheiten aus dem Absatzmarkt resultierend ▪ Technologische Kompliziertheit ▪ Produktbezogene Kompliziertheit ▪ Prozessbezogene Kompliziertheit ▪ Organisationssystem ▪ Zusammenarbeit innerhalb einer Organisation ▪ Interaktionen mit anderen Organisationen	
SCHWENK-WILLI (2001)	▪ Komplexitätstreiber Masse (Vielzahl und Vielfalt) ▪ Marktsättigung, Globalisierung, steigende Wettbewerbsintensität → produkt- und prozessseitige Vielfalt ▪ Hohe Anzahl an funktionsorientierten Schnittstellen ▪ Variantenvielfalt auf Endproduktebene ▪ Variantenvielfalt auf Teile- und Baugruppenebene ▪ Komplexitätstreiber Dynamik (Veränderlichkeit, Vieldeutigkeit) ▪ Defizite im Systemwissen ▪ Unscharfe Zuordnung der Kostenträger ▪ Ressourcen-Pooling ▪ Art und Häufigkeit der Produktwechsel	
WESTPHAL (2001)	▪ Einflussfaktoren auf die Produktionslogistik ▪ Gestaltung der Wettbewerbsstrategie ▪ Produktionsprogramm ▪ Struktur des Produktionsprogrammes ▪ Heterogenität des Produktionsprogrammes ▪ Tiefe des Produktionsprogrammes ▪ Gestaltung der Fertigungsablaufart ▪ Komplexität der Produktionsprogrammplanung ▪ Produktionslenkung ▪ Wahl der Dispositionsart ▪ Anzahl der zu koordinierenden Produktionsbereiche ▪ Heterogenität des Produktionsprogrammes ▪ Prozessebene ▪ Komplexität der Betriebsmittel ▪ Heterogenität der Zusammensetzung des Auftragsbestandes ▪ Umfang der Netzwerkkooperation	
VACHON, KLASSEN (2002)	▪ Kompliziertheit der Produkt- bzw. Prozessstruktur ▪ Kompliziertheit der Unternehmensinfrastruktur ▪ Produkt- bzw. Prozessunsicherheit ▪ Infrastrukturunsicherheit	

Literaturüberblick zu Komplexitätstreibern in der Logistik (4/5)

Autor	Angeführte Komplexitätstreiber	
	Intern	Extern
KIRCHHOF (2003)	▪ Faktoren korrelierter Unternehmenskomplexität ▪ Heterogene Kundengruppen → Kundenstrukturkomplexität ▪ Hohe Variantenvielfalt → Programmkomplexität ▪ Produktkomplexität ▪ Technologische Komplexität ▪ Autonome Unternehmenskomplexität ▪ Produktionsprogrammkomplexität ▪ Organisationskomplexität ▪ Prozesskomplexität ▪ Komplexität der Informations-, Planungs-, Steuerungs-, Kontrollsysteme	▪ Individualisierung der Nachfrage → Nachfragekomplexität ▪ Globalisierung und Wandel der Märkte → Wettbewerbskomplexität ▪ Komplexität des wirtschaftlichen, politischen und rechtlichen Systems sowie ökologischer und kultureller Faktoren → Gesellschaftskomplexität ▪ Beschaffungskomplexität
FRIEDRICH (2004)	▪ Unsicherheit bzgl. Kundenanforderungen ▪ Kundenbedürfnisunabhängige Produktentwicklung ▪ Mangelhafte Kommunikation	▪ Internationalisierung der Unternehmen ▪ Hoher Wettbewerbsdruck
KEUPER (2004)	▪ Korrelierte Unternehmenskomplexität ▪ Komplexität des Zielsystems ▪ Kundenstrukturkomplexität ▪ Produktkonzeptkomplexität ▪ Produktionsprogrammstrukturkomplexität ▪ Technologische Komplexität ▪ Autonome Unternehmenskomplexität ▪ Produktionsprogrammkomplexität ▪ Organisationskomplexität ▪ Komplexität des Fertigungssystems ▪ Komplexität des Kommunikations- und Informationssystems	▪ Marktkomplexität ▪ Nachfragekomplexität ▪ Nachfragestrukturkomplexität ▪ Wettbewerbskomplexität ▪ Beschaffungsmarktstrukturkomplexität ▪ Gesellschaftskomplexität ▪ Komplexität des politischen Systems ▪ Komplexität des Wirtschaftssystems ▪ Komplexität des Rechtssystems ▪ Kulturelle und ökologische Komplexitätsfaktoren
MEIER, HANENKAMP (2004)	▪ Produktkomplexität ▪ Komplexität der Produktstruktur ▪ Inkompatibilität der Entwicklungs- und Produktionskompetenz ▪ Prozesskomplexität ▪ Festlegung des Kundenentkopplungspunktes ▪ Anzahl der zu koordinierenden Prozesse ▪ Interne logistische und zeitliche Abhängigkeiten im Herstellungsprozess ▪ Supply Chain Komplexität ▪ Integration innerhalb der interorganisationalen Zusammenarbeit ▪ Machtverhältnis in den Kunden-Lieferantenbeziehungen ▪ Struktur der Supply Chain	
EHRLENSPIEL ET AL. (2007)	▪ Aktionistisches Verhalten der Führungsabteilung ▪ Mangelnde Koordination und Zusammenarbeit ▪ Kommunikationsdefizite ▪ Informationsdefizite ▪ Verspätete Normung bzw. Standardisierung der Teile ▪ Probleme in der Konstruktionsabteilung ▪ Dominanz des Vertriebsbereiches	▪ Zunahme der Marktkomplexität ▪ Internationalisierung der Märkte ▪ Steigende Wettbewerbsintensität ▪ Konsequente Kunden- und Marktorientierung ▪ Technologischer Fortschritt ▪ Unterschiedliche ergonomische Anforderungen an Produkte ▪ Unterschiedliche klimatische Rahmenbedingungen ▪ Gesetze und Vorschriften

Literaturüberblick zu Komplexitätstreibern in der Logistik (5/5)

Autor	Angeführte Komplexitätstreiber	
	Intern	Extern
GRÜBNER (2007)	▪ Treiber marktinduzierter Komplexität ▪ Kunden ▪ Produktleistung ▪ Internationalisierungsgrad ▪ Logistik / Vernetzung	
MAYER (2007)	▪ Komplexität innerhalb der Organisationsstrukturen ▪ Konflikte zwischen den Unternehmenszielen und den Zielen der Logistik → Zielkomplexität ▪ Informatorische Komplexität ▪ Unterschiedlichkeit individueller Bedürfnisse innerhalb von Organisationen → Individuelle Komplexität ▪ Kundenstrukturkomplexität ▪ Komplexität des Produktprogrammes ▪ Produktkomplexität ▪ Produktionsprogrammkomplexität ▪ Komplexität des Fertigungssystems	▪ Komplexität der Nachfragesituation auf dem Beschaffungs- und Absatzmarkt ▪ Hohe Wettbewerbsintensität ▪ Technologiekomplexität
MEYER (2007)	▪ Historisch gewachsene Sonderprozesse ▪ Mangelhafte Kostentransparenz ▪ Temporäre Prozessanpassungen ▪ Mikroprozessoptimierungen ohne Berücksichtigung von Wechselwirkungen ▪ Mangelnde Abstimmung und Koordination zwischen Unternehmensbereichen ▪ Fehlende Ganzheitlichkeit von Maßnahmen ▪ Organisatorische Strukturen ▪ Lieferantenportfolio ▪ Organisation und Struktur der IT ▪ Kommunikationsmängel bzgl. Vorgaben und Ziele	▪ Individualisierte und inhomogene Kundenanforderungen → erhöhte Produktkomplexität ▪ Angebot von Sonderprodukten und Zusatzservices ▪ Intransparente und nicht konstante Kundenanforderungen ▪ Schnittstellen im Rahmen von Prozesskettenunterbrechungen ▪ Einsatz von IT-Fremdsystemen im Unternehmen ▪ Gesetzliche Vorgaben ▪ Prozessvielfalt, -varianz und -vernetzung ▪ Vertiefung von Kooperationen bspw. in Netzwerken ▪ Räumliche Diversifizierung

Anhang A-1: Literaturüberblick zu Komplexitätstreibern in der Logistik

Ausgewählte Komplexitätsursachen und -auswirkungen in der Logistik (1/2)

	Komplexitätsursachen	Auswirkungen
Beschaffungslogistik	▪ Hohe Anzahl und Heterogenität zu beschaffender Artikel ▪ Hohe Anzahl an Lieferungen und Teillieferungen ▪ Hohe Anzahl an Lieferanten ▪ Dynamik des Beschaffungsmarktes als Folge der Globalisierung und neuartiger Technologien / Materialien ▪ Unterschiedliche technologische Standards ▪ Unterschiedliche Beschaffungskonzepte und -strategien für einzelne Güter	▪ Transaktions- und Verwaltungskosten ▪ Handlingkosten ▪ Transportkosten ▪ Beschaffungskosten infolge der Nichterreichung von Mindestabnahmemengen ▪ Fehlmengenkosten ▪ Investitionskosten in IuK-Technologien und Lagergeräte ▪ Zusätzliche Lagerflächen ▪ Aufwand der Lieferantensuche und -bewertung ▪ Schnittstellenproblematik bei der Anbindung von Lieferanten mit unterschiedlichen Standards ▪ Erhöhter Prüfaufwand bei der Warenannahme ▪ Beschaffungskosten (z. B. Nichterreichen bestimmter Mindestbestellmengen) ▪ Zeitverzögerungen ▪ Erhöhte Annahmezeit ▪ Zusätzliche Qualitätskontrollen ▪ Suchzeit bei der Kommissionierung ▪ Wegzeit aufgrund größerer Lagerflächen ▪ Verringerter Servicegrad und schlechte Termintreue ▪ Aufwändige Qualitätskontrollen kleiner Chargen unterschiedlicher Beschaffungsobjekte ▪ Ausschluss bestimmter Beschaffungsformen
Produktionslogistik	▪ Hohe Anzahl verschiedener Endprodukte ▪ Hohe Fertigungstiefe ▪ Frühzeitiger Variantenentstehungspunkt ▪ Hohe funktionale Arbeitsteilung ▪ Unterschiedliche Bearbeitungszeiten ▪ Schwankende und stark unterschiedliche Bedarfe ▪ Kleine Losgrößen ▪ Nicht aufeinander abgestimmte Steuerungssysteme ▪ Unterschiedliche Kapazitäten der Bearbeitungsstufen und Transportmittel ▪ Lange Transportwege ▪ Kürze der Produktlebenszyklen	▪ Zwischenlagerkosten ▪ Innerbetriebliche Transportkosten ▪ Kommissionier- und Rüstkosten ▪ Opportunitätskosten durch hohe Kapitalbindung ▪ Steuerungssysteme ▪ Zeitverzögerungen und geringe Termintreue ▪ Liege- und Stillstandszeiten ▪ Häufige Rüstvorgänge ▪ Größerer Koordinationsaufwand ▪ Ungeplante Nacharbeiten ▪ Qualitätseinbußen ▪ Unterschiedlich kleine Lose ▪ Geringerer Erfahrungskurveneffekt

Ausgewählte Komplexitätsursachen und -auswirkungen in der Logistik (2/2)

	Komplexitätsursachen	Auswirkungen
Distributionslogistik	▪ Hohe Anzahl an Endprodukten ▪ Individualität der Nachfrage ▪ Heterogenität der Kundengruppen ▪ Besondere regionale / nationale Anforderungen ▪ Unsichere Verkaufsprognosen pro Variante ▪ Rechtliche und ökologische Rahmenbedingungen	▪ Lagerkosten ▪ Verpackungskosten ▪ Kosten der Auftragsabwicklung ▪ Transportkosten ▪ Aufwand der Tourenplanung ▪ Zusätzliche Rabatte für zuviel produzierte Produkte vor einem Modellwechsel ▪ Administrativer Aufwand (z. B. Rechnungslegung) ▪ Zusätzliche Zwischenlager ▪ Ökologische Belastung durch zusätzliche Transportwege
Instandhaltungslogistik	▪ Unterschiedliche Wartungsintervalle der Komponenten und Bauteile ▪ Individuelle und heterogene Produktgestaltung (z. B. Steck-, Schraub-, Niet-, Schweiß-, Klemm-, Klebeverbindungen) ▪ Ungenaue oder mangelnde Prognostizierbarkeit von Instandhaltungsmaßnahmen sowie erwarteten Lebensdauern	▪ Erhöhter Wartungsaufwand durch mehrfach durchzuführende Instandhaltungsmaßnahmen von Baugruppen mit abweichendem Verschleiß- und Abnutzungsverhalten ▪ Zeitaufwändige und kostenintensive Demontage bzw. Montage der Produkte
Redistributionslogistik	▪ Gesetzgebung und Verordnungen ▪ Unterschiedliche und schwankende Lebensdauern von Produktkomponenten ▪ Unterschiedliche Kapazitäten der involvierten Stufen und Technologien ▪ Lange Gewährleistungszeiträume (Vorhalten von Ersatzteilen)	▪ Vorzeitiger Austausch funktionstüchtiger Komponenten ▪ Opportunitäts- und Lagerkosten für vorzuhaltende Ersatzteile oder die Produktion des „letzten Loses" ▪ Transportkosten ▪ Prüfkosten vor Wiederverwendung von Komponenten oder Baugruppen ▪ Häufige Funktionstests und Wartungskosten infolge fehlender oder ungenauer Vorhersagen über Funktionsdauern ▪ Ökologische Belastung durch zusätzliche Transportwege

Anhang A-2: Ausgewählte Komplexitätsursachen und -auswirkungen in der Logistik

Literaturüberblick zu Arbeiten mit Gestaltungsobjektfokus (1/2)

Autor	Vorgehensweise / Ansatz	Gestaltungsbereich				
		Allgemeiner Ansatz	Produkt	Programm	Prozess	Organisation
SCHUH (1989)	Planungsmethode zur Gestaltung und Bewertung von Produktvarianten	○	●	○	○	○
CEASAR (1991)	Gestaltungsmethode für variantenreiche Serienprodukte	○	●	○	○	○
RATHNOW (1993)	Methode zur Bestimmung der optimalen Variantenanzahl als Kosten-Nutzen-Optimum	○	●	○	○	○
KAISER (1995)	Kombination einer systemtheoretischen Betrachtung mit dem Zielkostenansatz	○	●	○	○	○
KESTEL (1995)	Vorgehensweise zur Variantenbeherrschung	○	●	○	●	○
ZICH (1996)	Ansatz zur integrierten Typen- und Teileoptimierung	○	●	●	○	○
HARTMANN (1997)	Vorgehensweise zur Komplexitätsoptimierung in der Produktionslogistik	○	○	○	●	●
GEMBRYS (1998)	Modell zur Bereinigung variantenreicher Produktprogramme	○	○	●	○	○
GÖPFERT (1998)	Modulare Gestaltung der Produkt- und Organisationsstruktur	○	●	○	○	○
KÖSTER (1998)	Gestaltungsansatz für hybride Wettbewerbsstrategien	○	○	●	○	●
BENETT (1999)	Gestaltungsmodell zur Produkt- und Prozessplanung	○	●	○	●	●
PILLER, WARINGER (1999)	Entwicklung eines Gesamtkonzeptes zur Modularisierung in der Automobilindustrie	○	●	○	●	○
RAPP (1999)	Methode zur systematischen Produktstrukturierung	○	●	○	○	○
HOFFMANN (2000)	Potenzialorientierte Betrachtung	○	●	○	○	○
HOFER (2001)	Systematisches Produktfamilienmanagement durch die Verwendung des Plattformkonzeptes	○	●	○	○	○
MENGE (2001)	Integrierte Planungsmethode	○	●	●	○	○
NEUHAUSEN (2001)	Methode zur Gestaltung modularer Produktionssysteme	○	○	●	○	●
SCHWENK-WILLI (2001)	Integrierte Methodik zum Komplexitätsmanagement mit Fokus auf die Produktkomplexität	○	●	○	○	●
WESTPHAL (2001)	Systemtheoretische Modellierung	○	○	○	●	○
KERSTEN (2002)	Entwicklung eines Methodenbaukastens	○	●	○	○	○
RÖHRIG (2002)	Ansatz zur Einrichtung von Fertigungsendstufen	○	○	●	○	●

Literaturüberblick zu Arbeiten mit Gestaltungsobjektfokus (2/2)

Autor	Vorgehensweise / Ansatz	Gestaltungsbereich				
		Allgemeiner Ansatz	Produkt	Programm	Prozess	Organisation
SCHMIDT (2002)	Entwicklung eines Lösungsansatzes zum Variantenmanagement im Wagenkastenbau	○	●	○	○	○
NEUBAUR (2003)	Theoretischer Bezugsrahmen	○	●	○	○	○
SCHERF (2003)	Formale und systemorientierte Beschreibung	●	○	○	○	○
STÜTTGEN (2003)	Entwicklung eines theoretischen Bezugsrahmens	●	○	○	○	○
BRÄUTIGAM (2004)	Kostentheoretische Analyse der Variantenproduktion	○	●	○	○	○
DEHNEN (2004)	Vorgehensweise zur Komplexitätsreduktion in der Produktentwicklung	○	●	●	○	○
FRIEDRICH (2004)	Strategische Produktprogrammplanung	○	●	○	○	○
JANIA (2004)	Entwicklung eines integrierten Modells zur Komplexitätsbewertung	●	○	○	○	○
PILLER (2006)	Vorstellung des Konzeptes der Mass Customization und dessen Umsetzung	○	●	○	●	○
MAYER (2007)	Konzept zur Modularisierung von Logistiksystemen	○	○	○	●	○
RODRIGUEZ (2007)	Entwicklung einer Strategie zum Komplexitätsmanagement in der Automobilindustrie	○	○	○	●	○
WILDEMANN (2007)	Grundstrategien und Bausteinkonzept	○	●	●	●	●

Anhang A-3: Literaturüberblick zu Arbeiten mit Gestaltungsobjektfokus[1030]

[1030] In Anlehnung an MEYER (2007), S. 80.

Beschaffungsrelevante Komplexitätstreiber aus Sicht der Praxis

	Komplexitätstreiber	Mittelwert	Standardabweichung
Beschaffungsmarktkomplexität	Lieferantenanzahl	2,42	1,24
	Beschaffungsmarktkonzentration	2,86	1,29
	Unterschiedlichkeit der Lieferanten	3,07	1,24
	Häufigkeit des Lieferantenwechsels	1,70	0,86
	Dynamik des Beschaffungsmarktes	2,59	1,21
	Unsicherheit bzgl. Lieferzeit /-qualität	2,24	1,17
	Transparenzdefizit	2,29	1,16
Beschaffungsprozesskomplexität	Anzahl zu beschaffender Artikel	3,51	1,28
	Standardisierungsgrad	2,32	1,18
	Heterogenität der Bestellungen	3,49	1,33
	Heterogenität der Schnittstellen	2,47	1,18
	Häufigkeit Prozessanpassungen	2,73	1,22
	Bedarfsschwankungen	3,06	1,31
	Prognoseunsicherheit	3,32	1,35
Produktkomplexität	Variantenanzahl	3,73	1,28
	Produktbeschaffenheit	2,87	1,55
	Heterogenität d. Beschaffungsartikel	3,50	1,35
	Sonderprodukte und Zusatzservices	3,40	1,34
	Änderungshäufigk. Produktprogramm	2,69	1,33
	Änderungsmöglichkeit der Kunden	3,09	1,26
	Unsicherheit Verk.zeitpunkt /-menge	3,10	1,29
Interne Komplexität	Anzahl an Hierarchieebenen	1,52	0,85
	Fertigungstiefe	3,16	1,36
	Mangelnde Ganzheitlichkeit	2,01	1,05
	Vielfalt der eingesetzten IT-Systeme	2,64	1,43
	Heterogenität der Bereichsziele	2,30	1,27
	Dynamik von Zielvorgaben	1,54	0,82
	Transparenzdefizit	2,86	1,28

Relevanz aus Sicht der Praxis: keine 1 – 2 – 3 – 4 – 5 sehr hohe

Anhang A-4: Beschaffungsrelevante Komplexitätstreiber aus Sicht der Praxis

Bedeutung der Kenntnis von Zusammenhängen - Kontrollfrage

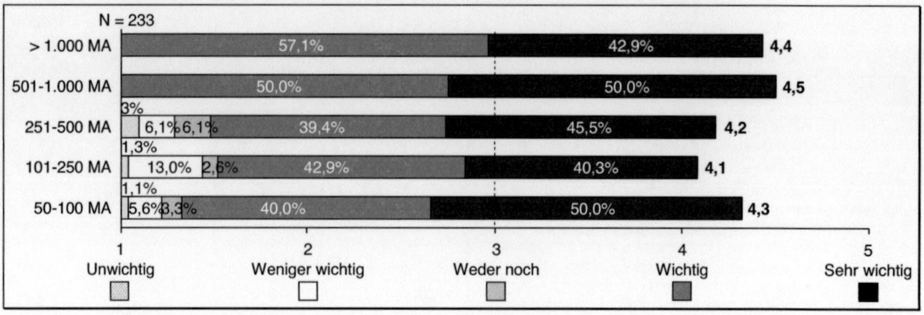

Anhang A-5: Bedeutung der Kenntnis von Zusammenhängen - Kontrollfrage

Literaturüberblick zu Indikatoren der exogenen Konstrukte (1/6)

Konstrukt		Indikatoren	Item / Skala	Indikatorfestlegung mit Bezug auf …
DAVIS (1993)				
Unsicherheit	**Lieferantenunsicherheit**	▪ Fristgerechte Lieferung ▪ Durchschnittliche Verspätung ▪ Schwankungen Lieferperformance	Der Autor macht hierzu keine näheren Angaben.	-
	Fertigungsunsicherheit	▪ Maschinenschäden ▪ Supply Chain Leistung		
	Kunden- bzw. Nachfrage-unsicherheit	▪ Prognosefehler und unregelmäßige sowie abweichende Bestellungen		
MILGATE (2001), S. 112				
Supply Chain Komplexität	**Unsicherheit**	▪ Verspätete Lieferung von Lieferanten ▪ Qualität der Beschaffungsgüter ▪ (kundenbezogene) Prognosefehler	▪ Anteil verspäteter Lieferungen [%] ▪ Anteil zurückgewiesener Beschaffungsgüter [%] ▪ Anteil Prognosefehler [%]	-
	Technologische Komplexität	▪ Anzahl zu beschaffender Teile	▪ Teileanzahl pro Produkt [Teile/Produkt]	
	Organisation	▪ Konzentration des Produktprogrammes ▪ Breite des Lieferantenstammes ▪ Exportorientierung	▪ Anteil der Produkte an Verkäufen [%] ▪ Potenzielle Lieferanten pro Beschaffungsobjekt ▪ Anteil an Verkäufen [%]	

Literaturüberblick zu Indikatoren der exogenen Konstrukte (2/6)

	Konstrukt	Indikatoren	Item / Skala	Indikatorfestlegung mit Bezug auf ...
VACHON, KLASSEN (2002), S. 223f.				
Supply Chain Komplexität	**Kompliziertheit der Produkte/ Prozesse**	▪ Investitionen in fortschrittliche Fertigungstechnologien ▪ Anteiliger Wert der zugekauften Materialien	▪ Umfang, in dem in den vergangenen 2 Jahren in Computerhard- bzw. -software, Produktivitätsverbesserungen, Fabrikautomatisierungen) investiert wurde [fünfstufige Likert-Skala] ▪ Wertmäßiger Anteil der zugekauften Artikel an Herstellkosten [%]	▪ BOYER (1999) ▪ KOTHA, SWAMIDASS (2000)
	Unsicherheit der Produkte/ Prozesse	▪ Zurückgewiesene Beschaffungsgüter ▪ Ausschussrate ▪ Sonstige Fehler während des Prozessablaufes ▪ Zurückgewiesene Güter bei Endkontrolle	Die Autoren machen hierzu keine näheren Angaben. ▪ [%]	-
	Kompliziertheit des Managementsystems	▪ Produktvarianten ▪ Liefernetzwerk	Relative Messung in Abhängigkeit der Netzwerkgröße. Genauere Angaben werden von Autoren nicht gemacht.	▪ GOLLOP, MONAHAN (1991)
	Unsicherheit des Managementsystems	▪ Planung / Disposition ▪ Grad der auftragsbezogenen Fertigung	Durchschnittlicher Anteil der: ▪ Aufträge, die aufgrund von Kundenwünschen eine Veränderung der Planung erfordern [%] ▪ Aufträge, die aufgrund von Design- oder Ingenieurswünschen eine Veränderung der Planung erfordern [%]	-

Literaturüberblick zu Indikatoren der exogenen Konstrukte (3/6)

	Konstrukt	Indikatoren	Item / Skala	Indikatorfestlegung mit Bezug auf …
			CHEN, PAULRAJ (2004), S. 123, 138	
Unsicherheit	**Lieferunsicherheit**	▪ Qualität ▪ Pünktlichkeit ▪ Anforderungen an die Lieferanten-kontrolle	▪ „Lieferanten produzieren Artikel mit konstanter Qualität" ▪ „Lieferanten erfüllen durchweg die Erwartungen" ▪ „Wir haben eine hohe Rückweisungsrate für eintreffende Güter"* ▪ „Wir kontrollieren eintreffende Güter intensiv"	▪ MILLER (1991) ▪ HANDFIELD (1993) ▪ ST. JOHN, HERIOT (1993) ▪ STUART (1993) ▪ VAN HOEK (1998) ▪ KRAUSE (1999)
	Bedarfsunsicherheit	▪ Änderung der Bedarfe ▪ Schwankung der Bedarfe	▪ „Unser Masterproduktionsplan hat viele Bedarfs-schwankungen" ▪ „Unsere Nachfrage schwankt drastisch von Woche zu Woche" ▪ „Unsere Bedarfe schwanken drastisch von Woche zu Woche" ▪ „Bei den kritischen Artikeln halten wir den Bedarf für die nächsten Wochen vor, um Bedarfsschwan-kungen zu erfüllen" ▪ „Das Beschaffungsvolumen ist schwierig vorherzu-sagen"	
	Technologische Unsicherheit	▪ Ausmaß technologischer Verände-rungen in der Industrie	▪ „Unsere Industrie ist durch sich rasch ändernde Technologien charakterisiert" ▪ „Wenn wir nicht mit den technologischen Verän-derungen Schritt halten, wird es schwierig, wett-bewerbsfähig zu bleiben" ▪ „Unsere Industrie besitzt eine hohe Alterungsrate bei den Prozessen" ▪ „Die Produktionstechnologien verändern sich häufig und stark"	

Literaturüberblick zu Indikatoren der exogenen Konstrukte (4/6)

Konstrukt	Indikatoren	Item / Skala	Indikatorfestlegung mit Bezug auf …
BLUM (2006), S. 58ff. - Teil I			
Interne Komplexität	▪ Anzahl der Produkte ▪ Verschiedenartigkeit der Produkte ▪ Anzahl Einzelteile je Produkt ▪ Anzahl Produktionsstufen ▪ Unterschiedlichkeit der Produkte hinsichtlich Herstellung, Einbau und Weiterverarbeitung	▪ „Die Anzahl der Produkte / Varianten ist hoch" ▪ „Die Produkte / Varianten unterscheiden sich" ▪ „Die Produkte werden aus einer Vielzahl von Einzelteilen hergestellt" ▪ „Die Zahl der Produktionsstufen ist sehr hoch" ▪ „Produkteinzelteile unterscheiden sich bei ihrer Herstellung, ihrem Einbau und ihrer Weiterverarbeitung stark"	▪ AUST (1999), S. 143 ▪ DEHLER (2001), S. 188f.
Interne Dynamik	Veränderung der … ▪ Produkte ▪ Wertschöpfungstiefe ▪ Produktionsprozesse ▪ Organisationsstruktur ▪ Vertriebsstrategien	▪ „Die von uns angebotenen Produkte / Varianten ändern sich häufig" ▪ „Unsere Wertschöpfungstiefe ist häufigen Veränderungen ausgesetzt" ▪ „Unsere Fertigungsabläufe / -prozesse unterliegen häufigen Veränderungen" ▪ „Unsere Organisationsstruktur wird häufig geändert" ▪ „Unser Vertrieb ändert häufig seine Strategie"	▪ AUST (1999), S. 171 ▪ DEHLER (2001), S. 189f. ▪ KARLSHAUS (2000), S. 118f.
Komplexität Absatzmarkt	▪ Anzahl der Wettbewerber ▪ Anzahl der Kundensegmente ▪ Unterschiedlichkeit der Kundenbedürfnisse ▪ Unterschiedlichkeit des Wettbewerberverhaltens	▪ „Die Zahl unserer Wettbewerber ist sehr hoch" ▪ „Die Zahl unserer Kundensegmente ist sehr hoch" ▪ „Die Bedürfnisse unserer Kunden sind sehr unterschiedlich" ▪ „Das Verhalten unserer Wettbewerber am Markt ist sehr unterschiedlich"	▪ AUST (1999), S. 169 ▪ DEHLER (2001), S. 185f.
Dynamik Absatzmarkt	Veränderung … ▪ Der Kundenbedürfnisse bzgl. Volumen ▪ Der Kundenbedürfnisse bzgl. ihrer Anforderungen ▪ Des Wettbewerbsumfeldes anhand der Marktanteile ▪ Des Wettbewerbsumfeldes anhand der Strategien	▪ „Die Nachfragemenge unserer Kunden verändert sich sehr oft" ▪ „Die Anforderungen unserer Kunden verändern sich sehr oft" ▪ „Die Marktanteile der Wettbewerber verändern sich sehr häufig" ▪ „Unsere Wettbewerber verändern oft ihre Strategien"	▪ AUST (1999), S. 170f. ▪ DEHLER (2001), S. 186f.

Literaturüberblick zu Indikatoren der exogenen Konstrukte (5/6)

Konstrukt	Indikatoren	Item / Skala	Indikatorfestlegung mit Bezug auf ...
BLUM (2006), S. 58ff. - Teil II			
Komplexität Beschaffungsmarkt	▪ Anzahl der Lieferanten ▪ Leistungsangebot der Lieferanten ▪ Größe der Lieferanten ▪ Beschaffungsmarktkonzentration	▪ „Die Zahl unserer Lieferanten ist sehr hoch" ▪ „Unsere Lieferanten unterscheiden sich stark in ihrem Leistungsangebot" ▪ „Unsere Lieferanten unterscheiden sich bezüglich ihrer Größe stark" ▪ „Für die Beschaffung von Rohstoffen / Halbfertigprodukten steht eine Vielzahl an Lieferanten zur Verfügung"	▪ WERNER (1997), S. 132f.
Dynamik Beschaffungsmarkt	▪ Bedarfsschwankungen ▪ Veränderungen bei Beschaffungsmethoden ▪ Veränderungen bei den Lieferanten selbst	▪ „Unsere Bedarfe schwanken sehr häufig" ▪ „Unsere Beschaffungsmethoden (z. B. Lieferverträge, Lieferkonditionen) werden häufig geändert" ▪ „Wir wechseln unsere Lieferanten relativ häufig"	▪ WERNER (1997), S. 133f.
CHOI, KRAUSE (2006), S. 641			
Komplexität der Versorgung	▪ Lieferantenanzahl ▪ Unterschiedlichkeit der Lieferanten ▪ Grad der Wechselbeziehungen zwischen den Lieferanten	Die Autoren machen hierzu keine näheren Angaben.	-

Literaturüberblick zu Indikatoren der exogenen Konstrukte (6/6)

Konstrukt		Indikatoren	Item / Skala	Indikatorfestlegung mit Bezug auf …
GRÖßLER ET AL. (2006), S. 263, 265, 279f.				
Interne Komplexität	**Prozesskonfiguration**	▪ Anzahl verschiedener Prozesslayouts ▪ Grad der Konzentration auf bestimmte Prozesslayouts ▪ Anzahl verschiedener Losgrößen ▪ Grad der Konzentration auf Losgrößen ▪ Tiefe des order-penetration-points	▪ "In welchem Umfang [%] sind Ihre Prozesse in folgenden Layoutkategorien organisiert: Werkstatt-, Gruppen-, Fließfertigung" ▪ "In welchem Umfang [%] nutzen Sie folgende Prozesstypen: Einzel-, Losgrößen-, Massenproduktion?" ▪ „Welcher Anteil Ihrer Kunden [%] ordert: entwickelt / konstruiert für die Bestellung, hergestellt für die Bestellung, beschafft für die Bestellung, montiert für die Bestellung, produziert für das Lager"	▪ International Manufacturing Strategy Survey (IMSS) - Studie
Interne Komplexität	**Kundenkomplexität**	▪ Anzahl verschiedener Kundengruppen ▪ Grad der Konzentration auf Kundengruppe ▪ Kundenorientierung	▪ „In welchem Umfang [%] verkaufen Sie Ihre Produkte an: Endkunden, Distributoren, Produktmonteur, Komponentenfertiger?"	
Externe Komplexität	**Produktkomplexität**	▪ Produktdesign und -qualität ▪ After-sales-service und technischer Support ▪ Produktbreite ▪ Häufigkeit von Neuprodukteinführungen	„Schätzen Sie die Bedeutung der folgenden Ziele für Ihre wichtigsten Kunden ein! Verglichen mit Ihren Konkurrenten gewinnen Sie Kunden, indem Sie: ▪ Höchste Produktqualität /-design anbieten ▪ Höchsten Kundenservice (after-sales und technischer Support) bieten ▪ Eine größere Produktspanne anbieten ▪ Häufiger neue Produkte anbieten"	
Externe Komplexität	**Produktdynamik**	Veränderungen von … ▪ Produktdesign und -qualität ▪ After-sales-service und technischer Support ▪ Produktbreite ▪ Häufigkeit der Neuprodukteinführungen	▪ „Haben sich diese in den letzten drei Jahren verändert?" [dreistufige Likert-Skala]	

Anhang A-6: Literaturüberblick zu Indikatoren der exogenen Konstrukte

Literaturüberblick zu Indikatoren der endogenen Konstrukte (1/3)

Konstrukt	Indikatoren	Item / Skala	Indikatorfestlegung mit Bezug auf ...
	BEAMON (1999), S. 285		
Flexibilität	▪ Mengenflexibilität ▪ Lieferflexibilität ▪ Flexibilität bezüglich des Varianten-mixes ▪ Neuproduktflexibilität	Der Autor macht hierzu keine näheren Angaben.	-
	DEHLER (2001), S. 211		
Logistikleistung	▪ Durchlaufzeiten ▪ Logistische Prozesssicherheit ▪ Lieferzeit ▪ Liefertreue ▪ Lieferflexibilität (Art, Menge) ▪ Lieferfähigkeit	▪ Subjektive Leistungsbeurteilung im Vergleich zu den Wettbewerbern [Likert-Skala]	-
Logistikkosten	▪ Lagerbestände ▪ Transportkosten ▪ Personalkosten der Logistik ▪ Logistikkosten in Relation zum Umsatz *(im Vergleichszeitraum von drei Jahren)* ▪ Logistikkosten in Relation zum Umsatz *(im Vergleich zum Wettbewerb)*	▪ Subjektive Leistungsbeurteilung anhand der Leistungssteigerung in den vergangenen drei Jahren [Likert-Skala] ▪ Subjektive Leistungsbeurteilung im Vergleich zu den Wettbewerbern [Likert-Skala]	-

Literaturüberblick zu Indikatoren der endogenen Konstrukte (2/3)

Konstrukt		Indikatoren	Item / Skala	Indikatorfestlegung mit Bezug auf …
GRÖßLER ET AL. (2006), S. 266				
Strategische Dimensionen	Kosten	▪ Arbeitskräfteproduktivität ▪ Umschlagsrate des Materials im Lager ▪ Kapazitätsnutzung	▪ „Bewerten Sie die Bedeutung der folgenden Verbesserungsziele für Ihre Fertigung für die nächsten 3 Jahre“ [fünfstufige Likert-Skala]“	▪ International Manufacturing Strategy Survey (IMSS) - Studie
	Qualität	▪ Herstellungskonformität ▪ Produktqualität und -zuverlässigkeit ▪ (Aus-) Lieferzuverlässigkeit		
	Flexibilität	▪ Fähigkeit der Individualisierung der Produkte ▪ Volumenflexibilität ▪ Produktmixflexibilität ▪ Zeit für Neuprodukteinführungen		
VACHON, KLASSEN (2002), S. 223				
Lieferleistung	Liefergeschwindigkeit	▪ Lieferzeit ▪ Durchlaufzeit	Die Autoren machen hierzu keine näheren Angaben.	-
	Lieferzuverlässigkeit	▪ Anteil verspäteter Lieferungen ▪ Durchschnittliche Verspätung		
BLUM (2006), S. 71ff., S. 123f.				
Logistikerfolg	Logistikleistung	▪ Lieferzeit ▪ Lieferzuverlässigkeit (-treue) ▪ Lieferflexibilität ▪ Lieferfähigkeit (-bereitschaft) ▪ Durchlaufzeit	Subjektive Leistungsbeurteilung … ▪ Anhand der Leistungssteigerung der vergangenen drei Jahre: „Es ist uns gelungen, uns hinsichtlich der … stetig zu verbessern“ ▪ Im Vergleich zu den Wettbewerbern	▪ PFOHL (1996), S. 35ff. ▪ BOWERSOX, CLOSS (1998), S. 164
	Logistikkosten	▪ Gesamtlogistikkosten ▪ Bestandskosten		

Literaturüberblick zu Indikatoren der endogenen Konstrukte (3/3)

Konstrukt		Indikatoren	Item / Skala	Indikatorfestlegung mit Bezug auf …
CHEN, PAULRAJ (2003), S. 143				
Leistung des Lieferanten		▪ Flexibilität bzgl. Volumen sowie Lieferzeit ▪ Fristgerechte Lieferung ▪ Lieferzuverlässigkeit	Die Autoren machen hierzu keine näheren Angaben.	-
Leistung des herstellenden Unternehmens		▪ Volumenflexibilität ▪ Liefergeschwindigkeit ▪ Lieferzuverlässigkeit ▪ Produktkonformität ▪ Schnelle Bestätigung der Kundenbestellungen ▪ Schnelle Bearbeitung von Beschwerden		
WECKER; WIRTZ (2007), S. 929				
Supply Chain Management Erfolg	**Zeiterfolg**	▪ Produktions-Durchlaufzeit ▪ Auslieferzeit ▪ Lieferzeit ▪ Prozessbeschleunigung	„In welchem Ausmaß wurden die folgenden Erfolgsgrößen des SCM von Ihrem Unternehmen in den vergangenen drei Jahren erreicht? ▪ Steigerung ...“ ▪ Verkürzung ...“ ▪ Reduzierung ...“ ▪ Verbesserung ...“	-
	Kostenerfolg	▪ Bestandskosten ▪ Transportkosten ▪ Personal- und Materialkosten ▪ Kapazitätsauslastung		
	Qualitätserfolg	▪ Lieferzuverlässigkeit ▪ Lieferqualität ▪ Lieferfähigkeit ▪ Prozessstabilität und -sicherheit		
	Flexibilitätserfolg	▪ Lieferflexibilität ▪ Volumenflexibilität ▪ Mix- / Prozessflexibilität ▪ Umgang mit Sonderaufträgen		

Anhang A-7: Literaturüberblick zu Indikatoren der endogenen Konstrukte

Vollständiges Pfaddiagramm inklusive Indikatoren

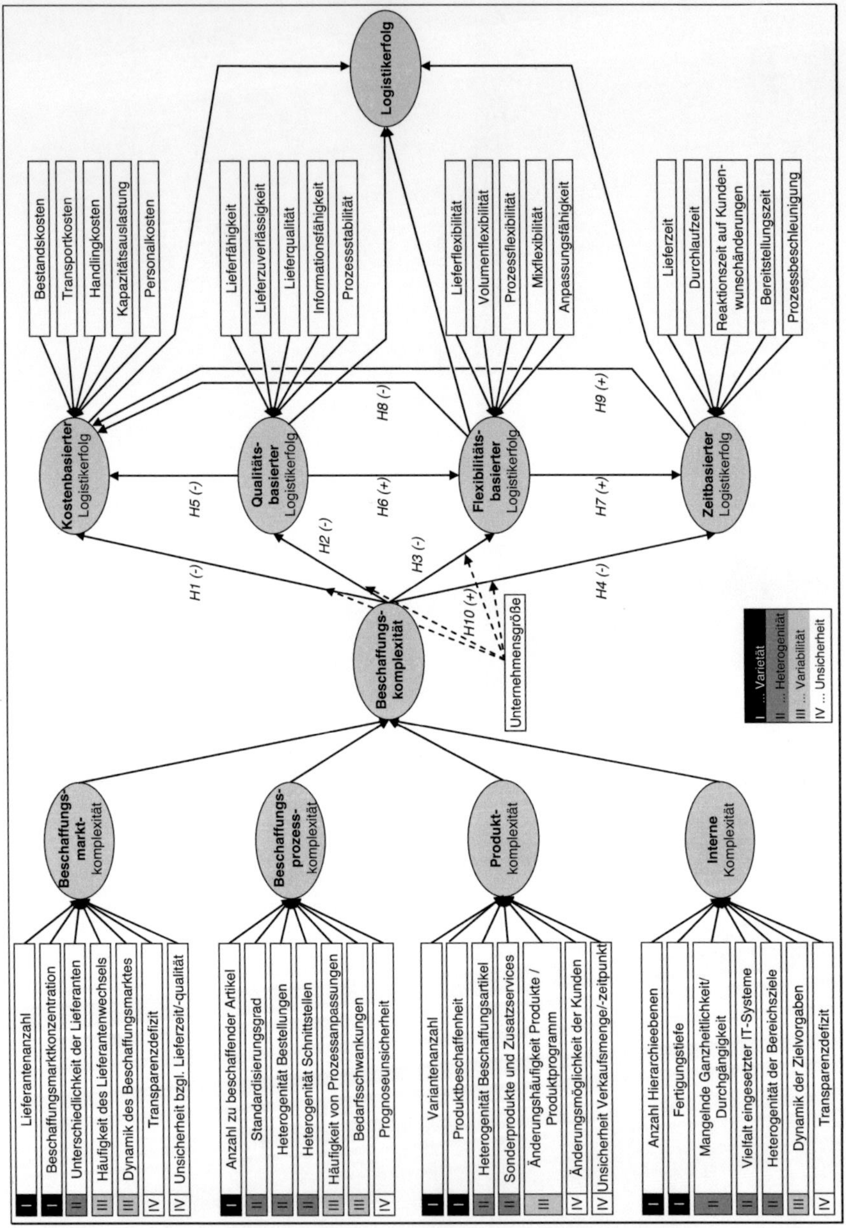

Anhang A-8: Vollständiges Pfaddiagramm inklusive Indikatoren

Indikatoren und Itemformulierung des exogenen Messmodells (1/2)

Indikator	Itemformulierung	Skalierung
		1 stimme nicht zu 2 stimme teilweise zu 3 ich weiß nicht 4 stimme größtenteils zu 5 stimme vollkommen zu
	Beschaffungsmarktkomplexität	
Lieferantenanzahl	„Unsere Lieferantenanzahl ist sehr hoch."	1 2 3 4 5
Beschaffungsmarkt-konzentration	„Die zu beschaffenden Artikel und Rohstoffe sind nur bei wenigen Lieferanten erhältlich."	1 2 3 4 5
Unterschiedlichkeit der Lieferanten	„Unsere Lieferanten unterscheiden sich stark hinsichtlich ihrer geografischen Lage, verwendeten Technologien / Praktiken, angebotenen Leistungen oder ihrer Organisation."	1 2 3 4 5
Häufigkeit des Lieferantenwechsels	„Wir wechseln häufig bestehende oder akquirieren neue Lieferanten."	1 2 3 4 5
Dynamik des Beschaffungsmarktes	„Die langfristige Planung unserer Beschaffungsaktivitäten wird durch die hohe Dynamik auf dem Beschaffungsmarkt erschwert (z. B. hinzukommende oder wegfallende Lieferanten, Preisveränderungen, etc.)."	1 2 3 4 5
Unsicherheit bzgl. Lieferzeit und -qualität	„Unsere Lieferanten liefern oftmals nicht zum vereinbarten Liefertermin oder mit der gewünschten Qualität."	1 2 3 4 5
Transparenzdefizit	„Die langfristige Planung unserer Beschaffungsaktivitäten wird durch die hohe Intransparenz auf dem Beschaffungsmarkt erschwert (z. B. potenzielle Lieferanten, Lieferkonditionen, Preise, Rohstoffverfügbarkeit, etc.)."	1 2 3 4 5
	Beschaffungsprozesskomplexität	
Anzahl zu beschaffender Artikel	„Die Anzahl zu beschaffender Komponenten sowie Roh- und Zukaufteile ist hoch."	1 2 3 4 5
Standardisierungsgrad	„Unsere Prozesse verlaufen oftmals noch wenig standardisiert und nach fest vorgegebenen Ablaufregeln."	1 2 3 4 5
Heterogenität der Bestellungen	„Die zu beschaffenden Artikel unterscheiden sich stark hinsichtlich der Anzahl bzw. der Häufigkeit von Bestellungen."	1 2 3 4 5
Heterogenität der Schnittstellen	„Sowohl unternehmensintern als auch -extern besitzen wir eine Vielzahl unterschiedlicher Schnittstellen beim Waren- und Informationsfluss."	1 2 3 4 5
Häufigkeit von Prozessanpassungen	„Bestehende Prozesse müssen oftmals aufgrund von Neuprodukteinführungen, Sonderwünschen oder Problemen angepasst werden."	1 2 3 4 5
Bedarfsschwankungen	„Das Beschaffungsvolumen ist von Bestellung zu Bestellung unterschiedlich und unterliegt starken Schwankungen."	1 2 3 4 5
Prognoseunsicherheit	„Die Bedarfsprognose ist oftmals schwierig und unterliegt einer starken Unsicherheit."	1 2 3 4 5

Indikatoren und Itemformulierung des exogenen Messmodells (2/2)

Indikator	Itemformulierung	Skalierung
		1 stimme nicht zu 2 stimme teilweise zu 3 ich weiß nicht 4 stimme größtenteils zu 5 stimme vollkommen zu
	Produktkomplexität	
Variantenzahl	„Unser Unternehmen fertigt eine Vielzahl unterschiedlicher Produktvarianten."	1 2 3 4 5
Produktbeschaffenheit	„Unsere Produkte bestehen aus einer Vielzahl an Einzelteilen."	1 2 3 4 5
Heterogenität der Beschaffungsartikel	„Die zu beschaffenden Artikel unterscheiden sich stark hinsichtlich ihrer Charakteristiken (z. B. Gewicht, Größe)."	1 2 3 4 5
Sonderprodukte und Zusatzservices	„Wir bieten unseren Kunden diverse Zusatzleistungen sowie die Möglichkeit zur Individualisierung ihrer Produkte an."	1 2 3 4 5
Änderungshäufigkeit der Produkte / des Produktprogrammes	„Unser Sortiment ändert sich häufig / wir bieten häufig neue Produktvarianten an."	1 2 3 4 5
Änderungsmöglichkeit der Kunden	„Kunden können problemlos nachträglich Bestellungen verändern oder stornieren."	1 2 3 4 5
Unsicherheit bzgl. Verkaufsmenge / -zeitpunkt	„Absatzmenge und Zeitpunkt des Verkaufs sind für uns schwer plan- und vorhersagbar."	1 2 3 4 5
	Interne Komplexität	
Anzahl an Hierarchieebenen	„Unser Unternehmen besitzt viele Hierarchieebenen und lange Entscheidungswege."	1 2 3 4 5
Fertigungstiefe	„Unser Unternehmen besitzt eine große Fertigungstiefe und erbringt den Großteil der Leistungserstellung selbst."	1 2 3 4 5
Mangelnde Ganzheitlichkeit / Durchgängigkeit	„Maßnahmen, Strategien und Prozessanpassungen werden bereichsintern und nicht aufeinander abgestimmt getroffen."	1 2 3 4 5
Vielfalt der eingesetzten IT-Systeme	„In unserem Unternehmen wird eine Vielzahl unterschiedlicher EDV-, Software-, Kommunikations- bzw. IT-Systeme eingesetzt."	1 2 3 4 5
Heterogenität der Bereichsziele	„Unsere verschiedenen Unternehmensbereiche verfolgen teilweise unterschiedliche Zielstellungen bzw. besitzen verschiedene Prioritäten."	1 2 3 4 5
Dynamik der Zielvorgaben	„Die Bereichsziele, Strategien und Zielvorgaben der Unternehmensleitung ändern sich häufig."	1 2 3 4 5
Transparenzdefizit	„Wir besitzen vollkommene Transparenz über unsere Informations- und Warenflüsse. Wir können diese problemlos im Nachhinein rekonstruieren."	1 2 3 4 5

Anhang A-9: Indikatoren und Itemformulierung des exogenen Messmodells

Indikatoren und Itemformulierung des endogenen Messmodells

Indikator	Itemformulierung	Skalierung
		1 nicht erreicht 2 kaum erreicht 3 teilweise erreicht 4 größtenteils erreicht 5 vollkommen erreicht
	Kostenbasierter Logistikerfolg	
Bestandskosten ↓	„In welchem Maße konnte Ihr Unternehmen bei folgenden Erfolgsgrößen in den vergangenen 3 Jahren Verbesserungen erzielen?“	1 2 3 4 5
Transportkosten ↓		1 2 3 4 5
Handlingkosten ↓		1 2 3 4 5
Kapazitätsauslastung ↑		1 2 3 4 5
Personalkosten ↓		1 2 3 4 5
	Qualitätsbasierter Logistikerfolg	
Lieferfähigkeit ↑	„In welchem Maße konnte Ihr Unternehmen bei folgenden Erfolgsgrößen in den vergangenen 3 Jahren Verbesserungen erzielen?“	1 2 3 4 5
Lieferzuverlässigkeit ↑		1 2 3 4 5
Lieferqualität ↑		1 2 3 4 5
Informationsfähigkeit ↑		1 2 3 4 5
Prozessstabilität ↑		1 2 3 4 5
	Flexibilitätsbasierter Logistikerfolg	
Lieferflexibilität ↑	„In welchem Maße konnte Ihr Unternehmen bei folgenden Erfolgsgrößen in den vergangenen 3 Jahren Verbesserungen erzielen?“	1 2 3 4 5
Volumenflexibilität ↑		1 2 3 4 5
Prozessflexibilität ↑		1 2 3 4 5
Flexibilität bzgl. des Sortiment- mixes ↑		1 2 3 4 5
Anpassungsfähigkeit ↑		1 2 3 4 5
	Zeitbasierter Logistikerfolg	
Lieferzeit ↓	„In welchem Maße konnte Ihr Unternehmen bei folgenden Erfolgsgrößen in den vergangenen 3 Jahren Verbesserungen erzielen?“	1 2 3 4 5
Durchlaufzeit ↓		1 2 3 4 5
Reaktionszeit auf Kundenwunschänderungen ↓		1 2 3 4 5
Bereitstellungszeit ↓		1 2 3 4 5
Prozessbeschleunigung ↑		1 2 3 4 5

Anhang A-10: Indikatoren und Itemformulierung des endogenen Messmodells

Missing-Values der exogenen Indikatoren

Indikator	Kurzbezeichnung im Modell	Anteil fehlender Werte [%]
Beschaffungsmarktkomplexität		
Lieferantenanzahl	LiAnz	0,42 %
Beschaffungsmarktkonzentration	BMaKon	0,85 %
Unterschiedlichkeit der Lieferanten	UntLi	0,42 %
Häufigkeit des Lieferantenwechsels	HfkLiW	0,85 %
Dynamik des Beschaffungsmarktes	DynBMa	0,85 %
Transparenzdefizit	TranDe	0,85 %
Unsicherheit bzgl. Lieferzeit und -qualität	ULiZQ	0,85 %
Beschaffungsprozesskomplexität		
Anzahl zu beschaffender Artikel	AnzBArt	0,42 %
Standardisierungsgrad	StanGr	1,27 %
Heterogenität der Bestellungen	HetBest	0,85 %
Heterogenität der Schnittstellen	HetSch	1,69 %
Häufigkeit von Prozessanpassungen	HfkPA	0,85 %
Bedarfsschwankungen	BSchwa	0,85 %
Prognoseunsicherheit	PrognU	1,69 %
Produktkomplexität		
Variantenanzahl	VarAnz	1,27 %
Produktbeschaffenheit	PBesch	1,27 %
Heterogenität der Beschaffungsartikel	HetBArt	0,85 %
Sonderprodukte und Zusatzservices	SoPZuS	1,69 %
Änderungshäufigkeit der Produkte / des Produktprogrammes	AendhP	1,69 %
Änderungsmöglichkeit der Kunden	AendMg	0,85 %
Unsicherheit bzgl. Verkaufsmenge / -zeitpunkt	UVerMZ	1,27 %
Interne Komplexität		
Anzahl Hierarchieebenen	AnHierE	0,42 %
Fertigungstiefe	FertT	0,85 %
Mangelnde Ganzheitlichkeit / Durchgängigkeit	Durchg	0,85 %
Vielfalt der eingesetzten IT-Systeme	VielIT	0,42 %
Heterogenität der Bereichsziele	HetBeZ	1,27 %
Dynamik von Zielvorgaben	DynZV	1,27 %
Transparenzdefizit	TraDef	0,85 %

Anhang A-11: Missing-Values der exogenen Indikatoren

Missing-Values der endogenen Indikatoren

Indikator	Kurzbezeichnung im Modell	Anteil fehlender Werte [%]
Kostenbasierter Logistikerfolg		
Bestandskosten	BestK	2,12 %
Transportkosten	TransK	1,27 %
Handlingkosten	HandK	2,12 %
Kapazitätsauslastung	KapAus	0,85 %
Personalkosten	PersK	2,54 %
Qualitätsbasierter Logistikerfolg		
Lieferfähigkeit	LiFae	1,69 %
Lieferzuverlässigkeit	LiZuv	0,85 %
Lieferqualität	LiQ	0,85 %
Informationsfähigkeit	InfFae	1,69 %
Prozessstabilität	PrStab	1,69 %
Flexibilitätsbasierter Logistikerfolg		
Lieferflexibilität	LiFlex	1,69 %
Volumenflexibilität	VolFlex	2,97 %
Prozessflexibilität	PrFlex	2,12 %
Flexibilität bzgl. des Sortimentmixes	MixFlex	3,81 %
Anpassungsfähigkeit	AnpFae	1,27 %
Zeitbasierter Logistikerfolg		
Lieferzeit	LiZ	0,85 %
Durchlaufzeit	DLZ	0,42 %
Reaktionszeit auf Kundenwunschänderungen	ReakZ	1,27 %
Bereitstellungszeit	BerZ	0,42 %
Prozessbeschleunigung	PrBes	0,42 %

Anhang A-12: Missing-Values der endogenen Indikatoren

Ausgewählte Gütekriterien des exogenen Messmodells

Indikator		t-Wert	Signifikanz	VIF	p_{sa} - Index	c_{sv} - Index
Beschaffungsmarktkomplexität						
Lieferantenanzahl	LiAnz	1,766	5%	1,337	0,77	0,59
Beschaffungsmarktkonzentration	BMaKon	0,214	n. s.	1,050	0,93	0,89
Unterschiedlichkeit der Lieferanten	UntLi	1,877	5%	1,200	0,85	0,70
Häufigkeit des Lieferanten-wechsels	HfkLiW	1,797	5%	1,181	0,67	0,60
Dynamik des Beschaffungsmark-tes	DynBMa	2,155	5%	1,524	0,97	0,94
Transparenzdefizit	TranDe	0,789	n. s.	1,435	0,97	0,94
Unsicherheit bzgl. Lieferzeit und -qualität	ULiZQ	3,748	1%	1,209	0,63	0,54
Beschaffungsprozesskomplexität						
Anzahl zu beschaffender Artikel	AnzBArt	1,311	10%	1,267	0,61	0,37
Standardisierungsgrad	StanGr	2,356	1%	1,155	0,85	0,72
Heterogenität der Bestellungen	HetBest	1,314	10%	1,316	0,72	0,53
Heterogenität der Schnittstellen	HetSch	4,008	1%	1,083	0,60	0,31
Häufigkeit von Prozessanpassun-gen	HfkPA	0,949	n. s.	1,196	0,85	0,72
Bedarfsschwankungen	BSchwa	0,664	n. s.	1,206	0,68	0,40
Prognoseunsicherheit	PrognU	2,084	5%	1,170	0,71	0,52
Produktkomplexität						
Variantenanzahl	VarAnz	2,005	5 %	1,770	0,73	0,54
Produktbeschaffenheit	PBesch	1,.059	n. s.	1,460	0,96	0,92
Heterogenität der Beschaffungs-artikel	HetBArt	1,286	10%	1,404	0,61	0,37
Sonderprodukte / Zusatzservices	SoPZuS	2,283	5%	1,321	0,63	0,34
Änderungshäufigkeit der Produkte / des Produktprogramms	AendhP	1,929	5%	1,511	0,86	0,80
Änderungsmöglichkeit der Kunden	AendMg	1,548	10%	1,054	0,61	0,38
Unsicherheit bzgl. Verkaufsmenge / -zeitpunkt	UVerMZ	1,808	5%	1,185	0,73	0,50
Interne Komplexität						
Anzahl an Hierarchieebenen	AnHierE	0,552	n. s.	1,427	0,92	0,85
Fertigungstiefe	FertT	0,110	n. s.	1,019	0,72	0,53
Mangelnde Ganzheitlichkeit / Durchgängigkeit	Durchg	0,002	n. s.	1,504	0,90	0,80
Vielfalt der eingesetzten IT-Syste-me	VielIT	2,274	5%	1,009	0,70	0,44
Heterogenität der Bereichsziele	HetBeZ	4,796	1%	1,458	0,96	0,92
Dynamik von Zielvorgaben	DynZV	2,613	1%	1,258	0,90	0,85
Transparenzdefizit	TraDef	1,555	10%	1,054	0,79	0,61

Anhang A-13: Ausgewählte Gütekriterien des exogenen Messmodells

Ausgewählte Gütekriterien des endogenen Messmodells

Indikator		t-Wert	Signifikanz	VIF	p_{sa} - Index	c_{sv} - Index
Kostenbasierter Logistikerfolg						
Bestandskosten	BestK	1,559	10%	1,167	1,00	1,00
Transportkosten	TransK	0,972	n. s.	1,342	1,00	1,00
Handlingkosten	HandK	2,799	1%	1,359	1,00	1,00
Kapazitätsauslastung	KapAus	3,414	1%	1,089	0,66	0,48
Personalkosten	PersK	1,949	5%	1,199	1,00	1,00
Qualitätsbasierter Logistikerfolg						
Lieferfähigkeit	LiFae	0,510	n. s.	2,110	0,85	0,76
Lieferzuverlässigkeit	LiZuv	4,214	1%	2,778	0,83	0,72
Lieferqualität	LiQ	2,174	1%	2,132	1,00	1,00
Informationsfähigkeit	InfFae	2,404	1%	1,631	0,90	0,86
Prozessstabilität	PrStab	2,354	1%	1,416	0,87	0,80
Flexibilitätsbasierter Logistikerfolg						
Lieferflexibilität	LiFlex	4,431	1%	2,146	0,99	0,98
Volumenflexibilität	VolFlex	3,021	1%	1,894	0,99	0,97
Prozessflexibilität	PrFlex	0,490	n. s.	2,188	0,97	0,94
Flexibilität bzgl. des Sortimentmixes	MixFlex	0,174	n. s.	1,709	0,94	0,92
Anpassungsfähigkeit	AnpFae	3,362	1%	1,675	0,92	0,85
Zeitbasierter Logistikerfolg						
Lieferzeit	LiZ	1,549	10%	2,710	1,00	1,00
Durchlaufzeit	DLZ	1,497	10%	2,597	0,94	0,90
Reaktionszeit auf Kundenwunschänderungen	ReakZ	3,451	1%	1,727	0,66	0,48
Bereitstellungszeit	BerZ	1,091	n. s.	2,309	0,90	0,86
Prozessbeschleunigung	PrBes	2,308	1%	1,946	0,83	0,72

Anhang A-14: Ausgewählte Gütekriterien des endogenen Messmodells

Korrelationsmatrix der exogenen manifesten Variablen (1/3)

	LiAnz	BMaKon	UntLi	HfkLiW	DynBMa	TranDe	ULiZQ	AnzBArt	StanGr	HetBest	HetSch	HfkPA	BSchwa	ProgU
LiAnz	1,000	-0,043	0,339	0,408	0,246	0,191	0,441	0,449	0,168	0,301	0,280	0,152	0,259	0,200
BMaKon		1,000	-0,258	-0,059	-0,105	-0,115	-0,073	0,052	-0,174	-0,027	-0,027	-0,041	-0,090	-0,112
UntLi			1,000	0,271	0,232	0,189	0,227	0,236	0,029	0,287	0,214	0,122	0,219	0,226
HfkLiW				1,000	0,298	0,221	0,224	0,157	0,155	0,164	0,277	0,186	0,118	0,207
DynBMa					1,000	0,548	0,250	0,110	0,203	0,140	0,343	0,221	0,272	0,276
TranDe						1,000	0,199	0,144	0,187	0,185	0,185	0,214	0,253	0,168
ULiZQ							1,000	0,218	0,286	0,207	0,222	0,333	0,249	0,240
AnzBArt								1,000	0,111	0,499	0,100	0,141	0,215	0,083
StanGr									1,000	0,171	0,283	0,288	0,203	0,194
HetBest										1,000	0,147	0,177	0,265	0,184
HetSch											1,000	0,181	0,178	0,199
HfkPA												1,000	0,299	0,275
BSchwa													1,000	0,327
ProgU														1,000

Korrelationsmatrix der exogenen manifesten Variablen (2/3)

	VarAnz	PBesch	HetBArt	SoPZuS	AendhP	AendMg	UVerMZ	AnHierE	FertT	Durchg	ViellT	HetBeZ	DynZV	TraDef
LiAnz	0,365	0,469	0,413	0,198	0,344	-0,038	0,206	0,203	0,108	0,150	0,266	0,273	0,244	0,081
BMaKon	-0,063	0,105	0,042	-0,026	-0,040	-0,010	-0,168	-0,099	-0,080	-0,066	-0,027	-0,017	-0,076	0,042
UntLi	0,216	0,218	0,281	0,107	0,246	-0,003	0,092	0,149	0,089	0,085	0,141	0,209	0,156	-0,018
HfkLiW	0,144	0,175	0,204	0,145	0,309	0,026	0,155	0,233	-0,013	0,302	0,152	0,260	0,318	0,042
DynBMa	0,042	0,164	0,128	-0,001	0,170	-0,004	0,173	0,164	-0,044	0,198	0,198	0,313	0,306	0,143
TranDe	0,086	0,246	0,140	0,098	0,072	0,025	0,172	0,068	0,016	0,094	0,254	0,179	0,202	0,120
ULiZQ	0,161	0,282	0,269	0,139	0,251	0,034	0,160	0,078	0,057	0,124	0,124	0,309	0,275	0,152
AnzBArt	0,332	0,542	0,433	0,180	0,271	0,029	0,093	0,068	0,086	-0,035	0,272	0,139	-0,014	-0,012
StanGr	0,041	0,067	0,036	0,023	0,127	0,026	0,104	0,225	0,005	0,240	0,194	0,266	0,306	0,297
HetBest	0,348	0,346	0,388	0,233	0,387	0,095	0,121	0,137	0,038	0,021	0,253	0,103	0,007	0,018
HetSch	0,127	0,083	0,188	0,024	0,235	-0,012	0,089	0,338	-0,085	0,433	0,299	0,449	0,406	0175
HfkPA	0,086	0,092	0,131	0,208	0,245	0,045	0,062	0,099	0,050	0,135	0,158	0,305	0,193	0,066
BSchwa	0,218	0,198	0,280	0,193	0,280	0,099	0,252	0,067	0,022	0,028	0,089	0,168	0,146	0,030
PrognU	0,271	0,165	0,227	0,049	0,204	0,189	0,383	0,084	-0,065	0,130	0,125	0,202	0,202	-0,034

Korrelationsmatrix der exogenen manifesten Variablen (3/3)

	VarAnz	PBesch	HetBArt	SoPZuS	AendhP	AendMg	UVerMZ	AnHierE	FertT	Durchg	ViellT	HetBez	DynZV	TraDef
VarAnz	1,000													
PBesch	0,508	1,000												
HetBArt	0,467	0,508	1,000											
SoPZuS	0,417	0,277	0,382	1,000										
AendhP	0,524	0,363	0,354	0,421	1,000									
AendMg	0,050	-0,006	0,020	0,038	0,075	1,000								
UVerMZ	0,274	0,158	0,154	0,232	0,282	0,258	1,000							
AnHierE	0,045	0,026	0,111	-0,017	0,188	0,047	0,034	1,000						
FertT	0,271	0,135	0,179	0,201	0,136	0,013	-0,006	-0,023	1,000					
Durchg	0,061	0,004	0,004	-0,037	0,205	0,089	0,140	0,448	-0,052	1,000				
ViellT	0,187	0,240	0,195	0,144	0,265	-0,037	0,048	0,109	-0,030	0,098	1,000			
HetBeZ	0,049	0,086	0,080	-0,029	0,206	0,128	0,099	0,474	-0,086	0,513	0,125	1,000		
DynZV	0,128	0,089	0,119	-0,021	0,156	0,015	0,172	0,422	0,030	0,420	0,076	0,390	1,000	
TraDef	-0,004	0,034	-0,025	-0,043	0,003	-0,025	0,031	0,178	0,064	0,184	0,143	0,180	0,175	1,000

Anhang A-15: Korrelationsmatrix der exogenen manifesten Variablen

Korrelationsmatrix der endogenen manifesten Variablen (1/3)

	BestK	TransK	HandK	KapAus	PersK	LiFae	LiZuv	LiQ	InfFae	PrStab	LiFlex	VolFlex	PrFlex	MixFlex
BestK	1,000													
TransK	0,260	1,000												
HandK	0,161	0,437	1,000											
KapAus	0,133	0,138	0,170	1,000										
PersK	0,276	0,153	0,356	0,225	1,000									
LiFae	0,107	0,165	0,124	0,157	0,099	1,000								
LiZuv	0,147	0,134	0,279	0,203	0,187	0,637	1,000							
LiQ	0,102	0,123	0,230	0,284	0,170	0,410	0,588	1,000						
InfFae	0,252	0,184	0,304	0,184	0,188	0,371	0,377	0,403	1,000					
PrStab	0,110	0,223	0,279	0,117	0,248	0,304	0,303	0,359	0,497	1,000				
LiFlex	0,073	0,123	0,222	0,219	0,203	0,442	0,499	0,396	0,323	0,343	1,000			
VolFlex	0,021	0,132	0,178	0,102	0,086	0,434	0,484	0,331	0,287	0,361	0,548	1,000		
PrFlex	0,009	0,143	0,240	0,134	0,098	0,265	0,308	0,298	0,285	0,322	0,467	0,486	1,000	
MixFlex	0,047	0,104	0,167	0,162	0,264	0,232	0,261	0,316	0,283	0,292	0,431	0,275	0,445	1,000

Korrelationsmatrix der endogenen manifesten Variablen (2/3)

	AnpFae	LiZ	DLZ	ReakZ	BerZ	PrBes
BestK	0,089	0,188	0,141	-0,014	0,107	0,025
TransK	0,146	0,060	0,083	0,031	0,080	0,039
HandK	0,347	0,222	0,284	0,166	0,312	0,279
KapAus	0,151	0,180	0,260	0,119	0,257	0,187
PersK	0,194	0,291	0,239	0,086	0,233	0,119
LiFae	0,258	0,339	0,278	0,273	0,281	0,214
LiZuv	0,288	0,429	0,313	0,386	0,406	0,232
LiQ	0,298	0,342	0,319	0,236	0,321	0,266
InfFae	0,388	0,288	0,247	0,262	0,256	0,206
PrStab	0,417	0,263	0,354	0,321	0,358	0,300
LiFlex	0,358	0,416	0,342	0,485	0,428	0,260
VolFlex	0,295	0,332	0,320	0,419	0,370	0,316
PrFlex	0,449	0,262	0,234	0,351	0,308	0,256
MixFlex	0,544	0,214	0,166	0,212	0,222	0,174

Korrelationsmatrix der endogenen manifesten Variablen (3/3)

	AnpFae	LiZ	DLZ	ReakZ	BerZ	PrBes
AnpFae	1,000					
LiZ	0,172	1,000				
DLZ	0,272	0,589	1,000			
ReakZ	0,254	0,419	0,311	1,000		
BerZ	0,304	0,714	0,716	0,557	1,000	
PrBes	0,332	0,267	0,422	0,261	0,578	1,000

Anhang A-16: Korrelationsmatrix der endogenen manifesten Variablen

Korrelationsmatrix der latenten Variablen

	BKom	Markt	Prozess	Produkt	Interne	Kosten	Qualität	Flexibilität	Zeit	LogErfolg
BKom	1,000									
Markt	0,807	1,000								
Prozess	0,780	0,567	1,000							
Produkt	0,581	0,407	0,397	1,000						
Interne	0,750	0,462	0,574	0,227	1,000					
Kosten	-0,167	-0,098	-0,086	0,032	-0,176	1,000				
Qualität	-0,398	-0,309	-0,271	-0,183	-0,261	0,412	1,000			
Flexibilität	-0,323	-0,254	-0,150	-0,087	-0,202	0,387	0,662	1,000		
Zeit	-0,308	-0,224	-0,164	-0,121	-0,184	0,390	0,589	0,620	1,000	
LogErfolg	-0,376	-0,278	-0,211	-0,113	-0,259	0,688	0,837	0,839	0,817	1,000

Anhang A-17: Korrelationsmatrix der latenten Variablen

Vollständige Übersicht zum Stabilitätstest der Parameter

		Beschaffungs-komplexität		Kosten		Qualität		Flexibilität		Zeit		Logistikerfolg	
		t-Wert*	Signifikanz	t-Wert*	Signifikanz	t-Wert*	Signifikanz	t-Wert*	Signifikanz	t-Wert*	Signifikanz	t-Wert*	Signifikanz
Beschaffungs-komplexität	Subsampel 90%			0,487	n. s.	0,454	n. s.	0,415	n. s.	0,425	n. s.		
	Subsampel 70%			0,197	n. s.	0,789	n. s.	0,956	n. s.	0,079	n. s.		
	Subsampel 50%			0,696	n. s.	0,933	n. s.	1,039	n. s.	0,855	n. s.		
Markt	Subsampel 90%	0,281	n. s.										
	Subsampel 70%	0,690	n. s.										
	Subsampel 50%	0,870	n. s.										
Prozess	Subsampel 90%	0,821	n. s.										
	Subsampel 70%	0,419	n. s.										
	Subsampel 50%	0,842	n. s.										
Produkt	Subsampel 90%	0,515	n. s.										
	Subsampel 70%	0,593	n. s.										
	Subsampel 50%	0,634	n. s.										
Interne	Subsampel 90%	0,477	n. s.										
	Subsampel 70%	1,182	n. s.										
	Subsampel 50%	1,277	n. s.										
Kosten	Subsampel 90%											0,167	n. s.
	Subsampel 70%											0,584	n. s.
	Subsampel 50%											0,433	n. s.
Qualität	Subsampel 90%			0,349	n. s.			0,343	n. s.			0,344	n. s.
	Subsampel 70%			0,090	n. s.			0,385	n. s.			0,199	n. s.
	Subsampel 50%			0,602	n. s.			0,534	n. s.			0,681	n. s.
Flexibilität	Subsampel 90%			0,394	n. s.					0,506	n. s.	0,224	n. s.
	Subsampel 70%			0,417	n. s.					0,387	n. s.	0,541	n. s.
	Subsampel 50%			1,140	n. s.					0,548	n. s.	0,375	n. s.
Zeit	Subsampel 90%			0,368	n. s.							0,238	n. s.
	Subsampel 70%			0,349	n. s.							0,085	n. s.
	Subsampel 50%			0,835	n. s.							0,399	n. s.

* Maximaler t-Wert der 30 zufällig gebildeten Subsamples mit 90%, 70% bzw. 50% der Originaldatensätze

n. s. - nicht signifikant

Anhang A-18: Vollständige Übersicht zum Stabilitätstest der Parameter

Parameterschätzung im reduzierten Modell ohne Logistikerfolg

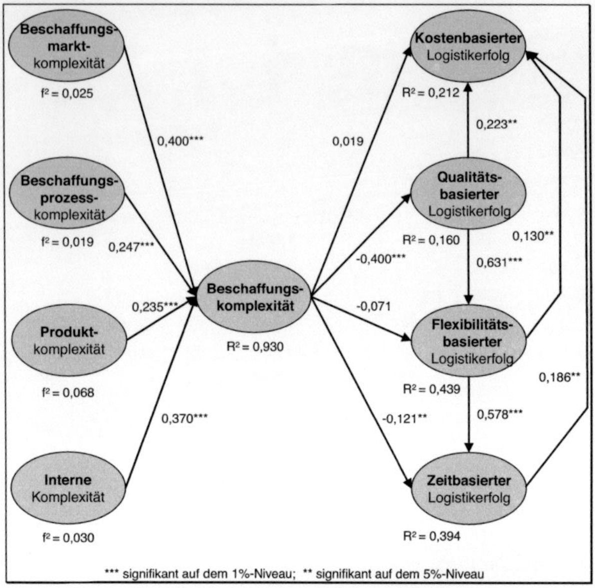

Anhang A-19: Parameterschätzung im reduzierten Modell ohne Logistikerfolg

Parameterschätzung im reduzierten Modell ohne mediierte Effekte

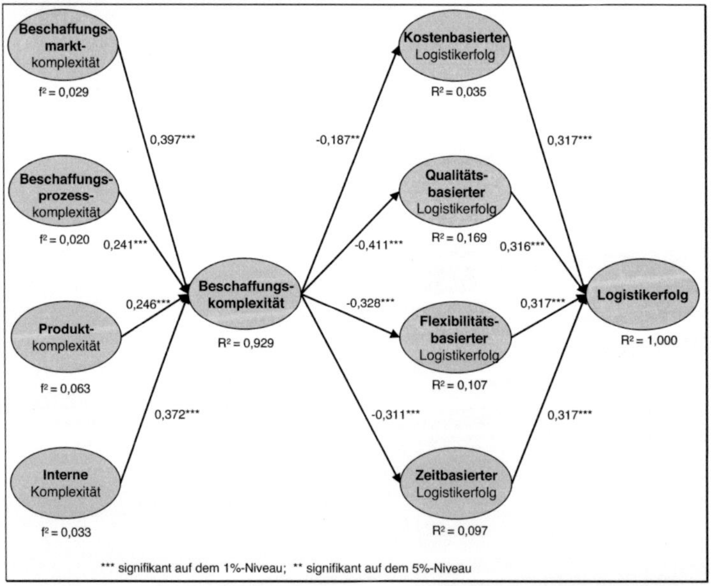

Anhang A-20: Parameterschätzung im reduzierten Modell ohne mediierte Effekte

Parameterschätzung unter Verwendung des composite second order approach

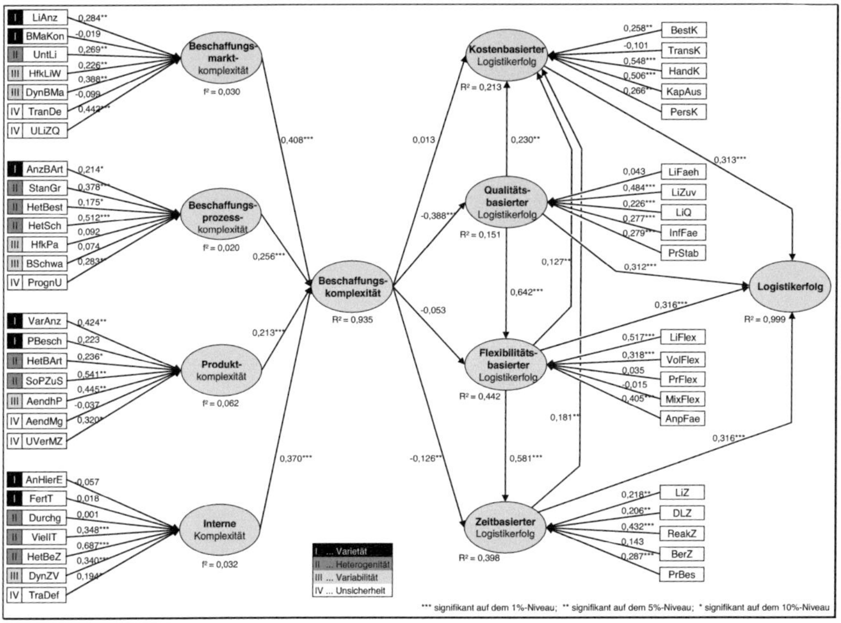

Anhang A-21: Parameterschätzung unter Verwendung des composite second order approach

Gesamteffekte unter Verwendung des composite second order approach

	Beschaffungs-komplexität	Kosten	Qualität	Flexibilität	Zeit	Logistikerfolg
Beschaffungs-komplexität		-0,169*	-0,388***	-0,303***	-0,302***	-0,365***
Markt	0,408***	-0,069*	-0,159***	-0,124***	-0,123***	-0,149***
Prozess	0,256***	-0,043	-0,100***	-0,078**	-0,077**	-0,094**
Produkt	0,213***	-0,036	-0,083***	-0,064**	-0,064**	-0,078**
Interne	0,370***	-0,063*	-0,143***	-0,112***	-0,112***	-0,135***
Kosten						0,313***
Qualität		0,378***		0,642***	0,373***	0,751***
Flexibilität		0,232***			0,581***	0,572***
Zeit		0,181**				0,372***

*** signifikant auf dem 1%-Niveau; ** signifikant auf dem 5%-Niveau; * signifikant auf dem 10%-Niveau

Anhang A-22: Gesamteffekte unter Verwendung des composite second order approach

Fragebogen (1/5)

TECHNISCHE UNIVERSITÄT DRESDEN — LOGISTIK BWL

I. Angaben zu Ihrem Unternehmen

1. Wie viele Mitarbeiter sind an Ihrem Unternehmensstandort beschäftigt?

50-100 ☐ 101-250 ☐ 251-500 ☐ 501-1.000 ☐ >1.000 ☐

2. Welcher Branche gehört Ihr Unternehmen an?

Holz / Papier ☐ Elektro ☐ Fahrzeugbau ☐
Bekleidung ☐ Metall ☐ Maschinenbau ☐
Lebensmittel ☐ Chemie ☐ Sonstige ☐
Dienstleistungen ☐

✎ ________

3. In welchem Unternehmensbereich sind Sie tätig?

Montage/ Fertigung ☐ Controlling ☐ Logistik ☐
Produktentwicklung ☐ Vertrieb ☐ Einkauf ☐

Sonstige: ✎ ________

4. Welche Position haben Sie inne?

Geschäftsführer ☐ Abteilungsleiter ☐ Sachbearbeiter ☐

Sonstige: ✎ ________

5. Wie lange gehören Sie dem Unternehmen an?

✎ ________

6. In welchem Maße konnte Ihr Unternehmen bei folgenden Erfolgsgrößen in den vergangenen 3 Jahren Verbesserungen erzielen?

⬆ Steigerung
⬇ Reduktion

	nicht erreicht	kaum erreicht	teilweise erreicht	größtenteils erreicht	vollkommen erreicht
Zeiterfolg					
Durchlaufzeit ⬇ *(Zeit zwischen Bestelleingang und Fertigstellung der gewünschten Güter)*	1	2	3	4	5
Lieferzeit ⬇ *(Zeit zwischen Bestelleingang und Auslieferung der Waren beim Kunden)*	1	2	3	4	5
Bereitstellungszeit ⬇ *(Zeit zur Bereitstellung der benötigten Materialien und Bauteile in der Produktion)*	1	2	3	4	5
Reaktionszeit auf Kundenwunschänderungen ⬇ *(z.B. Mengenänderungen, Verschiebung von Lieferterminen, Neuprodukteinführung, etc.)*	1	2	3	4	5
Prozessbeschleunigung *(z.B. Verkürzung von Rüst-, Planungs- oder Kommissionierzeiten durch die Vermeidung unnötiger Wartezeiten, etc.)*	1	2	3	4	5

⬆ Steigerung
⬇ Reduktion

	nicht erreicht	kaum erreicht	teilweise erreicht	größtenteils erreicht	vollkommen erreicht
Kostenerfolg					
Bestandskosten ⬇	1	2	3	4	5
Transportkosten ⬇	1	2	3	4	5
Handlingkosten ⬇	1	2	3	4	5
Kapazitätsauslastung ⬆	1	2	3	4	5
Personalkosten ⬇	1	2	3	4	5
Qualitätserfolg					
Lieferfähigkeit ⬆ *(grundsätzliche Lieferbereitschaft, d.h. Anteil der lieferbaren Produkte bei Bestellung)*	1	2	3	4	5
Lieferzuverlässigkeit ⬆ *(Genauigkeit bei der Einhaltung von zugesicherten Lieferterminen)*	1	2	3	4	5
Lieferqualität ⬆ *(Liefergenauigkeit bzgl. Art, Menge und Zustand, d.h. Anteil richtiger und unbeschädigter Auslieferungen)*	1	2	3	4	5
Informationsfähigkeit ⬆ *(Fähigkeit, jederzeit Auskunft zu Warenverfügbarkeit sowie dem aktuellen Bearbeitungsstand des Kundenauftrages zu geben)*	1	2	3	4	5
Prozessstabilität ⬆ *(Konstanz der Prozessabläufe bzgl. Volumen- und Qualitätsschwankungen)*	1	2	3	4	5
Flexibilitätserfolg					
Lieferflexibilität ⬆ *(Fähigkeit, kurzfristig auf zeitliche Änderungswünsche der Kunden (z.B. An- und Auslieferttermine) einzugehen)*	1	2	3	4	5
Volumenflexibilität ⬆ *(Fähigkeit, kurzfristig auf mengenmäßige Änderungswünsche der Kunden (Anzahl bestellter Waren) einzugehen)*	1	2	3	4	5
Prozessflexibilität ⬆ *(Fähigkeit, auf Änderungswünsche der Kunden hinsichtlich der Zusammenstellung der Bestellung einzugehen sowie auf unvorhergesehene Ereignisse wie z. B. Lieferausfälle reagieren zu können)*	1	2	3	4	5
Flexibilität bzgl. des **Sortimentmixes** ⬆ *(Fähigkeit, kurzfristig neue Produkte einführen oder auf veränderte Anforderungen an das Design bzw. Funktionalitäten der Produkte reagieren zu können)*	1	2	3	4	5
Anpassungsfähigkeit ⬆ *(Fähigkeit, kurzfristig bestehende Strukturen und Prozesse problemlos austauschen oder anpassen zu können (z.B. Lieferantenwechsel, Prozessveränderungen))*	1	2	3	4	5

Seite 1/5

Fragebogen 2/5)

TECHNISCHE UNIVERSITÄT DRESDEN — LOGISTIK BWL

II. Wahrnehmung von Komplexität

7. Wie schätzen Sie die **Intensität** und **Häufigkeit** ein, mit der sich die folgenden Faktoren in den vergangenen 5 Jahren verändert haben?

Intensität von Veränderungen	keine Zunahme	geringe Zunahme	mittlere Zunahme	starke Zunahme	sehr starke Zunahme
Menge der Kundenanforderungen	1	2	3	4	5
Individualität und Spannweite der Kundenanforderungen	1	2	3	4	5
Rechtliche Restriktionen *(z.B. Gesetze, Verordnungen, Richtlinien)*	1	2	3	4	5
Lieferantenanzahl	1	2	3	4	5
Anzahl der Absatzmärkte	1	2	3	4	5
Individualität der Absatzmärkte	1	2	3	4	5
Anzahl angebotener Produktvarianten	1	2	3	4	5
Anzahl angebotener Mehrwertdienste *(Zusätzliche Serviceleistungen, wie Entsorgung von Verpackungsmaterialien, Sendungsverfolgung, Vorsortierung, etc.)*	1	2	3	4	5

Häufigkeit von Veränderungen	nie	selten	ab und an	häufig	sehr oft
Menge der Kundenanforderungen	1	2	3	4	5
Individualität und Spannweite der Kundenanforderungen	1	2	3	4	5
Rechtliche Restriktionen *(z.B. Gesetze, Verordnungen, Richtlinien)*	1	2	3	4	5
Lieferantenanzahl	1	2	3	4	5
Anzahl der Absatzmärkte	1	2	3	4	5
Individualität der Absatzmärkte	1	2	3	4	5
Anzahl angebotener Produktvarianten	1	2	3	4	5
Anzahl angebotener Mehrwertdienste *(Zusätzliche Serviceleistungen wie Entsorgung von Verpackungsmaterialien, Sendungsverfolgung, Vorsortierung, etc.)*	1	2	3	4	5

Diese und weitere Faktoren führen zu einer gestiegenen **Komplexität**, wodurch Prozesse langsamer, mit einer schlechteren Qualität oder mit erhöhten Kosten ablaufen. Des Weiteren wird die Planung erschwert oder es sind aufwändige Anpassungen notwendig.
Maßnahmen, die dazu dienen, die Komplexität zu beherrschen, sie zu verringern oder zu vermeiden, werden unter dem Begriff **„Komplexitätsmanagement"** zusammengefasst. Hiermit beschäftigt sich der dritte Teil des Fragebogens.

III. Komplexitätsmanagement in Ihrem Unternehmen

8. In welchem Umfang haben Sie sich bereits mit der zunehmenden Komplexität auseinandergesetzt?

- Wir sind uns der zunehmenden Komplexität bewusst und haben **bereits entsprechende Maßnahmen eingeleitet**, um sie zu bewältigen. ☐
- Wir sind uns der zunehmenden Komplexität bewusst, **konkrete Maßnahmen** wurden allerdings bisher **noch nicht eingeleitet**. ☐
- Ich habe mich bisher **noch nicht intensiver mit dieser Thematik befasst**. ☐
- Das Thema Komplexität ist **vollkommen neu für mich**. ☐

9. Wird oder wurden in Ihrem Unternehmen bereits Maßnahmen zur Reduktion oder Vermeidung von Komplexität durchgeführt?

Ja ☐ → Bitte direkt weiter zu Frage 10!
Nein ☐ → Warum nicht?
↓ Anschließend bitte weiter mit Frage 12!

- Komplexität stellte für unser Unternehmen bis zum jetzigen Zeitpunkt **kein Problem** dar. ☐
- Bisher hatten wir **keine Zeit**, uns näher mit diesem Thema zu beschäftigen. ☐
- Es waren bereits Maßnahmen **geplant**, sind allerdings **noch nicht umgesetzt**, weil
  - Zweifel bestehen, wie dabei vorzugehen ist. ☐
  - Notwendige Informationen und Daten nicht verfügbar sind. ☐
  - Personelle / zeitliche Ressourcen fehlen. ☐
  - Sonstige: ________ ☐
- Sonstige: ________ ☐

10. Wie und von wem wird das Komplexitätsmanagement in Ihrem Unternehmen durchgeführt?

- Wir besitzen eine **eigene Abteilung**, die sich mit Komplexitätsbelangen beschäftigt. ☐
- **Im Bedarfsfall** diskutieren **Teams** im Rahmen von Projekten Lösungsmöglichkeiten. ☐
- **Ich** allein treffe Entscheidungen, die die Beeinflussung der Komplexität betreffen *(z.B. Prozessanpassungen, Veränderung der Lieferantenstruktur, Produktgestaltung, etc.)*. ☐
- Sonstige: ________ ☐

Fragebogen (3/5)

TECHNISCHE UNIVERSITÄT DRESDEN — LOGISTIK BWL

11. Worauf richtet(e) sich Ihr Interesse bei der Durchführung eines Komplexitätsmanagements? *(Mehrfachnennungen möglich!)*

Produkte
- Produktgestaltung ☐
  (z.B. Modularisierung, Plattformkonzept, Gleichteileverwendung, Standardisierung,)
- Produktprogramm ☐
  (Anzahl angebotener Produkte und Produktvarianten)
- Sonstige: ________ ☐

Prozesse
- Anzahl bzw. Gestaltung von Schnittstellen ☐
- Anzahl der Prozessbeteiligten ☐
  (z.B. Reduktion der Lieferantenanzahl, Verwendung von Modul- und Systemlieferanten)
- Prozessabläufe (z.B. Postponement, Segmentierung) ☐
- Sonstige: ________ ☐

Organisation / Management
- Verkürzung der Entscheidungswege ☐
- Abbau von Hierarchien ☐
- Sonstige: ________ ☐

Sonstige: ________ ☐

12. Schätzen Sie die Bedeutung folgender Faktoren für ein zielgerichtetes Komplexitätsmanagement ein!

	unbedeutend	weniger bedeutend	ich weiß nicht	bedeutend	sehr bedeutend
Vollständige Kenntnis der Komplexitätsursachen	1	2	3	4	5
Vollständige Kenntnis der Komplexitätsauswirkungen	1	2	3	4	5
Kenntnis der Zusammenhänge und Wechselwirkungen	1	2	3	4	5
Unterstützung / Förderung durch die Unternehmensführung	1	2	3	4	5
Frühzeitige Feststellung eines Komplexitätsproblems	1	2	3	4	5
Möglichkeiten zur Messung und Bewertung von Komplexität	1	2	3	4	5
Existenz eines Leitfadens, wie bei der Durchführung vorzugehen ist	1	2	3	4	5

13. Schätzen Sie die Erfüllung der eben genanten Faktoren in Ihrem Unternehmen ein!

	nicht erfüllt	teilweise erfüllt	ich weiß nicht	größtenteils erfüllt	vollständig erfüllt
Vollständige Kenntnis der Komplexitätsursachen	1	2	3	4	5
Vollständige Kenntnis der Komplexitätsauswirkungen	1	2	3	4	5
Kenntnis der Zusammenhänge und Wechselwirkungen	1	2	3	4	5
Unterstützung / Förderung durch die Unternehmensführung	1	2	3	4	5
Frühzeitige Feststellung eines Komplexitätsproblems	1	2	3	4	5
Möglichkeiten zur Messung und Bewertung von Komplexität	1	2	3	4	5
Existenz eines Leitfadens, wie bei der Durchführung vorzugehen ist	1	2	3	4	5

14. Welche der folgenden Maßnahmen kennen Sie bzw. wenden Sie bereits in Ihrem Unternehmen an?

	Unbekannt	Bekannt	Angewendet: bisher nicht angewendet	selten angewendet	teilweise angewendet	häufig angewendet	dauerhaft angewendet
Plattformkonzept	☐	☐	1	2	3	4	5
Gleichteileverwendung	☐	☐	1	2	3	4	5
Differenzialbauweise	☐	☐	1	2	3	4	5
Integralbauweise	☐	☐	1	2	3	4	5
Modulbauweise	☐	☐	1	2	3	4	5
Paketbildung	☐	☐	1	2	3	4	5
Baukastenprinzip	☐	☐	1	2	3	4	5
Standardisierung	☐	☐	1	2	3	4	5
Segmentierung	☐	☐	1	2	3	4	5
Postponement	☐	☐	1	2	3	4	5
Kanban - Steuerung	☐	☐	1	2	3	4	5
Dual-/Modular-Sourcing	☐	☐	1	2	3	4	5
Abbau von Hierarchien	☐	☐	1	2	3	4	5
Programmbereinigung	☐	☐	1	2	3	4	5
Vertikale Autonomie	☐	☐	1	2	3	4	5
Sonstige: ________		☐	1	2	3	4	5

Fragebogen (4/5)

TECHNISCHE UNIVERSITÄT DRESDEN — LOGISTIK BWL

IV. Ursachen und Auswirkungen von Komplexität

15. Inwieweit stimmen Sie folgenden Aussagen zu?

(1 = stimme nicht zu, 2 = stimme teilweise zu, 3 = ich weiß nicht, 4 = stimme größtenteils zu, 5 = stimme vollkommen zu)

Aussage	1	2	3	4	5
Die Kenntnis von Komplexitätsauswirkungen ist ebenso wichtig wie die der Ursachen.	☐	☐	☐	☐	☐
Die Vielzahl der möglichen Komplexitätsursachen stellen für ein effizientes Management ein Problem dar.	☐	☐	☐	☐	☐
Die Einschätzung, welche Komplexitätsursache der Grund für ein Problem ist, bereitet uns oftmals Schwierigkeiten.	☐	☐	☐	☐	☐
Um Maßnahmen sinnvoll und gezielt durchführen zu können, müssen Zusammenhänge und Wechselwirkungen bekannt sein.	☐	☐	☐	☐	☐

16. Wie entscheiden Sie, welcher Komplexitätsursache Sie sich besonders widmen?

- ☐ **Ich** entscheide persönlich aufgrund meiner **Erfahrung bzw. Einschätzung**.
- ☐ Wir **diskutieren im Team**, welche Faktoren **derzeit** am meisten zur Komplexität beitragen und entscheiden gemeinsam über das weitere Vorgehen.
- ☐ Wir **diskutieren im Team**, welche Einflussfaktoren **zukünftig** zu einer steigenden Komplexität führen könnten und versuchen diese frühzeitig zu beeinflussen.
- ☐ Wir erstellen **Ursache - Wirkungs - Diagramme** und wählen diejenige Komplexitätsursache aus, die am häufigsten der Grund für negative Auswirkungen ist *(z.B. Kostenanstieg, Verlängerung der Durchlaufzeit, erhöhter Koordinationsaufwand, etc.)*.
- ☐ Es gibt keine feste Vorgehensweise, sondern wir entscheiden fallweise je nach Situation.
- ☐ Sonstige: ____________________

17. Inwieweit stimmen Sie folgenden Aussagen zu?

(1 = stimme nicht zu, 2 = stimme teilweise zu, 3 = ich weiß nicht, 4 = stimme größtenteils zu, 5 = stimme vollkommen zu)

Prozesskomplexität	1	2	3	4	5
Innerhalb der Beschaffung läuft parallel eine Vielzahl verschiedener Prozesse ab, die koordiniert und gesteuert werden müssen.	☐	☐	☐	☐	☐
Die Anzahl zu beschaffender Komponenten, Roh- und Zukaufteile ist hoch.	☐	☐	☐	☐	☐
In unserem Unternehmen wird eine Vielzahl unterschiedlicher EDV-, Software-, Kommunikations- bzw. IT-Systeme eingesetzt.	☐	☐	☐	☐	☐
Die zu beschaffenden Artikel unterscheiden sich stark hinsichtlich der Anzahl bzw. der Häufigkeit von Bestellungen.	☐	☐	☐	☐	☐
Unsere Prozesse verlaufen oftmals noch wenig standardisiert und nach fest vorgegebenen Ablaufregeln.	☐	☐	☐	☐	☐
Das Beschaffungsvolumen ist von Bestellung zu Bestellung unterschiedlich und unterliegt starken Schwankungen.	☐	☐	☐	☐	☐
Bestehende Prozesse müssen wegen Neuprodukteinführungen, Sonderwünschen oder Problemen oftmals angepasst werden.	☐	☐	☐	☐	☐
Die Bedarfsprognose ist oftmals schwierig und unterliegt einer starken Unsicherheit.	☐	☐	☐	☐	☐
Unsere Lieferanten liefern oftmals nicht zum vereinbarten Liefertermin oder nicht mit der gewünschten Qualität.	☐	☐	☐	☐	☐

Fragebogen (5/5)

TECHNISCHE UNIVERSITÄT DRESDEN — LOGISTIK BWL

Skala: 1 = stimme nicht zu, 2 = stimme teilweise zu, 3 = ich weiß nicht, 4 = stimme größtenteils zu, 5 = stimme vollkommen zu

Beschaffungsmarktkomplexität

Aussage	1	2	3	4	5
Unsere Lieferantenanzahl ist sehr hoch.	1	2	3	4	5
Die zu beschaffenden Artikel und Rohstoffe sind nur bei wenigen Lieferanten erhältlich.	1	2	3	4	5
Unsere Lieferanten unterscheiden sich stark hinsichtlich ihrer geografischen Lage, verwendeten Technologien / Praktiken, angebotenen Leistungen oder ihrer Organisation.	1	2	3	4	5
Wir wechseln häufig bestehende oder akquirieren neue Lieferanten.	1	2	3	4	5
Die langfristige Planung unserer Beschaffungsaktivitäten wird durch die hohe **Dynamik** auf dem Beschaffungsmarkt erschwert *(z.B. hinzukommende oder wegfallende Lieferanten, Preisveränderungen, etc.).*	1	2	3	4	5
Die langfristige Planung unserer Beschaffungsaktivitäten wird durch die hohe **Intransparenz** auf dem Beschaffungsmarkt erschwert *(z.B. potenzielle Lieferanten, Lieferkonditionen, Preise, Rohstoffverfügbarkeit, etc.).*	1	2	3	4	5

Produktkomplexität

Aussage	1	2	3	4	5
Unsere Produkte bestehen aus einer Vielzahl an Einzelteilen.	1	2	3	4	5
Unser Unternehmen fertigt eine Vielzahl unterschiedlicher Produktvarianten.	1	2	3	4	5
Die zu beschaffenden Artikel unterscheiden sich stark hinsichtlich ihrer Charakteristiken (z.B. Gewicht, Größe).	1	2	3	4	5
Wir bieten unseren Kunden diverse Zusatzleistungen sowie die Möglichkeit zur Individualisierung ihrer Produkte an.	1	2	3	4	5
Unser Sortiment ändert sich häufig / wir bieten häufig neue Produktvarianten an.	1	2	3	4	5
Absatzmenge und Zeitpunkt des Verkaufs sind für uns schwer plan- und vorhersagbar.	1	2	3	4	5
Kunden können problemlos nachträglich Bestellungen verändern oder stornieren.	1	2	3	4	5

Interne Komplexität

Aussage	1	2	3	4	5
Unser Unternehmen besitzt viele Hierarchieebenen und lange Entscheidungswege.	1	2	3	4	5
Unser Unternehmen besitzt eine große Fertigungstiefe und erbringt den Großteil der Leistungserstellung selbst.	1	2	3	4	5
Unsere verschiedenen Unternehmensbereiche verfolgen teilweise unterschiedliche Zielstellungen bzw. besitzen verschiedene Prioritäten.	1	2	3	4	5
Maßnahmen, Strategien und Prozessanpassungen werden bereichsintern und nicht aufeinander abgestimmt getroffen.	1	2	3	4	5
Sowohl unternehmensintern als auch -extern besitzen wir eine Vielzahl unterschiedlicher Schnittstellen beim Waren- und Informationsfluss.	1	2	3	4	5
Die Zusammensetzung unserer Belegschaft ändert sich häufig. Oft müssen neue Mitarbeiter eingearbeitet werden.	1	2	3	4	5
Die Bereichsziele, Strategien und Zielvorgaben der Unternehmensleitung ändern sich häufig.	1	2	3	4	5
Wir besitzen vollkommene Transparenz über unsere Informations- und Warenflüsse. Wir können diese problemlos im Nachhinein rekonstruieren.	1	2	3	4	5

Vielen Dank für Ihre Unterstützung!

Bitte **faxen** Sie den ausgefüllten Fragebogen an **0351/463 - 37779** oder schicken ihn als **E-Mail** an **logistikstudie@tu-dresden.de**.
Für Rückfragen steht Ihnen Herr Gießmann jederzeit gern telefonisch unter 0351/463 - 37415 zur Verfügung.

Wenn Sie an den Ergebnissen der Studie interessiert sind, schicken Sie bitte ebenfalls eine E-Mail an logistikstudie@tu-dresden.de. Sie werden dann in den Verteiler aufgenommen und erhalten die **Untersuchungsergebnisse kostenlos** zur Verfügung gestellt.

Seite 5/5

Anhang A-23: Fragebogen

Literaturverzeichnis

ADAM, D. (HRSG.) (1998): Komplexitätsmanagement, Schriften zur Unternehmensführung. Jahrgang 61. Gabler Verlag. Wiesbaden, 1998.

ADAM, D. (2001): Produktions-Management. 9. Auflage. Gabler Verlag. Wiesbaden, 2001.

ADAM, D.; JOHANNWILLE, U. (1998): Die Komplexitätsfalle. In: ADAM, D. (HRSG.): Komplexitätsmanagement, Schriften zur Unternehmensführung. Jahrgang 61. Gabler Verlag. Wiesbaden, 1998, S. 5 - 28.

ADAM, D.; ROLLBERG, R. (1995): Komplexitätskosten. In: Die Betriebswirtschaft. Jahrgang 55, Heft 5, 1995, S. 667 - 670.

AHIRE, S. L.; WALLER, M. A. (1994): Incremental and Breakthrough Process Improvement: An Integrative Framework. In: International Journal of Logistics Management. Jahrgang 5, 1994, S. 19 - 32.

AHLEMEYER, H. W.; KÖNIGSWIEDER, R. (HRSG.) (1998): Komplexität managen: Strategien, Konzepte und Fallbeispiele. Gabler Verlag. Wiesbaden, 1998.

ALBERS, S.; GÖTZ, O. (2006): Messmodelle mit Konstrukten zweiter Ordnung in der betriebswirtschaftlichen Forschung. In: Die Betriebswirtschaft. Jahrgang 66, Heft 6, 2006, S. 669 - 677.

ALBERS, S.; HERRMANN, A. (HRSG.) (2007): Handbuch Produktmanagement. 3. Auflage. Gabler Verlag. Wiesbaden, 2007.

ALBERS, S.; HILDEBRANDT, L. (2006): Methodische Probleme bei der Erfolgsfaktorenforschung – Messfehler, formative versus reflektive Indikatoren und die Wahl des Strukturgleichungsmodells. In: Zeitschrift für betriebswirtschaftliche Forschung. Jahrgang 58, Heft 2, 2006, S. 22 - 33.

ALBERS, S. ET AL. (HRSG.) (2007): Methodik der empirischen Forschung. 2. Auflage. Gabler Verlag. Wiesbaden, 2007.

ANDERSON, J. C.; GERBING, D. W. (1982): Some Methods for Respecifying Measurement Models to Obtain Unidimensional Construct Measurement. In: Journal of Marketing Research. Jahrgang 19, Heft 4, 1982, S. 453 - 460.

ANDERSON, J. C.; GERBING, D. W. (1988): Structural Equation Modeling in Practice: A Review and Recommended Two-Step Approach. In: Psychological Bulletin. Jahrgang 103, Heft 3, 1988, S. 411 - 423.

ANDERSON, J. C.; GERBING, D. W. (1991): Predicting the performance of measures in a confirmatory factor analysis with a pretest assessment of their substantive validities. In: Journal of Applied Psychology. Jahrgang 76, 1991, S. 732 - 740.

APPELFELLER, W.; BUCHHOLZ, W. (2005): Supplier Relationship Management – Strategie, Organisation und IT des modernen Beschaffungsmanagements. Gabler Verlag. Wiesbaden, 2005.

ARBUCKLE, J. L.; WOTHKE, W. (1999): AMOS 4.0 User's Guide. Small Waters. Chicago, 1999.

ARNDT, H. (2008): Supply Chain Management – Optimierung logistischer Prozesse. 4. Auflage. Gabler Verlag. Wiesbaden, 2008.

ARNOLD, D. ET AL. (HRSG.) (2008): Handbuch Logistik. 3. Auflage. Springer Verlag. Berlin et al., 2008.

ARNOLDS, H.; HEEGE, F.; TUSSING, W. (1998): Materialwirtschaft und Einkauf. 10. Auflage. Gabler Verlag. Wiesbaden, 1998.

ASHBY, W. R. (1970): An introduction to Cybernetics. 5. Auflage. Champman & Hall Verlag. London, 1970.

AUST, R. (1999): Die Kostenrechnung als unternehmensinterne Dienstleistung. Deutscher Universitäts-Verlag. Wiesbaden, 1999.

BACHER, M. R. (2000): Outsourcing als strategische Marketing-Entscheidung. Deutscher Universitäts-Verlag. Wiesbaden, 2000.

BACKHAUS, K.; BLECHSCHMIDT, B.; EISENBEIß, M. (2006a): Der Stichprobeneinfluss bei Kausalanalysen. In: Die Betriebswirtschaft. Jahrgang 66, Heft 6, 2006, S. 711 - 726.

BACKHAUS, K.; BÜSCHGEN, J. (1998): Einsatz der Kausalanalyse in der empirischen Forschung zum Investitionsgütermarketing. In: HILDEBRANDT, L.; HOMBURG, C. (HRSG.): Die Kausalanalyse: Ein Instrument der betriebswirtschaftlichen Forschung. Schäffer-Poeschel Verlag. Stuttgart, 1998, S. 149 - 165.

BACKHAUS, K. ET AL. (2006b): Multivariate Analysemethoden: Eine anwendungsorientierte Einführung. 11. Auflage. Springer Verlag. Berlin et al., 2006.

BADI, R.; POLITI, A. (1997): Complexity – Hierarchical structures and scaling in physics. Cambridge University Press, 1997.

BAECKER, D. (1998): Einfache Komplexität. In: AHLEMEYER, H. W.; KÖNIGSWIEDER, R. (HRSG.): Komplexität managen: Strategien, Konzepte und Fallbeispiele. Gabler Verlag. Wiesbaden, 1998, S. 17 - 50.

BAGOZZI, R. (1994a): Measurement in Marketing Research – Basic Principles of Questionaire Design. In: BAGOZZI, R. (HRSG.): Principles of Marketing Research. Blackwell Publishing. Cambridge, 1994, S. 1 - 49.

BAGOZZI, R. (HRSG.) (1994b): Principles of Marketing Research. Blackwell Publishing. Cambridge, 1994.

BAGOZZI, R. (1998): A Prospectus for Theory Construction in Marketing: Revisited and Revised. In: HILDEBRANDT, L.; HOMBURG, C. (HRSG.): Die Kausalanalyse: Ein Instrument der empirischen betriebswirtschaftlichen Forschung. Schäffer-Poeschel Verlag. Stuttgart, 1998, S. 45 - 81.

BAGOZZI, R.; BAUMGARTNER, H. (1994): The Evaluation of Structural Equation Models and Hypothesis Testing. In: BAGOZZI, R. (HRSG.): Principles of Marketing Research. Blackwell Publishing. Cambridge, 1994, S. 386 - 422.

BAGOZZI, R.; YI, Y. (1988): On the Evaluation of Structural Equation Models. In: Journal of the Academy of Marketing Science. Jahrgang 16, Heft 1, 1988, S. 74 - 94.

BALDAUF, A.; REISINGER, H.; MONCRIEF, W. C. (1999): Examining motivations to refuse in industrial mail surveys. In: Journal of the Market Research Society. Jahrgang 41, Heft 3, 1999, S. 345 - 353.

BAMBERG, G.; BAUR, F. (2002): Statistik. 12. Auflage. Oldenbourg Verlag. München, 2002.

BANDOW, G. (2008): Instandhaltungslogistik. In: ARNOLD, D. ET AL. (HRSG.): Handbuch Logistik. 3. Auflage. Springer Verlag. Berlin et al., 2008, S. 534 - 547.

BARON, R. M.; KENNY, D. A. (1986): The Moderator-Mediator Variable Distinction in Social Psychological Research: Conceptual, Strategic, and Statistical Considerations. In: Journal of Personality and Social Psychology. Jahrgang 51, Heft 6, 1986, S. 1.173 - 1.182.

BAUMGARTEN, H. (HRSG.) (2008): Das Beste der Logistik: Innovationen, Strategien, Umsetzungen. Springer Verlag. Berlin et al., 2008.

BAUMGARTH, C.; BERNECKER, M. (1999): Marketingforschung. Oldenbourg Verlag. München, Wien, 1999.

BEAMON, B. M. (1999): Measuring supply chain performance. In: International Journal of Operations & Production Management. Jahrgang 19, Heft 3, 1999, S. 275 - 292.

BECKMANN, H.; SCHMITZ, M. (200(): Beschaffung. In: ARNOLD, D. ET AL. (HRSG.): Handbuch Logistik. 3. Auflage. Springer Verlag. Berlin et al., 2008, S. 255 - 288.

BEHNKE, N.; BEHNKE, J. (2006): Grundlagen der statistischen Datenanalyse: Eine Einführung für Politikwissenschaftler. VS Verlag für Sozialwissenschaften. Wiesbaden, 2006.

BELZ, C. (2005): Komplexitätsmanagement durch professionelle Markenführung. In: Texis. Jahrgang 22, Heft 1, 2005, S. 2 - 8.

BENETT, S. (1999): Komplexitätsmanagement in der Investitionsgüterindustrie. Difo - Druck GmbH. Bamberg, 1999.

BENTLER, P. M. (1995): EQS Structural Equations Program Manual. Multivariate Software Inc., 1995.

BENTLER, P. M.; BONETT, D. G. (1980): Significance Tests and Goodness of Fit in the Analysis of Covariance Structures. In: Psychological Bulletin. Jahrgang 88, 1980, S. 588 - 606.

BENTLER, P. M.; CHOU, C. - P. (1987): Practical Issues in Structural Equation Modeling. In: Sociological Methods and Research. Jahrgang 16, Heft 1, 1987, S. 78 - 111.

BETZIN, J., HENSELER, J. (2005): Einführung in die Funktionsweise des PLS-Algorithmus. In: BLIEMEL, F. ET AL. (HRSG.): Handbuch PLS-Pfadmodellierung – Methode, Anwendung, Praxisbeispiele. Schäffer-Poeschel Verlag. Stuttgart, 2005, S. 49 - 69.

BITZER, M. R. (1991): Zeitbasierte Wettbewerbsstrategien – die Beschleunigung von Wertschöpfungsprozessen in der Unternehmung. Hochschulschrift. St. Gallen, 1991.

BLECKER, T.; ABDELKAFI, N. (2006): Complexity and variety in mass customisation systems: Analysis and recommendations. In: Management Decision. Jahrgang 44, Heft 7, 2006, S. 908 - 929.

BLIEMEL, F. ET AL. (HRSG.) (2005a): Handbuch PLS-Pfadmodellierung – Methode, Anwendung, Praxisbeispiele. Schäffer-Poeschel Verlag. Stuttgart, 2005.

BLIEMEL, F. ET AL. (2005b): Die PLS-Pfadmodellierung: Mehr als eine Alternative zur Kovarianzstrukturanalyse. In: BLIEMEL, F. ET AL. (HRSG.): Handbuch PLS-Pfadmodellierung – Methode, Anwendung, Praxisbeispiele. Schäffer-Poeschel Verlag. Stuttgart, 2005, S. 9 - 18.

Bliss, C. (1998): Komplexitätsreduktion und Komplexitätsbeherrschung bei der Schmitzer-Anhänger Fahrzeugbau-Gesellschaft GmbH. In: Adam, D. (Hrsg.): Komplexitätsmanagement, Schriften zur Unternehmensführung. Jahrgang 61. Gabler Verlag. Wiesbaden, 1998, S. 145 - 168.

Bliss, C. (2000): Management von Komplexität. Gabler Verlag. Wiesbaden, 2000.

Bloech, J. et al. (2003): Einführung in die Produktion. 5. Auflage. Springer Verlag. Berlin et al., 2003.

Blum, H. S. (2006): Logistik-Controlling – Kontext, Ausgestaltung und Erfolgswirkungen. Deutscher Universitäts-Verlag. Wiesbaden, 2006.

Boczanski, M. et al. (2005): Prozessorientiertes Product Lifecycle Management. Springer Verlag. Berlin et al., 2005.

Bogaschewsky, R. (Hrsg.) (2003): Integrated Supply Management – Einkauf und Beschaffung: Effizienz steigern, Kosten senken. Deutscher Wirtschaftsdienst Verlag. Köln, 2003.

Bogaschewsky, R. et al. (Hrsg.) (2009): Supply Management Research – Aktuelle Forschungsergebnisse 2008. Gabler Verlag. Wiesbaden, 2009.

Bogaschewsky, R.; Rollberg, R. (1998): Prozessorientiertes Management. Springer Verlag. Berlin et al., 1998.

Bohne, F. (1998): Komplexitätskostenmanagement in der Automobilindustrie – Identifizierung und Gestaltung vielfaltsinduzierter Kosten. Deutscher Universitäts-Verlag. Wiesbaden, 1998.

Bollen, K. A. (1984): Multiple Indicators: Internal Consistency of no necessary Relationships? In: Quality and Quantity. Jahrgang 18, Heft 4, 1984, S. 377 - 385.

Bollen, K. A. (1989): Structural Equations with latent Variables. Wiley Verlag. New York et al., 1989.

Bollen, K. A.; Lennox, R. (1991): Conventional Wisdom in Measurement: A Structural Equation Perspective. In: Psychological Bulletin. Jahrgang 110, Heft 2, 1991, S. 305 - 314.

Bollen, K. A.; Long, J. S. (Hrsg.) (1993): Testing structural equation models. Sage Publications Inc. Newbury Park, 1993.

Bolstorff, P.; Rosenbaum, R. (2007): Supply Chain Excellence: A handbook for dramatic improvement using the SCOR model. 2. Auflage. McGraw-Hill Verlag. New York, 2007.

BOUTELLIER, R. (1999): Qualitätsplanung. In: MASING, W. (HRSG.): Handbuch Qualitätsmanagement. 4. Auflage. Carl Hanser Verlag. München, 1999. S. 271 - 298.

BOUTELLIER, R.; LOCKER, A. (1998): Beschaffungslogistik. Carl Hanser Verlag. München, 1998.

BOUTELLIER, R.; SCHUH, G.; SEGHEZZI, H. D. (1997): Industrielle Produktion und Kundennähe – Ein Widerspruch? In: SCHUH, G.; WIENDAHL, H. P. (HRSG.): Komplexität und Agilität. Springer Verlag. Berlin et al., 1997, S. 41 - 63.

BOWERSOX, D. J.; CLOSS, D. J. (1998): Logistical Management – The Integrated Supply Chain Process. 2. Auflage. McGraw-Hill Verlag. New York, 1998.

BOWERSOX, D. J.; CLOSS, D. J.; COOPER, M. B. (2007): Supply Chain Logistics Management. 2. Auflage. McGraw-Hill Verlag. New York, 2007.

BOYER, K. K. (1999): Evolutionary patterns of flexible automation and performance: A longitudinal study. In: Management Science. Jahrgang 45, Heft 6, 1999, S. 824 - 842.

BRAEHMER, U. (2005): Projektmanagement für kleine und mittlere Unternehmen. Carl Hanser Verlag. München, 2005.

BRÄUTIGAM, L. - P. (2004): Kostenverhalten bei Variantenproduktion. Deutscher Universitäts-Verlag. Wiesbaden, 2004.

BREWER, P. C.; SPEH, T. W. (2000): Using the Balanced Scorecard to Measure Supply Chain Performance. In: Journal of Business Logistics. Jahrgang 21, Heft 1, 2000, S. 75 - 93.

BROWNE, M. A.; CUDECK, R. (1993): Alternative ways of assessing model fit. In: BOLLEN, K. A.; LONG, J. S. (HRSG.): Testing structural equation models. Sage Publications Inc. Newbury Park, 1993, S. 136 - 162.

BRUHN, M. (2008): Qualitätsmanagement für Dienstleistungen – Grundlagen, Konzepte, Methoden. 7. Auflage. Springer Verlag. Berlin et al., 2008.

BUCH, S. (2007): Strukturgleichungsmodelle – Ein einführender Überblick. ESCP-EAP Working Paper. Europäische Wirtschaftshochschule Berlin. Ausgabe 29. Berlin, 2007.

BUSCH, A.; DANGELMAIER, W. (HRSG.) (2004): Integriertes Supply Chain Management. 2. Auflage. Gabler Verlag. Wiesbaden, 2004.

CARNAP, R. (1966): An Introduction to the Philosophy of Science. Basic Books. New York, 1966.

CASSEL, C.; HACKL, P.; WESTLUND, A. (1999): Robustness of Partial Least-Squares Method for Estimating Latent Variable Quality Structures. In: Journal of Applied Statistics. Jahrgang 26, Heft 4, 1999, S. 435 - 446.

CEASAR, C. (1991): Kostenorientierte Gestaltungsmethodik für variantenreiche Serienprodukte: Variant Mode and Effects Analysis (VMEA). VDI Verlag. Düsseldorf, 1991.

CHEN, I.; PAULRAJ, A. (2004): Towards a theory of supply chain management: the constructs and measurements. In: Journal of Operations Management. Jahrgang 22, Heft 2, 2004, S. 119 - 150.

CHIN, W. W. (1998a): Commentary – Issues and Opinion on Structural Equation Modeling. In: Management Information Systems (MIS) Quarterly. Jahrgang 22, Heft 1, 1998, S. VII - XVI.

CHIN, W. W. (1998b): The Partial Least Squares Approach to Structural Equation Modeling. In: MARCOULIDES, G. A. (HRSG.): Modern Methods for Business Research. Lawrence Erlbaum Associates Verlag. London, 1998, S. 295 - 336.

CHIN, W. W.; MARCOLIN, B. L.; NEWSTED, P. R. (2003): A Partial Least Squares latent variable modeling approach for measuring interaction effects: Results from Monte Carlo Study and electronic-mail emotion/adoption study. In: Information Systems Research. Jahrgang 14, Heft 2, 2003, S. 189 - 217.

CHIN, W. W.; NEWSTED, P. R. (1999): Structural Equation Modeling Analysis with small samples using Partial Least Squares. In: HOYLE, R. H. (HRSG.): Strategies for small sample research. Sage Publications Inc. Thousand Oaks (USA), 1999, S. 307 - 341.

CHIN, W. W.; TODD, P. A. (1995): On the use, usefulness, and ease of use of structural equation modeling in MIS research. In: Management Information Systems (MIS) Quarterly. Jahrgang 19, Heft 2, 1995, S. 237 - 246.

CHOI, T. Y.; KRAUSE, D. R. (2006): The supply base and its complexity: Implications for transaction costs, risks, responsiveness, and innovation. In: Journal of Operations Management. Jahrgang 24, Heft 5, 2006, S. 637 - 652.

CHRISTOPHERSEN, T.; GRAPE C. (2007): Die Erfassung latenter Konstrukte mit Hilfe formativer und reflektiver Messmodelle. In: ALBERS, S. ET AL. (HRSG.): Methodik der empirischen Forschung. 2. Auflage. Gabler Verlag. Wiesbaden, 2007, S. 103 - 118.

Churchill, G. A. (1979): A Paradigm for Developing Better Measures of Marketing Constructs. In: Journal of Marketing Research. Jahrgang 16, Heft 1, 1979, S. 64 - 73.

Closs, D. J.; Nyaga, G. N.; Voss, M. D. (2009): The differential impact of product complexity, inventory level, and configuration capacity on unit and order fill rate performance. In: Journal of Operations Management. DOI: 10.1016, J.JOM. 2009.04.003.

Corsten, H. (Hrsg.) (1994): Handbuch Produktionsmanagement. Gabler Verlag. Wiesbaden, 1994.

Cronbach, L. J.; Meehl, P. E. (1955): Construct Validity in Psychological Tests. In: Psychological Bulletin. Jahrgang 52, 1955, S. 281 - 302.

Darkow, I. - L. (2003): Logistik-Controlling in der Versorgung – Konzeption eines modularen Controllingsystems für das prozessorientierte Versorgungsmanagement. Hochschulschrift Technische Universität Berlin. Berlin, 2003.

David, F. N. (Hrsg.) (1966): Research papers in statistics. New York, 1966.

Davis, T. (1993): Effective Supply Chain Management. In: Sloan Management Review. Jahrgang 34, Heft 4, 1993, S. 35 - 46.

Dehler, M. (2001): Entwicklungsstand der Logistik: Messung – Determinanten – Erfolgswirkungen. Deutscher Universitäts-Verlag. Wiesbaden, 2001.

Dehnen, K. (2004): Strategisches Komplexitätsmanagement in der Produktentwicklung. Kovac Verlag. Hamburg, 2004.

Diamantopoulos, A. (1999): Export Performance Measurement: Reflective vs. Formative Indicators. In: International Marketing Review. Jahrgang 16, Heft 6, 1999, S. 444 - 457.

Diamantopoulos, A.; Siguaw, J. A. (2002): Formative vs. Reflective Indicators in Measure Development: Does the Choice of Indicators matter? In: Cornell School of Hotel Administration, Working Paper, 2002.

Diamantopoulos, A.; Winklhofer, H. M. (2001): Index Construction with Formative Indicators: An Alternative to Scale Development. In: Journal of Marketing Research. Jahrgang 38, Heft 2, 2001, S. 269 - 277.

Dijkstra, T. (1983): Some Comments on Maximum Likelihood and Partial Least Squares Methods. In: Journal of Econometrics. Jahrgang 22, Heft 1 - 2, 1983, S. 67 - 90.

DILLER, H. (2004): Editorial: Das süße Gift der Kausalanalyse. In: Marketing - Zeitschrift für Forschung und Praxis. Jahrgang 26, Heft 3, 2004, S. 177.

DILLER, H. (2006): Probleme der Handhabung von Strukturgleichungsmodellen in der betriebswirtschaftlichen Forschung. In: Die Betriebswirtschaft. Jahrgang 66, Heft 6, 2006, S. 611 - 617.

DISSELKAMP, M.; SCHÜLLER, R. (2004): Lieferantenrating – Instrumente, Kriterien, Checklisten. Gabler Verlag. Wiesbaden, 2004.

DOMBROWSKI, U. ET AL. (2009): Modernisierung kleiner und mittlerer Unternehmen: Ein ganzheitliches Konzept. Springer Verlag. Berlin et al., 2009.

DONABEDIAN, A. (1980): The Definition of Quality and Approaches to its Assessment. In: Explorations in Quality Assessment and Monitoring. Jahrgang 1, 1980.

DWYER, F.; WELSH, A. (1985): Environmental relationships of the internal political economy of marketing channels. In: Journal of Marketing Research. Jahrgang 22, Heft November, 1985, S. 397 - 414.

DYCKHOFF, H.; LACKES, R.; REESE, J. (HRSG.) (2004a): Supply Chain Management and Reverse Logistics. Springer Verlag. Berlin et al., 2004.

DYCKHOFF, H.; SOUREN, R.; KEILEN, J. (2004b): The Extension of Supply Chains to Closed Loop Systems: A Conceptual Framework and the Automotive Industry´s Point of View. In: DYCKHOFF, H.; LACKES, R.; REESE, J. (HRSG.): Supply Chain Management and Reverse Logistics. Springer Verlag. Berlin et al., 2004, S. 13 - 34.

EBERL, M. (2004): Formative und reflektive Indikatoren im Forschungsprozess: Entscheidungsregeln und die Dominanz des reflektiven Modells. In: Schriften zur empirischen Forschung und quantitativen Unternehmensplanung. Ludwig-Maximilians-Universität München. München, 2004.

EBERL, M. (2006a): Formative und reflektive Konstrukte und die Wahl des Strukturgleichungsverfahrens. In: Die Betriebswirtschaft. Jahrgang 66, Heft 6, 2006, S. 651 - 668.

EBERL, M. (2006b): Unternehmensreputation als Determinante von Kaufentscheidungen – Methodische Aspekte komplexer Strukturmodelle. Deutscher Universitäts-Verlag. Wiesbaden, 2006.

EBERL, M.; VON MITSCHKE-COLLANDE, D. (2006): Die Verträglichkeit kovarianz- und varianzbasierter Schätzverfahren für Strukturgleichungsmodelle – Eine Simulationsstudie. Ludwig-Maximilians-Universität München. München, 2006.

ECKEY, H. - F.; KOSFELD, R.; DREGER, C. (2001): Ökonometrie. 2. Auflage. Gabler Verlag. Wiesbaden, 2001.

ECKEY, H. - F.; KOSFELD, R.; RENGERS, M. (2002): Multivariate Statistik – Grundlagen, Methoden, Beispiele. Gabler Verlag. Wiesbaden, 2002.

EDWARDS, J. R. (2001): Multidimensional Constructs on Organizational Behavior Research: An Integrative Analytical Framework. In: Organizational Research Methods. Jahrgang 4, Heft 2, 2001, S. 144 - 192.

EDWARDS, J. R.; BAGOZZI, R. (2000): On the Nature and Directions of Relationships between Constructs and Measures. In: Psychological Methods. Jahrgang 5, Heft 2, 2000, S. 155 - 174.

EFRON, B.; GONG, G. (1983): A Leisurely Look at the Bootstrap, the Jackknife, and Cross Validation. In: American Statistician. Jahrgang 37, Heft 1, 1983, S. 36 - 48.

EFRON, B.; TIBSHIRANI, R. J. (1986): Bootstrap Methods for Standard Errors, Confidence Intervals, and Other Measures of Statistical Accuracy. In: Statistical Science. Jahrgang 1, Heft 1, 1986, S. 54 - 77.

EGGERT, A.; FASSOTT, G. (2003): Zur Verwendung formativer und reflektiver Indikatoren in Strukturgleichungsmodellen: Ergebnisse einer Metaanalyse und Anwendungsempfehlungen. In: Kaiserslauterer Schriftenreihe Marketing. Nr. 20, 2003.

EGGERT, A.; FASSOTT, G.; HELM, S. (2005): Identifizierung und Quantifizierung mediierender und moderierender Effekte in komplexen Kausalstrukturen. In: BLIEMEL, F. ET AL. (HRSG.): Handbuch PLS-Pfadmodellierung – Methode, Anwendung, Praxisbeispiele. Schäffer-Poeschel Verlag. Stuttgart, 2005, S. 101 - 116.

EHRLENSPIEL, K.; KIEWERT, A.; LINDEMANN, U. (2007): Kostengünstig Entwickeln und Konstruieren – Kostenmanagement bei der integrierten Produktentwicklung. 6. Auflage. Springer Verlag. Berlin, 2007.

EHRMANN, H. (2008): Logistik. 6. Auflage. Kiehl Verlag. Ludwigshafen, 2008.

EMRICH, C. (2004): LISREL interaktiv: Einführung in die interaktive Modellierung komplexer Strukturgleichungsmodelle. Deutscher Universitäts-Verlag. Wiesbaden, 2004.

ENGELBRECHT, C. (2004): Logistikoptimierung durch Outsourcing. Deutscher Universitäts-Verlag. Wiesbaden, 2004.

Engelhardt-Nowitzki, C.; Oberhofer, A. F. (2006): Innovationen für die Logistik: Wettbewerbsvorteile durch neue Konzepte. Erich Schmidt Verlag. Berlin, 2006.

Enkel, E. (2005): Management von Wissensnetzwerken: Erfolgsfaktoren und Beispiele. Deutscher Universitäts-Verlag. Wiesbaden, 2005.

Espinosa, A.; Harnden, R.; Walker, J. (2007): Beyond hierarchy: a complexity management perspective. In: Kybernetes. Jahrgang 36, Heft 3 / 4, 2007, S. 333 - 347.

Eversheim, W.; Heuser, W.; Kümper, R. (1994): Verringerung und Beherrschung der Komplexität stärkt die Wettbewerbsfähigkeit. In: Milberg, J.; Reinhart, G. (Hrsg.): Unsere Stärken stärken: Der Weg zu Wettbewerbsfähigkeit und Standortsicherung. Tagungsband zum Münchner Kolloquium ´94. Verlag Moderne Industrie. Landsberg, 1994, S. 71 - 99.

Fahrmeir, L.; Hamerle, A.; Tutz, G. (Hrsg.) (1996): Multivariate statistische Verfahren. 2. Auflage. Walter de Gruyter Verlag. Berlin, New York, 1996.

Fahrmeir, L.; Kaufmann, H.; Kredler, C. (1996): Regressionsanalyse. In: Fahrmeir, L.; Hamerle, A.; Tutz, G. (Hrsg.): Multivariate statistische Verfahren. 2. Auflage. Walter de Gruyter Verlag. Berlin, New York, 1996, S. 93 - 168.

Fassott, G. (2005): Die PLS-Pfadmodellierung: Entwicklungsrichtungen, Möglichkeiten, Grenzen. In: Bliemel, F. et al. (Hrsg.): Handbuch PLS-Pfadmodellierung – Methode, Anwendung, Praxisbeispiele. Schäffer-Poeschel Verlag. Stuttgart, 2005, S. 19 - 29.

Fassott, G. (2006): Operationalisierung latenter Variablen in Strukturgleichungsmodellen: Eine Standortbestimmung. In: Zeitschrift für betriebswirtschaftliche Forschung. Jahrgang 58, Heft Februar, 2006, S. 67 - 88.

Fassott, G.; Eggert, A. (2005): Zur Verwendung formativer und reflektiver Indikatoren in Strukturgleichungsmodellen: Bestandsaufnahme und Anwendungsempfehlungen. In: Bliemel, F. et al. (Hrsg.): Handbuch PLS-Pfadmodellierung – Methode, Anwendung, Praxisbeispiele. Schäffer-Poeschel Verlag. Stuttgart, 2005, S. 31 - 48.

Fawcett, S. E.; Cooper, M. B. (1998): Logistics Performance Measurement and Customer Success. In: Industrial Marketing Management. Jahrgang 27, Heft 4, 1998, S. 341 - 357.

Feistel, M. (2008): Strategisches Kundenmanagement – Modellrahmen und empirische Evidenz auf Basis einer kausalanalytischen Untersuchung in der Mineralölindustrie. Gabler Verlag. Wiesbaden, 2008.

Feldmayer, J.; Seidenschwarz, W. (2005): Marktorientiertes Prozessmanagement – Wie Process Mass Customization Kundenorientierung und Prozessstandardisierung integriert. Vahlen Verlag. München, 2005.

Festge, F. (2006): Kundenzufriedenheit und Kundenbindung im Investitionsgüterbereich – Ermittlung zentraler Einflussfaktoren. Deutscher Universitäts-Verlag. Wiesbaden, 2006.

Fisch, R. (2004): Komplexitätsmanagement – Methoden zum Umgang mit komplexen Aufgabenstellungen in Wirtschaft, Regierung und Verwaltung. Verlag für Sozialwissenschaften. Wiesbaden, 2004.

Fischer, J. O. (2008): Kostenbewusstes Konstruieren: Praxisbewährte Methoden und Informationssysteme für den Konstruktionsprozess. Springer Verlag. Berlin et al., 2008.

Fischer, T. M. (2000): Kosten-Controlling: Neue Methoden und Inhalte. Schäffer-Poeschel Verlag. Stuttgart, 2000.

Fleischmann, B. (2008): Begriffliche Grundlagen. In: Arnold, D. et al. (Hrsg.): Handbuch Logistik. 3. Auflage. Springer Verlag. Berlin et al., 2008, S. 3 - 12.

Fornell, C. (1987): A second generation of Multivariate Analysis: Classification of methods and implications for Marketing Research. In: Houston, M. J. (Hrsg.): Review of Marketing 1987. American Marketing Association. Chicago, 1987, S. 407 - 450.

Fornell, C.; Bookstein, F. L. (1982): Two Structural Equation Models: LISREL and PLS Applied to Consumer Exit-Voice Theory. In: Journal of Marketing Research. Jahrgang 19, Heft 4, 1982, S. 440 - 452.

Fornell, C.; Cha, J. (1994): Partial Least Squares. In: Bagozzi, R. P. (Hrsg.): Advanced Methods of Marketing Research. Blackwell Publishing. Cambridge, 1994, S. 52 - 78.

Fornell, C.; Larcker, D. F. (1981): Evaluating Structural Equation Models with unobservable Variables and Measurement Errors. In: Journal of Marketing Research. Jahrgang 18, Heft, 2, 1981, S. 39 - 50.

Forrester, J. (1958): Industrial dynamics: A major breakthrough for decision makers. In: Harvard Business Review. Jahrgang 36, Heft Juli - August, 1958, S. 37 - 66.

Fransoo, J. C.; Wouters, M. J. F. (2000): Measuring the bullwhip effect in the supply chain. In: Supply Chain Management – An International Journal. Jahrgang 5, Heft 2, 2000, S. 78 - 89.

Franz, K. - P.; Kajüter, P. (2002): Kostenmanagement – Wertsteigerung durch systematische Kostensteuerung. Schäffer-Poeschel Verlag. Stuttgart, 2002.

Friedrich, T. (2004): Strategische Produktprogrammplanung bei variantenreichen Produkten. Difo-Druck Verlag. Bamberg, 2004.

Fritz, W. (1995): Marketing-Management und Unternehmenserfolg. 2. Auflage. Schäffer-Poeschel Verlag. Stuttgart, 1995.

Garvin, D. A. (1987): Competing on the eight dimensions of quality. In: Harvard Business Review. Jahrgang 65, Heft 6, 1987, S. 101 - 109.

Gefen, D.; Straub, D. W.; Boudreau, M. - C. (2000): Structural Equation Models and Regression: Guidlines for Research Practice. In: Communications of the Association for Information Systems. Jahrgang 4, Heft 7, 2000, S. 1 - 79.

Gehr, F.; Hellingrath, B. (Hrsg.) (2006): Logistik in der Automobilindustrie: Innovatives Supply Chain Management für wettbewerbsfähige Zulieferstrukturen. Springer Verlag. Berlin et al., 2006.

Geimer, H. (2005): Komplexitätsmanagement globaler Supply Chains. In: Hildebrand, K. (Hrsg.): Supply Chain Management. DPunkt Verlag. Heidelberg, 2005, S. 38 - 46.

Gembrys, S. - N. (1998): Ein Modell zur Reduzierung der Variantenvielfalt in Produktionsunternehmen. Institut für Produktionsanlagen und Konstruktionstechnik, IPK Berlin. Berlin, 1998.

Gerbing, D. W.; Anderson, J. C. (1988): An Updated Paradigm for Scale Development Incorporating Unidimensionality and Its Assessments. In: Journal of Marketing Research. Jahrgang 25, Heft Mai, 1988, S. 186 - 192.

Germain, R.; Claycomb, C.; Dröge, C. (2008): Supply chain variability, organizational structure, and performance: The moderating effect of demand unpredictability. In: Journal of Operations Management. Jahrgang 26, 2008, S. 557 - 570.

GIERE, J.; WIRTZ, B. W.; SCHILKE, O. (2006): Mehrdimensionale Konstrukte: Konzeptionelle Grundlagen und Möglichkeiten ihrer Analyse mithilfe von Strukturgleichungsmodellen. In: Die Betriebswirtschaft. Jahrgang 66, Heft 6, 2006, S. 678 - 695.

GÖPFERT, I. (HRSG.) (2009): Logistik der Zukunft – Logistics for the Future. 5. Auflage. Gabler Verlag. Wiesbaden, 2009.

GÖPFERT, I.; GRÜNERT, M. (2009): Logistiknetze der Zukunft – Das neue Hersteller-Zulieferer-Verhältnis in der Automobilindustrie. In: GÖPFERT, I. (HRSG.): Logistik der Zukunft – Logistics for the Future. 5. Auflage. Gabler Verlag. Wiesbaden, 2009, S. 127 - 166.

GÖPFERT, I.; HAAGE, G. (2004): Zeitpotenziale des Supply Chain Managements. In: WOLF-KLUTHAUSEN, H. (HRSG.): Jahrbuch Logistik 2004. Verlag Handelsblatt. Korchenbroich, 2004, S. 128 - 132.

GÖPFERT, J. (1998): Modulare Produktentwicklung. Deutscher Universitäts-Verlag. Wiesbaden, 1998.

GÖTZ, O.; LIEHR-GOBBERS, K. (2004): Analyse von Strukturgleichungsmodellen mit Hilfe der Partial Least Squares (PLS)-Methode. In: Die Betriebswirtschaft. Jahrgang 64, Heft 6, 2004, S. 714 - 738.

GÖTZE, U.; MIKUS, B.; BLOECH, J. (HRSG.) (2000): Management und Zeit. Physica Verlag. Heidelberg, 2000.

GOLDBERGER, A. S.; DUNCAN, O. D. (HRSG.) (1973): Structural equation models in the social sciences. Seminar Press. New York, 1973.

GOLLOP, F. M.; MONAHAN, J. L. (1991): A generalized index of diversification: Trends in U.S. manufacturing. In: The Review of Economics and Statistics. Jahrgang 73, Heft 2, 1991, S. 318 - 330.

GOMEZ, P.; PROBST, G. (1997): Die Praxis des ganzheitlichen Problemlösens: Vernetzt denken, unternehmerisch handeln, persönlich überzeugen. 2. Auflage. Haupt Verlag. Bern, Stuttgart, Wien, 1997.

GREGORI, C. (2006): Instrumente einer erfolgreichen Kundenorientierung: Eine empirische Untersuchung. Deutscher Universitäts-Verlag. Wiesbaden, 2006.

GRIMPE, C. (2005): Post Merger Integration der Forschung und Entwicklung. Deutscher Universitäts-Verlag. Wiesbaden, 2005.

GROCHLA, E. (Hrsg.) (1980): Handwörterbuch der Organisation HWO. 2. Auflage. Schäffer-Poeschel Verlag. Stuttgart, 1980.

Größler, A.; Grübner, A.; Milling, P. (2006): Organisational adaptation processes to external complexity. In: International Journal of Operations and Production Management. Jahrgang 26, Heft 3, 2006, S. 254 - 281.

Gruber, E. (2004): Die Attraktivität von Einkaufsstätten im Handel. Deutscher Universitäts-Verlag. Wiesbaden, 2004.

Grübner, A. (2007): Bewältigung marktinduzierter Komplexität in der industriellen Fertigung: Theoretische Ansätze und empirische Ergebnisse des International Manufacturing Strategy Survey. Peter Lang Verlag. Frankfurt, 2007.

Gudehus, T. (2005): Logistik: Grundlagen – Strategien – Anwendungen. 3. Auflage. Springer Verlag. Berlin et al., 2005.

Gutsche, J.; Hahn, C.; Krostitz, I. (2007): Deutsche Telekom AG: Mit Serviceversprechen zum Erfolg. In: Albers, S.; Herrmann, A. (Hrsg.): Handbuch Produktmanagement. 3. Auflage. Gabler Verlag. Wiesbaden, 2007. S. 1.069 - 1.090.

Haenecke, H. (2002): Methodenorientierte Systematik der Kritik an der Erfolgsfaktorenforschung. In: Zeitschrift für Betriebswirtschaft (ZfB). Jahrgang 72, Heft 2, 2002, S. 165 - 183.

Hagen, C. (1997): Neuronale Netze zur statistischen Datenanalyse. Shaker Verlag. Aachen, 1997.

Hair, J. F. et al. (2006): Multivariate Data Analysis. 6. Auflage. Pearson Prentice Hall Verlag. Upper Saddle River, 2006.

Handfield, R. B. (1993): The role of materials management in developing time-based competition. In: Journal of Supply Chain Management. Jahrgang 29, Nr. 1, 1993, S. 2 - 10.

Hanenkamp, N. (2004): Entwicklung des Geschäftsprozesses Komplexitätsmanagement in der kundenindividuellen Serienfertigung – Ein Beitrag zum Informationsmanagement in mehrdimensional modellierten Produktionssystemen. Shaker Verlag. Aachen, 2004.

Harland, C. et al. (2005): Outsourcing assessing the risks and benefits for organisations, sectors and nations. In: International Journal of Operations and Production Management. Jahrgang 25, Heft 9, 2005, S. 831 - 850.

Harrington, H. J. (1991): Business Process Improvement – The breakthrough strategy for total quality, productivity, and competitiveness. McGraw-Hill Verlag. New York, 1991.

HARTMANN, H. (2002): Materialwirtschaft – Organisation, Planung, Durchführung, Kontrolle. 8. Auflage. Deutscher Betriebswirte-Verlag. Gernsbach, 2002.

HARTMANN, T. (1997): Beitrag zur Senkung der Komplexität in der Materialflusssteuerung. Hochschulschrift. Hamburg, 1997.

HARTUNG, J. (1998): Statistik – Lehr- und Handbuch der angewandten Statistik. 11. Auflage. Oldenbourg Verlag. München, 1998.

HASENPUSCH, J.; MOOS, C.; SCHWELLBACH, U. (2004): Komplexität als Aktionsfeld industrieller Unternehmen. In: MAIER, F. (HRSG.): Komplexität und Dynamik als Herausforderung für das Management. Gabler Verlag. Wiesbaden. 2004, S. 131 - 154.

HEINEMANN, F. (2007): Organisation von Projekten der Neuproduktentwicklung: Ein fähigkeitenbasierter Ansatz. Deutscher Universitäts-Verlag. Wiesbaden, 2007.

HEISE, D. R. (HRSG.) (1977): Sociological Methodology. Jossey-Bass Verlag. San Francisco, 1977.

HEISERICH, O. - E. (2002): Logistik: Eine praxisorientierte Einführung. 3. Auflage. Gabler Verlag. Wiesbaden, 2002.

HELLWIG, M. (2006): Zur Kategorie der Kausalität in den Wirtschaftswissenschaften. Preprints of the Max Planck Institute for Research on Collective Goods. Bonn, 2006.

HELM, S. (2005): Entwicklung eines formativen Messmodells für das Konstrukt Unternehmensreputation. In: BLIEMEL, F. ET AL.(HRSG.): Handbuch PLS-Pfadmodellierung – Methode, Anwendung, Praxisbeispiele. Schäffer-Poeschel Verlag. Stuttgart, 2005, S. 241 - 254.

HENSELER, J. (2005): Einführung in die PLS-Pfadmodellierung. In: Wirtschaftswissenschaftliches Studium. Jahrgang 34, Heft 2, 2005, S. 70 - 75.

HENSELER, J. (2006): Das Wechselverhalten von Konsumenten im Strommarkt: Eine empirische Untersuchung direkter und moderierender Effekte. Deutscher Universitäts-Verlag. Wiesbaden, 2006.

HERRMANN, A.; HOMBURG, C. (HRSG.) (1999): Marktforschung. Gabler Verlag. Wiesbaden, 1999.

HERRMANN, A.; HOMBURG, C.; KLARMANN, M. (HRSG.) (2008): Handbuch Marktforschung. 3. Auflage. Gabler Verlag. Wiesbaden, 2008.

HERRMANN, A.; HUBER, F.; KRESSMANN, F. (2006): Varianz- und kovarianzbasierte Strukturgleichungsmodelle – ein Leitfaden zu deren Spezifikation, Schätzung und Beurteilung. In: Zeitschrift für betriebswirtschaftliche Forschung. Jahrgang 58, 2006, S. 34 - 66.

HEUSLER, K. F. (2004): Implementierung von Supply Chain Management – Kompetenzorientierte Analyse aus der Perspektive eines Netzwerkakteurs. Deutscher Universitäts-Verlag. Wiesbaden, 2004.

HEUSLER, K. F.; STÖLZLE, W.; BACHMANN, H. (2006): Supply Chain Event Management – Grundlagen, Funktionen und potenzielle Akteure. In: Wirtschaftswissenschaftliches Studium. Jahrgang 35, Heft 1, 2006, S. 19 - 24.

HILDEBRAND, K. (HRSG.) (2005): Supply Chain Management. DPunkt Verlag. Heidelberg, 2005.

HILDEBRANDT, L. (1983): Konfirmatorische Analysen von Modellen des Konsumentenverhaltens. Duncker & Humblot Verlag. Berlin, 1983.

HILDEBRANDT, L. (1998): Kausalanalytische Validierung in der Marketingforschung. In: HILDEBRANDT, L.; HOMBURG, C. (HRSG.): Die Kausalanalyse: Ein Instrument der empirischen betriebswirtschaftlichen Forschung. Schäffer-Poeschel Verlag. Stuttgart, 1998, S. 85 - 110.

HILDEBRANDT, L. (2008): Hypothesenbildung und empirische Überprüfung. In: HERRMANN, A.; HOMBURG, C.; KLARMANN, M. (HRSG.): Handbuch Marktforschung. 3. Auflage. Gabler Verlag. Wiesbaden, 2008, S. 81 - 106.

HILDEBRANDT, L.; GÖRZ, N. (1999): Zum Stand der Kausalanalyse mit Strukturgleichungsmodellen: Methodische Trends und Software-Entwicklungen. Diskussionspapier der Humboldt Universität zu Berlin. Ausgabe 46, 1999.

HILDEBRANDT, L.; HOMBURG, C. (HRSG.) (1998): Die Kausalanalyse: Ein Instrument der empirischen betriebswirtschaftlichen Forschung. Schäffer-Poeschel Verlag. Stuttgart, 1998.

HILDEBRANDT, L.; TEMME, D. (2006): Probleme der Validierung mit Strukturgleichungsmodellen. In: Die Betriebswirtschaft. Jahrgang 66, Heft 6, 2006, S. 618 - 639.

HIMME, A. (2007): Gütekriterien der Messung: Reliabilität, Validität und Generalisierbarkeit. In: ALBERS, S. ET AL. (HRSG.): Methodik der empirischen Forschung. 2. Auflage. Gabler Verlag. Wiesbaden, 2007, S. 375 - 390.

HINKEL, K. (2001): Erfolgsfaktoren von Frühphasenfinanzierungen durch Wagniskapitalgesellschaften. Deutscher Universitäts-Verlag. Wiesbaden, 2001.

HINTERHUBER, H.; MATZLER, K. (HRSG.) (2002): Kundenorientierte Unternehmensführung: Kundenorientierung – Kundenzufriedenheit – Kundenbindung. 3. Auflage. Gabler Verlag. Wiesbaden, 2002.

HO, C.; CHI, Y.; TAI, Y. (2005): A Structural Approach to Measuring Uncertainty in Supply Chains. In: International Journal of Electronic Commerce. Jahrgang 9, Heft 3, 2005, S. 91 - 114.

HÖGE, R. (1995): Organisatorische Segmentierung: Ein Instrument zur Komplexitätshandhabung. Deutscher Universitäts-Verlag. Wiesbaden, 1995.

HOFER, A. P. (2001): Management von Produktfamilien: Wettbewerbsvorteile durch Plattformen. Deutscher Universitäts-Verlag. Wiesbaden, 2001.

HOFFMANN, S. (2000): Variantenmanagement aus Betreibersicht: Das Beispiel einer Schienenverkehrsunternehmung. Deutscher Universitäts-Verlag. Wiesbaden, 2000.

HOFMANN, E. (2008): Vom Outsourcing zum Insourcing: Organisatorische Alternativen und Wege zur Beendigung von Geschäftsbeziehungen. In: Zeitschrift Führung und Organisation (ZFO). Jahrgang 77, Heft 2, 2008, S. 104 - 113.

HOMBURG, C. (1995): Kundennähe von Industriegüterunternehmen: Konzeption – Erfolgswirkungen – Determinanten. Gabler Verlag. Wiesbaden, 1995.

HOMBURG, C.; BAUMGARTNER, H. (1995a): Beurteilung von Kausalmodellen: Bestandsaufnahme und Anwendungsempfehlungen. In: Marketing Zeitschrift für Forschung und Praxis. Jahrgang 17, Heft 3, 1995, S. 162 - 176.

HOMBURG, C.; BAUMGARTNER, H. (1995b): Die Kausalanalyse als Instrument der Marketingforschung – Bestandsaufnahme und Anwendungsempfehlungen. In: Zeitschrift für Betriebswirtschaft (ZFB). Jahrgang 65, Heft 10, 1995, S. 1.091 - 1.108.

HOMBURG, C.; DAUM, D. (1997): Wege aus der Komplexitätsfalle. In: ZWF. Jahrgang 92, Heft 7 / 8. 1997, S. 333 - 337.

HOMBURG, C.; DOBRATZ, A. (1998): Iterative Modellselektion in der Kausalanalyse. In: HILDEBRANDT, L.; HOMBURG, C. (HRSG.): Die Kausalanalyse: Ein Instrument der empirischen betriebswirtschaftlichen Forschung. Schäffer-Poeschel Verlag. Stuttgart, 1998, S. 447 - 474.

HOMBURG, C.; GIERING, A. (1996): Konzeptualisierung und Operationalisierung komplexer Konstrukte: Ein Leitfaden für die Marketingforschung. In: Marketing Zeitschrift für Forschung und Praxis. Jahrgang 18, Heft 1, 1996, S. 5 - 24.

HOMBURG, C.; HERRMANN, A.; PFLESSER, C. (2008a): Methoden der Datenanalyse im Überblick. In: HERRMANN, A.; HOMBURG, C.; KLARMANN, M. (HRSG.): Handbuch Marktforschung. 3. Auflage. Gabler Verlag. Wiesbaden, 2008, S. 151 - 174.

HOMBURG, C.; KLARMANN, H. (2006): Die Kausalanalyse in der betriebswirtschaftlichen Forschung – Problemfelder und Anwendungsempfehlungen. In: Die Betriebswirtschaft. Jahrgang 66, Heft 6, 2006, S. 727 - 748.

HOMBURG, C.; KLARMANN, M.; PFLESSER, C. (2008b): Konfirmatorische Faktorenanalyse. In: HERRMANN, A.; HOMBURG, C.; KLARMANN, M. (HRSG.): Handbuch Marktforschung. 3. Auflage. Gabler Verlag. Wiesbaden, 2008, S. 271 - 304.

HOMBURG, C.; KOSCHATE, N. (2003): Kann Kundenzufriedenheit negative Reaktionen auf Preiserhöhungen abschwächen? In: Die Betriebswirtschaft. Jahrgang 63, Heft 6, 2003, S. 619 - 634.

HOMBURG, C.; KROHMER, H. (2003): Marketingmanagement: Strategie – Instrumente – Umsetzung – Unternehmensführung. Gabler Verlag. Wiesbaden, 2003.

HOMBURG, C.; KROHMER, H. (2006): Marketingmanagement: Strategie – Instrumente – Umsetzung – Unternehmensführung. 2. Auflage. Gabler Verlag. Wiesbaden, 2006.

HOMBURG, C.; KROHMER, H. (2008): Der Prozess der Marktforschung: Festlegung der Datenerhebungsmethode, Stichprobenbildung und Fragebogengestaltung. In: HERRMANN, A.; HOMBURG, C.; KLARMANN, M. (HRSG.): Handbuch Marktforschung. 3. Auflage. Gabler Verlag. Wiesbaden, 2008, S. 21 - 52.

HOMBURG, C.; PFLESSER, C. (1999): Strukturgleichungsmodelle mit latenten Variablen – Kausalanalyse. In: HERRMANN, A.; HOMBURG, C. (HRSG.): Marktforschung. Gabler Verlag. Wiesbaden, 1999, S. 633 - 659.

HOMBURG, C.; PFLESSER, C. (2000): A Multiple-Layer Model of Market-Oriented Organizational Culture – Measurement Issues and Performance Outcomes. In: Journal of Marketing Research. Jahrgang 37, Heft November, 2000, S. 449 - 462.

HOMBURG, C.; PFLESSER, C.; KLARMANN, M. (2008c): Strukturgleichungsmodelle mit latenten Variablen: Kausalanalyse. In: HERRMANN, A.; HOMBURG, C.; KLARMANN, M. (HRSG.): Handbuch Marktforschung. 3. Auflage. Gabler Verlag. Wiesbaden, 2008, S. 547 - 578.

HOUSTON, M. J. (HRSG.) (1987): Review of Marketing 1987. American Marketing Association. Chicago, 1987.

Hoyle, R. H. (Hrsg.) (1999): Statistical Strategies for small sample research. Sage Publications Inc. Thousand Oaks (USA), 1999.

Hu, L.; Bentler, P. (1998): Fit Indices in Covariance Structure Analysis: Sensitivity to underparameterized Model Misspecification. In: Psychological Methods. Jahrgang 3, Heft 4, 1998, S. 424 - 453.

Hu, L.; Bentler, P. (1999): Cut-off Criteria for Fit Indexes in Covariance Structure Analysis: Conventional Criterias versus New Alternatives. In: Structural Equation Modeling. Jahrgang 6, Heft 1, 1999, S. 1 - 55.

Huber, F.; Heidenreich, S.; Vogel, J. (2008): Flatrates und die Faszinationen grenzenlosen Konsums. Gabler Verlag. Wiesbaden, 2008.

Huber, F.; Heitmann, M.; Herrmann, A. (2006): Ansätze zur Kausalanalyse mit Interaktionseffekten: Ein Überblick. In: Die Betriebswirtschaft. Jahrgang 66, Heft 6, 2006, S. 696 - 710.

Huber, F.; Herrmann, A.; Braunstein, C. (2002): Der Zusammenhang zwischen Produktqualität, Kundenzufriedenheit und Unternehmenserfolg. In: Hinterhuber, H.; Matzler, K. (Hrsg.): Kundenorientierte Unternehmensführung: Kundenorientierung – Kundenzufriedenheit – Kundenbindung. 3. Auflage. Gabler Verlag. Wiesbaden, 2002, S. 63 - 79.

Huber, F. et al. (2007): Kausalmodellierung mit Partial Least Squares: Eine anwendungsorientierte Einführung. Gabler Verlag. Wiesbaden, 2007.

Hünerberg, R. et al. (Hrsg.) (2009): Ganzheitliche Unternehmensführung in dynamischen Märkten. Gabler Verlag. Wiesbaden, 2009.

Hulland, J. (1999): Use of Partial Least Squares (PLS) in Strategic Management Research: A review of four recent studies. In: Strategic Management Journal. Jahrgang 20, Heft 2, 1999, S. 195 - 204.

Hunt, S. D. (1990): Truth in marketing theory and research. In: Journal of Marketing. Jahrgang 54. Heft 3, 1990, S. 1 - 15.

Hunt, S. D. (1991): Modern marketing theory: Critical issues in the philosophy of marketing science. South Western Verlag. Cincinnati, 1991.

Ihde, G. B. (1999): Mikro- und Makrologistik. In: Weber J.; Baumgarten, H. (Hrsg.): Handbuch Logistik: Management von Material- und Warenflußprozessen. Schäffer-Poeschel Verlag. Stuttgart, 1999, S. 115 - 128.

INDERFURTH, K.; JENSEN, T. (2008): Lagerbestandsmanagement. In: ARNOLD, D. ET AL. (HRSG.): Handbuch Logistik. 3. Auflage. Springer Verlag. Berlin et al., 2008, S. 153 - 166.

ISERMANN, H. (HRSG.) (1994): Logistik: Beschaffung, Produktion, Distribution. Verlag Moderne Industrie. Landsberg, 1994.

JANIA, T. (2004): Änderungsmanagement auf Basis eines integrierten Prozess- und Produktdatenmodells mit dem Ziel einer durchgängigen Komplexitätsbewertung. Hochschulschrift. Paderborn, 2004.

JARVIS, C. B.; MACKENZIE, S. B.; PODSAKOFF, P. M. (2003): A Critical Review of Construct Indicators and Measurement Model Misspecifications in Marketing and Consumer Research. In: Journal of Consumer Research. Jahrgang 30, Heft 2, 2003, S. 199 - 218.

JAYARAM, J.; VICKERY, S. K.; DRÖGE, C. L. (2000): The effects of information system infrastructure and process improvements on supply chain time. In: Internationnal Journal of Physical Distribution & Logistics Management. Jahrgang 30, Heft 3 - 4, 2000, S. 314 - 330.

JODLBAUER, H. (2007): Produktionsoptimierung: Wertschaffende sowie kundenorientierte Planung und Steuerung. Springer Verlag. Berlin et al., 2007.

JÖRESKOG, K. G. (1973): A general method for estimating a linear structural equation system. In: GOLDBERGER, A. S.; DUNCAN, O. D. (HRSG.): Structural equation models in the social sciences. Seminar Press. New York, 1973, S. 83 - 112.

JÖRESKOG, K. G. (1978): Structural analysis of covariance and correlation matrices. In: Psychometrika. Jahrgang 43, 1978, S. 443 - 477.

JÖRESKOG, K. G. (1982): The LISREL-Approach to Causal-Model-Building in the Social Sciences. In: JÖRESKOG, K. G.; WOLD, H. (HRSG.): Systems under indirect observation: Causality, Structure, Prediction. Elsevier Science Verlag. Amsterdam, 2. Auflage. 1982, S. 81 - 100.

JÖRESKOG, K. G.; SÖRBOM, D. (1982): Recent developments in structural equation modeling. In: Journal of Marketing Research. Jahrgang 19, Heft 4, 1982, S. 404 - 416.

JÖRESKOG, K. G.; SÖRBOM, D. (1996): LISREL8: User's Reference Guide. Scientific Software. Chicago, 1996.

JÖRESKOG, K. G.; WOLD, H. (HRSG.) (1982): Systems under indirect observation: Causality, Structure, Prediction. 2. Auflage. Elsevier Science Verlag. Amsterdam, 1982.

JÜNEMANN, R.; DAUM, M. (1989): Materialfluss und Logistik: Systemtechnische Grundlagen mit Praxisbeispielen. Springer Verlag. Berlin et al., 1989.

KAISER, A. (1995): Integriertes Variantenmanagement mit Hilfe der Prozesskostenrechnung. Hochschulschrift. St. Gallen, 1995.

KALUZA, B.; KLENTER, G. (1992): Zeit als strategischer Erfolgsfaktor von Industrieunternehmen. Teil I: Zeitstrategien. Diskussionsbeiträge des Fachbereichs Wirtschaftswissenschaften der Universität Duisburg. Nr. 173. Duisburg, 1992.

KALUZA, B.; KLENTER, G. (1993): Zeit als strategischer Erfolgsfaktor von Industrieunternehmen. Teil II: Erfolgskritische Komponenten des strategischen Erfolgsfaktors Zeit. Diskussionsbeiträge des Fachbereichs Wirtschaftswissenschaften der Universität Duisburg. Nr. 176. Duisburg, 1993.

KARLSHAUS, J. T. (2000): Die Nutzung von Kostenrechnungsinformationen im Marketing: Bestandsaufnahme – Determinanten – Erfolgsauswirkungen. Deutscher Universitäts-Verlag. Wiesbaden, 2000.

KERSTEN, W. (2002): Vielfaltsmanagement: Integrative Lösungsansätze zur Optimierung und Beherrschung der Produkte und Teilevielfalt. TCW Transfer-Centrum Verlag. München, 2002.

KESTEL, R. (1995): Variantenvielfalt und Logistiksysteme: Ursachen – Auswirkungen – Lösungen. Gabler Verlag. Wiesbaden, 1995.

KEUPER, F. (2004): Kybernetische Simultaneitätsstrategie: Systemtheoretisch-kybernetische Navigation im Effektivitäts-Effizienz-Dilemma. Logos Verlag. Berlin, 2004.

KIRCHHOF, R. (2003): Ganzheitliches Komplexitätsmanagement – Grundlagen und Methodik des Umgangs mit Komplexität im Unternehmen. Deutscher Universitäts-Verlag. Wiesbaden, 2003.

KLAUS, P.; KILLE, C. (2006): Die TOP 100 der Logistik – Marktgrößen, Marktsegmente und Marktführer in der Logistikdienstleistungswirtschaft. 4. Auflage. Deutscher Verkehrs-Verlag. 2006.

KLAUS, P.; STABERHOFER, F.; ROTHBÖCK, M. (HRSG.) (2007): Steuerung von Supply Chains: Strategien – Methoden – Beispiele. Gabler Verlag. Wiesbaden, 2007.

Kleinaltenkamp, M. et al. (2006): Markt- und Produktmanagement: Die Instrumente des Business-to-Business-Marketing. 2. Auflage. Gabler Verlag. Wiesbaden, 2006.

Klenter, G. (1995): Zeit – Strategischer Erfolgsfaktor von Industrieunternehmen. Steuer- und Wirtschaftsverlag. Hamburg, 1995.

Kmenta, J.; Ramsey, J. G. (Hrsg.) (1980): Evaluation of Econometric Models. Academic Press. New York, 1980.

Köster, O. (1998): Komplexitätsmanagement in der Industrie – Kundennähe und Effizienz in der Leistungserstellung. Deutscher Universitäts-Verlag. Wiesbaden, 1998.

Kornmeier, M. (2007): Wissenschaftstheorie und wissenschaftliches Arbeiten: Eine Einführung für Wirtschaftswissenschaftler. Physica Verlag. Heidelberg, 2007.

Kotha, S.; Swamidass, P. M. (2000): Strategy, advanced technology and performance: Empirical evidence from U.S. manufacturing firms. In: Journal of Operations Management. Jahrgang 18, Heft 2, 2000, S. 257 - 277.

Krafft, M.; Götz, O.; Liehr-Gobbers, K. (2005): Die Validierung von Strukturgleichungsmodellen mit Hilfe des Partial-Least-Squares (PLS)-Ansatzes. In: Bliemel, F. et al. (Hrsg.): Handbuch PLS-Pfadmodellierung. Schäffer-Poeschel Verlag. Stuttgart, 2005, S. 71 - 86.

Krause, D. R. (1999): The antecedents of buying firms' efforts to improve suppliers. In: Journal of Operations Management. Jahrgang 17, Heft 2, 1999, S. 205 - 224.

Krause, F. - L. et al. (Hrsg.) (2007): Innovationspotenziale in der Produktentwicklung. Carl Hanser Verlag. München, 2007.

Krog, E. - H.; Statkevich, K. (2008): Kundenorientierung und Integrationsfunktion der Logistik in der Supply Chain der Automobilindustrie. In: Baumgarten, H. (Hrsg.): Das Beste der Logistik: Innovationen, Strategien, Umsetzungen. Springer Verlag. Berlin et al., 2008, S. 185 - 195.

Kromrey, H. (2006): Empirische Sozialforschung. 12. Auflage. Lucius & Lucius Verlag. Stuttgart, 2006.

Krüger, R. (2004): Das Just-in-Time-Konzept für globale Logistikprozesse. Deutscher Universitäts-Verlag. Wiesbaden, 2004.

Kube, C. (1990): Erfolgsfaktoren in Filialsystemen: Diagnose und Umsetzung im strategischen Controlling. Gabler Verlag. Wiesbaden, 1990.

KUMMER, S. (1999): Berücksichtigung der Logistik in der Unternehmensführung. In: WEBER, J.; BAUMGARTEN, H. (HRSG.): Handbuch Logistik: Management von Material- und Warenflußprozessen. Schäffer-Poeschel Verlag. Stuttgart, 1999, S. 33 - 51.

LARGE, R. (2003): Interpersonelle Kommunikation und erfolgreiches Lieferantenmanagement: Eine Kausalanalyse des externen Kommunikationsverhaltens von Beschaffungsmanagern. Deutscher Universitäts-Verlag. Wiesbaden, 2003.

LARGE, R. (2006): Interpersonelle Kommunikation und erfolgreiches Lieferantenmanagement. Analyse des externen Kommunikationsverhaltens von Beschaffungsmanagern auf Basis eines Strukturgleichungsmodells. In: Zeitschrift für Betriebswirtschaft. Jahrgang 76, Heft 10, 2006, S. 1.005 - 1.034.

LARGE, R. (2009): Strategisches Beschaffungsmanagement – Eine praxisorientierte Einführung. 3. Auflage. Gabler Verlag. Wiesbaden, 2009.

LASCH, R. (1998): Marktorientierte Gestaltung von Logistikprozessen. Deutscher Universitäts-Verlag. Wiesbaden, 1998.

LASCH, R.; EICHHORN, C. (2007): Zuverlässigkeitsbewertung in der Instandhaltungslogistik. In: OTTO, A.; OBERMAIER, R. (HRSG.): Logistikmanagement: Analyse, Bewertung und Gestaltung logistischer Systeme. Deutscher Universitäts-Verlag. Wiesbaden, 2007, S. 97 - 115.

LASCH, R.; GIEßMANN, M. (2009a): Ganzheitliche Ansätze zum Komplexitätsmanagement – eine kritische Würdigung aus Sicht der Beschaffungslogistik. In: BOGASCHEWSKY, R. ET AL. (HRSG.): Supply Management Research – Aktuelle Forschungsergebnisse 2008. Gabler Verlag. Wiesbaden, 2009, S. 195 - 231.

LASCH, R.; GIEßMANN, M. (2009b): Qualitäts- und Komplexitätsmanagement – Parallelitäten und Interaktionen zweier Managementdisziplinen. In: HÜNERBERG, R. ET AL. (HRSG.): Ganzheitliche Unternehmensführung in dynamischen Märkten. Gabler Verlag. Wiesbaden, 2009, S. 93 - 124.

LASCH, R.; JANKER, C. G. (2008): Lieferantenmanagement. In: ARNOLD, D. ET AL. (HRSG.): Handbuch Logistik. 3. Auflage. Springer Verlag. Berlin et al., 2008, S. 1.001 - 1.008.

LEE, H. L.; PADMANABHAN, V.; WHANG, S. (1997): Information Distortion in a Supply Chain: The Bullwhip Effect. In: Management Science. Jahrgang 43, Heft 4, 1997, S. 546 - 558.

LEMKE, A. (2004): Logistikkompetenzen in Versorgungsunternehmen. Hochschulschrift der TU Dresden. Dresden, 2004.

LEPLIN, J. (HRSG.) (1984): Scientific Realism. University of California Press. Berkeley, 1984.

LEY, P. (1972): Quantitative Aspects of Psychological Assessment. Duckworth Publishers. London, 1972.

LITTLE, R. J. A.; RUBIN, D. B. (1987): Statistical Analysis with missing data. Wiley Verlag. New York, 1987.

LOHMANN, L. G. E. (1998): Banklogistik: Logistiksysteme und -prozesse in Banken. Erich Schmidt Verlag. Berlin, 1998.

LOHMÖLLER, J. - B. (1984): LVPLS program manual, Version 1.6: Latent variables path analysis with partial least squares estimation. Köln, 1984.

LOHMÖLLER, J. - B. (1989): Latent variable Path Modeling with Partial Least Squares. Physica Verlag. Heidelberg, 1989.

LUCZAK, H.; FRICKER, A. (1997): Komplexitätsmanagement – Ein Mittel der strategischen Unternehmensgestaltung. In: SCHUH, G.; WIENDAHL, H. P. (HRSG.): Komplexität und Agilität. Springer Verlag. Berlin et al., 1997, S. 309 - 323.

LUCZAK, H.; WEBER, J.; WIENDAHL, H. - P. (2004): Logistikbenchmarking: Praxisleitfaden mit LogiBEST. 2. Auflage. Springer Verlag. Berlin et al., 2004.

LÜCKE, W. (2000): Kalenderzeit und Operational Time in der Betriebswirtschaftslehre. In: GÖTZE, U.; MIKUS, B.; BLOECH, J. (HRSG.): Management und Zeit. Physica Verlag. Heidelberg, 2000, S. 29 - 56.

LUHMANN, N. (1980): Komplexität. In: GROCHLA, E. (HRSG.): Handwörterbuch der Organisation HWO. 2. Auflage. Schäffer-Poeschel Verlag. Stuttgart, 1980, Sp. 1.064 - 1.070.

LUNNEBORG, C. E. (2000): Data Analysis by Resampling: Concepts and Application. Duxbury Press. Pacific Grove, 2000.

MAGNUS, K. - H. (2007): Erfolgreiche Supply-Chain-Kooperation zwischen Einzelhandel und Konsumgüterherstellern: Eine empirische Untersuchung der Händlerperspektive. Deutscher Universitäts-Verlag. Wiesbaden, 2007.

MAIER, F. (HRSG.) (2004): Komplexität und Dynamik als Herausforderung für das Management. Gabler Verlag. Wiesbaden. 2004.

MALIK, F. (2002): Strategie des Managements komplexer Systeme. 7. Auflage. Haupt Verlag. Bern, Stuttgart, Wien, 2002.

MARCOULIDES, G. A. (HRSG.) (1998): Modern Methods for Business Research. Lawrence Erlbaum Associates Verlag. London, 1998.

MARSH, H. W. (1998): Pairwise deletion for missing data in structural equation models: Nonpositive definite matrices, parameter estimates, goodness of fit, and adjusted sample sizes. In: Structural Equation Modeling. Heft 5, 1998, S. 22 - 36.

MASING, W. (HRSG.) (1999): Handbuch Qualitätsmanagement. 4. Auflage. Carl Hanser Verlag. München, 1999.

MAYER, A. (2007): Modularisierung in der Logistik: Ein Gestaltungsmodell zum Management von Komplexität in der industriellen Logistik. Schriftenreihe Logistik der Technischen Universität Berlin. Berlin, 2007.

MAYER, H. O. (2006): Interview und schriftliche Befragung: Entwicklung, Durchführung und Auswertung. Oldenbourg Verlag. München, 2006.

MCCARTHY, I.; ANAGNOSTOU, A. (2004): The impact of outsourcing on the transaction costs and boundaries of manufacturing. In: International Journal of Production Economics. Jahrgang 88, Heft 1, 2004, S. 61 - 71.

MCMULLIN, E. (1984): A case of Scientific Realism. In: LEPLIN, J. (HRSG.): Scientific Realism. University of California Press. Berkeley, 1984, S. 8 - 40.

MEFFERT, H. (1998): Marketing: Grundlagen marktorientierter Unternehmensführung. 8. Auflage. Gabler Verlag. Wiesbaden, 1998.

MEIER, H.; HANENKAMP, N. (2004): Komplexitätsmanagement in der Supply Chain. In: BUSCH, A.; DANGELMAIER, W. (HRSG.): Integriertes Supply Chain Management. 2. Auflage. Gabler Verlag. Wiesbaden, 2004, S. 111 - 130.

MEIXNER, U. (2001): Theorie der Kausalität: Ein Leitfaden zum Kausalbegriff in zwei Teilen. Mentis Verlag. Paderborn, 2001.

MELHERITZ, M. (1999): Die Entstehung innovativer Systemgeschäfte – Interaktive Forschung am Beispiel der Verkehrstelematik. Deutscher Universitäts-Verlag. Wiesbaden, 1999.

MELNYK, S. A.; DENZLER, D. R. (1996): Operations Management: A value-driven approach. Irwin Verlag. Chicago, 1996.

MELZER-RIDINGER, R. (1994): Materialwirtschaft und Einkauf – Band 1: Grundlagen und Methoden. 3. Auflage. Oldenbourg Verlag. München, 1994.

MENGE, M. (2001): Ein Beitrag zur Beherrschung der Variantenvielfalt in der auftragsbezogenen Einzel- und Kleinserienfertigung komplexer Produkte. Vulkan Verlag. Essen, 2001.

MEYER, C. M. (2007): Integration des Komplexitätsmanagements in den strategischen Führungsprozess der Logistik. Haupt Verlag. Bern, Stuttgart, Wien, 2007.

MIDDENDORF, K.; PRIEMER, J. (2009): Intelligente Logistik als Baustein kontinuierlichen Wachstums bei Tchibo. In: GÖPFERT, I. (HRSG.): Logistik der Zukunft – Logistics for the Future. 5. Auflage. Gabler Verlag. Wiesbaden, 2009, S. 233 - 250.

MILBERG, J.; REINHART, G. (HRSG.) (1994): Unsere Stärken stärken: Der Weg zu Wettbewerbsfähigkeit und Standortsicherung. Tagungsband zum Münchner Kolloquium ´94. Verlag Moderne Industrie. Landsberg, 1994.

MILGATE, M. (2001): Supply Chain Complexity and Delivery Performance: An international Exploratory Study. In: Supply Chain Management: An international Journal. Jahrgang 6, Heft 3, 2001, S. 106 - 118.

MILLER, D. (1991): Stale in the saddle: CEO tenure and the match between organization and environment. In: Management Science. Jahrgang 37, Heft 1, 1991, S. 34 - 52.

NEBL, T. (2007): Produktionswirtschaft. 6. Auflage. Oldenbourg Verlag. München, 2007.

NEUBAUR, C. (2003): Konzept strategisches Variantenmanagement. Hochschulschrift. St. Gallen, 2003.

NEUHAUSEN, J. (2001): Methode zur Gestaltung modularer Produktionssysteme für Unternehmen der Serienproduktion. Hochschulschrift. Aachen, 2001.

NILSSON, F. (2006): Logistics Management in Practice – Towards theories of complex logistics. In: The International Journal of Logistics Management. Jahrgang 17, Heft 1, 2006, S. 38 - 54.

NOONAN, R.; WOLD, H. (1982): PLS Path Modeling with Indirectly observed variables: A Comparison of Alternative Estimates for the Latent Variable. In: JÖRESKOG, K. G.; WOLD, H. (HRSG.): Systems under indirect observation: Causality, Structure, Prediction. 2. Auflage. Elsevier Science Verlag. Amsterdam, 1982, S. 75 - 94.

NOVAK, S.; EPPINGER, S. D. (2001): Sourcing by Design: Product Complexity and the Supply Chain. In: Management Science. Jahrgang 47, Heft 1, 2001, S. 189 - 204.

Nunnally, J. C. (1967): Psychometric Theory. McGraw-Hill Verlag. New York et al., 1967.

Nunnally, J. C.; Bernstein, I. H. (1994): Psychometric Theory. 3. Auflage. McGraw-Hill Verlag. New York et al., 1994.

Nyhuis, P. (2008): Grundlagen der Produktionslogistik. In: Arnold, D. et al. (Hrsg.): Handbuch Logistik. 3. Auflage. Springer Verlag. Berlin et al., 2008, S. 295 - 342.

Nyhuis, P.; Rottbauer, H. (2003): Erfolgsfaktoren und Hebel der Beschaffung im Rahmen eines Integrated Supply Managements. In: Bogaschewsky, R. (Hrsg.): Integrated Supply Management – Einkauf und Beschaffung: Effizienz steigern, Kosten senken. Deutscher Wirtschaftsdienst Verlag. Köln, 2003, S. 117 - 138.

Ostertag, R. (2008): Supply-Chain-Koordination im Auslauf in der Automobilindustrie. Deutscher Universitäts-Verlag. Wiesbaden, 2008.

Otto, A.; Obermaier, R. (Hrsg.): Logistikmanagement: Analyse, Bewertung und Gestaltung logistischer Systeme. Deutscher Universitäts-Verlag. Wiesbaden, 2007.

Palupski, R. (2002): Management von Beschaffung, Produktion und Absatz – Leitfaden mit Praxisbeispielen. 2. Auflage. Gabler Verlag. Wiesbaden, 2002.

Panten, G. (2005): Internet-Geschäftsmodell Virtuelle Community: Analyse zentraler Erfolgsfaktoren unter Verwendung des Partial Least Squares (PLS)-Ansatzes. Deutscher Universitäts-Verlag. Wiesbaden, 2005.

Panten, G.; Boßow-Thies, S. (2007): Analyse kausaler Wirkungszusammenhänge mit Hilfe von Partial Least Squares (PLS): In: Albers, S. et al. (Hrsg.): Methodik der empirischen Forschung. 2. Auflage. Gabler Verlag. Wiesbaden, 2007, S. 311 - 326.

Paulraj, A. (2008): Supplier management and dyadic performance: the moderating role of information technology and supplier dispersion. In: International Journal of Integrated Supply Management. Jahrgang 4, Heft 3 / 4, 2008, S. 406 - 424.

Perona, M.; Miragliotta, G. (2004): Complexity Management and Supply Chain Performance Assessment: A Field Study and a Conceptual Framework. In: International Journal of Production Economics. Jahrgang 90, Heft 1, 2004, S. 103 - 115.

Pfeifer, T. (2001): Qualitätsmanagement: Strategien, Methoden, Techniken. 3. Auflage. Carl Hanser Verlag. München, 2001.

Pfeifer, W. et al. (1989): Etymologisches Wörterbuch des Deutschen. 2. Band. Akademie Verlag. Berlin, 1989.

Pfohl, H. - C. (1996): Logistiksysteme: Betriebswirtschaftliche Grundlagen. 5. Auflage. Springer Verlag. Berlin et al., 1996.

Pfohl, H. - C. (2004a): Logistikmanagement: Konzeption und Funktionen. 2. Auflage. Springer Verlag. Berlin et al., 2004.

Pfohl, H. - C. (2004b): Logistiksysteme: Betriebswirtschaftliche Grundlagen. 7. Auflage. Springer Verlag. Berlin et al., 2004.

Pfohl, H. - C.; Stölzle, W. (1997): Planung und Kontrolle – Planung, Gestaltung, Implementierung. 2. Auflage. Vahlen Verlag. München, 1997.

Piller, F. T. (2006): Mass Customization – Ein wettbewerbsstrategisches Konzept im Informationszeitalter. 4. Auflage. Deutscher Universitäts-Verlag. Wiesbaden, 2006.

Piller, F. T.; Waringer, D. (1999): Modularisierung in der Automobilindustrie – Neue Formen und Prinzipien: Modular Sourcing, Plattformkonzept und Fertigungssegmentierung als Mittel des Komplexitätsmanagements. Shaker Verlag. Aachen, 1999.

Piontek, J. (2004): Beschaffungscontrolling. 3. Auflage. Oldenbourg Verlag. München, 2004.

Podsakoff, P. M. et al. (2003): Common Method Biases in Behavioral Research: A critical Review of the Literature and Recommended Remedies. In: Journal of Applied Psychology. Jahrgang 88, Heft 5, 2003, S. 879 - 903.

Podsakoff, P. M.; Organ, D. W. (1986): Self-reports in organizational research: Problems and prospects. In: Journal of Management. Jahrgang 12, Heft 4, 1986, S. 531 - 544.

Porter, M. E. (1999): Wettbewerbsstrategie – Methoden zur Analyse von Branchen und Konkurrenten. Campus Verlag. Frankfurt, 1999.

Prillmann, M. (1996): Management der Variantenvielfalt: Ein Beitrag zur handlungsorientierten Erfolgsfaktorenforschung im Rahmen einer empirischen Studie in der Elektronikindustrie. Lang Verlag. Frankfurt, 1996.

Pümpin, C. (1992): Strategische Erfolgspositionen – Methodik der dynamischen strategischen Unternehmensführung. Haupt Verlag. Bern, Stuttgart, Wien, 1992.

Puhl, H. (1999): Komplexitätsmanagement: Ein Konzept zur ganzheitlichen Erfassung, Planung und Regelung der Komplexität in Unternehmensprozessen. Hochschulschrift. Kaiserslautern, 1999.

Raab, G.; Unger, A.; Fritz, U. (2004): Methoden der Marketing-Forschung – Grundlagen und Praxisbeispiele. Gabler Verlag. Wiesbaden, 2004.

Raffée, H.; Abel, B. (Hrsg.) (1979): Wissenschaftstheoretische Grundfragen der Wirtschaftswissenschaften. Vahlen Verlag. München, 1979.

Rapp, T. (1999): Produktstrukturierung. Gabler Verlag. Wiesbaden, 1999.

Rathnow, P. J. (1993): Integriertes Variantenmanagement. Vandenhoeck & Ruprecht Verlag. Göttingen, 1993.

Raufeisen, M. (1999): Konzept zur Komplexitätsmessung des Auftragsabwicklungsprozesses. TCW - Transfer - Centrum - Verlag. München, 1999.

Razzaque, M. A.; Sheng C. C. (1998): Outsourcing of logistics functions: a literature survey. In: International Journal of Physical Distribution and Logistics. Jahrgang 28, Heft 2, 1998, S. 89 - 107.

Reimer, K. (2007): Bootstrapping und andere Resampling-Methoden. In: Albers, S. et al. (Hrsg.): Methodik der empirischen Forschung. 2. Auflage. Gabler Verlag. Wiesbaden, 2007, S. 391 - 406.

Reinartz, W.; Krafft, M.; Hoyer, W. D. (2004): The Customer Relationship Management Process: Its Measurement and Impact on Performance. In: Journal of Marketing Research. Jahrgang 41, Heft 3, 2004, S. 293 - 305.

Reinecke, J. (2005): Strukturgleichungsmodelle in den Sozialwissenschaften. Oldenbourg Verlag. München, 2005.

Reiß, M. (1993a): Komplexitätsmanagement (I). In: Das Wirtschaftsstudium. Jahrgang 22, Heft 1, 1993, S. 54 - 59.

Reiß, M. (1993b): Komplexität beherrschen durch „Orga-Tuning". In: Reiß, M.; Gassert, H.; Horváth, P. (Hrsg.): Komplexität meistern – Wettbewerbsfähigkeit sichern. Schäffer-Poeschel Verlag. Stuttgart, 1993, S. 1 - 41.

Reiß, M.; Gassert, H.; Horváth, P. (Hrsg.) (1993): Komplexität meistern – Wettbewerbsfähigkeit sichern. Schäffer-Poeschel Verlag. Stuttgart, 1993.

Reiß, M.; Höge, R. (1993): Kosten und Nutzen der Segmentierung. In: Kostenrechnungspraxis (krp). Jahrgang 37, Heft 4, 1993, S. 215 - 221.

Rennemann, T. (2007): Logistische Lieferantenauswahl in globalen Produktionsnetzwerken: Rahmenbedingungen, Aufbau und Praxisanwendung eines kennzahlenbasierten Entscheidungsmodells am Beispiel der Automobilindustrie. Deutscher Universitäts-Verlag. Wiesbaden, 2007.

Riedl, R. (2000): Strukturen der Komplexität: Eine Morphologie des Erkennens und Erklärens. Springer Verlag. Berlin et al., 2000.

Riekeberg, M. (2002): Einführung in die Kausalanalyse. In: Das Wirtschaftsstudium. Jahrgang 31, Heft 6, 2002, S. 802 - 809.

Riekeberg, M. (2003): Erfolgsfaktoren bei Sparkassen: Kausalanalytische Untersuchung mittels linearer Strukturgleichungsmodelle. Deutscher Universitäts-Verlag. Wiesbaden, 2003.

Riemenschneider, M. (2006): Der Wert von Produktvielfalt: Wirkung großer Sortimente auf das Verhalten von Konsumenten. Deutscher Universitäts-Verlag. Wiesbaden, 2006.

Riesenhuber, F. (2007): Großzahlige empirische Forschung. In: Albers, S. et al. (Hrsg.): Methodik der empirischen Forschung. 2. Auflage. Gabler Verlag. Wiesbaden, 2007, S. 1 - 16.

Ringle, C. M. (2004a): Messung von Kausalmodellen: Ein Methodenvergleich. Arbeitspapier Nr. 14. Universität Hamburg. 2004, S. 1 - 48.

Ringle, C. M. (2004b): Gütemaße für den Partial Least Squares-Ansatz zur Bestimmung von Kausalmodellen. Arbeitspapier Nr. 16. Universität Hamburg. 2004, S. 1 - 36.

Ringle, C. M. et al. (2006): Messung von Kausalmodellen mit dem Partial-Least-Squares Verfahren. In: Das Wirtschaftsstudium. Jahrgang 35, Heft 1, 2006, S. 81 - 88.

Ringle, C. M.; Spreen, F. (2007): Beurteilung von PLS-Pfadanalysen. In: Das Wirtschaftsstudium. Jahrgang 36, Heft 2, 2007, S. 211 - 216.

Rodriguez, S. R. (2007): Komplexitätsmanagement bei der Erschließung neuer Beschaffungsmärkte am Beispiel der Gestaltung des chinesischen Lieferantennetzwerkes des Volkswagen-Konzerns. Josef Eul Verlag. Köln, 2007.

Röhrig, M. (2002): Variantenbeherrschung mit hochflexiblen Produktionsendstufen. VDI Verlag. Düsseldorf, 2002.

ROEVER, M. (1994): Fokussierte Produkt- und Programmgestaltung zur Komplexitätsreduzierung. In: CORSTEN, H. (HRSG.): Handbuch Produktionsmanagement. Gabler Verlag. Wiesbaden, 1994, S. 115 - 129.

ROMMEL, G. ET AL. (1993): Einfach überlegen: Das Unternehmenskonzept, das die Schlanken schlank und die Schnellen schnell macht. Schäffer-Poeschel Verlag. Stuttgart, 1993.

ROSSITER, J. R. (2002): The C-OAR-SE Procedure for Scale Development in Marketing. In: International Journal of Marketing. Jahrgang 19, Heft 4, 2002, S. 305 - 335.

SANDERS, N. R.; PREMUS, R. (2005): Modeling the relationship between firm capability, collaboration, and performance. In: Journal of Business Logistics. Jahrgang 26, Heft 1, 2005, S. 1 - 23.

SCANNELL, T. V.; VICKERY, S. K.; DRÖGE, C. L. (2000): Upstream Supply Chain Management and competitive performance in the automotive supply industry. In: Journal of Business Logistics. Jahrgang 21, Heft 1, 2000, S. 23 - 48.

SCHÄFER, C. (2002): Facetten der Zeitdimension – Ansatzpunkte für die Entwicklung eines Zeitmanagementkonzeptes. In: STÖLZLE, W.; GAREIS, K. (HRSG.): Integrative Management- und Logistikkonzepte. Gabler Verlag. Wiesbaden, 2002, S. 41 - 68.

SCHERF, O. (2003): Komplexität aus systemischer Sicht. Difo - Druck GmbH. Bamberg, 2003.

SCHMIDT, A.; SCHNEIDER, M. (2008): Lager- und Materialflussprozesse. In: ARNOLD, D. ET AL. (HRSG.): Handbuch Logistik. 3. Auflage. Springer Verlag. Berlin et al., 2008, S. 371 - 404.

SCHMIDT, E. (2009): Koordination im Reverse Logistics – Konzepte und Verfahren für Recyclingnetzwerke. Deutscher Universitäts-Verlag. Wiesbaden, 2009.

SCHMIDT, H. (2002): Beitrag zum Variantenmanagement und zur Prozessoptimierung im Wagenkastenbau von Schienenfahrzeugen. Fraunhofer IRB Verlag. Berlin, 2002.

SCHNEIDER, H. (2007): Nachweis und Behandlung von Multikollinearität. In: ALBERS, S. ET AL. (HRSG.): Methodik der empirischen Forschung. 2. Auflage. Gabler Verlag. Wiesbaden, 2007, S. 183 - 198.

SCHNELL, R.; HILL, P. B.; ESSER, E. (2005): Methoden der empirischen Sozialforschung. 7. Auflage. Oldenbourg Verlag. München, 2005.

Schönsleben, P. (2007): Integrales Logistikmanagement: Operations and Supply Chain Management in umfassenden Wertschöpfungsnetzwerken. 5. Auflage. Springer Verlag. Berlin et al., 2007.

Scholderer, J.; Balderjahn, I. (2005): PLS versus LISREL: Ein Methodenvergleich. In: Bliemel, F. et al. (Hrsg.): Handbuch PLS-Pfadmodellierung – Methoden, Anwendung, Praxisbeispiele. Schäffer-Poeschel Verlag. Stuttgart. 2005, S. 87 - 100.

Scholderer, J.; Balderjahn, I. (2006): Was unterscheidet harte und weiche Strukturgleichungsmodelle nun wirklich? Ein Klärungsversuch zur LISREL-PLS-Frage. In: Marketing Zeitschrift für Forschung und Praxis. Jahrgang 28, Heft 1, 2006, S. 57 - 70.

Scholderer, J.; Balderjahn, I.; Paulssen, M. (2006): Kausalität, Linearität, Reliabilität: Drei Dinge, die Sie nie über Strukturgleichungsmodelle wissen wollten. In: Die Betriebswirtschaft. Jahrgang 66, Heft 6, 2006, S. 640 - 650.

Schuh, G. (1989): Gestaltung und Bewertung von Produktvarianten – Ein Beitrag zur systematischen Planung von Serienprodukten. Fortschrittsberichte VDI, Reihe 2, Nr. 177. VDI Verlag. Düsseldorf, 1989.

Schuh, G. (1995): Produktionsmanagement heute – Expansion durch Konzentration. In: Thommen, J. - P. (Hrsg.): Management Kompetenz – Die Gestaltungsansätze des NDU / Executive MBA der Hochschule St. Gallen. Versus Verlag. Zürich, 1995, S. 429 - 446.

Schuh, G. (2005): Produktkomplexität managen: Strategien, Methoden, Tools. 2. Auflage. Hanser Verlag. München, 2005.

Schuh, G.; Schwenk, U.; Speth, C. (1998a): Komplexitätsmanagement im St. Galler Management-Konzept. In: IO Management. Jahrgang 67, Heft 3, 1998, S. 78 - 85.

Schuh, G.; Schwenk, U.; Speth, C. (1998b): Komplexitätsmanagement als Trade-off aus Scale und Scope. In: Thexis. Jahrgang 15, Heft 2, 1998, S. 134 - 135.

Schuh, G.; Stölzle, W.; Straube, F. (2008a): Grundlagen des Anlaufmanagements: Entwicklungen und Trends, Definitionen und Begriffe, Integriertes Anlaufmanagementmodell. In: Schuh, G.; Stölzle, W.; Straube, F. (Hrsg.): Anlaufmanagement in der Automobilindustrie erfolgreich umsetzen – Ein Leitfaden für die Praxis. Springer Verlag. Berlin et al., 2008, S. 1 - 6.

Schuh, G.; Stölzle, W.; Straube, F. (Hrsg.) (2008b): Anlaufmanagement in der Automobilindustrie erfolgreich umsetzen – Ein Leitfaden für die Praxis. Springer Verlag. Berlin et al., 2008.

Schuh, G.; Wiendahl, H. - P. (Hrsg.) (1997): Komplexität und Agilität. Springer Verlag. Berlin et al., 1997.

Schulte, C. (Hrsg.) (1992a): Effektives Kostenmanagement: Methoden und Implementierung. Schäffer-Poeschel Verlag. Stuttgart, 1992.

Schulte, C. (1992b): Komplexitätsmanagement. In: Schulte, C. (Hrsg.): Effektives Kostenmanagement: Methoden und Implementierung. Schäffer-Poeschel Verlag. Stuttgart, 1992, S. 83 - 114.

Schulte, C. (2009): Logistik – Wege zur Optimierung der Supply Chain. 5. Auflage. Vahlen Verlag. München, 2009.

Schulte, G. (2001): Material- und Logistikmanagement. 2. Auflage. Oldenbourg Verlag. München, 2001.

Schulz, S. (1994): Komplexität im Unternehmen: Eine Herausforderung an das Controlling. In: Controlling. Jahrgang 3, Heft Mai / Juni, 1994, S. 130 - 139.

Schwenk-Willi, U. (2001): Integriertes Komplexitätsmanagement – Anleitungen und Methodiken für die produzierende Industrie auf Basis einer typologischen Untersuchung. Difo - Druck GmbH. Bamberg, 2001.

St. John, C. H.; Heriot, K. C. (1993): Small suppliers and JIT purchasing. In: International Journal of Purchasing and Materials Management. Jahrgang 29, Heft 1, 1993, S. 11 - 16.

Staberhofer, F.; Rohrhofer, E. (2007): Ganzheitliches Supply Chain Management. In: Klaus, P.; Staberhofer, F.; Rothböck, M. (Hrsg.): Steuerung von Supply Chains: Strategien – Methoden – Beispiele. Gabler Verlag. Wiesbaden, 2007, S. 27 - 72.

Stalk, G.; Hout, T. M. (1992): Zeitwettbewerb – Schnelligkeit entscheidet auf den Märkten der Zukunft. 3. Auflage. Campus Verlag. Frankfurt, 1992.

Stang, S.; Hesse, L.; Warnecke, G. (2002): Plattformkonzepte – Eine strategische Gratwanderung zwischen Standardisierung und Individualisierung. In: ZWF. Jahrgang 97, Heft 3, 2002, S. 110 - 115.

Steffen, D. (2006): Die Potenzialqualität von Dienstleistungen – Konzeptualisierung und empirische Prüfung. Gabler Verlag. Wiesbaden, 2006.

STIER, W. (1999): Empirische Forschungsmethoden. 2. Auflage. Springer Verlag. Berlin et al., 1999.

STÖLZLE, W.; GAREIS, K. (HRSG.) (2002): Integrative Management- und Logistikkonzepte. Gabler Verlag. Wiesbaden, 2002.

STÖLZLE, W.; HEUSLER, K. F.; KARRER, M. (2001): Die Integration der Balanced Scorecard in das Supply Chain Management - Konzept (BSCM). In: Logistik Management. Jahrgang 3, Heft 2 - 3, 2001, S. 73 - 85.

STÖLZLE, W.; HEUSLER, K. F.; KARRER, M. (2004): Erfolgsfaktor Bestandsmanagement: Konzept, Anwendung, Perspektiven. Versus Verlag. Zürich, 2004.

STONE, A. ET AL. (HRSG.) (2000): The Science of Self-Report: Implications for Research and Practice. Lawrence Erlbaum Associates Verlag. Mahwah, 2000.

STRAUBE, F.; PFOHL, H. - C. (2008): Trends und Strategien in der Logistik – Globale Netzwerke im Wandel. Deutscher Verkehrs-Verlag. Hamburg, 2008.

STUART, F. I. (1993): Supplier partnerships: influencing factors and strategic benefits. In: International Journal of Purchasing and Materials Management. Jahrgang 29, Heft 3, 1993, S. 22 - 28.

STÜTTGEN, M. (2003): Strategien der Komplexitätsbewältigung im Unternehmen. Hauptverlag. 2. Auflage. Haupt Verlag. Bern, Stuttgart, Wien, 2003.

SYRING, A. (1993): Management innovativer Informationssysteme: Portfolio-Methodik zur Bewältigung der Komplexität des Übergangs. Vandenhoeck & Ruprecht Verlag. Göttingen, 1993.

SYSKA, A. (2006): Produktionsmanagement – Das A - Z wichtiger Methoden und Konzepte für die Produktion von heute. Gabler Verlag. Wiesbaden, 2006.

TEMME, D. (2006): Die Spezifikation und Identifikation formativer Messmodelle in der Marketingforschung in Kovarianzstrukturanalysen. In: Marketing ZFP. Jahrgang 28, Heft 3, 2006, S. 183 - 196.

TEMME, D.; KREIS, H. (2005): Der PLS-Ansatz zur Schätzung von Strukturgleichungsmodellen mit latenten Variablen: Ein Softwareüberblick. In: BLIEMEL, F. ET AL. (HRSG.): Handbuch PLS-Pfadmodellierung – Methode, Anwendung, Praxisbeispiele. Schäffer-Poeschel Verlag. Stuttgart, 2005, S. 193 - 208.

TEMPELMEIER, H. (2005): Bestandsmanagement in Supply Chains. Books on Demand. Norderstedt. 2005.

THALER, K. (2001): Supply Chain Management: Prozessoptimierung in der logistischen Kette. 3. Auflage. Fortis-Verlag. Köln, 2001.

THOMMEN, J. - P. (HRSG.) (1995): Management Kompetenz – Die Gestaltungsansätze des NDU / Executive MBA der Hochschule St. Gallen. Versus Verlag. Zürich, 1995.

TÖPFER, A. (2008a): Lean Management und Six Sigma: Die wirkungsvolle Kombination von zwei Konzepten für schnelle Prozesse und fehlerfreie Qualität. In: TÖPFER, A. (HRSG.): Lean Six Sigma: Erfolgreiche Kombination von Lean Management, Six Sigma und Design for Six Sigma. Springer Verlag. Berlin et al., 2008, S. 25 - 68.

TÖPFER, A. (HRSG.) (2008b): Lean Six Sigma: Erfolgreiche Kombination von Lean Management, Six Sigma und Design for Six Sigma. Springer Verlag. Berlin et al., 2008.

TOURANGEAU, R. (2000): Remembering what happened: Memory errors and survey reports. In: STONE, A. ET AL. (HRSG.): The Science of Self-Report: Implications for research and practice. Lawrence Erlbaum Associates Verlag. London. 2000, S. 29 - 49.

TRACY, M. (2004): A holistic approach to new product development: New Insights. In: The Journal of Supply Chain Management – A global review of purchasing and supply. Jahrgang 40, Heft 4, 2004, S. 37 - 55.

TRENT, R. J.; MONCZKA, R. M. (1999): Achieving world-class supplier quality. In: Total Quality Management. Jahrgang 10, Heft 6, 1999, S. 927 - 938.

ULRICH, H.; PROBST, G. J. B. (1995): Anleitung zum ganzheitlichen Denken und Handeln: Ein Brevier für Führungskräfte. 4. Auflage. Haupt Verlag. Bern, Stuttgart, Wien, 1995.

ULRICH, P.; HILL, W. (1979): Wissenschaftstheoretische Grundlagen der Betriebswirtschaftslehre. In: RAFFÉE, H.; ABEL, B. (HRSG.): Wissenschaftstheoretische Grundfragen der Wirtschaftswissenschaften. Vahlen Verlag. München, 1979, S. 161 - 190.

VACHON, S.; KLASSEN, R. D. (2002): An Exploratory Investigation of the Effects of Supply Chain Complexity on Delivery Performance. In: IEEE Transactions on Engineering Management. Jahrgang 49, Heft 3, 2002, S. 218 - 230.

VAHRENKAMP, R. (2007): Logistik – Management und Strategien. 6. Auflage. Oldenbourg Verlag. München, 2007.

VAHRENKAMP, R. (2008): Produktionsmanagement. 6. Auflage. Oldenbourg Verlag. München, 2008.

VAHRENKAMP, R.; SIEPERMANN, C. (2005): Logistik – Management und Strategien. 5. Auflage. Oldenbourg Verlag. München, 2005.

VAN GRAVESANDE, B. S. (2006): Internetbasierte Anwendungen in der FuE-Kooperation. Deutscher Universitäts-Verlag. Wiesbaden, 2006.

VAN HOEK, R. (1998): Reconfiguring the supply chain to implement postponed manufacturing. In: International Journal of Logistics Management. Jahrgang 9, Heft 1, 1998, S. 95 - 110.

VAN WEELE, A. J. (2005): Purchasing and Supply Chain Management: Analysis, Strategy, Planning and Practice. 4. Auflage. Thomson Learning Verlag. London, 2005.

VESTER, F. (1999): Die Kunst vernetzt zu denken. DVA Verlag. Stuttgart, 1999.

WANNENWETSCH, H. (2008): Erfolgreiche Verhandlungsführung in Einkauf und Logistik. 3. Auflage. Springer Verlag. Berlin et al., 2008.

WANNENWETSCH, H. (2009): Integrierte Materialwirtschaft und Logistik: Beschaffung, Logistik, Materialwirtschaft und Produktion. 4. Auflage. Springer Verlag. Berlin et al., 2009.

WEBER, J. (1994): Logistikmanagement – Verankerung des Flußprinzips im Führungssystem des Unternehmens. In: ISERMANN, H. (HRSG.): Logistik: Beschaffung, Produktion, Distribution. Verlag Moderne Industrie. Landsberg, 1994, S. 45 - 55.

WEBER, J. (2002): Logistik und Supply Chain Controlling. 5. Auflage. Schäffer-Poeschel Verlag. Stuttgart, 2002.

WEBER, J. ET AL. (2008): Erfolg in der Logistik – Beziehungen mit Logistikdienstleistern richtig gestalten. Vallendar, 2008.

WEBER, J.; BAUMGARTEN, H. (HRSG.) (1999): Handbuch Logistik: Management von Material- und Warenflußprozessen. Schäffer-Poeschel Verlag. Stuttgart, 1999.

WEBER, J.; BLUM, H. (2001): Logistik - Controlling – Konzept und empirischer Stand. In: Kostenrechnungspraxis (krp). Jahrgang 45, Heft 5, 2001, S. 275 - 282.

WEBER, J.; KUMMER, S. (1999): Logistikmanagement. 2. Auflage. Schäffer Poeschel Verlag. Stuttgart, 1999.

WECKER, R. (2006): Internetbasiertes Supply Chain Management – Konzeptualisierung, Operationalisierung und Erfolgswirkung. Deutscher Universitäts-Verlag. Wiesbaden, 2006.

WECKER, R.; WIRTZ, B. W. (2007): Erfolgswirkung des internetbasierten Supply Chain Managements. In: Zeitschrift für Betriebswirtschaft (ZfB). Jahrgang 77, Heft 9, 2007, S. 911 - 954.

WERNER, H. (1997): Relationales Beschaffungsverhalten – Ausprägungen und Determinanten. Gabler Verlag. Wiesbaden, 1997.

WERNER, H. (2008): Supply Chain Management: Grundlagen, Strategien, Instrumente und Controlling. Gabler Verlag. Wiesbaden, 2008.

WESTPHAL, J. R. (2001): Komplexitätsmanagement in der Produktionslogistik – Ein Ansatz zur flussorientierten Gestaltung und Lenkung heterogener Produktionssysteme. Gabler Verlag. Wiesbaden, 2001.

WHEATON, B. ET AL. (1977): Assessing reliability and stability in panel models. In: HEISE, D. R. (HRSG.): Sociological Methodology. Jossey-Bass Verlag. San Francisco, 1977, S. 84 - 136.

WIENDAHL, H. - P. (HRSG.) (2002): Erfolgsfaktor Logistikqualität – Vorgehen, Methoden und Werkzeuge zur Verbesserung der Logistikleistung. 2. Auflage. Springer Verlag. Berlin et al., 2002.

WILDEMANN, H. (1996): Variantenmanagement – Leitfaden zur Komplexitätsbeherrschung. TCW - Transfer - Centrum - Verlag. München, 1996.

WILDEMANN, H. (1998a): Die modulare Fabrik – Kundennahe Produktion durch Fertigungssegmentierung. 5. Auflage. TCW - Transfer - Centrum - Verlag. München, 1998.

WILDEMANN, H. (1998b): Komplexitätsmanagement durch Prozess- und Produktgestaltung. In: ADAM, D.: Komplexitätsmanagement, Schriften zur Unternehmensführung. Jahrgang 61. Gabler Verlag. Wiesbaden, 1998, S. 47 - 68.

WILDEMANN, H. (1999): Komplexität: Vermeiden oder beherrschen lernen. In: Harvard Business Manager. Jahrgang 21, Heft 6, 1999, 31 - 42.

WILDEMANN, H. (2004a): Fertigungsstrategien – Reorganisationskonzepte für eine schlanke Produktion und Zulieferung. 2. Auflage. TCW - Transfer - Centrum - Verlag. München, 2004

WILDEMANN, H. (2004b): Komplexitätsmanagement – Leitfaden zur Einführung eines durchgängigen Komplexitätsmanagements. 4. Auflage. TCW - Transfer - Centrum - Verlag. München, 2004.

WILDEMANN, H. (2005): Logistik Prozessmanagement. 3. Auflage. TCW Transfer - Centrum - Verlag. München, 2005.

WILDEMANN, H. (2007): Komplexitätsmanagement in Vertrieb, Beschaffung, Produkt, Entwicklung und Produktion. 8. Auflage. TCW Transfer - Centrum - Verlag. München, 2007.

WILDING, R. (1998): The Supply Chain Complexity Triangle: Uncertainty Generation in the Supply Chain. In: International Journal of Physical Distribution & Logistics Management. Jahrgang 28, Heft 8, 1998, S. 599 - 616.

WILLIAMSON, O. E. (1985): The economic institutions of capitalism. Free Press Verlag. New York, 1985.

WIRTZ, B. W. (2006): Multi-Channel-Marketing – Grundlagen – Instrumente – Prozesse. Gabler Verlag. Wiesbaden, 2006.

WOLD, H. (1966): Nonlinear estimation by partial least squares procedures. In: DAVID, F. N. (HRSG.): Research papers in statistics. New York, 1966, S. 411 - 444.

WOLD, H. (1980): Model Construction and Evaluation When the Theoretical Knowledge is scarce: Theory and Application of Partial Least Squares. In: KMENTA, J.; RAMSEY, J. G. (HRSG.): Evaluation of Econometric Models. Academic Press. New York, 1980, S. 47 - 74.

WOLD, H. (1982): Soft Modeling: The basic design and some extensions. In: JÖRESKOG, K. G.; WOLD, H. (HRSG.): Systems under indirect observation: Causality, Structure, Prediction. Elsevier Science Limited Verlag. Amsterdam, 2. Auflage. 1982, S. 1 - 54.

WOLF-KLUTHAUSEN, H. (HRSG.) (2004): Jahrbuch Logistik 2004. Verlag Handelsblatt. Korchenbroich, 2004.

WOLL, A. (HRSG.) (2000a): Wirtschaftslexikon. 9. Auflage. Oldenbourg Verlag. München, 2000.

WOLL, A. (2000b): Betriebswirtschaftslehre. In: WOLL, A. (HRSG.): Wirtschaftslexikon. 9. Auflage. Oldenbourg Verlag. München, 2000.

WROBBEL, E.; TIETZ, W. (1998): Die Kausalanalyse als Instrument der Marketingforschung: Dargestellt am Beispiel des Preisimage von Großhandelsbetrieben. Arbeitspapier Universität Erlangen-Nürnberg. Band 72. Nürnberg, 1998.

WUNDERLE, S. (2006): Regret und Kundenloyalität – Eine kausalanalytische Untersuchung potentieller Ursachen individueller Unterschiede im Regret-Erleben und deren Auswirkungen im Konsumkontext. Deutscher Universitäts-Verlag. Wiesbaden, 2006.

Yi, M. I.; Davis, F. D. (2003): Developing and validating an observational learning model of computer software training and skill acquisition. In: Information Systems Research. Jahrgang 14, Heft 2, 2003, S. 146 - 169.

Zäpfel, G.; Piekarz, B. (1996): Supply Chain Controlling: Interaktive und dynamische Regelung der Material- und Warenflüsse. Ueberreuter Verlag. Wien, 1996.

Zahn, E.; Schmid, U. (1996): Produktion 1: Grundlagen und operatives Produktionsmanagement. UTB Verlag. Stuttgart, 1996.

Zich, C. (1996): Integrierte Typen- und Teileoptimierung – Neue Methoden des Produktprogramm-Managements. Gabler Verlag. Wiesbaden, 1996.

Zinnbauer, M.; Eberl, M. (2004): Die Überprüfung von Spezifikation und Güte von Strukturgleichungsmodellen: Verfahren und Anwendung. Schriften zur empirischen Forschung und quantitativen Unternehmensplanung der Ludwig-Maximilians-Universität München. Heft 21, 2004.

Zollondz, H. - D. (2001): Lexikon Qualitätsmanagement – Handbuch des modernen Managements auf Basis des Qualitätsmanagements. Oldenbourg Verlag. München, 2001.

Internetquellen

https://markus.bvdep.com/ip

https://www-genesis.destatis.de/genesis/online/logon

EINZELSCHRIFTEN

Sebastian Herfurth
Die Regulierung von Ratingagenturen unter Basel II
Lohmar – Köln 2010 • 332 S. • € 63,- (D) • ISBN 978-3-89936-944-1

Sebastian Ernst
Die ökonomischen Auswirkungen von Private Equity Investoren
Lohmar – Köln 2010 • 196 S. • € 49,- (D) • ISBN 978-3-89936-953-3

Markus Theis
Reaktion von Fremdkapitalwerten bei Unternehmenszusammenschlüssen
Lohmar – Köln 2010 • 216 S. • € 55,- (D) • ISBN 978-3-89936-957-1

Jörn-Axel Meyer
Transparenzmanagement – Grundgedanken, Konzept und betriebliche Umsetzung
Lohmar – Köln 2010 • 100 S. • € 39,- (D) • Hardcover • ISBN 978-3-89936-958-8

Jörn-Axel Meyer
Vertraulichkeit in der mobilen Kommunikation – Leckagen und Schutz vertraulicher Informationen
Lohmar – Köln 2010 • 204 S. • € 49,- (D) • ISBN 978-3-89936-959-5

Kerstin Krüsmann
Verwertung von Unternehmensimmobilien – Verbriefung originärer Zahlungsströme aus Immobilien versus Immobilien-Aktiengesellschaft
Lohmar – Köln 2010 • 364 S. • € 64,- (D) • ISBN 978-3-89936-962-5

Marco Gießmann
Komplexitätsmanagement in der Logistik – Kausalanalytische Untersuchung zum Einfluss der Beschaffungskomplexität auf den Logistikerfolg
Lohmar – Köln 2010 • 432 S. • € 68,- (D) • ISBN 978-3-89936-964-9